蒸気機関車メカニズム図鑑

細川　武志

グランプリ出版

はじめに

　蒸気機関車が鉄道の主役だったのは昭和30年代中頃までで，その後は高度経済成長に伴い新幹線が開通し，電化とディーゼル化の波で昭和51年3月には完全無煙化となった。経済と効率優先の時代には仕方のない(?)事かも知れないが，生きた蒸機を見られるのは梅小路機関車館か大井川鉄道ぐらいになった。その後，幸いにも昭和54年に山口線でC56，C57形が復活して営業を始め，最近では九州熊本で8620形が走り，北海道ではC11形が2両，関東地区でもC57，C58，D51そしてC61形が蘇り，ヘッドマークも鮮やかに定期運行や各地のイベント列車を牽いて好評を博している。

　鉄道車両にはその国の国情や国力，国民性や文化が見てとれるが，蒸気機関車は特に顕著で，自国で開発，設計が出来る様になると，メカニズムや仕様と共に序々に風景に溶け込んでゆく形に進化するのは面白い。

　形にあくまでもこだわるイギリス型，緻密でシャープなラインのドイツ型，味のあるデザインのフランス型，強大で豪快なアメリカ型，大味で大きいだけのソ連型，中国型は友好国であったアメリカとソ連の合体した形となっている。日本型は狭軌のせいもあるが小ぢんまりとまとまり，バランスのとれた美しさをもち，特にC59は全てに完成された姿と云える。

　残念なのは日本独自の新機構が少ない事だが，それは経済的なものと現場の力量の高さに甘えた事，それと官営の悪い面が原因であろう。しかしトンネルや橋が多く，線路情況が良くないにも拘（かか）わらず，性能面でC62(1620馬力)まで発展したのは並々ならぬ苦労があった事と思う。

　水を蒸気に変えて100km/h以上のスピードや，1000t以上を牽引するパワーを生み出すのも驚きだが，そのメカニズムを観ると蒸気の発生源は一つで，それをいかに効率良く使うかを考え抜いており，高気圧と大気圧(1気圧)との差，同圧で面積比による差やテコ運動をうまく利用した先人の知恵が見てとれる。特に一方通行の蒸気を巧みに切り替えて，様々なピストンを動かすのは興味深いところで，その辺りの仕組みを詳しく描いたつもりである。

　新幹線や電車に対してよりも蒸気機関車が走ると人は思わず手を振るのも，心理の底に機械とは思えない独立自尊の姿と，これを自由に操る機関士への尊敬と親しみがあるからで，いつまでも永く走っていて欲しいものだ。

　この本を作るのに資料や取材で協力して頂いた元国鉄OBの久保田　博氏，鉄道模型仲間でJR松戸電車区の松本有介氏，JR東日本大宮工場車体一科長の吉田行廣氏，及び設計技術科，梅小路運転区の機関士の方々に感謝します。

細川　武志

蒸気機関車クイズ

・YES、NOで進んで下さい

蒸気機関車の運転は多くの蒸気を必要としますが、どの様に作用するのかクイズにしてみました。YESかNOで答えて下さい。

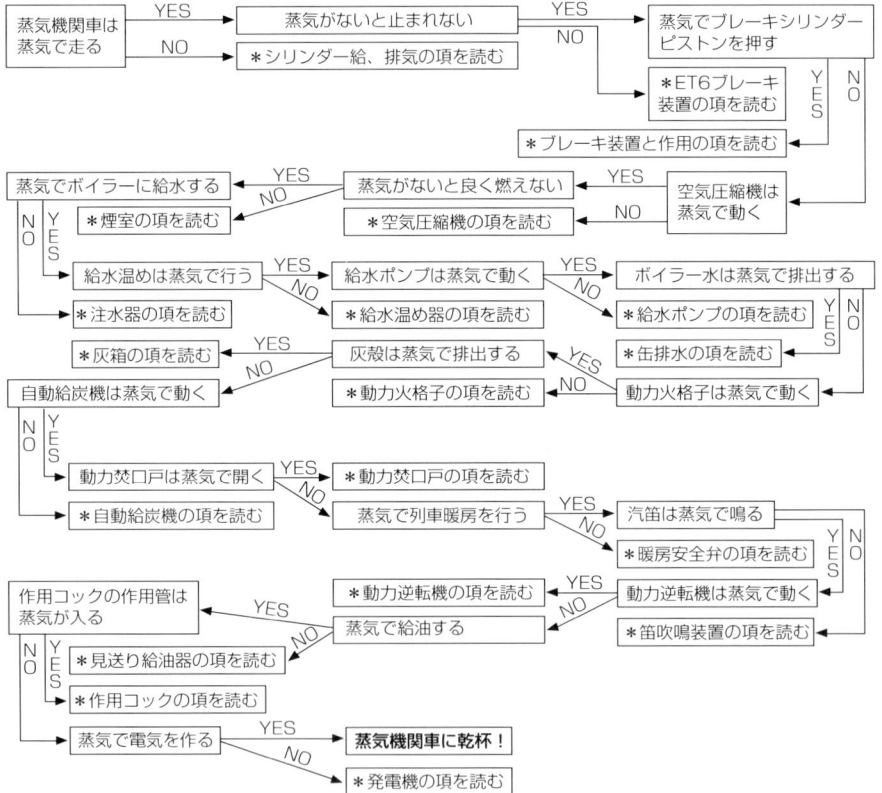

目　次

蒸気機関車メカニズム図鑑

蒸気機関車の誕生と発達		10
	黎明期	10
	技術の蓄積とスピード競争	15
	日本の蒸気機関車事始め	27
蒸気機関車全般		
	機関車の軸配置と呼称	30
	蒸気機関車の外観と名称	32
	蒸気機関車の内部と名称	34
	炭水車(テンダー)とタンク式機関車	36
ボイラー		
(罐胴全般)	ボイラー全体の構成	38
	ボイラー控①	40
	ボイラー控②	42
(燃焼装置)	火室全体の構成	44
	火室	46
	焚口戸装置	48
	ストーカー(自動給炭機)①	50
	ストーカー②	52
	火格子	54
	動力火格子装置	56
	灰箱	58
	灰箱(灰戸・風戸)作動と瞬時灰落とし	60
(罐胴)	ボイラー(罐胴)内部・煙管	62
	過熱管寄せ	64
	過熱管	66
	蒸気溜・加減弁・乾燥管	68
	加減弁開閉装置	70
	罐内管装置	72
	蒸気分配箱	74
(煙室)	煙室	76
	吐出管	78
(付属品)	圧力計とボイラー安全弁	80
	汽笛	82

	（給水）	注水器······84
		給水ポンプ①······86
		給水ポンプ②······88
		給水ポンプ③······91
		給水温め器①······92
		給水温め器②······94
		給水温め器③······96
		給水温め器④······98
		水面計と内火室最高部表示板······100
	（排水）	罐水清浄装置①······102
		罐水清浄装置②······104

台枠

- 台枠①······106
- 台枠②······108
- 動輪軸箱とバネ装置······110
- 罐膨脹受①······112
- 罐膨脹受②······114

シリンダー

- シリンダー配置と罐台・台枠への取付······116
- シリンダーへの給気と排気······118
- シリンダーと蒸気室······120
- ピストン弁①······122
- ピストン弁②······124
- ピストンとピストン尻棒案内······126
- 蒸気室，シリンダーの蓋とパッキン······128
- ピストン棒パッキン······130
- 滑り弁······132
- 蒸気室空気弁······134
- 作用コック······136
- シリンダー排水弁（手動）・シリンダー安全弁······138
- シリンダー排水弁（空気式排水装置）······140
- バイパス装置······142
- 単式空気バイパス弁······144
- 複式空気バイパス弁······146

走行装置

- 逆転機①······148
- 逆転機②······150

　　　　　　　アルコ式逆転機の作動……………………………152
　　　　　　　ワルシャート式弁装置……………………………154
　　　　　　　加減リンク…………………………………………156
　　　　　　　動輪と車輪…………………………………………158
　　　　　　　主連棒と連結棒……………………………………160
　　　　　　　タイヤ取付け………………………………………162
　　　　　　　イコライザーと重量配分…………………………163
　　　　　　　走り装置……………………………………………164
　　　　　　　弁装置の概念………………………………………166
　　　　　　　蒸気機関車の走行①………………………………170
　　　　　　　蒸気機関車の走行②………………………………172
　　　　　　　蒸気機関車の走行③………………………………174
　　　　　　　スチーブンソン式弁装置…………………………176
　　　　　　　スチーブンソン式偏心輪の作用と弁装置………178
　　　　　　　ジョイ式弁装置……………………………………180
　　　　　　　三気筒機関車の走行装置…………………………182
　　　　　　　グレスレー式弁装置………………………………184
台車
　　　（先台車）　台車①エコノミー式1軸……………………186
　　　　　　　台車②エコノミー式2軸……………………………188
　　　　　　　台車③バネ式2軸……………………………………190
　　　　　　　台車④心向1軸………………………………………192
　　　　　　　台車⑤リンク式1軸…………………………………194
　　　　　　　台車⑥コロ式1軸……………………………………196
　　　　　　　台車⑦コロ式1軸……………………………………198
　　　（従台車）　台車⑧心向1軸……………………………………200
　　　　　　　台車⑨バネ式1軸……………………………………202
　　　　　　　台車⑩心向2軸………………………………………204
　　　　　　　台車⑪エコノミー式＆コロ式2軸…………………206
ブレーキ
　　　（装置）　ET6型空気ブレーキ装置……………………208
　　　　　　　ブレーキ装置と作用………………………………210
　　　　　　　単式空気圧縮機……………………………………212
　　　　　　　単式空気圧縮機の作動……………………………214
　　　　　　　複式空気圧縮機……………………………………216
　　　　　　　複式空気圧縮機の作動……………………………218
　　　　　　　調圧器と自動給油器………………………………220

		給気弁と減圧弁	222
		自動ブレーキ弁①	224
		自動ブレーキ弁②	226
		単独ブレーキ弁	228
		空気ブレーキ装置のコック類・渦巻塵取	230
		分配弁	232
		ブレーキシリンダーと制輪子	234
		テンダー形機関車のブレーキ装置	236
		炭水車ブレーキ装置	238
		タンク形機関車ブレーキ装置	240
	（作用）	自動ブレーキ弁の作用①	242
		自動ブレーキ弁の作用②	244
		自動ブレーキ弁の作用③	246
		自動ブレーキ弁の作用④	248
		自動ブレーキ弁の作用⑤	250
		自動ブレーキ弁の作用⑥	252
		自動ブレーキ弁の作用⑦	254
		単独ブレーキ弁の作用①	256
		単独ブレーキ弁の作用②	258
		無火装置	260
		入換機ブレーキ装置	262
給油装置			
		給油装置①	264
		給油装置②	266
		給油装置③	268
		給油装置④	270
		給油装置⑤	272
付帯設備			
		砂まき装置	274
		暖房装置	276
		水まき装置①	278
		水まき装置②	280
		発電装置①	282
		発電装置②	284
		速度計装置①	286
		速度計装置②	288
		速度計装置③	290

連結装置
　　　　　煙除け(デフレクター)……………………………292
　　　　　集煙装置①……………………………………294
　　　　　集煙装置②……………………………………296
　　　　　火の粉止め……………………………………297

連結装置
　　　　　連結装置①……………………………………298
　　　　　連結装置②……………………………………300
　　　　　連結装置③……………………………………302
　　　　　中間緩衝器……………………………………304

炭水車
　　　　　炭水車(テンダー)①…………………………306
　　　　　炭水車②………………………………………308
　　　　　炭水車③………………………………………310
　　　　　炭水車④………………………………………312
　　　　　炭水車⑤………………………………………314
　　　　　炭水車⑥………………………………………316
　　　　　炭水車⑦………………………………………318

タンク形機関車
　　　　　タンク形機関車①……………………………320
　　　　　タンク形機関車②……………………………322

運転
　　　　　蒸気機関車の運転……………………………324

日本の近代蒸機─囲みイラスト	
9600 …………………… P.55	D51 …………………… P.147
8620 …………………… P.56	D51(ナメクジ) ………… P.147
C51 …………………… P.59	C58 …………………… P.173
D50 …………………… P.65	C59 …………………… P.175
C53 …………………… P.75	D52 …………………… P.193
C50 …………………… P.83	D52(戦時形) ………… P.196
C53(流線形) ………… P.85	C61 …………………… P.237
C55 …………………… P.100	C62 …………………… P.281
C55(流線形) ………… P.107	C52 …………………… P.311
C54 …………………… P.113	E10 …………………… P.316
C56 …………………… P.132	C10 …………………… P.321
C57 …………………… P.134	C12 …………………… P.321
	B20 …………………… P.321

蒸気機関車の誕生と発達

蒸気機関車は，19世紀初め産業革命のさ中に初めて作られた。およそ100年後の20世紀初めには過熱管が発明されて，それまでに基本的な主要メカニズムの大方は開発されたことになり，完成した機構となって成熟期を迎える。そして半世紀後には，産業社会の中でのその役割を一応終え，退くことになった。この項では19世紀における蒸気機関車の発達を辿ることによって，その基本メカニズムを概観してみる。

黎明期

蒸気機関の発達

新しい発明や工夫が世の中に普及するには，その技術的な環境に加えて社会的な環境も整っていなければならない。18世紀のイギリスでは旧弊な自給自足的共同体が崩壊し，工場生産が発達する中，蒸気機関は広く普及し，またその新たな生産様式の発展を促しもした。蒸気を利用した動力機関は17世紀末にイギリスの炭鉱で実用化されたとされるが，蒸気を冷やした真空状態を利用する揚水ポンプで，未だピストンやシリンダーを作る技術はなかった。ボイラー，ピストン，シリンダーを使った機関は18世紀はじめのT.ニューコメンのエンジンだとされる。(図-1)これも蒸気圧というより大気圧と重力利用の往復運動するもので，揚水ポンプ用として炭鉱で実用に供された。産業革命の初期は石炭と鉄の革命といわれ，当時のイギリスでは石炭の生産はうなぎ登りだったのだ。炭坑での労働は苛酷で知られ，電灯などが発明される遙か以前の暗い中で，地下水の湧出に悩まされた。このため炭鉱では蒸気機関を利用する条件は整っており，地下水汲み出しのポンプ用の他にも，後には石炭搬出のトロッコにロープを結び蒸気エンジンのウィンチで引き上げるということも行われた。そして何より蒸気機関車が実際に利用されたのも炭鉱が初めてであった。

蒸気機関といえばジェームス・ワットの名が高い。彼の初めの蒸気エンジンも揚水ポンプに利用されたが，炭鉱ばかりでなく工場で

● 図-1 T・ニューコメンの蒸気機関の作用

Ⓐ図　錘りの重さでピストンが上がり，ボイラーの蒸気をシリンダー内に導く。

Ⓑ図　シリンダー内蒸気に水を噴出して冷却すると凝固してその分真空になり，大気の圧力によりピストンが下がって揚水ポンプが水を汲み出す。

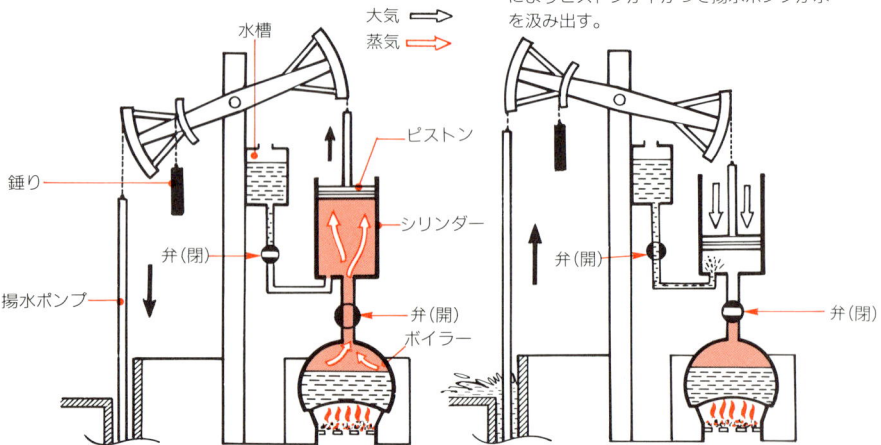

は機械(紡績機など)を回す水車のための(蒸気エンジンで直接回すのではない!)水の汲み上げにも使われた。今から見ればまだるっこしい感じもするが，当時は渇水期に随分と役に立つ機械だったのだ。そのメカニズムの特徴は，それまでのものは吹き込んだ蒸気をシリンダーごと冷やし中の圧力を減じて大気圧でピストンを押し下げていただけだったが，シリンダーを冷やさずに凝縮器(コンデンサー)で蒸気を冷やし，また反対側にも蒸気を吹き込み積極的に蒸気圧を利用したことだ。(1769年に特許取得)暫くするとピストンの両側に交互に蒸気を吹き込むことを考えつき(複動機関，1781年)，さらにクランクとロッドにより往復運動を回転運動に換えることにも成功した(1782年，クランクの特許は別人が取得)。(図-2)未だ凝縮器を使い弁の開閉は手動であったが，それまでのものに較べてはるかに効率よく燃料消費も少なかった。これにより産業革命は加速し，船や鉄道への蒸気機関の利用の道が示されたのだった。

　自走する乗り物の動力機関は，工場の機械などのような定置したものの機関に較べれば，はるかに制約が多い。重さや大きさに制限があるし，走ることによる振動，風や波の圧力などもある。今日でいうところのパワーウェイトレシオのことも考えなければならない。ワットのエンジンは恐ろしく大型のもので，ボイラー圧は低くコンデンサーもあり，乗り物に利用するには無理があった。蒸気機関を乗せた車は，18世紀の後半にフランスの軍人が炊飯器のような形のボイラーを乗せた三輪車を作っている。しかしこれは何とか動いたという程度で，機関そのもののレヴェルが乗り物の動力としては無理があった。ワットの蒸気機関の開発と同じころ，独立間もないアメリカでは，エバンスという人物が7気圧という半世紀後の蒸気機関車並の高圧蒸気機関を作った。彼はこれを船に乗せることを考えたが周囲の理解を得られず，実現するのは19世紀に入ってからである。

　しかし発明や工夫が理解を得られたとして

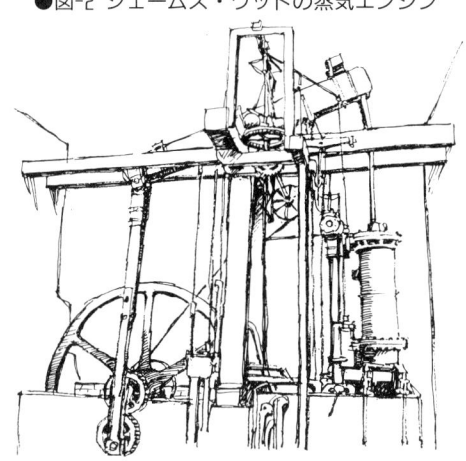

●図-2 ジェームス・ワットの蒸気エンジン

凝縮器と大きなはずみ車，エンジンといっても大がかりな設備といった趣きだ。

も，その実用化のためには18世紀から19世紀を通じて産業技術の制約も大きかったのだ。素材の鉄では，鋼鉄が大量に生産され始めるのが19世紀も最後の四半世紀にはいってからで，それまで機械や建設に供給される鉄といえば鋳鉄で，後に圧延の錬鉄(1820年代から普及，鍛熔性で鋳鉄より錆びにくく強い)，それも今日のように長い板や棒は作ることが出来なかった。それを工作するにも，現在のような精度の高い工作機械があったわけではない。また細かいところでは，軸受けや可動部分の摩擦抵抗を減ずるのに，現在のような方策は無く，潤滑といえば動物の脂だったし，機関の気密を保とうにも今日のようなパッキンは現れていない。従ってちょっとしたアイデアの実現も，現在のようなわけには行かない。現代の人間が考えなくてもよい沢山の苦労があったわけだ。

　ワットの蒸気機関の発明の後，彼の会社の技師が模型の蒸気車を作って走らせた。これは1784年のことで，この車の実物は作られなかったが，ムードックという名のその技師はピストンと連動する一つのスライドバルブで蒸気の吸入と排出を行う弁装置を発明し，歴

史に名を残した。これは形こそ違え後の蒸気機関車のものと原理は同じであった(本文132頁滑り弁の項参照)。

19世紀に入って、ムードックの模型を実物化したような蒸気車が作られた。これを作ったのはリチャード・トレビシックという蒸気機関車の発明者として知られる人物である。彼はムードックから教えを受けたこともあったが、その後高圧の蒸気機関を開発し(1802年)、それが蒸気機関車の基礎となったのだ。このエンジンは高圧のボイラーを持ち真空圧を利用せず、従って凝縮器も無い、全くの蒸気圧のみの複動機関で小型に作られていた。

蒸気機関車の発明

トレビシックは、蒸気車が重いのでこれを鉄板の上で走らせることを思いついたがうまくいかなかった。少し後鉄工所から運河まで鋳物のレールを敷き、この上で初めて蒸気機関車を走らせることに成功した。1804年のことである。これはドラム缶を横にしたようなボイラーの内部にシリンダーを組み込み、そこからピストン棒が突き出て、右側には直径2メートルもあるはずみ車が付いていた。(図-3)シリンダーはボイラー内にあり左側に付けたギアを回し、2軸の動輪を駆動するというものだった。しかし後ろの焚き口に投炭する時は、むき出しのギアやはずみ車で危険この上なかったのではないだろうか。この機関車は5トンの重さがあり25トンの貨車を牽いて走れた。だが鋳鉄のレール(L字型)はこの重さに長くは耐えられず、結局実用とまでは至らなかった。このレールの問題は20年近くして錬鉄が登場し改良されるが、19世紀末に鋼鉄のレールが普及するまで鉄道について回った課題である。

この後トレビシックは、炭鉱の石炭運搬用に前の型を改良した機関車を作ったが、ここでもレールが角材に鉄板を張ったものだったので、走る度にこれが破損することになった。このため炭鉱は三年で機関車の使用を止め、元の馬に戻ってしまったのだ。彼の最後の蒸気機関車は彼自ら催すPRの見せ物用だったが、シリンダーが縦置きである以外はその後の実用機関車並のメカニズムだった。四輪だが1軸駆動ではずみ車も無く、強いて言えばイギリスの鉄道独特のシングルドライバーの起源と言えるものだった。しかし何処にも採用されなかった。トレビシックはこの他にも蒸気機関車の機構について、実際に作れなかったものも含めると幾つもの特許を取っている上、1814年には10気圧もの当時としては最高の高圧蒸気機関を開発している。結局彼の才能は僅かに登場の時期が早かったのだ。

皮肉なことにトレビシックが蒸気機関車の製造を諦めた少し後、イギリスの炭鉱では石炭運搬用の鉄道が敷かれ、馬に代わって蒸気機関車が走るようになる。その頃ヨーロッパではナポレオンが再び現れ(1815年の"百日天下")、巻き起こした戦乱でイギリスの馬とその飼料が不足するという事態が起こった。それが機関車採用に繋がるという一面があったのだ。その炭鉱の機関車にはブレキンソップという鉱山技師の設計したものがあり、2気筒の蒸気エンジンのクランクの位相を90度ずらして取り付ける、というトレビシックのアイデアが実現されている。そうすればどんな場合にもはずみ車無しに発車できるのだ。(図

●図-3 トレビシックの最初の蒸気機関車

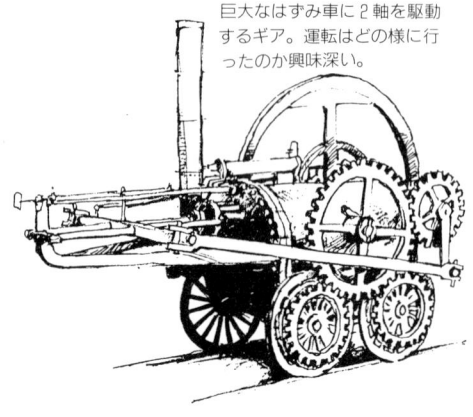

巨大なはずみ車に2軸を駆動するギア。運転はどの様に行ったのか興味深い。

●図-4 クランクの位相を90°ずらしたトレビシックのアイデア

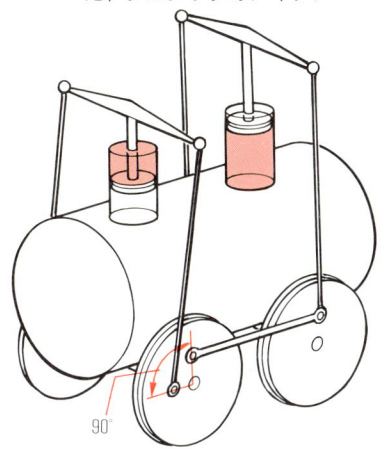

このアイデアではずみ車は必要無くなった。

-4)炭鉱の蒸気機関車は100トン近い貨車を牽き、速さは歩く程度で相変わらず欠けやすい鋳物のレールに悩まされながら走った。しかしともかくは蒸気機関車は実用の域に達していたのだった。

史上名高いスチーブンソン親子の父の方ジョージは、炭鉱の蒸気機関士出身である。彼は炭鉱用の蒸気エンジンや小型機関車を開発し、機関車では何度も試行錯誤を繰り返している。また発明家でもあった彼は、炭鉱用の安全ランプの発明で資金を得て、1823年世界初の機関車製造会社を設立した。息子の名を取ったこのロバート・スチーブンソン社は、1955年に蒸気機関車の製造が終わるまで続いた名門の会社である。

ジョージの作った機関車の代表作は、ロコモーション号であった。(図-5)これは会社を設立する少し前に、炭鉱から運河まで鉄道が敷かれることになり、そのための機関車である。ジョージはこのストックトン・ダーリントン鉄道自体の建設も請け負っており、そのゲージの4フィート8インチは、起源は馬で牽く鉄道にあるといわれるが、現在の標準軌4フィート8½インチ(1435mm)に繋がるものであった。この機関車もトレビシック特許の90度の位相差を付けた2気筒で、シリンダーは縦置きにして2軸の動輪の外側が連結棒で結ばれていた。この連結棒を使ったのが新しいところである。この時も100トン近い車両を牽き時速13kmほどで走った。

この鉄道が開通したのは1825年のことで、基本的には石炭運搬用であった。歴史年表などでは、これを蒸気動力を用いた初めての公共鉄道とするものもある。沿線住民の要望に応えて、旅客列車も走ったのだが、記録では人を乗せる方は馬が牽いたとなっている。確かに蒸気機関車は走ったが、史上初の蒸気の公共鉄道というのには、異論もあるだろう。

●図-5 ジョージ・スチーブンソンの代表作"ロコモーション号"

2軸の動輪を連結棒で結んでいるのが新しい。ゲージは現在の標準軌に近い4フィート8インチであった。

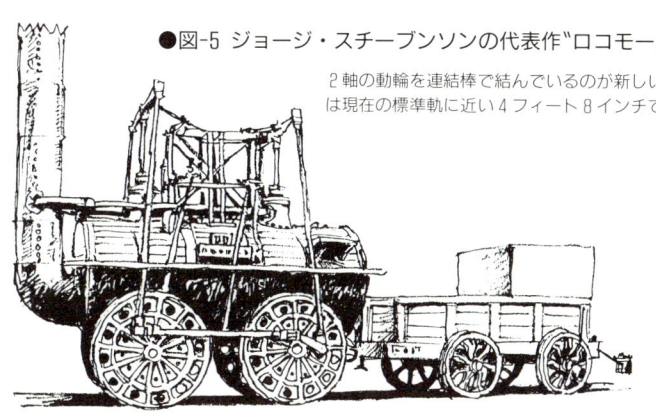

この後スチーブンソン親子のジョージは、機関車開発は主に息子のロバートにまかせ、鉄道建設に力を発揮するようになる。そして機械動力で運行される初めての公共鉄道を、産業革命で発展するマンチェスターと港町リバプールの間に建設することになった。この鉄道は、それまでの石炭運搬用のものと異なり、人も物も運び、運賃さえ払えば誰でも利用できた。この時、鉄道が開通間近になってもそこで使用する蒸気機関車が決まらなかった。そこで行われたのが機関車レース「レインヒル・トライアル」である。レインヒルとはリバプール近くの既にレールの敷かれた地区の名で、1829年のことであった。このレースに勝利したのが史上名高いロケット号で、スチーブンソンの会社はこれによりこの鉄道の機関車を受注し、機関車製造の基礎を固めることになる。

このロケット号は、シリンダーこそ斜め置きで古く感じるが、各ユニットの基本構成は後の蒸気機関車と同じで、通常の蒸気機関車の型＝スチーブンソンタイプはこの時点で基礎が完成されたとも言えよう。(図-6)台枠に火室とボイラーを載せ、動輪は1軸だが左右二つのシリンダーから主連棒を介して駆動する。ボイラーは煙管式(ボイラー水の中に高熱の燃焼ガスの通るパイプを通す)で、後ろにテンダー車を牽いている。煙管は25本ありボイラーのすぐ後ろに付けた火室に繋がっていた。銅で作られた火室の回りはボイラー水が包むように覆っている。レースでは時速47kmで走ったが、車体の剛性不足で振動が激しかった。またこの時の動弁機構は、前後進の切り替えの際に手で位置を変えなければならず、かなりの力仕事で熟練も要した。後に息子のロバートが、スチーブンソン式弁装置を開発し(本文176頁参照)、この苦労からは逃れることになる。

リバプール・マンチェスター鉄道は1830年秋に開通した。この時にはロケット号を改良したノーザンブリアン号が投入されている。同じ年にフランスではマーク・セガンが開発

●図-6 スチーブンソンタイプの基礎を完成した"ロケット号"

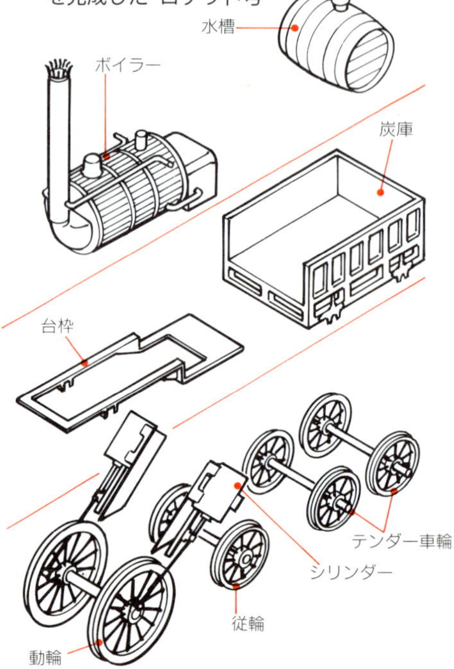

した蒸気機関車が、リヨン〜サンテチェンヌ間を走っている(石炭運搬用)。因みにこのセガンは、ロケット号でも採用された多くの煙管を設置するボイラーの特許を持っている。この後リバプール・マンチェスター鉄道では営業運転が始まり、機関車には次々と不都合が顕在化するが、ロバート・スチーブンソン社ではこれに対応して改良型を短期間のうちに次々と開発している。こうして初めての動力機関を使った公共鉄道が始まり、蒸気機関車の技術的な熟成も始まったわけだ。

ここで、初期の鉄道と蒸気機関車を悩ませた、社会的な影響の大きい重要な技術的問題を、ざっとみてみよう。

レールは鋳物から錬鉄に変わり、大幅に改善された。しかしレールの路盤を作る土木技術の面では、鉄道の敷設距離が延び経験の蓄積によってしか解決できない面があった。様々

な地盤や地形・地勢に対応しなければならず、初期には列車の重みでレールが沈み、路盤から浮いたり、曲がったりということが頻出し、脱線事故も起きた。

また機関車本体では、ボイラーの爆発ということも起こった。ボイラーには安全弁が付いていたが、ごく初期の頃の物は錘を使った重力利用の物で、ボイラー圧が臨界値を超えると錘を押し上げて蒸気を吹き出すという理屈だった。しかし振動で錘が跳ねて蒸気が噴き出すという事がひっきりなしで、機関士はこれを嫌い弁を固定してしまうことが多かった。爆発はその為だったが、ハックワース（ストックトン・ダーリントン鉄道の工場長だった）のスプリング式安全弁が開発されてこの問題は解決する。

更に初めの頃の機関車本体にはブレーキが付いていない。イギリスの路線が平坦なこともあるが、当時の機械全般に言えることは、可動・摺動部分の摩擦抵抗が大きく、機関車などはフリクションロスの塊だったということだ。従って蒸気機関車は絶気運転（シリンダーへの蒸気を絶つ）にするとその内ひとりでに止まるという物凄いコンセプトで、当然駅にはプラットホームなどという洒落た物はありはしない。おまけに汽笛もなく、線路には信号という物も開発されていなかった。（必然的に単線では運行できず、最初から複線で作られている）こういう何も無い状態で事故が起きなかったら不思議で、リバプール・マンチェスター鉄道の開通式のその時、反対車線を絶気して走ってきたロケット号に来賓の一人が跳ねられて死亡している。

もう一つ、これは鉄道建設反対運動の大きな理由の一つだったが、煙突から出る火の粉で火事が起こるというものだ。煙突からの火の粉で線路際の枯れ草が燃えるということは屡々だったから、これもあながち大袈裟とは言えない。これは煙室の設置や煙突の改良、またボイラーの長さなども関係するので、簡単には行かなかったが、しばらく後には概ね解決する。

以上のことは現在からみれば漫画的にも思えるが、しかし笑えないのだ。近代の百年はそれまでの千年乃至二千年の技術的進化を一気に行い、社会を変容させ、なお且つそのスピードを加速させている。現在の事物が百年といわず数十年後には笑い話、ということも充分あり得ることだ。つまり人間とは歴史を創る生き物であり、そしてまた寄り道せずに一直線に正しく便利な物事を選ぶというわけではないからだ。

技術の蓄積とスピード競争

西欧各国での鉄道の発達

リバプール・マンチェスター鉄道が、機械動力を使った初の公共鉄道として開通した同じ年の暮れに、新大陸アメリカでもサウスカロライナ鉄道が開通し、翌1831年の初めには営業を開始している。この後、各地で続々と鉄道が建設されて行くが、特にイギリスでの発達が著しかった。ヨーロッパではナポレオン以降も紛争が絶えず、王政を守旧する専制的な勢力もなお残っていた。また資本制生産の興隆とともに、海外の植民地争奪戦も激化の一途を辿っていたが、しかしイギリス政府は旧大陸の他の政権に較べれば近代的で、本国は戦場にもならず、内乱なども起きなかった。大英帝国は、まさに我が世の春という状態だったのだ。

スチーブンソン社による機関車の改良は着実だった。初期の蒸気機関車では、シリンダーが縦置きにされるものが多かったが、2気筒を両サイドに配置した場合、交互に下に押す力が働き車体は左右に揺れることになる。バネを介して車体を支えるようになると、この振動は更に顕著なものとなった。ロケット号のように斜めにシリンダーを配置した場合も事情は同じで、車体剛性の不足と相俟って揺れは不快なものとなる。ノーザンブリアン号では水平に近いシリンダー位置だが、最終的には動輪の車軸と水平になった。（図-7）

●図-7 シリンダー配置の変遷

車輪配置，重量配分などと共に，シリンダー配置は機関車の走行安定性に大きく影響する。またボイラーの構造も相応して変っていった。

●図-8 煙管と煙室の変遷

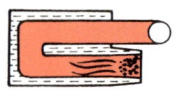

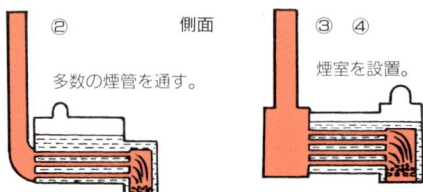

① 1本の太い煙管が往復する。
② 多数の煙管を通す。
③④ 煙室を設置。

　機関車の走行安定性には，車体の重量配分と車輪配置も重要な要素となる。ロケット号やノーザンブリアン号では火室やシリンダーなどが後方にあり，動輪のある前方が比較的軽く走行中は車体が蛇行する感じで不安定だった。これはピストンの動きと共に前部が振れるためで，この後すぐに作られたプラネット号では，シリンダーは前方に移り水平に置かれた。これに伴い動輪は後方に，先輪を前に配した2-2-0の形式となった。ただしスチーブンソン社のものは，シリンダーが車輪の内側の配置で，このタイプは近代機では普及することはなかったが，前方に水平シリンダー，後方に動輪というスタイルは，その後の蒸気機関車のスタンダードとなっている。

　またノーザンブリアン号には煙室が設けられた。これにより火の粉の排出が抑えられるとともに，蒸気の排出そのものを利用して通気が良好となり火室での燃焼が良くなる。この形式もその後の機関車の基本となった。（図-8本文76頁参照）

　蒸気機関車のパワーを上げるには，ボイラーの性能向上と大型化が避けられない条件となる。しかしその径を太くするのでは背が高くなり不安定になるし，煙管の熱を有効に使うためにも長さを延ばした方がよい。ボイラーを長くすることで，煙突からの火の粉も少なくなる。だが2軸のままでは不安定で軸荷重も大きくなってしまう。鋼鉄のレールが普及するのは半世紀も後なので，これは大きな欠点となる。そこで動輪の後ろにもう1軸従輪を設けて，2-2-2の形となった。これがパテンティー（特許所有者）号と名付けられた機関車である。この2-2-2または4-2-2の車輪配置は，後にイギリス国内で激しいスピード競争を繰り広げるシングルドライバーのものだった。

　車輪配置は時代の様々な機関車技術にローカルな事情が関係するので，30頁に代表的なものを掲げる。

　イギリスを始めヨーロッパの鉄道路線は比較的しっかりした土木工事をしており，路盤も念入りに整備されているところが多い。特にイギリスは，地形的にも険しい山岳地帯がなく穏やかなことに加えて，路線建設のポリシーとしてもなるべくカーブを少なく平坦で直線的に作ろうという努力をしている。橋梁やトンネルなどを作る土木工事の労を厭わな

かった。

イギリスの公共鉄道の始まりから時を経ずして営業し始めたアメリカの鉄道は、土木工事に手間暇をかけない傾向があった。山があればトンネルを作らずに迂回し、障碍になるものはなるべく避けるという具合で、工事自体も粗雑になる場合が多かった。そのためアメリカの鉄道は急なカーブが多く、必然的に勾配のきついところも多くなる。レール自体は初期の頃から暫くはイギリスからの輸入だったが、この路線の粗悪さは大きな制約になる。スピードとの兼ね合いもあるが、車輪のレールへの追随性が大きな課題となった。

こう言った悪条件の下に独特の発展を遂げた、アメリカ型の蒸気機関車についても触れておこう。アメリカオリジナルの蒸気機関車と言えば、ジョン・スチブンズのスチーム・ワゴンがその起源といえる。荷車の上に大きな酒瓶型のボイラーを縦置きにした、恐ろしく不格好なものだ。この縦置きボイラーに縦形シリンダーの組み合わせは、アメリカ最初の公共鉄道、サウスカロライナ鉄道の機関車にも受け継がれ、その後アメリカ独特のグラスホッパー型の機関車になる。(図-9)これは映画の西部劇にも登場することがあるが、縦置きのシリンダーの上で井戸のポンプの柄のような棒がひょこひょこ動くものだ。名前のように、この動きがバッタの足のそれに似ている。この縦形ボイラーのスタイルは、パワーを上げるためボイラーを大きくする場合には無理があり、結局はスチーブンソン型のデザインになっていった。

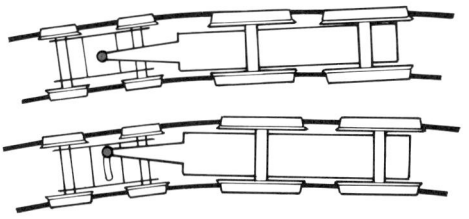

●図-10 ボギー式先台車

上は先台車が回転するだけなので、動輪のレールへの追随に無理が出る。下はボギー回転軸そのものが摺動するので、全体の追随性が更に高まる。

先に述べたアメリカの線路の悪条件に対応して、機関車の先台車にボギー式のものを開発し、カーブでの追随性を上げた。このボギー式先台車(図-10)を装備することで、高速の場合にもカーブでの追随性が向上し、高速を要求される旅客用の機関車では後にスタンダードとなっていく。またボギーの回転軸と動輪二つの3点支持により、走行安定性が向上し、質の低いアメリカの線路での脱線を防いだ。この技術も災い転じて福としたのか、アメリカの鉄道条件にぴったりで、その機関車の標準に発展していく。

3点支持機関車の実験車は1832年に造られたが、これは4-2-0の配置だった。この支持方式を4-4-0に適用するため、2軸の動輪の軸受けをイコライザーで結合し、その中央を角運動可能にして取り付け、スプリングを介して台枠に固定した。(図-11)この方式は動輪を増やした場合でも適用可能で、スプリングだけで支持するものより線路の凹凸への対応力に優

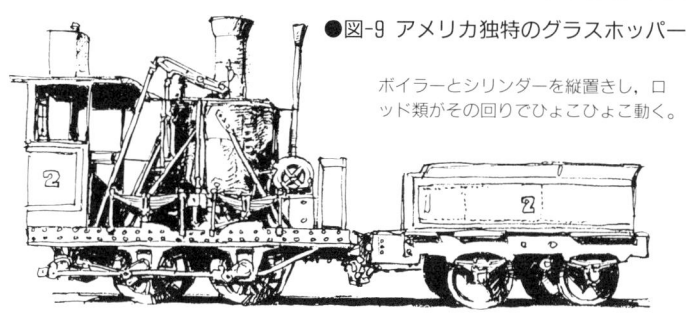

●図-9 アメリカ独特のグラスホッパー

ボイラーとシリンダーを縦置きし、ロッド類がその回りでひょこひょこ動く。

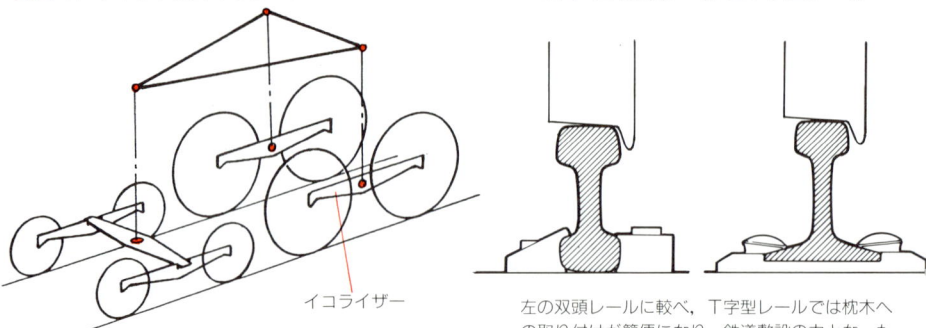

●図-11 4-4-0の場合の3点支持

イコライザー

ボギー式先台車と、動輪を軸受けで結合した2ヶ所で支持するこの支持方法は、動輪を3軸、4軸に増加した場合にも適用できる。

●図-12 双頭レールとT字型レール

左の双頭レールに較べ、T字型レールでは枕木への取り付けが簡便になり、鉄道敷設の力となった。

ブレーキの開発

れている。この画期的な発明は1839年ジョセフ・ハリソンによってなされ、4-4-0のアメリカ型機関車のオリジナルとなった。

初期のアメリカの線路には半径30フィートなどというカーブのところもあったため、1850年代にはボギー台車のピボット自体がスライドするものも開発された。またアメリカの古典的蒸気機関車の外観で特徴的なのは、前部にカウキャッチャーと呼ぶスカートを付けていることだ。日本でも輸入された弁慶・義経号についている例のものである。その他にもアメリカで考案された鉄道技術では、現在のT字型のレールがある。(図-12)製造はイギリスに依頼していたが、それまでの双頭レールに較べて、枕木への取り付けが犬釘だけですむという簡便なものだ。これは1830年代に開発されている。こうした技術的な努力もあって、アメリカの鉄道の営業キロ数は19世紀の半ばまでに世界一となり、ヨーロッパの先進国と較べてもダントツの長さだった。

ヨーロッパ各国では1830年代に続々と公共鉄道が開業している。1835年にベルギーのブリュッセルとマリーンズ間、ついでドイツのニュルンベルク～フュルト間に開通した。フランスでは同じ年にパリ～ル・アーブル間が開通している。

しかし蒸気機関車の技術では、やはりイギリスが先進国であることに変わりはなかった。

パワーとスピードの増大で、安全に関わるブレーキにも目が向けられた。事故を起こしたロケット号のように、テンダー車に機関士が梃子でブレーキシューを押しつける程度では、まともに止まることなど不可能だ。列車の場合機関車だけにブレーキを付けても効果は少ない。特にスピードが上がってくると、牽引する車両の慣性で容易なことでは止まらない。初期の人力ブレーキでは、後方でも車掌が客車のブレーキの梃子を引いた。アメリカではブレーキマンを何人か乗せて、後ろから前に人力でブレーキをかけさせて回った。アメリカの古典的な貨車の屋根には端から端まで板が付いているが、これはランニングボードといってブレーキマンが走行中に走ったところなのだ。つまりブレーキをかけるのも命がけで、軽業師のように危険な仕事だったわけだ。

動力を利用したブレーキの最初のものも、1833年にスチーブンソン社で開発された。これは蒸気シリンダーを使い木のブレーキシューを動輪と従輪に押しつけるもので、それ自体は強力なものだった。しかし機関車にしか装備しなかったのに加え、何故か左側にしか取り付けなかった。そのため列車全体の停止

には効果的ではなかったが、機関車自体のブレーキとして生き残り、もちろん両側に付けられるようになった。

　排気管を塞ぎピストンの動きを抑えて、ブレーキとすることも考えられた。しかしこれは機関が損傷するので、普及することはなかった。機関車自体のブレーキとしてはもう一つ、逆転器を利用するものがある。これはスチーブンソン式弁装置の普及とともに使われたものだが、初期のものは機関の損耗が激しく文字どおりの緊急時以外には使いたくはないものだった。しかし19世紀後半まで他に効果的な方法が無く、1850年代に逆転時の排気管部分に工夫が凝らされたことや、車両の連結に接近型カップリングが普及し（本文296頁連結器の項参照）バッファーのクッション効果と相俟ってショックを和らげたため、機関車のブレーキ法としては普及した。結局鉄道用のブレーキとして効果的なものは、1869年にアメリカで開発された空気ブレーキと74年にイギリスで作られた真空ブレーキまで待たねばならなかった。

　真空ブレーキはボイラーからの蒸気をエジェクターに送り、霧吹きと同じ理屈で空気を吸い出して動力としている。エジェクターからパイプが各車両に張り巡らされ、ブレーキシリンダーに繋がる。（図-13）空気が抜かれると大気圧でブレーキシューが車輪に押しつけられるというものだった。初期にはブレーキホースの破損などで事故も多かった。これに対処するためブレーキ自体を2系統にし、次には予め各車両に真空タンクを設け、事故でパイプのどこかに空気が入った場合自動的にブレーキのかかる（図-14）自動貫通真空ブレーキが開発された。これが完全に実用化されるのは1878年のことである。

　空気ブレーキは真空ブレーキと全く逆の理屈で動く。ボイラーからの蒸気でコンプレッサーを動かし、圧縮空気を空気溜にためる。この空気の圧力でブレーキシューを車輪に押し付ける。アメリカのジョージ・ウェスチングハウスの発明したこの方式は、実用性が高

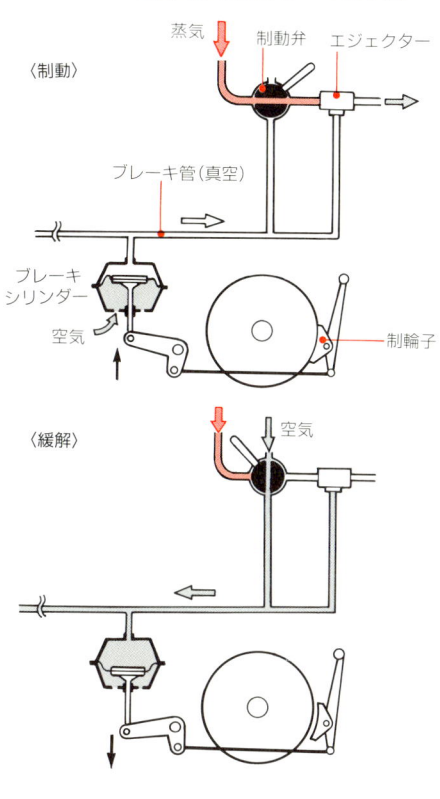

●図-13 真空ブレーキの作用

ブレーキ管から空気が抜かれると、大気圧でブレーキピストンが引き上がり、制輪子を車輪に押し付ける。

く、原理的に真空より力がある。真空ブレーキでは大気圧以上の圧力はないが、圧縮空気にその制約はない。（本文208頁参照）現在の列車のブレーキの主流はこの空気ブレーキである。ウェスチングハウスがこのブレーキを開発するきっかけは、悲惨な列車事故に接したためであった。その頃もまだアメリカの列車では何人ものブレーキマンを使ってハンドブレーキを操作していたのだ。彼は各鉄道会社を回り、啓蒙とセールスに努めるのだが、取り合ってもらえず、門前払いということも

●図-14 自動貫通真空ブレーキ

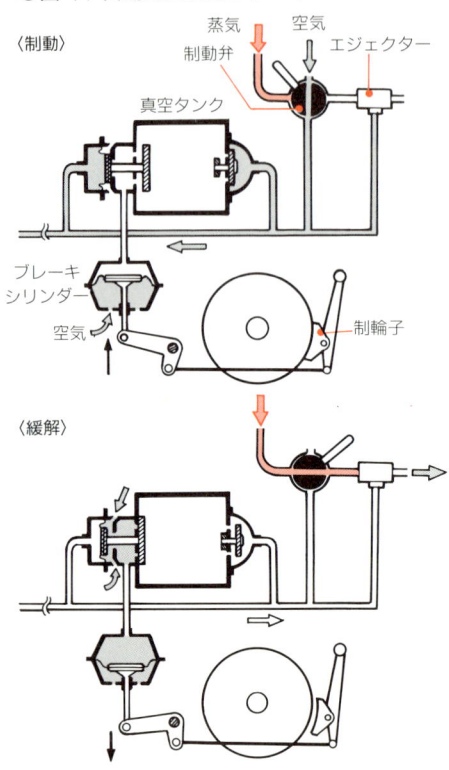

各車両に配置した真空タンクから予め空気が抜かれており、制動弁が大気に通じると大気圧で真空タンクとブレーキシリンダーが通じ、ブレーキピストンが引き上げられて制輪子を車輪に押し付ける。

多かった。[*1] 安全の意識も低かったのだろうが、何よりブレーキの値段より人の値段の方が安かったのだ。今のアメリカ政府の「人権外交」からすると嘘のようだが、当時は地位ある者以外、人権など無いに等しかった。僅か百数十年前の話である。

スピード競争

リバプール・マンチェスター鉄道の開通後、イギリスでは次々と鉄道が開通し、会社間の競争も始まった。優越性の象徴はスピードだった。この中には7フィート4分の1インチ (2140mm) もある広軌の鉄道が建設され、主流となる標準軌に対抗していた。車両の大きさは標準軌のものと変わらず、ゲージだけ広いため安定しておりスピードが出せるというのが売りだった。このグレートウェスタン鉄道の開業時に走った機関車はスチーブンソン社のものだが、1840年代にはいるとオリジナルの2-2-2のシングルドライバーを開発し、およそ60トンの列車を牽引して最高時速98キロのスピードを記録した。標準軌の記録は時速86キロだったから、広軌の優越性を大いにアピールしたわけだ。更に1846年には8フィート (約2.4m) もある動輪を装備した4-2-2のグレートブリテン号を登場させ、時速108キロを出した。この機関車はボイラーも大型で、同じ容量のものを標準軌で作ると長さを伸ばす以外に方法はない。牽引力を別にすれば、スピードを上げる手っ取り早い方法は動輪の径を大きくすることだが、標準軌でそうすると不安定になると考えられていた。

19世紀前半の蒸気エンジンでは、200～250 r.p.m.が上限の回転数とされたので、時速100キロを超えるには7～8フィートの動輪径が必要となるだろう。標準軌の側では、合併して生まれたロンドン・アンド・ノースウェスタン鉄道が1847年に作ったコーンウォル号が、直径8フィート6インチの動輪を装備した。この径だと車軸の高さはゲージの幅と変わらなくなってしまう。重心が高くなるのを恐れて、設計者のトレビシック (あの蒸気機関車の発明者の息子) はボイラーを車軸の下に通してしまった。この珍妙なスタイルは後に普通のボイラー位置になるが、容量の関係上ボイラーが長くなるので、車輪配置は4-2-2となった。大動輪の記録としては、1853年に9フィートのものを付けた広軌の急行用タンク機関車があった。この頃には100キロを超える最高速の列車は珍しくなく、この大動輪のものは最高時速130キロを超えていたといわれている。

時速100kmなど現在ではどうという事もないが、当時の錬鉄のレールで機関車のパイプ等のパッキンは植物又は動物の繊維、シリンダー等の潤滑は牛の脂、といった状態で高速を維持するには、機関士はもとより機関車や線路の保守整備の労苦は大変だったろう。

蒸気機関車では復水式(蒸気を水に戻して再利用する)のボイラーは実用的ではないので使われない。そのため走行には大量の水を消費することになり、100マイル(約160km)ほど走るにも多少の違いはあれ2,3回の給水が必要となる。また19世紀半ばの長距離急行では食堂車など無いので、途中駅での食事の時間も必要となった。それにも拘わらず、この時代の急行で既に平均時速70kmに達するものもあり、現在の日本の急行と較べても遜色はない。

2メートルをゆうに超える一軸の動輪のシングルドライバーは(図-15,16)、19世紀の後半になってもイギリスを舞台にスピード競争を繰り広げた。この頃にはロンドンとエジンバラを結ぶルートは複数の路線があり、そこでの時間短縮を競っていた。しかし不思議なところは、単にスピードを競ったというより、1軸動輪の機関車にこだわって競われたことだ。ボイラーやシリンダーの性能の向上で、より高速の回転が可能になり、2軸の動輪の機関車も開発されて、小型の動輪でパワフル且つスピードにも有利であっても、シングルドライバーにこだわった。この競争は殆どマニアックなところがあり、列車を軽くしてスピードを出そうと牽引車両がたった3両というものまで現れた。[II]こういう列車のスピードレースがどの程度採算がとれていたのかは、判然としないが、殆ど意地の張り合いのようなところもあったのではないだろうか。おそらく資本主義が利益や効率を第一義とするとみるのは、あまりにマクロ的な見方なのだ。

奇抜なスタイルの機関車としては、全高を抑えてボイラー容量を稼ぐため、大動輪をボイラーの後ろに持ってきたものがあった。クランプトン型と呼ぶこのスタイルでは、動輪の車軸が運転室辺りを通る筈で、投炭などの作業に不便なはずだが、何故かフランスでは愛用されたという。

●図-15 コーンウォル号

台枠の内側にシリンダー、車輪を配した内枠式機関車。これは通常型ボイラーで、2-2-2の典型的なシングルドライバーである。動輪の高さはゲージの倍ほどになっている。

●図-16 スターリング型シングルドライバー

グレートノーザン鉄道の代表的なシングルドライバーとして美しさに定評がある。動態保存されている。

※I　NTT出版「蒸気機関車の興亡」P.129
※II　　　同上　　　P.68

様々な形式と新技術

　この頃には駆動力を増した2軸動輪の2-4-0の機関車が走り始めており、シングルドライバーよりバランス良くスピードの点でも遜色無かった。またアメリカのように先台車をボギーにし、動輪をイコライザーで結び走行安定性に優れた4-4-0の機関車も走り初めている。この支持方式では，動輪を3軸，4軸に増やすことも可能で，牽引力の増大をねらって様々な軸配置の機関車が開発され始めていた。

　両サイド2気筒のシリンダーで使った蒸気の圧力を，再び利用する複式蒸気機関車も開発された。1880年代に実用化された3気筒のものでは，2気筒の間に3番目のシリンダーを配置し，蒸気が低圧になるためピストン面積を大きくしている（本文182頁参照）。80年代半ばには，この複式蒸気機関を用いた，関節式機関車の代表的なタイプであるマレー式（アナトール・マレーが発明）機関車が，フランスで開発されている。これは台枠が二つあり，後ろが固定で前部がボギー式に可動する。ここで関節式蒸気機関車の種類を上げておこう（図-17）。（単台枠の場合の代表的なシリンダー配置は本文116頁参照）。多気筒の蒸気機関車は，フランスでの開発が盛んで，ドゥ・グレン（国籍はイギリス人）のものは有名であった。

　機関車のデザインが多様化するにつれ、古典機の世界で主流だったスチーブンソン式弁装置の他にも、様々な機構が開発されていった。蒸気機関車の外観で最も複雑なところといえば、シリンダーに繋がるロッド類の構成だろう。ピストンから弁と動輪を駆動する機構を総称して弁装置と呼ぶが、細かな違いも含めると多くのものが考えられている。しかし最も普及したタイプといえば、古典機の

●図-17 関節式蒸気機関車の種類

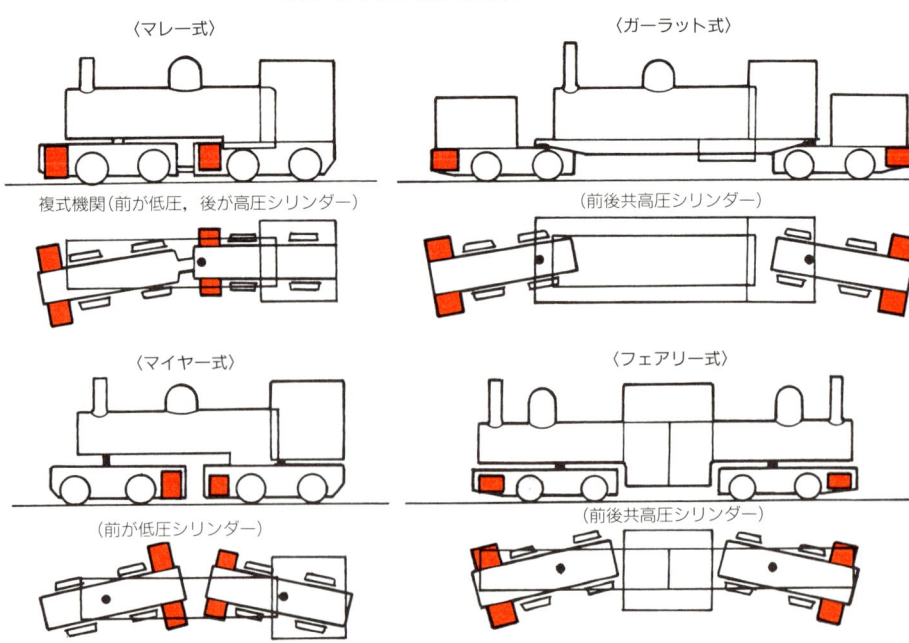

〈マレー式〉
複式機関（前が低圧，後が高圧シリンダー）

〈ガーラット式〉
（前後共高圧シリンダー）

〈マイヤー式〉
（前が低圧シリンダー）

〈フェアリー式〉
（前後共高圧シリンダー）

蒸気機関車の誕生と発達

スチーブンソン式，近代機のワルシャート（ホイジンガー）式弁装置だろう。弁そのものは，古典機ではスライド式，近代機ではピストン式が主流だ。ピストンバルブの方が蒸気通路を大きくとれ，性能向上した近代機のボイラーに対応して，高速に有利であった。内燃機関に使われるポペット弁は例外的に使われたことがある。このほかの主な弁装置としては，ジョイ式，アラン式，コッペル式などがあり，日本にも輸入されている（本文弁装置の項参照）。

19世紀も末になると，鋼鉄のレールが普及し，列車のスピード，重量などに対し条件が有利になってきた。この世紀半ば以降は，レールの継ぎ目にはフィッシュプレートと呼ぶ板でレールを挟む形になり，現在と同じスタイルとなった。

またこの頃にはその時代情勢から，鉄道は軍事的な役割も担わされるようになっていた。アメリカでは南北戦争時に鉄道による兵員輸送をフル回転で行った。鉄道輸送が戦況に重大な影響を与えた例としては，普仏戦争時，ドイツの鉄道輸送力の優越性が勝利に貢献したと言われている。

こうして蒸気機関車のメカニズムは成熟に向かい，近代的なスタイルとなっていくのだが，しかし1879年にはドイツでジーメンスの初めての電気機関車が走り，1883年にはダイムラーのガソリンエンジンが開発されていた。産業は第二の革命，石油と電気の時代の幕を開けていたのだった。

20世紀にはいると，蒸気機関車にとって最後とも言える重要な発明が行われた。1903年にドイツのシュミットによって開発された過熱器である。（本文過熱管の項参照）これはボイラーで発生させた飽和蒸気を，再び過熱管で大きな煙管内に導くことによって，更に加熱するものだ。近代機の例では，16気圧で概ね200℃強の蒸気温度を，300〜400℃ほどにまで加熱する。この装置により大幅に熱効率が向上し，出力の増大に比して燃料と水を節約することになった。過熱器は他のタイプも考案されたが，生き残ったのはこの煙管式のみ

●図-18 A4形マラード号(4-6-2)イギリス

202.7km/hの蒸機世界記録をもつ3気筒急客機でヨーク交通博物館に保存。

●図-19 01形(4-6-2)ドイツ

直線的で精緻なデザインをもつドイツの代表的な高速急客機。

23

であった。過熱管の取り回しには様々なタイプがあるが、日本ではシュミット式A型と呼ばれるものが一般的である。

　その後もスピードへの挑戦は続けられるが、蒸気機関車の最高速度は1938年英国のマラード号による時速202.7kmとなっている。しかし電気機関車はそれよりはるか以前、1903年に同じ速度をあっさり超えてしまっていた。

　20世紀になっても世界各地で工夫を凝らした特色ある蒸気機関車が作られた。本文では日本の蒸機を例にメカニズムを解説しているので、ここでは魅力的な世界の近代機を図示しておこう。（図18～29）

●図-20 231E形(4-6-2)フランス

英仏間の国際列車「フレッシュ・ドール(金の矢)号」を牽引した4気筒機。

●図-21 743形(2-8-0)イタリア
排気をボイラー脇の温め装置に送り込んで放出する。その間にボイラーに供給する水を温める（フランコ・クロスティ式ボイラー）。

●図-22 16E(4-6-2)南アフリカ連邦
ドイツ製で弁装置はポペットバルブ、動輪径は狭軌鉄道では最大の1829mmをもつ急客機。

蒸気機関車の誕生と発達

メーターゲージ(1000mm)では最大級で重量252t、長さ31m(イギリス製)。

●図-23 59形ガーラット(4-8-2+2-8-4) ケニア

●図-24 P36形(4-8-4)旧ソ連

ボディはダークグリーンと黄色のストライプ。足回りは赤く塗った超大型の半流線形急客機。

●図-25 WP形(4-6-2)インド

広軌(1676mm)用の急客機。フロントは半球形で星印の魔除けが描かれている。

●図-26 前進形(2-10-2)中国

中国の代表的な機関車で総重量が250tのマンモス機。

●図-27 パシナ(4-6-2)日本

特急「あじあ号」を牽引した旧満州鉄道の華。性能と共に流線形のデザインも評価が高かった。現在は中国で復元保存されている。

●図-28 S-1b形ナイアガラ
　　　(4-8-4)アメリカ

蒸機時代の最後に現われた超大型機で、洗練された美しさとローラーベアリングを多用して運転性能を向上している。

蒸気機関車の誕生と発達

●図-29 ビッグボーイ(4-8-8-4)アメリカ

世界最大、最強の関節式貨物機。日米戦争時に物資を輸送するためロッキー越えで活躍。

日本の蒸気機関車事始め

東京神田の交通博物館に行くと、渋く古びた模型の蒸気機関車を見ることが出来る。これは佐賀藩の藩士が作ったものとされ、モデルは1853年、長崎に渡来したロシアの艦隊が持参したライブスチームであると言われている。(交通博物館のものはレプリカで本物は佐賀県立博物館保存、全長40cm)同じ年、浦賀にやってきたペリーの艦隊も何故か蒸気機関車の模型を携えていた。彼らは西欧の先端技術を啓蒙するために、それらの模型を持参したのだろうか。そう考えるには、時代背景からして善意すぎる解釈だと考えられる。西欧の列強が植民地の争奪に必死になっている時代だから、その目的の半分は日本の「土人」を威嚇するためだと考えるのが妥当だろう。しかしである、翌年再来したペリーの一行に、幕府の官僚が蒸気機関車と船のボイラーの違いについて質問し、アメリカの軍人を驚かせたという記録がある。既にオランダの文献を通じて鉄道の存在は知られていたのだ。[III]閉じられた世界ではそれだけ外の情報に飢えている。

日本では内乱直前の騒然とした雰囲気の中、幕府はもとより各藩も西欧技術を導入し、軍事力の増強に努めていた。佐賀藩では既に製錬所が建てられており、模型を作った藩士は精錬方だったと言われる。

※III 日本経済評論社「日本の鉄道－成立と展開」P.2

維新後明治の新政府は、古代の王制を前面に押し立て、史上初めて日本という統一国家のコンセプトを打ち立てた。この統一を完成させるためにも、鉄道建設は単なる交通手段を超える意味を持った、威信を懸けた政策だった(筈だ)。しかし西欧先進国の知識を学んだ一部エリート以外、鉄道のような社会的基盤の整備という観点は、支配層にも少ないのが本当の所だった。また廃藩置県以前の新政府には、各藩より財政力が無く、イギリスの銀行に鉄道建設の資金調達を依頼している。もちろん鉄道の知識も技術もすべて輸入である。この鉄道建設のためにイギリスから派遣されたのが、当時29歳の技術者エドモンド・モレルである。彼が来日したのは維新後わずか3年、1870年のことであった。

モレルは精力的に働き鉄道建設を指揮したが、過労から僅か1年半でこの世を去った。しかしモレルの来日2年後には現在の汐留～桜木町間に鉄道が開通している。この時の機関車はイギリスから輸入されたもので、2-4-0のタンク型だった。(図-30)開業後しばらくの官鉄の機関車は、イギリス製でタンク型が多かった。当時のイギリスの蒸気機関車の特徴が現れており、先・従輪は別の台車ではなく、板台枠に付けられている。ボイラーの多くがストレート式で、弁装置は伝統のスチーブンソン式が主だった。珍しい形式のものとし

27

ては，サドルタンク型の機関車で内側シリンダーというものも輸入されている。

ゲージはイギリスの植民地で多く使われた3フィート6インチ（1067mm）の狭軌だった。このことについては，鉄道の輸送力や機関車の性能が制約されるところから，多くの議論があるところだが，当時としてはこれは妥当なところだと思われる。機関車・車両はもちろん，鉄道の土木工事にいたるまですべての指導は，いわゆるお雇い外国人に頼っていた。

日本の鉄道は1907年に私鉄を買収して鉄道網を一元化するまで，幹線でも民間が営業しており，官鉄と併せてこれらの会社が輸入した蒸気機関車は実に多種多様であった。イギリス・ドイツ・アメリカが主な発注先だが，これらの機関車の計画・デザインも外国人が行っており，多くの「お雇い外国人」が活躍している。官鉄では機関車の企画・設計・発注・運用を監督する者を汽車監察方と呼び，開業時からイギリスの技術者が担当した。F.C.クリスティー，W.M.スミス，B.F.ライトという技師が活躍していたが，この後任としてやって来たのが蒸気機関車の発明者トレビシックの孫の兄弟だった。1876年にまず弟のヘンリーが来日し，1881年には兄のリチャード・フランシスがやってきた。二人ともに20年以上も日本に滞在し，日本の技術者を育て多くの影響を与えている。

兄の方は1888年から官鉄の機関車監察方になり，すぐに設計したのがB6という0-6-2のタンク型機関車である。(図-31)これは明治時代に最も多く製造された機関車で，寿命も長く太平洋戦争後まで活躍したものもあった。独・英・米に発注され，細部に多少の違いがあるが，後の鉄道院の形式では2100・2120・2400・2500の各型に当たる。この機関車の難点は，3軸の動輪にイコライザーがついておらず，また先輪もなかったため，線路の状態の悪いところでは走行性に問題が出たという位だ。基本的に貨物用で当時としてはパワフルであったが，晩年は入れ換え用に操車場で使われた。

●図-30 150（鉄道院形式・以下同じ）

第1号機関車。イギリスからの輸入タンク機で新橋〜横浜間を走る。製造初年1871年（明治4年）　動輪径1295mm

●図-31 2120

明治の代表的タンク機でイギリスからの輸入機。別名B6形。1890年（明治23年）

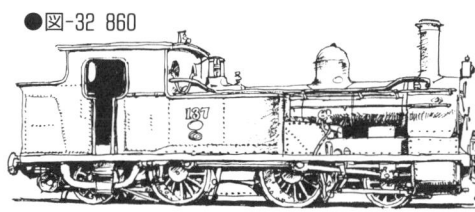

●図-32 860

国産の1号機。右側シリンダーが高圧，左側シリンダーが低圧の複式機関車。製造初年1893年（明治26年）　動輪径1346mm

日本初の国産機を設計したのもリチャードであった。国産といっても一両だけの手作りのもので，素材の鋼材などがまだ充分に国産化できない時期であったため，手持ちの輸入材料などで苦心して造られた。これは1893年のことで，2-4-2のA8と呼ばれるタンク形機関車をベースにした物で後の鉄道院の形式で860形といわれるものだ（図-32）。複式のエンジンで高圧・低圧用とも左右に一気筒ずつ配置している。国産初の蒸気機関車がコンパウ

ンドエンジンというのは、少し大胆な感じもするが、トレビシックは本国の最新技術を試したかったのかもしれない。低圧側のシリンダーはピストン面積が高圧側の2と4分の1倍あった。官鉄の神戸工場で八ヶ月ほどかかって完成している。ただ複式の機関は、運転に熟練を要するためか、この形の製造は一両だけで終わってしまった。トレビシック企画の蒸気機関車は、外国への発注も並行して行われ4-4-0のテンダー機D6(5500型)などが作られていたが(図-33)、1895年には先輪2軸の4-4-0・5680型、翌1896年には7900型をトルク重視の勾配用に2-6-0と3軸動輪にデザインし国産した。また1900年には2-8-0の動輪4軸と大型の勾配用9150型を奥羽線用に製造し、滞日最後の1904年にもタンク機3150型を作った。こうして彼は日本の蒸気機関車デザインと製造技術の基礎を残して帰国したのだった。

トレビシックのものをはじめ官鉄の機関車はイギリスのスタイルが基本だったが、官鉄以外では輸入したアメリカ型の4-4-0を模倣して自ら作った私鉄もあった。輸入されたアメリカ型では、北海道開拓使の造った幌内鉄道の弁慶・義経号(図-34)が人気があるが、この他、山陽鉄道が多くのアメリカ製蒸機を輸入している。先に述べたようにボギーの先台車を持つタイプは、急カーブや貧弱な路盤の線路に対しても車輪の追随性がよい。しかし私鉄に機関車国産化の余裕がでるのは官鉄よりだいぶ遅れてからだった。また後にはマレー型の蒸機もドイツから輸入されている。(図-35)

日本に蒸気機関車の専門製造会社が出来るのは1899年で、初代の鉄道長官が大阪に作った汽車製造合資会社である。しかし暫くはおよそオリジナルとは言い難い模倣のタンク型機関車を作り、地方の私鉄に供給していた。

1906~7年の主要私鉄の国有化以降、機関車の企画開発も日本人の技術者が行うようにはなるが、基本的には先進各国の模倣の域を出ていない。この後も先進的なものや流行の新技術は素早く導入されることになる。蒸気機関車は西洋において完成された技術であるため、仕方のないことではあるが、付帯的なもの(たとえば排気膨脹室)以外に日本のオリジナルな技術は現れていない。日本の鉄道線路は、狭軌という制約以上にその許容軸荷重が、現在でも発展途上国並みである(新幹線を除く)。その後、この基礎的な部分を大改革せずに、制約された条件の中で最大の効率を上げる、と言う意味では、蒸気機関車の開発にも優れた技術を発揮することになっていく。

●図-33 5500
お召し列車も引いた明治の代表的なテンダー機。製造初年1893年(明治26年) 動輪径1397mm

●図-34 7100
「義経」「弁慶」「静」と名付けたアメリカからの輸入機。1880年(明治13年)

●図-35 9850
ドイツ、ヘンシェル社製の輸入マレー機。1912年(明治45年)

機関車の軸配置と呼称

国鉄の蒸気機関車は，以下の様に動輪数に形式記号を対応させている。また図の様に，機関車の形式に2ケタの数字を割り当て，この形式番号以下の数字が製造順を示している。

```
動輪数    2  3  4  5
形式記号   B  C  D  E
```

形式の数字
　タンク機関車　　10〜49
　テンダー機関車　50〜99

昭和の初期までは，形式を数字だけで表示した。1〜4999までがタンク機関車，5000〜9999がテンダー機関車であった。8620形を例にとると，8620が1番機，8699が80番めで，81番機は18620となり，百の位に操り上がると1から順に先頭に持ってくる。

軸配置	国鉄記号	ホワイト式称号	米国式呼称	形式例
	B	0-4-0	4ホイール スイッチャー	B20
	2B	4-4-0	アメリカン	5500
	2B1	4-4-2	アトランティック	1150
	1B1	2-4-2	コロンビア	230
	C	0-6-0	6ホイール スイッチャー	1850
	1C	2-6-0	モーガル	2800
	C1	0-6-2	6カップルド トレーリング	2120
	1C1	2-6-2	プレーリー	C58
	1C2	2-6-4	6カップルド ダブルエンダー	C11
	2C	4-6-0	テンホイラー	8620
	2C1	4-6-2	パシフィック	C57
	2C2	4-6-4	ハドソン	C62

蒸気機関車全般

●軸配置と呼称の例

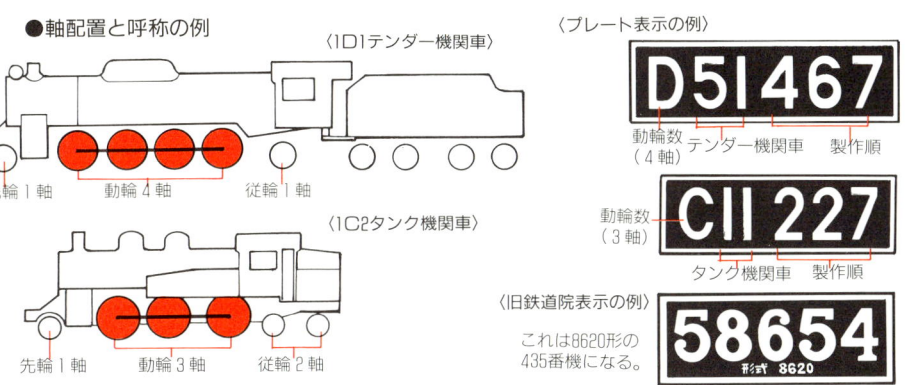

〈1D1テンダー機関車〉

先輪 1 軸　動輪 4 軸　従輪 1 軸

〈1C2タンク機関車〉

先輪 1 軸　動輪 3 軸　従輪 2 軸

〈プレート表示の例〉

D51467
動輪数　テンダー機関車　製作順
（4軸）

C11227
動輪数　タンク機関車　製作順
（3軸）

〈旧鉄道院表示の例〉

これは8620形の
435番機になる。

58654
形式 8620

軸　配　置	国鉄記号	ホワイト式称号	米 国 式 呼 称	形式例
	1D	2－8－0	コンソリデーション	9600
	1D1	2－8－2	ミカド	D51
	1D2	2－8－4	バークシャー	D62
	2D1	4－8－2	マウンテン	
	2D2	4－8－4	ノーザン	
	E	0－10－0	10ホィール　スイッチャー	4110
	1E	2－10－0	デカポット	
	1E1	2－10－2	サンタフェ	
	2E	4－10－0	マストドン	
	1E2	2－10－4	テキサス	E10
	2F1	4－12－2	ユニオン　パシフィック	
	C－C	0－6－6－0	マレー	9850

蒸気機関車の外観と名称 （D51 炭水車を除く）

　蒸気機関車はその外観が大きな魅力のひとつで，一部の型（C55のように流線形のカバーを取り付けたもの）を除けば，メカニカルな機器や作動部を露出させている。

　走行部分は，シリンダー，弁装置，動輪，従輪等で構成され，すべて台枠に収まる。その上にエンジンのエネルギー発生部であるボイラーが乗る。
　ボイラー全体は前から煙室，罐胴，火室の順で構成され，その後部に運転室が付く。煙室上部に煙突，罐胴上部に蒸気ドーム，砂箱，安全弁が設置されている。
　運転室は左側に機関士，右側に助士の席があり，全体に左右対称で機関士側に空気圧縮機，助士側に給水ポンプ等各補器類が重量バランスをとって配置される。
　なおD51で，煙突と蒸気ドームが一体となった初期の半流線形（通称ナメクジ）では，給水温め器が煙突の後にボイラーと平行して置かれている。軸配置は1-4-1で日本では1D1という表記をされる。シリンダー内下部にはピストンがあり，上部のピストン弁の給排によって動き，それに連結するクロスヘッドは滑り棒を前後し，主連棒，連結棒を動かして動輪を回転させる。

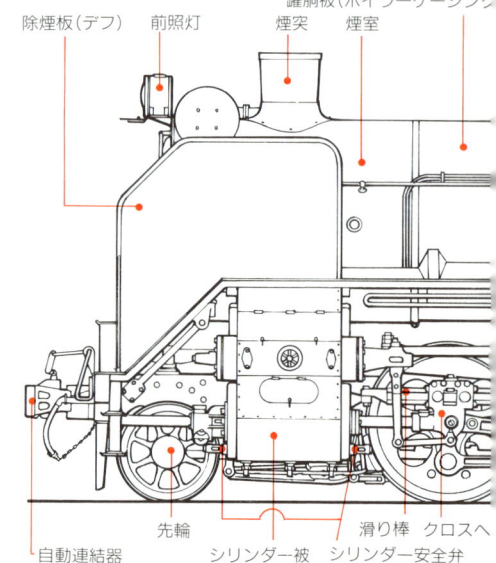

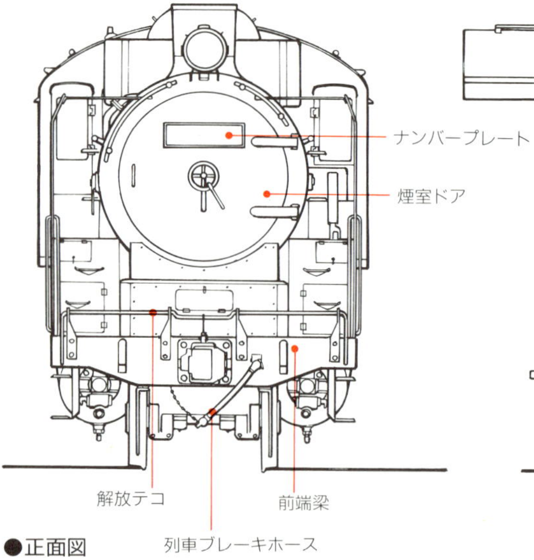

● 正面図

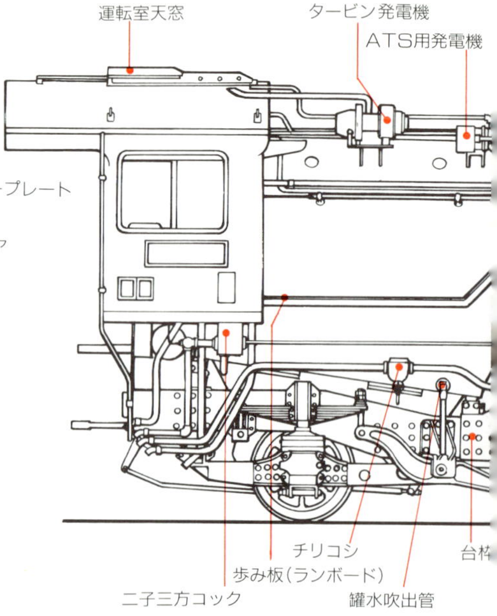

蒸気機関車全般

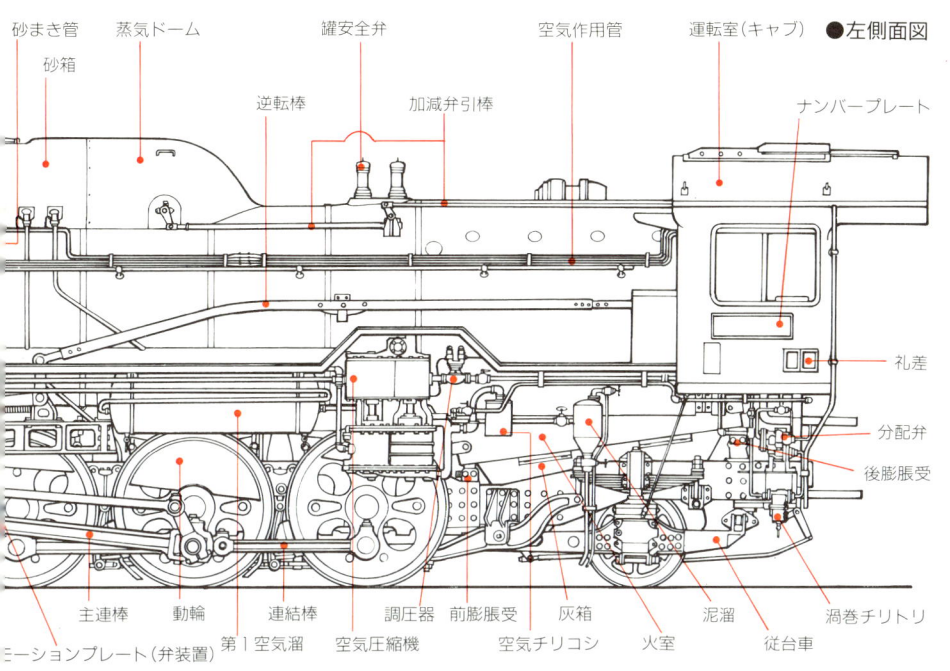

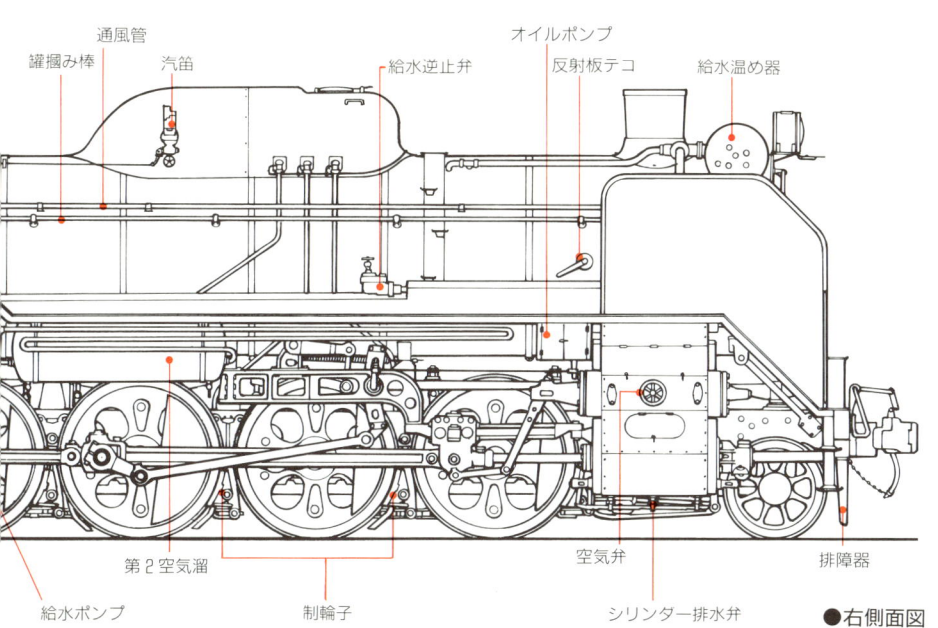

●左側面図

- 砂まき管
- 砂箱
- 蒸気ドーム
- 罐安全弁
- 逆転棒
- 加減弁引棒
- 空気作用管
- 運転室（キャブ）
- ナンバープレート
- 礼差
- 分配弁
- 後膨脹受
- 主連棒
- 動輪
- 連結棒
- 調圧器
- 前膨脹受
- 灰箱
- 泥溜
- 渦巻チリトリ
- モーションプレート(弁装置)
- 第1空気溜
- 空気圧縮機
- 空気チリコシ
- 火室
- 従台車

●右側面図

- 罐摑み棒
- 通風管
- 汽笛
- 給水逆止弁
- オイルポンプ
- 反射板テコ
- 給水温め器
- 給水ポンプ
- 第2空気溜
- 制輪子
- 空気弁
- シリンダー排水弁
- 排障器

33

蒸気機関車の内部と名称

（D51 炭水車除く）

蒸気機関車の断面を見ると、車体容積の大半を、火室とボイラーというエネルギー発生機関が占めている。

火室で石炭を燃やしボイラーに満たした水を熱して高圧蒸気を発生させる。蒸気は蒸気溜から乾燥管、過熱管を通りピストン・シリンダーに導かれる。ピストンを動かした後は煙突から排出される。ピストンの動きは主連棒を介して動輪を回す。

①火の粉止めアミ ②反射板 ③主蒸気管 ④吐出管 ⑤バイパス弁 ⑥罐台 ⑦空気弁 ⑧蒸気室 ⑨シリンダー ⑩シリンダー排水弁 ⑪排気膨脹室 ⑫加減弁 ⑬砂まき管 ⑭大煙管 ⑮火室 ⑯給水ポンプ ⑰小煙管 ⑱元空気溜 ⑲ブレーキシリンダー ⑳控 ㉑空気圧縮機

ボイラー内部は多数の煙管や各補器類を動かす蒸気管が入り、火室は膨脹伸縮による変形に備えて数多くの控が設置される。火室下部は火格子、その下に灰箱を備えて灰殻を収納する。動輪は軸箱と共に台枠に入り、バネを付けてイコライザーで結び機関車の振動を柔らげる。

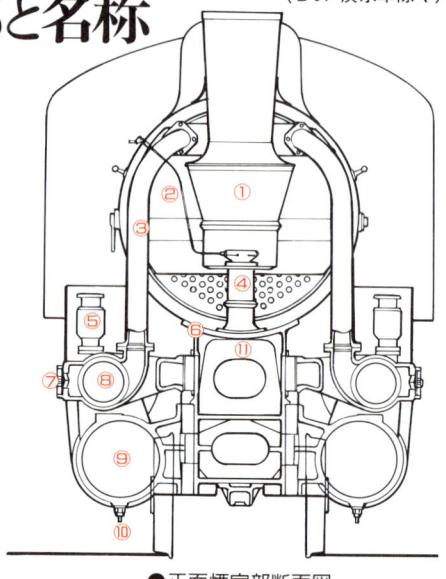

●正面煙室部断面図

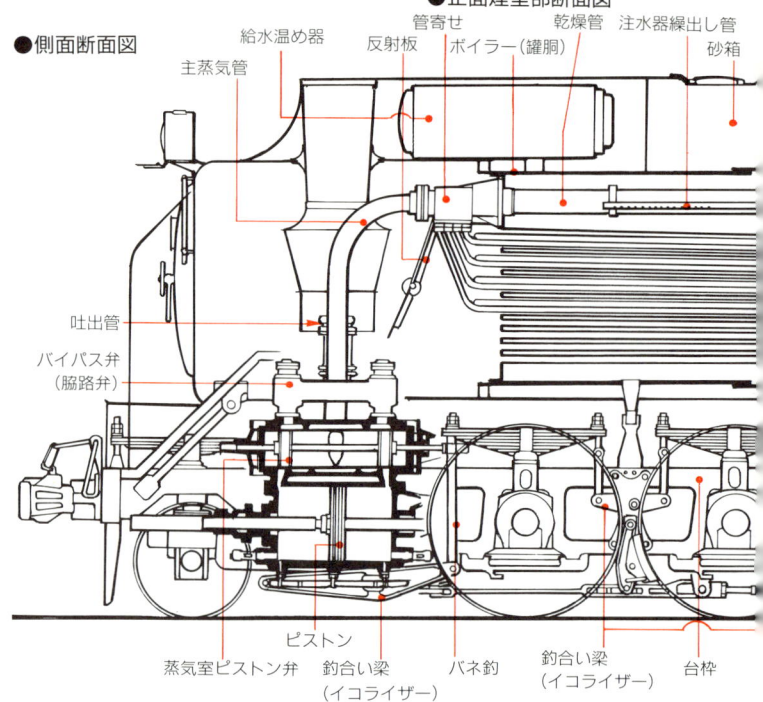

●側面断面図

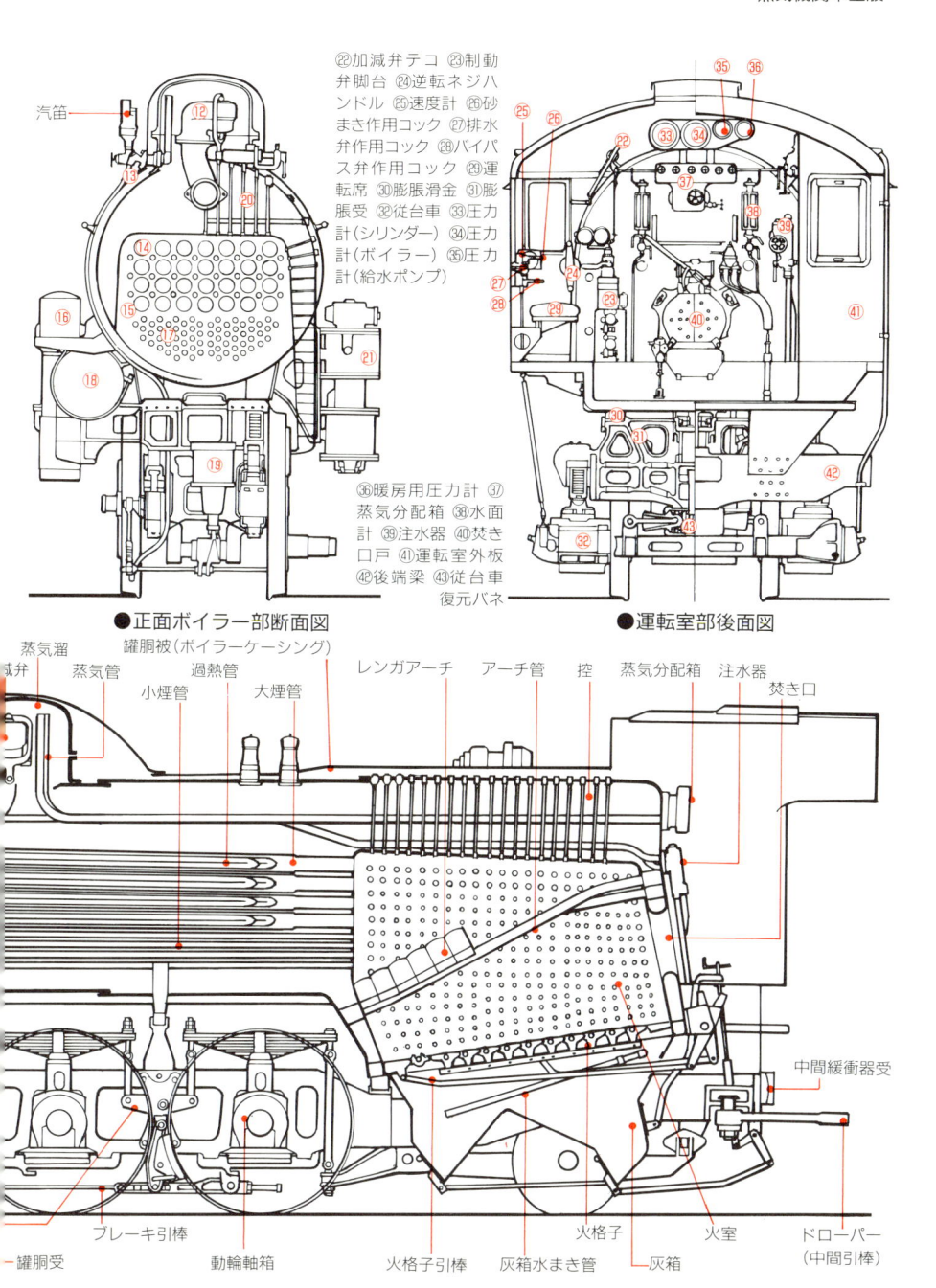

蒸気機関車全般

㉒加減弁テコ ㉓制動弁脚台 ㉔逆転ネジハンドル ㉕速度計 ㉖砂まき作用コック ㉗排水弁作用コック ㉘バイパス弁作用コック ㉙運転席 ㉚膨脹滑金 ㉛膨脹受 ㉜従台車 ㉝圧力計(シリンダー) ㉞圧力計(ボイラー) ㉟圧力計(給水ポンプ)

㊱暖房用圧力計 ㊲蒸気分配箱 ㊳水面計 ㊴注水器 ㊵焚き口戸 ㊶運転室外板 ㊷後端梁 ㊸従台車復元バネ

● 正面ボイラー部断面図　　　　　● 運転室部後面図

汽笛

罐胴被(ボイラーケーシング)
蒸気溜
蒸気管　過熱管　　　　　レンガアーチ　アーチ管　控　蒸気分配箱　注水器
減弁　小煙管　大煙管　　　　　　　　　　　　　　　　　　　　　　焚き口

中間緩衝器受

罐胴受　ブレーキ引棒　動輪軸箱　　火格子引棒　灰箱水まき管　火格子　灰箱　火室　ドローパー(中間引棒)

35

炭水車(テンダー)とタンク式機関車

D51のように幹線を長距離走る機関車では、石炭と水を積載した炭水車(テンダー)を連結する。このテンダー式機関車はその形状からバック運転が苦手で、折り返しなどの小回りのきく運用には向かない。そのため支線などの短距離区間や入れ換え用には、機関車本体に石炭と水を積んだタンク式機関車が使用される。図のC11やC12などが日本の代表

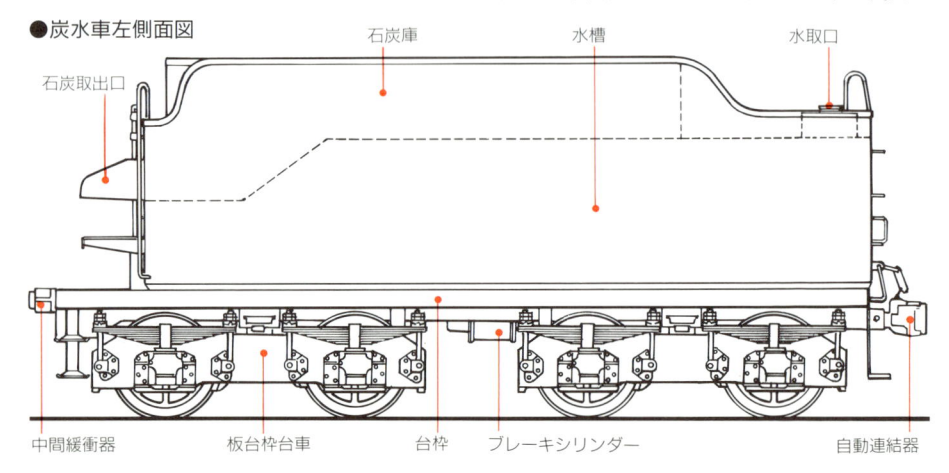

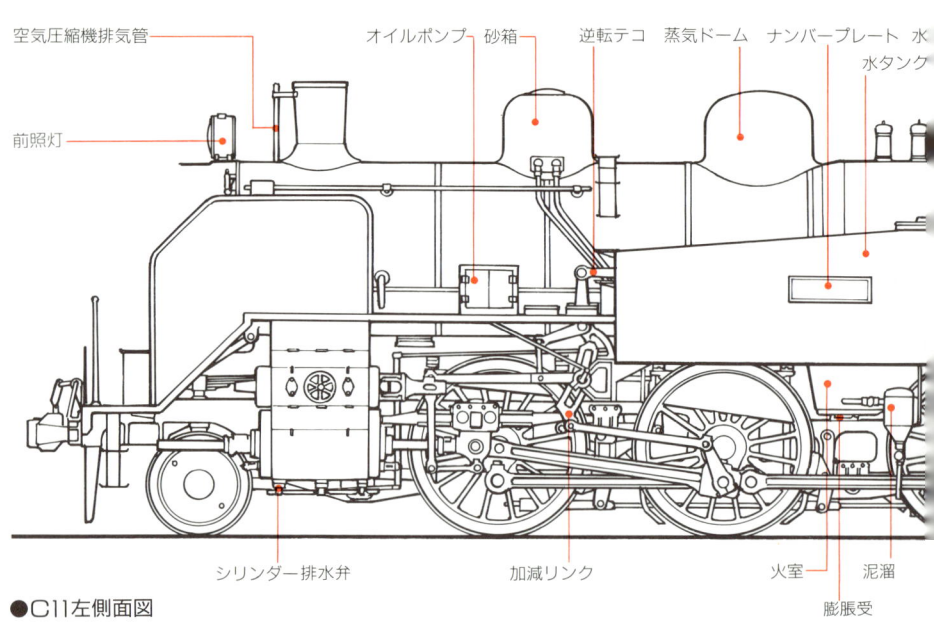

●炭水車左側面図

石炭取出口　　石炭庫　　水槽　　水取口

中間緩衝器　板台枠台車　台枠　ブレーキシリンダー　自動連結器

空気圧縮機排気管　オイルポンプ　砂箱　逆転テコ　蒸気ドーム　ナンバープレート　水
前照灯　　　　　　　　　　　　　　　　　　　　　　　　　　　　　水タンク

シリンダー排水弁　　加減リンク　　火室　泥溜
　　　　　　　　　　　　　　　　　　膨脹受

●C11左側面図

36

蒸気機関車全般

的なタンク式蒸気機関車である。

　蒸気機関車の運行には意外なほど水の消費量が多く、車種で異なるが重量比で石炭１に対し水は最低でも５以上と言われる。かつての日本の主要駅には必ず給水所が設けられていたが、給炭所は機関区にある程度だった。

D51の炭水車は、石炭を８ｔ、水を20㎥（約20ｔ）積み込むことができる。石炭は側面図の点線から上の部分に積載される。タンク式蒸気機関車では、ボイラーの両側が水タンクで、運転室後部のタンクも下部は水である。

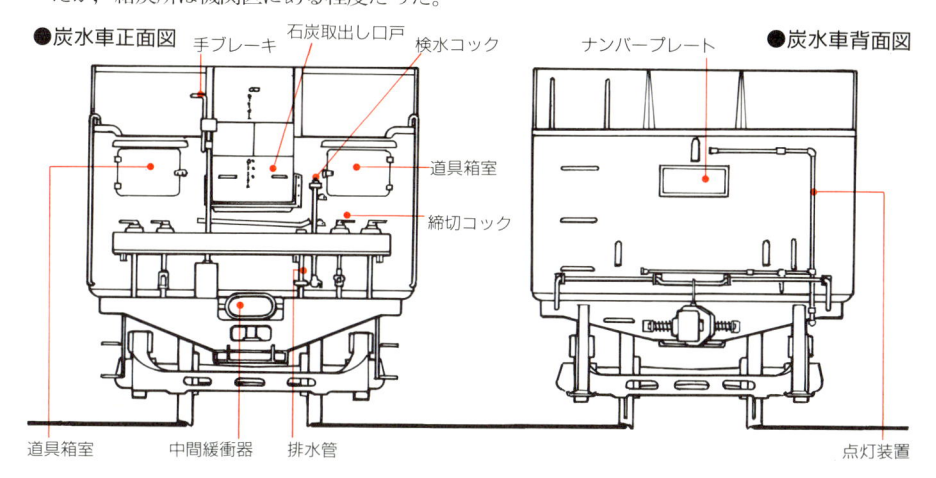

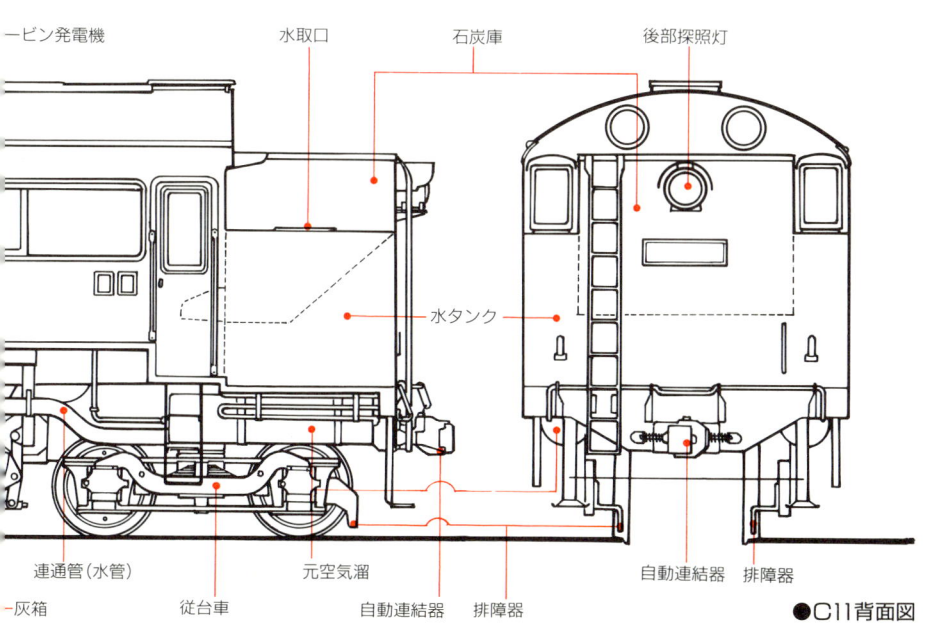

● 炭水車正面図　　　　　　　　　　　　　　　　　　　● 炭水車背面図

手ブレーキ　石炭取出し口戸　検水コック　　　ナンバープレート
道具箱室
締切コック

道具箱室　中間緩衝器　排水管　　　　　　　　　　　　　点灯装置

ービン発電機　水取口　石炭庫　　　後部探照灯

水タンク

連通管(水管)　元空気溜　自動連結器　排障器　　　自動連結器　排障器
灰箱　従台車　自動連結器　排障器　　　　　　　　　● C11背面図

37

ボイラー全体の構成

ボイラーのことを蒸機では罐胴と呼ぶ。ここは水を張り石炭を燃やして高圧蒸気を作り出す部分で、機関車で最も大きな部分を占める。前から煙室、ボイラー、火室という構成になる。ボイラーには、右頁下図のように水管式と煙管式とがあり、一般のボイラーでは水管式が普通だ。しかし蒸気機関車では短時間に大量の蒸気をより高圧にして連続的に取り出すことが必要で、現在では多数の煙管を設けて熱伝導面積を大きくし（D51クラスでは200m²以上）、高温の燃焼ガスを通す煙管式ボイラーを採用している。

水は大気圧と同じ1気圧では、100℃で沸騰すれば蒸気温度も100℃だから、シリンダーに届く時には水滴に戻ってしまい圧力が無くなる。そこで密閉した容器で熱すれば沸点が上がり、高温高圧の蒸気が出来る。そのためいかに高圧に耐えられるボイラーを作れるかが、機関車の性能を左右する。初期の「弁慶号」で7.7kg/cm²（7.7気圧）だったものが、近代機C57では16気圧となり、沸点は200℃を超える。

煙室から後方はボイラーケーシング（罐胴被）で覆われ、ボイラー胴との間に断熱用の石綿布団が入る。火室は燃料を燃やすため下部に火床、後部に焚き口がある。煙室にはピストン・シリンダーに通じる主蒸気管と吐出管、煙突及び煙室ドアが付く。この基本構成は、大きさや仕様が異なっても初期のものから大きな変化はない。

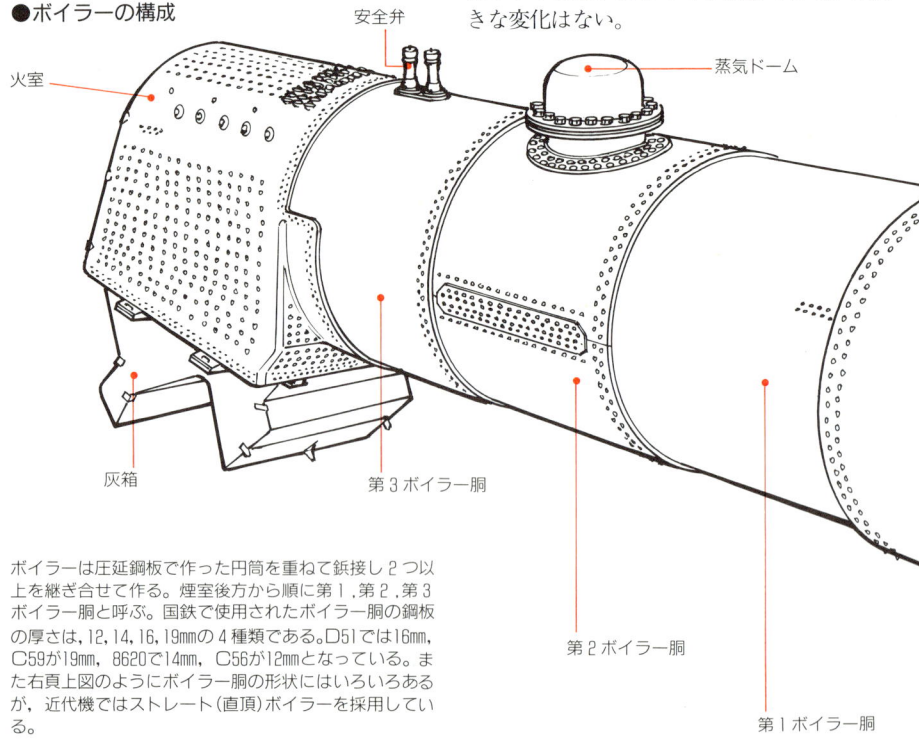

●ボイラーの構成

ボイラーは圧延鋼板で作った円筒を重ねて鋲接し2つ以上を継ぎ合せて作る。煙室後方から順に第1、第2、第3ボイラー胴と呼ぶ。国鉄で使用されたボイラー胴の鋼板の厚さは、12、14、16、19mmの4種類である。D51では16mm、C59が19mm、8620で14mm、C56が12mmとなっている。また右頁上図のようにボイラー胴の形状にはいろいろあるが、近代機ではストレート（直頂）ボイラーを採用している。

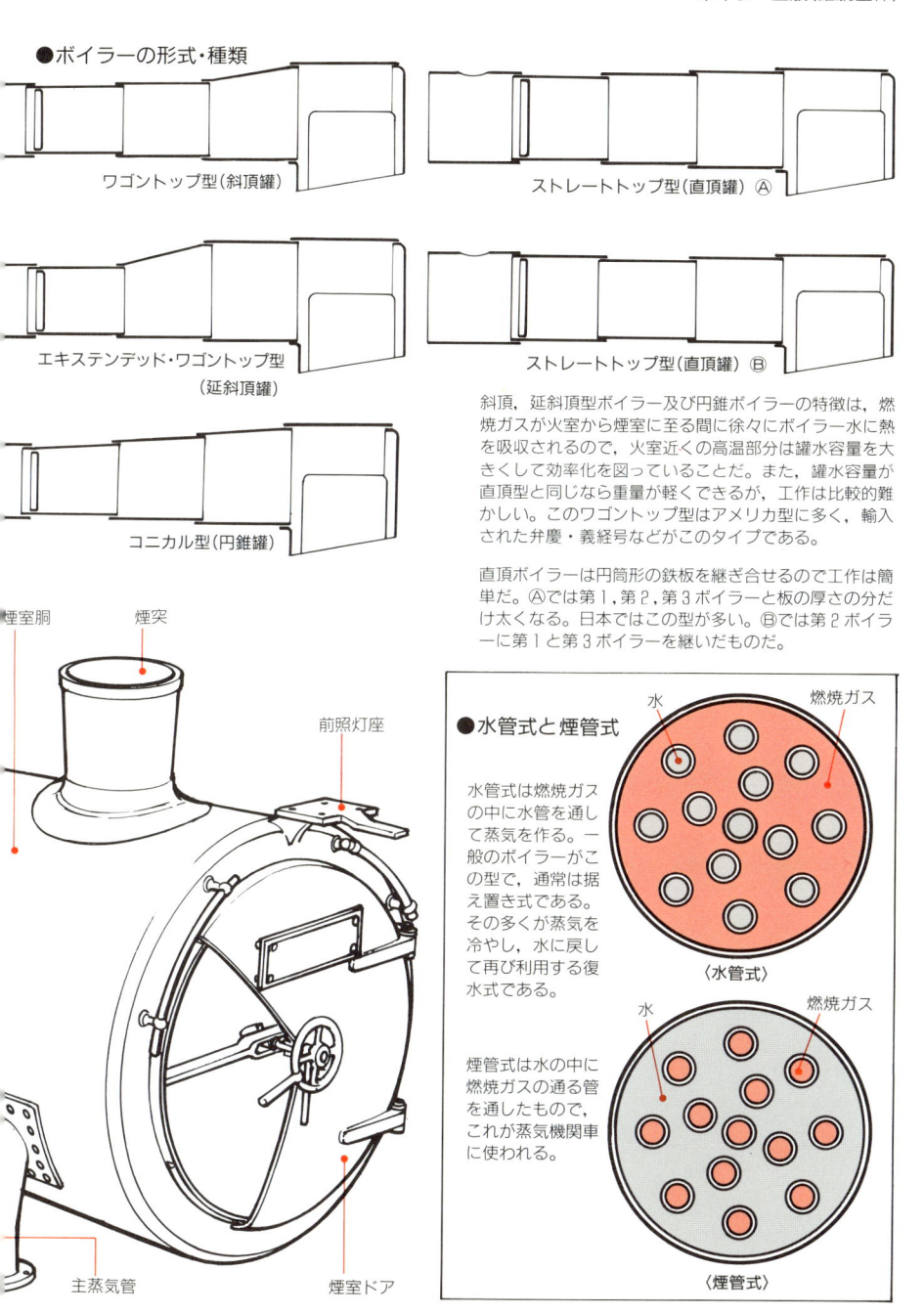

ボイラー全般（罐胴全体）

● ボイラーの形式・種類

ワゴントップ型（斜頂罐）

ストレートトップ型（直頂罐）Ⓐ

エキステンデッド・ワゴントップ型（延斜頂罐）

ストレートトップ型（直頂罐）Ⓑ

コニカル型（円錐罐）

斜頂，延斜頂型ボイラー及び円錐ボイラーの特徴は，燃焼ガスが火室から煙室に至る間に徐々にボイラー水に熱を吸収されるので，火室近くの高温部分は罐水容量を大きくして効率化を図っていることだ。また，罐水容量が直頂型と同じなら重量が軽くできるが，工作は比較的難かしい。このワゴントップ型はアメリカ型に多く，輸入された弁慶・義経号などがこのタイプである。

直頂ボイラーは円筒形の鉄板を継ぎ合せるので工作は簡単だ。Ⓐでは第1，第2，第3ボイラーと板の厚さの分だけ太くなる。日本ではこの型が多い。Ⓑでは第2ボイラーに第1と第3ボイラーを継いだものだ。

煙室胴　煙突　前照灯座　主蒸気管　煙室ドア

● 水管式と煙管式

水管式は燃焼ガスの中に水管を通して蒸気を作る。一般のボイラーがこの型で，通常は据え置き式である。その多くが蒸気を冷やし，水に戻して再び利用する復水式である。

煙管式は水の中に燃焼ガスの通る管を通したもので，これが蒸気機関車に使われる。

水　燃焼ガス
〈水管式〉

水　燃焼ガス
〈煙管式〉

ボイラー控①

ボイラーと火室の周囲には罐水(ボイラーの水)が満たされ，石炭等の燃焼で高温となり高圧蒸気が発生する。近代蒸機の場合，例えば16気圧だと1cm²当たり16kgの圧力がこれらの部分に加わることになる。円筒形のボイラー部では圧力が均一になるので変形することはないが，火室部のように扁平なところが多いと，膨脹しようとする圧力で外板を変形させようとする。

このような理由で，特に火室の周囲には棒状や板状の様々な形をした補強部品を取り付け，高熱高圧による変形を阻止している。この補強部品のことを控(ひかえ)と呼んでいる。

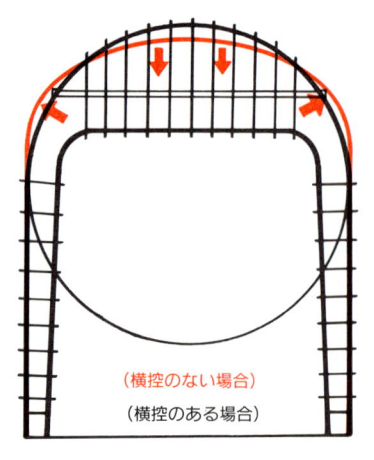

(横控のない場合)
(横控のある場合)

●外火室板の変形正面図

●各種控の取付位置

①ガゼット控 ②側控 ③横控 ④天井控 ⑤たわみ控 ⑥外火室天井板 ⑦第3罐胴 ⑧火室管板 ⑨大煙管取付け穴 ⑩小煙管取付け穴 ⑪ガゼット控

⑫乾燥管穴 ⑬煙室管板 ⑭第1罐胴 ⑮羽子板控 ⑯ノド板 ⑰底枠前足 ⑱アーチ管取付け穴 ⑲底枠 ⑳内火室側板 ㉑外火室側板 ㉒外火室後板

ボイラー全般(罐胴全体)

●長手控・縦控・天井控・釣控の構成

長手控は煙室管板上部と火室後板上部を結ぶ長い棒状のものだが、ガゼット控ができてからは使われていない。縦控も鋼材の質が悪くもろかった頃の旧型機関車で使用されたもので、煙管の入る煙室管板と内火室管板を結ぶ。現在では煙管の剛性で充分とされる。

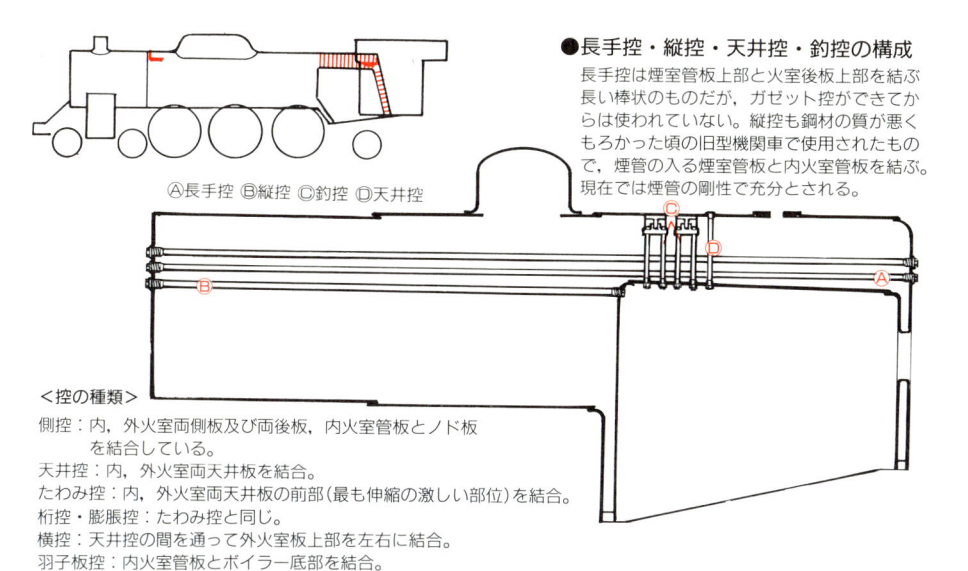

Ⓐ長手控 Ⓑ縦控 Ⓒ釣控 Ⓓ天井控

<控の種類>

側控：内，外火室両側板及び両後板，内火室管板とノド板を結合している。
天井控：内，外火室両天井板を結合。
たわみ控：内，外火室両天井板の前部(最も伸縮の激しい部位)を結合。
桁控・膨脹控：たわみ控と同じ。
横：天井控の間を通って外火室板上部を左右に結合。
羽子控：内火室管板とボイラー底部を結合。
ガゼット控：外火室天井板と外火室後板，煙室管板上部とボイラー胴を結合する板控。
筋違控：外火室天井板と外火室後板を結合。
縦：煙室管板と内火室管板を結合。
長手控：煙室管板と外火室後板を結合。

控には常時圧力がかかっているため，1本でも折れると他の控に負担がかかり，その折損時期が早まることになる。そのため折損部を早く知り交換する必要がある。控は取り付け部分が最も折れやすく，そこでこの部分に直径6mm，深さ48〜55mmの穴を開けておく。控が折れた場合，この穴から下図のようにボイラー気水が噴出して場所を知らせることになる。これを「知らせ穴」と呼んでいる。

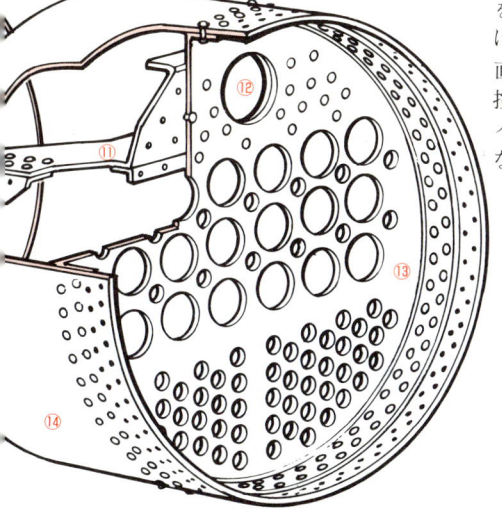

●知らせ穴

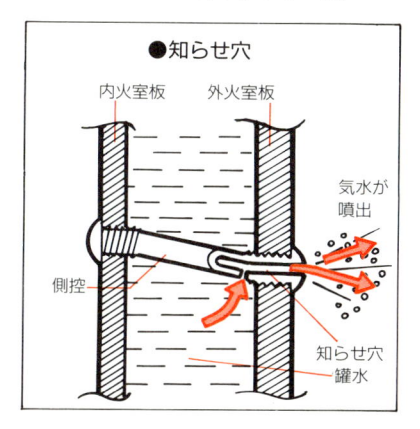

ボイラー控②

●側控

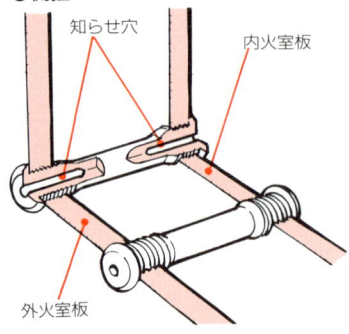

径が19mm，両端ネジ部分22mmの圧延鋼材の棒で両端に知らせ穴がある。内火室の両側板にねじ込み，かしめ止め（漏れを防ぐための工法）する。

●膨脹控（8620・9600型）

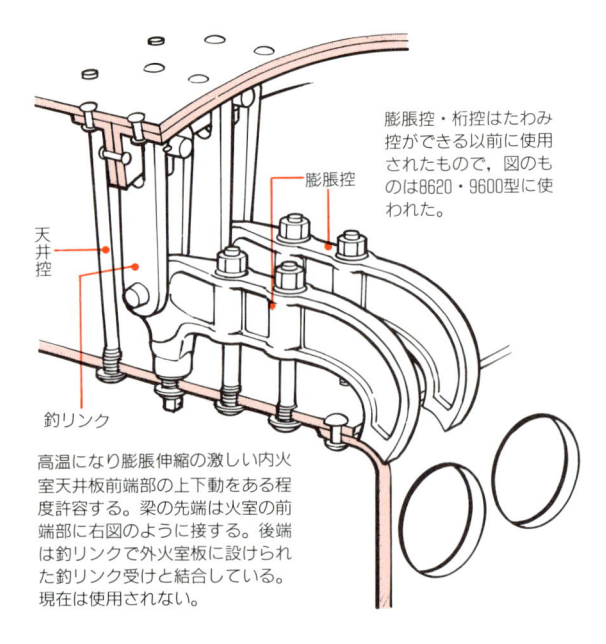

高温になり膨脹伸縮の激しい内火室天井板前端部の上下動をある程度許容する。梁の先端は火室の前端部に右図のように接する。後端は釣リンクで外火室板に設けられた釣リンク受けと結合している。現在は使用されない。

●天井控とたわみ控

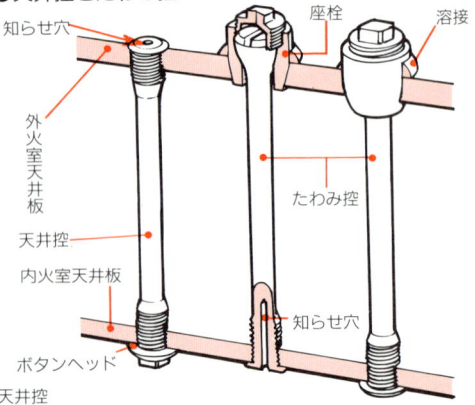

▶天井控

径が25mmの棒で両端はやや太くネジが切ってある。内火室側からねじ込み外火室天井板にネジ止めしてかしめる。外側に知らせ穴が付く。以前は内火室側はナットで締め付けていたが，熱伝導が悪く，近代機ではボタンヘッドで締め付ける。

●たわみ控の動き

たわみ控には側控用と天井控用の2種類がある。一方の端が球状で内部も凹球面をもち，座栓に銅製パッキンを入れて蓋をしてねじ込むので，蒸気の漏れはない。反対側は知らせ穴が付きネジを切って内火室にかしめ止めにする。座栓は外火室板に電気溶接で止める。一般に控が折れやすいのは外火室板の方に多いが，たわみ控では右図のように座栓内が球面継手となっており，ある程度の動きは許容される。内外火室天井板前部，側板最上部，ノド板，及び火室管板間は温度による伸縮膨脹が最も大きく，その部分に使用される。

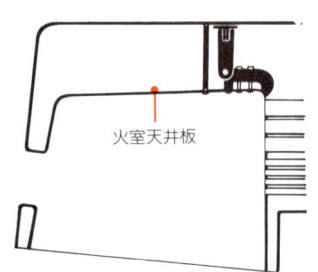

＜取付位置＞

ボイラー全般（罐胴全体）

●羽子板控

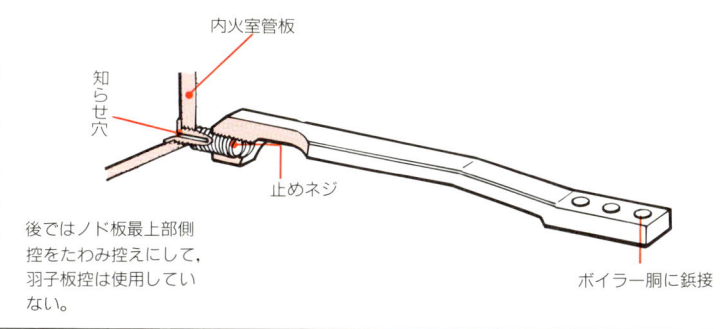

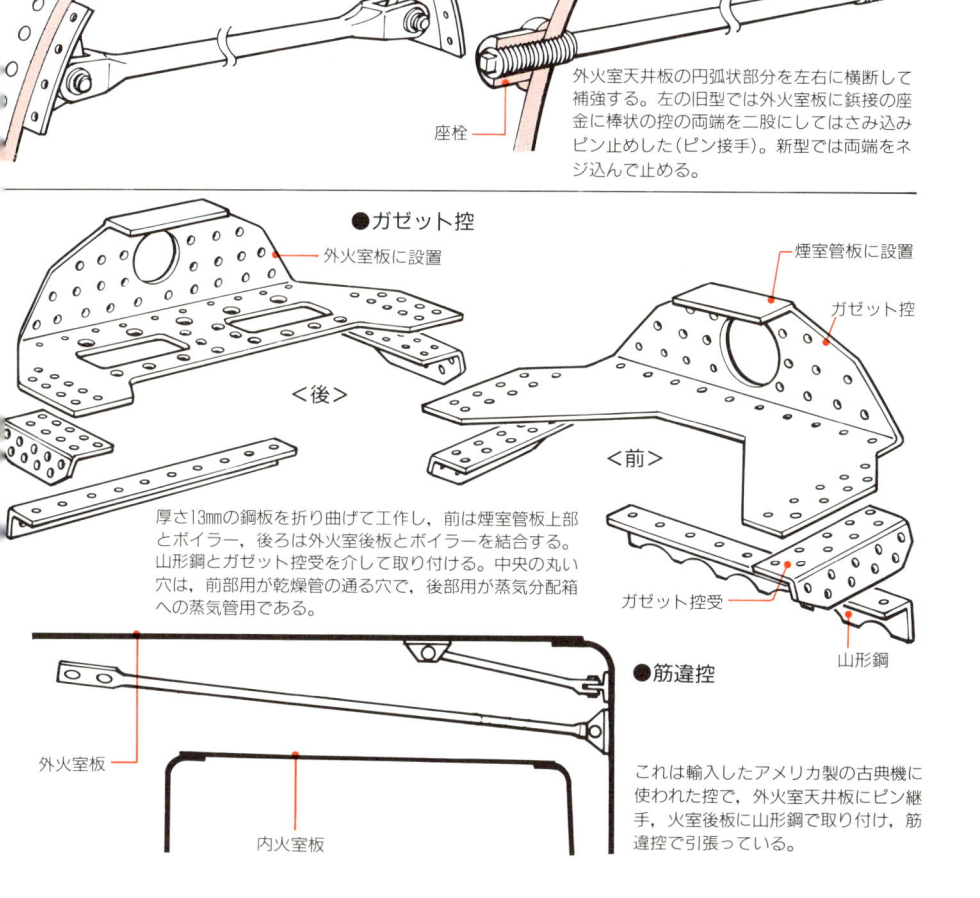

ボイラー底部と内火室管板を円弧状に並べて結合し補強する。内火室管板は煙管及びノド板との側控で補強されているが、その中間を補強する控だ。火室管板側は知らせ穴のついたネジを入れてかしめ止めをし、ボイラーとは鋲接される。D51以後ではノド板最上部側控をたわみ控えにして、羽子板控は使用していない。

知らせ穴
内火室管板
止メネジ
ボイラー胴に鋲接

●横控（ボイラー補強用）

＜旧＞　＜新＞

火室板　　外火室板
座栓

外火室天井板の円弧状部分を左右に横断して補強する。左の旧型では外火室板に鋲接の座金に棒状の控の両端を二股にしてはさみ込みピン止めした（ピン接手）。新型では両端をネジ込んで止める。

●ガゼット控

外火室板に設置
煙室管板に設置
ガゼット控
＜後＞　＜前＞
ガゼット控受
山形鋼

厚さ13mmの鋼板を折り曲げて工作し、前は煙室管板上部とボイラー、後ろは外火室後板とボイラーを結合する。山形鋼とガゼット控受を介して取り付ける。中央の丸い穴は、前部用が乾燥管の通る穴で、後部用が蒸気分配箱への蒸気管用である。

●筋違控

外火室板
内火室板

これは輸入したアメリカ製の古典機に使われた控で、外火室天井板にピン継手、火室後板に山形鋼で取り付け、筋違控で引張っている。

43

火室全体の構成

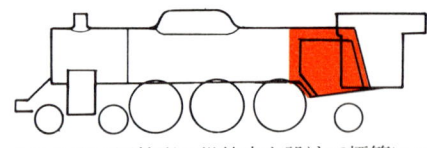

　火室は燃料を充分に効率良く燃焼させ、強い火力を出すのがテーマだが、図の例では火室内にアーチ管と呼ぶ罐水を通したパイプを設け熱伝導面積を増している。また大型機ではほとんどがレンガアーチを設けて通風と火炎の巡りに配慮している。

　基本構造は内火室と下部に石炭を撒いて燃やす火格子を設け、底部に燃え殻の灰を落とす灰箱、運転室側には石炭を投入する焚き口がある。さらに近代蒸機では燃焼を充分にし火力を増すために、内火室の前方に罐胴に入り込む形で円筒形の燃焼室を設けて煙管につなげるものもある。内火室の周囲は罐胴にそって外火室が作られ、その間は罐水に満たされる。この部分は高熱と膨脹圧力で負担がかかるため多数の控(支柱)で補強される。下部は底枠に連結され、全体として高温高圧による歪みや変形に対処している。

　実際の機関車を外側から見ると、外火室の頂部、大形機の場合は第3ボイラー胴頂部に安全弁が付けられ、側面上方にはボイラー洗浄用の洗栓(あらいせん)が設けられている。運転室に面した外火室後板には運転用の各種機器類と焚き口が取り付けられている。

●火室の構造

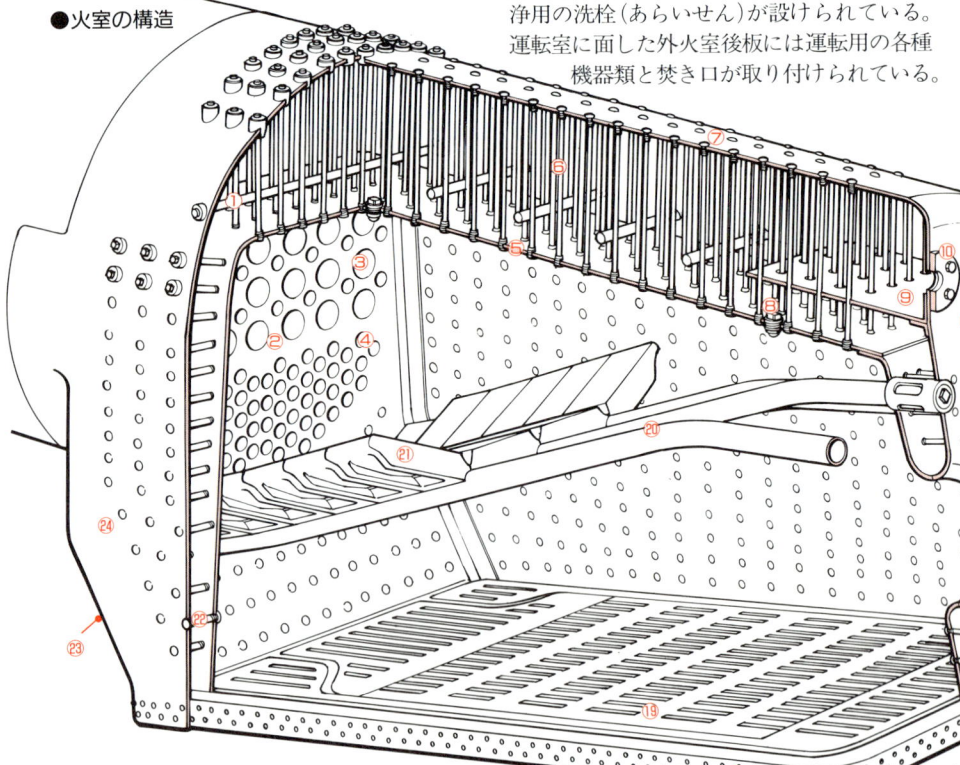

①横控 ②火室管板 ③大煙管 ④小煙管 ⑤内火室天井板 ⑥天井控 ⑦外火室天井板
⑧溶け栓 ⑨ガゼット控 ⑩蒸気分配箱座 ⑪外火室後板 ⑫水面計座 ⑬注水器座 ⑭焚き口 ⑮洗口栓座
⑯底枠後足 ⑰靴(滑り金) ⑱底枠 ⑲火格子 ⑳アーチ管 ㉑耐火レンガ ㉒側控 ㉓喉板 ㉔内火室側板

ボイラー全般(燃焼装置)

●火室の基本構成

内火室の作り方は、左右側板と天井板は一枚の軟鋼板を折り曲げて作り、それに煙管を挿入する管板と焚き口を開けた後板を取り付ける。外火室も同様だが、ボイラーと連結する喉板(のどいた)の形状が異なる。組立は溶接で、ともに底枠に固定される。内火室と外火室との間を水脚(みずあし)と言い、この底部に一周して角鋼材の底枠を差し込み貫徹鋲で止める。その下に付く前後の底枠足は台枠の膨脹受に乗る。底枠により火室は堅牢強固になる。
Ⓐ喉板 Ⓑ外火室天井板 Ⓒ外火室側板 Ⓓ外火室後板 Ⓔ内火室管板 Ⓕ内火室側板 Ⓖ内火室天井板 Ⓗ内火室後板 Ⓘ底枠

●内火室天井板の傾斜

蒸気機関車が下り坂を走る時やブレーキをかけた際には、罐水が前方に寄り火室天井板後部が水平だと露出してカラ焚き状態になる。それを防ぐため天井板を後ろへ向かって1/30の勾配を付けて低くする。また傾斜することにより、熱伝導面積が増大するという効果もある。

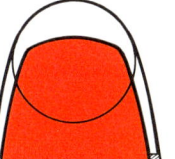

●火室の形態各種

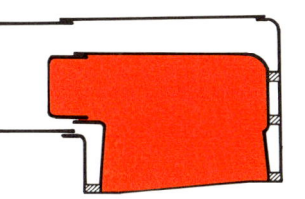

▶ウッテン式火室
底部が広くなったカマボコ形で、火床の幅が広くとれる。無煙炭を使用しているアメリカの蒸気機関車に多く見られる。

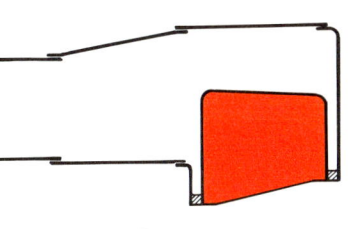

▶ワゴントップ式火室
アメリカ型の古典機関車に多いタイプ。内・外火室の膨脹伸縮が均一ではないので、天井控が折れやすい。

▶クランプトン式火室
外火室頂部とボイラー胴の円形が同じで、膨脹伸縮が均一である。また工作も簡単で、日本の蒸気機関車に多く採用される。

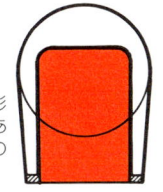

▶ベルペア式火室
外火室頂部が偏平で角ばっているのが特徴。蒸気の発生能力は優れているが、外火室とボイラーの断面形状が異なり、膨脹伸縮が一様ではない。

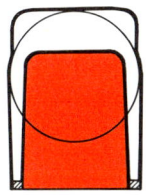

45

火室

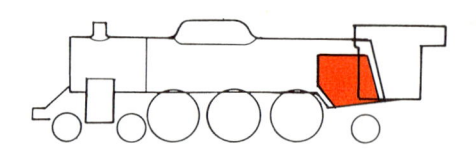

　火室の様式には狭火室と広火室とがある。狭火室では，火室が台枠の内側，または上にあり，下すぼまりになっていて動輪の幅よりも小さい。このタイプの火格子は台枠の間に入り込むため，前後に延ばすしかない。それでは平均に投炭することが困難なため燃焼効率が悪くなる。主に小型機関車に使用され，火格子面積は1.3～1.6㎡である。

　広火室では火室を動輪幅より広くとり，火格子面積は2.32～3.85㎡と広い，大型機はこのタイプである。動輪の上部に置くと重心が高くなり制約も多いので，それより小径の従輪を設けてその上に置く。

　レンガアーチは内火室の幅いっぱいに耐火レンガを渡しており，これにより火炎を迂回させ，その間に充分燃焼させて上下の煙管すべてに火炎(燃焼ガス)が平均して入る。また火格子上の通風が均一になり燃焼も安定する。さらに焚き口などからの低温の空気が火室管板や煙管に直接当たることがなくなり，破損防止にもなる。広火室では前後に外径76mmの鋼製水管を渡し，アーチ管とする。管の中も水が循環するので罐水の対流を良くし，熱伝導の効率が良くなる。また控(補強)の役目もするので火室の歪みも防止できる。

●狭火室

狭火室用のレンガはアーチ型に組み上げるので，断面が逆台形になっている。アーチ管付きの広火室用では，パイプ上に乗るため端が円形に抉られ，肉抜きが施されている。レンガアーチを組む耐熱レンガは白熱すれば冷めにくく，火室内の温度変化を少なくする。

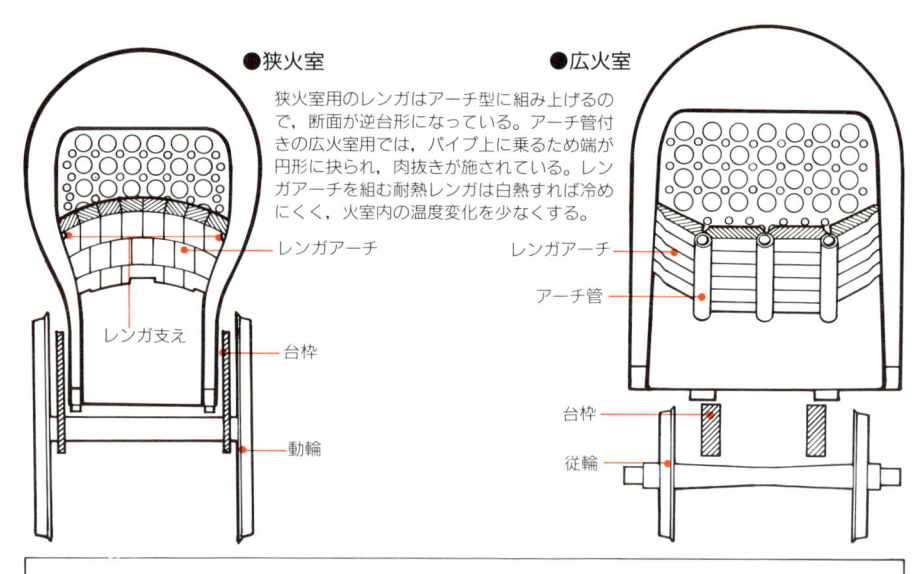

レンガアーチ
レンガ支え
台枠
動輪

●広火室

レンガアーチ
アーチ管
台枠
従輪

●アーチ用耐火レンガ
　　（狭火室用）

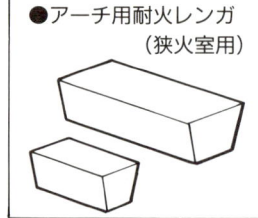

小型の火室ではレンガのみで山型にアーチを組む。火室側板にレンガ支えが付いているだけだが，レンガには上下にテーパーが付いているため落ちることはない。

●アーチ管使用の耐火レンガ
　　（広火室用）

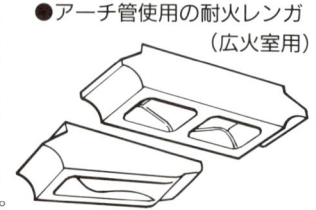

広火室では，前後に渡したアーチ管の上に耐熱レンガを逆アーチ型に置く。炎は横に拡がり側板に沿って上りサイドの罐水にも効率良く熱が伝わる。

ボイラー全般（燃焼装置）

●火室内燃焼ガスの流れ
　＜レンガアーチのみ＞

＜アーチ管付レンガアーチ＞

燃焼をさらに充分にするために考えられたのが燃焼室である。構造は簡単で煙管を取り付ける火室管板をボイラー胴内に前進させ空間を作る。従来型の火室に較べ炎（燃焼ガス）が煙管に入るまで余分に時間がかかるだけ燃焼が良くなる理屈だ。そのスペースの分だけ煙管の長さが短くなるが（燃焼室の無い戦前型C59で煙管の長さは600cm、戦後型C59で550cm）、逆に火室板の面積が増加した分、熱伝導の方は効率が良い。戦後型C59、C62、D52、D62、E10などの大型機に設けてある。

●燃焼室付火室

●溶け栓

内火室天井板

鉛
溶け栓

俗称「へそ」と呼ばれ、カラ焚き防止のため砲金製の本体内部に鉛を詰めたものだ。通常内火室天井板の前後に2個（C62、D52、D62は3個）ねじ込んである。火室内温度は1500℃にも達するため、内火室周囲に満たされた罐水が何らかの事故で水位が下がり天井板が露出すると、カラ焚き状態で重大な破損につながる。
溶け栓内の鉛の溶解温度は327℃で、異常の時はこれが溶けてボイラー内気水が火室内に噴出して音響を発する。これで乗務員が異常を知る仕組みだ。また溶け栓からの気水では良く燃えている時の火は消せない。

●溶け栓の作用

47

焚口戸装置

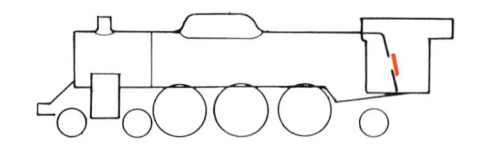

　手動式焚口戸は，焚口枠，焚口受，焚口戸から成る。投炭の際は焚口戸に付いた鎖を引き上げながら片手でショベルを扱う。

　動力式焚口戸は，火床面積も広く，多くの投炭を必要とする大形機に対応したもので，開閉を圧縮空気で行い作業の軽減を図っている。これにより状況によっては両手スコップの使用も可能になった。焚口戸は左右に開くバタフライ式で，内側に反射板を設けて火室の熱が直接伝わらないようになっている。手動式に較べ1/4程度の時間で焚口戸が開閉できる。

●手動式焚口戸
（投炭時）

ハンドル止
のぞき穴蓋
のぞき穴
焚口戸
焚口受
焚口戸ハンドル
鎖

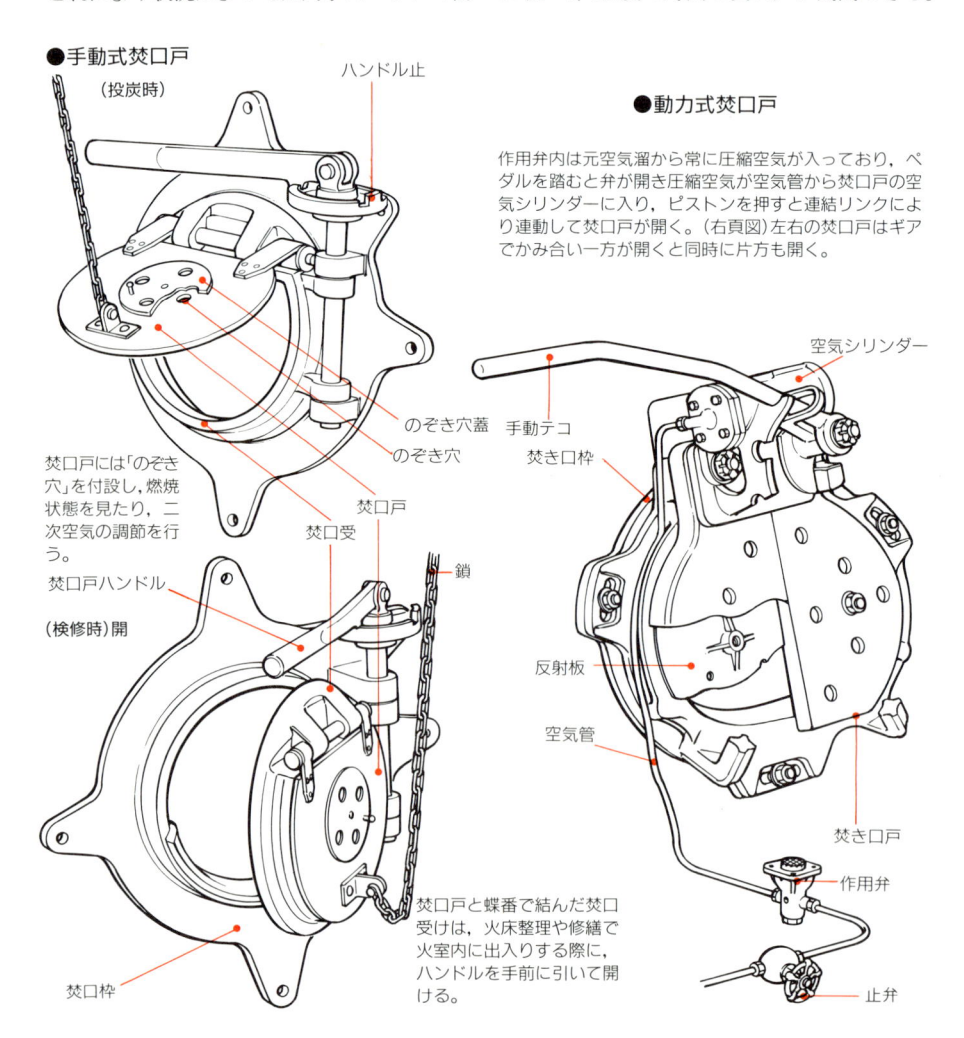

焚口戸には「のぞき穴」を付設し，燃焼状態を見たり，二次空気の調節を行う。

（検修時）開

焚口枠

焚口戸と蝶番で結んだ焚口受けは，火床整理や修繕で火室内に出入りする際に，ハンドルを手前に引いて開ける。

●動力式焚口戸

作用弁内は元空気溜から常に圧縮空気が入っており，ペダルを踏むと弁が開き圧縮空気が空気管から焚口戸の空気シリンダーに入り，ピストンを押すと連結リンクにより連動して焚口戸が開く。（右頁図）左右の焚口戸はギアでかみ合い一方が開くと同時に片方も開く。

空気シリンダー
手動テコ
焚き口枠
反射板
空気管
焚き口戸
作用弁
止弁

ボイラー全般(燃焼装置)

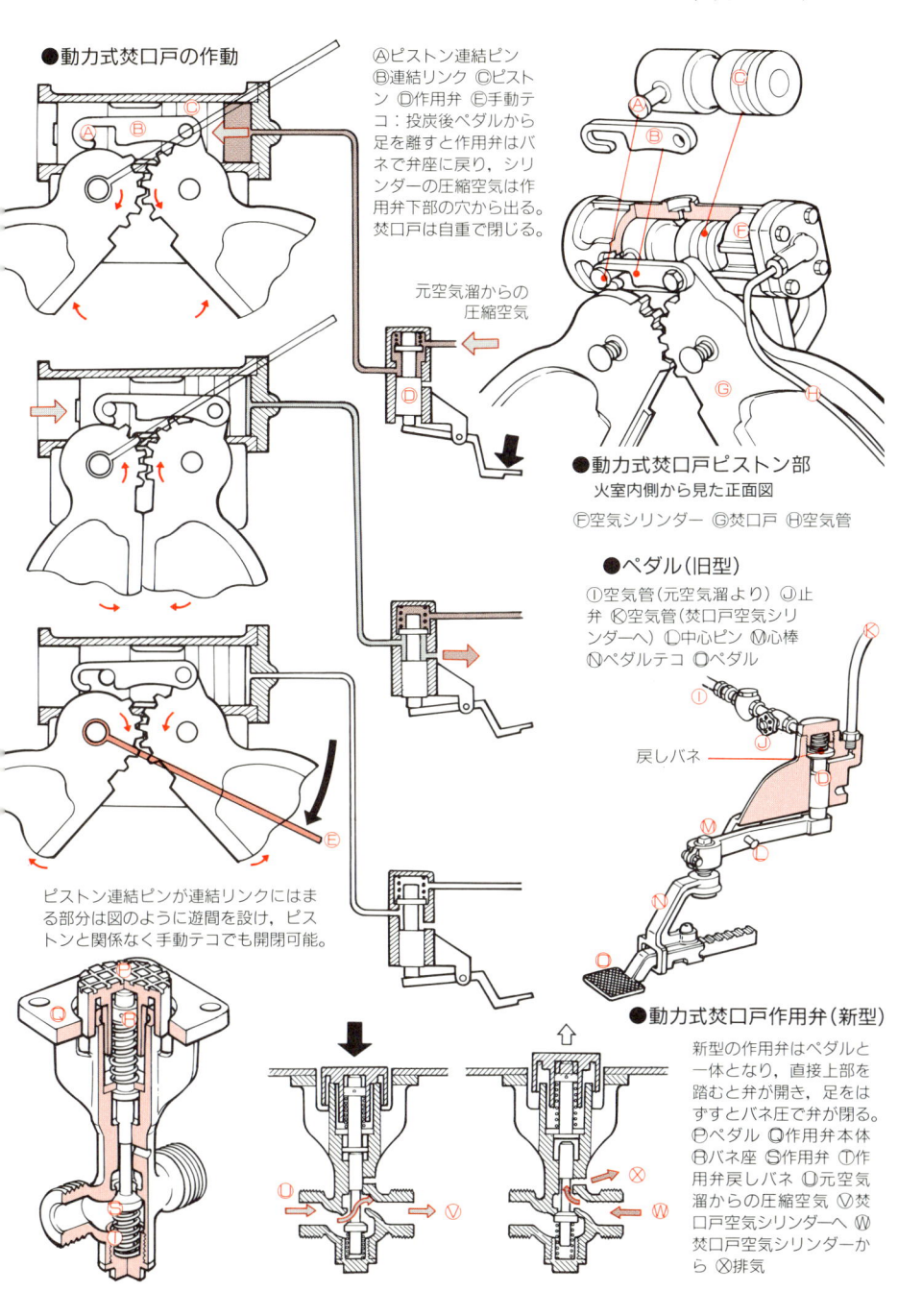

●動力式焚口戸の作動

Ⓐピストン連結ピン Ⓑ連結リンク Ⓒピストン Ⓓ作用弁 Ⓔ手動テコ：投炭後ペダルから足を離すと作用弁はバネで弁座に戻り，シリンダーの圧縮空気は作用弁下部の穴から出る。焚口戸は自重で閉じる。

元空気溜からの圧縮空気

ピストン連結ピンが連結リンクにはまる部分は図のように遊間を設け，ピストンと関係なく手動テコでも開閉可能。

●動力式焚口戸ピストン部
火室内側から見た正面図
Ⓕ空気シリンダー Ⓖ焚口戸 Ⓗ空気管

●ペダル(旧型)
Ⓘ空気管(元空気溜より) Ⓙ止弁 Ⓚ空気管(焚口戸空気シリンダーへ) Ⓛ中心ピン Ⓜ心棒 Ⓝペダルテコ Ⓞペダル

戻しバネ

●動力式焚口戸作用弁(新型)

新型の作用弁はペダルと一体となり，直接上部を踏むと弁が開き，足をはずすとバネ圧で弁が閉る。
Ⓟペダル Ⓠ作用弁本体 Ⓡバネ座 Ⓢ作用弁 Ⓣ作用弁戻しバネ Ⓤ元空気溜からの圧縮空気 Ⓥ焚口戸空気シリンダーへ Ⓦ焚口戸空気シリンダーから Ⓧ排気

ストーカー（自動給炭装置）①　ストーカーエンジン

〈自動給炭装置〉

　強力な牽引力やスピードが必要になると，火格子面積（C62は3.85m²）も広くなり手焚きでは間に合わなくなった。また給炭に伴う助士の労力を軽減するために設けられた装置だ。

　メカニカル・ストーカーと云われ，炭水車（テンダー）の石炭を動力によって焚き口まで運び，蒸気の噴射で火床に撒く装置だ。操作は助士が運転室内で行う。アメリカ型に使用されたHT形ストーカーを改良，小形化し，ストーカーエンジン，自動給炭機（ストーカー），石炭噴射装置から構成される。

　使用機種はC61，C62，D52，D62である。

〈ストーカーエンジン〉

　自動給炭機を駆動するために設け，C61，及びC62は運転室の下，D52，D62はテンダ一前部に置かれている。2シリンダーで蒸気分配箱からの蒸気で作動する。エンジン回転をシャフト（駆動軸）でストーカーに伝えて送りネジを回す。

蒸気室の弁はピストン弁2コを弁心棒で結び，クランクシャフトと弁棒でつながる。気筒のピストンはピストン棒を通し，クロスヘッドと直結してクランクシャフトとコンロッドで結んでいる。これを1組とし2組で作動する。ピストン弁内側に進入した蒸気を気筒の前後に給気してピストンを前後に動かす。それをコンロッドで回転運動に変えてクランクシャフトを回す。弁作用はクランクシャフトの回転を弁棒が弁心棒に伝え，ピストン弁を前後に動かして給，排気口を開閉する。

2つのピストンはクランク角を90度ずらしているので，始動の際に片方が死点になっていても，もう一方が作動して支障なく回転を始める。

ストーカーに不具合が生じた場合（例えば送りネジに異物が入ったり，詰まった場合）には逆転装置（逆転シリンダー）により逆転をさせて異物を取り出す事ができる。

●ストーカー用キャブ内機器の配置

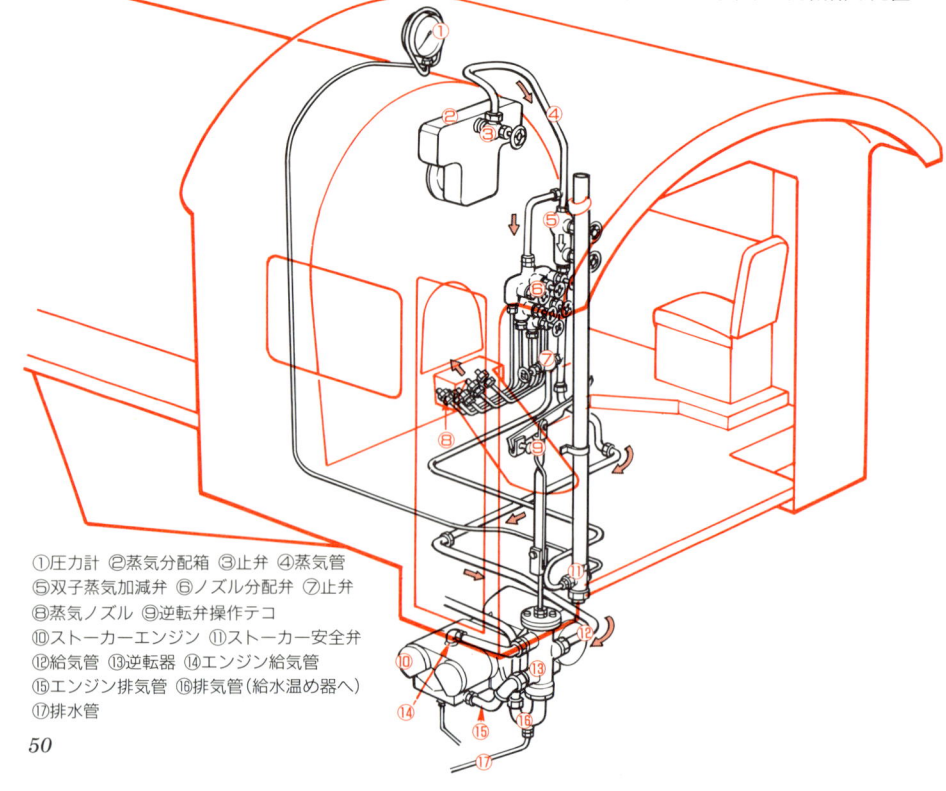

①圧力計 ②蒸気分配箱 ③止弁 ④蒸気管
⑤双子蒸気加減弁 ⑥ノズル分配弁 ⑦止弁
⑧蒸気ノズル ⑨逆転弁操作テコ
⑩ストーカーエンジン ⑪ストーカー安全弁
⑫給気管 ⑬逆転器 ⑭エンジン給気管
⑮エンジン排気管 ⑯排気管（給水温め器へ）
⑰排水管

ボイラー全般(燃焼装置)

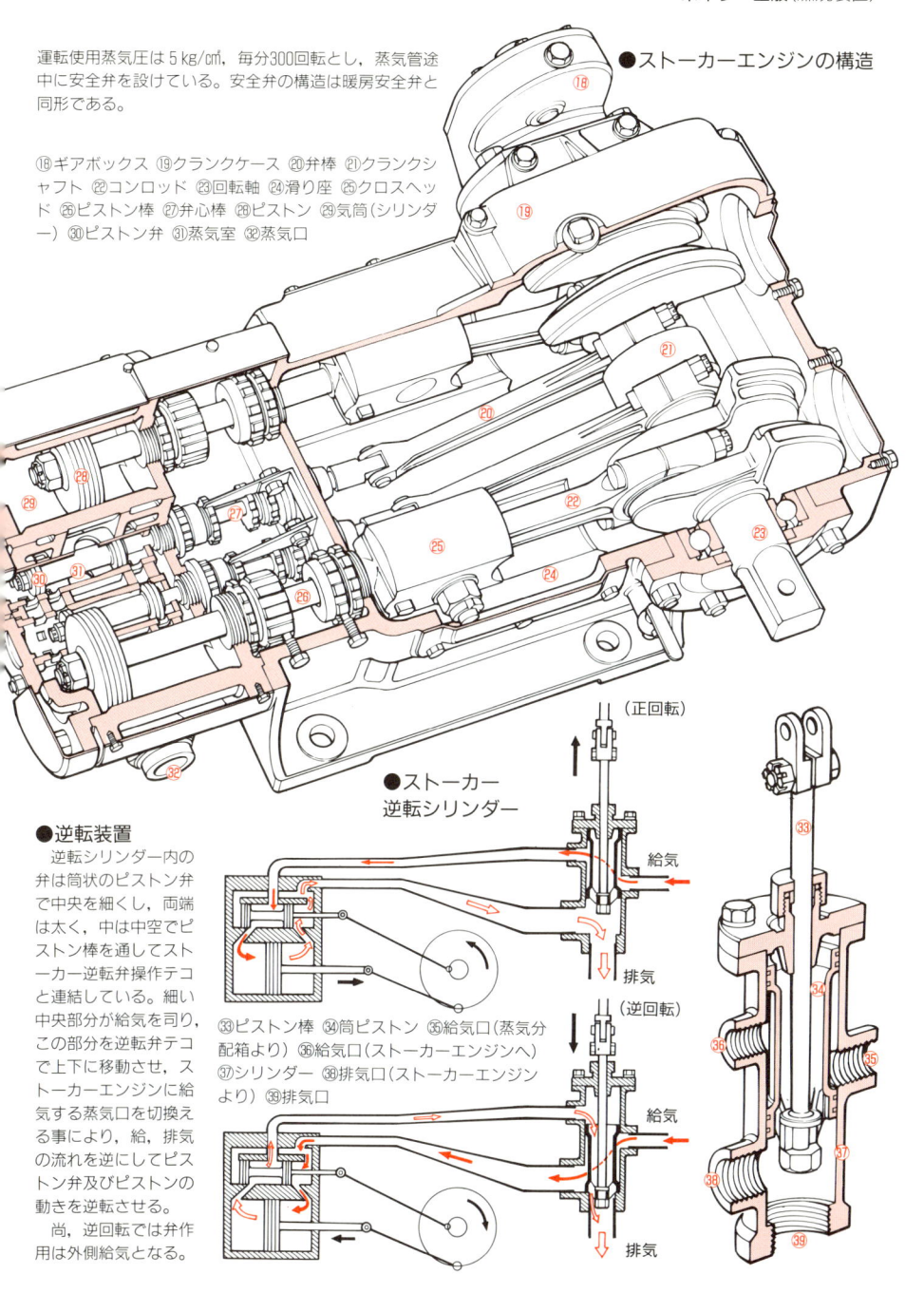

●ストーカーエンジンの構造

運転使用蒸気圧は 5 kg/cm²、毎分300回転とし、蒸気管途中に安全弁を設けている。安全弁の構造は暖房安全弁と同形である。

⑱ギアボックス ⑲クランクケース ⑳弁棒 ㉑クランクシャフト ㉒コンロッド ㉓回転軸 ㉔滑り座 ㉕クロスヘッド ㉖ピストン棒 ㉗弁心棒 ㉘ピストン ㉙気筒(シリンダー) ㉚ピストン弁 ㉛蒸気室 ㉜蒸気口

●ストーカー逆転シリンダー

●逆転装置

逆転シリンダー内の弁は筒状のピストン弁で中央を細くし、両端は太く、中は中空でピストン棒を通してストーカー逆転弁操作テコと連結している。細い中央部分が給気を司り、この部分を逆転弁テコで上下に移動させ、ストーカーエンジンに給気する蒸気口を切換える事により、給、排気の流れを逆にしてピストン弁及びピストンの動きを逆転させる。
尚、逆回転では弁作用は外側給気となる。

㉝ピストン棒 ㉞筒ピストン ㉟給気口(蒸気分配箱より) ㊱給気口(ストーカーエンジンへ) ㊲シリンダー ㊳排気口(ストーカーエンジンより) ㊴排気口

51

ストーカー② 自動給炭機・石炭噴射装置

〈自動給炭機〉

ストーカーと称している。トラフ、送りネジとそれを包む送り出し管及び送り出し口で構成されている。

トラフはテンダー石炭庫の下に設置し、その前方の送り出し管は運転室下を通り、火室後板の焚き口下部に付く。送りネジはジョイントを2ヶ所設けてつなぎ、その部分の送り出し管はそれぞれ球面継手で包み、又、伸縮も可能にしてある。いわゆる2重首振り機構になっているので急カーブに対応できる。

ストーカーエンジンの回転をトラフ後部の伝導ギア(20:1)で回転数を落して送りネジに伝える。トラフに落ちた石炭は送りネジで前方に送られ、トラフ出口のトゲ付き粉砕板によって大きな塊の石炭は小さく砕かれ、送り出し口まで運ばれる。

尚、石炭庫底に引戸を設け、それの開閉で石炭の落下量を調整できる。送炭量は毎時750kg～2300kg(最大)、送りネジは毎分15回転としている。

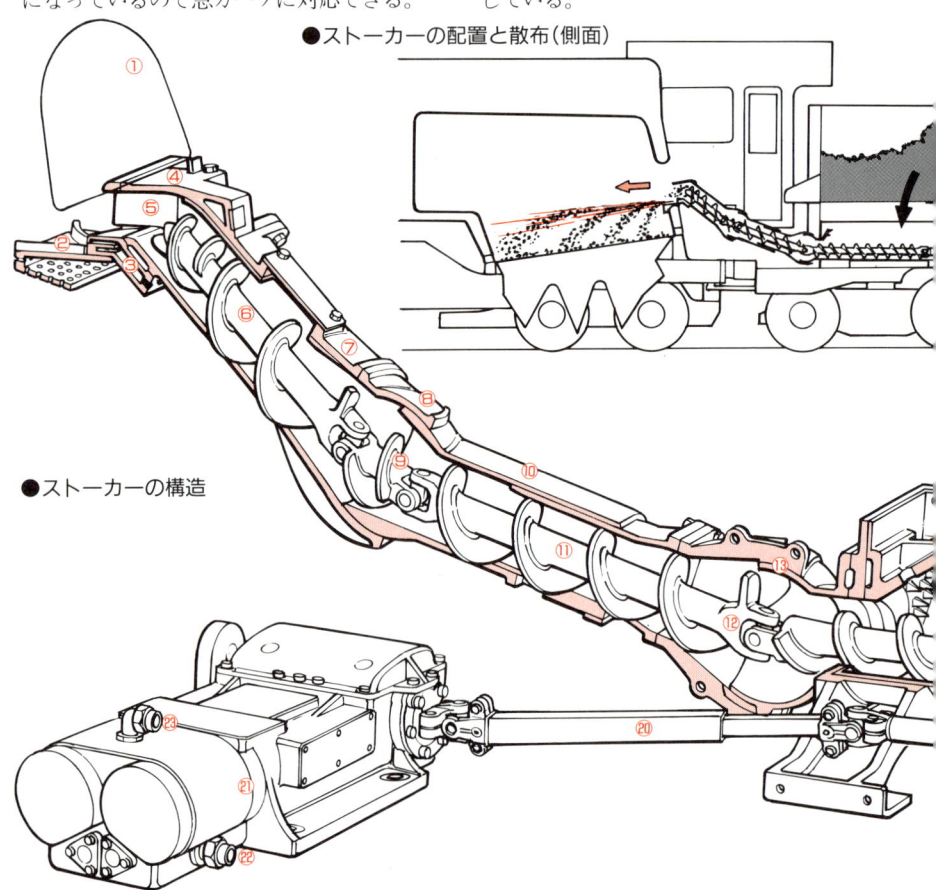

●ストーカーの配置と散布(側面)

●ストーカーの構造

ボイラー全般(燃焼装置)

● 石炭噴射装置(前面内部)

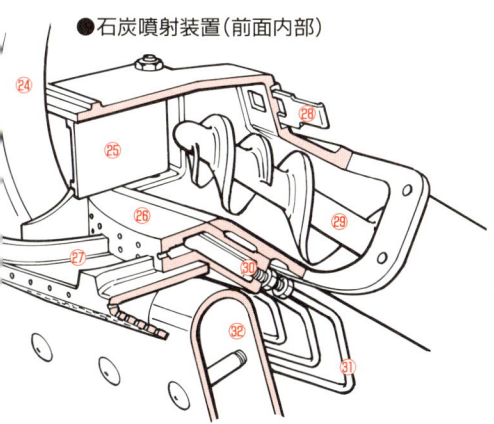

〈石炭噴射装置〉

送り出し口の下に付設し焚き口下部に付く。散布台，案内翼，蒸気管，蒸気ノズル箱で構成されている。

散布台には突起の壁を放射状に設けて石炭を飛ばす方向を示し，案内翼と蒸気噴射の加減により任意の場所に石炭を散布できる。案内翼は送り出しネジ先端脇に左右2枚あり，送り出し口側面の調整ネジで方向を，散布距離は蒸気噴射をノズル分配弁の加減で，それぞれ調節できる。

㉔焚き口 ㉕案内翼 ㉖ノズル箱 ㉗散布台 ㉘のぞき穴蓋 ㉙送りネジ ㉚蒸気ノズル ㉛蒸気管 ㉜火室後板 ㉝散布台 ㉞室内翼 ㉟調整ネジ ㊱止めナット ㊲のぞき穴 ㊳立上り管 ㊴点検窓

● ストーカー吹出し口(斜め後方から)

● ストーカー石炭散布(平面)

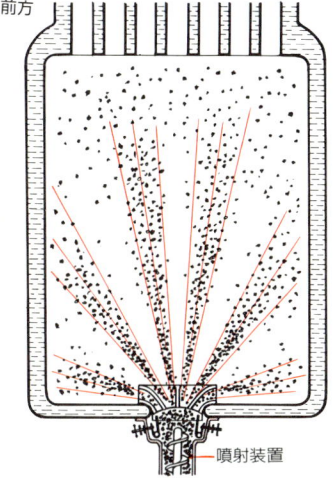

前方

噴射装置

①焚き口 ②散布台 ③ノズル箱 ④送り出し口 ⑤案内翼 ⑥前送りネジ ⑦立上り管 ⑧球面継手 ⑨ジョイント ⑩送り出し管 ⑪中間送りネジ ⑫ジョイント ⑬球面継手 ⑭粉砕板 ⑮トラフ ⑯伝導ギヤ ⑰ギアボックス ⑱駆動ピニオンギア ⑲後送りネジ(スクリュー・コンベア) ⑳駆動軸 ㉑ストーカーエンジン ㉒蒸気口(給気) ㉓蒸気口(排気)

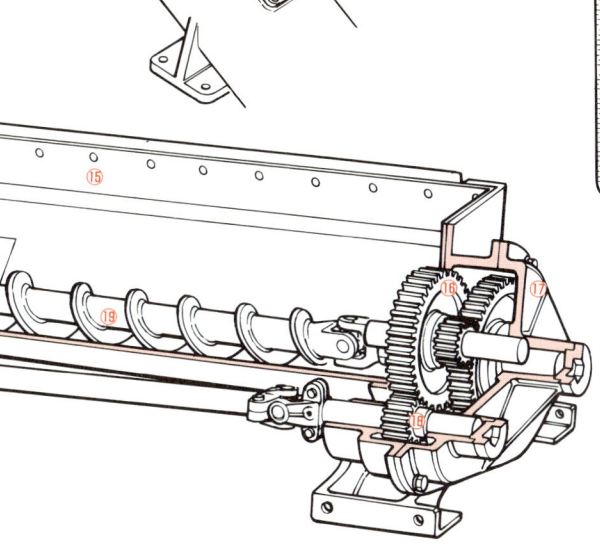

53

火格子

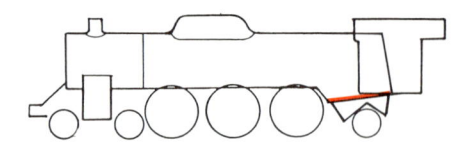

　火格子は燃焼する石炭などが撒かれる部分で、火室下部の底枠にボルト止めされている。鋳鉄製で、前部固定火格子，落し火格子（通称ドロップ），揺り火格子，後部固定火格子という組み合せになっている。落し火格子と揺り火格子を作動させて、下の灰箱に灰を落す仕組みだ。固定火格子は灰を落し過ぎて火種をなくすのを防ぐために設けてある。

　揺り火格子は図のように多数の火格子棒のそれぞれに長く延びた凸部を付け、前後の火格子棒の凸部と互い違いに噛み合う。このすき間から燃焼用の空気が供給される。この揺り火格子と落し火格子を作動する引棒が、ともに灰箱内上部を通り、運転室床下の作用腕につながっている。それぞれの揺り火格子下部には連結腕が付き、連結棒にピン止めされる。これが引棒に結ばれ作用腕の動きはすべての火格子棒を連動させる。

●火格子装置の構成

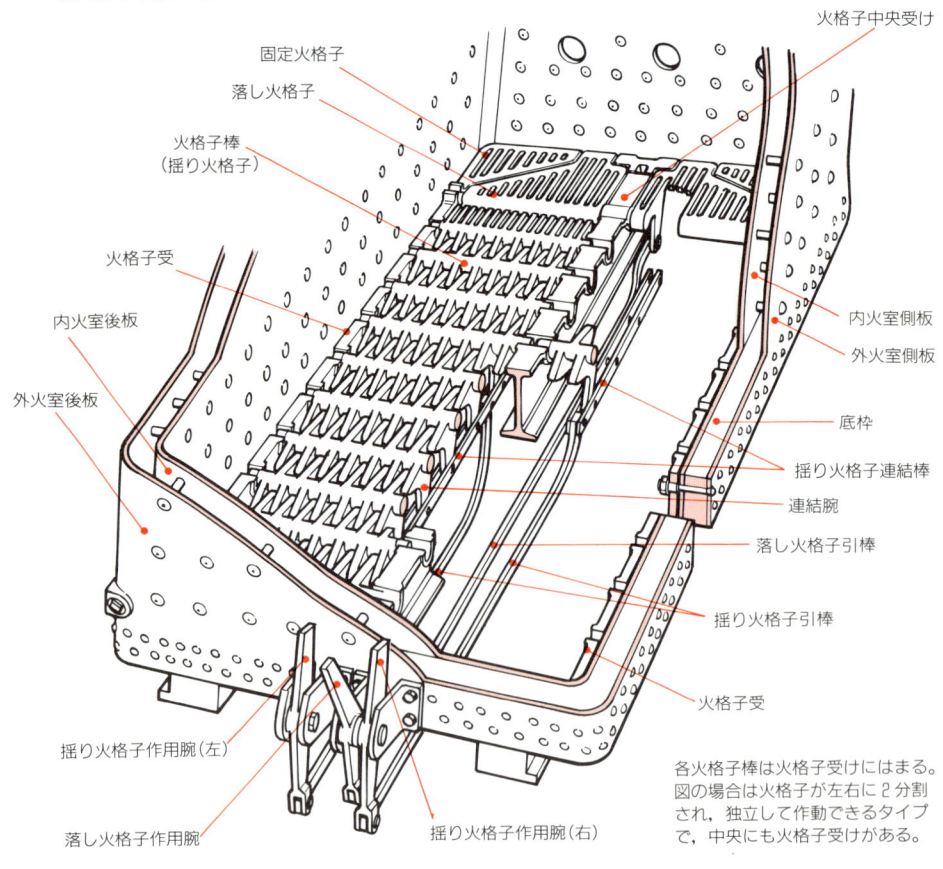

固定火格子
落し火格子
火格子棒（揺り火格子）
火格子受
内火室後板
外火室後板
火格子中央受け
内火室側板
外火室側板
底枠
揺り火格子連結棒
連結腕
落し火格子引棒
揺り火格子引棒
火格子受
揺り火格子作用腕（左）
落し火格子作用腕
揺り火格子作用腕（右）

各火格子棒は火格子受けにはまる。図の場合は火格子が左右に2分割され、独立して作動できるタイプで、中央にも火格子受けがある。

ボイラー全般(燃焼装置)

●火格子の作動

火格子の作動は手動のものと，蒸気シリンダーで動かす動力火格子とがある。手動の場合は火格子作用腕にロッキングハンドルをはめて行う。落し火格子は一度に多量の灰殻や，耐熱レンガが割れた場合にかけらを落すのに使う。落し火格子と揺り火格子の作用腕は独立しており別個に作動できるので，状況に応じて使い分ける。
火格子全体は，前方に向って約1/7の下り勾配をつけている。これは水平にするよりもわずかながら面積が広く取れるのと，前方への投炭が容易であること，また火床の整理や洗罐の際には火室底枠上の湯垢の排出に都合が良い，などの理由による。

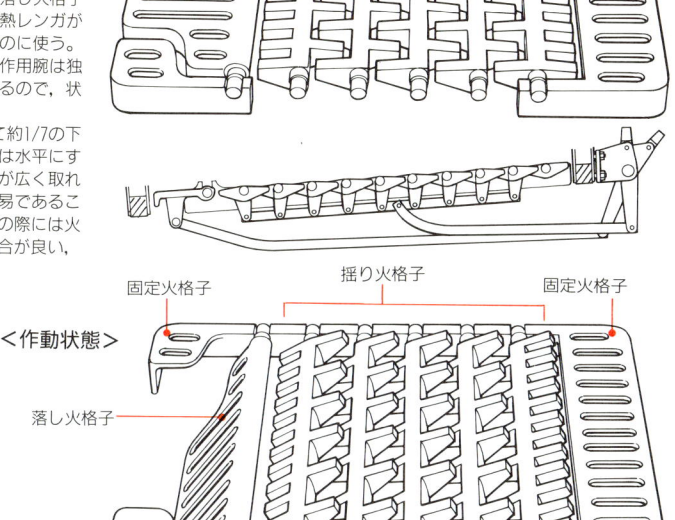

<定位置>
<作動状態>

固定火格子　揺り火格子　固定火格子
落し火格子
火格子棒

火格子揺り棒
（ロッキングハンドル）

ここに火格子作用腕をはめる

●9600　通称「キューロク」。大正の傑作貨物機でSL廃止の末期まで活躍。　①1913年(大正2年)　②2-8-0　③60.4t　④34.5t　⑤56×13　⑥16.5m　⑦1250mm　⑧508×610　⑨13.0kg/c㎡　⑩870ps　⑪65km/h

旧国鉄蒸機の解説①製造初年　②軸配置　③機関車重量　④炭水車重量　⑤炭水車積載量(石炭t×水㎥)
⑥最大長　⑦動輪径　⑧シリンダー径×行程(㎜)　⑨ボイラー圧力(kg/c㎡)　⑩馬力　⑪最高速度

動力火格子装置

生蒸気(ボイラーの蒸気)を利用して火格子を揺動する装置で,大型機に用いられている。

運転室上部の蒸気分配箱から高圧蒸気が分配弁(滑り弁式と回り弁式とがあるが,この図は滑り弁式)に入り,レバーを前後に操作すると蒸気の通路が切り替わる。そして後火室下部に設置した蒸気シリンダー内の揺りピストンを上下させる仕組みだ。

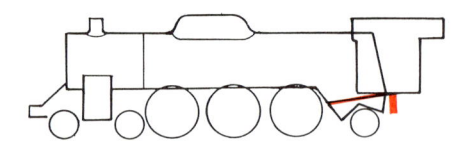

揺りピストンの中間には揺りシリンダー一腕がさし込まれており,これが火格子作用軸に直結する。これを揺り火格子と落し火格子の作用腕に連結し,揺りピストンの上下運動により火格子を揺らす。

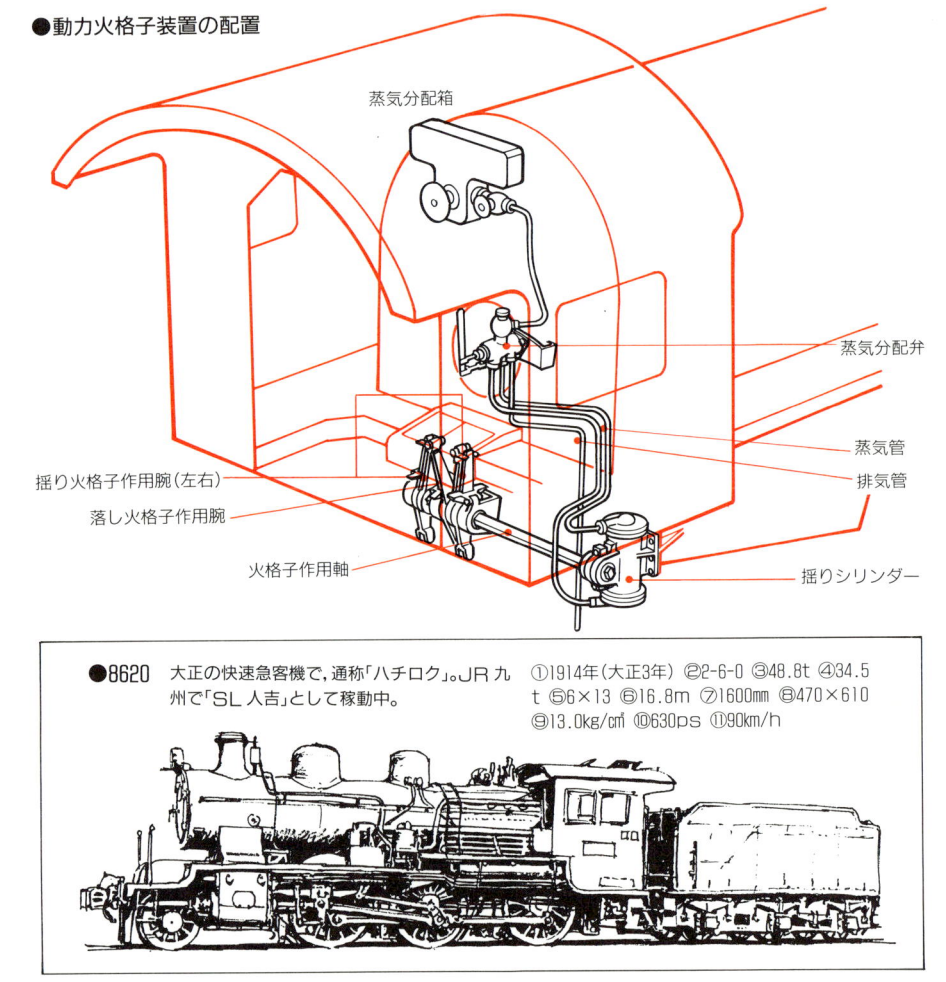

● 動力火格子装置の配置

(図中ラベル: 蒸気分配箱、蒸気分配弁、蒸気管、排気管、揺りシリンダー、火格子作用軸、落し火格子作用腕、揺り火格子作用腕(左右))

● 8620　大正の快速急客機で,通称「ハチロク」。JR九州で「SL人吉」として稼動中。　①1914年(大正3年) ②2-6-0 ③48.8t ④34.5t ⑤6×13 ⑥16.8m ⑦1600mm ⑧470×610 ⑨13.0kg/c㎡ ⑩630ps ⑪90km/h

ボイラー全般（燃焼装置）

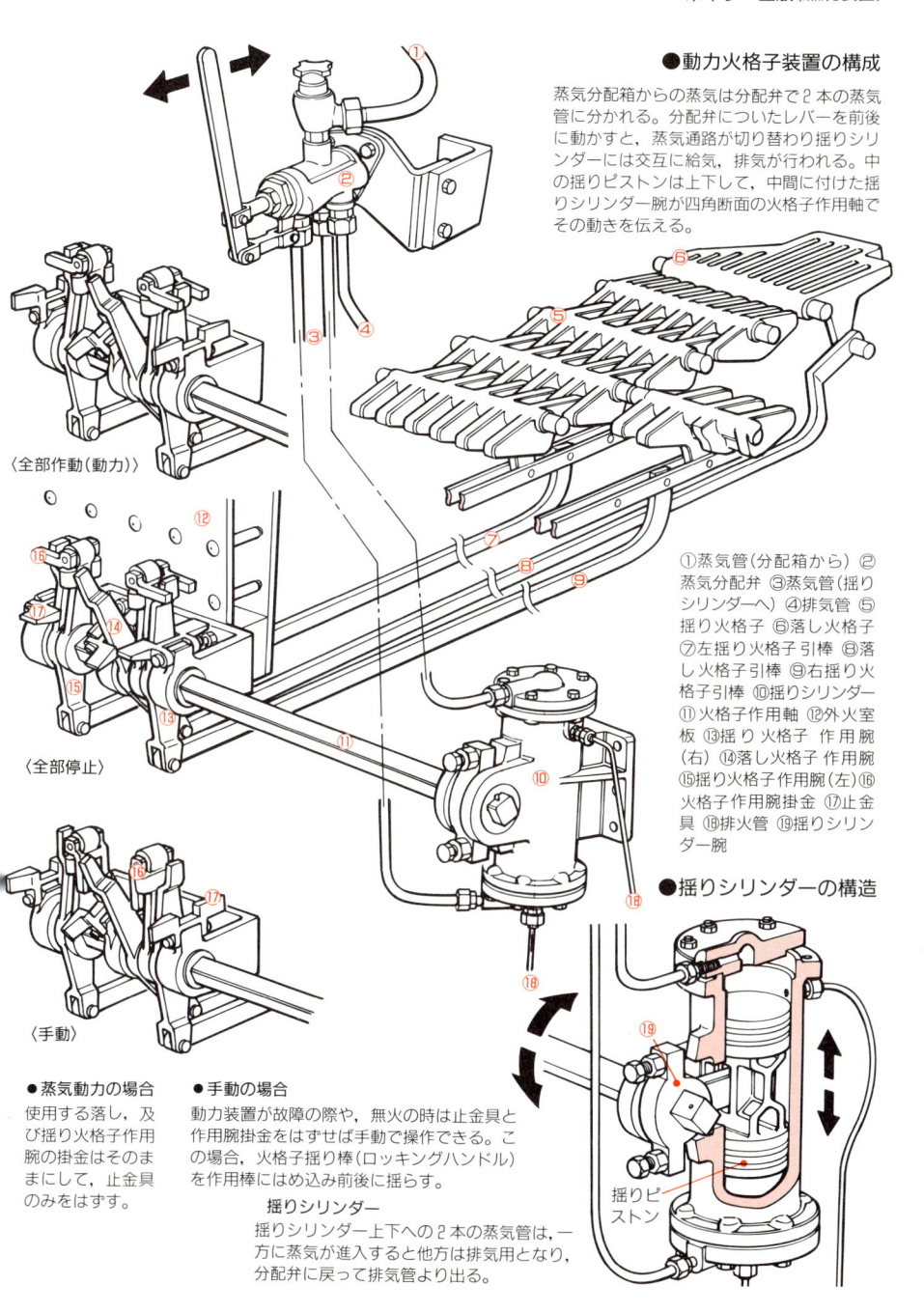

● 動力火格子装置の構成

蒸気分配箱からの蒸気は分配弁で2本の蒸気管に分かれる。分配弁についたレバーを前後に動かすと、蒸気通路が切り替わり揺りシリンダーには交互に給気、排気が行われる。中の揺りピストンは上下して、中間に付けた揺りシリンダー腕が四角断面の火格子作用軸でその動きを伝える。

〈全部作動（動力）〉

〈全部停止〉

〈手動〉

①蒸気管（分配箱から）②蒸気分配弁 ③蒸気管（揺りシリンダーへ）④排気管 ⑤揺り火格子 ⑥落し火格子 ⑦左揺り火格子引棒 ⑧落し火格子引棒 ⑨右揺り火格子引棒 ⑩揺りシリンダー ⑪火格子作用軸 ⑫外火室板 ⑬揺り火格子 作用腕（右）⑭落し火格子 作用腕 ⑮揺り火格子作用腕（左）⑯火格子作用腕掛金 ⑰止金具 ⑱排火管 ⑲揺りシリンダー腕

● 揺りシリンダーの構造

揺りピストン

● 蒸気動力の場合
使用する落し、及び揺り火格子作用腕の掛金はそのままにして、止金具のみをはずす。

● 手動の場合
動力装置が故障の際や、無火の時は止金具と作用腕掛金をはずせば手動で操作できる。この場合、火格子揺り棒（ロッキングハンドル）を作用棒にはめ込み前後に揺らす。

揺りシリンダー
揺りシリンダー上下への2本の蒸気管は、一方に蒸気が進入すると他方は排気用となり、分配弁に戻って排気用より出る。

灰箱

　火格子の下，台枠の寸法に収まる形で灰箱を取り付ける。火格子から落した灰殻を落し穴（アッシュピット）まで収容しておくものだが，燃焼用の通風がここを通るため灰戸の他に風戸が設けられている。

　灰殻は落したままにすると残り火があったり灰塵として舞い上がったりして火床整理などの障害になる。そのため多数の小孔を開けた水まき管を内部に設置する。底部には灰口があり灰戸を設けて，排出時に運転室の灰戸作用ハンドルで開閉できる。火格子に接続する前後部に風戸付風口，側面上部にも横戸が付いた通気口があり，燃焼用の空気が入る。前後の風戸も運転室の風戸作用ハンドルで開閉できる。現在では灰戸と風戸が別個に設けてあるが，古い小型蒸機は風戸と灰戸を共用していた。

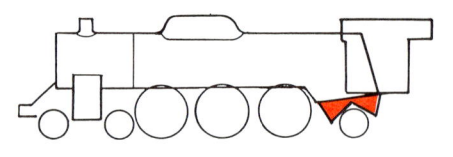

●灰箱全体（下図の逆，前側から見る）

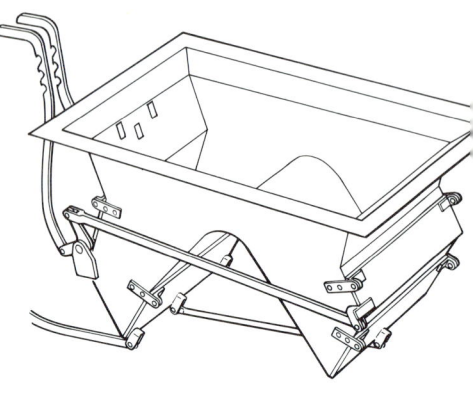

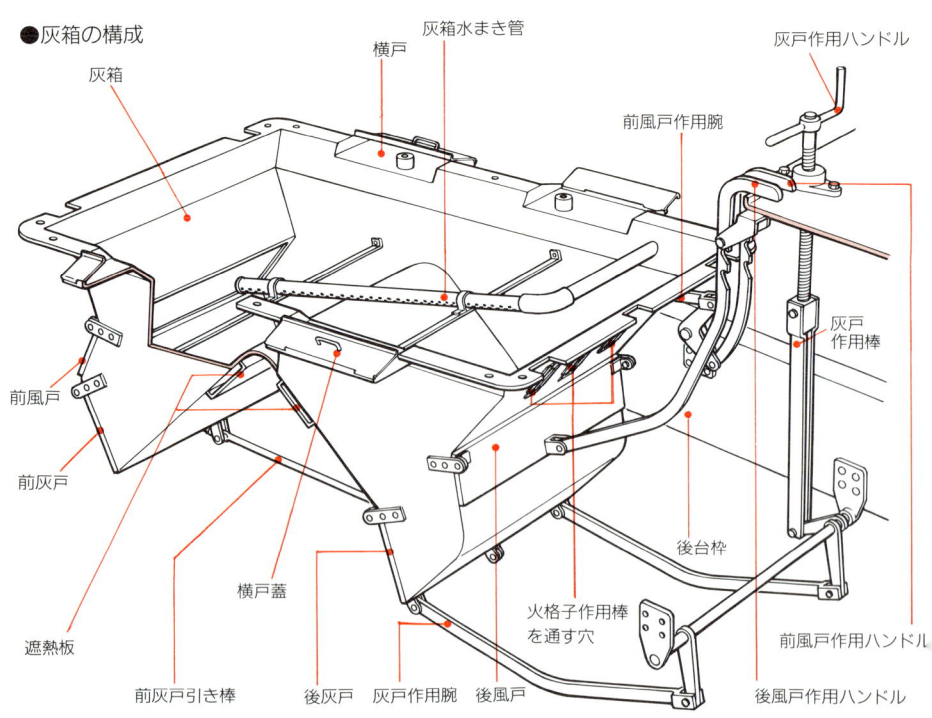

●灰箱の構成

ボイラー全般（燃焼装置）

● 灰戸と風戸

左下図に見るように、灰戸作用ハンドルにはネジ棒が差し込まれており、左回りで灰戸が開き、右回りで閉まる。また風戸作用ハンドルには2，3段の刻みがあり、風戸の開き角度を調節できる。風口は火格子面積のおよそ15％程度とされる。

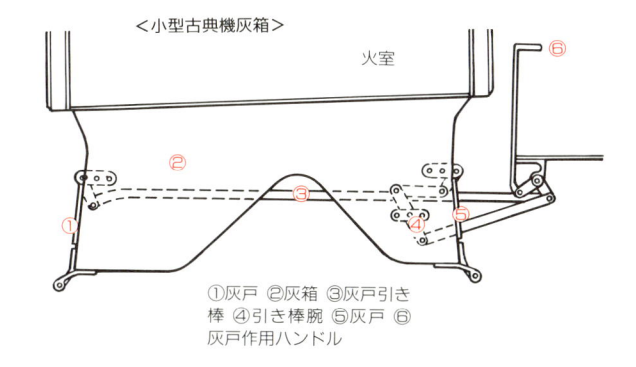

＜小型古典機灰箱＞

火室

①灰戸 ②灰箱 ③灰戸引き棒 ④引き棒腕 ⑤灰戸 ⑥灰戸作用ハンドル

● 鎧戸式風戸の動作

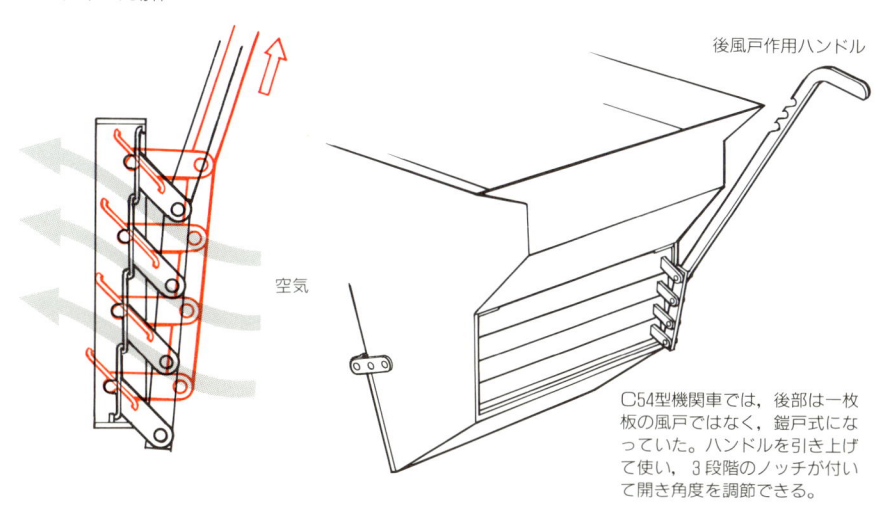

空気

後風戸作用ハンドル

C54型機関車では、後部は一枚板の風戸ではなく、鎧戸式になっていた。ハンドルを引き上げて使い、3段階のノッチが付いて開き角度を調節できる。

● C51　動輪径が，狭軌鉄道では当時世界最大。

①1919年（大正8年） ②4-6-2 ③69.6t ④44.2t ⑤8×17 ⑥19.2m ⑦1750mm ⑧530×660 ⑨13.0kg/cm² ⑩1040ps ⑪100km/h

59

灰箱(灰戸・風戸)作動と瞬時灰落し

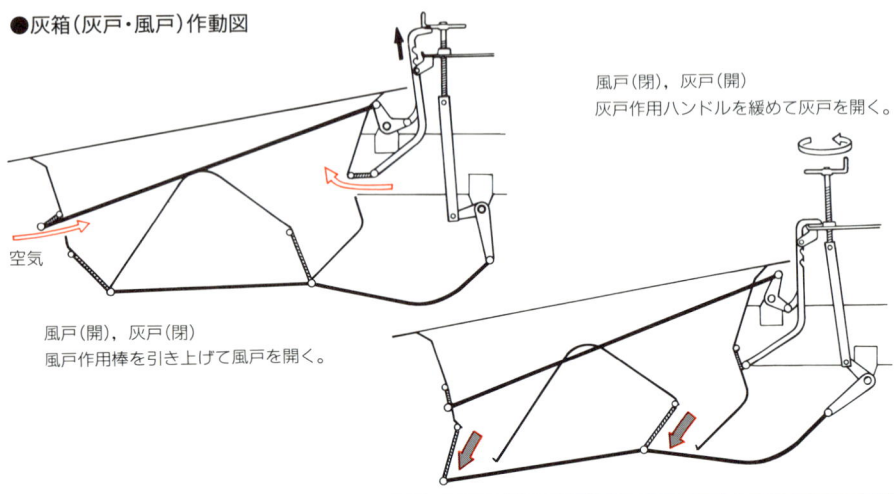

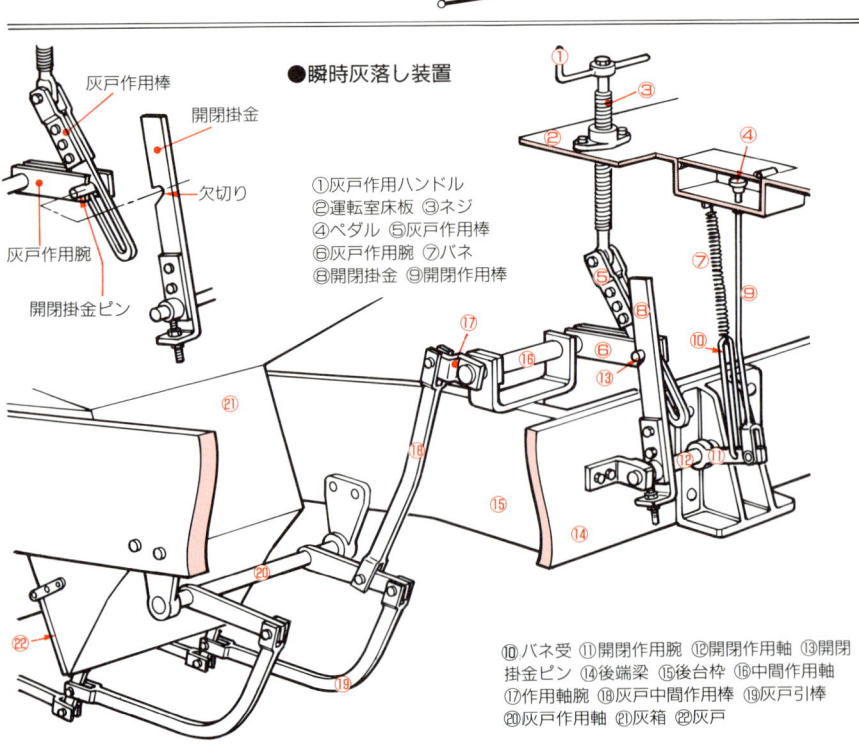

●灰箱(灰戸・風戸)作動図

空気

風戸(開),灰戸(閉)
風戸作用棒を引き上げて風戸を開く。

風戸(閉),灰戸(開)
灰戸作用ハンドルを緩めて灰戸を開く。

●瞬時灰落し装置

灰戸作用棒
開閉掛金
欠切り
灰戸作用腕
開閉掛金ピン

①灰戸作用ハンドル
②運転室床板 ③ネジ
④ペダル ⑤灰戸作用棒
⑥灰戸作用腕 ⑦バネ
⑧開閉掛金 ⑨開閉作用棒

⑩バネ受 ⑪開閉作用腕 ⑫開閉作用軸 ⑬開閉掛金ピン ⑭後端梁 ⑮後台枠 ⑯中間作用軸 ⑰作用軸受 ⑱灰戸中間作用棒 ⑲灰戸引棒 ⑳灰戸作用軸 ㉑灰箱 ㉒灰戸

ボイラー全般(燃焼装置)

〈瞬時灰落し装置〉
　運転室床のペダルを踏んで瞬時に灰戸を開き，灰箱に溜った灰殻を落とす装置で，大形機のC61，C62，D52，D62に設置された。特にC61，C62は特急や急行作業が多く，停車駅が少ないので決められた地点で走行中に行われた。(図は風戸，及び作用棒は同様につき省略)

〈瞬時灰落し装置作動図〉

①

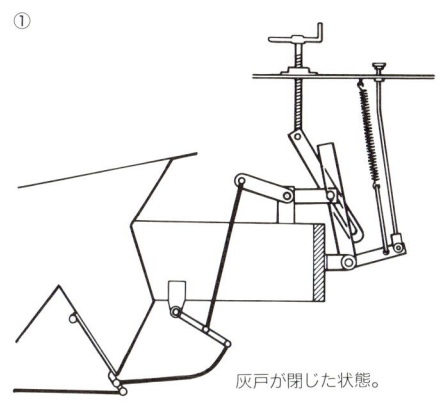

灰戸が閉じた状態。

② 作用ハンドル開放位置

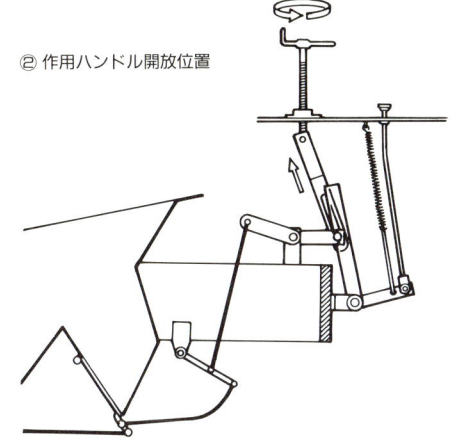

灰戸作用ハンドルを回して灰戸作用棒を引き上げる。灰戸作用腕のピンは灰戸作用棒の遊間にあるので，開閉掛金の欠切りにはまったままで灰戸は閉じている。

③ 灰戸開放

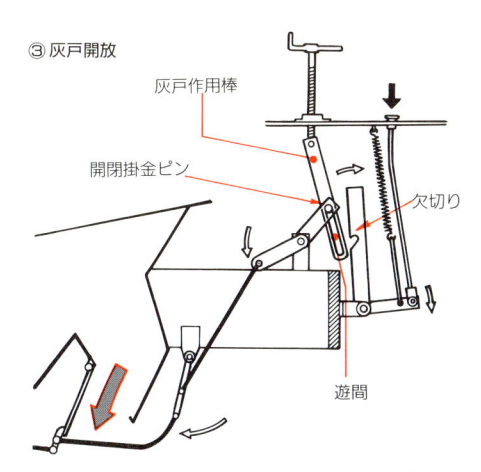

灰戸作用棒
開閉掛金ピン
欠切り
遊間

ペダルを踏むと開閉掛金の欠切りがピンからはずれ，灰箱内の灰殻と灰戸の自重で灰戸が開き，灰殻は排出される。

④

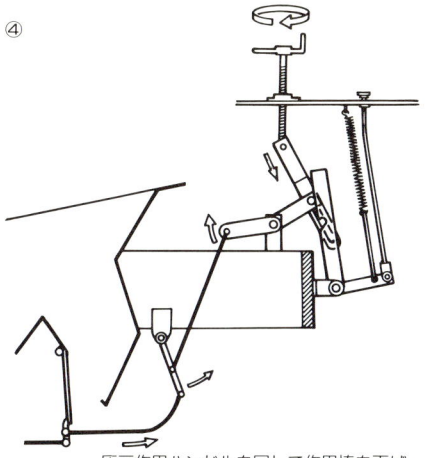

灰戸作用ハンドルを回して作用棒を下げ，灰戸作用腕を押し下げる。ピンはバネで元の位置に戻ろうとする開閉掛金の縁に沿って欠切りにはまり灰戸は閉じる

ボイラー(罐胴)内部・煙管

　ボイラーは蒸気機関車で最も大きな容積を占め，その性能を左右する重要な部分だ。機関車は煙管式ボイラーで，後ろの火室管板から前の煙室管板の間に高温の燃焼ガスを通す煙管を多数配置し罐水の中を通す。動力用の蒸気は大量且つ連続的に発生させなければならず，この部分は大型機では5mを超える。上部には蒸気ドームを設け，蒸気をシリンダーに送る加減弁体や各種機器類への蒸気管が配置される。煙管は飽和式蒸気機関車では小煙管のみだが，過熱式蒸気機関車では上部に大煙管，下部に小煙管が配置される。大煙管の内部には過熱管が入る。

　ボイラー胴は一枚の鋼板を円筒形に巻いて，付き合せ接手を取り付け鋲接し，溶接ではない。第1，第2，第3ボイラーを継ぎ合せるのも鋲接で，これは重ね合せ接手で行う。各煙管は50kg/cm²の水圧に耐えられるのが基準で，大・小とも継目なし鋼管で作る。

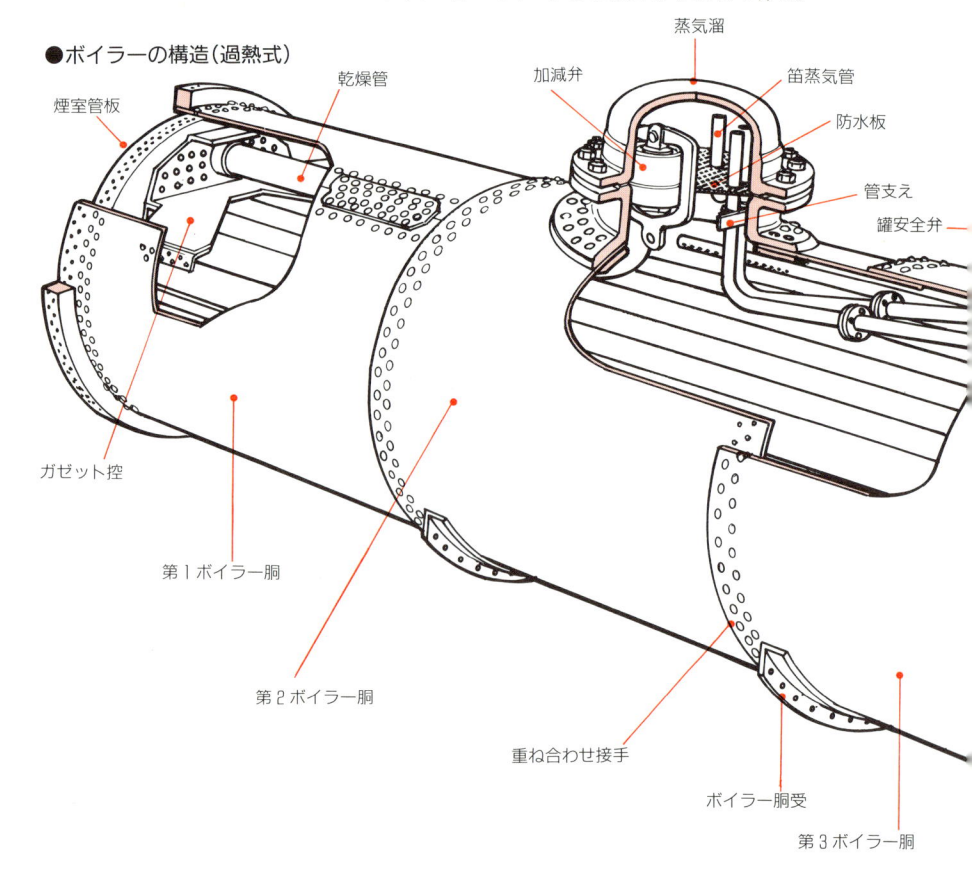

● ボイラーの構造(過熱式)

ボイラー全般（罐胴）

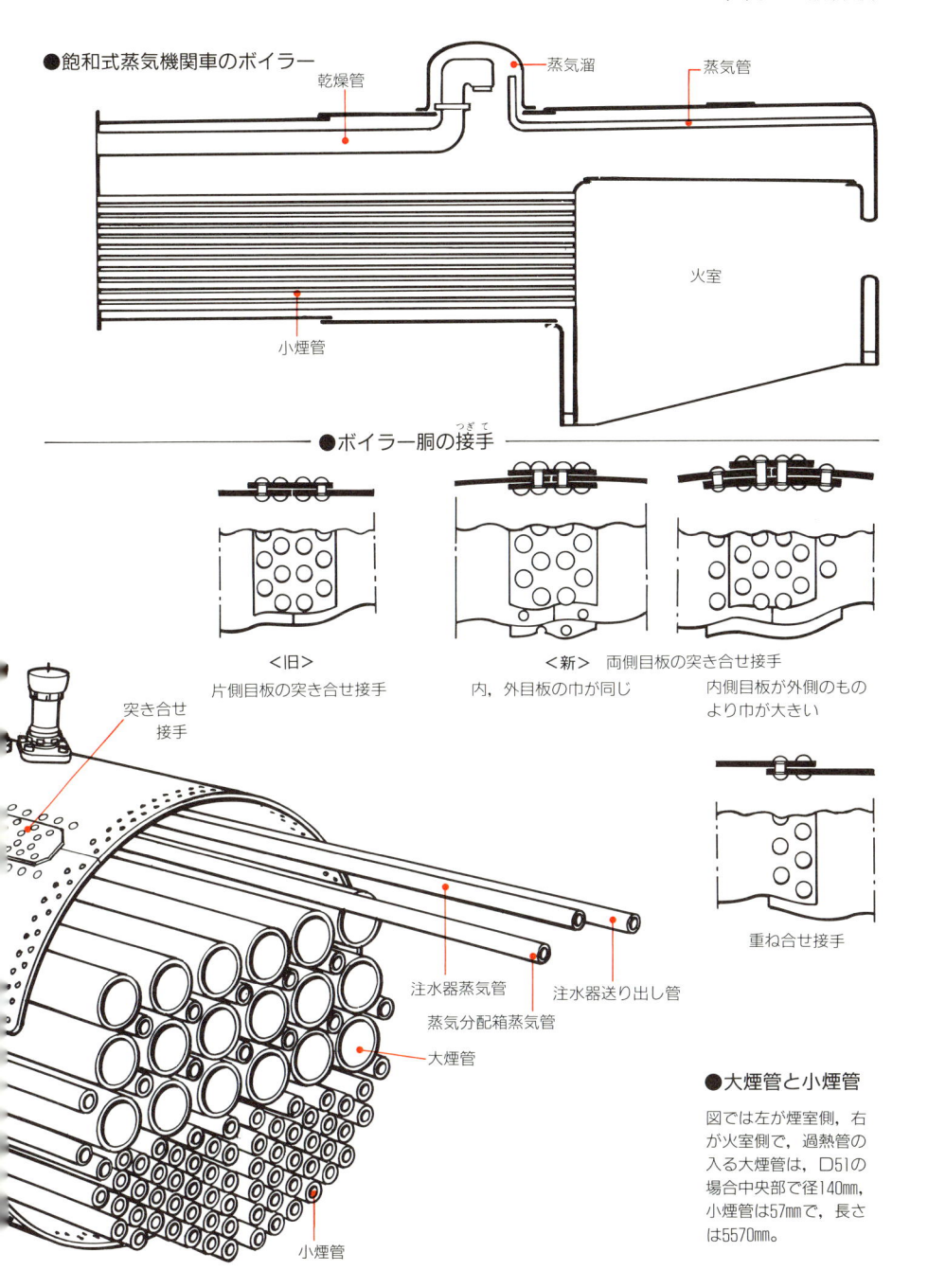

● 飽和式蒸気機関車のボイラー

乾燥管　蒸気溜　蒸気管
火室
小煙管

● ボイラー胴の接手

＜旧＞
片側目板の突き合せ接手

＜新＞
内，外目板の巾が同じ

両側目板の突き合せ接手
内側目板が外側のものより巾が大きい

重ね合せ接手

突き合せ接手

注水器蒸気管
注水器送り出し管
蒸気分配箱蒸気管
大煙管
小煙管

● 大煙管と小煙管

図では左が煙室側，右が火室側で，過熱管の入る大煙管は，D51の場合中央部で径140mm，小煙管は57mmで，長さは5570mm。

過熱管寄せ

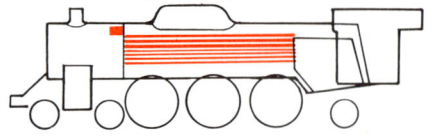

過熱管の発明によって蒸気機関車の効率は良くなり，石炭や水の消費量を2割以上削減できた。

蒸気ドームの加減弁から乾燥管を通った蒸気は，過熱管寄せの飽和蒸気室に入る。そこから大煙管内の過熱管に入って，そこで2往復する。その間に400℃ほどに加熱されて，過熱管寄せの過熱蒸気室に入ってくる。この後高温高圧の蒸気は主蒸気管に進入し，シリンダーへと向かう。過熱管寄せ本体の強度基準はボイラー圧力より5気圧高い。

過熱管寄せは高圧に耐えるため厚さが20mm程度の鋳鉄製となっている。内部は飽和蒸気室と過熱蒸気室とに分れるが，前者から多数の過熱管が出て蒸気を過熱し後者に入ってくる。この煙管式過熱器は1903年ドイツのW.シュミットによって開発されたが，日本の蒸機で一般的なのはシュミット式A型管である。

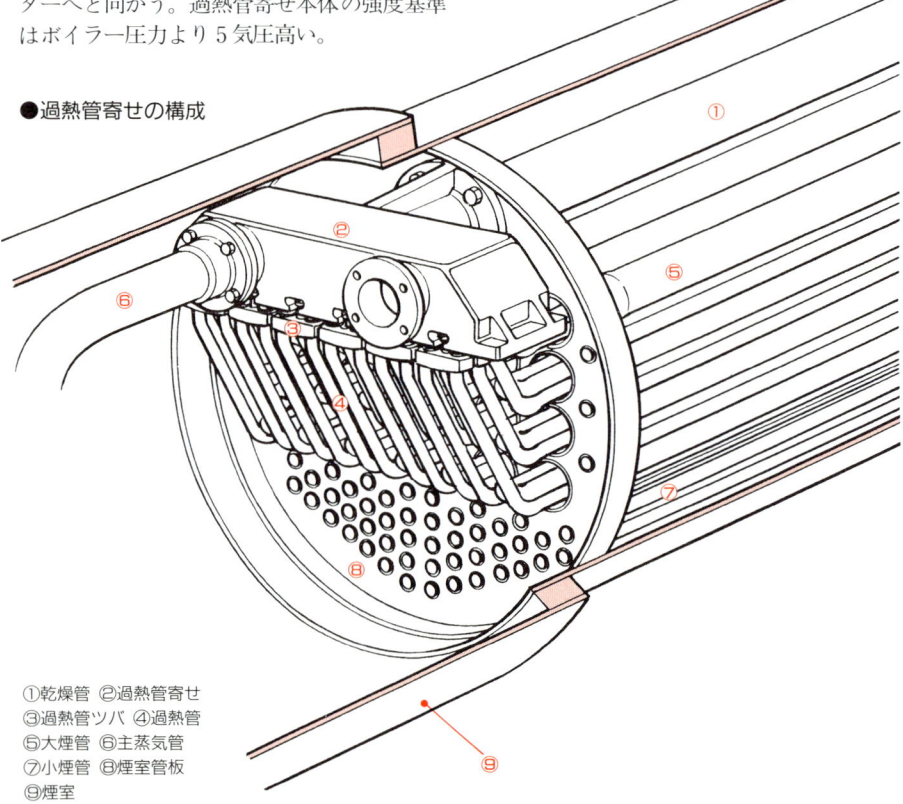

●過熱管寄せの構成

①乾燥管 ②過熱管寄せ
③過熱管ツバ ④過熱管
⑤大煙管 ⑥主蒸気管
⑦小煙管 ⑧煙室管板
⑨煙室

ボイラー全般(罐胴)

● 過熱管寄せの構造

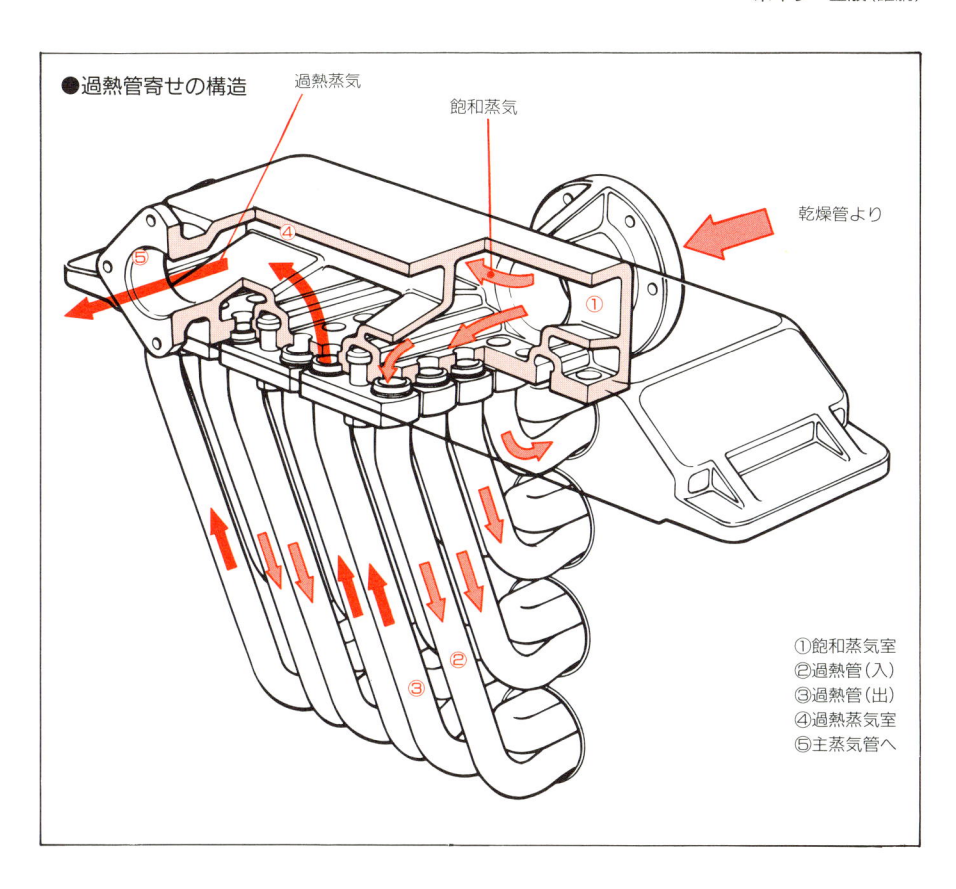

過熱蒸気
飽和蒸気
乾燥管より

① 飽和蒸気室
② 過熱管(入)
③ 過熱管(出)
④ 過熱蒸気室
⑤ 主蒸気管へ

● 過熱管取り付け部

過熱管の取付では，管の入口，出口部を一つのツバにはめて過熱管寄せの穴に接続し，ツバをボルトで固定する。パッキン式では薄い銅板の間に石綿のパッキンをはめて固定したもの。工作は容易だが蒸気が漏洩しやすい欠点がある。これに比して球面式では，管端と過熱管寄せ接触部を球面形にして固定し，漏洩が少ない。

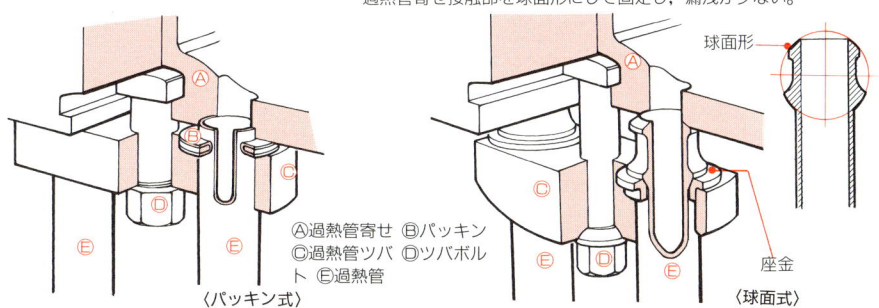

Ⓐ過熱管寄せ Ⓑパッキン
Ⓒ過熱管ツバ Ⓓツバボルト
Ⓔ過熱管

〈パッキン式〉

球面形
座金

〈球面式〉

65

過熱管

煙管の中に蒸気管を往復させて生蒸気を通し、燃焼ガスによりさらに過熱して過熱蒸気にする。この蒸気管を過熱管と呼び、煙管は太くして大煙管と称する。

過熱管は煙管内の通風を妨げないように様々な形態が考案され、また、管押さえで煙管内中央に保持されている。過熱管の取り付けは蒸気の入口側を過熱管寄せの飽和蒸気室に、出口側を過熱蒸気室に付設する。

● 過熱管の構成

〈シュミット式A型〉

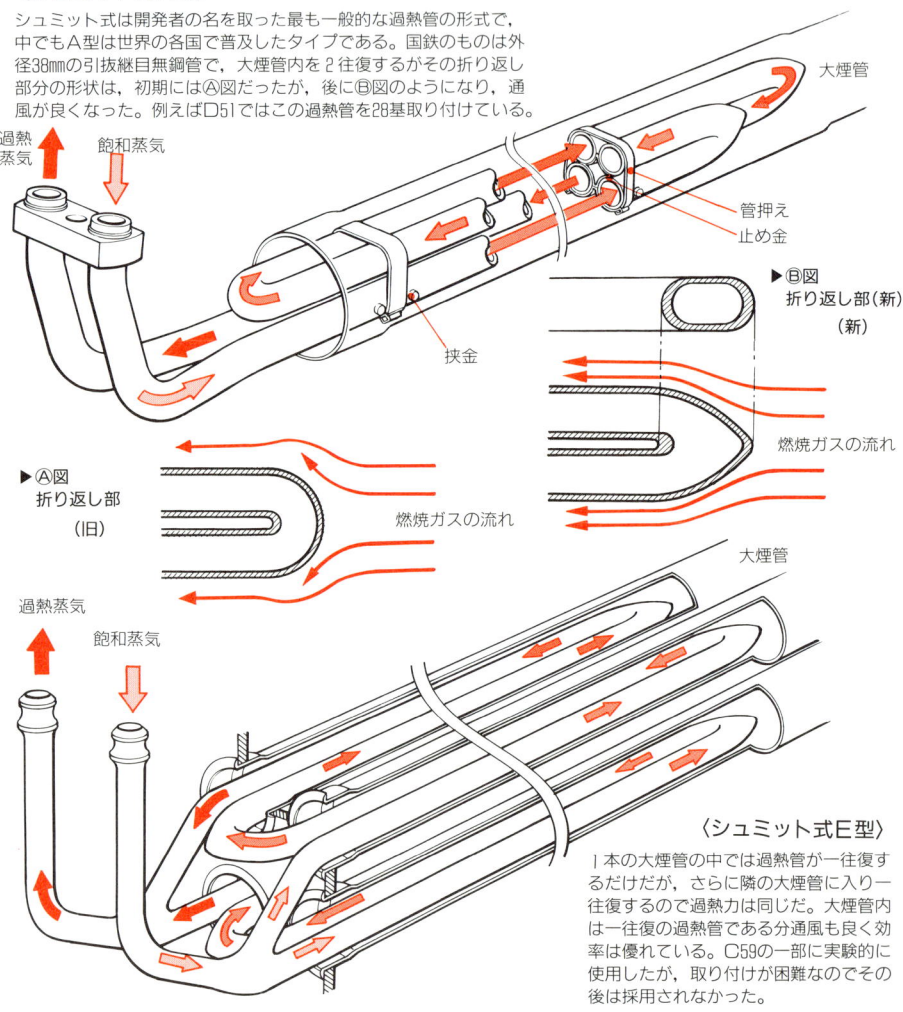

シュミット式は開発者の名を取った最も一般的な過熱管の形式で、中でもA型は世界の各国で普及したタイプである。国鉄のものは外径38mmの引抜継目無鋼管で、大煙管内を2往復するがその折り返し部分の形状は、初期には④図だったが、後に⑧図のようになり、通風が良くなった。例えばD51ではこの過熱管を28基取り付けている。

過熱蒸気
飽和蒸気
大煙管
管押え止め金

▶ ⑧図
折り返し部（新）
（新）

燃焼ガスの流れ

挟金

▶ ④図
折り返し部
（旧）

燃焼ガスの流れ

過熱蒸気
飽和蒸気

大煙管

〈シュミット式E型〉

1本の大煙管の中では過熱管が一往復するだけだが、さらに隣の大煙管に入り一往復するので過熱力は同じだ。大煙管内は一往復の過熱管である分通風も良く効率は優れている。C59の一部に実験的に使用したが、取り付けが困難なのでその後は採用されなかった。

ボイラー全般(罐胴)

〈ワグナー式〉 トリプルフロー型とも呼ばれる。過熱管を途中から3本に分けて1本の煙管に入れ，それぞれが一往復する間に過熱される。

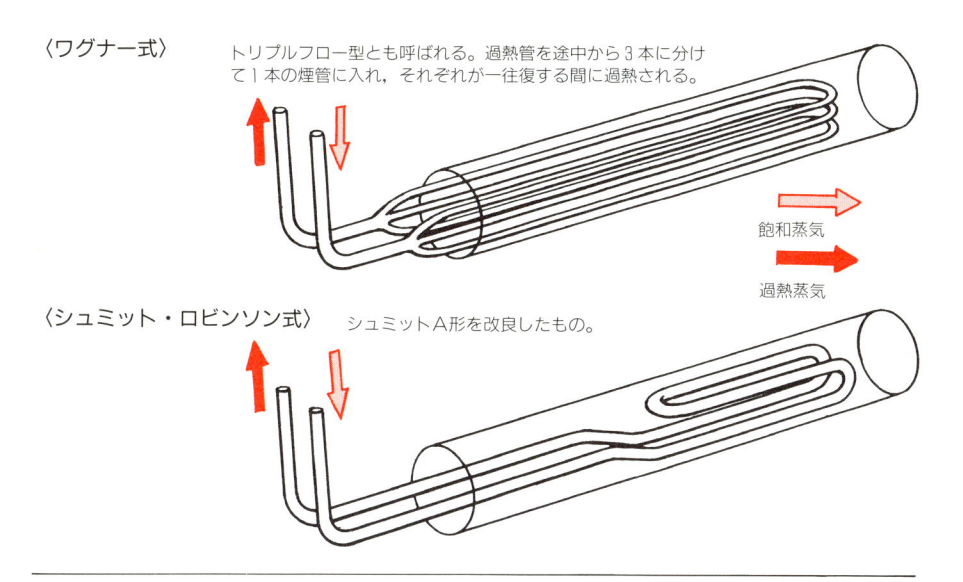

飽和蒸気
過熱蒸気

〈シュミット・ロビンソン式〉 シュミットA形を改良したもの。

● 煙管の取り付け

煙管は，平板を丸めて管にすると合せ目に継目ができ水圧を考慮すると弱いので，継目なしの鋼管を使う。大煙管は1200℃以上の高温で作る熱間仕上げ継目無鋼管，小煙管は常温で作る冷間引抜継目無鋼管である。いずれも鋼塊から引き抜いて作る。これらの煙管は膨脹・伸縮のストレスのかかるボイラー胴の控の役割もする。煙管の径は煙室側より火室側の方が小さい。これは取り付けの際，煙室側からの挿入を楽にするため，ボイラー内の水圧・高温に耐えるよう，火室管板穴は銅の口輪を付け，図の管拡げで密着させて突き出た部分を外側に折り曲げて溶接する。煙室管板の方は火室側程高熱ではないので，単に管拡げで密着させるだけだ。

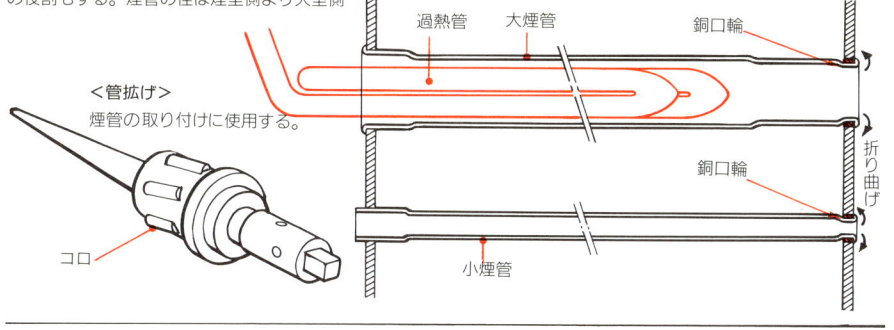

過熱管　大煙管　銅口輪

＜管拡げ＞
煙管の取り付けに使用する。

コロ

銅口輪

折り曲げ

小煙管

● 小煙管の配列

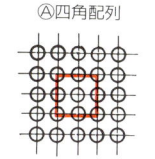

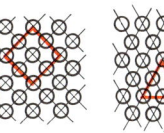

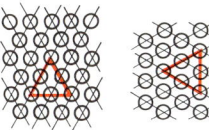

Ⓐ四角配列　Ⓑ四角配列　Ⓒ三角配列　Ⓓ三角配列

同じ円面積では，三角配列の方が本数が多く入る。中でもⒹの配列が罐水の循環が良く，蒸気発生の面でも効率が良い。

蒸気溜・加減弁・乾燥管

●蒸気溜

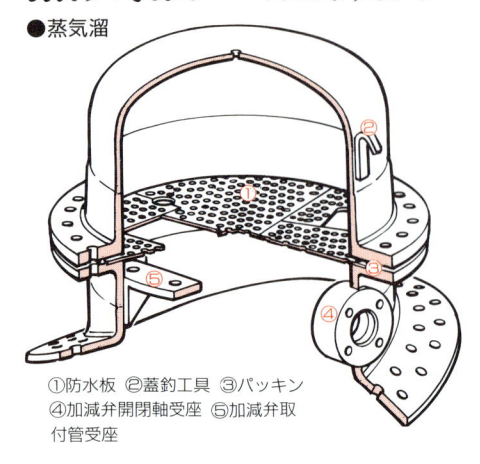

①防水板 ②蓋釣工具 ③パッキン
④加減弁開閉軸受座 ⑤加減弁取
付管受座

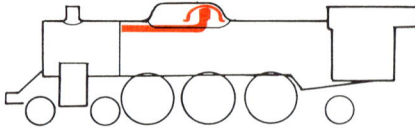

ピストン・シリンダー，及び注水器，蒸気分配箱，汽笛などに送る蒸気を集めるドーム状のものが蒸気溜だ。完全に気化したなるべく水分の少ない蒸気を集めるため，位置は罐水から離れたところが良く，ボイラー中央上部に設置する。さらに水分が諸蒸気管内に混入しないよう，多数の小さい穴を開けた防水板を張る。その上部に加減弁があり，下部に取付け台座と操作する軸の通る軸受座がある。

加減弁はピストン・シリンダーに送る蒸気の量をコントロールする機器で，運転室と引き↑

●加減弁と乾燥管の構成

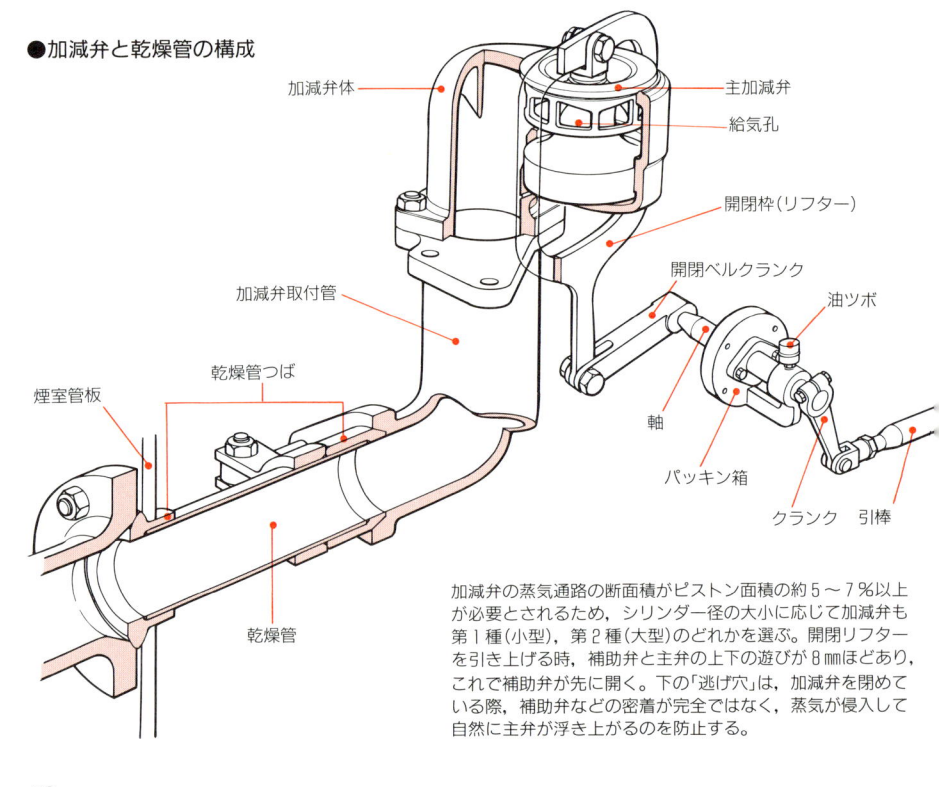

加減弁体 / 主加減弁 / 給気孔 / 開閉枠(リフター) / 開閉ベルクランク / 油ツボ / 加減弁取付管 / 軸 / パッキン箱 / クランク / 引棒 / 乾燥管つば / 煙室管板 / 乾燥管

加減弁の蒸気通路の断面積がピストン面積の約5〜7％以上が必要とされるため，シリンダー径の大小に応じて加減弁も第1種(小型)，第2種(大型)のどれかを選ぶ。開閉リフターを引き上げる時，補助弁と主の上下の遊びが8mmほどあり，これで補助弁が先に開く。下の「逃げ穴」は，加減弁を閉めている際，補助弁などの密着が完全ではなく，蒸気が侵入して自然に主弁が浮き上がるのを防止する。

ボイラー全般(罐胴)

棒でつながり，加減弁ハンドルで操作する。加減弁は周囲の高圧蒸気で全体が押し付けられているため，そのままでは弁を押し上げるのは困難である。そこで運転室の加減弁ハンドルを手前に引くと，まず補助弁が上がり主弁中央下部に蒸気を導き入れて，外部と圧力を均等にする。このタイムラグがあって主弁が容易に押し上げられるようになっている(下図)。そのために補助弁と主弁の連結には遊びがある。主弁胴回りには給気孔が並び，主加減弁の上昇に応じて蒸気の給気量を加減できる。そして蒸気は乾燥管に送られる。

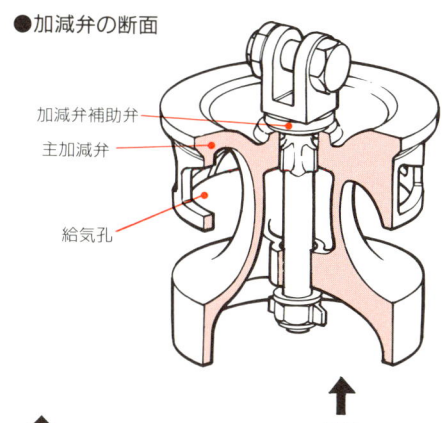

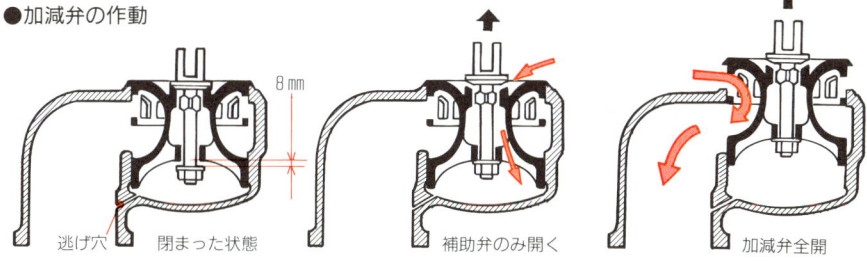

●加減弁の断面
加減弁補助弁
主加減弁
給気孔

●加減弁の作動
8mm
逃げ穴　閉まった状態　　補助弁のみ開く　　加減弁全開

●乾燥管の仕組み

蒸気は乾燥管を通り水分を取り除きより完全な気体になる。取付位置は加減弁取付管と過熱管寄せ，あるいはT字形管(飽和蒸機)の間にある。両端につばを溶接し，加減弁取付管側とは円錐接手で帯金を巻いてつなぎボルトを締めて結合，過熱管寄せの側は球面接手とする。これにより本体及び煙室管板の膨脹・伸縮に対応して，管のストレスを回避する。

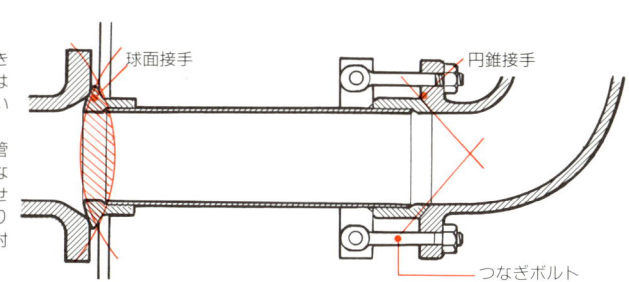

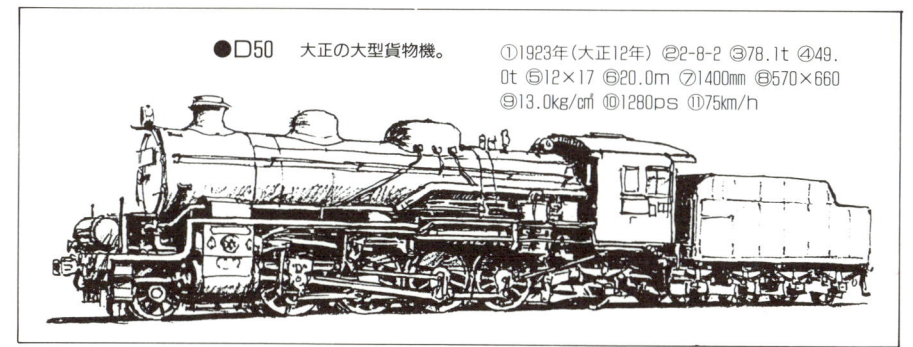

球面接手　　円錐接手
つなぎボルト

●D50　大正の大型貨物機。①1923年(大正12年)　②2-8-2　③78.1t　④49.0t　⑤12×17　⑥20.0m　⑦1400mm　⑧570×660　⑨13.0kg/c㎡　⑩1280ps　⑪75km/h

旧国鉄蒸機の解説①製造初年　②軸配置　③機関車重量　④炭水車重量　⑤炭水車積載量(石炭t×水m³)　⑥最大長　⑦動輪径　⑧シリンダー径×行程(mm)　⑨ボイラー圧力(kg/c㎡)　⑩馬力　⑪最高速度

加減弁開閉装置

　加減弁の操作は，運転室にある加減弁テコハンドルで行い，この動きは加減弁引棒の前後動を通じて開閉ベルクランクに伝わり，加減弁を上下させる。加減弁引棒がボイラー内部にあるものはパッキン類などが摩減した場合に検査や修理が不便である。外部にあるものは，運転室上方から引棒が出てボイラーケーシング上方を蒸気ドームまで延びている。加減弁テコハンドルには，圧着バネのついた止めハンドルがあり，任意の加減弁開閉位置に固定できる。

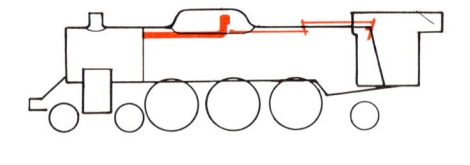

●加減弁テコハンドル（旧型）

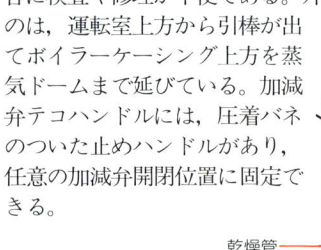

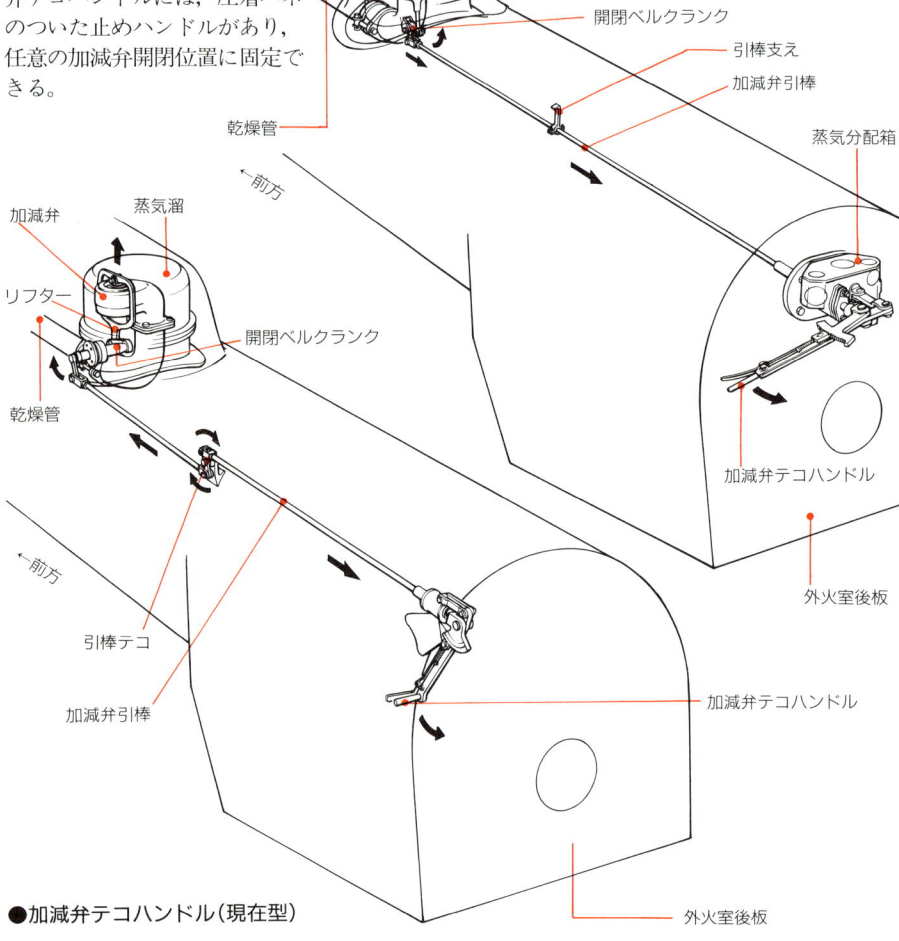

●加減弁テコハンドル（現在型）

ボイラー全般(罐胴)

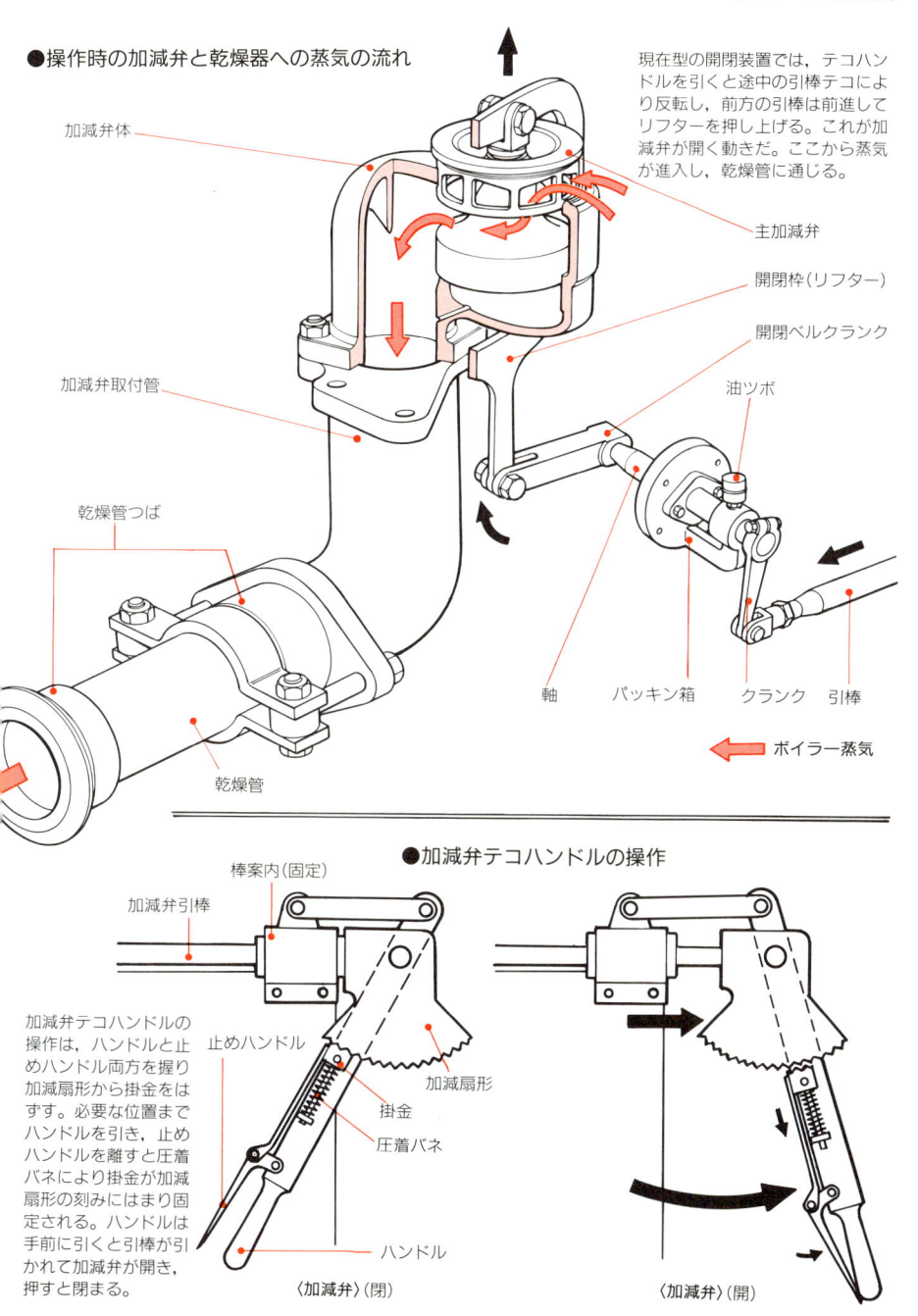

●操作時の加減弁と乾燥器への蒸気の流れ

現在型の開閉装置では、テコハンドルを引くと途中の引棒テコにより反転し、前方の引棒は前進してリフターを押し上げる。これが加減弁が開く動きだ。ここから蒸気が進入し、乾燥管に通じる。

- 加減弁体
- 主加減弁
- 開閉枠(リフター)
- 開閉ベルクランク
- 油ツボ
- 加減弁取付管
- 乾燥管つば
- 乾燥管
- 軸
- パッキン箱
- クランク
- 引棒
- ボイラー蒸気

●加減弁テコハンドルの操作

加減弁テコハンドルの操作は、ハンドルと止めハンドル両方を握り加減扇形から掛金をはずす。必要な位置までハンドルを引き、止めハンドルを離すと圧着バネにより掛金が加減扇形の刻みにはまり固定される。ハンドルは手前に引くと引棒が引かれて加減弁が開き、押すと閉まる。

- 加減弁引棒
- 棒案内(固定)
- 止めハンドル
- 加減扇形
- 掛金
- 圧着バネ
- ハンドル

〈加減弁〉(閉)   〈加減弁〉(開)

罐内管装置

蒸気機関車は走行用の動力ばかりでなく，すべての機器類の動力に蒸気を使う。こちらの方はボイラーからの生蒸気（飽和蒸気）を使うので，蒸気溜内に各々の機器とつながるパイプを直立させて蒸気を取り込む。これが罐内管装置だ。各機置に通じる蒸気管に次のような種類がある。

- **蒸気分配箱蒸気管**：外火室後板に据え付けた蒸気分配箱に生蒸気を供給する。
- **注水器蒸気管**：注水器につながる。
- **注水器繰出管**：注水器の蒸気で吸い上げたタンクの水をボイラー内に噴出する部分（右頁図）。

- **笛蒸気管**：汽笛につながり，蒸気を噴出して笛ベルを鳴らす。ただし汽笛がボイラー頂上に付く機種にはない。
- **通気管**：蒸気を最も大量消費するのは走行用のシリンダーなので，そこになるべく近い第１罐胴上に蒸気溜を置いて，高温の蒸気を使うことが多い。しかし右頁上図のような場合に，蒸気管に罐水が混入するのを避けるため，Ⓐ Ⓑ ２つの蒸気部分を結んだ通気管を設ける。

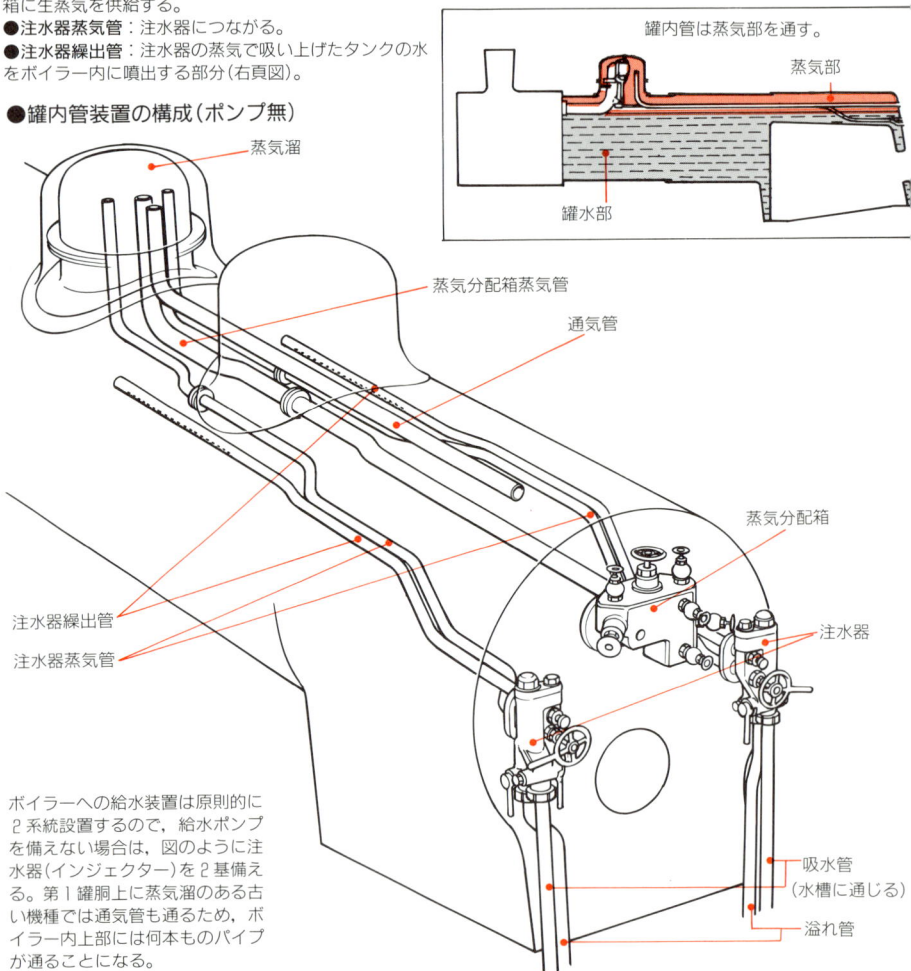

●罐内管装置の構成（ポンプ無）

ボイラーへの給水装置は原則的に２系統設置するので，給水ポンプを備えない場合は，図のように注水器（インジェクター）を２基備える。第１罐胴上に蒸気溜のある古い機種では通気管も通るため，ボイラー内上部には何本ものパイプが通ることになる。

ボイラー全般（罐胴）

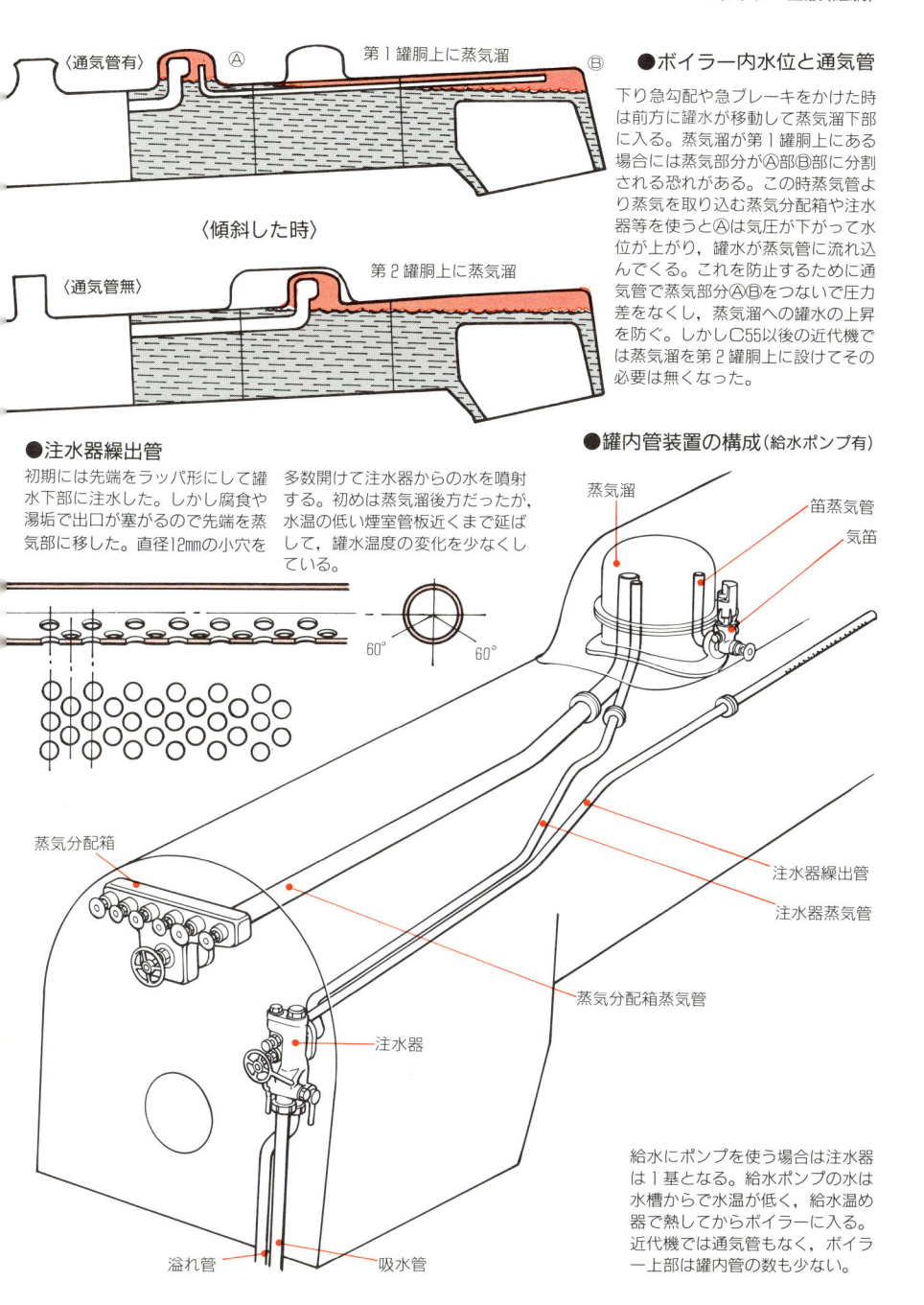

〈通気管有〉　Ⓐ　第1罐胴上に蒸気溜　Ⓑ

〈傾斜した時〉

〈通気管無〉　第2罐胴上に蒸気溜

●ボイラー内水位と通気管

下り急勾配や急ブレーキをかけた時は前方に罐水が移動して蒸気溜下部に入る。蒸気溜が第1罐胴上にある場合には蒸気部分がⒶ部Ⓑ部に分割される恐れがある。この時蒸気管より蒸気を取り込む蒸気分配箱や注水器等を使うとⒶは気圧が下がって水位が上がり，罐水が蒸気管に流れ込んでくる。これを防止するために通気管で蒸気部分ⒶⒷをつないで圧力差をなくし，蒸気溜への罐水の上昇を防ぐ。しかしC55以後の近代機では蒸気溜を第2罐胴上に設けてその必要は無くなった。

●注水器繰出管

初期には先端をラッパ形にして罐水下部に注水した。しかし腐食や湯垢で出口が塞がるので先端を蒸気部に移した。直径12mmの小穴を多数開けて注水器からの水を噴射する。初めは蒸気溜後方だったが，水温の低い煙室管板近くまで延ばして，罐水温度の変化を少なくしている。

60°　60°

●罐内管装置の構成（給水ポンプ有）

蒸気溜
笛蒸気管
気笛
蒸気分配箱
注水器繰出管
注水器蒸気管
蒸気分配箱蒸気管
注水器
溢れ管　吸水管

給水にポンプを使う場合は注水器は1基となる。給水ポンプの水は水槽からで水温が低く，給水温め器で熱してからボイラーに入る。近代機では通気管もなく，ボイラー上部は罐内管の数も少ない。

蒸気分配箱

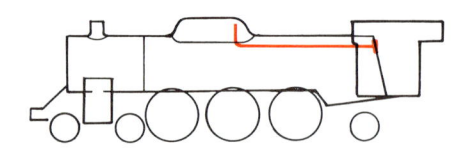

走行以外の各種機器の動力用蒸気を一括して集め，コントロールする部分である。操作は機関助士が行うが，運転室の火室後板の上部中央に設置し，主止弁ハンドルを回して蒸気溜から生蒸気を導入する。内部は一つの部屋になっており，各機器へ蒸気を送るためのバルブが並んでいる。このバルブの数や分配箱の大きさ・形は機関車の種類や様式によって異なる。旧型のものは加減弁テコハンドルが下部についており，バルブも整然とはしていない。C55型以降の分配箱はT字形の外観になり，各機器へのバルブは上部に整然と並んでいる。このバルブハンドルの位置は，超大型機では相当高くなるため，本体を少し下向きに取り付け，バルブハンドルを長く伸ばして扱いやすく対応している。

機種により多少異なるところはあるが，蒸気分配箱から動力用の蒸気を送る機器は以下のようになる。給水ポンプ，空気圧縮器，タービン発電機，通風器，見送り給油器，列車暖房，油ポンプ暖房，水まき注水器，（動力揺り火格子のシリンダー，自動給炭機，灰箱）。

蒸気止弁は各機器と結ぶ蒸気管に取り付けて，蒸気通路を開閉するもので，直線の蒸気管に取り付けるものが球形止弁，L字形に曲がる箇所に付けるのが肘形止弁である。

球形止弁で16kg/cm²の蒸気圧に耐えられるようになっている。この部品も機種その他により，管の形の大小や取り付け方，取付口の径などが相違するが，内部の構造は基本的に同じである。

● 蒸気分配箱(新型)

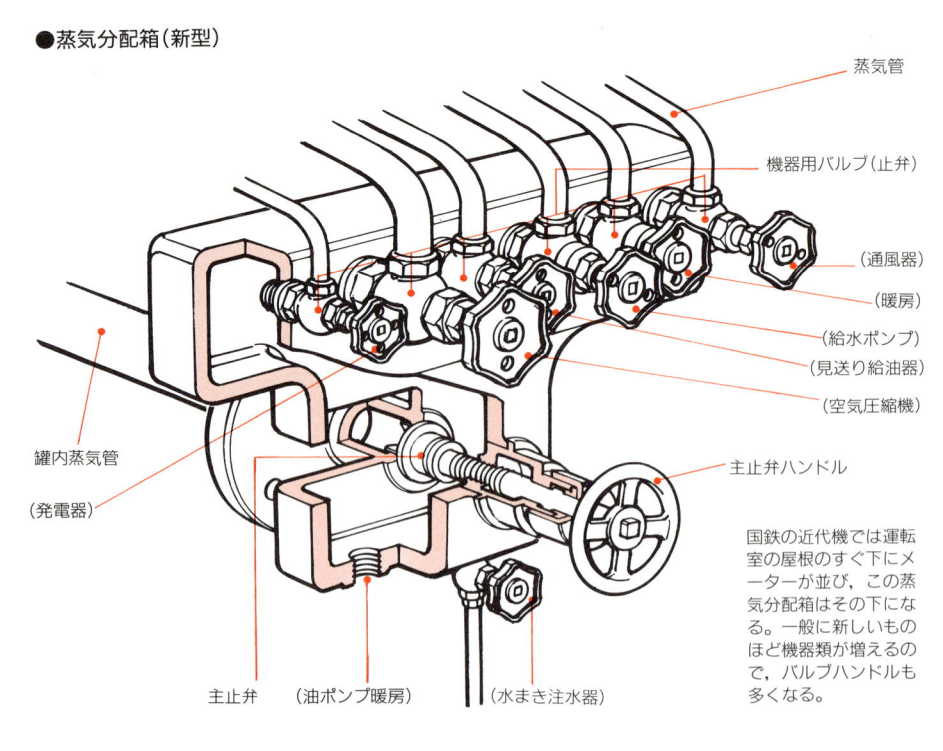

蒸気管
機器用バルブ(止弁)
(通風器)
(暖房)
(給水ポンプ)
(見送り給油器)
(空気圧縮機)
主止弁ハンドル
罐内蒸気管
(発電器)
主止弁
(油ポンプ暖房)
(水まき注水器)

国鉄の近代機では運転室の屋根のすぐ下にメーターが並び，この蒸気分配箱はその下になる。一般に新しいものほど機器類が増えるので，バルブハンドルも多くなる。

ボイラー全般（罐胴）

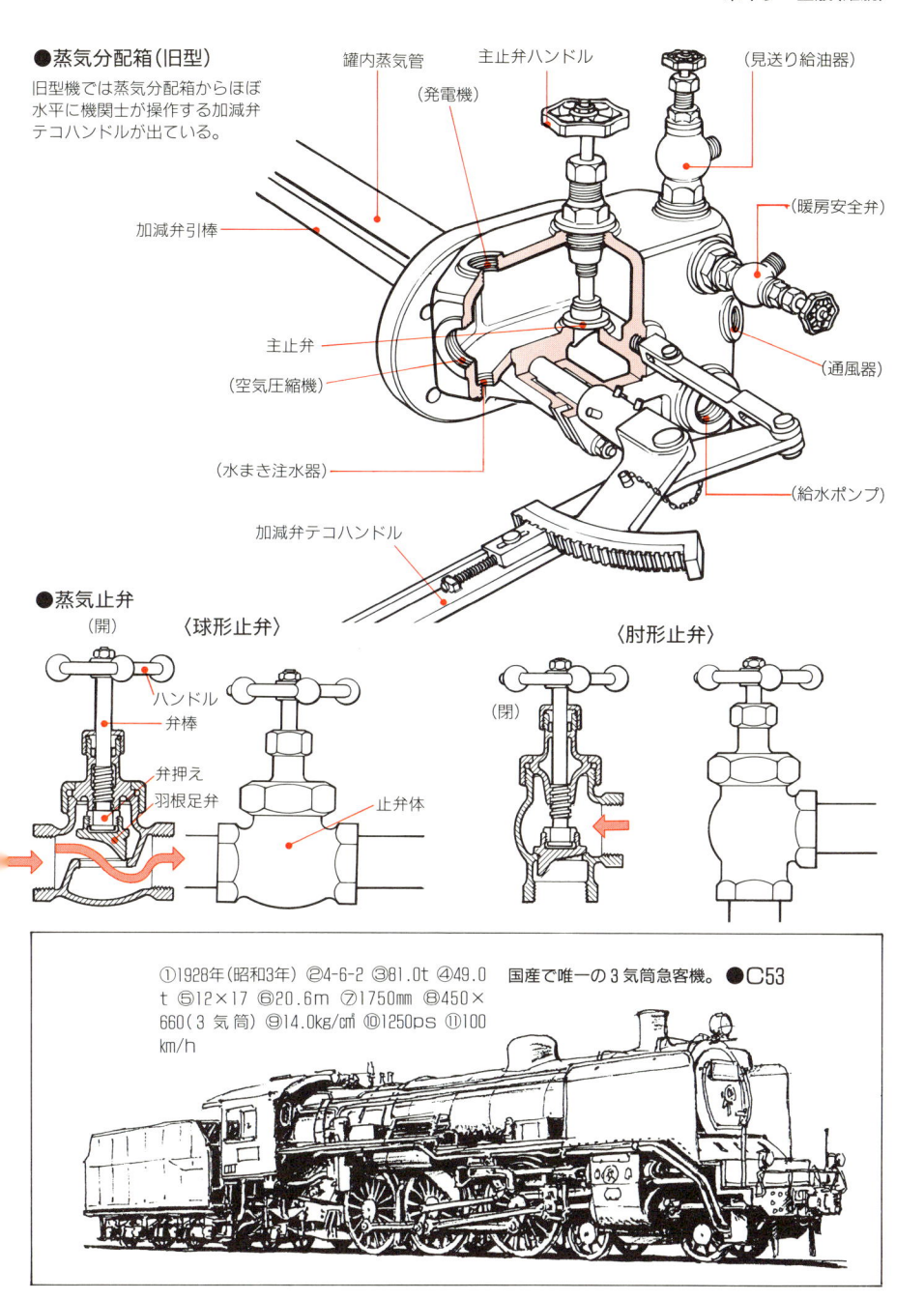

● 蒸気分配箱（旧型）
旧型機では蒸気分配箱からほぼ水平に機関士が操作する加減弁テコハンドルが出ている。

罐内蒸気管
主止弁ハンドル
（見送り給油器）
（発電機）
（暖房安全弁）
加減弁引棒
（通風器）
主止弁
（空気圧縮機）
（水まき注水器）
（給水ポンプ）
加減弁テコハンドル

● 蒸気止弁
（開）
〈球形止弁〉
ハンドル
弁棒
弁押え
羽根足弁
止弁体

（閉）
〈肘形止弁〉

①1928年（昭和3年）②4-6-2 ③81.0t ④49.0t ⑤12×17 ⑥20.6m ⑦1750mm ⑧450×660（3気筒）⑨14.0kg/c㎡ ⑩1250ps ⑪100km/h

国産で唯一の3気筒急客機。● C53

75

煙室

　蒸気機関車はボイラーを横置きにするので，火室からの燃焼ガスを横に流す必要がある。加えて瞬時に大量の蒸気を作り出すために火室での石炭の燃焼は強力で効率良くなければならない。このため燃焼用空気の流入と排煙に関する通風は，出力性能上の重要な要素で，煙室の構造がそれに関わっている。

　煙室はボイラー前部の煙室管板で仕切られ，外観では上に煙突，前に煙室ドアとヘッドライトが付き，内部は過熱式では上に過熱管寄せとそこからシリンダーへの主蒸気管，煙管前に反射板，そして下に蒸気吐出管が設置される。吐出管からの気筒（シリンダー）排蒸気は霧吹きと同じ理屈で煙室内の空気を誘い出し部分真空をつくる。因って煙管から燃焼ガスが吸い出されて強制的に通風し，煙突から放出される。反対に火室側には新鮮な空気が流入する（次の吐出管の項も参照）。これはボイラー自ら作った蒸気の排出を利用し，自身の通風を行うという巧妙な仕組みである。

●煙室（過熱式蒸機）の構成

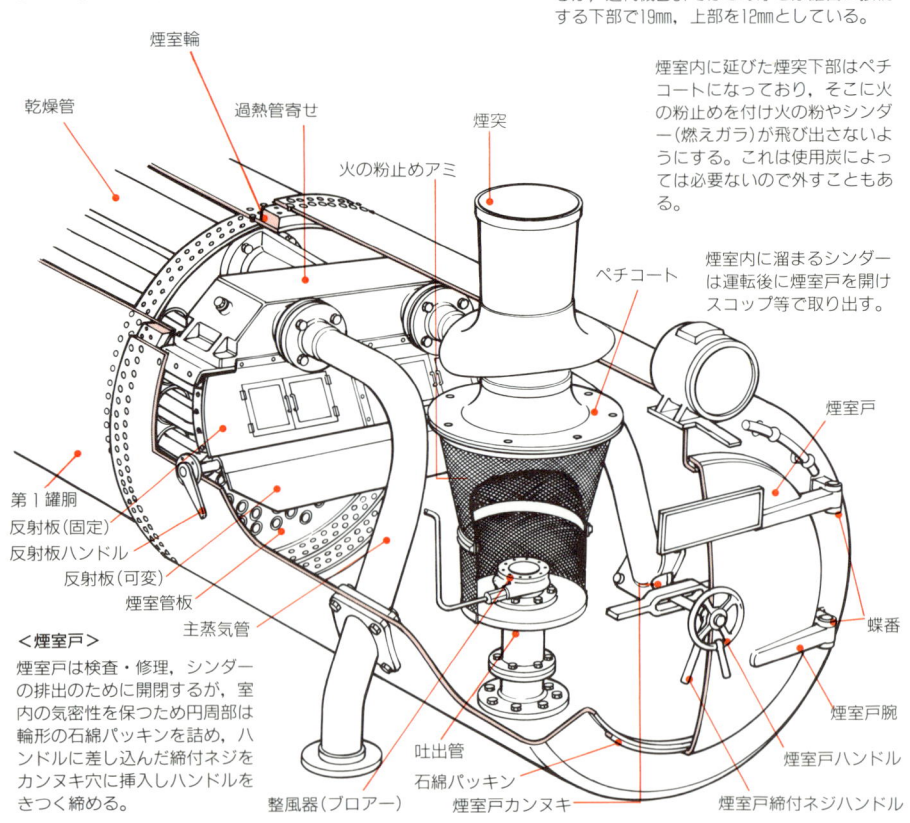

煙室は普通厚さ13mm程度の鋼板で円筒形に作るが，近代機D51ではこの厚さが罐台に接続する下部で19mm，上部を12mmとしている。

煙室内に延びた煙突下部はペチコートになっており，そこに火の粉止めを付け火の粉やシンダー（燃えガラ）が飛び出さないようにする。これは使用炭によっては必要ないので外すこともある。

煙室内に溜まるシンダーは運転後に煙室戸を開けスコップ等で取り出す。

乾燥管／煙室輪／過熱管寄せ／火の粉止めアミ／煙突／第1罐胴／反射板（固定）／反射板ハンドル／反射板（可変）／煙室管板／主蒸気管／ペチコート／煙室戸／吐出管／石綿パッキン／整風器（ブロアー）／煙室戸カンヌキ／煙室戸締付ネジハンドル／煙室戸ハンドル／煙室戸腕／蝶番

＜煙室戸＞
煙室戸は検査・修理，シンダーの排出のために開閉するが，室内の気密性を保つため円周部は輪形の石綿パッキンを詰め，ハンドルに差し込んだ締付ネジをカンヌキ穴に挿入しハンドルをきつく締める。

ボイラー全般（煙室）

● 煙突

外観は，ストレート煙突とそれにすっぽり化粧煙突を被せたものがあるが，どちらも下部に向けて1/10径を絞り，排気の拡がりに対応する。下にペチコートを付けて排気を取り込みやすくしている。化粧煙突は走行中空気の流れで煙を上に流すように考えられたがあまり効果はなく，後にすべてストレート煙突になった。
自然通風上煙突はできるだけ長い方が良く，車両限界いっぱいの高さに作られている。

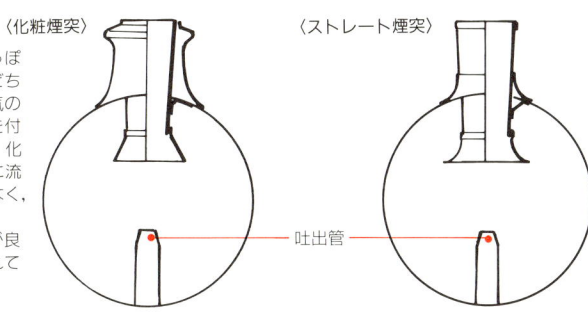

〈化粧煙突〉　　〈ストレート煙突〉

吐出管

● 煙室と罐胴の接続

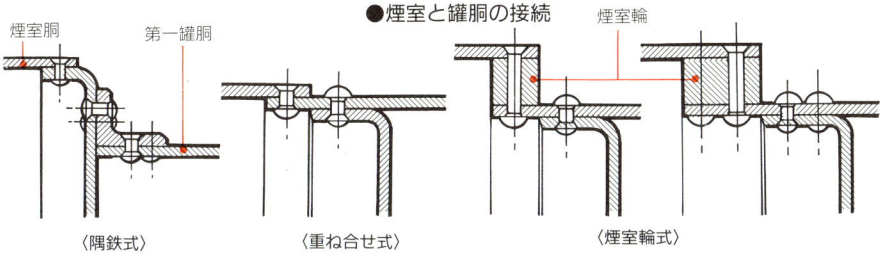

煙室胴　　第一罐胴　　　　　　　　　　煙室輪

〈隅鉄式〉　　〈重ね合せ式〉　　〈煙室輪式〉

● 飽和式蒸機の煙室

飽和式蒸気機関車では，構造もシンプルに作られて，ここでも吐出管からの排蒸気を通風，及び排煙に利用する。

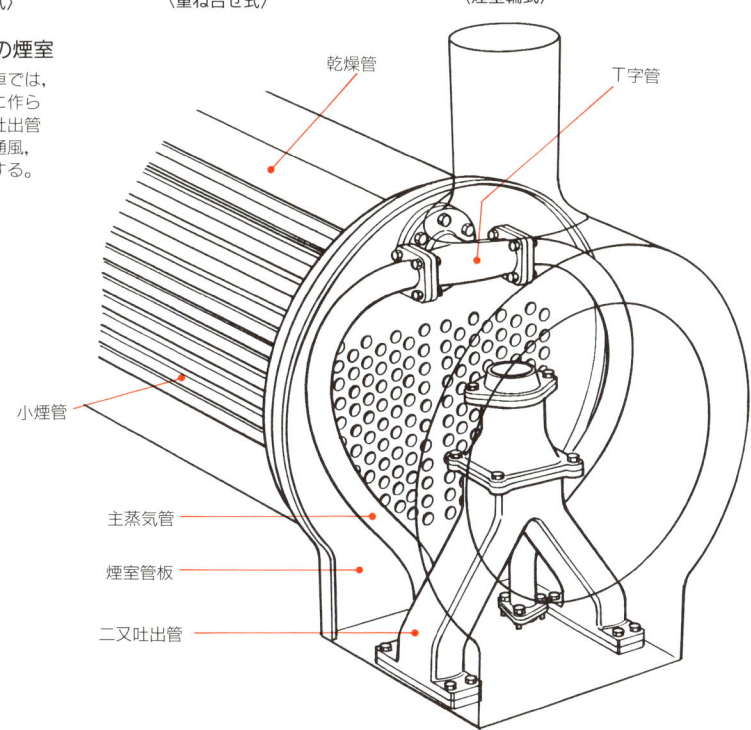

乾燥管
T字管
小煙管
主蒸気管
煙室管板
二又吐出管

77

吐出管

　煙突の真下に設置した吐出管は，シリンダーの排蒸気を放出し，その勢いで煙室内の通風を促す。吐出ノズルの口径の大小により，蒸気噴出速度（＝通風力）が違ってくる。小さすぎると通風力が強くなり，火室での燃焼には良いが，燃焼ガスの流れが速すぎてボイラー水への熱伝導が十分でない。また蒸気の排出抵抗が大きくなり，ピストン背圧（排気側）が増加する。径が大きい場合は逆に通風力が弱く燃焼が悪くなる。そこで，それぞれ線区や運用状況に合わせた径を設定している。

＜可変吐出管＞

　列車は牽引重量や速度に変化があり，線路にも上り下りがあるので，火力もそれに対応する方が都合が良い。それなのに通風力が一定していては効率が悪いことになる。そこで吐出管内に頭部が水滴形の加減棒を設けて上下させ，ノズルの隙間面積を変化させる。これによって走行状況に合わせて，通風を加減することができる。この可変吐出管は吐出管可変棒によって運転室と結ばれ操作できる。

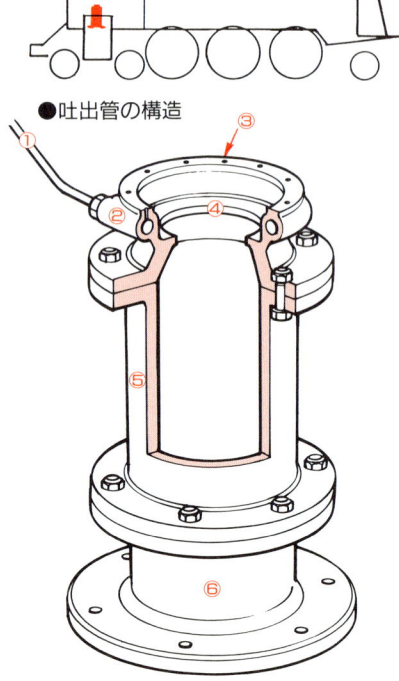

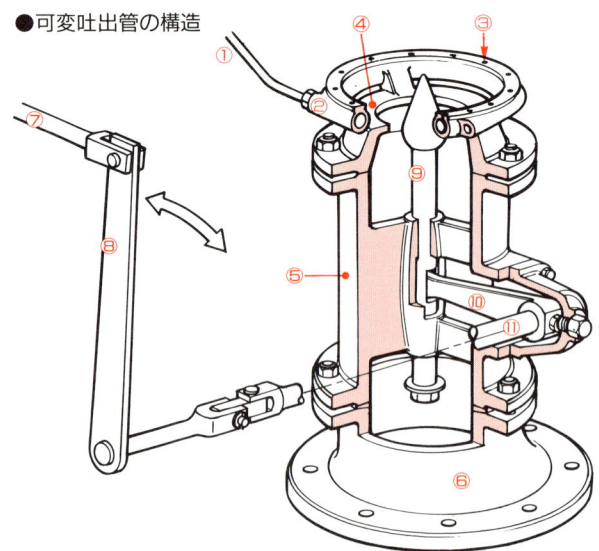

●吐出管の構造

●可変吐出管の構造

①蒸気分配箱の通風器用バルブにつながる ②通風器 ③通風孔 ④吐出ノズル ⑤上吐出管 ⑥下吐出管 ⑦吐出管可変棒 ⑧可変テコ ⑨加減棒 ⑩加減棒軸腕 ⑪吐出加減軸

〈通風器〉

停車中や絶気運転（シリンダーへの蒸気を止め惰力で走る状態）では，吐出管から排蒸気は出ない。そのため吐出管の先端に通風器（ブロアー）を取り付け，そこから生蒸気を煙突に向けて噴出し通風を促して燃焼ガスを誘導する。通風器は図のようにガスコンロのイメージで，蒸気の取り入れパイプが付き，円周上に多数の噴出用の小孔がある。運転室の蒸気分配箱のバルブコックを回し，蒸気はボイラーサイドの通風管で送る。

ボイラー全般（煙室）

● **吐出管の加減装置**

C61，62では煙室横にテコを設けて操作する。D52，D62はそのテコに可変棒を付けて運転室助士席前まで延ばし，ネジ式加減ハンドルを回して操作する。

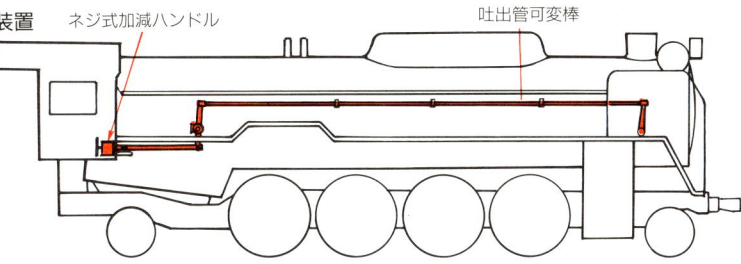

ネジ式加減ハンドル　　吐出管可変棒

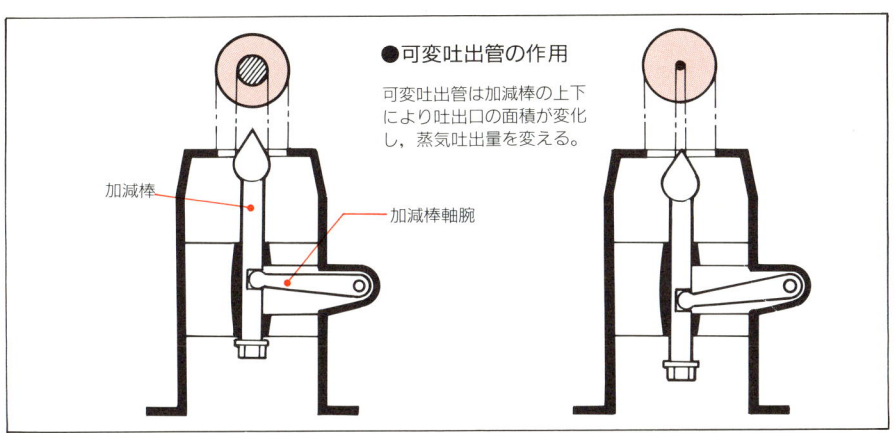

● **可変吐出管の作用**

可変吐出管は加減棒の上下により吐出口の面積が変化し，蒸気吐出量を変える。

加減棒　　加減棒軸腕

● **反射板の働き**

火室からの高熱の燃焼ガスは上に流れやすいので（レンガアーチ効果のため），上列の煙管に集中しがちである。一方煙室内の通風は吐出管の付近が最も強い。そこで過熱管寄せ前面に薄い鋼板の反射板を取り付け，上列の煙管からの燃焼ガスを下へ迂回させて下列からの燃焼ガスを導き，全体の通風を均等にする。燃焼ガスの流れは逆になるが，火室内のレンガアーチと同じ理屈である。反射板は上下2分割され，上が固定され下部が可動式で，煙室外側のレバーで角度を変え通風を加減できる。

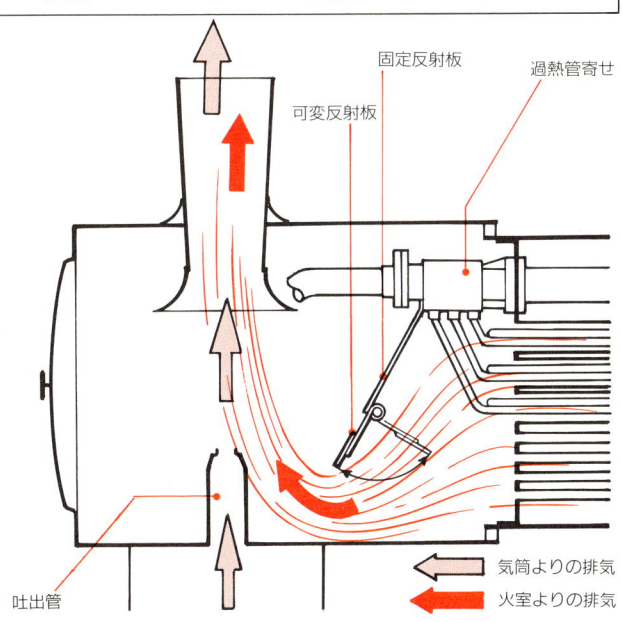

固定反射板　　過熱管寄せ
可変反射板
吐出管

気筒よりの排気
火室よりの排気

79

圧力計とボイラー安全弁

〈圧力計〉
　キャブ内ボイラー後端の上に取り付けられており，それぞれの圧力計はその機器と蒸気管（銅管）でつながっている。ボイラー圧力計は，すぐ近くのボイラー真上に止弁を取り付けて蒸気を導入している。蒸気管は圧力計を一周して底部をU字形に曲げ，ここに復水を貯めて高温の蒸気が直接プルドン管（バネ管）に作用しない構造としている。

〈圧力計の作動〉
　断面が楕円形をしたプルドン管の一方は蒸気管とつながり，端は密閉して連結腕で扇形歯車と結び，円弧状になっている。蒸気圧力がかかると断面は真円に膨らみ，その円弧の半径も大きくなって端に付く連結腕は扇形歯車を動かす。それに噛み合っている小歯車及びそれに固定されている針を右に回して圧力を指示する。蒸気圧力が下がると大きくなった円弧，膨らんだ断面も小さくなり，歯車によって針も左に回転して下がる。

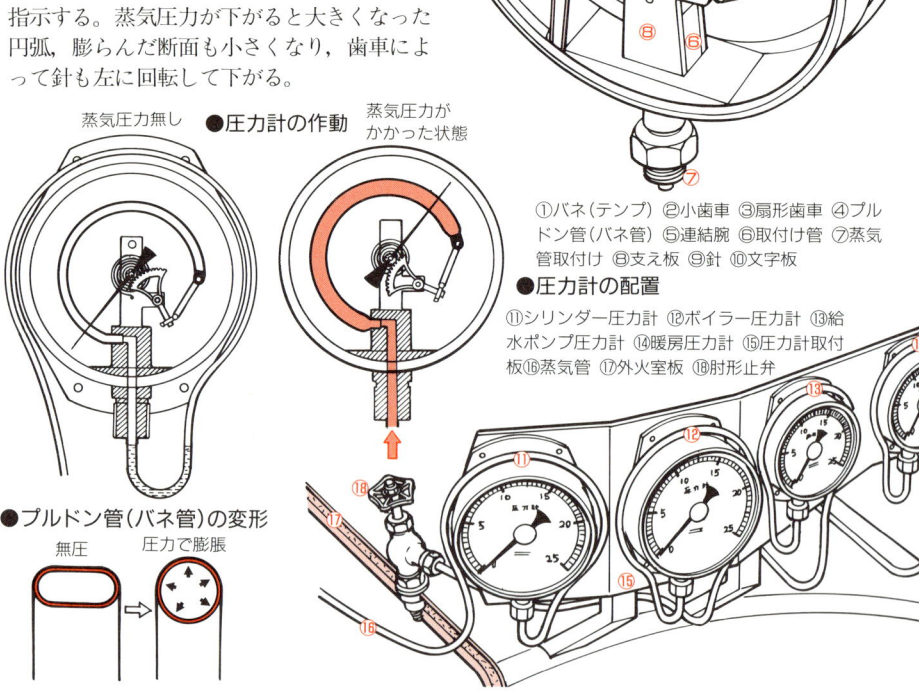

●圧力計の構造

蒸気圧力無し　●圧力計の作動　蒸気圧力がかかった状態

①バネ（テンプ）②小歯車 ③扇形歯車 ④プルドン管（バネ管）⑤連結腕 ⑥取付け管 ⑦蒸気管取付け ⑧支え板 ⑨針 ⑩文字板

●圧力計の配置
⑪シリンダー圧力計 ⑫ボイラー圧力計 ⑬給水ポンプ圧力計 ⑭暖房圧力計 ⑮圧力計取付板 ⑯蒸気管 ⑰外火室板 ⑱肘形止弁

●プルドン管（バネ管）の変形
無圧　圧力で膨脹

ボイラー全般（付属品）

〈ボイラー安全弁〉

ボイラー内の蒸気圧力が規定の圧力以上になった時，ボイラーの破損を防止するために蒸気を罐外に放出する。

安全弁はボイラー頂上後部に2コ設けられている。一つはボイラー使用圧力＋0.3kg/cm²で，他の方はボイラー使用圧力＋0.5kg/cm²以上で蒸気が噴出して圧力を下げる。

安全弁体内部の構成は，ボイラー胴上に球接手及びボルト止めで取り付けられた弁座に調整輪(加減輪)をネジ込み，そこに上からバネ座にはさまれたバネ，及び弁押棒で押しつけられた弁が載る。

ボイラー蒸気が使用圧力以上になれば，バネに押されて弁座上部に密着していた弁が，蒸気圧力に負けて持ち上り蒸気は弁体内を通って弁帽の多数の小穴から大気に噴出される。

減圧されて使用圧力近くになると，バネの力が勝って弁は閉まり蒸気の噴出は止まる。

安全弁の圧力調整は，大まかなところはバネ調整ネジをゆるめたり，しめたりしてバネ張力を加減する。そして調整輪と弁外縁の膨脹ミゾとのすき間を加減する事で，蒸気圧力に対し鋭敏に反応して弁の開閉が行われる。

尚，弁には弁揚り止めが設けられて最大6mmしか持ち上がらない。

●ボイラー安全弁の構造

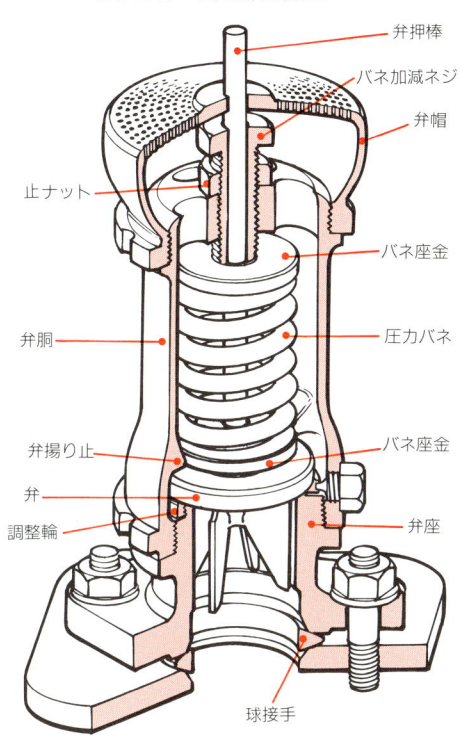

●安全弁調整輪

●ラムスボトム型安全弁（旧型）

●ボイラー安全弁の作用（開）

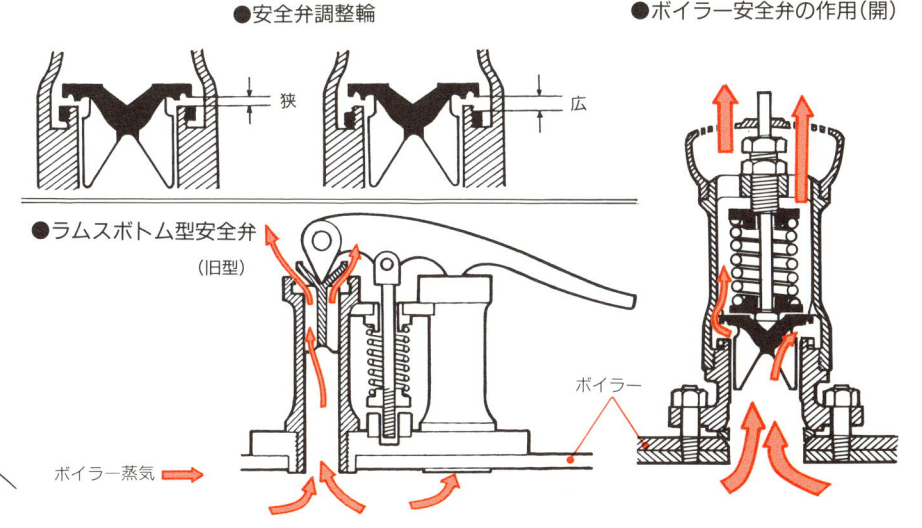

汽笛

〈笛吹鳴装置〉

出発や警告,あるいは重連(機関車が前2両で列車を引く)以上の場合,機関車同士の連絡合図等で鳴らす。

以前は火室上のボイラーに直接設置していたが,音響効果を考えてその後は蒸気溜の脇に付けた。どちらも吹鳴(すいめい)装置の作用は同じで,この図は蒸気溜脇に付けたもの。

笛はハンドルを下に引くと中間テコにより引棒が引っぱられ,蒸気によって鳴る仕組みになっている。ハンドルは運転室内左右にあり機関士側はペダル式もある。ハンドルを離すとバネによって元に戻り,笛内の弁も閉じられて音は止む。

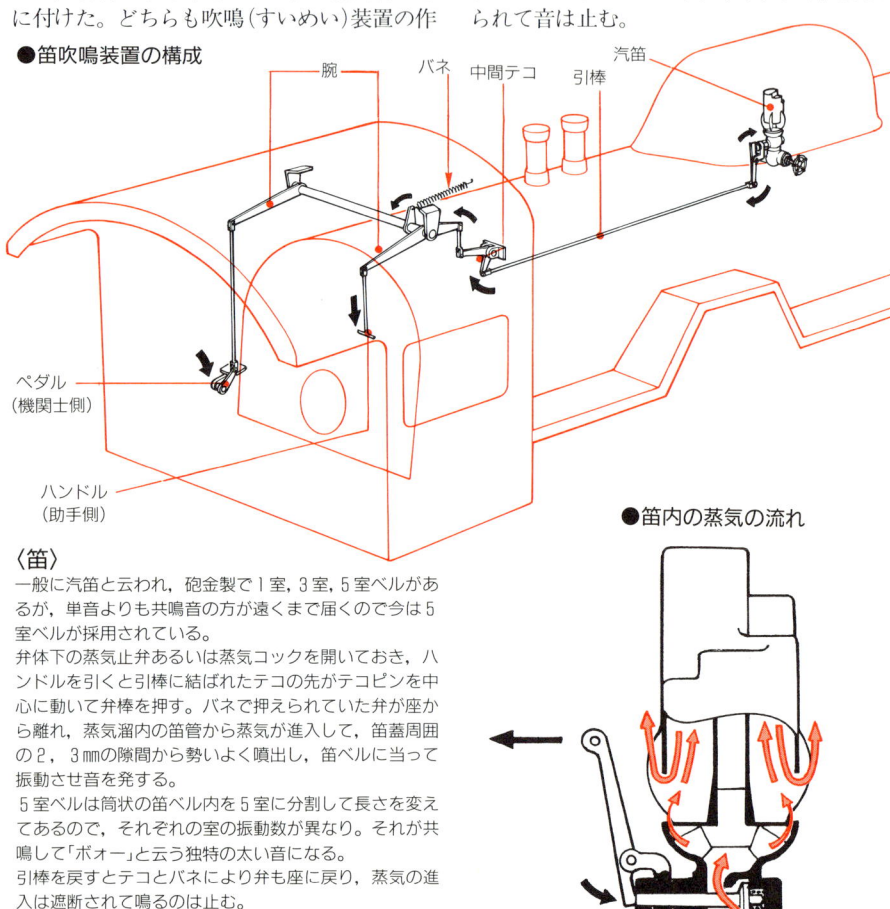

●笛吹鳴装置の構成

ペダル(機関士側)
ハンドル(助手側)
腕
バネ
中間テコ
引棒
汽笛

〈笛〉

一般に汽笛と云われ,砲金製で1室,3室,5室ベルがあるが,単音よりも共鳴音の方が遠くまで届くので今は5室ベルが採用されている。

弁体下の蒸気止弁あるいは蒸気コックを開いておき,ハンドルを引くと引棒に結ばれたテコの先がテコピンを中心に動いて弁棒を押す。バネで押えられていた弁が座から離れ,蒸気溜内の笛管から蒸気が進入して,笛蓋周囲の2,3mmの隙間から勢いよく噴出し,笛ベルに当って振動させ音を発する。

5室ベルは筒状の笛ベル内を5室に分割して長さを変えてあるので,それぞれの室の振動数が異なり,それが共鳴して「ボォー」と云う独特の太い音になる。

引棒を戻すとテコとバネにより弁も座に戻り,蒸気の進入は遮断されて鳴るのは止む。

3室ベルは笛ベル筒を三分割し容積を変えているので「ボー」という少し高めの音になる。

初期は単に缶を伏せた形の1室ベルで単音の「ピー」という高い音である。

●笛内の蒸気の流れ

ボイラー全般(付属品)

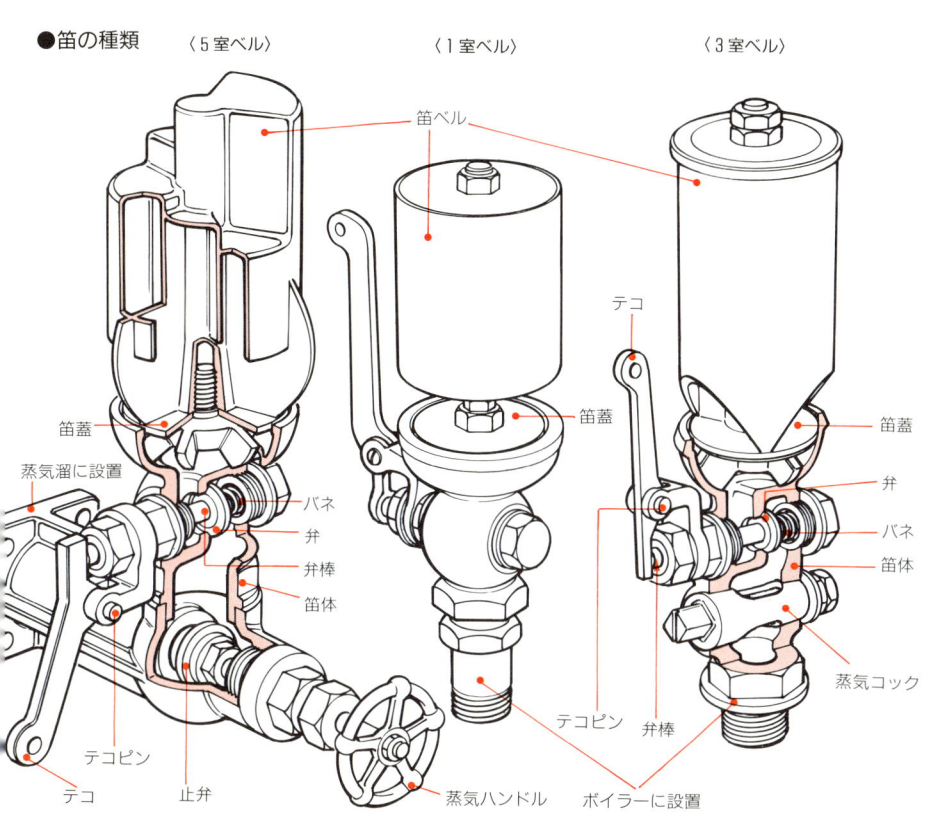

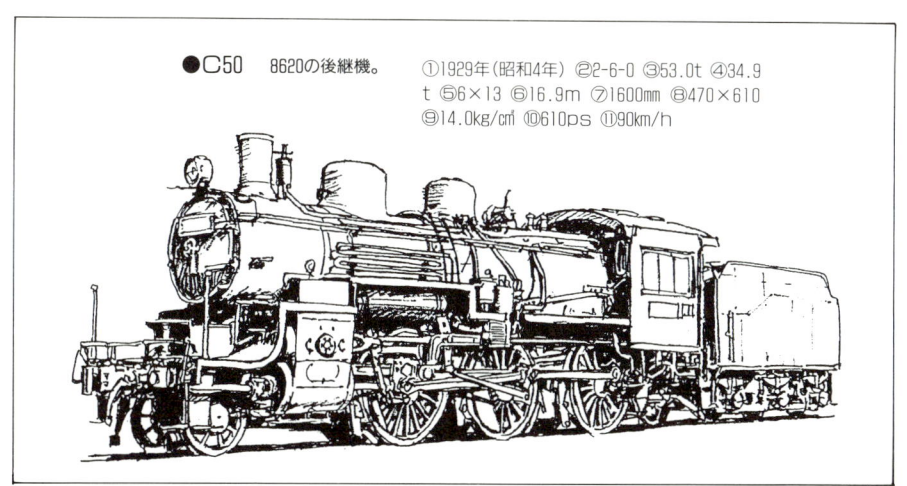

●笛の種類　〈5室ベル〉　〈1室ベル〉　〈3室ベル〉

笛ベル
笛蓋
蒸気溜に設置
バネ
弁
弁棒
笛体
テコ
テコピン
止弁
蒸気ハンドル
テコピン
弁棒
ボイラーに設置
笛蓋
弁
バネ
笛体
蒸気コック

●C50　8620の後継機。　①1929年(昭和4年) ②2-6-0 ③53.0t ④34.9t ⑤6×13 ⑥16.9m ⑦1600mm ⑧470×610 ⑨14.0kg/cm² ⑩610ps ⑪90km/h

旧国鉄蒸機の解説①製造初年 ②軸配置 ③機関車重量 ④炭水車重量 ⑤炭水車積載量(石炭t×水m³) ⑥最大長 ⑦動輪径 ⑧シリンダー径×行程(mm) ⑨ボイラー圧力(kg/cm²) ⑩馬力 ⑪最高速度

83

注水器

　水槽からボイラーに水を送る給水装置は，注水器（インジェクター）と給水ポンプとがあるが，必ず2系統が装備される。注水器2基か，注水器1基と給水ポンプ1基という組み合わせが一般的だ。蒸気機関車は大量に水を消費するので，この装置は重要である。

　国鉄蒸機の注水器はグレシャム式といわれるものを使用。運転室内の外火室後板に左右2基，給水ポンプ付の場合は助士側（右）に1基設置し直接ボイラーに水を送る。

　注水器体の内部は，下から蒸気ノズル，混合ノズル，凝水ノズル，繰出しノズル，横に逆止弁という構成になっている。繰出しノズルの内径には7mm，8mm，9mmの3種類がある。

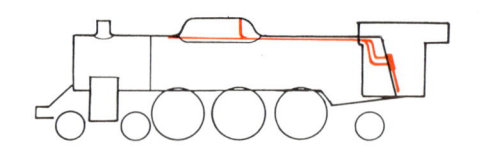

●注水器（インジェクター）の断面

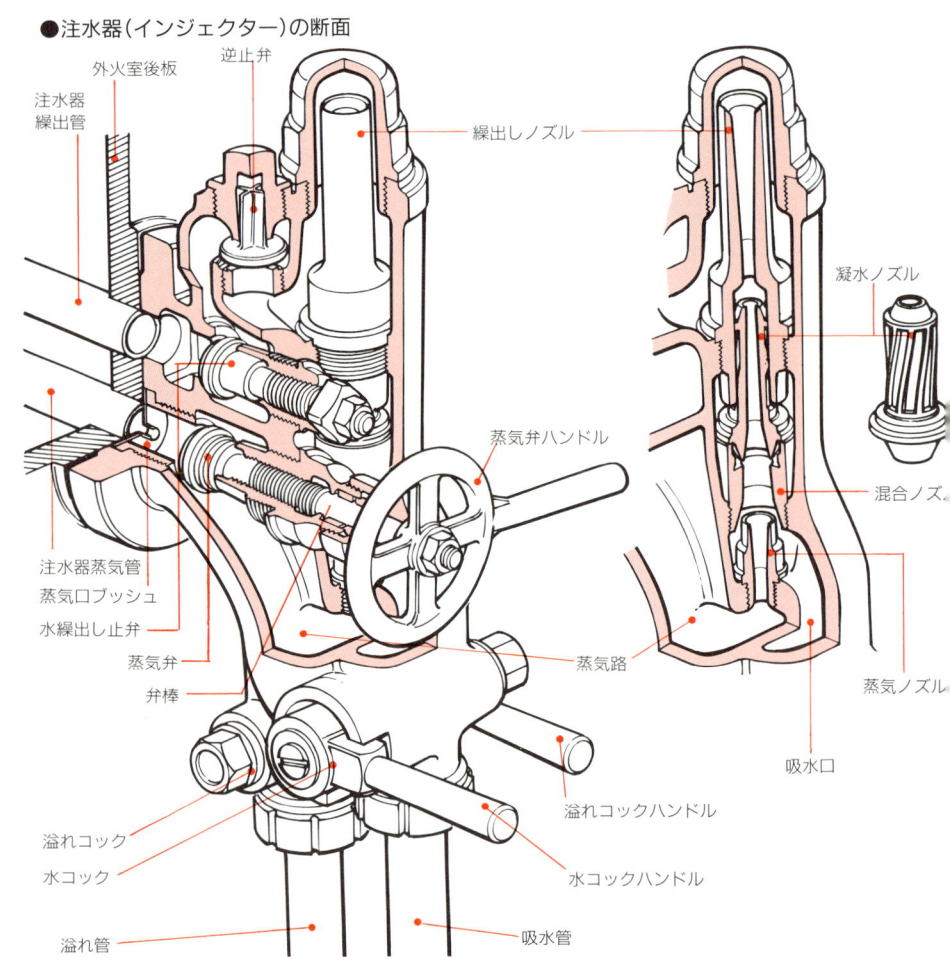

ボイラー給水

水繰出し止弁，水コック及び溢れコックを開き，蒸気ハンドルを回して徐々に蒸気弁を開く。蒸気溜からの蒸気が蒸気ノズルから混合ノズルに向け噴射される。この蒸気はボイラー圧力によって押さえられている逆止弁を押し開くほどの圧力はないので，凝水ノズルを押し上げるだけで溢れ管から大気中に噴出してしまうが，この時混合ノズル付近の空気も吸い出す。それでこの近辺は低圧状態になり，水槽からの吸水管より水が吸い出される。その水が混合ノズルで蒸気に混じると蒸気は一気に冷えて水になり，蒸気の容積分は真空になる（熱い汁物椀が冷えると蓋が取れなくなるのもこのせいだ）。この部分を埋めるために，また吸水管から水が入り，この水が噴射してくる蒸気を冷やし，また真空になって水が入る。注水器の中でこの一連の過程が繰り返し続く。蒸気と水が混合する前は凝水ノズルを繰出しノズルに押しつけるだけで，溢れ管から外へ出るが，完全に混合すると凝水ノズルは混合ノズルと一体となり，水は繰出しノズルを経て圧力を増しボイラー圧力より勝って逆止弁を押し上げる。そこで水は繰出し管に進入しボイラーに注ぎ込まれる。こうして装置内部の圧力が均一となると凝水ノズルは自重で混合ノズルに落ち着き，水は溢れ管には行かなくなる。水コックの開き加減により水温60℃〜90℃程度になり，送水量は毎分120〜150リットル位である。その他の使用法では，冬期にテンダーにつなげる中継ホース内の凍結防止のため，溢れコックを閉じ水コックを開いて少し蒸気弁を開いて，蒸気を吸水管に逆流させて暖めることもある。注水器を使用しない時は，水コックと蒸気弁は必ず閉めておく。

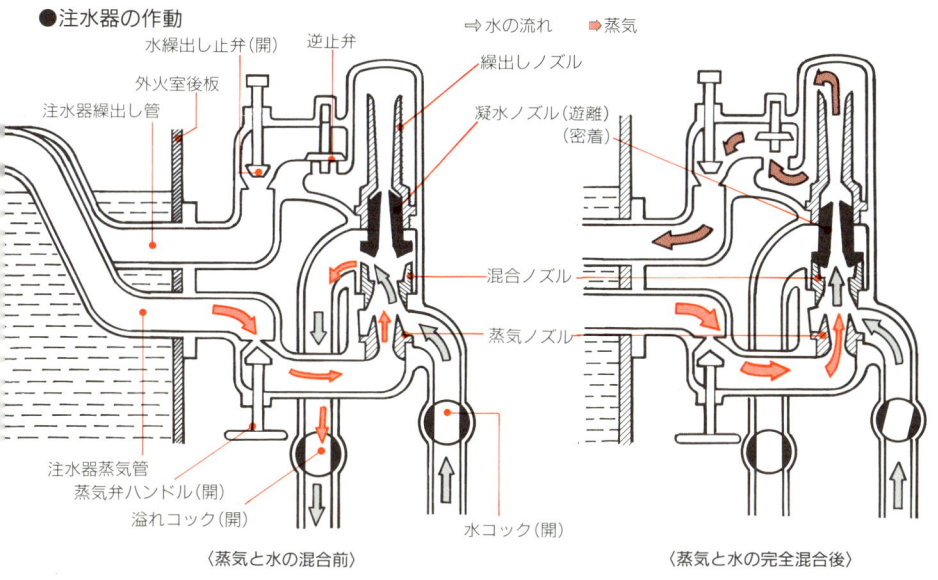

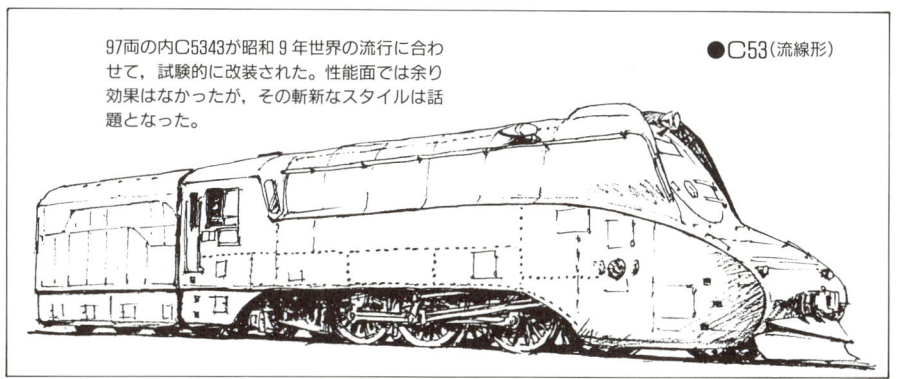

● 注水器の作動

⇒水の流れ　➡蒸気

〈蒸気と水の混合前〉　〈蒸気と水の完全混合後〉

●C53（流線形）

97両の内C5343が昭和9年世界の流行に合わせて，試験的に改装された。性能面では余り効果はなかったが，その斬新なスタイルは話題となった。

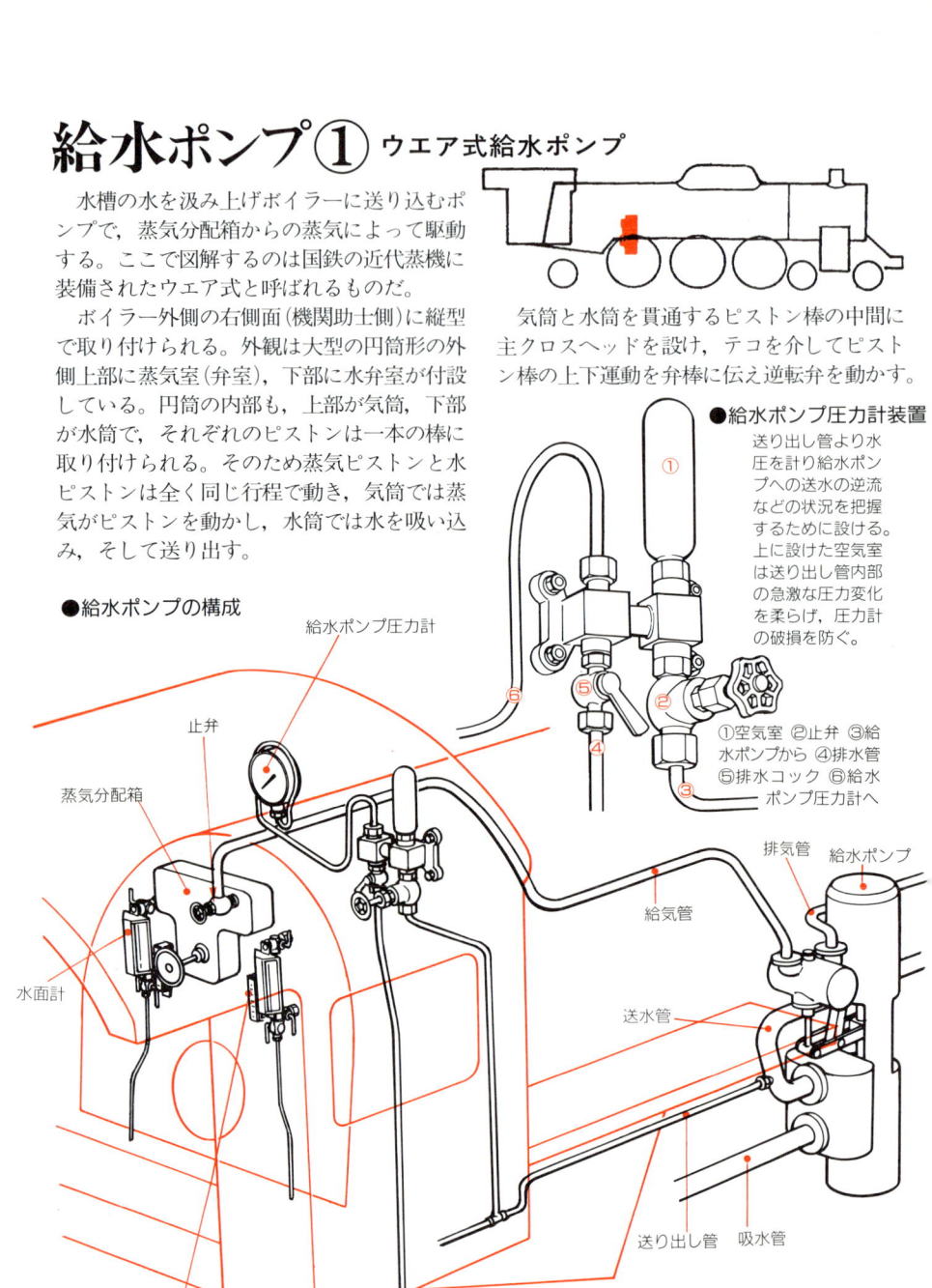

給水ポンプ① ウエア式給水ポンプ

水槽の水を汲み上げボイラーに送り込むポンプで、蒸気分配箱からの蒸気によって駆動する。ここで図解するのは国鉄の近代蒸機に装備されたウエア式と呼ばれるものだ。

ボイラー外側の右側面(機関助士側)に縦型で取り付けられる。外観は大型の円筒形の外側上部に蒸気室(弁室)、下部に水弁室が付設している。円筒の内部も、上部が気筒、下部が水筒で、それぞれのピストンは一本の棒に取り付けられる。そのため蒸気ピストンと水ピストンは全く同じ行程で動き、気筒では蒸気がピストンを動かし、水筒では水を吸い込み、そして送り出す。

気筒と水筒を貫通するピストン棒の中間に主クロスヘッドを設け、テコを介してピストン棒の上下運動を弁棒に伝え逆転弁を動かす。

● 給水ポンプ圧力計装置

送り出し管より水圧を計り給水ポンプへの送水の逆流などの状況を把握するために設ける。上に設けた空気室は送り出し管内部の急激な圧力変化を柔らげ、圧力計の破損を防ぐ。

①空気室 ②止弁 ③給水ポンプから ④排水管 ⑤排水コック ⑥給水ポンプ圧力計へ

● 給水ポンプの構成

給水ポンプ圧力計
止弁
蒸気分配箱
水面計
内火室最高部表示板
排気管
給水ポンプ
給気管
送水管
送り出し管
吸水管

給水ポンプによる給水の場合、加熱してボイラーに入れるので、温め器に送られる。給水温め器の加熱は主にピストンシリンダー排気熱を利用するため、給水は給気(力行)運転中に行い、絶気(惰行)運転中は注水器を使用する。

ボイラー給水

●ウエア式給水ポンプの構造

蒸気分配箱からの蒸気は逆転弁と滑り弁の作用で蒸気ピストンの上下に交互に送られて水ピストンと共に上下運動させる。

水弁室は上，中，下の3室に区切られ，上室が送水管，下室が吸水管に通じる。中室は二分割されてそれぞれが上室と下室に弁で連絡している。装備される弁は上室に送り出し弁4コを左右2組，中室に吸込み弁4コを左右2組備える。それぞれの弁に弁座押えを設け，弁の上昇を最大7mmに制限している。弁そのものは水圧で弁座に押しつけられているが，押えバネによりさらに密着度を増している。水ピストンの作動で水槽から吸水管を経て水筒に吸い込み，そして送水管より給水温め器に送り出す。ピストンの上昇，下降時ともに水を送り，1行程での送水量は3～3.5リットル位である。

尚，蒸気室の排蒸気は給水温め器に送られる。

排気
給気
蒸気(吸気)管
排気管
弁棒
蒸気室(弁室)
逆転弁
滑り弁
滑り弁冠
加減棒
加減ナット
調整ナット
テコピン
弁座押え
水弁押えバネ
送り出し弁
弁座(上)
弁座(下)
送水管
水
吸水管

気筒
蒸気ピストン
ピストンリング
テコ受
油ツボ
主クロスヘッド
逆転テコ
ピストン棒
送り出し弁室
パッキン押え
吸込弁室
水ピストン
ピストンリング
水筒
吸込弁
水弁室

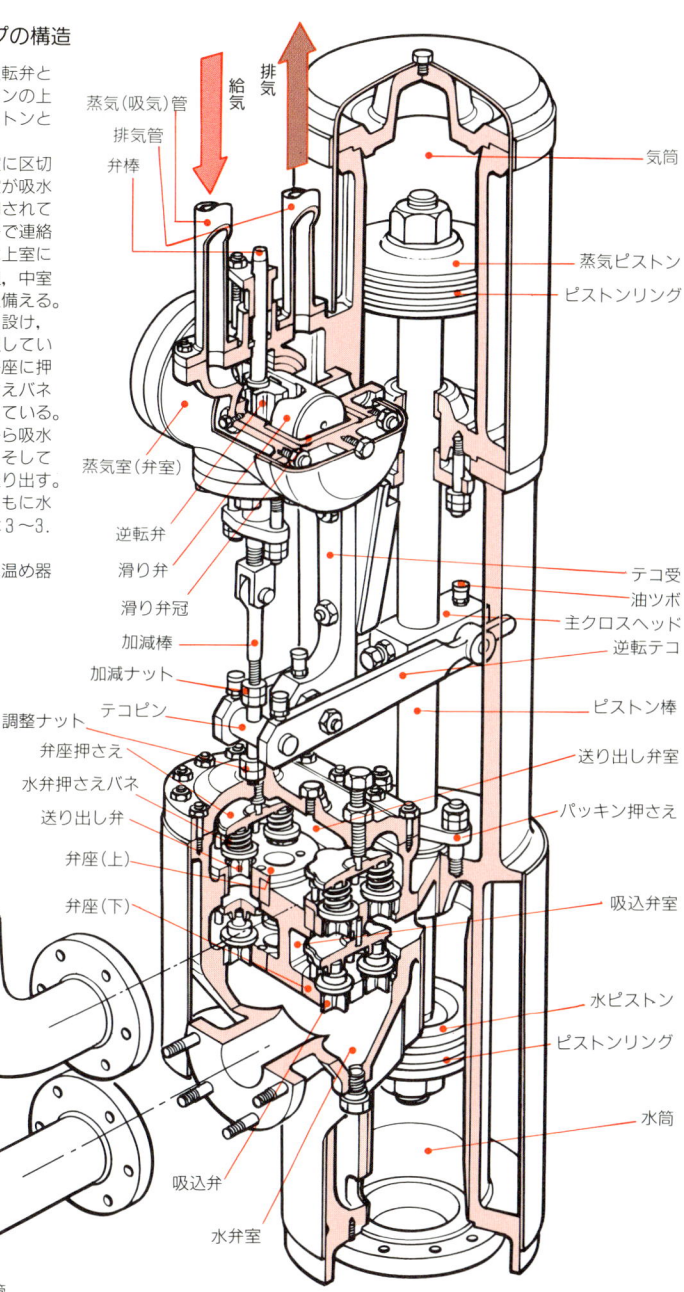

87

給水ポンプ②　滑り弁の作動

蒸気室（弁室）にセットされる滑り弁は，外観は単純な形だが内部は蒸気の通る気孔が複雑に連絡しており，逆転弁と組み合わせて気筒への給排気を行う。図のアルファベットで同じ文字の大文字と小文字が通じている。

$A \leftrightarrow a$
$B \leftrightarrow b$
$C_1 \leftrightarrow c_1, c_2$ } 排気孔
$C_2 \leftrightarrow c_1, c_2$
$D_1 \leftrightarrow d_1$ } 給，排気孔
$D_2 \leftrightarrow d_2$

（逆転弁との組み合わせによる）

● 滑り弁蒸気連絡路

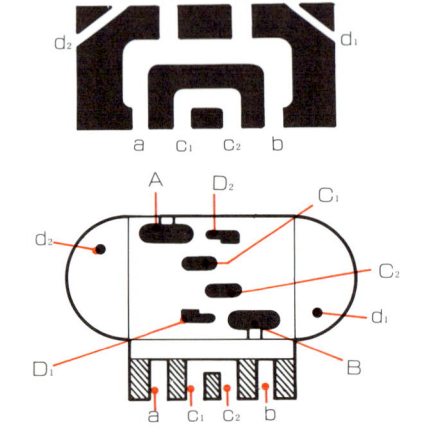

〈蒸気の流れ〉

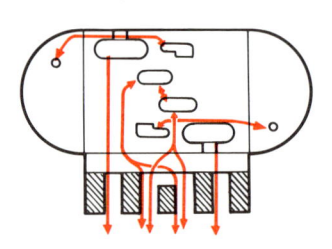

● 滑り弁と逆転弁

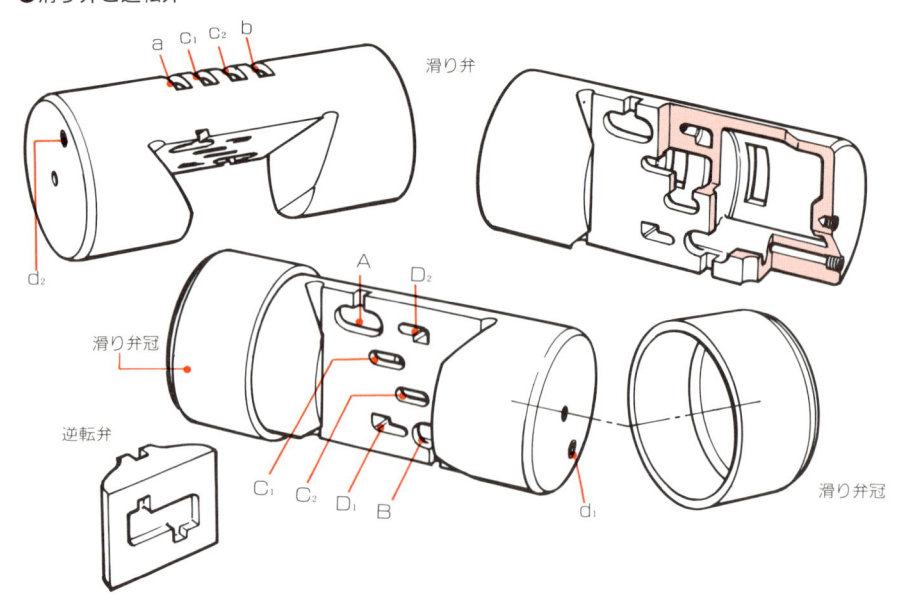

ボイラー給水

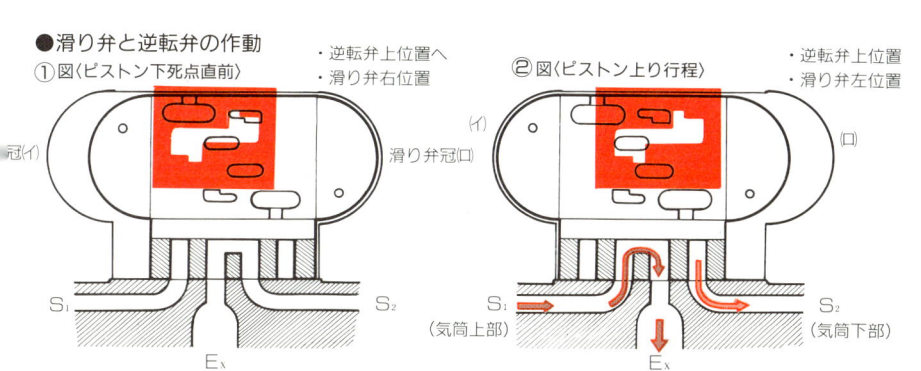

● 滑り弁と逆転弁の作動

①図〈ピストン下死点直前〉
・逆転弁上位置へ
・滑り弁右位置

②図〈ピストン上り行程〉
・逆転弁上位置
・滑り弁左位置

冠(イ)　滑り弁冠(ロ)　(イ)　(ロ)

S_1　E_x　S_2　S_1（気筒上部）　E_x　S_2（気筒下部）

①図
蒸気ピストンが下死点に達する直前に逆転テコの尻が加減棒の加減ナットを衝き上げて連結した弁棒が上がり、逆転弁が上位置にくる。逆転弁背部の蒸気はD_1よりd_1を通り滑り弁と滑り弁冠(ロ)の間に入る。一方滑り弁冠(イ)の側の蒸気はd_2からD_2及び逆転弁の凹みに合わさるc_1を経てc_1から排出される。ここで(ロ)側の圧力により滑り弁は左に移動する。

②図
気筒のピストンが下死点に達すると逆転弁背部からの蒸気は$B→b$を経てS_2を通り、気筒下部に供給される。反対に気筒上部の蒸気はS_1からC_1 C_2を通りE_xに排出される。ピストンは上り行程になり、ポンプ下部の水筒でも同様に水が左吸込弁1組（4コ）を押し上げて水ピストン下部に入る。水ピストン上部の水は逆に圧迫され上室右弁1組を押し上げて送水される。上室の弁は送水側にしか開かず、中室の弁はピストンの吸込側にしか開かないため、密着して逆流はしない。

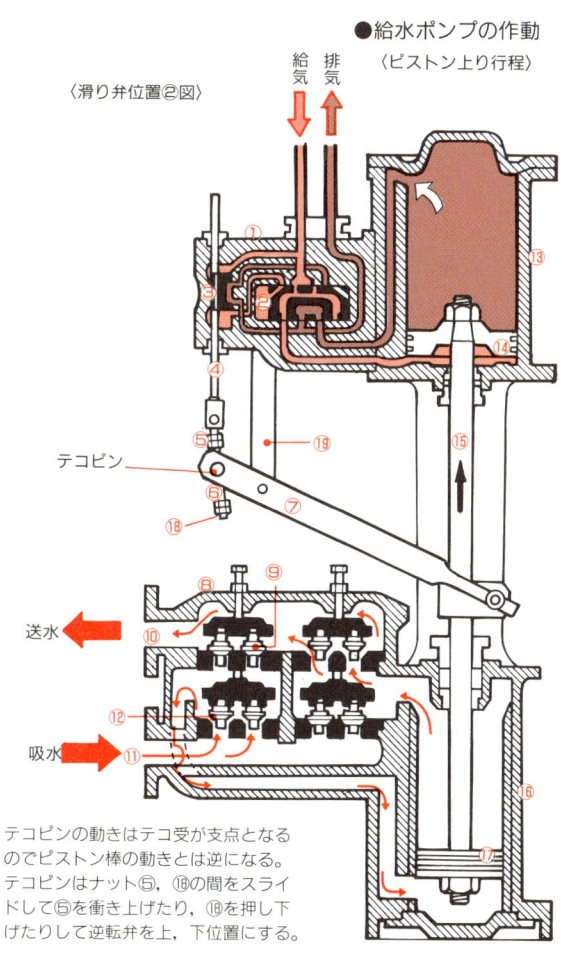

● 給水ポンプの作動
〈ピストン上り行程〉

〈滑り弁位置②図〉

給気　排気

テコピン

送水

吸水

①気室　②滑り弁　③逆転弁　④弁棒　⑤加減ナット　⑥加減棒　⑦逆転テコ　⑧水弁室　⑨送り出し弁　⑩送り出し口　⑪吸込み口　⑫吸込み弁　⑬気筒　⑭蒸気ピストン　⑮ピストン棒　⑯水筒　⑰水ピストン　⑱調整ナット　⑲テコ受

テコピンの動きはテコ受が支点となるのでピストン棒の動きとは逆になる。テコピンはナット⑤、⑱の間をスライドして⑤を衝き上げたり、⑱を押し下げたりして逆転弁を上、下位置にする。

89

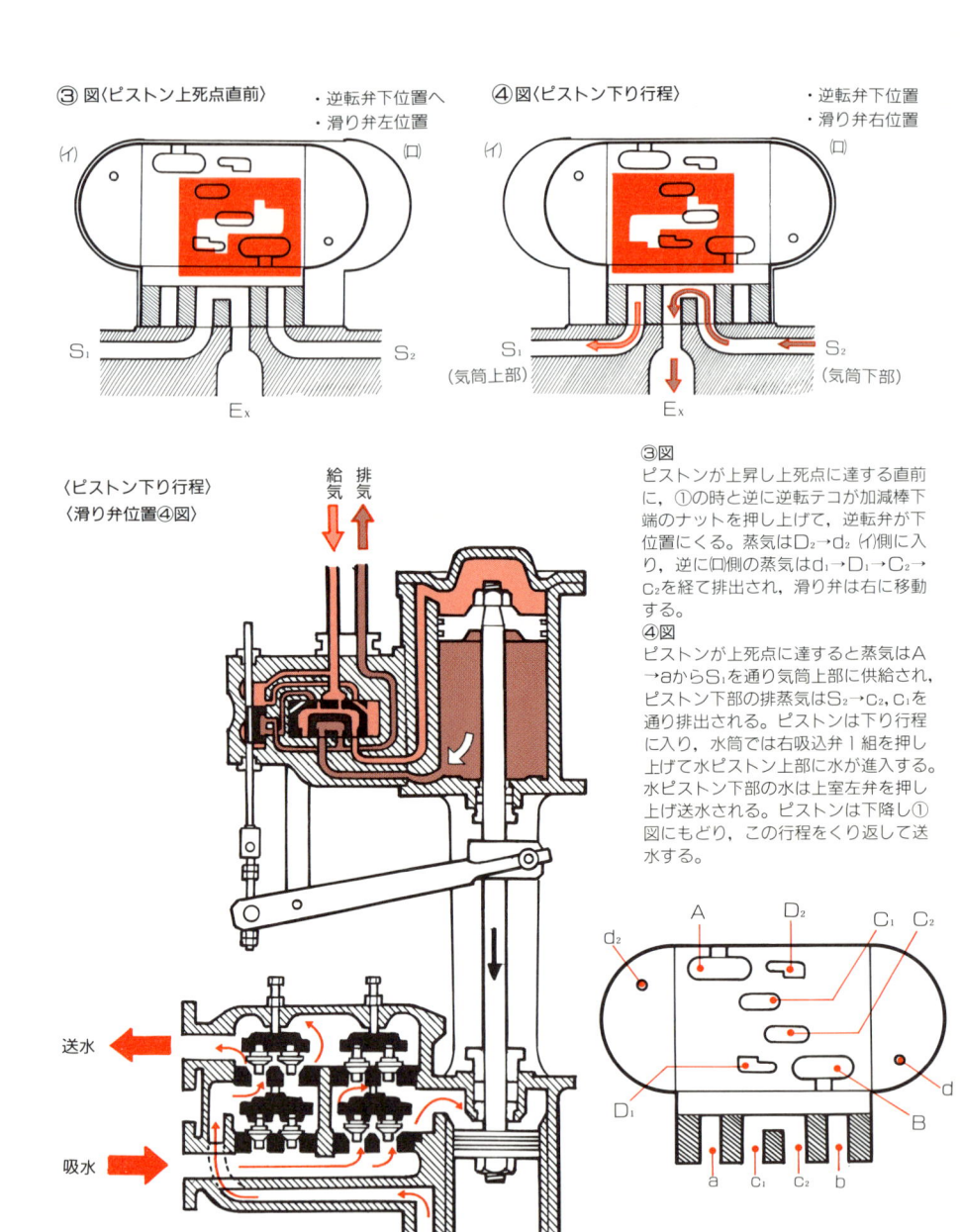

③図〈ピストン上死点直前〉
・逆転弁下位置へ
・滑り弁左位置

④図〈ピストン下り行程〉
・逆転弁下位置
・滑り弁右位置

S_1（気筒上部）　E_x　S_2（気筒下部）

〈ピストン下り行程〉
〈滑り弁位置④図〉

給気　排気

送水　吸水

③図
ピストンが上昇し上死点に達する直前に，①の時と逆に逆転テコが加減棒下端のナットを押し上げて，逆転弁が下位置にくる。蒸気は$D_2 \to d_2$(イ)側に入り，逆に(ロ)側の蒸気は$d_1 \to D_1 \to C_2 \to c_2$を経て排出され，滑り弁は右に移動する。

④図
ピストンが上死点に達すると蒸気はA→aからS_1を通り気筒上部に供給され，ピストン下部の排蒸気は$S_2 \to C_2, C_1$を通り排出される。ピストンは下り行程に入り，水筒では右吸込弁1組を押し上げて水ピストン上部に水が進入する。水ピストン下部の水は上室左弁を押し上げ送水される。ピストンは下降し①図にもどり，この行程をくり返して送水する。

A　D_2　C_1　C_2　d_2　D_1　B　d
a　c_1　c_2　b

90

給水ポンプ③ 本省式給水ポンプ

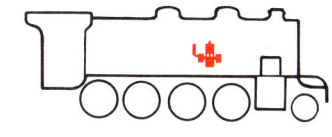

蒸気室が気筒の上に設けられたタイプで、蒸気弁の構成はウエア式と異なり、ピストン弁と一体となった滑り弁が往復するだけである。その作用及び作動は単式空気圧縮機(212頁)と同じである。

シリンダーの左右に1組ずつ水弁室を設けているが、内部の構造はウエア式と基本的に同一である。しかし水弁室の送り出し管と連絡するところに空気室を備えている。これは内部に空気を充満させて、この体積の膨脹収縮を利用して水圧の均一化を図り、送水スピードを平均化している。

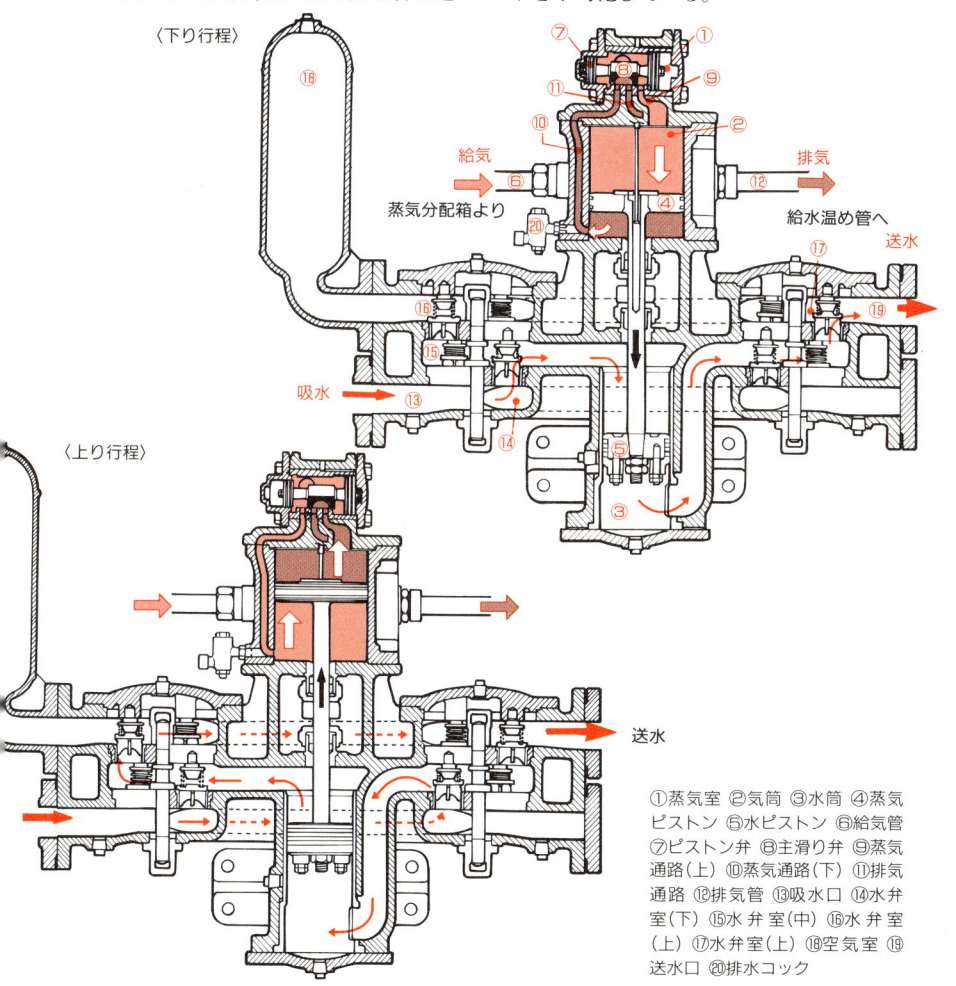

①蒸気室 ②気筒 ③水筒 ④蒸気ピストン ⑤水ピストン ⑥給気管 ⑦ピストン弁 ⑧主滑り弁 ⑨蒸気通路(上) ⑩蒸気通路(下) ⑪排気通路 ⑫排気管 ⑬吸水口 ⑭水弁室(下) ⑮水弁室(中) ⑯水弁室(上) ⑰水弁室(上) ⑱空気室 ⑲送水口 ⑳排水コック

給水温め器① C11用重見式

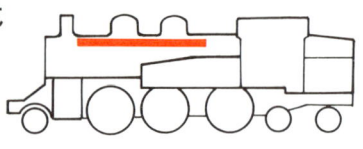

ボイラー水は高温になっており，水槽の冷たい水をそのまま送り込むとボイラー圧を下げ，温度差によりボイラー本体も痛めることになる。給水温め器はボイラーに給水する前に，予めシリンダーや付属機器に使用した排出蒸気の余熱を利用して水を温める装置だ。

給水ポンプで汲み上げる前に，排出蒸気を直接水に混入するのを直接式と言う。間接式は，給水ポンプや注水器からの水を容器に導き排出蒸気を集めて温める。

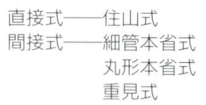

直接式──住山式
間接式──細管本省式　┐開放式
　　　　丸形本省式　┐密閉式
　　　　重見式

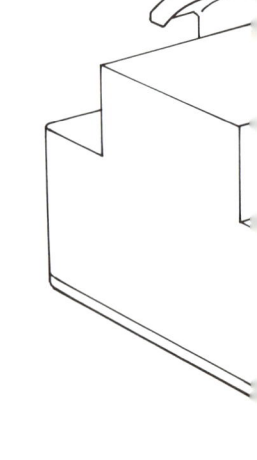

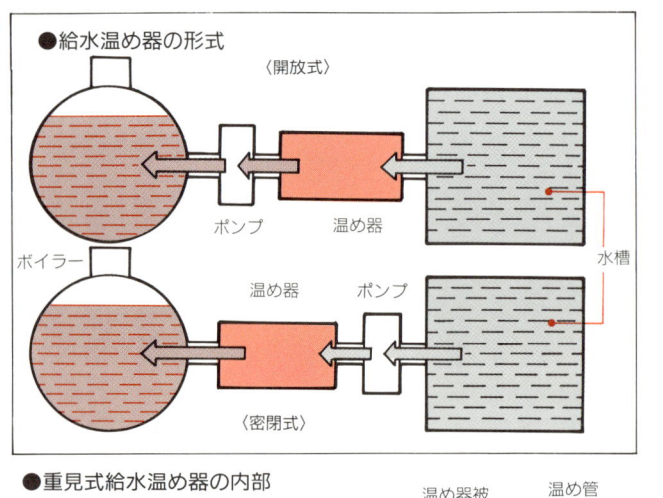

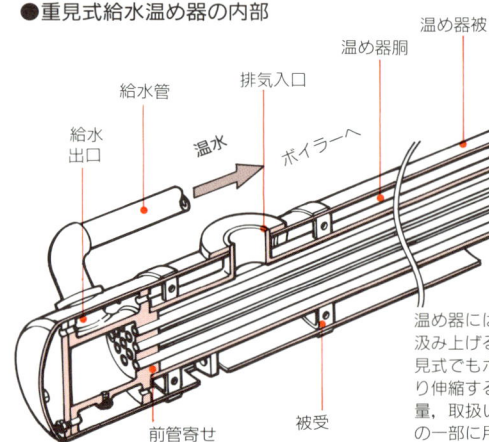

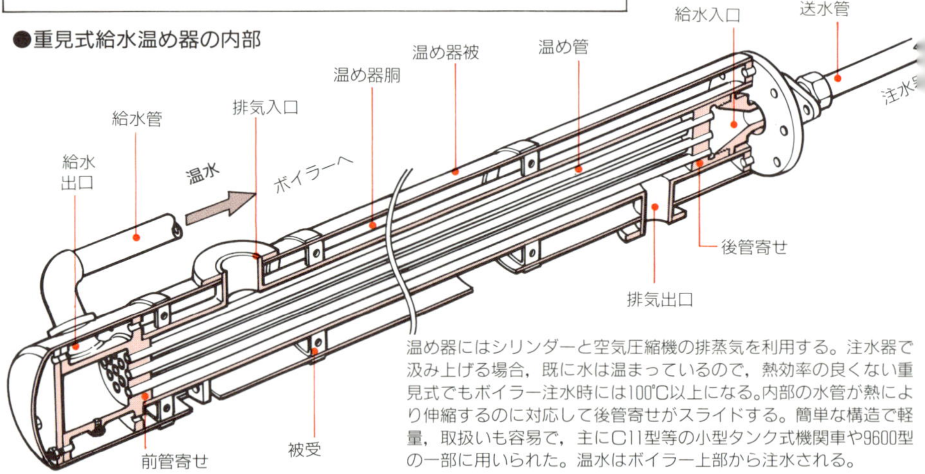

● 給水温め器の形式
〈開放式〉
ボイラー　ポンプ　温め器　水槽
〈密閉式〉
温め器　ポンプ

● 重見式給水温め器の内部
給水管／給水出口／排気入口／温水／ボイラーへ／温め器胴／温め器被／温め管／給水入口／送水管／注水器／後管寄せ／排気出口／前管寄せ／被受

温め器にはシリンダーと空気圧縮機の排蒸気を利用する。注水器で汲み上げる場合，既に水は温まっているので，熱効率の良くない重見式でもボイラー注水時には100℃以上になる。内部の水管が熱により伸縮するのに対応して後管寄せがスライドする。簡単な構造で軽量，取扱いも容易で，主にC11型等の小型タンク式機関車や9600型の一部に用いられた。温水はボイラー上部から注水される。

ボイラー給水

●重見式給水温め器の構成

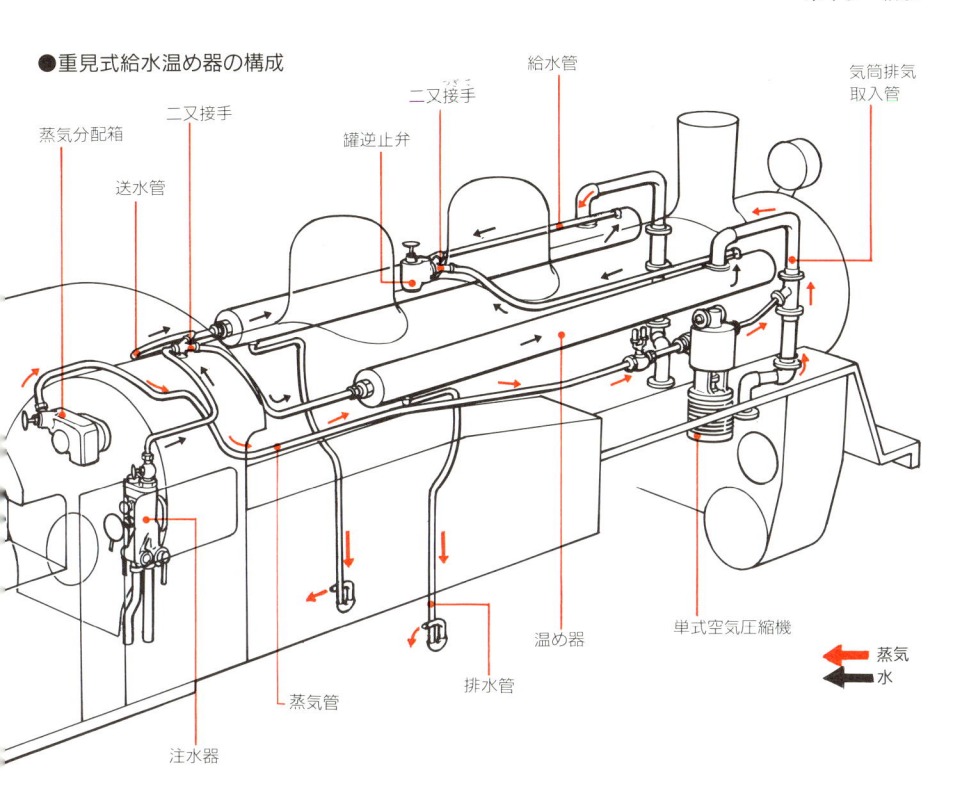

- 蒸気分配箱
- 送水管
- 二又接手
- 二又接手
- 罐逆止弁
- 給水管
- 気筒排気取入管
- 注水器
- 蒸気管
- 排水管
- 温め器
- 単式空気圧縮機

← 蒸気
← 水

重見式給水温め器は「間接式」で，ボイラー上の左右に２本設置する。長い丸太のような形で，蒸気が入る内部の前後に管寄せを設け，この間に水管として直径16mmの銅管19本を渡している。水は注水器（助士側）から温め器後方に入り細管の中を一方通行で前（出口）から出てゆくだけなので熱効率はあまり良くない。

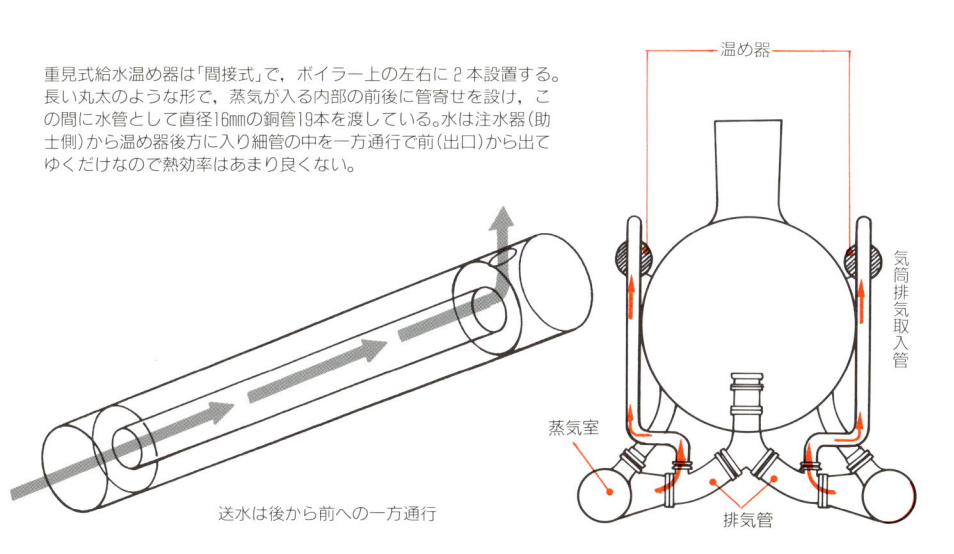

送水は後から前への一方通行

- 温め器
- 気筒排気取入管
- 蒸気室
- 排気管

93

給水温め器②　丸形式旧型

円筒形の枕のような外観で，D51，C58等では煙突前に付いているものである。本省式とも呼ばれ，近代機では最もポピュラーな温め器だ。機種により取り付け位置が異なり，C51や9600型は煙突の後，C57やC62などはフロントデッキの上，C53ではデッキ下に取り付けられた。どれも水管式で，機関車のボイラーとは逆の構造である。

温め器の胴にはシリンダーの他，給水ポンプと空気圧縮機からも排蒸気を導入する。胴内は直径12mmの銅製水管を左右の管寄せの間に計160本渡し，給水ポンプからの水を2往復させる。管寄せと管板はボルトで固定するが，右頁上図の管寄せ(ロ)は水管の熱膨脹・伸縮に対応しスライドする。煙突の前後付近にこの温め器を設置する機種では，煙室内の排気熱も利用している。水はこの間に90℃～110℃ほどに熱せられ，ボイラーに送られる。

●丸形式給水温め器(旧型)の水の流れ

●給水ポンプ塵コシの構造

①吸込管取付口
②塵コシ網
③排水コック
④水

給水ポンプ塵コシは，水槽からの吸入管途中に取り付ける。図のように目の細かい金網で，塵・ゴミ等を取り除き，給水ポンプの破損を防ぐ。下部に溜った塵やゴミは排水コックを開き吸込管の水とともに排出する。

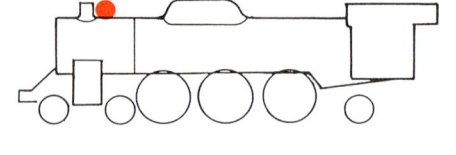

●罐逆止弁の内部

⑤ハンドル　⑥弁心棒
⑦止弁　⑧逆止弁　⑨弁座
⑩温水　⑪ボイラー注水口

ボイラーに注水する手前に罐逆止弁を設ける。上図のものは罐側面用で，内部の逆止弁は上方向にしか開かず，罐水の逆流を防ぐ。

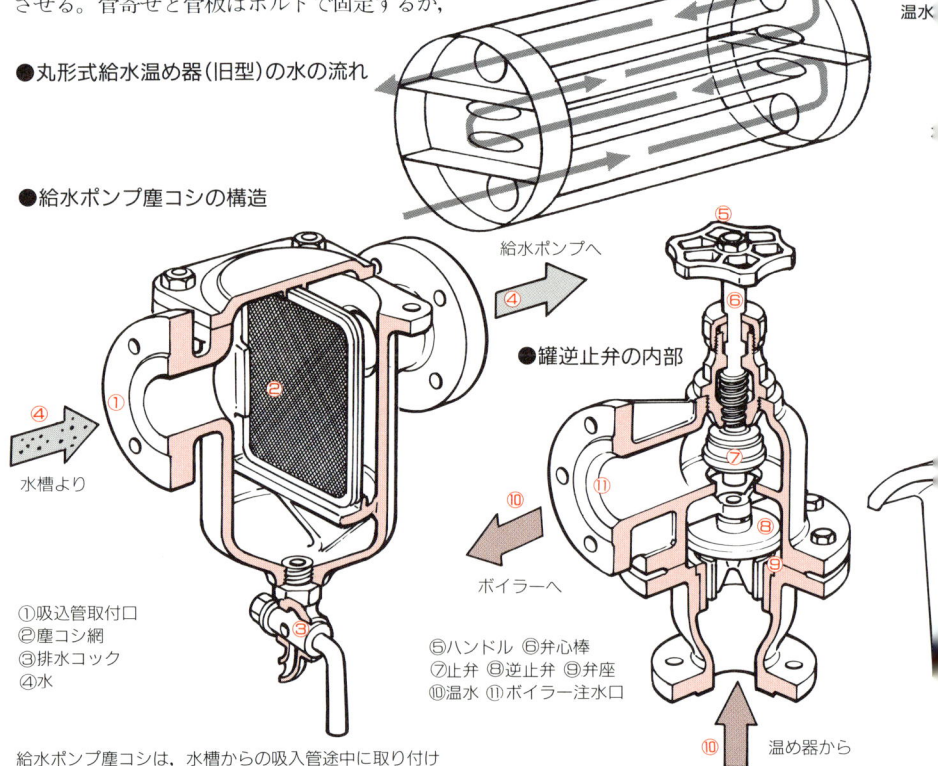

ボイラー給水

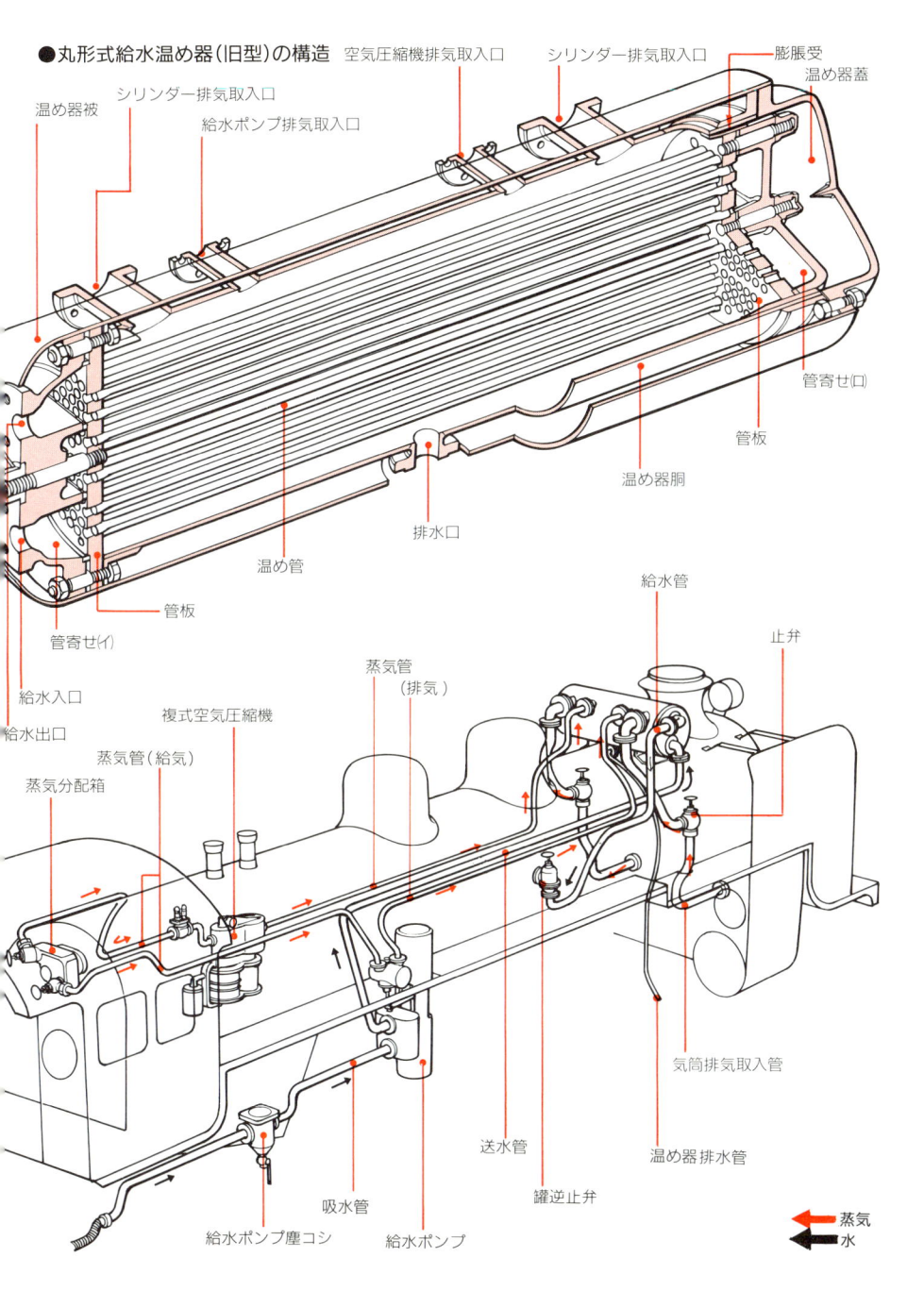

●丸形式給水温め器(旧型)の構造

給水温め器③ 丸形式新型

基本的な原理は旧型と同じだが、排蒸気の管を合併して取入口を二つに整理した。この排気取入口のところに蒸気溜を設け、排蒸気の直接の緩衝による温め管（水管）の破損を防止している。

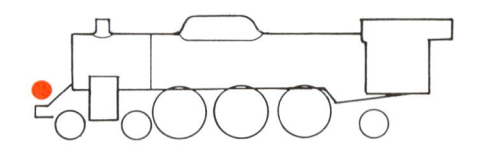

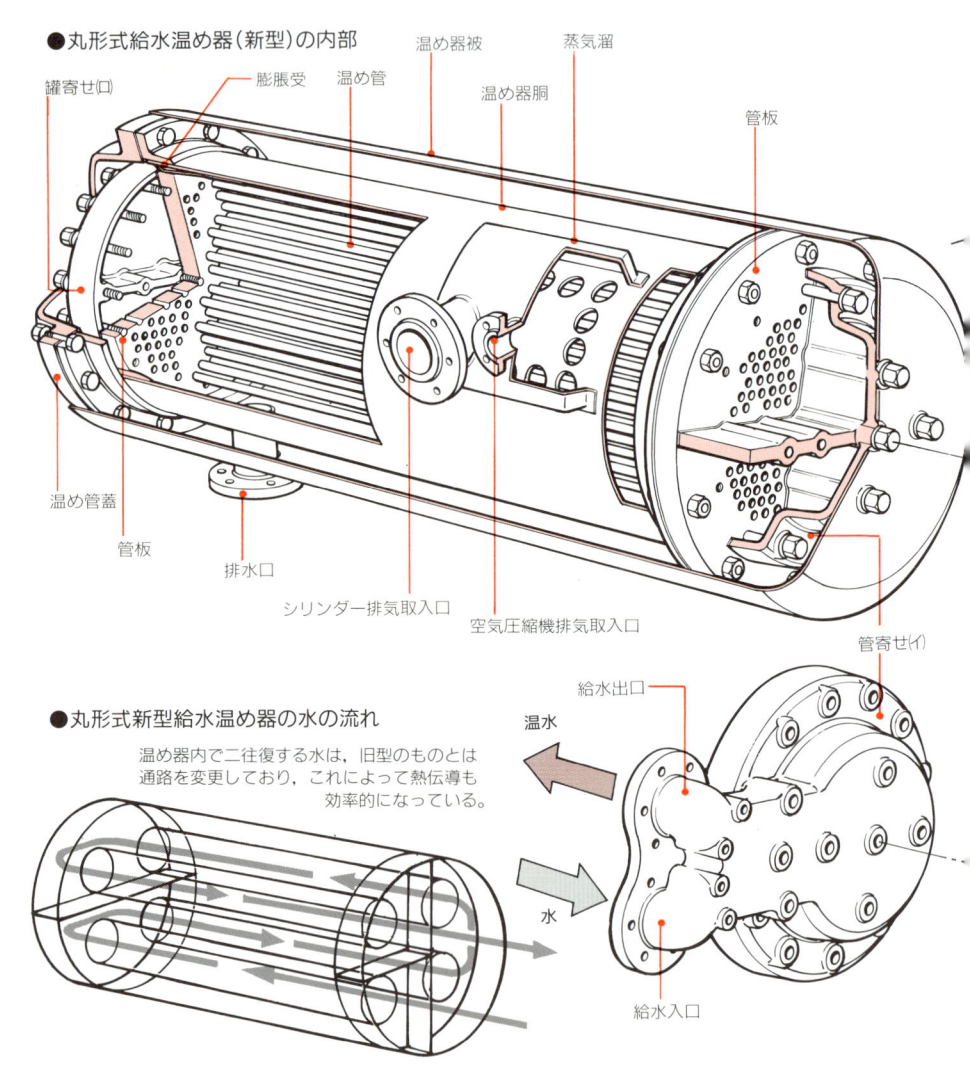

●丸形式給水温め器（新型）の内部

ラベル：罐寄せ(ロ)、膨脹受、温め管、温め器被、蒸気溜、温め器胴、管板、温め管蓋、管板、排水口、シリンダー排気取入口、空気圧縮機排気取入口、管寄せ(イ)

●丸形式新型給水温め器の水の流れ

温め器内で二往復する水は、旧型のものとは通路を変更しており、これによって熱伝導も効率的になっている。

ラベル：給水出口、温水、水、給水入口

ボイラー給水

シリンダーの排気取入管を排気膨脹室から取り入れ、これと給水ポンプ排気管とを一本に整理している。もう一つは空気圧縮機からのものだ。

●丸形式給水温め器（新型）の構成

給水管
罐逆止弁
蒸気
水
温め器
蒸気排気管
複式空気圧縮機
蒸気給気管
蒸気分配箱
排水管
気筒排気取入管
送水管
給水ポンプ
吸水管
給水ポンプ塵コシ
水槽

●罐逆止弁

①ハンドル ②弁心棒
③止弁 ④ボイラー注水口 ⑤玉接手 ⑥弁座
⑦逆止弁

上図のC57やC55では給水温め器がフロントデッキに設置され、罐逆止弁がボイラー頂上に設けられている。ボイラー頭部は蒸気部分で、ここに逆止弁を置くと高温高圧の蒸気で漏洩亀裂などが起こりやすい。そのため、後のC59やC62等はボイラー注水口を横向きにして、ボイラー側面に取り付けられるようになった。
通常止弁は開けたままにしておき、給水が始まると温め器からの水の圧力で逆止弁が持ち上がり、ボイラーに注水される。給水が終わるとボイラーの内圧で弁は弁座に密着し、ボイラー水の逆流を防ぐ。

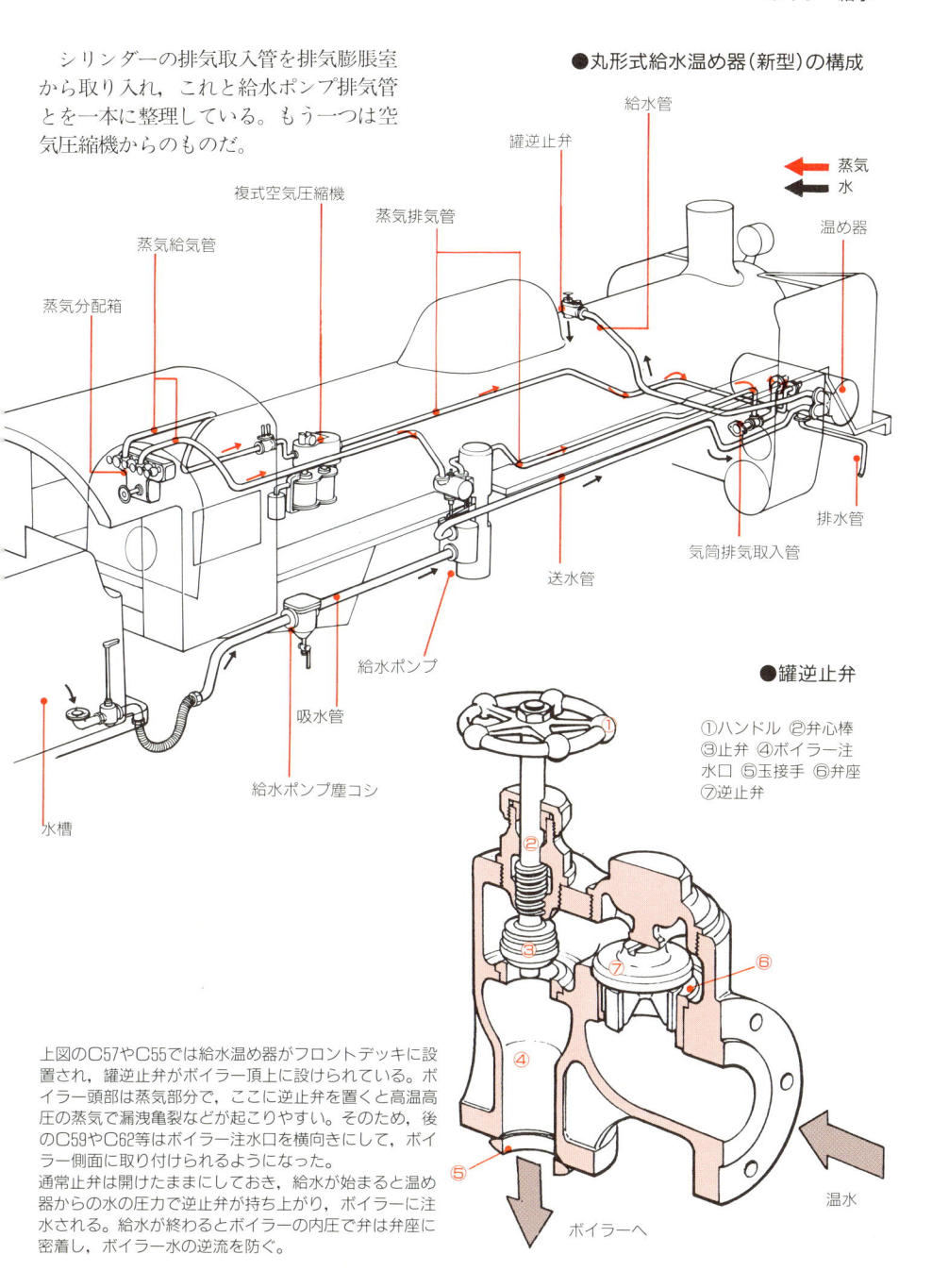

ボイラーへ
温水

給水温め器④ 本省式細管温め装置と住山式給水温め器

　この二つの給水温め装置は，いずれもテンダー一前部に設置し温水化した後，給水ポンプでボイラーに注入される「直接式」である。

　このタイプの利点は温水容量が大きいことだが反面ボイラーまでの経路が長いので放熱により水温が下がり，効率は低下する。

　本省式細管温め装置は排蒸気を細管（温め管）に通して温水槽の水を温めるが，住山式は排蒸気を直接水に噴入して温める。

〈本省式細管温め装置〉テンダー（炭水車）前部を仕切って長方形の温水槽を設ける。この内部の二つの管寄せの間に多数の温め管（細管）を渡し，これにシリンダー，給水ポンプ，空気圧縮機の排蒸気を通して，温水槽内の水を温める。排蒸気は1往復して温めるが，温水槽は通気管があり外気に通じているため100℃以上にはならない。温水槽と主水槽は下部で連絡して，水は常に供給されている。当然温水槽上部の方が高温になるので，給水ポンプへの取水は浮子を付けた取入管により上の方から吸い込まれる（水位により上下する浮子をピン止めした浮子式可動給水装置）。温め管の熱による伸縮は管寄せ口がスライドして対応する。

　テンダーの一部を使うので温水容量は1180ℓだ。

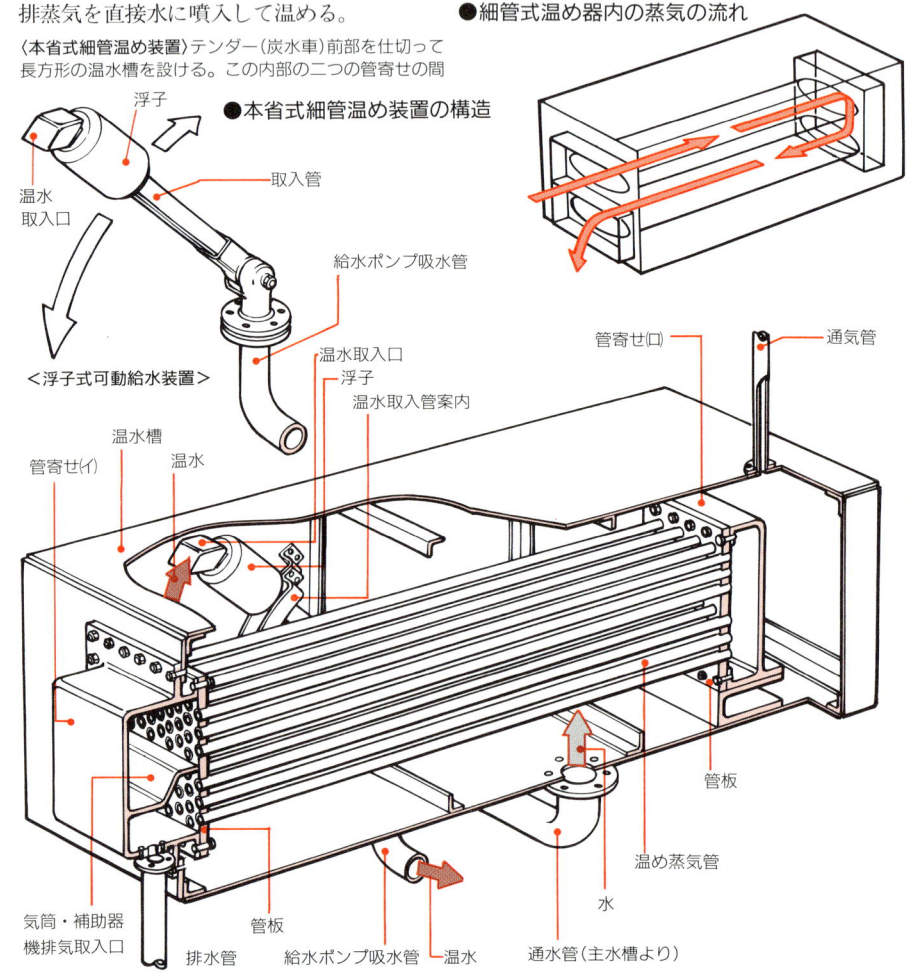

●細管式温め器内の蒸気の流れ

●本省式細管温め装置の構造

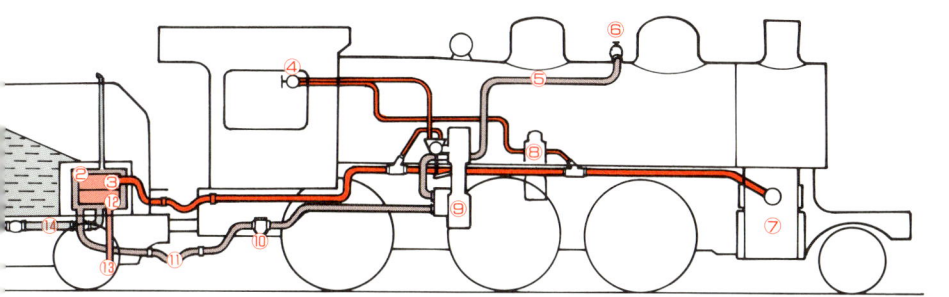

ボイラー給水

●本省式細管温め装置の構成

水　蒸気

①主水槽 ②温水槽温め器 ③温め管寄せ(給気) ④蒸気弁(蒸気分配箱) ⑤送水管 ⑥罐逆止弁 ⑦気筒 ⑧空気圧縮機 ⑨給水ポンプ ⑩塵コシ ⑪吸水管 ⑫管寄せ(排気) ⑬排水管 ⑭通水管

●住山式給水温め装置の構成

〈住山式給水温め装置〉テンダー前部に温め槽と呼ばれる水槽を仕切り、連絡水管で取水する。しかし温め管を使わず、シリンダー等の排蒸気を水に直接噴入して温める。温め槽は下図のように低温槽、高温槽に二分割し、右側シリンダーの排蒸気は(直接噴入するため)油分離器を通した後低温槽に入り水を温める。温まった水は通水コックを開き通水加減コックを操作して高温槽に移す。この槽に左側シリンダー、給水ポンプ、空気圧縮機の排蒸気を噴入して更に温度を上げる。そして給水ポンプで吸い上げボイラーに注水する。

各水槽には通気口があり大気に通じているため送水、吸水に支障はない。高温槽の水が沸騰し排蒸気が不要の場合は、キャブ内の三方コックを操作し大気に逃がす。高温槽の水が冷えた時は、予熱弁を開きボイラーの生蒸気を送って温める。

左右シリンダーからの排蒸気には潤滑用の油分が含まれるため、煙突の後に油分離器を設置して油分を除去する。しかしこの装置は期待されたほどの効果はなかった。

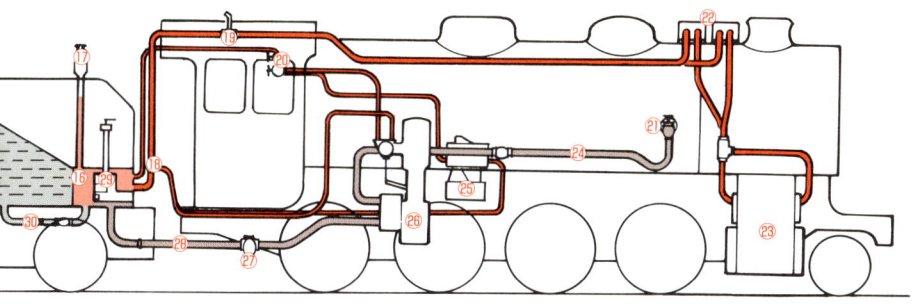

⑮主水槽 ⑯温め槽 ⑰通気管 ⑱排気切換えコック ⑲排気三方コック ⑳蒸気弁(蒸気分配箱) ㉑罐逆止弁 ㉒油分離器 ㉓気筒 ㉔送水管 ㉕空気圧縮機 ㉖給水ポンプ ㉗塵コシ ㉘吸水管 ㉙通水加減コック ㉚連絡水管 ㉛低温槽 ㉜高温槽 ㉝排気噴出ノズル ㉞吸込管止弁 ㉟通水遮断器 ㊱予熱弁(蒸気分配箱)

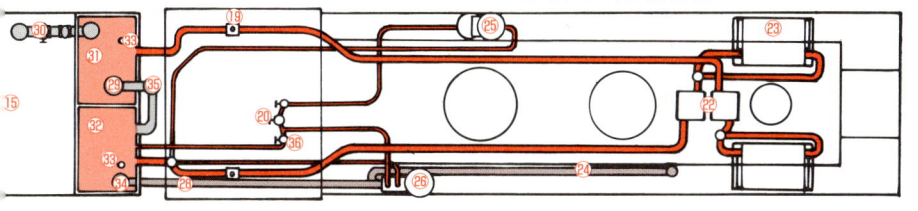

99

水面計と内火室最高部表示板

蒸気機関車は高温の火室で大量の水を消費しながら，熱エネルギーを蒸気に換えて運転される。そのためボイラー内の水位を常に確認し，適切な水の量を補充していかないと，ボイラー破損などの重大な事故につながり，運転にも支障が起こる。

水面計はボイラー内水位を表示するために，外火室後板に左右2個それぞれ独立して設置される。右頁図は通常使用時の状態を示し，蒸気コックと水コックは開，排水コックは閉の状態である。ボイラーの蒸気部分に通じさせて上水面計体を，ボイラー水部分に下水面計体をネジ込む。それぞれにコック栓を付け，上下の水面計体を外径14mmのガラス管で連絡している。

双方のコック栓を開くとガラス管に蒸気と水が導かれ，図のようにその水位はボイラー内の水位を表示している。

上水面計体の蒸気通路に弁，下水面計体の水路には玉弁が入っている。ガラス管が破損した時には上部から蒸気が出てくるが，弁が蒸気圧で弁座に押し付けられその小穴から蒸気が圧力を絞られて噴出する。下部からのボイラー水は玉弁が水圧で上座に密着して水路を遮断する。

この水面計のガラス管の破損等で乗務員が負傷するのを防ぐため，水面計保護枠を取り付ける。保護枠には透明な分厚いガラス板を使用して，水位の確認に支障はない。

内火室最高部表示板は，から焚き防止のため内火室最高部位とボイラー内水位を確認するために水面計の脇に設ける。表示板には上り勾配と下り勾配時の内火室の最高部位が表示されている。例えば前進で17/1000の上り勾配を走行している場合，内火室天井板の前部が最高部位となり，それが表示板の上り勾配17/

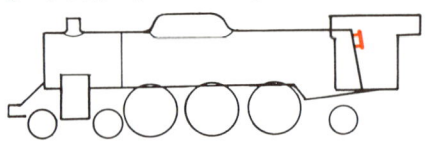

●ボイラー水と水面計の取り付け

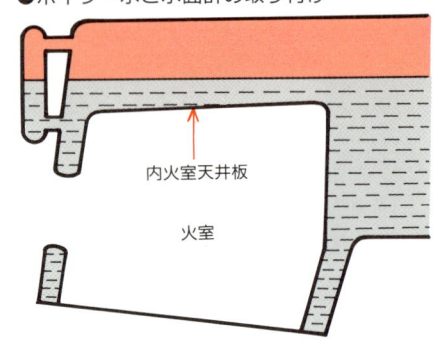

内火室天井板
火室

●C55　水かき動輪をもつ近代型標準機の先駆け。　①1935年(昭和10年)　②4-6-2　③66.0t　④47.2t　⑤12×17　⑥20.4m　⑦1750mm　⑧510×660　⑨14.0kg/cm²　⑩1040ps　⑪100km/h

ボイラー給水

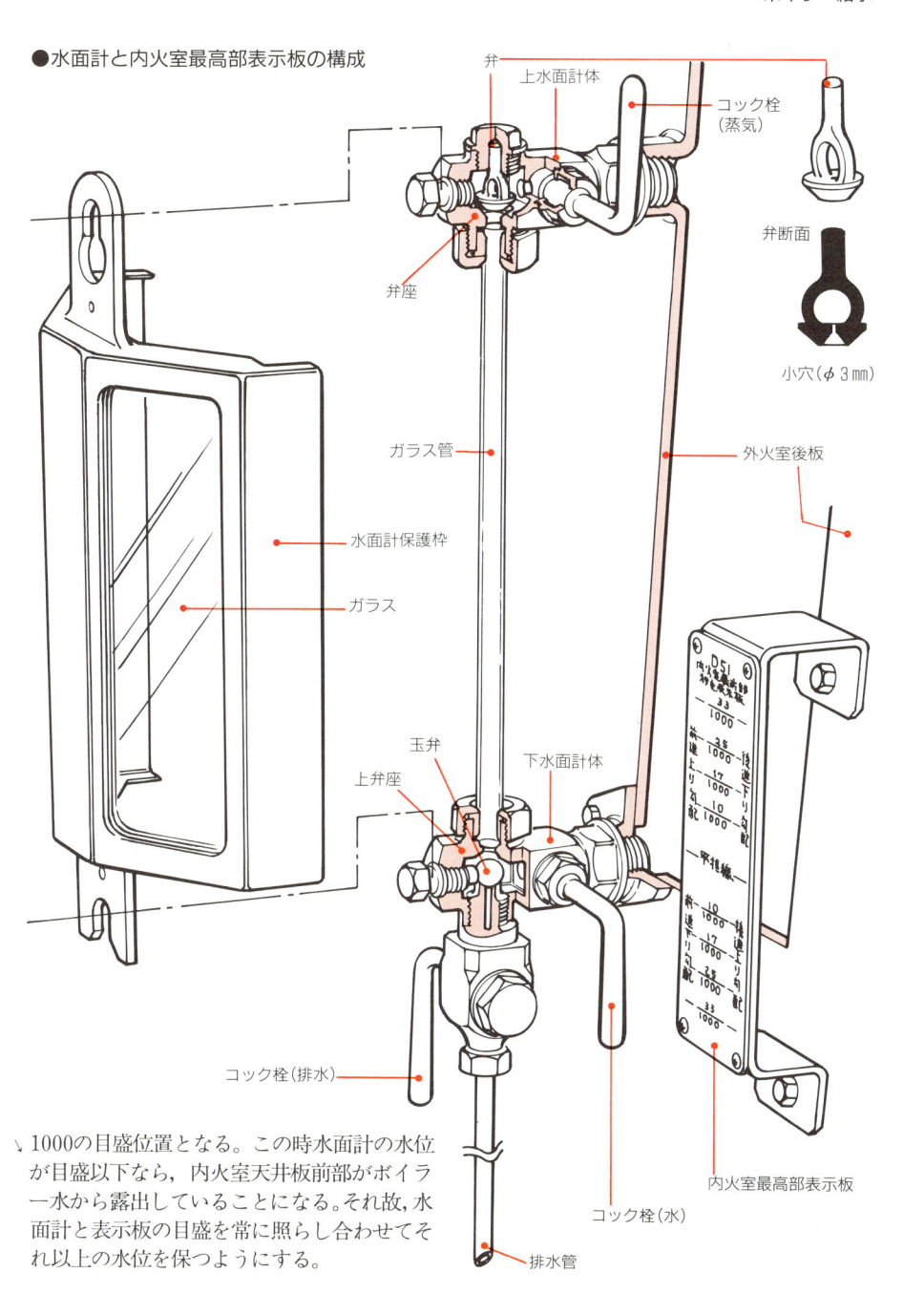

●水面計と内火室最高部表示板の構成

弁
上水面計体
コック栓（蒸気）

弁断面

小穴（φ3mm）

弁座
ガラス管
外火室後板
水面計保護枠
ガラス
玉弁
下水面計体
上弁座
内火室最高部表示板
コック栓（排水）
コック栓（水）
排水管

↙1000の目盛位置となる。この時水面計の水位が目盛以下なら，内火室天井板前部がボイラー水から露出していることになる。それ故，水面計と表示板の目盛を常に照らし合わせてそれ以上の水位を保つようにする。

101

罐水清浄装置①

給水される水はチリコシを通るが必ず不純物が溶けており、ボイラーで蒸気になっても水が減るだけで、その分不純物の濃度は増してくる。この不純物はボイラー内壁や煙管等に湯垢となって付着するので、熱伝導を悪くし洗罐回数も多くなる。そこで給水に対して一定の割合で罐水を適量（1分間に約1cm³）排出し続けて不純物の濃度を上げない様にする。不純物は浮遊したり、湯垢や泥となって外火室の下部付近に沈殿するので、この辺りの水は少量を排水しても不純物は多量に排出される事になる。

●罐水清浄装置の構成（自動開閉弁使用）

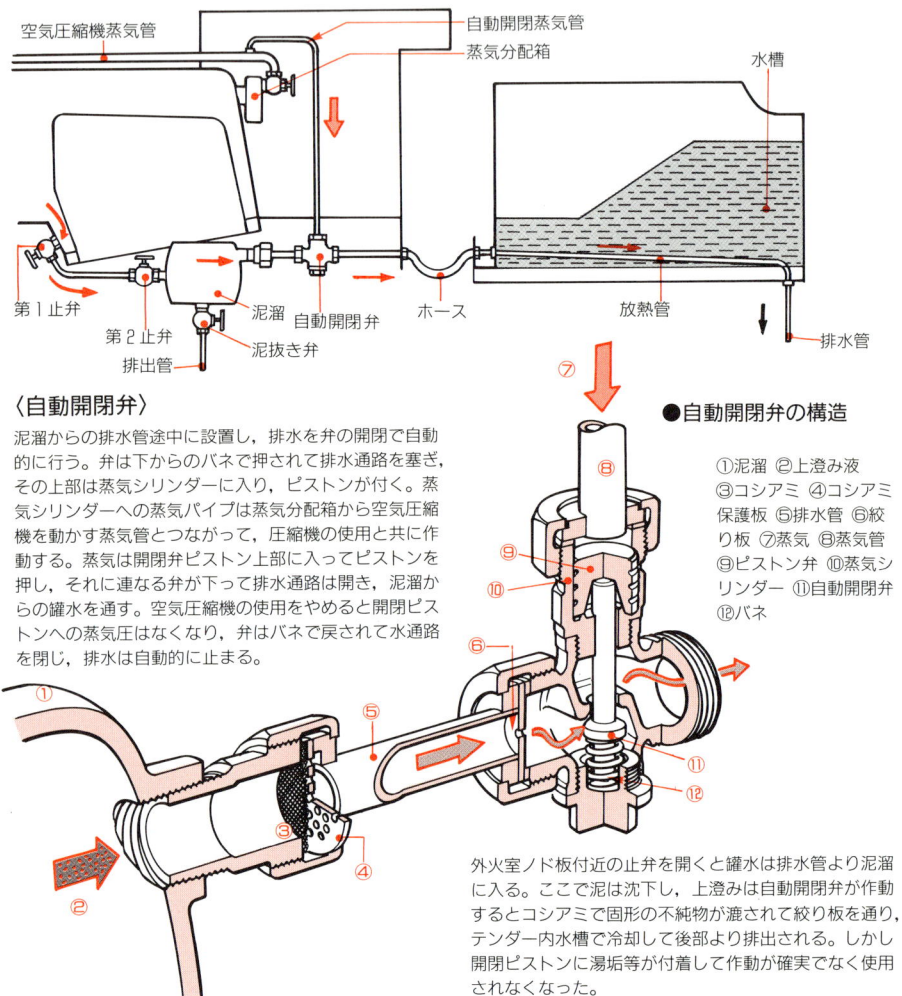

空気圧縮機蒸気管　自動開閉蒸気管　蒸気分配箱　水槽　第1止弁　第2止弁　排出管　泥溜　泥抜き弁　自動開閉弁　ホース　放熱管　排水管

〈自動開閉弁〉

泥溜からの排水管途中に設置し、排水を弁の開閉で自動的に行う。弁は下からのバネで押されて排水通路を塞ぎ、その上部は蒸気シリンダーに入り、ピストンが付く。蒸気シリンダーへの蒸気パイプは蒸気分配箱から空気圧縮機を動かす蒸気管とつながって、圧縮機の使用と共に作動する。蒸気は開閉弁ピストン上部に入ってピストンを押し、それに連なる弁が下って排水通路は開き、泥溜からの罐水を通す。空気圧縮機の使用をやめると開閉ピストンへの蒸気圧はなくなり、弁はバネで戻されて水通路を閉じ、排水は自動的に止まる。

●自動開閉弁の構造

①泥溜　②上澄み液　③コシアミ　④コシアミ保護板　⑤排水管　⑥絞り板　⑦蒸気　⑧蒸気管　⑨ピストン弁　⑩蒸気シリンダー　⑪自動開閉弁　⑫バネ

外火室ノド板付近の止弁を開くと罐水は排水管より泥溜に入る。ここで泥は沈下し、上澄みは自動開閉弁が作動するとコシアミで固形の不純物が漉され絞り板を通り、テンダー内水槽で冷却して後部より排出される。しかし開閉ピストンに湯垢等が付着して作動が確実でなく使用されなくなった。

ボイラー排水

● 罐水清浄装置の構成（ブロー調整弁使用）

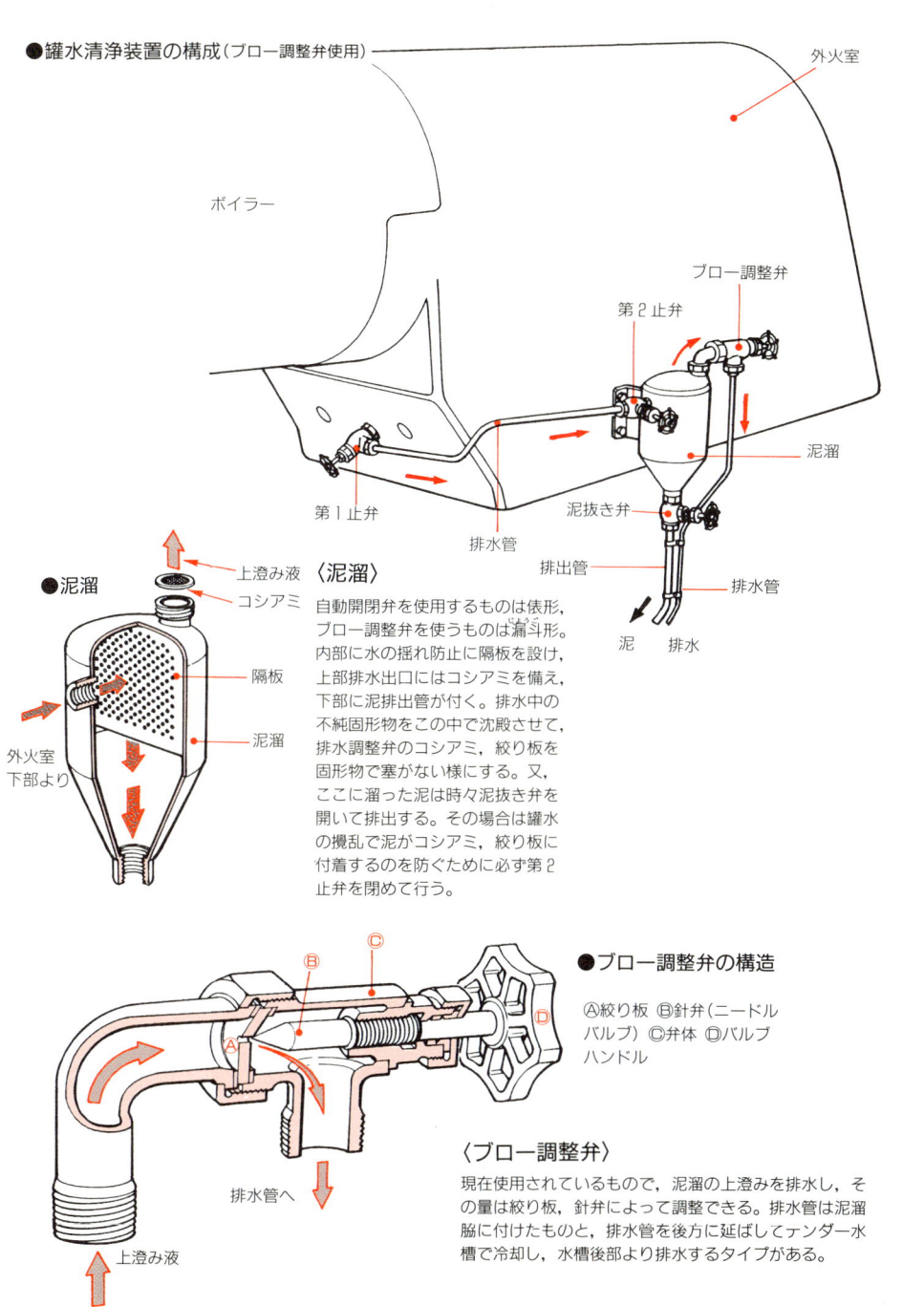

図中ラベル: 外火室、ボイラー、ブロー調整弁、第2止弁、泥溜、第1止弁、排水管、泥抜き弁、排出管、排水管、泥、排水

● 泥溜

図中ラベル: 上澄み液、コシアミ、隔板、泥溜、外火室下部より

〈泥溜〉
自動開閉弁を使用するものは俵形，ブロー調整弁を使うものは漏斗形。内部に水の揺れ防止に隔板を設け，上部排水出口にはコシアミを備え，下部に泥排出管が付く。排水中の不純固形物をこの中で沈殿させて，排水調整弁のコシアミ，絞り板を固形物で塞がない様にする。又，ここに溜った泥は時々泥抜き弁を開いて排出する。その場合は罐水の攪乱で泥がコシアミ，絞り板に付着するのを防ぐために必ず第2止弁を閉めて行う。

図中ラベル: A、B、C、D、排水管へ、上澄み液

● ブロー調整弁の構造

Ⓐ絞り板　Ⓑ針弁（ニードルバルブ）　Ⓒ弁体　Ⓓバルブハンドル

〈ブロー調整弁〉
現在使用されているもので，泥溜の上澄みを排水し，その量は絞り板，針弁によって調整できる。排水管は泥溜脇に付けたものと，排水管を後方に延ばしてテンダー水槽で冷却し，水槽後部より排水するタイプがある。

103

罐水清浄装置② 罐排水

〈清罐剤送入装置〉

ボイラーを清浄に保つため、水槽からの水に清罐剤を混入して給水する。清罐剤は直接水槽に入れないで、溶解タンクで混入溶解し給水ポンプや注水器を通してボイラーへ送り込むのがこの装置である。

溶解タンクはランボード上に設置し、水を満たして清罐剤を混入した後、蒸気分配箱から蒸気を噴入して煮沸溶解をする。溶解タンクの下には通気管付きの釣合い室が付設し、溶液取入管で連絡して常に一定量の溶液が溜まる。給水ポンプを使用すると釣合い室の溶液は送り出し管より給水ポンプに吸い込まれてボイラーへの送水と共に送られる。注水器の使用でも同様となる。

溶解タンクの上蓋をロックすれば内部の気密は保たれるので、釣合い室の溶液水面が取入管下端から離れると通気管より大気がタンク内に進入し、それに相当する分量の溶液が釣合い室に入る。尚、別に送り出し管の清掃、釣合い室溶液の暖房用蒸気管が付く。

● 清罐剤送入装置の構成

● 清罐剤送入装置の仕組み

①蒸気分配箱 ②止弁
③蒸気管 ④三方コック ⑥蓋 ⑦溶解タンク ⑧水面計 ⑨コシアミ ⑩溶解取込管
⑤蒸気ホース ⑪水ホース ⑫止弁 ⑬通気管 ⑭水張込管 ⑮給水ポンプ
⑯蒸気管 ⑰注水器
⑱吸水管 ⑲逆止弁 ㉓止弁 ㉔コック ㉘送水管
⑳コック ㉑送出し管 ㉕締切コック ㉖排水コック ㉙吸水管
（溶液）㉒吸込みコック ㉗吸込みコック ㉚逆止弁
㉛釣合い室
㉜吹出し弁
㉝送出し管（溶）

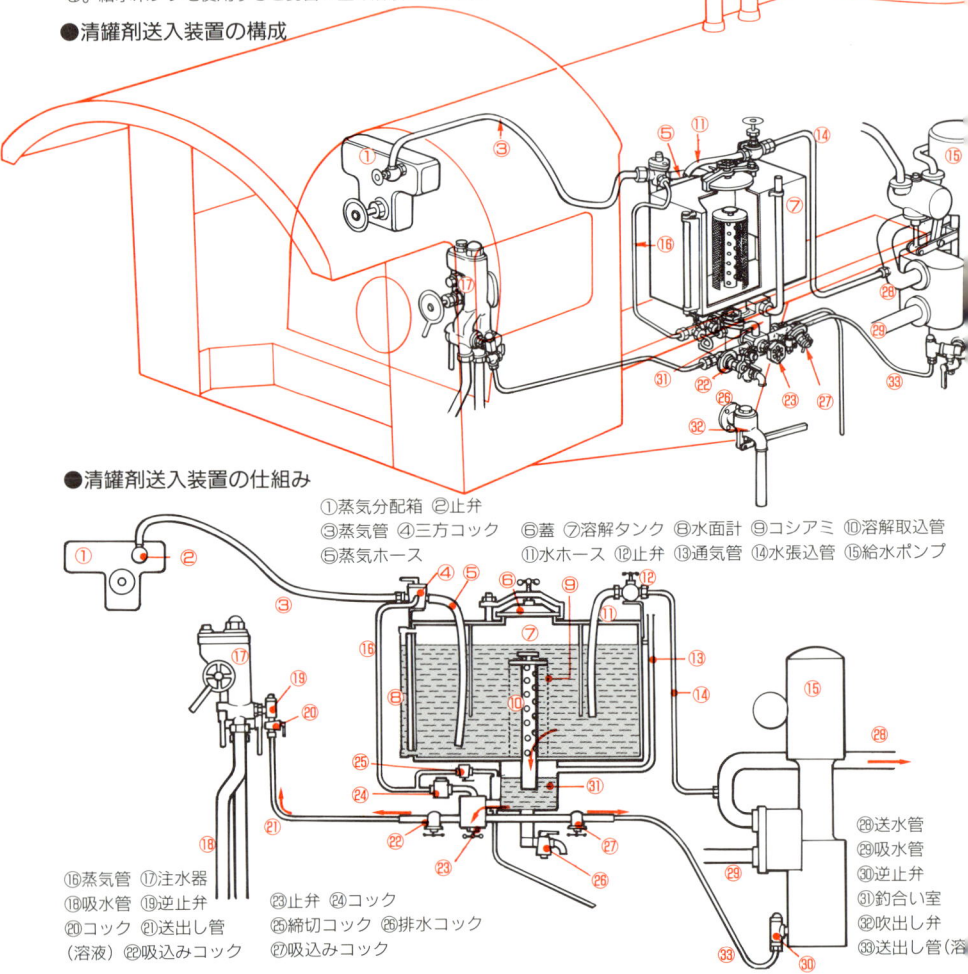

ボイラー排水

〈罐水吐出装置〉
〈吹出し弁〉
砲金製で洗罐や罐水張替えの時に罐水の排出に使用するので，罐の最下部であるノド板中央部や外火室側板下部に設ける。通常は水圧によって弁は閉じられており，使用時はテコを引き上げて開弁する。

〈滑り弁式吹出し弁〉
弁箱内には補助弁が主弁に入り，主弁凹みの押さえバネと罐水圧力により弁箱蓋の吹出し口に密着する。漏洩防止のため弁心棒にはガスケットを設け，弁心棒の回転で主弁，及び補助弁が動き，吹出し口が開いて罐水が排出される。吹出し管には消音器が付く。

〈吹出し消音装置〉
アメリカ型でよく見られるが，一時期にC62の一部に使用された。操作は助士席まで延びた引棒，作用棒で走行中でも行える。コックハンドルは常時開き位置にしておくが，吹出し弁の漏洩やそれが閉まらなくなった場合には閉じる。
洗罐，水張替え以外に多量の清罐剤の使用で罐清浄装置の排水でも罐水の濃度が下らない場合は，吹出し管より吐出して清浄を保つ。

●吹出し弁の構造

●滑り弁式吹出し弁 〈構造〉

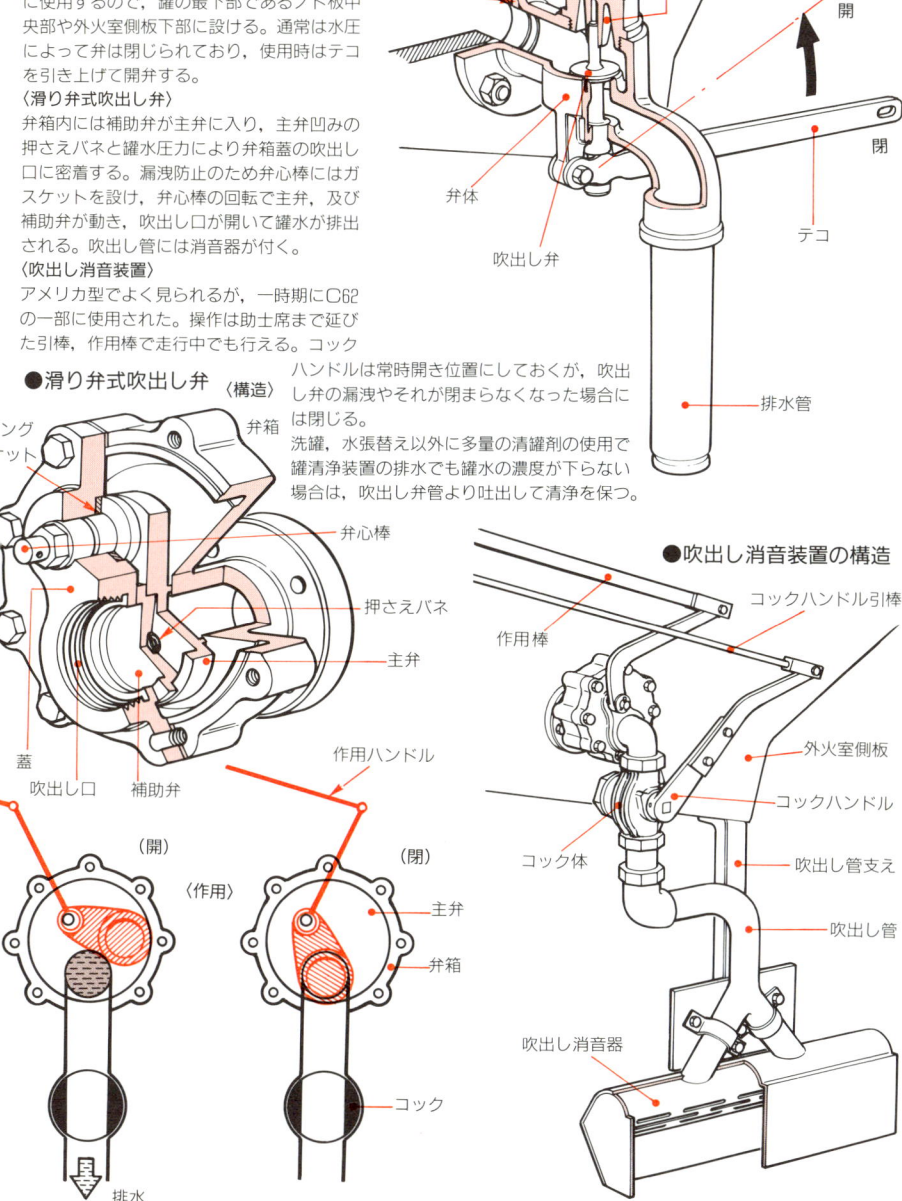

●吹出し消音装置の構造

台枠① 板台枠

　台枠は人間でいえば骨格にあたり，機関車重量だけでなく，牽引する列車重量やシリンダーからの左右ロッドの回転の衝撃をすべてここで受けとめる。そのため変形しないように強度と剛性を考慮し特に頑丈に造られている。上に運転室の付いたボイラーが乗り，気筒部やブレーキ装置が付いた台枠には，動輪軸箱がはまり込む。主台枠と後台枠とから成り，台枠自体は前後に長いため横剛性はあまり高くないが，上にボイラーが乗ることによって補強される。
　板台枠と棒台枠の二種類がある。

● 板台枠の構造

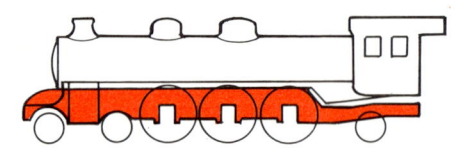

〈板台枠〉
　蒸気機関車発明の地イギリスで発達し，この影響を受けた日本でも当初から長い間採用してきた。主台枠は25mm厚の圧延鋼板を打ち抜いて作り，縦巾（高さ）を長くして強度をとり，後部に一段低くなって後台枠が付く。前後両端には同じ厚さの端梁を取り付ける。中間に数ヶ所補強となる鋼板の横控を渡し，自動車の梯子形フレームのような形状になる。動輪が入る所に必要な数だけ欠き取り軸箱をはめ込む。しかし板厚が不十分で強度不足のため，別に軸箱守（鞍形の鋳鋼物）を取り付けて補強される。初期の機関車や8620，9600，C51，C54，B20等が板台枠を使用した。

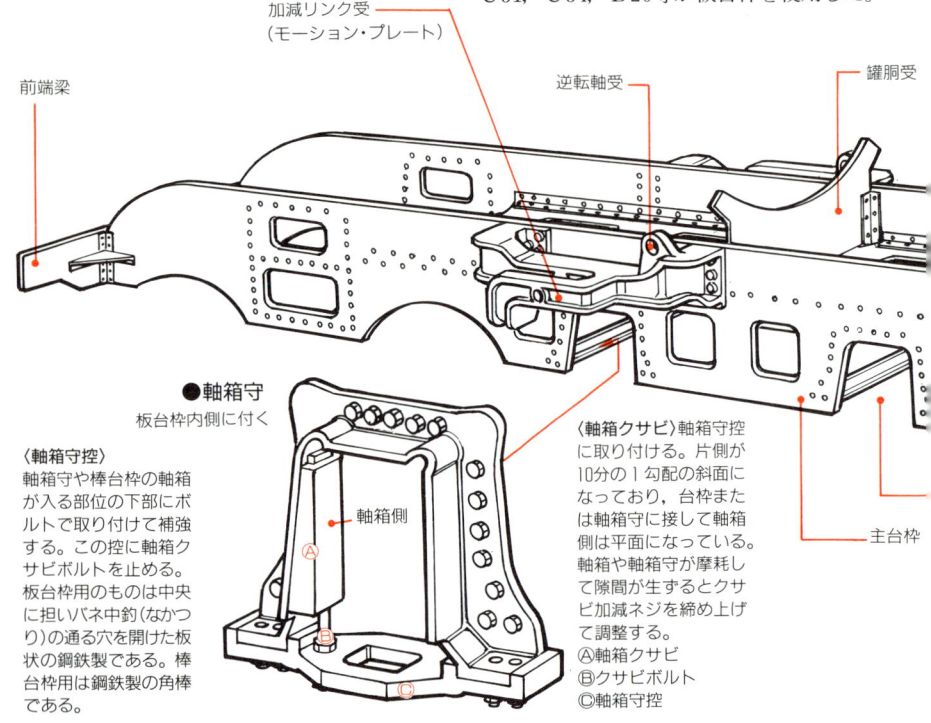

ラベル: 前端梁、加減リンク受（モーション・プレート）、逆転軸受、罐胴受、主台枠

● 軸箱守
板台枠内側に付く

〈軸箱守控〉
軸箱守や棒台枠の軸箱が入る部位の下部にボルトで取り付けて補強する。この控に軸箱クサビボルトを止める。板台枠用のものは中央に担いバネ中釣（なかつり）の通る穴を開けた板状の鋼鉄製である。棒台枠用は鋼鉄製の角棒である。

〈軸箱クサビ〉軸箱守控に取り付ける。片側が10分の1勾配の斜面になっており，台枠または軸箱守に接して軸箱側は平面になっている。軸箱や軸箱守が摩耗して隙間が生じるとクサビ加減ネジを締め上げて調整する。
Ⓐ軸箱クサビ
Ⓑクサビボルト
Ⓒ軸箱守控

台枠

● C55（流線形）

62両の内，21両がこのタイプで製造。流線カバーのために検修や運転で不都合が多く，後に全て普通形に戻された。

● 板台枠の控

〈側面〉

〈平面〉

軸箱守が入る　横控　前膨脹受　後台枠　後端梁

107

台枠② 棒台枠■罐胴受

〈棒台枠〉

　動輪の間から見える部分が棒のように見えるのでこう呼ばれるが，棒で作られているわけではない。板台枠より厚い90～100mmの圧延鋼板を打ち抜いて主台枠が作られる。これに軽量化のため大きな切り抜きがあり，縦巾も短かい。そのため保守・検査や給油が容易で，D51，C57，C62等のほとんどの近代蒸機が棒台枠を使用した。

　前部にボイラー台と端梁，中央部に2，3ヶ所横控を入れて補強する。後台枠は40mm厚程度の圧延鋼板で，後部に端梁を取り付ける。台枠自身が厚いので軸箱守は設けず，直接軸箱を挿入するが，保守のため軸箱クサビ，片側に砲金製の軸箱守滑り金を取り付ける。

●板式罐胴受

Ⓓ罐胴受
Ⓔ罐胴受板
Ⓕ横控
Ⓖ主台枠

〈板式罐胴受〉ボイラーは両端を煙室と火室下部で支えられており，中間は胴受で支える。約10mmの鉄板で罐胴と台枠横控をボルトで結合して重量を支え，胴の膨脹伸縮には鉄板のたわみを利用する。

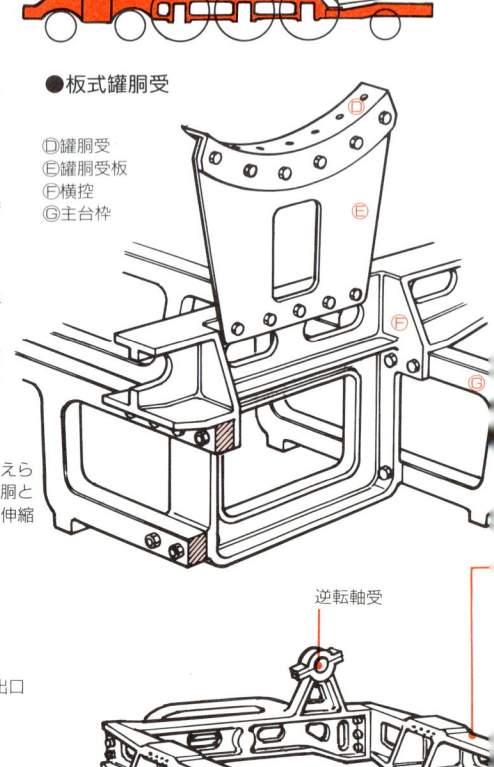

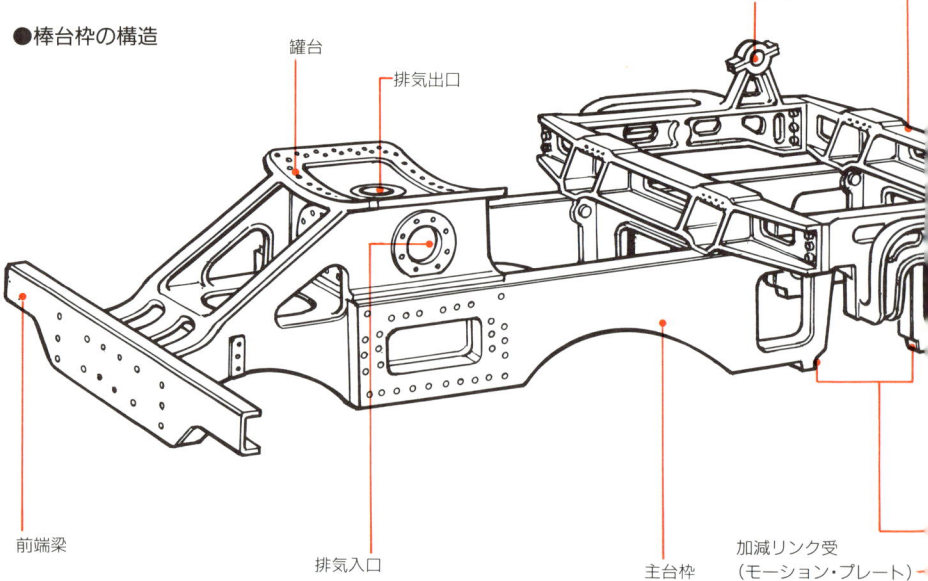

●棒台枠の構造

罐台
排気出口
逆転軸受
前端梁
排気入口
主台枠
加減リンク受
（モーション・プレート）

〈摺動式罐胴受〉
鉄板の罐胴受はボルトが緩みやすく、運転時には罐胴が上方向に力がかかり「へ」の字形になる傾向がある。そのため摺動式の罐胴受が開発された。
罐胴受は罐胴に溶接され、胴受足元(罐胴受底板)は台枠横控に前後4個の摑で押さえている。上下方向はこれで対処し、摑と胴受底板との間は前後に隙間を設けて胴の伸縮に対応して摺動する。油管は摺動面に注油する。

● 摺動式罐胴受

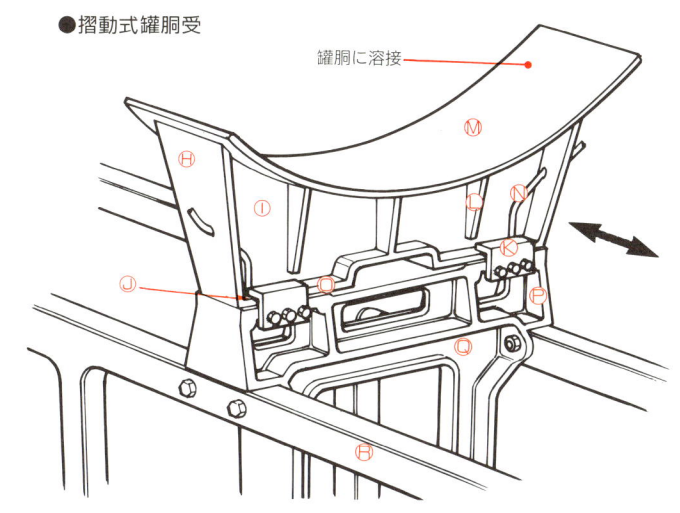

罐胴に溶接

Ⓗ罐胴受側板 Ⓘ罐胴受板 Ⓙ隙間アリ Ⓚ摑
Ⓛ補強板 Ⓜ罐胴受座(罐胴と熔接) Ⓝ油管
Ⓞ罐胴受底板 Ⓟ罐胴受 Ⓠ横控 Ⓗ主台枠

台枠

罐胴受　前膨脹受　後台枠　後膨脹受　後端梁
主台枠
軸箱守滑り金
軸箱クサビ
クサビボルト
軸箱守控
軸箱守控が入る
横控

109

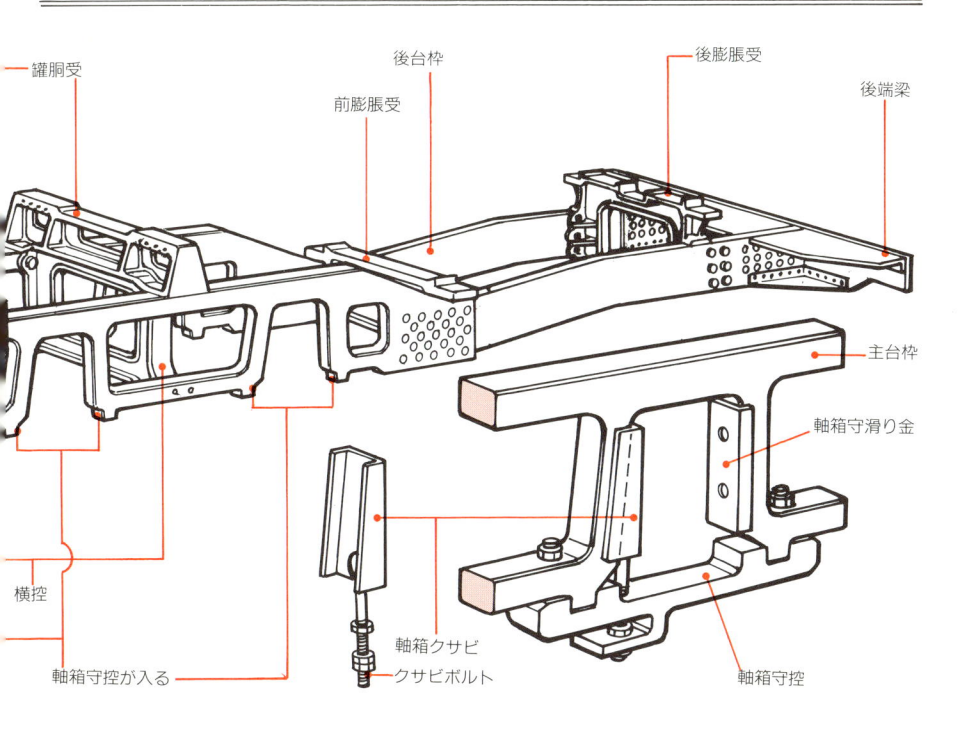

動輪軸箱とバネ装置

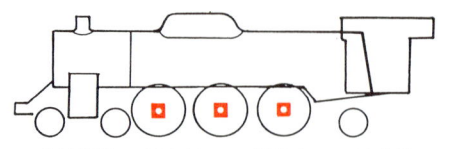

●トリミング式動輪軸箱(下バネ式)

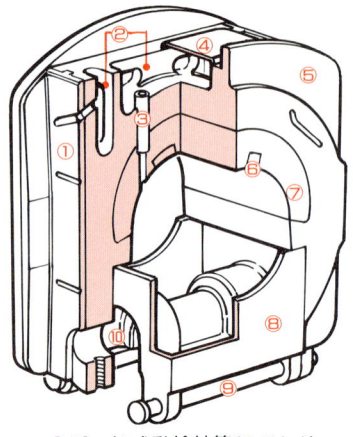

　動輪軸箱は板台枠では軸箱守に，棒台枠ではそのままはめ込み，車軸のジャーナル部を挟み込む。軸箱は担バネを介して機関車の重量や走行時の衝撃を受けるため，丈夫な鋳鋼材を使用する。側面はクサビと軸箱守が台枠滑り金と接して摺動する(前項参照)。そこで砲金裏張を附設して油溜から細管で給油を行う。車軸との接触面は砲金製受金で，白メタルを鋳込んで摩擦抵抗を減らす。

〈給油方法〉
給油方法にはパッド式とトリミング式がある。パッド式は軸箱下部の油受にバネ付きのパッド受けを設け，毛糸とパッドを乗せて車軸下面に接する。油ツボから油が染み込み車軸下部に塗油するが，軸箱上部の油溜から油通路があり車軸上部にも給油する。
トリミング式は軸箱上部の油溜からサイホン管内のトリミング(通綿)を通って車軸に給油される。下部の油受にはパッドと毛糸を詰めて上からの油を受け車軸に塗油する。

〈下バネ式と上バネ式〉
車輪からの衝撃を吸収緩和し，機関車各部の緩みと損傷を防ぎ，乗り心地を良くするのがバネ装置だ。動輪には板バネが使われ，この担バネ同士はイコライザー(釣合梁)を介して釣りリンクで結ばれる。そのためバネにかかる重量は分散されて均一となり，衝撃も分散される。
基本的に板台枠には下バネ式，棒台枠には上バネ式が使用される。下バネ式は，板バネを束ねる胴締の上部にバネ中釣を付け，動輪軸箱の下にピンで釣るので軸箱下部の油受の底が凸形になっている。このためバネ中心が台枠内側になり，台枠に偏った方向へ力がかかる。またバネ取り付けの構造上強度にも問題があるのが欠点だ。利点はバネ点検が楽で，イコライザーとの連絡構造も簡単であることだ。
上バネ式の方は，台枠を跨いでバネ鞍が付き，軸箱上面の穴にはまる。担バネがそれに乗るのでバネ中心が台枠の上にある。したがって，力が偏らずに台枠にかかるのが利点である。しかしバネ釣リンクは台枠を挟んでイコライザーと結ぶため，構造と組立てが複雑になるのと，擦れて摩耗しやすいなどの欠点がある。

●パッド式動輪軸箱(上バネ式)

①砲金裏張(ライナー) ②油溜 ③サイホン管 ④油溜蓋 ⑤軸箱体 ⑥白メタル ⑦受金 ⑧油受 ⑨油受ピン ⑩バネ中釣ピン用穴 ⑪軸箱体 ⑫油溜蓋 ⑬バネ鞍受 ⑭受金 ⑮油ツボ ⑯油受ピン ⑰白メタル ⑱受金止 ⑲パッド ⑳毛糸 ㉑パッド受 ㉒バネ

台枠

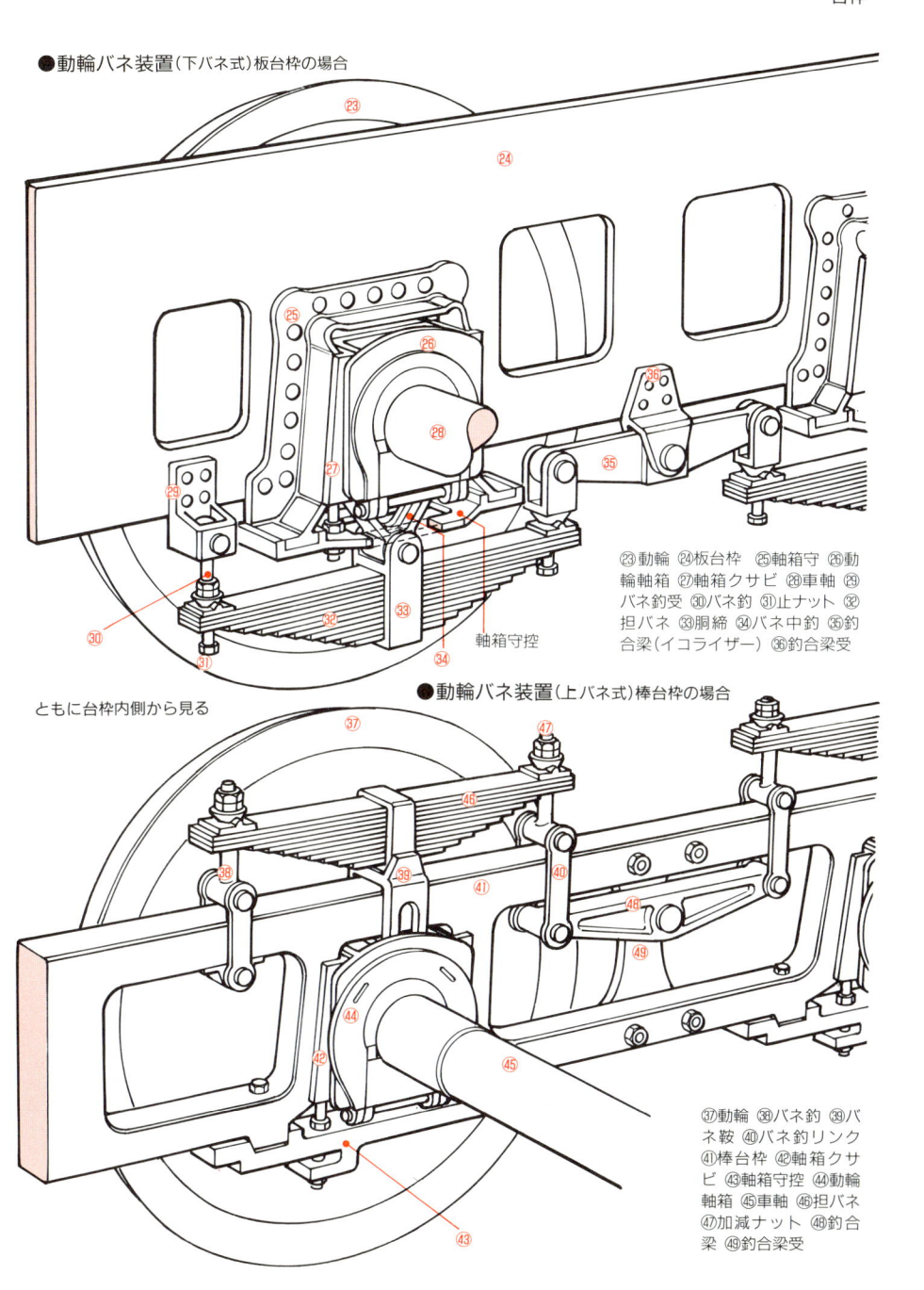

●動輪バネ装置(下バネ式)板台枠の場合

㉓動輪 ㉔板台枠 ㉕軸箱守 ㉖動輪軸箱 ㉗軸箱クサビ ㉘車軸 ㉙バネ釣受 ㉚バネ釣 ㉛止ナット ㉜担バネ ㉝胴締 ㉞バネ中釣 ㉟釣合梁(イコライザー) ㊱釣合梁受

ともに台枠内側から見る

●動輪バネ装置(上バネ式)棒台枠の場合

㊲動輪 ㊳バネ釣 ㊴バネ鞍 ㊵バネ釣リンク ㊶棒台枠 ㊷軸箱クサビ ㊸軸箱守控 ㊹動輪軸箱 ㊺車軸 ㊻担バネ ㊼加減ナット ㊽釣合梁 ㊾釣合梁受

罐膨脹受① 旧型

　台枠に乗せたボイラーや火室は，石炭を焚く（有火）と高熱で膨脹し，火を消す（無火）と冷えて収縮する。この熱によるボイラーの伸縮はD51クラスでは，有火・無火時の差が10〜12mmほどになる。台枠の長さはそのままでもボイラーはこのように伸縮するため，完全に固定することはしない。

　台枠前方には罐台を設け，そこにボイラーと煙室を乗せてボルトで固定し，中央部は罐支えで支持し，ボイラー後方の火室下部を膨脹受に乗せて前後にスライドするようになっている。ただし止めや押さえで上下・左右には動かないようになっている。

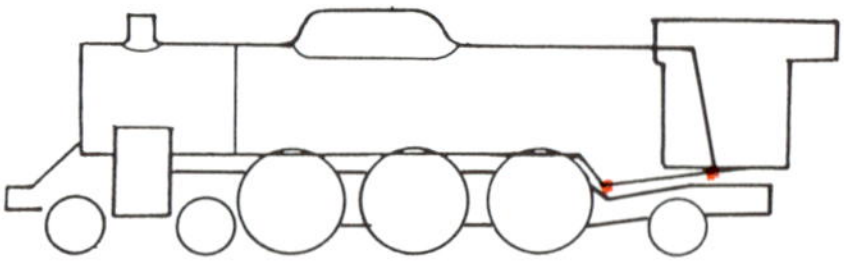

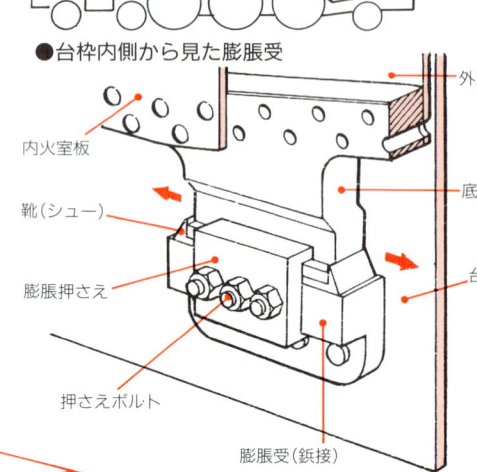

●膨脹受Ⓐ 8620型用

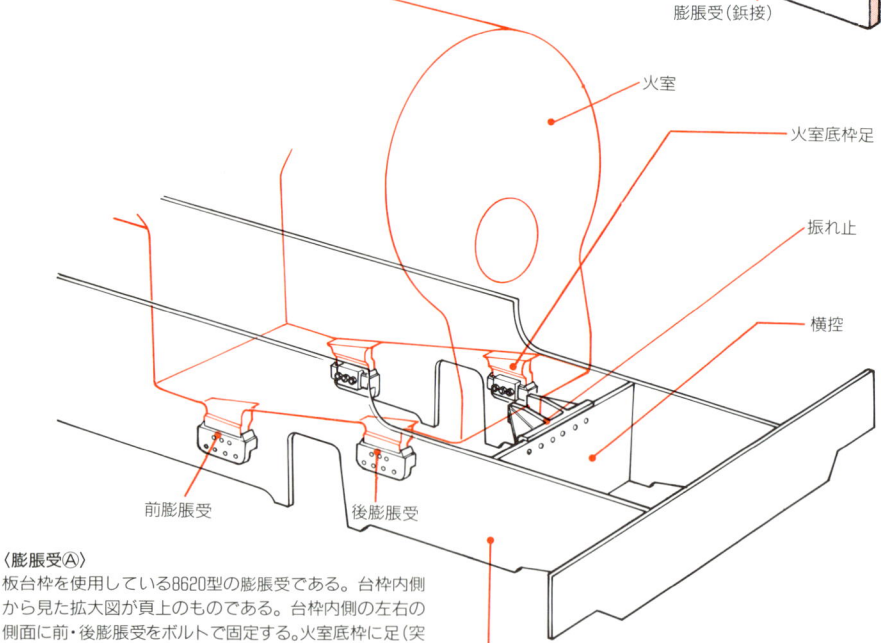

●台枠内側から見た膨脹受

（図中ラベル：外〇／内火室板／靴（シュー）／膨脹押さえ／押さえボルト／膨脹受（鋲接）／底〇／台〇）

（図中ラベル：火室／火室底枠足／振れ止／横控／前膨脹受／後膨脹受／後台枠）

〈膨脹受Ⓐ〉
板台枠を使用している8620型の膨脹受である。台枠内側から見た拡大図が頁上のものである。台枠内側の左右の側面に前・後膨脹受をボルトで固定する。火室底枠に足（突起）を設け，それに靴と呼ぶ板金（いたがね）を履かせて，台枠に鋲接した膨脹受に乗せる。これに上下動を防ぐためボルトで止めた膨脹押さえ（止め金）で挟む。この靴の部分がボイラーの伸縮で前後にスライドする。

台枠

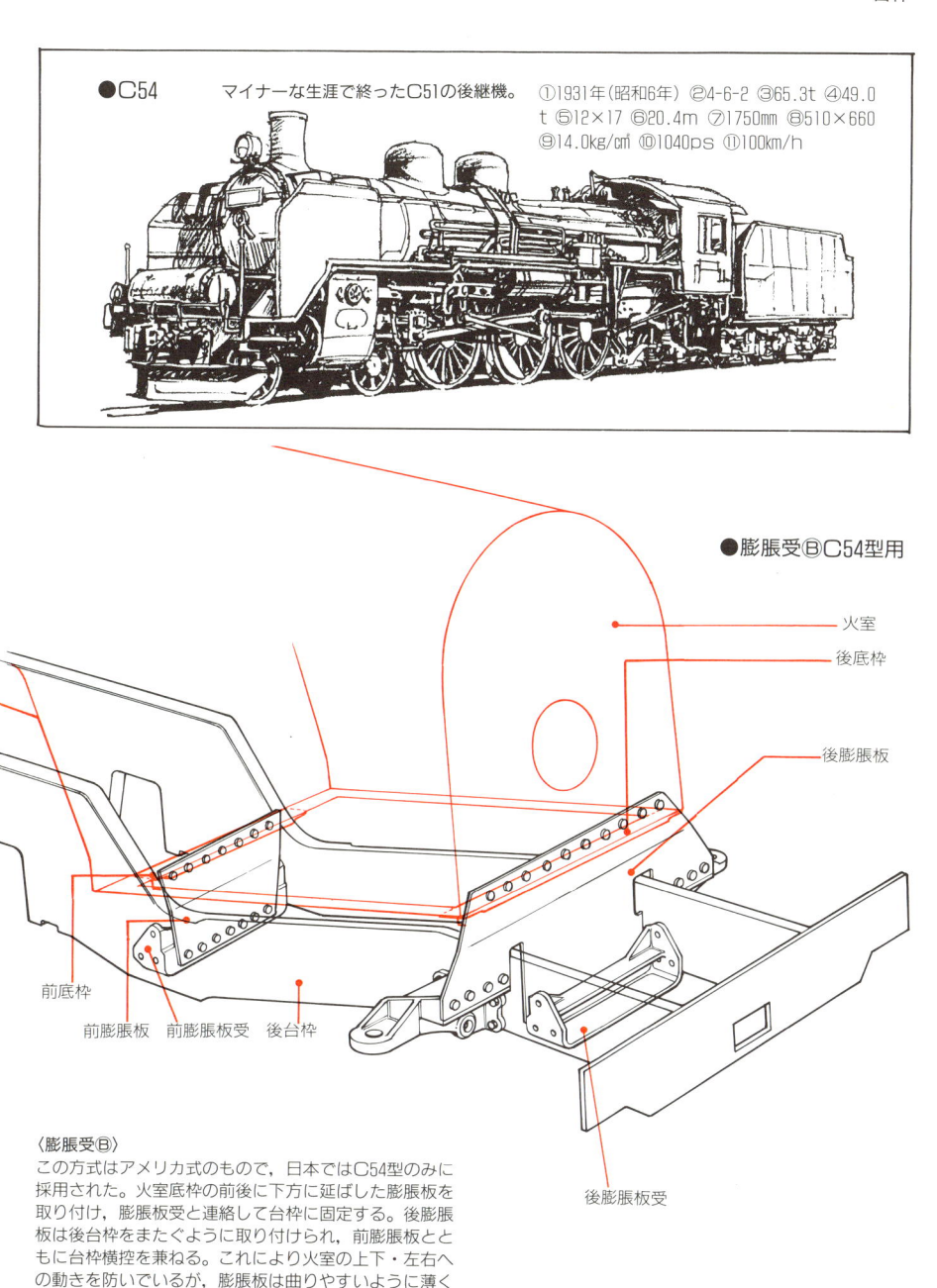

● C54　マイナーな生涯で終ったC51の後継機。　①1931年（昭和6年）②4-6-2 ③65.3t ④49.0t ⑤12×17 ⑥20.4m ⑦1750mm ⑧510×660 ⑨14.0kg/cm² ⑩1040ps ⑪100km/h

● 膨脹受Ⓑ C54型用

火室
後底枠
後膨脹板
後膨脹板受
後台枠
前膨脹板受
前膨脹板
前底枠

〈膨脹受Ⓑ〉
この方式はアメリカ式のもので，日本ではC54型のみに採用された。火室底枠の前後に下方に延ばした膨脹板を取り付け，膨脹板受と連絡して台枠に固定する。後膨脹板は後台枠をまたぐように取り付けられ，前膨脹板とともに台枠横控を兼ねる。これにより火室の上下・左右への動きを防いでいるが，膨脹板は曲りやすいように薄くしてあるため前後に撓み，伸縮に対応している。

罐膨脹受② 新型

　現在使用される棒台枠に対応した膨脹受で、Ｅは狭火室の場合、ＣとＤが広火室用だ。しかし仕組と構造原理はどちらも同じである。

　火室底枠四隅の足（凸部）の底面に砲金製の滑り金を履かせ、横控兼用の前後膨張受に乗せて膨脹受押さえ（止め金）を側面からネジ止めする。この部分が熱による膨脹伸縮に伴って摺動する。膨脹受押さえは上下動を防止している。左右の横振れに対しては底枠後部の中央に突起（足）を設け、後横控中央の凹みに隙間なく差し込んで防止する。この足の下は膨脹受に接しないで側面でのみ挟まれるので、前後には摺動できる。右図は最新のもので横振れ止に入る足を滑り金とクサビで挟み、多少の摩耗にはクサビボルトで調整して対応できる。摩耗が進めば滑り金を取り換えればよい。

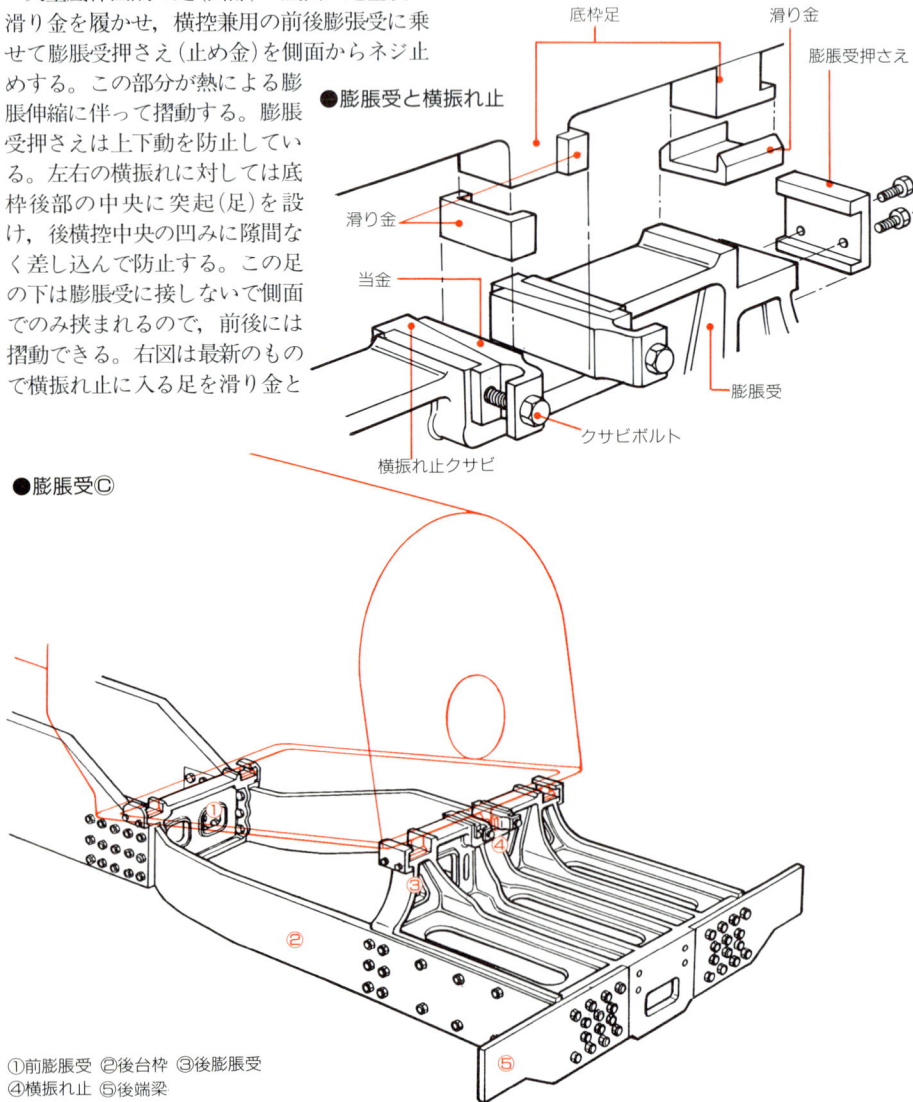

●膨脹受と横振れ止

●膨脹受Ⓒ

①前膨脹受　②後台枠　③後膨脹受
④横振れ止　⑤後端梁

台枠

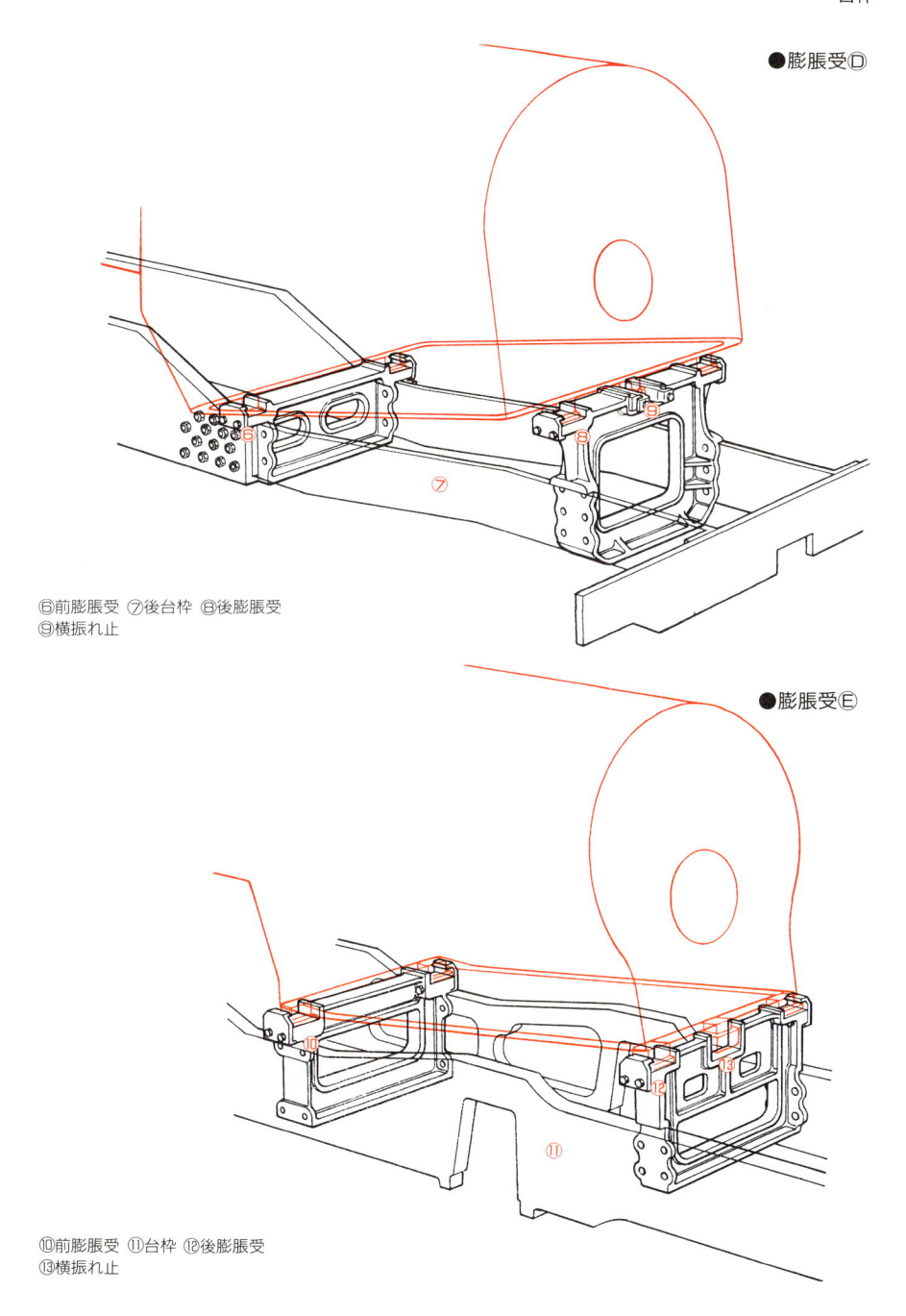

●膨脹受D

⑥前膨脹受 ⑦後台枠 ⑧後膨脹受
⑨横振れ止

●膨脹受E

⑩前膨脹受 ⑪台枠 ⑫後膨脹受
⑬横振れ止

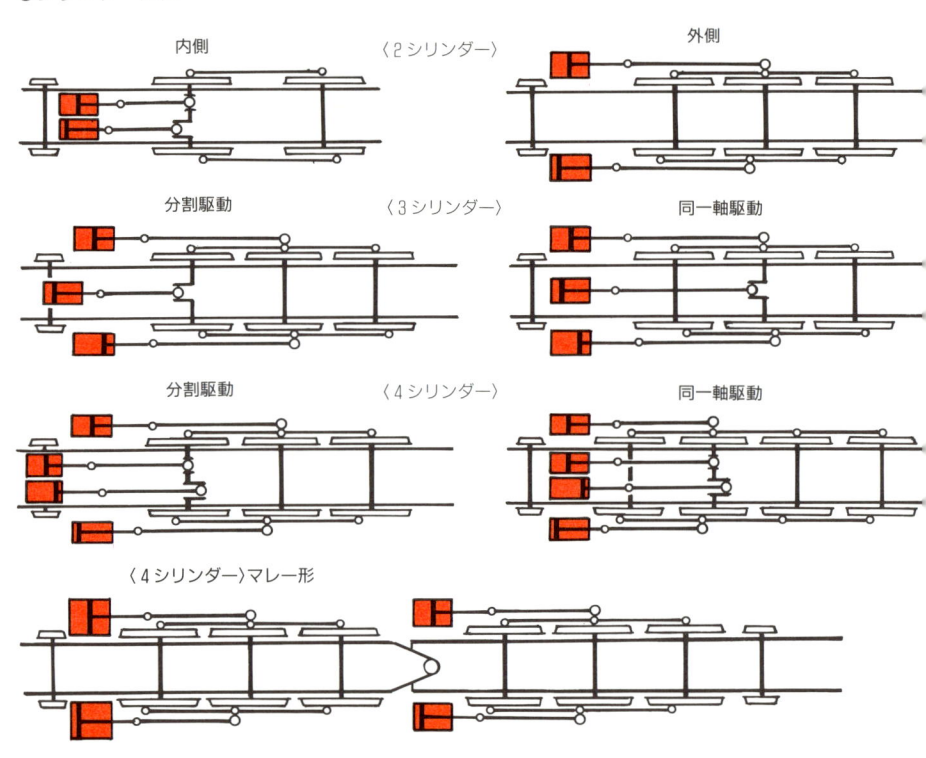

シリンダー配置と罐台・台枠への取付

〈シリンダー配置〉

　蒸気のシリンダー作用には単式と複式の二種がある。単式は蒸気をシリンダーで一度作用した後に排出する。複式は一度作用した蒸気を別のシリンダーに送って作用させた後に排出する。この場合最初のシリンダーを高圧シリンダー，二度目のものは蒸気の膨張を利用するのでより大きい径で，低圧シリンダーである。ヨーロッパでは一つの台枠に4気筒（内側2気筒は低圧）付くものが多くあるが，日本では2気筒，3気筒共単式で，4シリンダー・マレーは複式シリンダーであった。これは後部シリンダーが高圧，前部が低圧である。

〈気筒と罐台取付〉

　図は気筒部，罐台及び台枠の取付を示したものである。

Ⓐ単式2シリンダーで蒸気室は滑り弁を使用するものである。左右共同じ形の鋳物で作られ，ボルトで止めて一体となり，中央部は罐台となる。

Ⓑ蒸気室にピストン弁を使うもので気筒部，罐台を左右別に鋳造し，罐台部分で合わせてこれに煙室を乗せる。

Ⓒ罐台，左右気筒部を別々に鋳造し，罐台を台枠内に入れ，気筒部を台枠にボルトで取付ける。

Ⓓ三気筒で左側と中央の蒸気室とシリンダーを一体として作る。右側は別に鋳造し，打込ボルトで2つを結合して主台枠の上に置く。

●シリンダー配置

〈2シリンダー〉
内側　　　外側

〈3シリンダー〉
分割駆動　　　同一軸駆動

〈4シリンダー〉
分割駆動　　　同一軸駆動

〈4シリンダー〉マレー形

シリンダー

●シリンダーの罐台・台枠への取付

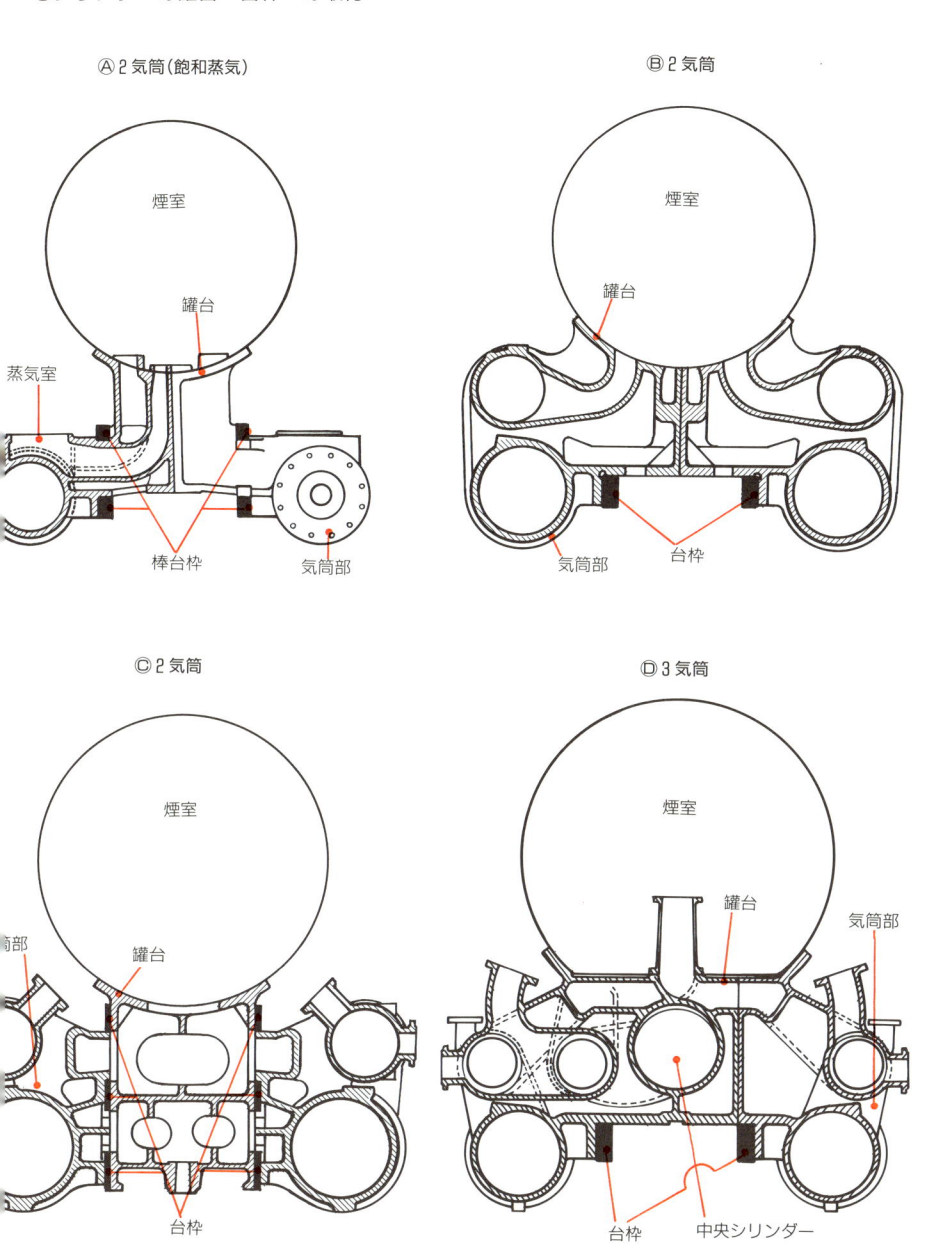

Ⓐ 2気筒（飽和蒸気）

煙室
罐台
蒸気室
棒台枠
気筒部

Ⓑ 2気筒

煙室
罐台
気筒部　台枠

Ⓒ 2気筒

煙室
罐台
気筒部
台枠

Ⓓ 3気筒

煙室
罐台
気筒部
台枠　中央シリンダー

117

シリンダーへの給気と排気

ここでは管寄せから煙突までの動力蒸気の流れの概略をみる。吐出管の項でみたように，排蒸気は通風に利用する。そのため左右のシリンダー排気口と二又吐出管を直に結ぶとピストン前後からの排蒸気が交互に断続して直接煙室に吐き出され，通風にも強弱が起きる。

● **過熱蒸気機関車**
・排気膨脹室なし

①管寄せ ②主蒸気管 ③鑵台 ④二又吐出管 ⑤蒸気室(弁室) ⑥気筒(ピストンシリンダー)

図は過熱蒸気機関車だが，飽和蒸気機関車では管寄せがなく，乾燥管，T字管→主蒸気管となる。

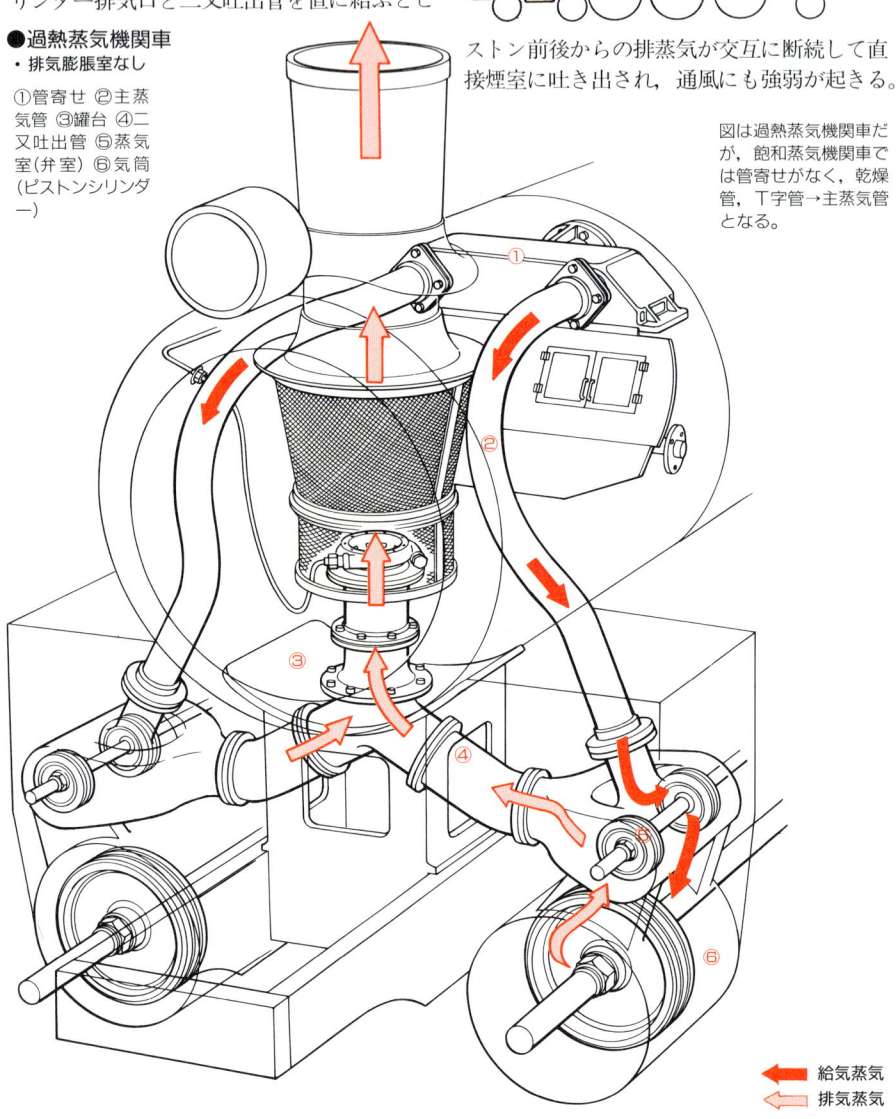

■ 給気蒸気
□ 排気蒸気

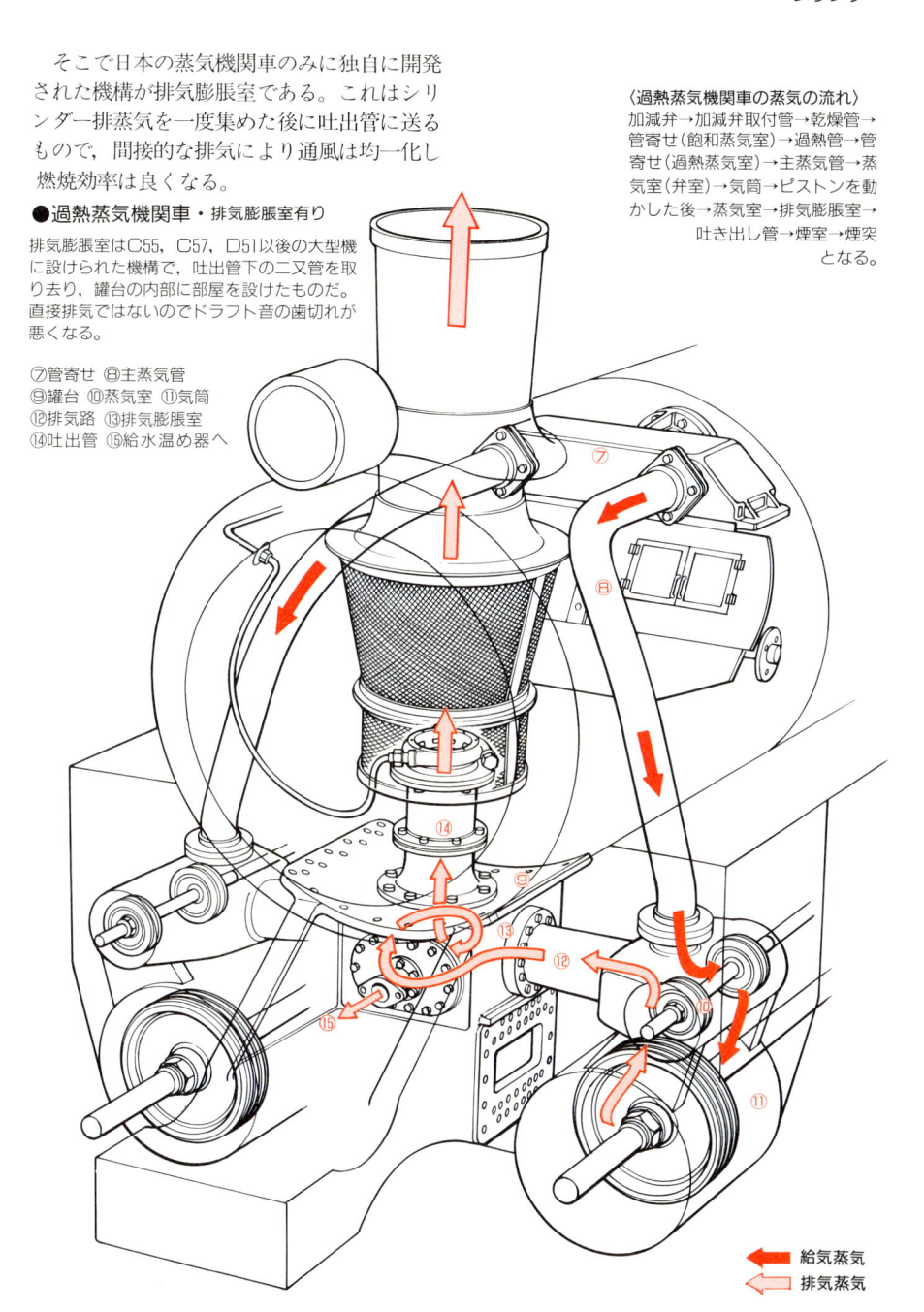

シリンダー

そこで日本の蒸気機関車のみに独自に開発された機構が排気膨脹室である。これはシリンダー排蒸気を一度集めた後に吐出管に送るもので、間接的な排気により通風は均一化し燃焼効率は良くなる。

● **過熱蒸気機関車・排気膨脹室有り**

排気膨脹室はC55、C57、D51以後の大型機に設けられた機構で、吐出管下の二又管を取り去り、罐台の内部に部屋を設けたものだ。直接排気ではないのでドラフト音の歯切れが悪くなる。

⑦管寄せ ⑧主蒸気管
⑨罐台 ⑩蒸気室 ⑪気筒
⑫排気路 ⑬排気膨脹室
⑭吐出管 ⑮給水温め器へ

〈過熱蒸気機関車の蒸気の流れ〉
加減弁→加減弁取付管→乾燥管→管寄せ（飽和蒸気室）→過熱管→管寄せ（過熱蒸気室）→主蒸気管→蒸気室（弁室）→気筒→ピストンを動かした後→蒸気室→排気膨脹室→吐き出し管→煙室→煙突
となる。

⬅ 給気蒸気
⇐ 排気蒸気

119

シリンダーと蒸気室

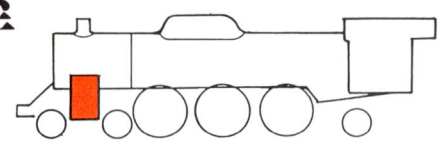

走行する動力を取り出す機関で，蒸気の圧力を往復運動に換える。下部にピストンが往復するシリンダー（気筒）と，そこに蒸気の供給・排出を司るピストン弁（又は滑り弁）が入った蒸気室が上に付く。気筒と蒸気室は一体成型の硬鋳鉄で作られ，台枠に多数のボルトで取り付けられる。

通常目にする外観はこれを断熱材の石綿で包み鋼板で覆ったものだ。

気筒の上部前後には，蒸気室とつながる給排気用の大きな穴が開く。底部には排水弁，前・後面にはシリンダー蓋が多くのボルトで取り付けられる。蓋にはそれぞれピストン棒の通る案内穴と気筒安全弁が付けられている。

側面には空気弁と点検用ののぞき穴が付く。

●シリンダー外観とバイパス弁

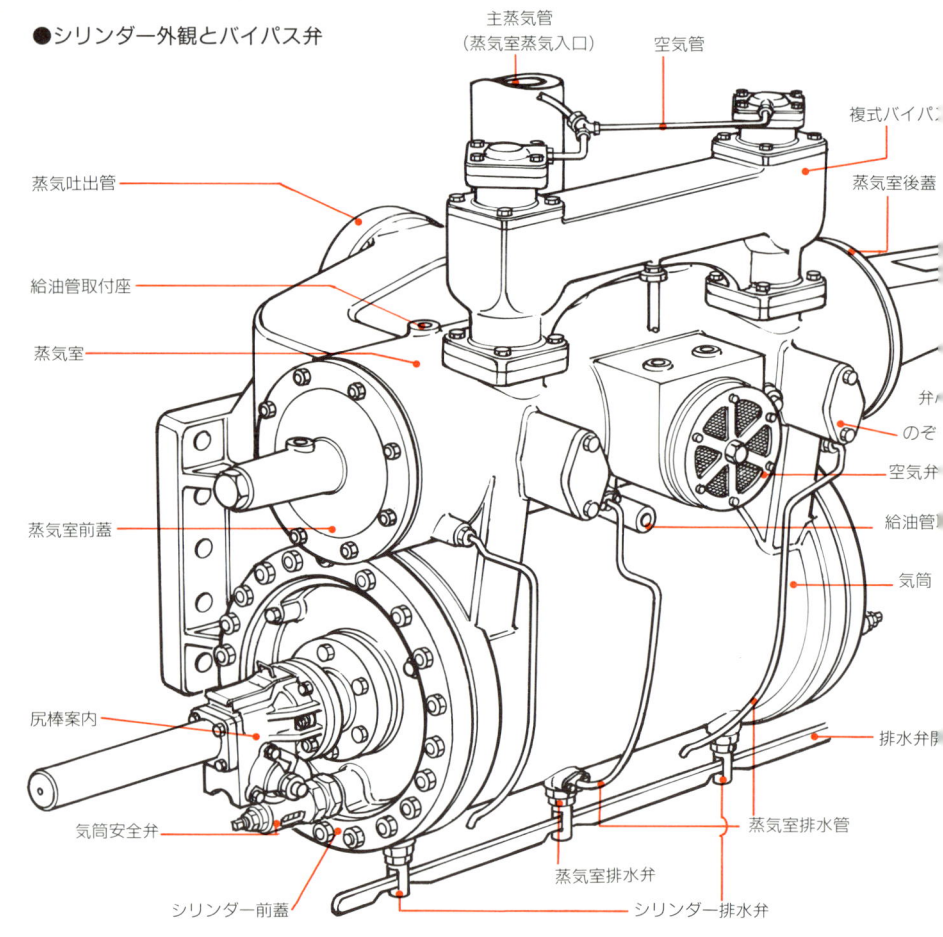

シリンダー

数ヶ所に給油管の取付座が付き，蒸気室下部からは排水管が側面を降りている。

蒸気室は主蒸気管と玉接手で接続する。国鉄の近代型蒸機ではピストン弁を使い，気筒への蒸気の給気と排気を行う。排気は吐出管へ送られる。

蒸気室は，ピストン弁では円筒形，滑り弁を使用するものでは四角い箱形をしている。上部には蒸気室前後を連絡してバイパス管を取り付けるため取付座が設けられる。これはピストン弁のみで，構造上滑り弁を使用するものには必要ない。

内部は，前後部に気筒への給・排気を行う蒸気口と吐出口，中央に主蒸気管からの蒸気の入る給気口がある。

前後に蓋が付き，後蓋は弁心棒案内と一体となっており，前蓋も中央に弁心棒の突き出る部分が突出してカバーしている。

● シリンダーの内部

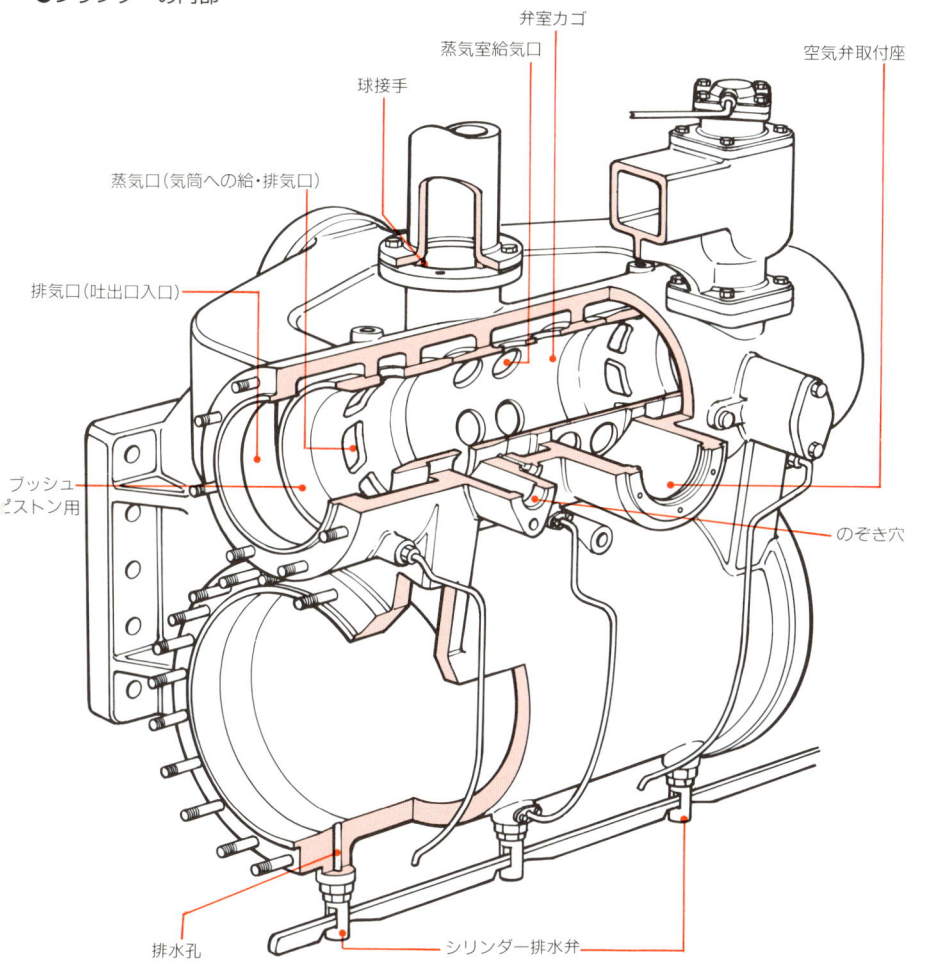

(図：シリンダー内部の構造図。各部名称：球接手，蒸気室給気口，弁室カゴ，空気弁取付座，蒸気口(気筒への給・排気口)，排気口(吐出口入口)，ブッシュ ピストン用，のぞき穴，排水孔，シリンダー排水弁)

121

ピストン弁① 単式とブッシュ

　ピストン弁は一本の弁棒に前後2個のピストンを付けたものである。

　ピストン弁には単式と複式がある。蒸気室（弁室）前後のブッシュにそれぞれ1列の蒸気口を設けたものを単式給気式、2列設けたものを複式給気式と呼ぶ。前者のものに単式ピストン弁、後者に複式ピストン弁を使用する。通常2つの弁の内側でシリンダーに給気をし、外側で排気（内側給気）を行い、その動きは動輪の回転から採る。

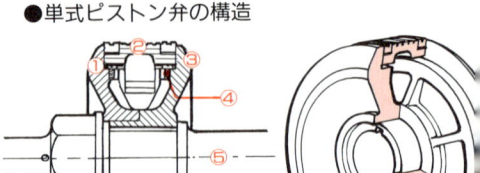

● 単式ピストン弁の構造

①外ピストン弁体 ②中ピストン弁体 ③内ピストン弁体
④止めピン ⑤弁心棒 ⑥パッキンリング ⑦止めピン

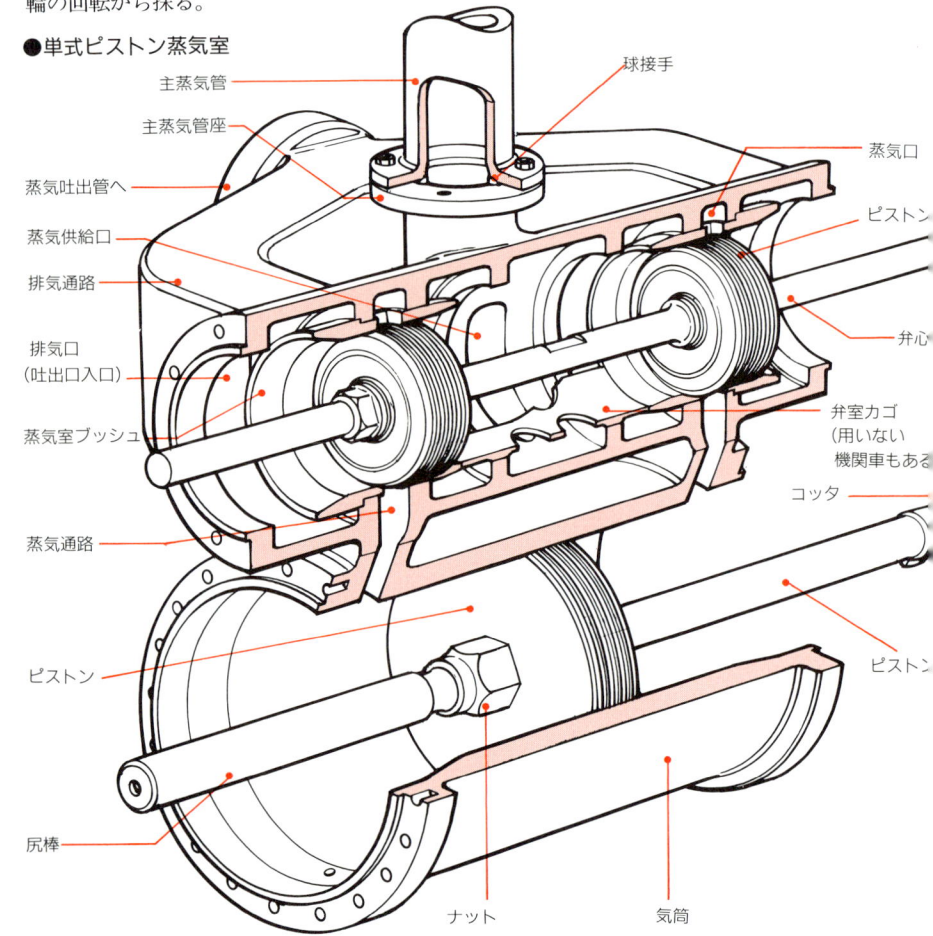

● 単式ピストン蒸気室

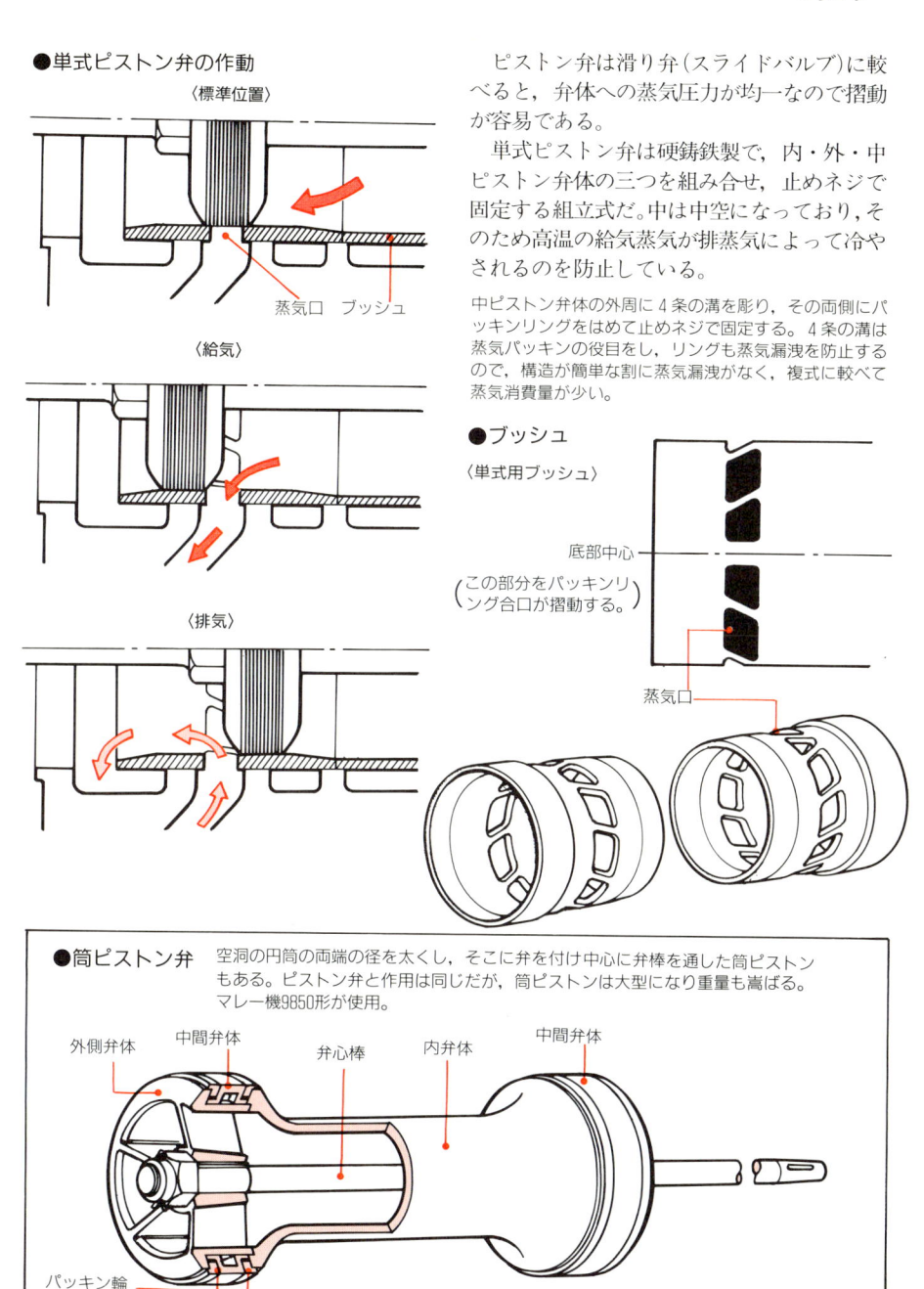

●単式ピストン弁の作動

〈標準位置〉

蒸気口　ブッシュ

〈給気〉

〈排気〉

ピストン弁は滑り弁（スライドバルブ）に較べると、弁体への蒸気圧力が均一なので摺動が容易である。

単式ピストン弁は硬鋳鉄製で、内・外・中ピストン弁体の三つを組み合せ、止めネジで固定する組立式だ。中は中空になっており、そのため高温の給気蒸気が排蒸気によって冷やされるのを防止している。

中ピストン弁体の外周に4条の溝を彫り、その両側にパッキンリングをはめて止めネジで固定する。4条の溝は蒸気パッキンの役目をし、リングも蒸気漏洩を防止するので、構造が簡単な割に蒸気漏洩がなく、複式に較べて蒸気消費量が少ない。

●ブッシュ

〈単式用ブッシュ〉

底部中心

（この部分をパッキンリング合口が摺動する。）

蒸気口

●筒ピストン弁　空洞の円筒の両端の径を太くし、そこに弁を付け中心に弁棒を通した筒ピストンもある。ピストン弁と作用は同じだが、筒ピストンは大型になり重量も嵩ばる。マレー機9850形が使用。

外側弁体　中間弁体　弁心棒　内弁体　中間弁体

パッキン輪

ピストン弁② 複式とブッシュ

複式ピストンは、外観上二つに分かれているように見えるが、軟鋳鉄製の単体である。弁体外側縁から1/3位の位置に円周に沿って補助給気口を設け、弁内側縁の給気口と2ヶ所から同時に給気する。

単式・複式ピストンとも、気筒に通じる蒸気通路の左右に移動して給・排気を切り換えるのは同じである。しかし複式の場合、補助給気口があり蒸気通路が2ヶ所あることになる。

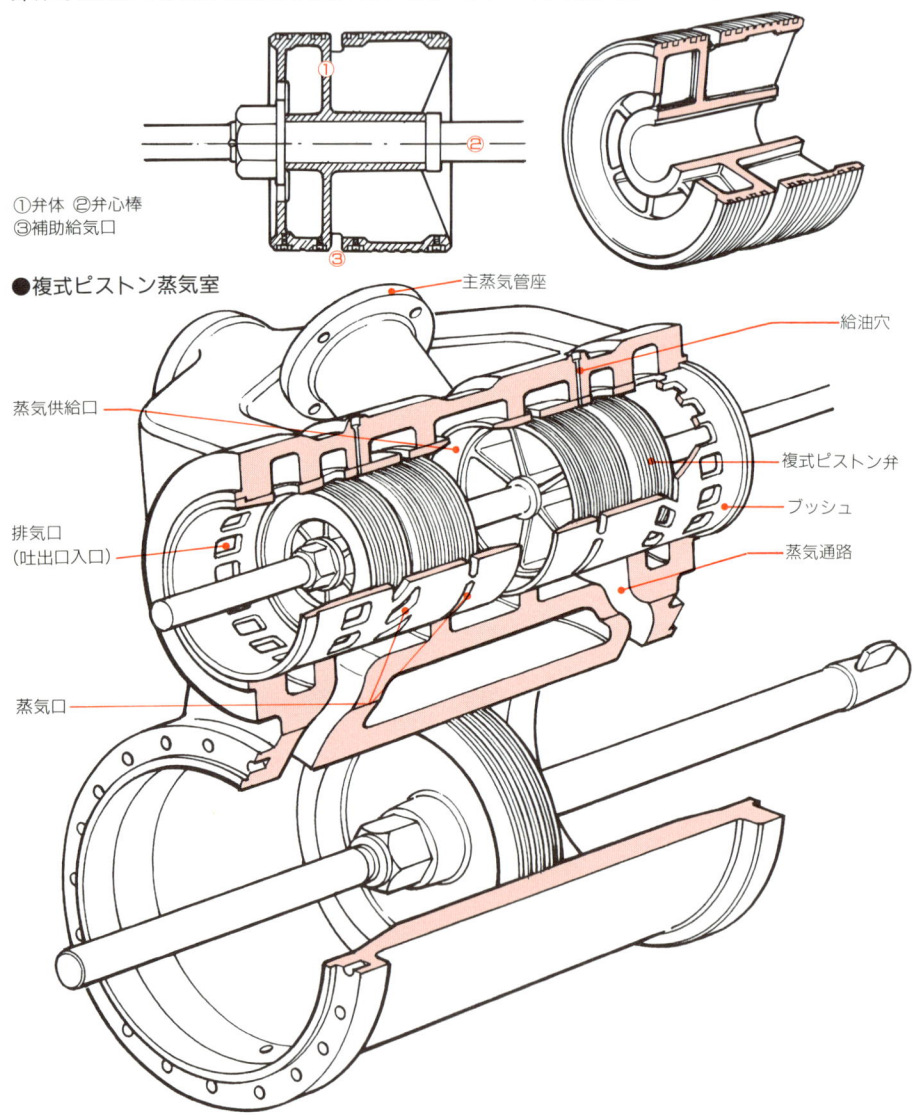

①弁体 ②弁心棒
③補助給気口

● 複式ピストン蒸気室

主蒸気管座
給油穴
蒸気供給口
複式ピストン弁
排気口
(吐出口入口)
ブッシュ
蒸気通路
蒸気口

124

シリンダー

●複式ピストン弁の構造

単式に較べ同じ動きでも素早く大量の蒸気が給送されるので、ピストン行程の初圧力を大きくできる。締切り速度(弁が蒸気口を塞ぐ速さ)も速くなるので蒸気の無駄がない。弁には蒸気パッキンの役目をする4条の溝とパッキンリング8本をはめて固定する。理論的には優れているが、高温に晒される面積が広いため油アカの焦げつきでパッキンリングが固着して弾力性がなくなり蒸気漏洩が多くなる。8620、9600、C51、D50型の一部などに使われたが、保守も面倒で順次単式ピストンに取り換えられた。

●複式ピストン弁の作動

〈標準位置〉

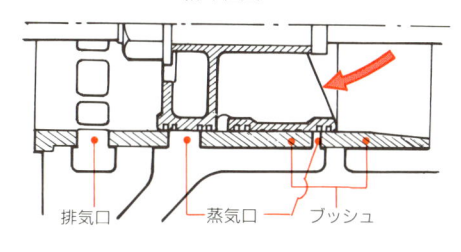

排気口　蒸気口　ブッシュ

〈給気〉

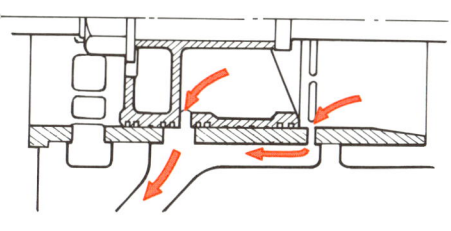

〈排気〉

〈蒸気室ブッシュ〉

蒸気室内側にブッシュを圧入して、弁のスライドによる摩耗に対処している。摩耗した場合ブッシュのみを取り換えれば良い。ピストン弁は蒸気口の上を常にスライドしているが、内壁を一周している蒸気口には何本もの橋部分を斜めに渡して菱形の窓状にしてある。これによりパッキンリングが窓にひっかかるのや偏摩耗するのを防止している。しかし底部中心線にある窓と窓の間の橋のみは、リング合口が外に張り出した場合に窓から飛び出して損傷の恐れがあるため、弁のスライド方向と並行させている。リング合口が移動しないように、パッキンリングは弁体に止めピンで固定してあり、常に底部中心線部分を摺動するようになっている。

複式ピストンの場合、ブッシュが吐出口まで延びている。

〈複式用ブッシュ〉

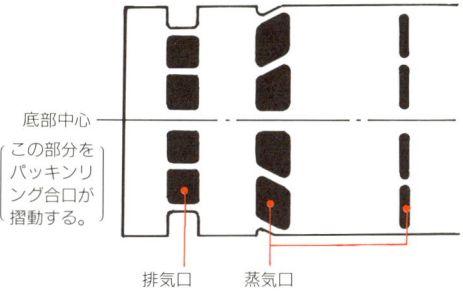

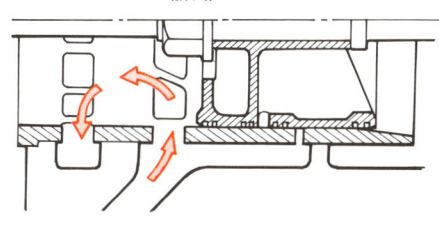

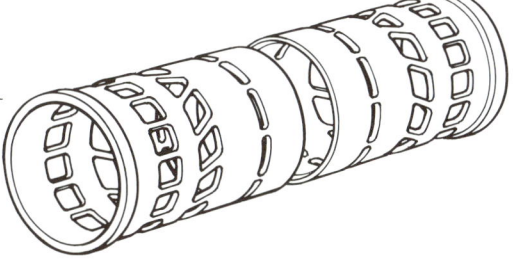

底部中心
この部分をパッキンリング合口が摺動する。

排気口　蒸気口

125

ピストンとピストン尻棒案内

●ピストンの種類

〈単体式Ⅰ〉　〈単体式Ⅱ〉

〈単体式Ⅲ〉　〈箱形〉

塞ぎ板
ナット
棒サヤ

〈H形〉

ピストン尻棒
(中空になっている)

ピストン棒

〈組立式〉

組立式：鋳鋼，鋳鉄の特徴を活かし，ピストン体を鋳鋼，気筒に当たるリム部分を鋳鉄で作りピンで組み合わせる。

単体式：鋳鋼あるいは鋳鉄でリム部まで一体化して作る。

箱形：単体式で鋳鋼を使用。中空にした箱形でD51やC57以降に使用された。

H形：箱形の進歩したもので，ピストンリングも2本で済み故障も少ない。C59やC62等に使用した最新のもの。

●ピストンリング合口

矩形　テーパー式　ラップ式

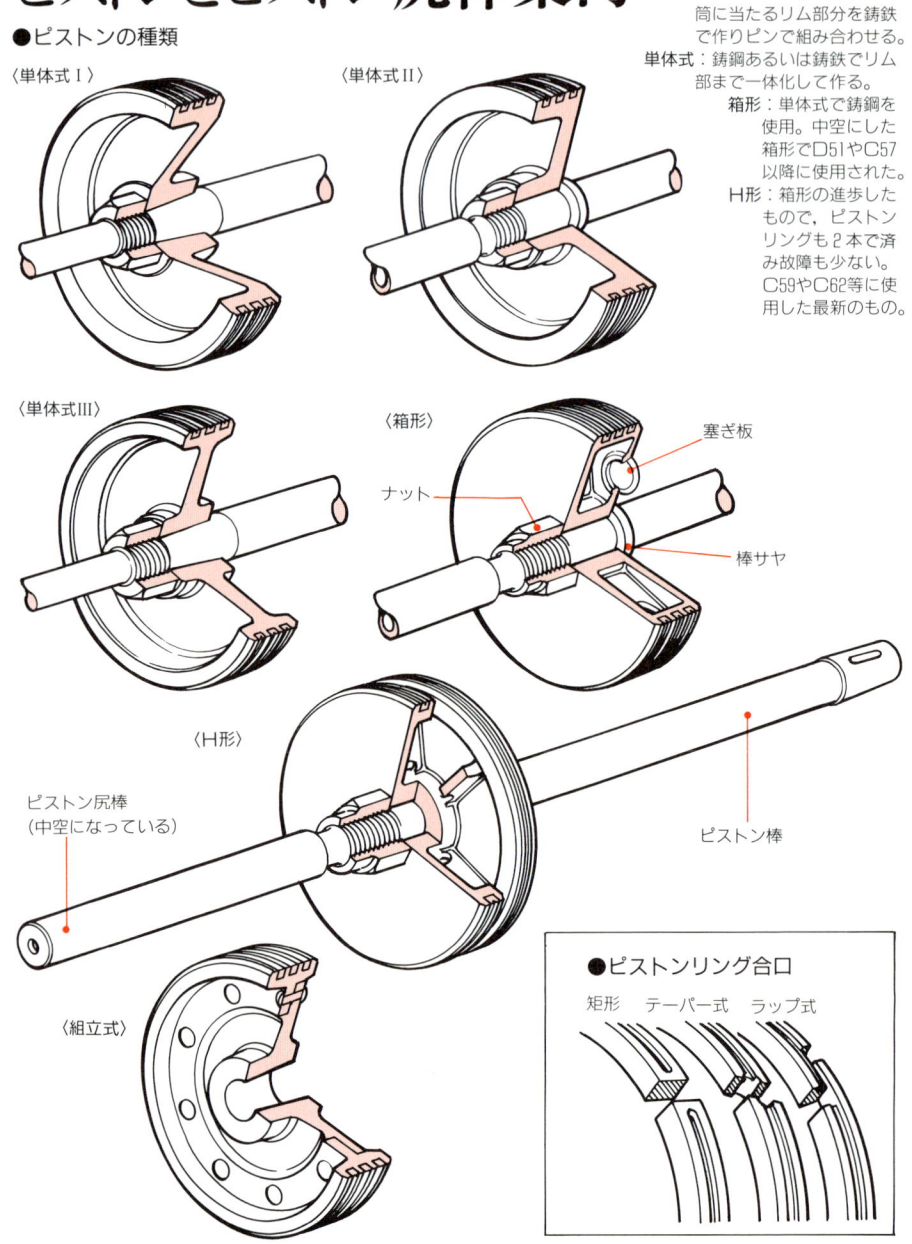

シリンダー

　ピストンは両面に強い圧力がかかるので、様々な形状と素材のものが考えられている。径はシリンダー内径より2〜4mmほど小さく作り、外周に2〜3条の溝を設けピストンリングをはめ込む。

　材質は鋳鋼と鋳鉄が使用される。鋳鋼は硬くて頑丈なため耐久性に優れ、重量も軽くできるが、シリンダー壁面を傷つけやすい。逆に鋳鉄はシリンダー壁面を摩耗させにくいが、もろく弱いために部厚く作らなければならず、重量が増加する。ピストン棒の挿入部分やピストンの穴にはテーパー(傾斜)をつけて、ピストン棒を圧入しナットで締め付けて固定していた。しかし箱形、H形は穴やピストン棒にもテーパーをつけず、棒サヤとナットで締めている。尻棒はピストン棒と同じ太さにし、重量軽減のため中空にしている。

　ピストンリングは気筒内の摺動を容易にし、蒸気の漏洩を防止する。材料は軟鋳鉄製で、合口は矩形、テーパー式、ラップ式とあるが工作の簡単な矩形が採用されている。

　最近のリングは一条の溝を彫ってあり、シリンダーとリングの隙間から洩れる蒸気をこの溝で渦巻にし次に洩れる蒸気を阻止する。これを蒸気パッキンと称している。

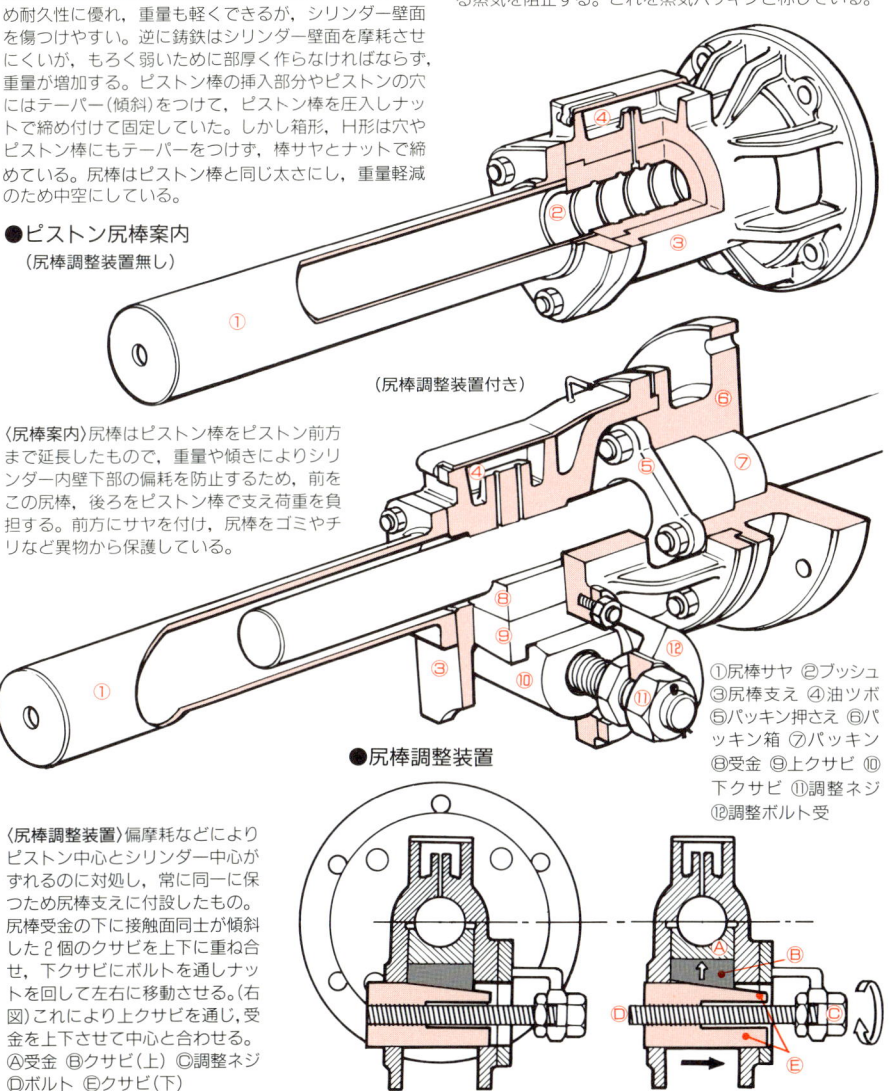

●ピストン尻棒案内
（尻棒調整装置無し）

（尻棒調整装置付き）

〈尻棒案内〉尻棒はピストン棒をピストン前方まで延長したもので、重量や傾きによりシリンダー内壁下部の偏耗を防止するため、前をこの尻棒、後ろをピストン棒で支え荷重を負担する。前方にサヤを付け、尻棒をゴミやチリなど異物から保護している。

①尻棒サヤ　②ブッシュ
③尻棒支え　④油ツボ
⑤パッキン押さえ　⑥パッキン箱　⑦パッキン
⑧受金　⑨上クサビ　⑩下クサビ　⑪調整ネジ
⑫調整ボルト受

●尻棒調整装置

〈尻棒調整装置〉偏摩耗などによりピストン中心とシリンダー中心がずれるのに対処し、常に同一に保つため尻棒支えに付設したもの。尻棒受金の下に接触面同士が傾斜した2個のクサビを上下に重ね合せ、下クサビにボルトを通しナットを回して左右に移動させる。(右図)これにより上クサビを通じ、受金を上下させて中心と合わせる。
Ⓐ受金　Ⓑクサビ(上)　Ⓒ調整ネジ
Ⓓボルト　Ⓔクサビ(下)

127

蒸気室, シリンダーの蓋とパッキン

シリンダーや蒸気室の蓋には蒸気の圧力がかかるので, 相応の強度とピストン棒や弁心棒の通る部分にはパッキンが必要である。

給気蒸気は動力となる高圧なもので, 排気蒸気より各部にかかる負荷は大きい。蒸気室の中では, 通常ピストン弁の場合は前後の弁の内側を給気蒸気が通り, 滑り弁では弁の外側を通る。前者を内側給気, 後者を外側給気と呼ぶ。排気は内側給気の場合は弁の外側, 外側給気の時は内側となる。

このことから内側給気では高温のまま気筒に送れるので効率が良く, 蒸気室パッキンは排気側となるため, 蒸気の圧力・温度ともに相当下がるので簡単な構造で済み, 前後とも砲金製のブッシュが付くだけである。

外側給気の蒸気室では高温高圧となるため, シリンダーの蓋と同様の小型パッキンを用いる。下図のピストン弁の蒸気室蓋では, 前蓋は簡単な構造だが, 後蓋は弁心棒に心向棒(ラジアスロッド), 下に合併テコが付くため複雑な形となる。

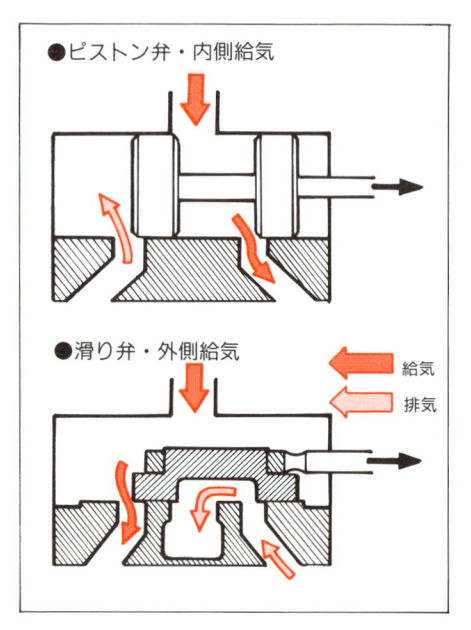

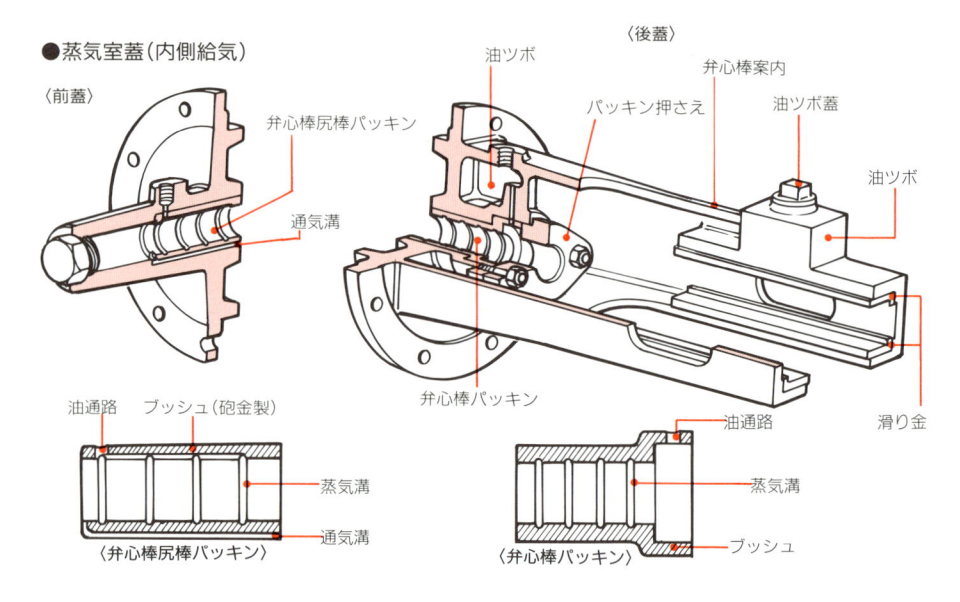

●ピストン弁・内側給気

●滑り弁・外側給気

給気
排気

●蒸気室蓋(内側給気)

〈前蓋〉

弁心棒尻棒パッキン
通気溝
油通路
ブッシュ(砲金製)
蒸気溝
通気溝
〈弁心棒尻棒パッキン〉

〈後蓋〉

油ツボ
パッキン押さえ
弁心棒案内
油ツボ蓋
油ツボ
弁心棒パッキン
油通路
滑り金
蒸気溝
ブッシュ
〈弁心棒パッキン〉

シリンダー

●シリンダー蓋

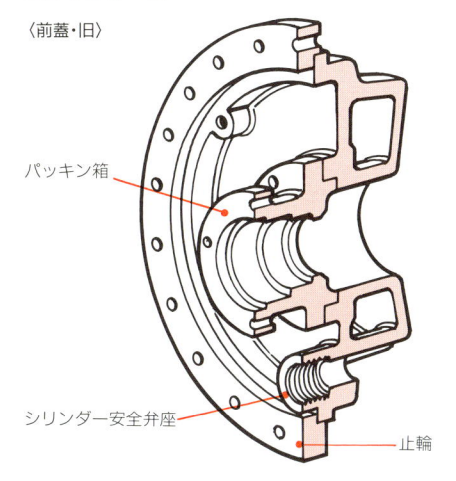

〈前蓋・旧〉

パッキン箱

シリンダー安全弁座

止輪

　シリンダーの蓋は厚さ20mm程度の鋳鉄製で，前後とも内側はピストンの形に沿った形状をしている。これはピストンが終端に寄った時に，隙間が少なく，また圧力が均一になるようにするためで，使用するピストンの形状によって様々な形のものが作られている。

　近代蒸機の場合，平面のピストンを使用しているので，シリンダー蓋の内側も平板な形になっている。蓋の中央にはピストン棒の通る穴があり，そこにパッキン箱を取り付ける。前後の蓋とも，シリンダー安全弁を取り付ける安全弁座があり，シリンダー内部と通じている。図は尻棒支えがあるもの。

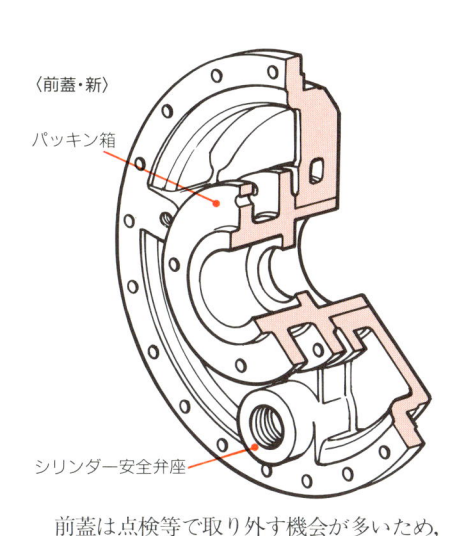

〈前蓋・新〉

パッキン箱

シリンダー安全弁座

〈後蓋〉

滑り棒取付座

シリンダー安全弁座

　前蓋は点検等で取り外す機会が多いため，シリンダーへの取り付けには，圧入した後，別に止輪を押し付けてボルトで固定していた。

　後蓋は取り外す機会も少なく直接ボルト止めにする。また後蓋の上部には滑り棒（スライドバー，クロスヘッドが前後する）の前端を取り付ける座も一体となって作られる。

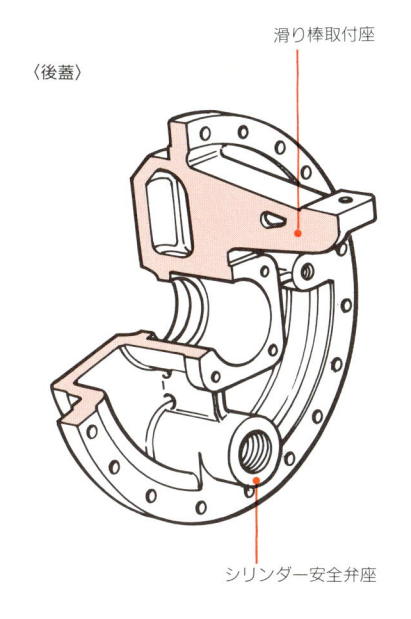

　なお，蓋の中央部は少し肉厚を薄くして強度を落してある。これは大量の凝水やシリンダー安全弁の故障などで，内部の蒸気圧力が上り過ぎた場合，ピストンやシリンダーの破損を防ぐため，蓋だけが壊れるようにしているためだ。

129

ピストン棒パッキン

シリンダーのピストン棒の通る部分からの蒸気漏洩は、蒸気圧を減じて直接走行力にも響く。蒸気機関車初期のころからこの対策には工夫が凝らされ、石綿やゴム・麻などがパッキンに用いられたが十分な効果もなく、劣化が早く寿命が短いため、後には金属製のパッキンを使用するようになった。

パッキン箱内に、軟鉄製のブッシュ、白メタルのパッキン、バネ受、コイルバネ、バネ受の順に収まり、パッキン押さえとの間に球面手を入れる。パッキン押さえはシリンダー蓋とボルト止めされる。数枚あるパッキンの両端は勾配が付き、同じ逆勾配を持ったブッシュとバネ受に挟まれ、これでピストン棒を包むようにする。この勾配があることでコイルバネに押されブッシュとバネ受がパッキン箱内壁に密着し、パッキンはピストン棒に密着する。これにより蒸気漏洩を阻止する。

パッキンは摺動するピストン棒に接し熱を持つため、パッキン箱は外気にさらして過熱するのを防止している。

飽和蒸気機関車の場合も勾配パッキンを用いて、ほとんど同じ作用で蒸気漏洩を防ぐ。

●ピストン棒パッキン
（飽和蒸機）

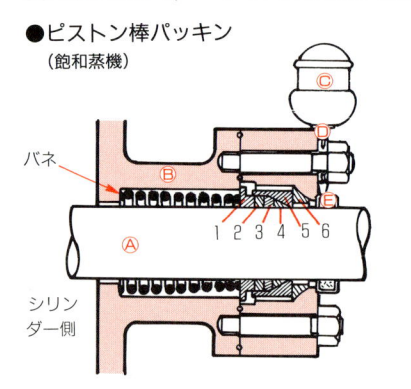

バネ
シリンダ一側

Ⓐピストン棒 Ⓑパッキン箱 Ⓒ油ツボ Ⓓ給油管 Ⓔ油受

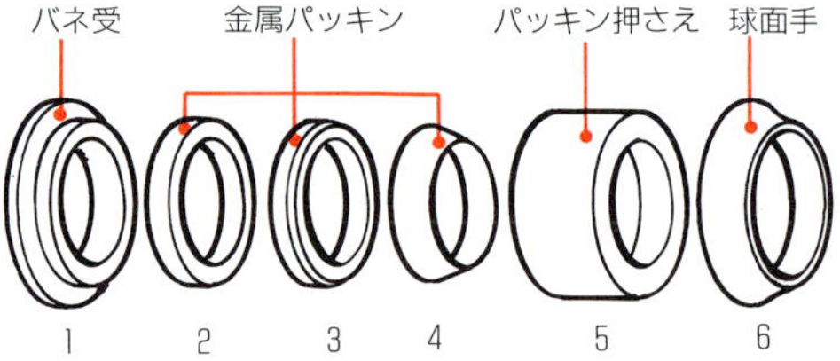

バネ受　金属パッキン　パッキン押さえ　球面手
1　2　3　4　5　6

●前蓋尻棒パッキン

Ⓕ尻棒支え Ⓖブッシュ Ⓗ球面手 Ⓘコイルバネ Ⓙバネ受 Ⓚピストン尻棒 Ⓛパッキン箱 Ⓜパッキン

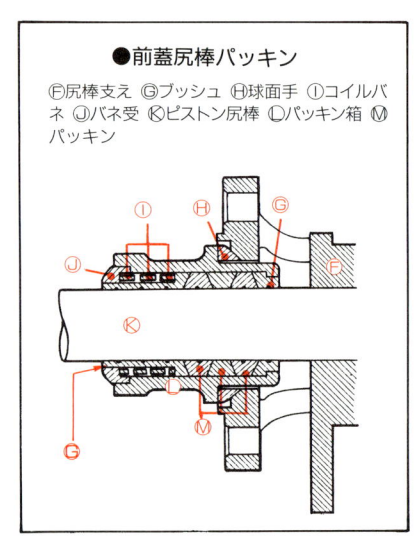

●8620，9600型用ピストン棒パッキン

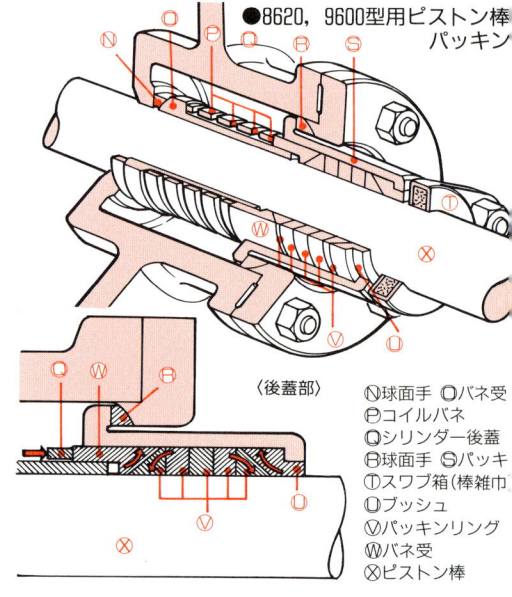

〈後蓋部〉

Ⓝ球面手 Ⓞバネ受 Ⓟコイルバネ Ⓠシリンダー後蓋 Ⓡ球面手 Ⓢパッキ Ⓣスワブ箱(棒雑巾) Ⓤブッシュ Ⓥパッキンリング Ⓦバネ受 Ⓧピストン棒

シリンダー

● ピストン棒パッキン第１種

①シリンダー後蓋 ②バネ押さえ ③パッキンリング ④割ブッシュ ⑤銅線輪 ⑥押蓋 ⑦ピストン棒 ⑧スワブ箱(棒雑巾) ⑨コイルスプリング ⑩パッキン枠 ⑪平板バネ ⑫バネ

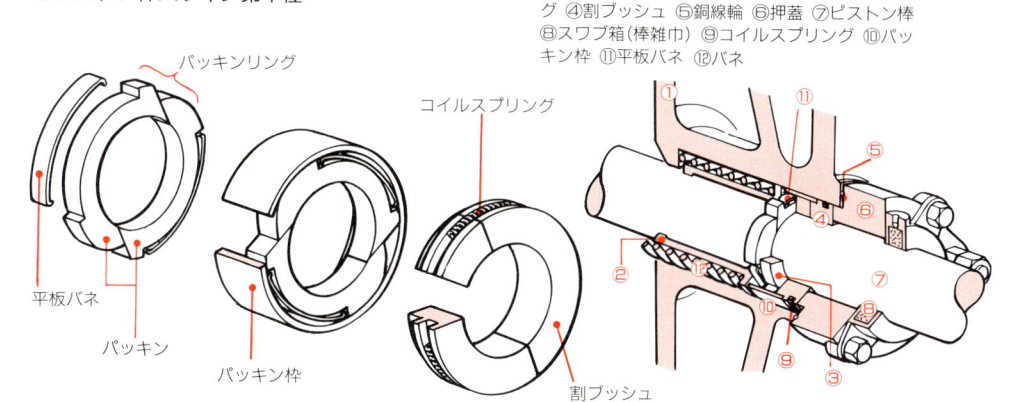

ピストン棒を２枚のパッキン(白メタル)で挟み，背面を平板バネで押さえたものを２個取り付ける。２個のパッキンリングは90°ずらして接している。それを背面にコイルスプリングの輪を廻した割ブッシュの一端とともにパッキン枠に収め，さらにピストン棒を締めつけ密着させている。ピストン棒の摺動により漏洩する高圧の蒸気は，バネ押さえの部分で圧力が下がり，パッキン，割ブッシュで阻止できる。また蓋と押さえ蓋の間に銅線輪パッキンを入れて，シリンダーからの蒸気漏洩を防止している。

● ピストン棒パッキン第２種

⑬コイルスプリング ⑭巴形パッキン ⑮シリンダー後蓋 ⑯押蓋 ⑰スワブ箱(棒雑巾) ⑱パッキン箱 ⑲銅線輪パッキン ⑳パッキン座 ㉑ピストン棒

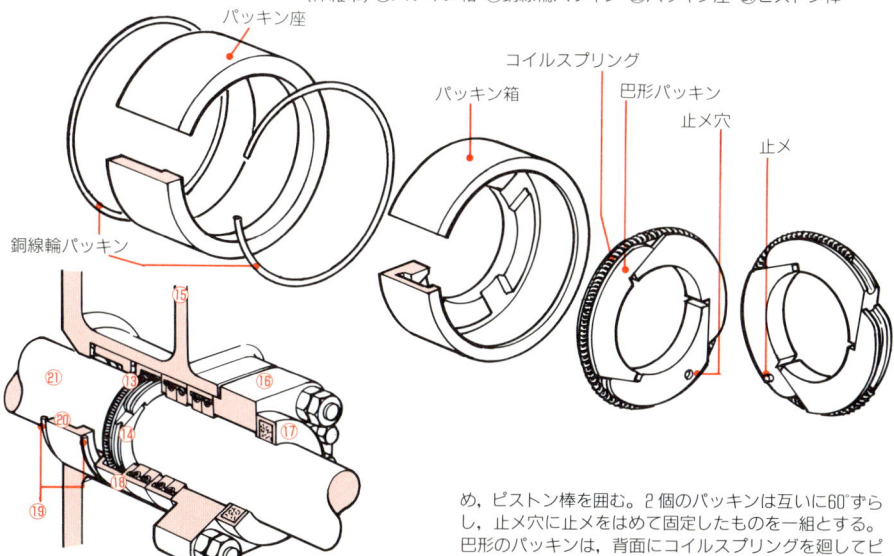

第２種のパッキンは深尾式パッキンとも呼ばれ，３枚のＹメタルあるいは特殊合金のパッキンを巴形に組み合せる。これを２個１組として３組使用してパッキン箱に収め，ピストン棒を囲む。２個のパッキンは互いに60°ずらし，止メ穴に止メをはめて固定したものを一組とする。巴形のパッキンは，背面にコイルスプリングを廻してピストン棒に密着させている。２本の銅線輪パッキンにより，パッキン箱内のパッキン背面に蒸気が廻るのを防止している。
この第２種パッキンの性能は良好で，近代蒸機の標準使用となっている。

131

滑り弁

滑り弁は主に飽和蒸気機関車に使用された。箱形の四角い弁が摺動して給排気を行い、作用は通常外側給気である。蒸気室の外観も四角い箱形で前方に空気弁が付く。日本ではD形と釣合い形の2種類があった。

〈D形滑り弁〉

弁心棒付きの台枠内にD形滑り弁を納めて、弁座の上を前後にスライドする。弁座の摩耗、損傷を防ぐため軟鋳鉄で作られている。外側給気のため滑り弁背面は蒸気圧力を受けて弁座に押し付けられているので、弁装置各部の摩擦が激しく、スライドするのにも余計な力が必要で、エネルギーを損失していることになる。しかし絶気して惰行運転になると、弁背圧がなくなるので、弁座から弁は浮き気味となって隙間を生じる。シリンダー前後の空気は、この隙間から出入りするので、バイパス装置を必要としない。

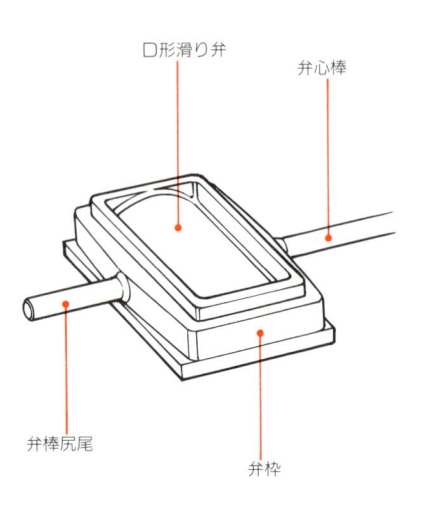

〈釣合い滑り弁〉

滑り弁の摺動を容易にするため、弁背面への圧力を軽減したもの。滑り弁の上にくるように蒸気室に釣合い板を設ける。滑り弁体上部に四角く溝を彫り、その下に蝶形の板バネを置いてストリップを挿入する。ストリップは蝶バネで常に釣合い板に密着し、弁体上部中央に20mmの小孔を開けて吐出口と連絡させる。そのため弁背圧は軽減される。ただしストリップの欠損等で釣合い板との密着が不充分だと、そこから給気蒸気が入り、弁小孔から吐出口に抜けて蒸気の浪費となる。

●D形滑り弁

●C56　タンク機C12をテンダータイプにした簡易線機。大井川鉄道で定期運行。　①1935年(昭和10年) ②2-6-0 ③37.6t ④27.9t ⑤5×10 ⑥14.3m ⑦1400mm ⑧400×610 ⑨14.0kg/cm² ⑩505ps ⑪75km/h

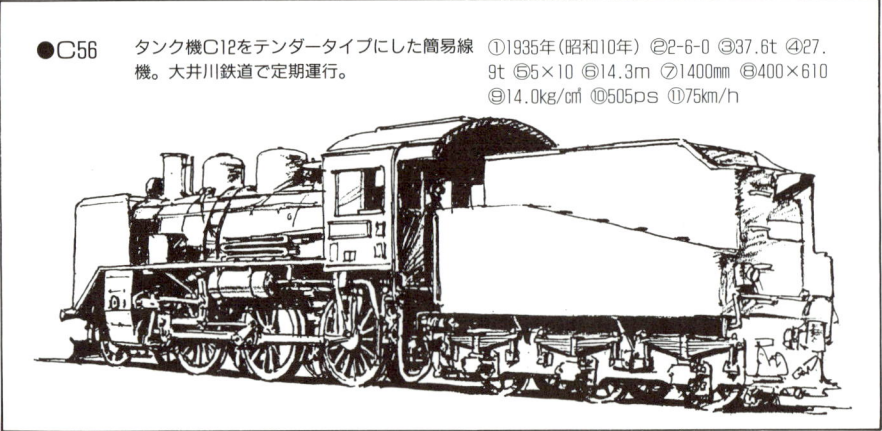

旧国鉄蒸機の解説①製造初年 ②軸配置 ③機関車重量 ④炭水車重量 ⑤炭水車積載量(石炭t×水㎥) ⑥最大長 ⑦動輪径 ⑧シリンダー径×行程(mm) ⑨ボイラー圧力(kg/cm²) ⑩馬力 ⑪最高速度

シリンダー

●滑り弁のシリンダー全体

蒸気室
気筒

蝶バネ
ストリップ
釣合い穴
滑り弁

●釣合い滑り弁

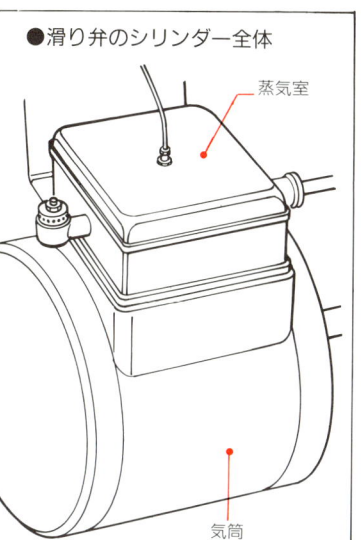

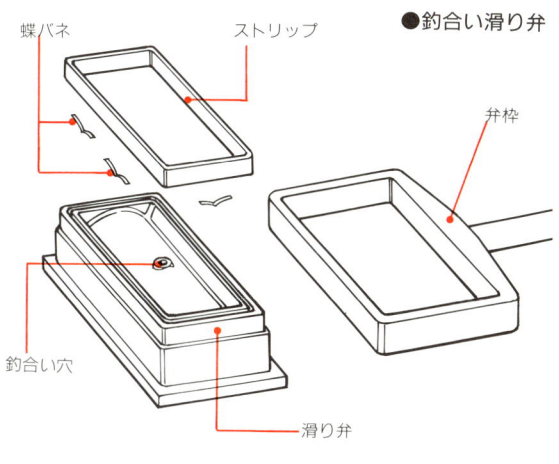

弁枠

①給油管 ②釣合い板 ③弁心棒 ④蒸気室 ⑤蒸気口 ⑥吐出口
⑦蒸気口 ⑧滑り弁 ⑨弁座 ⑩空気弁 ⑪気筒 ⑫ピストン棒
⑬釣合い穴 ⑭弁枠

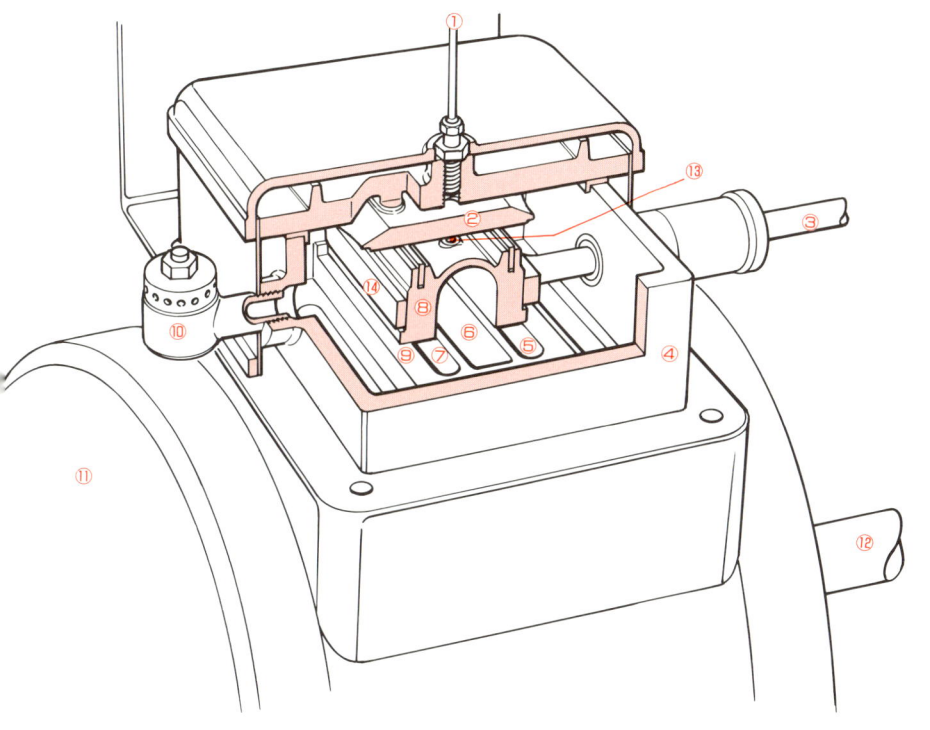

133

蒸気室空気弁

蒸気機関車では絶気運転になり惰性で走行すると,蒸気室はピストンの動きで真空状態になる。そのため排気口から逆に煙室の煙などを吸い込むことになる。これを防ぐため蒸気室の圧力が減じると弁が開き,外気を導くようにしたのが空気弁である。

図の横式空気弁は,日本の近代機のすべてに使用しているタイプだ。蒸気室側面に設置され,絶気運転時のバイパス補助の役目をする。給気運転中は蒸気室の蒸気圧で弁は弁座に密着しているが,絶気運転では蒸気室が極度に低圧になる。すると空気弁は内側に引き寄せられ,座から離れて蒸気室内に外気が導入される。

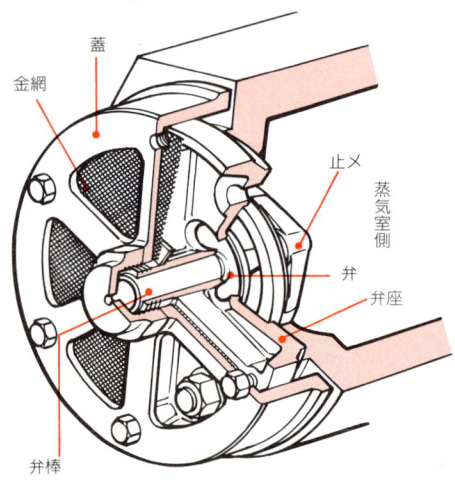

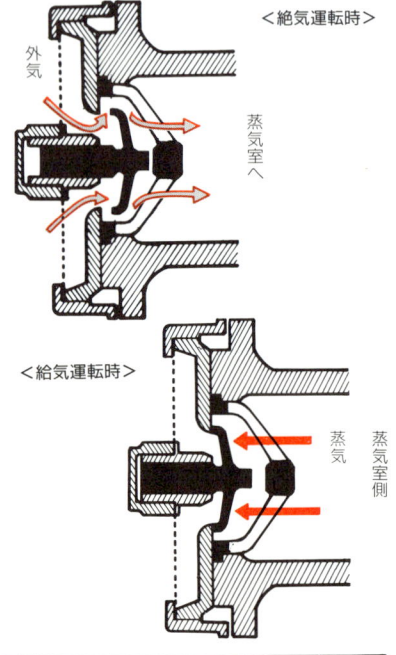

●空気弁 〈横式空気弁〉

蓋
金網
止メ
弁
弁座
蒸気室側
弁棒

〈絶気運転時〉
外気
蒸気室へ

〈給気運転時〉
蒸気
蒸気室側

●C57　貴婦人の愛称で山口線で活躍中。

①1937年(昭和12年) ②4-6-2 ③67.5t ④48.0t ⑤12×17 ⑥20.3m ⑦1750mm ⑧500×660 ⑨16.0kg/c㎡ ⑩1040ps ⑪100km/h

シリンダー

〈縦式空気弁8620型用〉

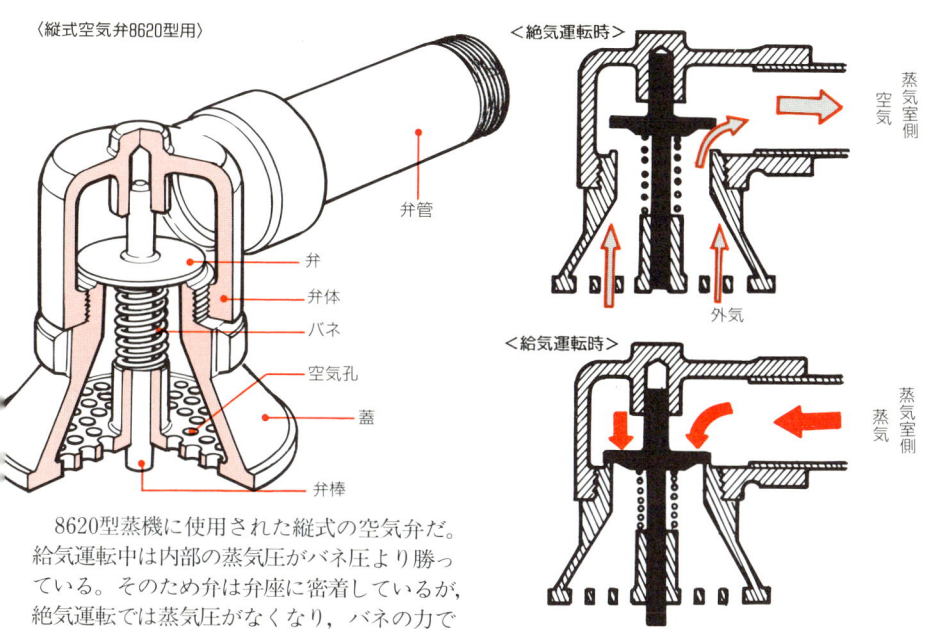

〈絶気運転時〉
蒸気室側
空気
外気

〈給気運転時〉
蒸気室側
蒸気

弁管
弁
弁体
バネ
空気孔
蓋
弁棒

8620型蒸機に使用された縦式の空気弁だ。給気運転中は内部の蒸気圧がバネ圧より勝っている。そのため弁は弁座に密着しているが、絶気運転では蒸気圧がなくなり、バネの力で弁が上昇し、外気と通じる。

〈絶気運転時〉
外気
蒸気室側

〈給気運転時〉
蒸気

下図のものも縦式だが、飽和蒸機に使用されていたもの。これはバネを使わず、蒸気圧は下からかかるため弁の位置が逆になっている。絶気運転にすると弁を押していた蒸気圧はなくなり、自重で弁が開いて外気と通じる。

弁棒
空気孔
蓋
〈縦式空気弁〉
蒸気室側
弁箱
弁

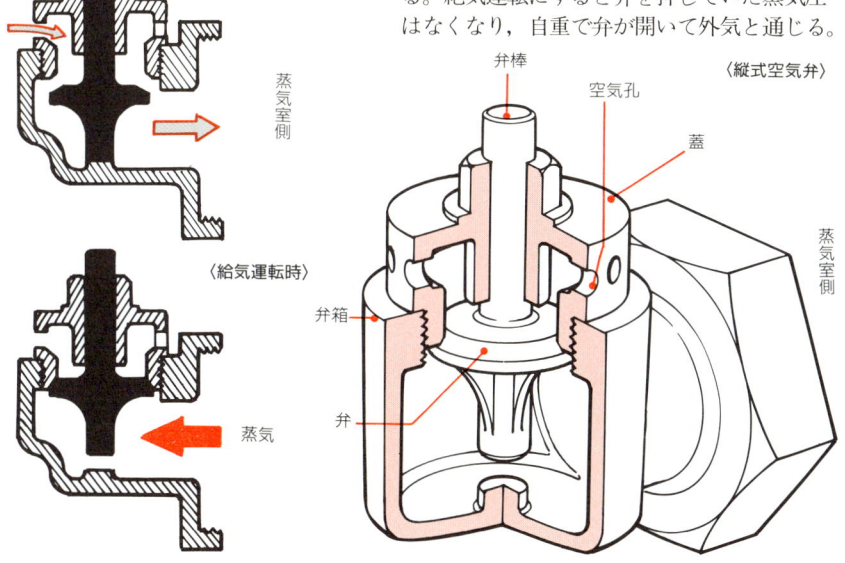

作用コック

<作用コック>例：砂まき用

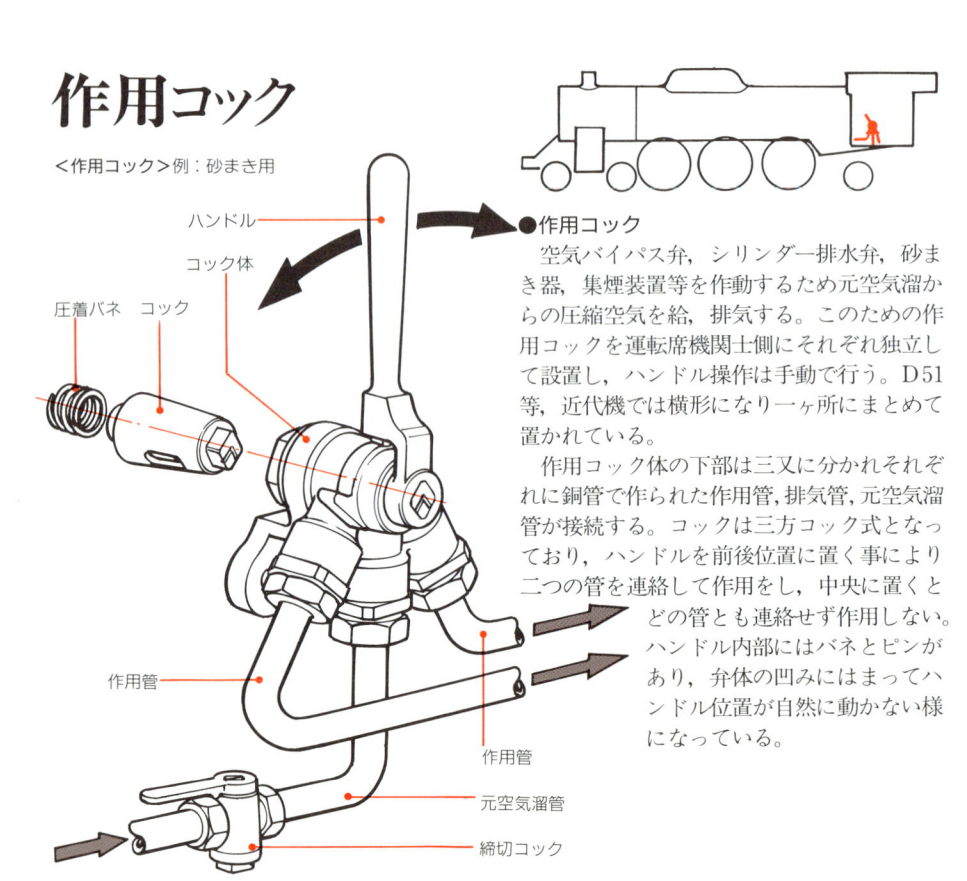

- ハンドル
- コック体
- 圧着バネ
- コック
- 作用管
- 作用管
- 元空気溜管
- 締切コック

● 作用コック

空気バイパス弁，シリンダー排水弁，砂まき器，集煙装置等を作動するため元空気溜からの圧縮空気を給，排気する。このための作用コックを運転席機関士側にそれぞれ独立して設置し，ハンドル操作は手動で行う。D51等，近代機では横形になり一ヶ所にまとめて置かれている。

作用コック体の下部は三又に分かれそれぞれに銅管で作られた作用管，排気管，元空気溜管が接続する。コックは三方コック式となっており，ハンドルを前後位置に置く事により二つの管を連絡して作用をし，中央に置くとどの管とも連絡せず作用しない。ハンドル内部にはバネとピンがあり，弁体の凹みにはまってハンドル位置が自然に動かない様になっている。

〈作用コック作用図〉

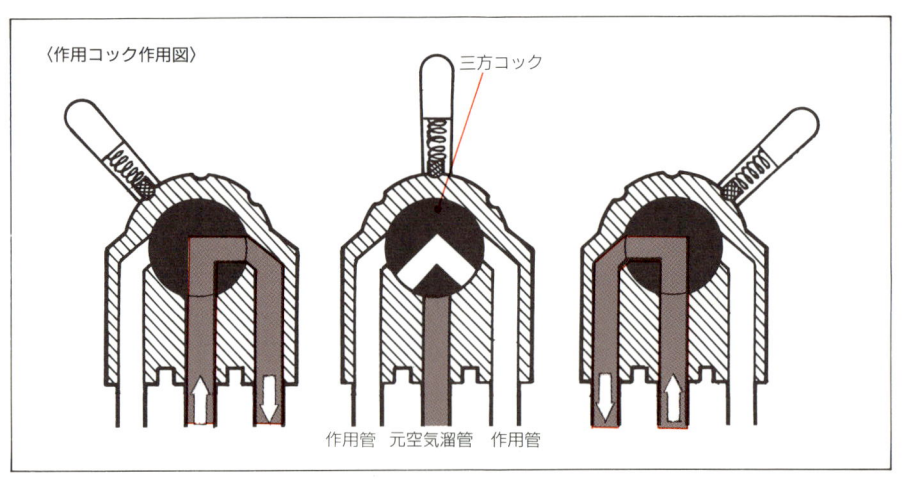

三方コック

作用管　元空気溜管　作用管

シリンダー

<横形作用コック>
例：バイパス，シリンダー排水用

コックハンドル

締切コック

元空気溜管

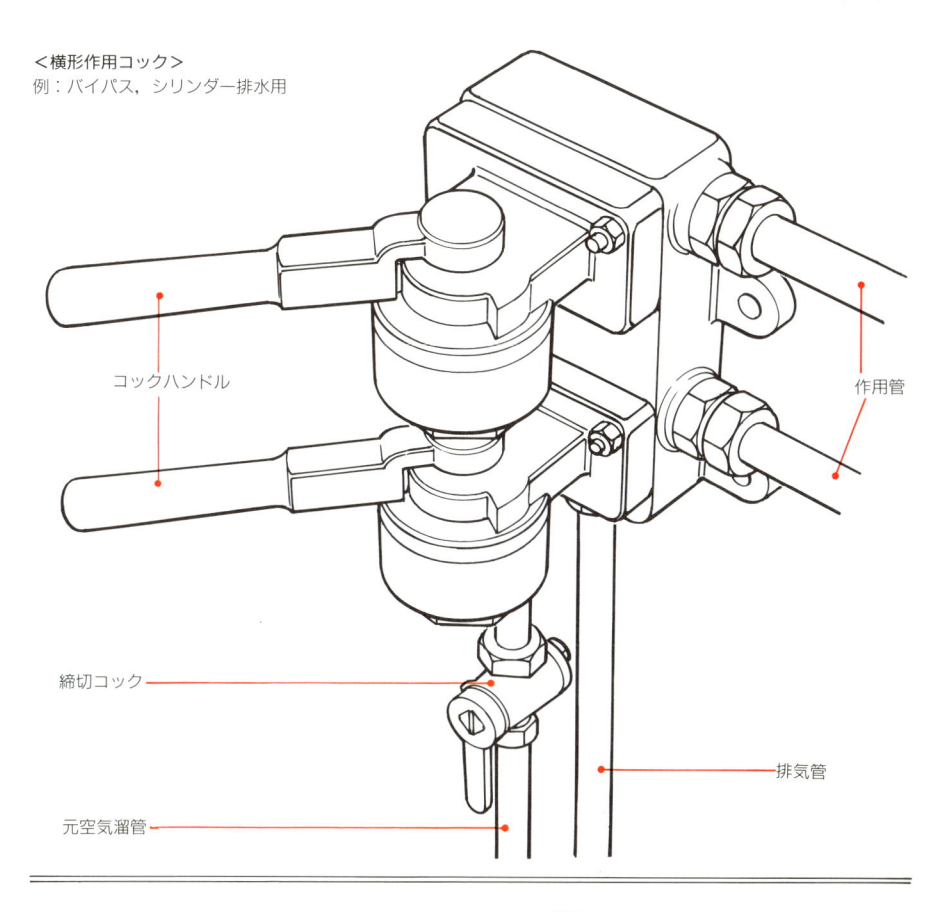

作用管

排気管

● 締切コック
作用コックに付く元空気溜管の途中に設けられ，使用時には締切コック・ハンドルを開いて圧縮空気を通す。

（開）　（閉）

ハンドル

コック体　圧着バネ

コック

137

シリンダー排水弁（手動）
シリンダー安全弁

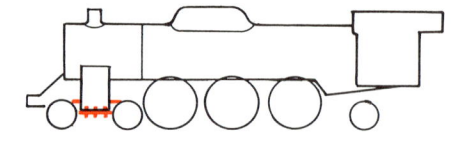

　左右のシリンダーからシューッと勢いよく蒸気を吹き出して発車するシーンは勇装で蒸気機関車にしか見られない光景である。

　これはシリンダーが冷えて中に溜った凝水を排出するためである。

　シリンダー底部に３コ排水弁が付いているが、前後２コはシリンダー用、中央のものは蒸気室用の弁である。

　凝水が溜っているとシリンダーに進入してきた蒸気の温度が下がり、蒸気の膨張力が弱まるために効率が下がり、ピストンの動きも妨げる。凝水の量が多いとウォーター・ハンマー現象（＊）を起してピストンやシリンダーを破損させてしまう。そこで排水弁を開いて蒸気と共に排出する。

　弁は停車中や絶気運転中は開いておき、給気（力行）運転時は閉めるが凝水が溜れば開いて排出する。

　操作は運転室機関士側にある作用コックを使う空気式と作用テコの手動式がある。

＊水や空気のような流体に高速で衝突すると、あたかもそれが固体の壁のようになり、大きな衝撃を受ける。こういった現象をハンマーで叩いた状態に喩えている。

●シリンダー（気筒）排水装置（ドレン・コック）

＜手動式排水装置＞
　排水弁開閉テコを前方に倒すと、それに連なる引棒や作用腕により、開閉棒はスライドして排水弁が開き、後方に倒すと閉塞する。

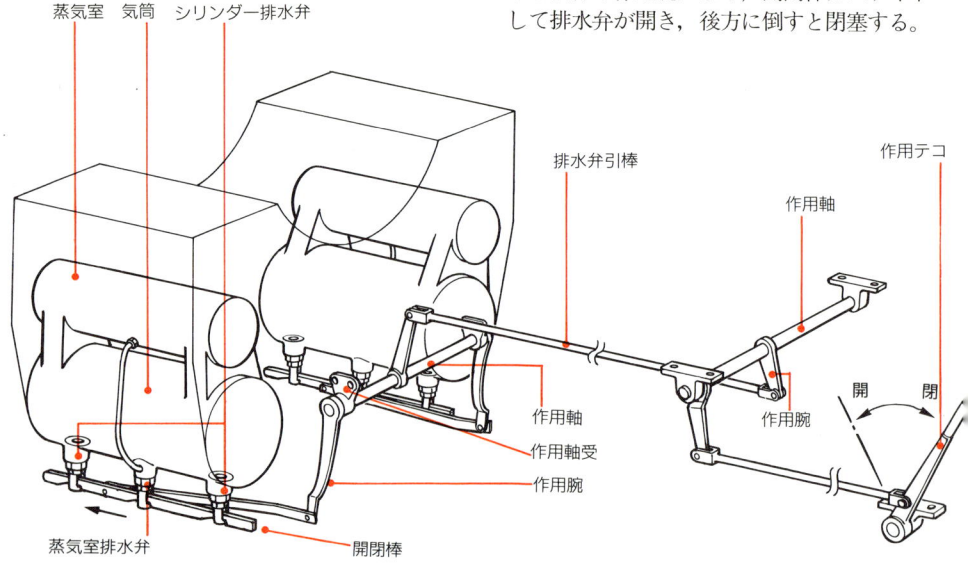

蒸気室　気筒　シリンダー排水弁

排水弁引棒　作用テコ　作用軸　作用軸　作用軸受　作用腕　作用腕　開　閉

蒸気室排水弁　開閉棒

シリンダー

●シリンダー安全弁

弁棒　バネ座金　弁　弁座
バネ加減ネジ　圧力バネ　排出穴

何らかの事情で気筒内の圧力が異常に高くなった場合，ピストン等の破損を防ぐため前，後気筒蓋の下部に設ける。内部の圧力が臨界値以上になると，スプリングで押さえていた弁を押し上げて気水を放出し，常用圧力になると弁が元に戻る。この臨界圧力はボイラーの常用圧力より，1気圧高く設定している。

＜シリンダー安全弁作用図＞

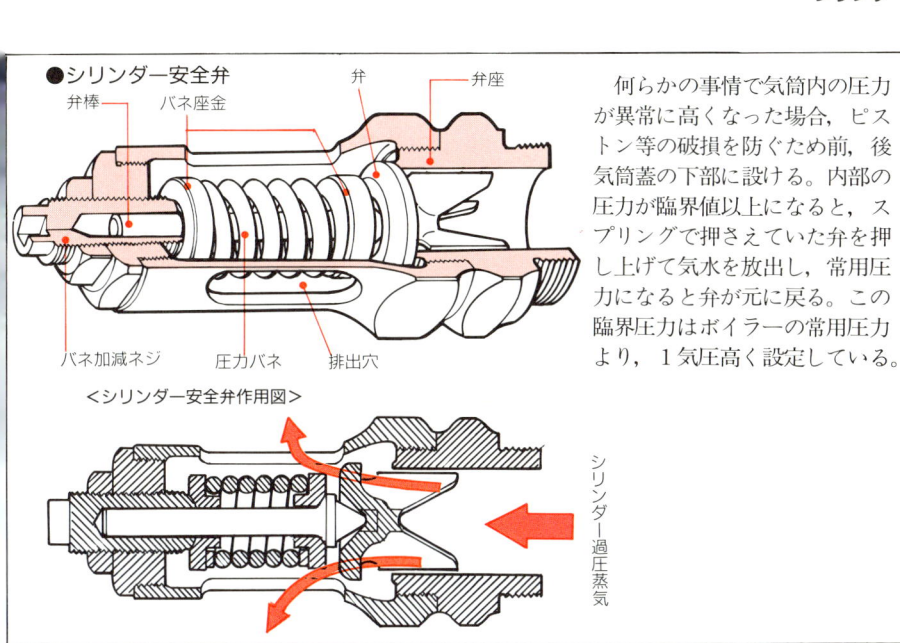

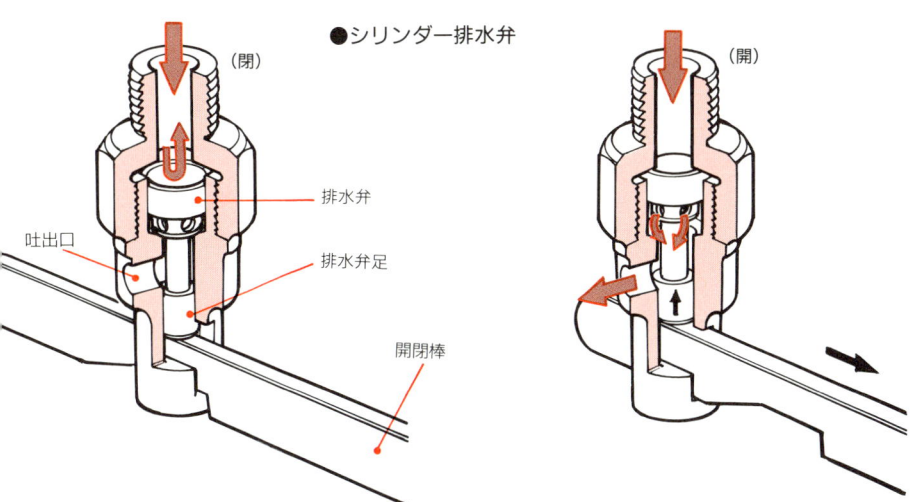

シリンダー過圧蒸気

●シリンダー排水弁

（閉）　（開）
吐出口　排水弁　排水弁足　開閉棒

＜シリンダー排水弁＞

シリンダー底部の前後，中央にネジ込んで取付けた3コの弁体下部に開閉棒を通す。開閉棒は上面に弁の足が乗り，その下部は欠切ってあるので巾の広いところと狭いところができる。それ故開閉棒がスライドして巾の広い部分になれば，弁が押し上って前後2コはシリンダー内と排水弁吐出口とを連絡して排水をする。巾の狭いところにくれば弁は下りて吐出口との連絡を遮断する。中央に付いた排水弁は蒸気室と管でつながり同じ作動で蒸気室の排水を行う。

139

シリンダー排水弁（空気式排水装置）

＜空気式排水装置＞

　C55から採用されており，作用コックハンドルを後に倒すと元空気溜からの圧縮空気が排水弁作用シリンダー内のピストン上部を押し，そのピストン棒に結ばれた作用腕により，開閉棒が後ろにスライドして排水弁を閉じる。

　作用コックハンドルを前に倒すと排水弁作用シリンダーの空気は作用管より外気に逃げ，中のピストンはバネ圧によって戻り，それに伴って開閉棒は前に移動して排水弁は開く。従って無火で圧縮空気のない機関車は，常にバネ圧によって排水弁が開いている。

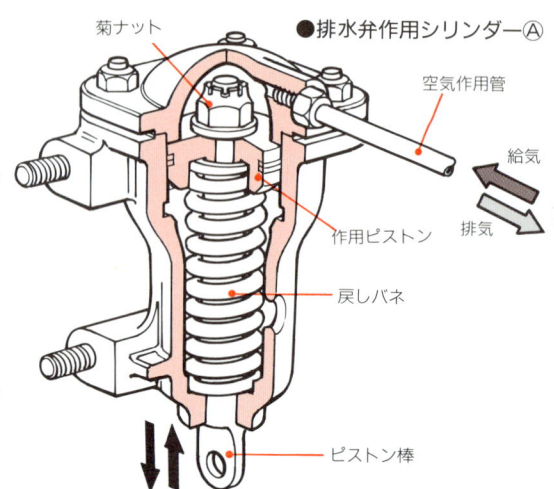

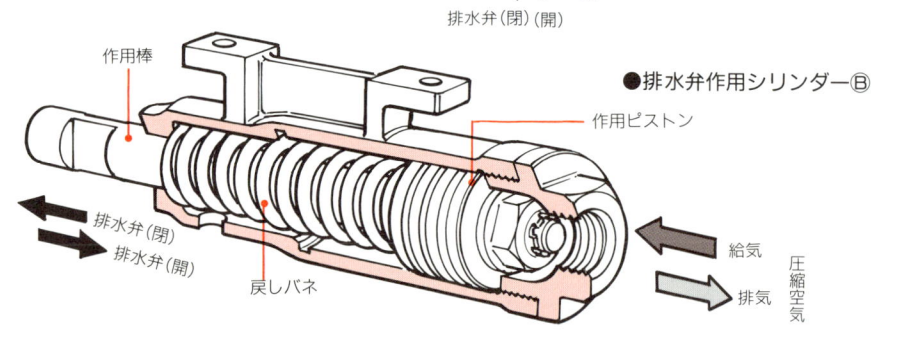

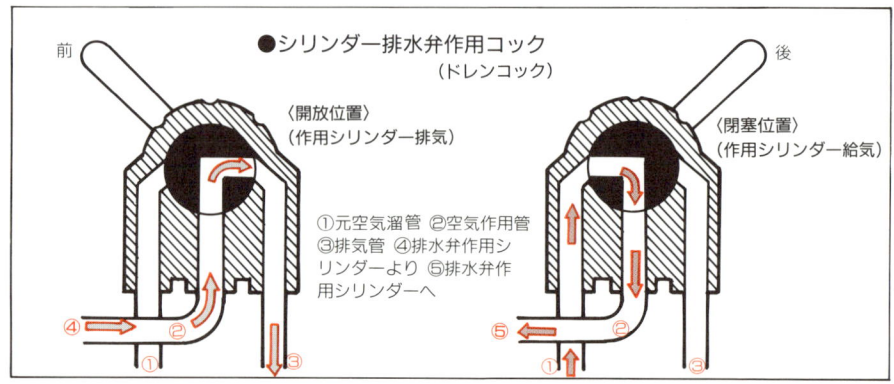

シリンダー

●空気操作式シリンダー排水装置

Ⓐの排水弁シリンダー。圧縮空気が排水弁シリンダーに入っている状態＝排水弁(閉)

排水弁作用シリンダーは，気筒付近の台枠内側に取付け作用腕を介して開閉棒を動かす。

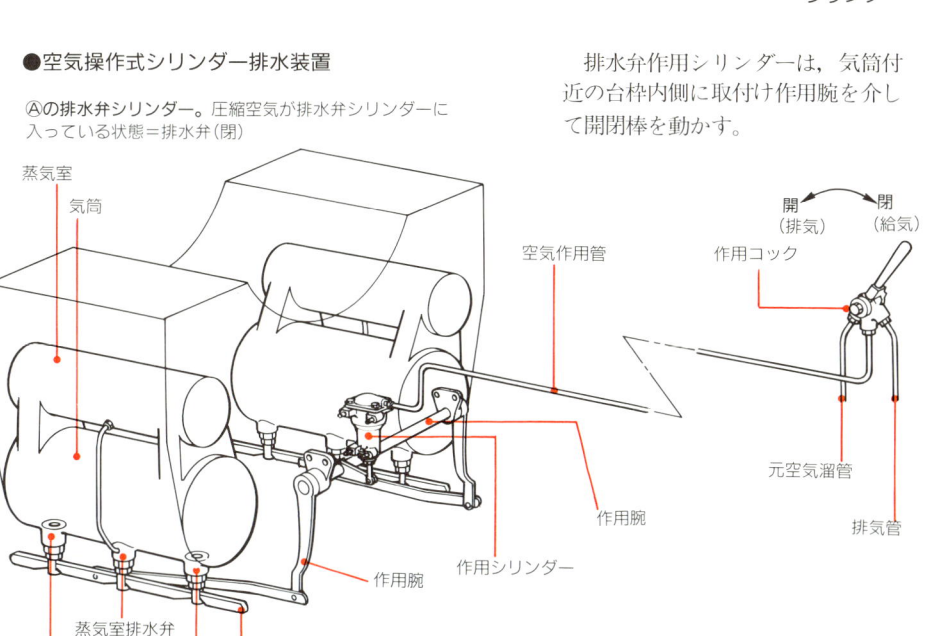

蒸気室
気筒
空気作用管
開（排気）
閉（給気）
作用コック
元空気溜管
作用腕
作用シリンダー
作用腕
蒸気室排水弁
シリンダー排水弁
開閉棒
排気管

Ⓑの排水弁シリンダー。排水弁(閉)　左右の気筒に取付けて直接開閉棒と結んだもの。

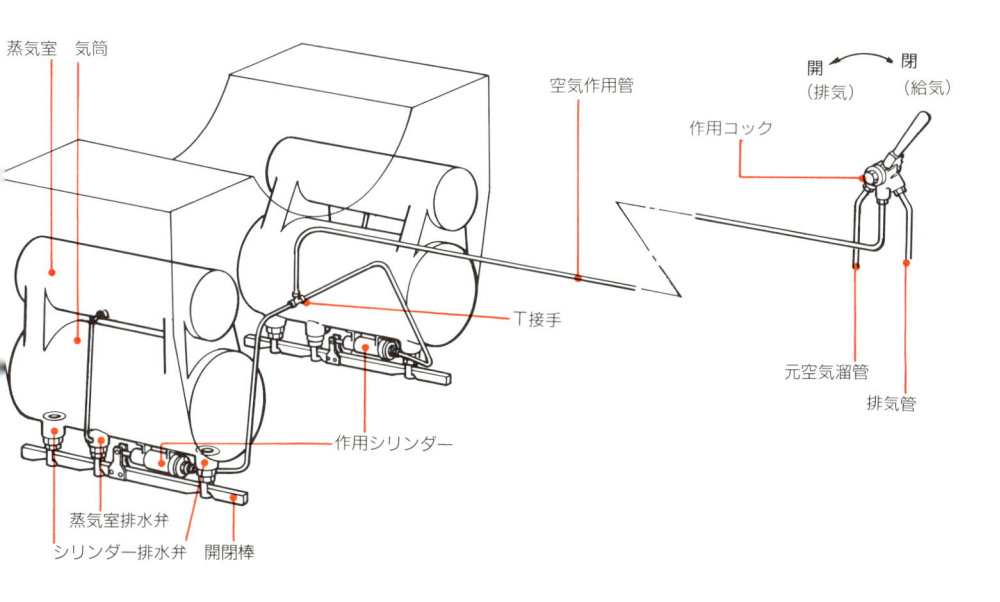

蒸気室
気筒
空気作用管
開（排気）
閉（給気）
作用コック
T接手
元空気溜管
排気管
作用シリンダー
蒸気室排水弁
シリンダー排水弁
開閉棒

バイパス装置

給気運転から惰行（絶気）運転にうつると，加減弁は閉じられてシリンダーへの蒸気の供給はなくなる。しかし惰行にはいってもシリンダー内でピストンは前後に動いているわけで，ピストン前，後の空気は圧縮と真空に近い減圧が交互に行われることになる。これではピストンはスムーズに動けず，又減圧部分は蒸気室排気口から煙室の煙を吸い込み，蒸気室やシリンダーを汚してキズをつけてしまう。それを防ぐためにシリンダー前，後部をバイパスでつなぎ，ピストンの動きに応じて空気が往来するようにしたもので，操作は手動，自動，空気式がある。

尚，バイパス弁を開いたまま加減弁を開けると，蒸気はピストンを動かす事なく吐出管から煙突へ，そして大気に抜ける。

〈給気運転〉（閉）

〈絶気運転〉（開）

●バイパスコックの作動

手動式のバイパス装置では，給気運転中はバイパス通路中央にある円筒形のコックを90°回して閉じる。惰行運転にはいると逆向きにコックを回して開き，シリンダー前後の空気を連絡させる。
コックの開閉は，機関士の足元にある作用棒を前に倒すと閉まり，後ろに引くと開く。通常蒸気室上に付設するが，9600型では台枠内側のシリンダー蒸気口に直接付けている。
①平行コック（開）②コック作用腕
③心棒 ④心棒案内 ⑤コック体

●手動バイパス装置の構成

コック開閉棒
作用軸
作用テコ
閉
作用腕
バイパスコック引棒
引棒

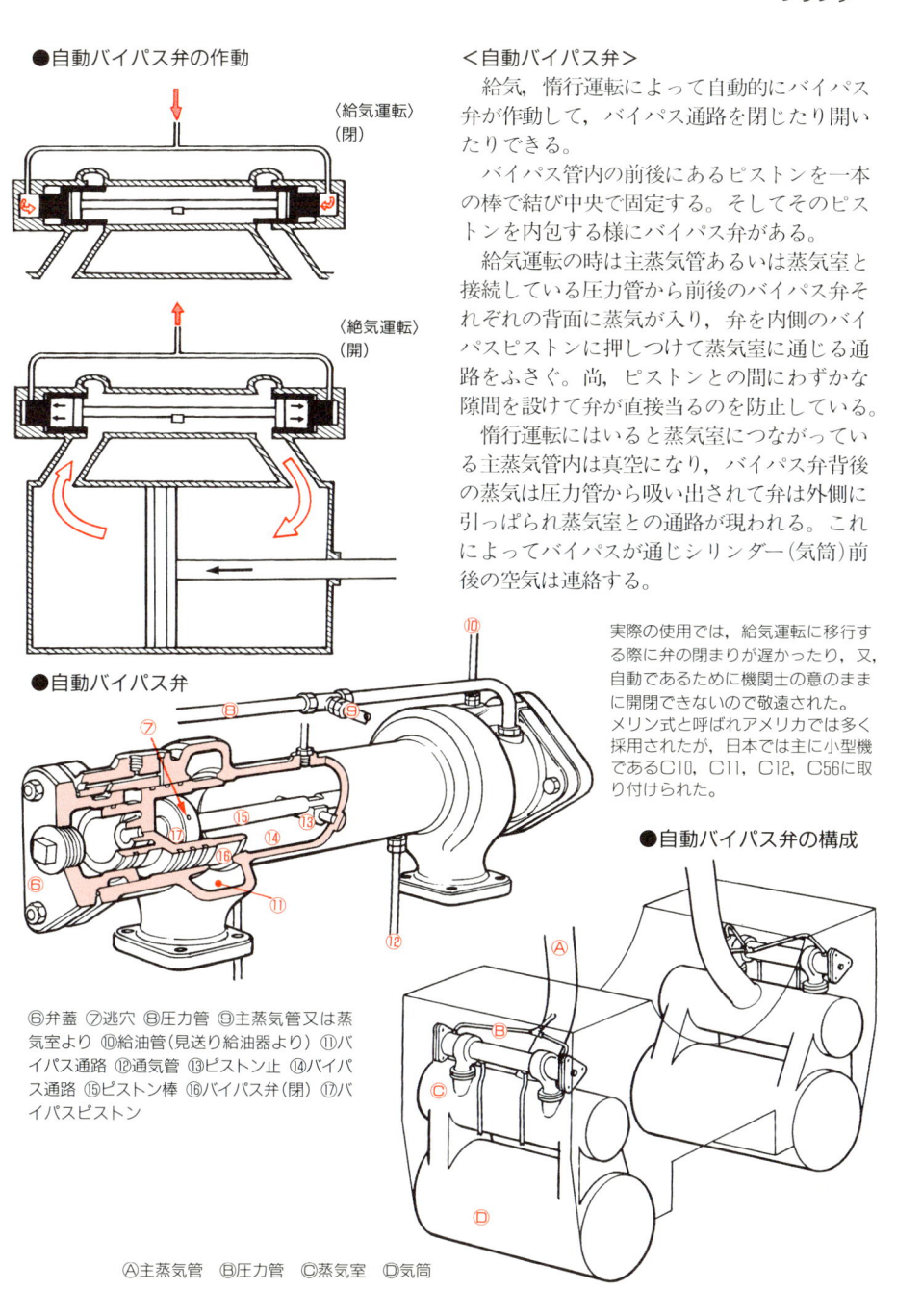

シリンダー

● 自動バイパス弁の作動

〈給気運転〉
（閉）

〈絶気運転〉
（開）

● 自動バイパス弁

⑥弁蓋 ⑦逃穴 ⑧圧力管 ⑨主蒸気管又は蒸気室より ⑩給油管（見送り給油器より）⑪バイパス通路 ⑫通気管 ⑬ピストン止 ⑭バイパス通路 ⑮ピストン棒 ⑯バイパス弁（閉）⑰バイパスピストン

＜自動バイパス弁＞
　給気，惰行運転によって自動的にバイパス弁が作動して，バイパス通路を閉じたり開いたりできる。
　バイパス管内の前後にあるピストンを一本の棒で結び中央で固定する。そしてそのピストンを内包する様にバイパス弁がある。
　給気運転の時は主蒸気管あるいは蒸気室と接続している圧力管から前後のバイパス弁それぞれの背面に蒸気が入り，弁を内側のバイパスピストンに押しつけて蒸気室に通じる通路をふさぐ。尚，ピストンとの間にわずかな隙間を設けて弁が直接当るのを防止している。
　惰行運転にはいると蒸気室につながっている主蒸気管内は真空になり，バイパス弁背後の蒸気は圧力管から吸い出されて弁は外側に引っぱられ蒸気室との通路が現われる。これによってバイパスが通じシリンダー（気筒）前後の空気は連絡する。
　実際の使用では，給気運転に移行する際に弁の閉まりが遅かったり，又，自動であるために機関士の意のままに開閉できないので敬遠された。メリン式と呼ばれアメリカでは多く採用されたが，日本では主に小型機であるC10，C11，C12，C56に取り付けられた。

● 自動バイパス弁の構成

Ⓐ主蒸気管　Ⓑ圧力管　Ⓒ蒸気室　Ⓓ気筒

143

単式空気バイパス弁

　元空気溜の圧縮空気を用いて弁を開閉するもので，多くの機種に採用された。惰行運転になった時に，運転室の作用コックを開放位置にすると元空気溜の圧縮空気が弁体の空気ピストン頭部に入って，空気ピストンとそれに連結されたバイパス弁を押し下げて，バイパス孔を開く。作用コックを閉塞位置にすれば，空気ピストン頭部の空気は抜けて，バネの力で弁が上昇しバイパス孔を塞ぐ。

　給気運転になると，バイパス管にも圧力蒸気が入るので，バイパス弁は座に押しつけられる。しかし上面からの蒸気圧で弁が下がらないのは，それよりも広い面積を持つ蒸気ピストンに圧力が加わるためで，この圧力差により弁は座に密着している。また蒸気ピストンからの蒸気漏洩に備えて漏れ穴を設けてある。

●単式空気バイパス弁の作動

〈給気運転〉
（弁体排気，閉）
空気ピストン
蒸気ピストン
バイパス管
バイパス弁

〈絶気運転〉
（弁体給気，開）

●単式空気バイパス弁の構成

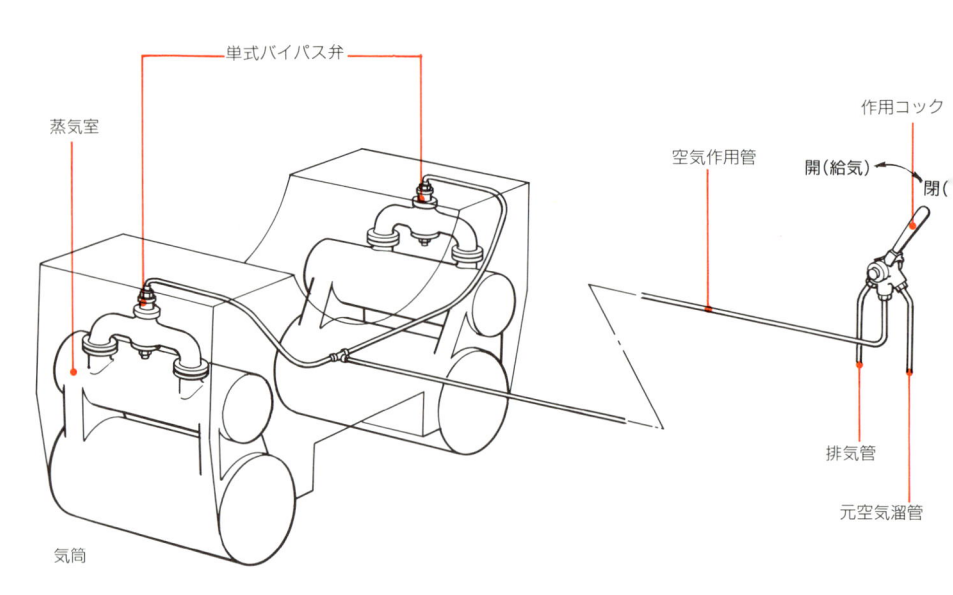

単式バイパス弁
蒸気室
気筒
空気作用管
作用コック
開（給気）
閉（
排気管
元空気溜管

シリンダー

● 単式空気バイパス弁

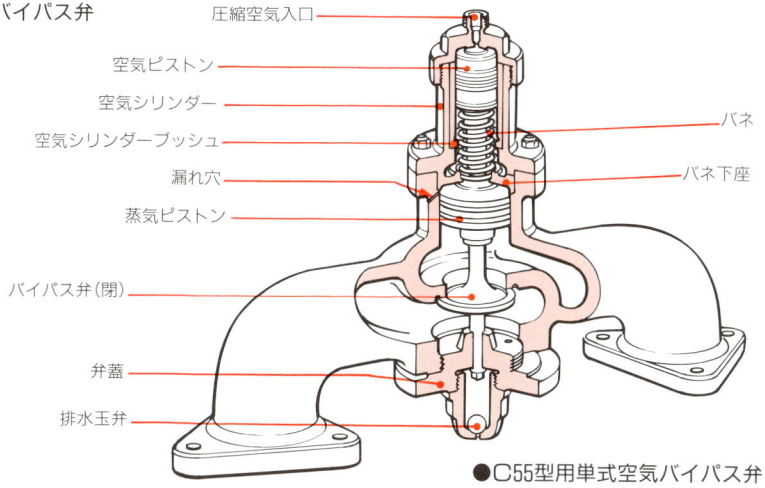

圧縮空気入口
空気ピストン
空気シリンダー
空気シリンダーブッシュ
漏れ穴
蒸気ピストン
バイパス弁(閉)
弁蓋
排水玉弁
バネ
バネ下座

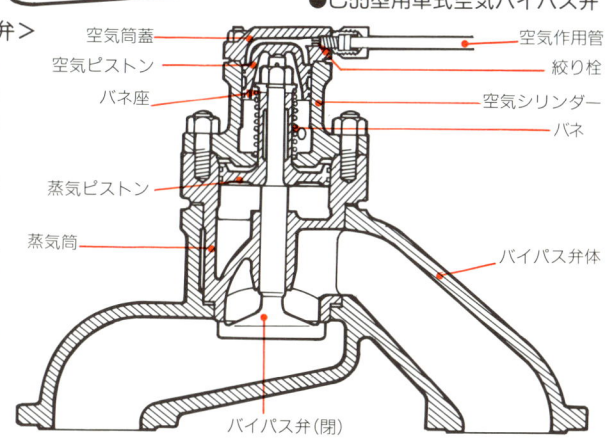

＜C55用単式空気バイパス弁＞

　C55型に使用したもので、高速時の気筒の空気抵抗を軽減するためにバイパス弁の径を大きくし、空気通路を広くしている。空気筒蓋では、空気作用管の取り付け口の奥に絞り栓を設け、細い穴に仕上げているのは、弁を閉塞した際に排空気が圧縮圧力となって空気ピストンの衝撃を緩和するためのもの。

● C55型用単式空気バイパス弁

空気筒蓋
空気ピストン
バネ座
蒸気ピストン
蒸気筒
空気作用管
絞り栓
空気シリンダー
バネ
バイパス弁体
バイパス弁(閉)

● バイパス弁作用コック

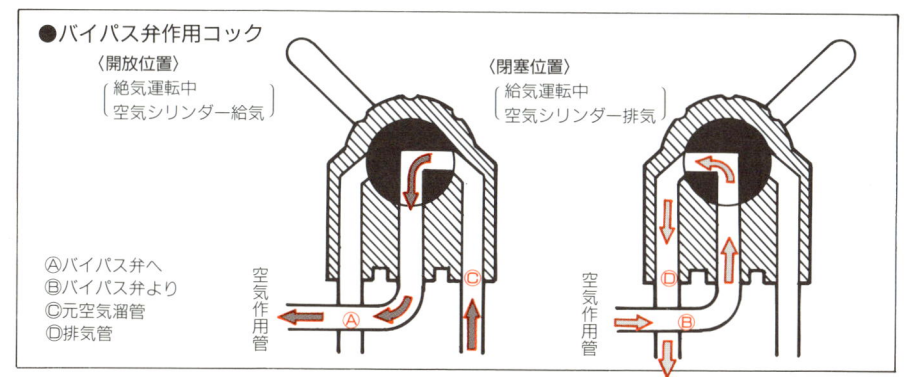

〈開放位置〉
[絶気運転中]
[空気シリンダー給気]

〈閉塞位置〉
[給気運転中]
[空気シリンダー排気]

Ⓐバイパス弁へ
Ⓑバイパス弁より
Ⓒ元空気溜管
Ⓓ排気管

空気作用管

145

複式空気バイパス弁

バイパス弁をシリンダー前後に設置して，それをバイパス管でつなぐ。単式のものと同じ作用で作動するが，給気運転の際にバイパス弁を閉じると弁上面には蒸気圧がかからないので，蒸気ピストンは設けていない。又，片方の弁が閉らなくなると，シリンダーの蒸気はそこを通ってもう一方の弁を押し下げて両方共開いてしまうが，バイパス管の排水管より噴気するので故障がわかる。

＜空気バイパス弁と空気シリンダー排水弁との関係＞

バイパス弁の空気を抜くと，バイパス弁はバネの力で閉じる。排水弁作用シリンダーの空気を抜くと，バネの力で排水弁を開く。

操作も働きも別々のものであるが，この様に弁の開閉が対照的になっているのには理由がある。停車中はバイパス弁を開けておくが，時間がたって圧力空気が無くなった場合は弁が閉じる。この時に加減弁から蒸気漏れがあればシリンダー（気筒）に入って列車はひとりでに動いて事故になってしまう。しかし圧力空気がなくなればシリンダー排水弁は逆に開くので，ここから蒸気は大気に逃げて動く事はなく安全対策となっている。

● 複式空気バイパス弁の作動
〈給気運転〉（弁体排気，閉）
〈惰行運転〉（弁体給気，開）

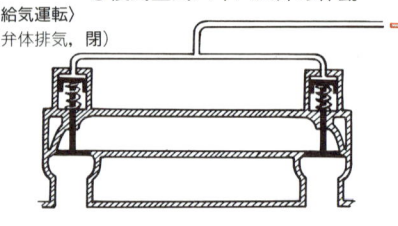

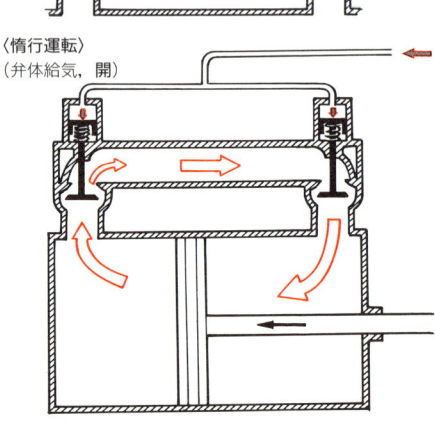

● 複式空気バイパス弁の構造

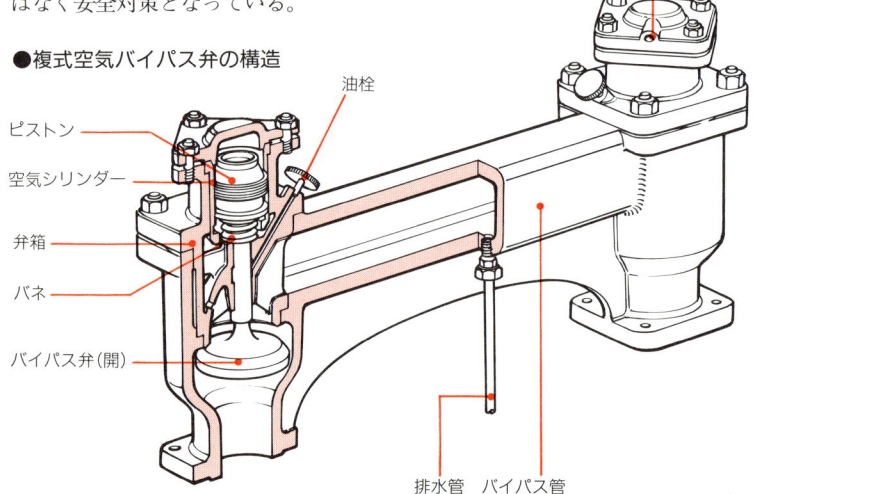

ピストン
空気シリンダー
弁箱
バネ
バイパス弁(開)
油栓
圧縮空気入口
排水管　バイパス管

シリンダー

●複式空気バイパス弁の構成

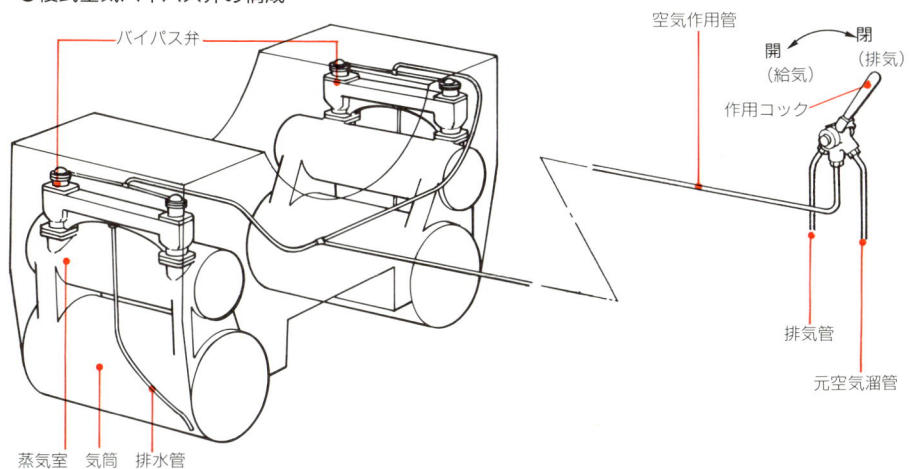

バイパス弁

空気作用管
開（給気）　閉（排気）
作用コック

排気管
元空気溜管

蒸気室　気筒　排水管

●D51

「デコイチ」の愛称で日本を代表する機関車。1115両が製造され全国で見られた。

①1936年（昭和11年）②2-8-2 ③78.4t ④47.4t ⑤8×20 ⑥19.7m ⑦1400mm ⑧550×660 ⑨15.0kg/c㎡ ⑩1280ps ⑪85km/h

※JR東日本で動態保存

●D51（半流線形）

煙突から蒸気ドームまでを一体カバーで被い，通称「ナメクジ」と呼称された。

147

逆転機① テコ式とネジ式

＜逆転装置＞

運転席側に設置した逆転機を操作すると逆転棒が動き、それに連なる加減リンク内の滑り子（すべりこ）を前進、又は後退位置に移動させる。（弁装置の項も参照）加減リンク部の動きで弁の行程を調整し、蒸気の締切り（カットオフ）を早くしたり遅くしたり自由に加減できる。

逆転機にはテコ式、ネジ式、動力式の３種類がある。テコ式及びネジ式は手動、動力式は空気、又は蒸気によって行う。

＜テコ式逆転機＞

逆転テコ、掛金、抑（おさえ）、逆転扇形、扇形受で構成される。扇形受は運転席足元に固定されて、その下部は逆転テコの下端と結び、ここを支点としてテコハンドルを前後に倒す。又、逆転テコの途中に逆転棒が取付けられ、その動きは加減リンク滑り子に連絡する。

逆転テコは逆転扇形に沿って移動し、扇形上面には歯が刻んであり、掛金の抑の歯と噛み合わせて任意の位置に止める事が出来る。

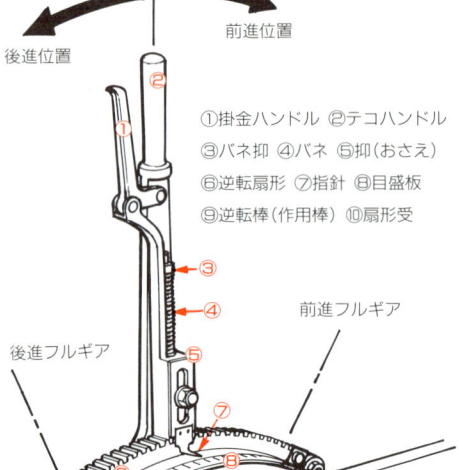

● テコ式逆転機

ミッドギア
後進位置 ← → 前進位置

①掛金ハンドル ②テコハンドル
③バネ抑 ④バネ ⑤抑（おさえ）
⑥逆転扇形 ⑦指針 ⑧目盛板
⑨逆転棒（作用棒）⑩扇形受

前進フルギア
後進フルギア

（テコ式逆転機の操作）
前に倒すと前進、後に倒すと後進位置となり、センター位置に近づくに従って締切りは早くなる。主に古い機関車で使用され、形態は相当に大きい。逆転扇形の前極端が前進フルギア、後極端が後進フルギア、中央がミッドギアとなる。

● ネジ式逆転機と逆転テコ

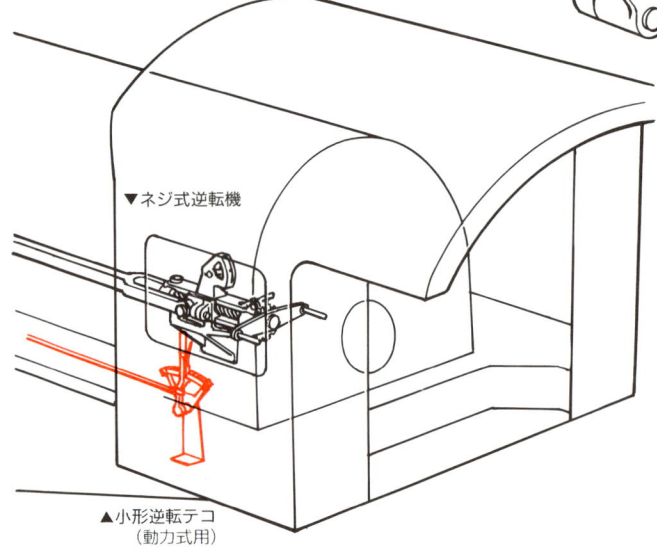

▼ネジ式逆転機

▲小形逆転テコ
　（動力式用）

走行装置

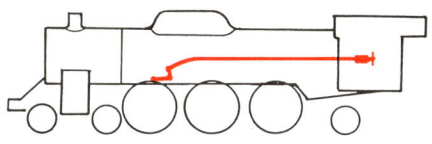

<ネジ式逆転機>

　運転席の火室後板横に設置されている。ハンドルを回してネジ滑り子を滑り子案内に沿って前方(前進)，後方(後進)に移動させ，それに取付けられた逆転棒を動かす。ネジ滑り子には指針が付き，滑り子案内の上面に締切り点を示す目盛り，あるいは目盛り箱を付設しているので，指針の位置によって締切り状況を目で知る事ができ，締切りを細かく設定できる利点がある。ネジ滑り子の移動を迅速にするため，二重あるいは三重ネジとしている。

　普通のネジは一重ネジで1回転の行程は1ピッチ(1ネジ山)だが，二重ネジでは2ピッチ，三重ネジでは3ピッチ滑り子が進む。(図参照)又，ハンドルに付く歯車に掛金を置いてネジ滑り子を任意の位置に止められる。

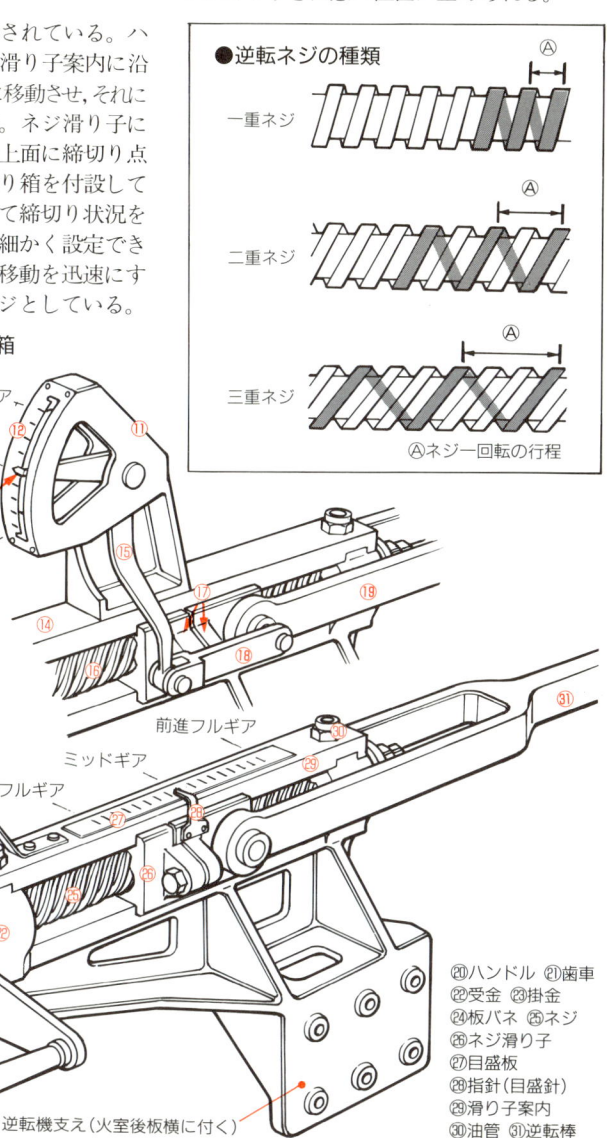

● 逆転ネジの種類

一重ネジ
二重ネジ
三重ネジ

Ⓐネジ一回転の行程

● ネジ式逆転機(新型)の目盛箱

⑪目盛箱　⑫目盛板
⑬指針(目盛針)
⑭滑り子案内
⑮テコクランク
⑯ネジ　⑰ネジ滑り子
⑱リンク　⑲逆転棒

● ネジ式逆転機

⑳ハンドル　㉑歯車
㉒受金　㉓掛金
㉔板バネ　㉕ネジ
㉖ネジ滑り子
㉗目盛板
㉘指針(目盛針)
㉙滑り子案内
㉚油管　㉛逆転棒

逆転機支え(火室後板横に付く)

逆転機② 動力逆転機（アルコ式と滑り弁式）

＜動力逆転機＞

ボイラー脇のランボード上に設置して，運転席の逆転テコと作用棒で結ばれている。逆転機シリンダーに圧縮空気を送り，ピストンにより逆転棒を動かす。逆転テコは小形で作用，形体は前記のものと同じである。前に倒すと前進，後に倒すと後進位置となる。回転弁を使うアルコ式と，それを改良した滑り弁式がある。

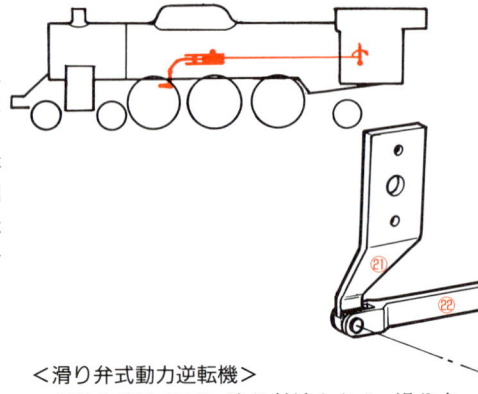

＜アルコ式動力逆転機＞

ピストンが入った空気シリンダーの上部中央に弁体を設け，排気管，元空気溜と連絡している空気管，シリンダー前後への給気管が付く。中の回転弁は腕が付いた弁心棒にはまり，腕の上部に合併テコを取り付ける。それ故，合併テコの作動は同時に回転弁に伝わる。合併テコは途中に作用棒，下端に結びリンクが付いてクロスヘッドと結ばれる。ピストン棒はクロスヘッドで逆転棒につながっている。

①回転弁体 ②給気管 ③排気管
④弁腕 ⑤給気管 ⑥弁心棒
⑦作用棒 ⑧空気管(元空気溜より)
⑨油ツボ ⑩クロスヘッド滑り枠
⑪逆転棒 ⑫クロスヘッド腕
⑬クロスヘッド ⑭コッター
⑮ピストン棒 ⑯結(むす)びリンク
⑰合併テコ ⑱ピストン
⑲空気シリンダー
⑳排水コック

＜滑り弁式動力逆転機＞

C61やC62，E10に取り付けられた。滑り弁の作用で圧縮空気をシリンダー前，後部に送る。シリンダーへの給気管はシリンダー壁に通路を設けている。↓

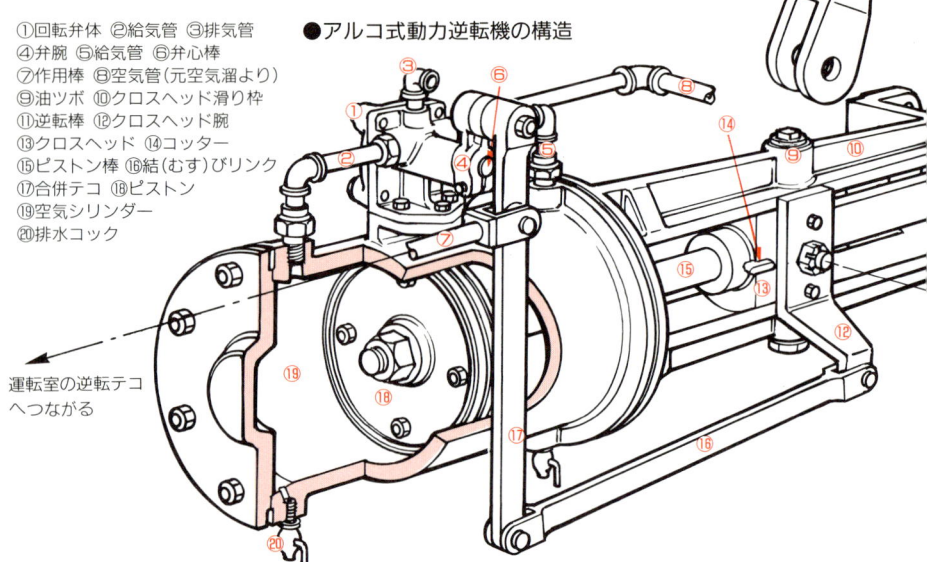

●アルコ式動力逆転機の構造

運転室の逆転テコへつながる

走行装置

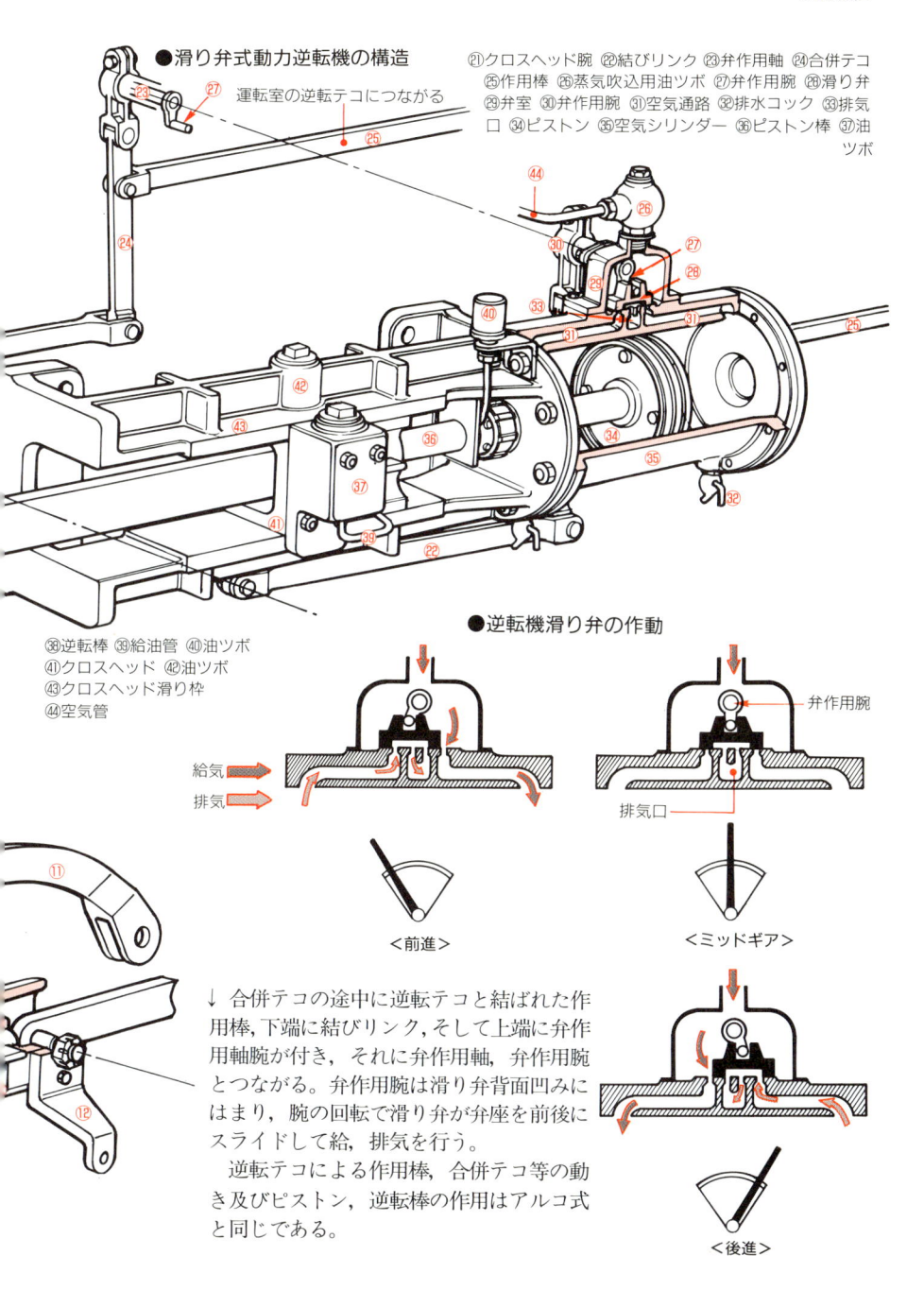

● 滑り弁式動力逆転機の構造

㉑クロスヘッド腕 ㉒結びリンク ㉓弁作用軸 ㉔合併テコ ㉕作用棒 ㉖蒸気吹込用油ツボ ㉗弁作用腕 ㉘滑り弁 ㉙弁室 ㉚弁作用腕 ㉛空気通路 ㉜排水コック ㉝排気口 ㉞ピストン ㉟空気シリンダー ㊱ピストン棒 ㊲油ツボ

㊳逆転棒 ㊴給油管 ㊵油ツボ
㊶クロスヘッド ㊷油ツボ
㊸クロスヘッド滑り枠
㊹空気管

● 逆転機滑り弁の作動

＜前進＞

＜ミッドギア＞

＜後進＞

↓ 合併テコの途中に逆転テコと結ばれた作用棒, 下端に結びリンク, そして上端に弁作用軸腕が付き, それに弁作用軸, 弁作用腕とつながる。弁作用腕は滑り弁背面凹みにはまり, 腕の回転で滑り弁が弁座を前後にスライドして給, 排気を行う。

　逆転テコによる作用棒, 合併テコ等の動き及びピストン, 逆転棒の作用はアルコ式と同じである。

151

アルコ式逆転機の作動

＜アルコ式回転弁＞

　弁体内部にはシリンダー前，後への給気口（A・C），排気口（B）空気取入口（D）の4つの孔がある。バネによって弁座に密着して弁心棒にはまった回転弁には扇形の凹面があり，回転してそれぞれの孔を連絡する。使用機種はD51の一部やC53である。

＜アルコ式逆転機作用＞
①図　ミッドギア（逆転テコは扇形中心位置）
②図　逆転テコを前進位置におく。
　　　接続する作用棒に押され合併テコは下端の結びリンク結合部を支点に弁腕と共に前に倒れ回転弁を廻す。BC間及びAD間が通じる。それによりシリンダー後部に給気，前部の空気は大気に排出される。
③図　シリンダー後部の圧力空気でピストン及びクロスヘッドに連なる逆転棒が前に移動すると共に，結びリンクに押されて合併テコは作用棒取付け部を支点に弁腕，回転弁が戻り，給気口を閉じるとピストン前後の気圧差が同じになる部位でピストンは静止する。
④⑤図　逆転テコを後進位置におくとAB，CD間が連絡し，前記と逆の作動をして後進に備える。

　逆転テコを少しでも動かすと回転弁もすぐに作動するが，動かし方が小さいと回転弁の廻り角も小さく，そしてシリンダーへの給，排気の量も少なくピストンの移動距離（逆転棒に連なる加減リンク内の滑り子の移動）も小さい。この様に逆転テコの動かす量に比例して逆転機は作用し，締切りを自由に変える事ができる。

●アルコ式逆転機の回転弁体

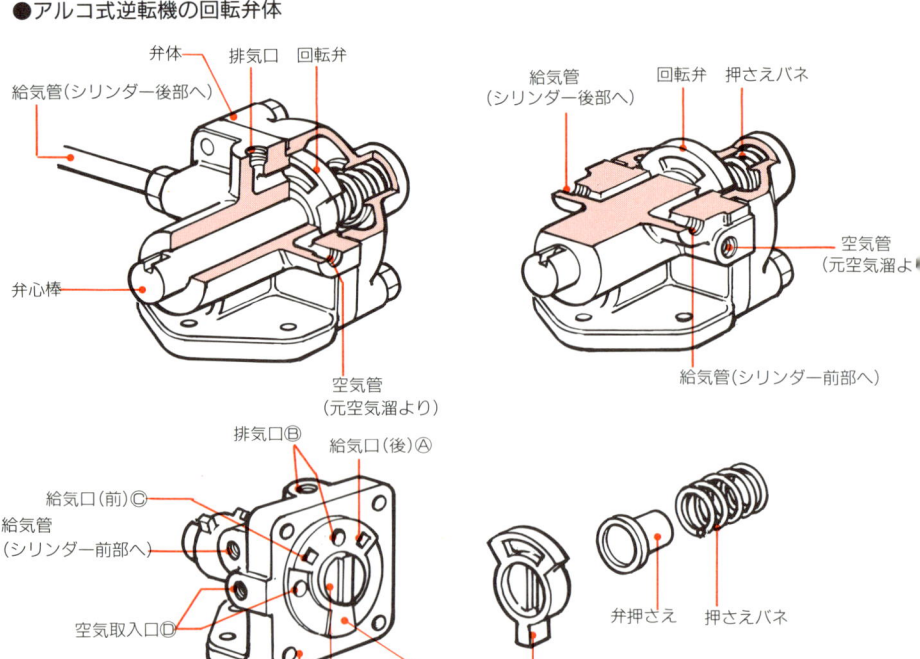

走行装置

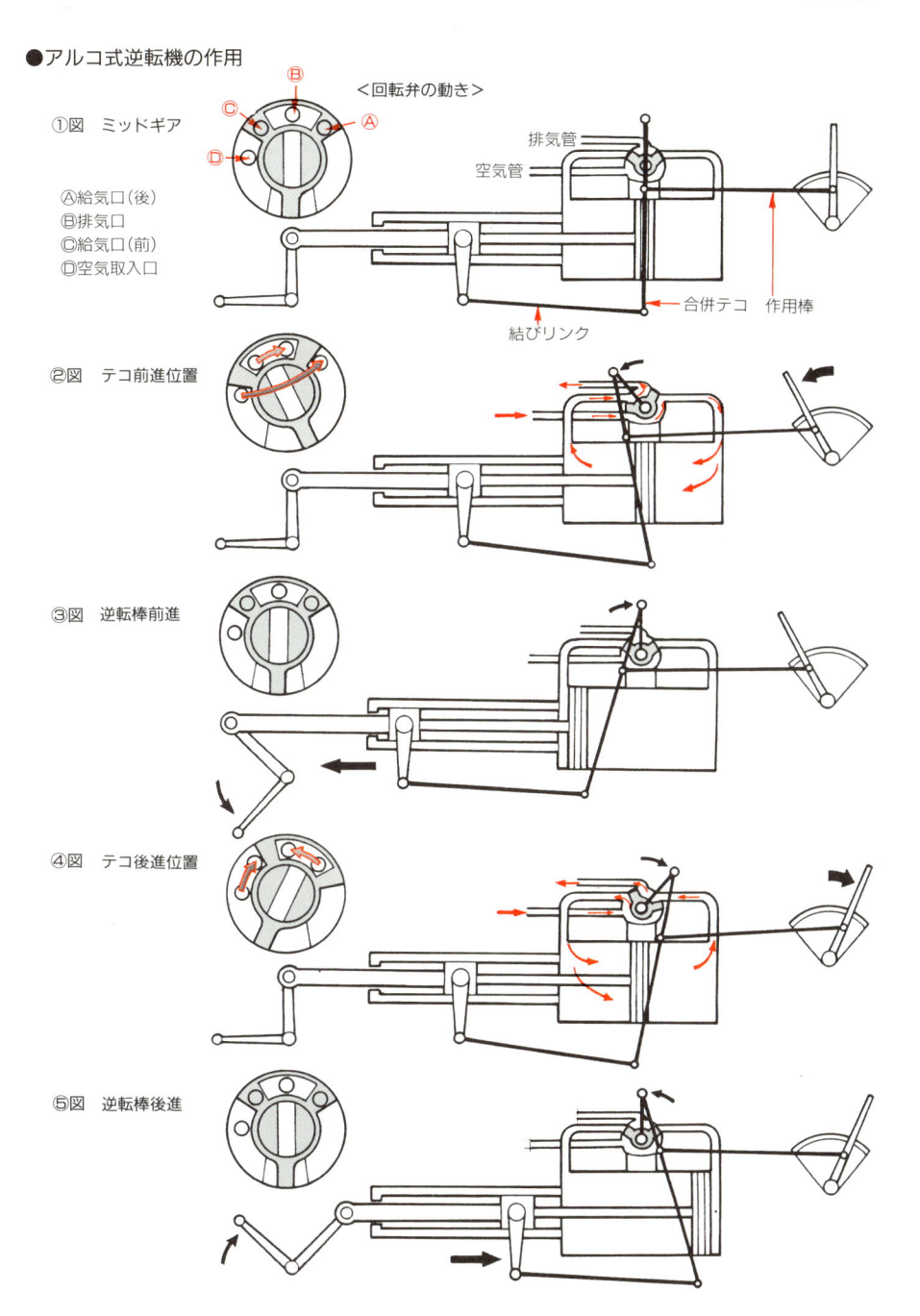

●アルコ式逆転機の作用

<回転弁の動き>

①図　ミッドギア

Ⓐ給気口（後）
Ⓑ排気口
Ⓒ給気口（前）
Ⓓ空気取入口

排気管
空気管
合併テコ
結びリンク
作用棒

②図　テコ前進位置

③図　逆転棒前進

④図　テコ後進位置

⑤図　逆転棒後進

153

ワルシャート式弁装置

リターンクランクの回転運動と、クロスヘッドの往復運動を組合せ給排気弁(ピストン弁)を動かす装置で、全てが外側に出ているので検修、点検が容易である。数多く開発された弁装置のなかでも、日本の近代機ばかりでなく、世界中でも最も普及したタイプである。

<ワルシャート式弁装置の動作>

リターンクランクの回転は偏心棒によって加減リンクに伝わり、加減リンク中間はモーションプレートに固定されていて、ここを支点に前後運動をする。加減リンクの溝は心向棒の長さを半径とする円弧で、滑り子を挿入して心向棒と結ぶ。因って加減リンクの揺動で心向棒は前後に動く。

クロスヘッドの動きを結びリンクで合併テコに伝え、合併テコ上端に加減リンクからの心向棒をつなぎ、その少し下に弁心棒クロスヘッド滑り子が付いて弁心棒と結ぶ。合併テコは心向棒結合部を支点として動くので、弁心棒は前後に動く。弁心棒の前端には蒸気室ピストン弁が付く。クランク角は90°としてあるので、リターンクランクからの作用は標準弁(166頁参照)に対する運動と同じで、ラップとリード分の動きはクロスヘッドの運動を合併テコに伝えて動かす。

加減リンク内の滑り子を上下に動かして、それに結合した心向棒の角度を変えるが、一般に滑り子が最下部にあると前進フルギア、最上部では後進フルギア、中間では近づくにつれて締切が早くなり、中間ではミッドギアとなってリターンクランクの動きは全く伝えないので、弁はクロスヘッドからの合併テコの運動でラップ+リードの2倍の距離を動くのみである。(166頁参照)

心向棒の途中、あるいは加減リンク滑り子よりも延長して、その後端を釣リンクに結び逆転腕に連絡する。逆転釣合バネは釣リンク腕にかかる心向棒及び滑り子等の重量を引き受けて、逆転機が容易に操作できる様にする。

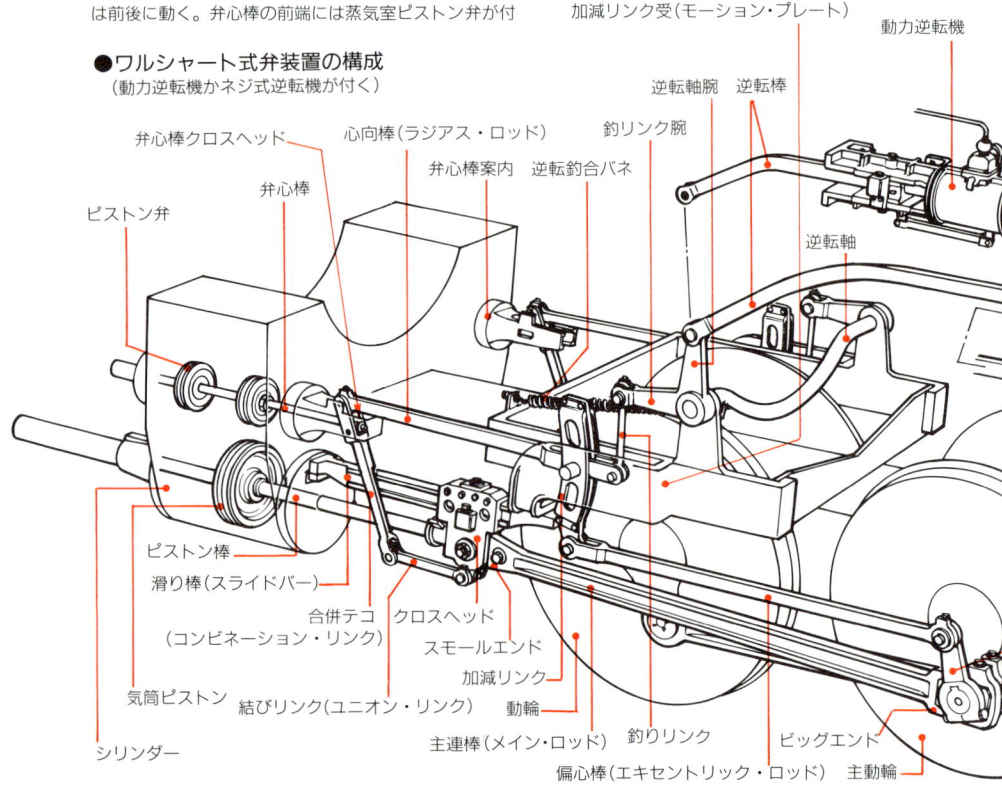

●ワルシャート式弁装置の構成
(動力逆転機かネジ式逆転機が付く)

弁心棒クロスヘッド
心向棒(ラジアス・ロッド)
加減リンク受(モーション・プレート)
動力逆転機
弁心棒
弁心棒案内
逆転軸腕　逆転棒
釣リンク腕
ピストン弁
逆転釣合バネ
逆転軸
ピストン棒
滑り棒(スライドバー)
合併テコ
(コンビネーション・リンク)
クロスヘッド
スモールエンド
加減リンク
気筒ピストン
結びリンク(ユニオン・リンク)
動輪
シリンダー
主連棒(メイン・ロッド)
釣りリンク
ビッグエンド
偏心棒(エキセントリック・ロッド)
主動輪

走行装置

●滑り棒2本式クロスヘッドの構成

①気筒後蓋 ②油ツボ(ピストン棒用) ③油管
④ピストン棒 ⑤油ツボ(上滑り金用)

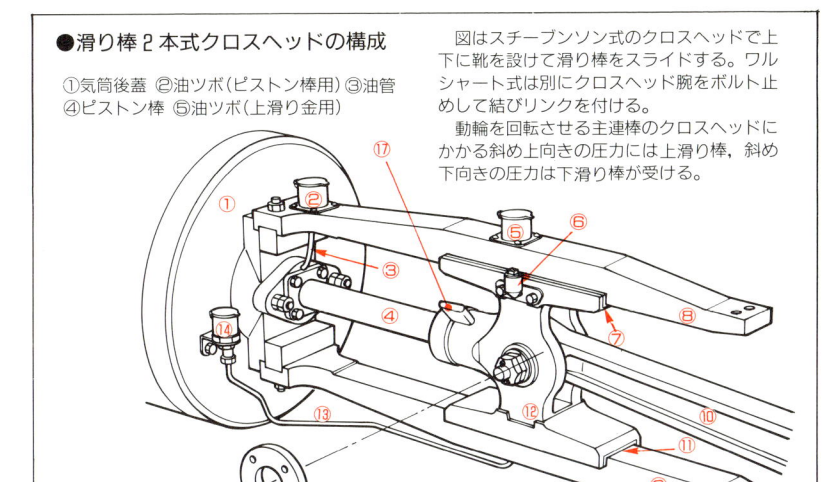

図はスチーブンソン式のクロスヘッドで上下に靴を設けて滑り棒をスライドする。ワルシャート式は別にクロスヘッド腕をボルト止めして結びリンクを付ける。
　動輪を回転させる主連棒のクロスヘッドにかかる斜め上向きの圧力には上滑り棒、斜め下向きの圧力は下滑り棒が受ける。

⑥油ツボ(主連棒スモールエンド用)
⑦上滑り金 ⑧滑り棒(上) ⑨滑り棒(下)
⑩主連棒 ⑪下滑り金 ⑫クロスヘッド体
⑬油管 ⑭油ツボ(下滑り金用)
⑮クロスヘッド腕 ⑯油ツボ ⑰コッター

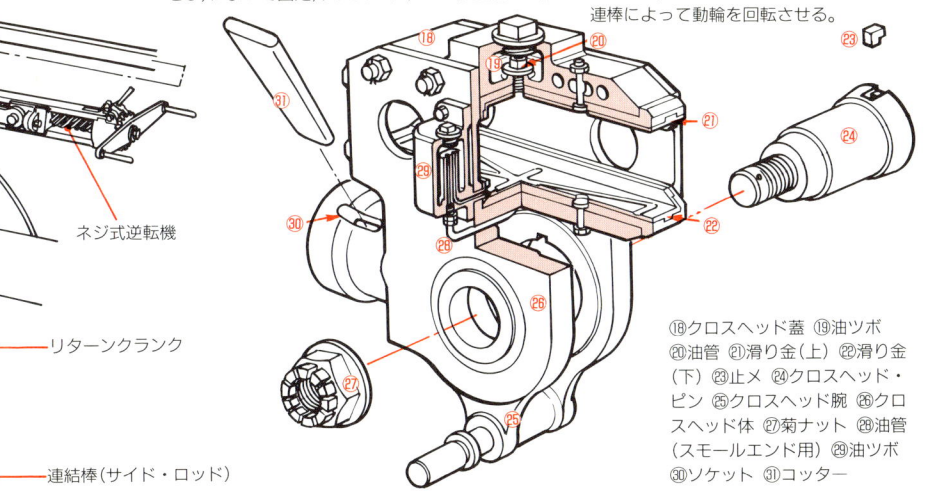

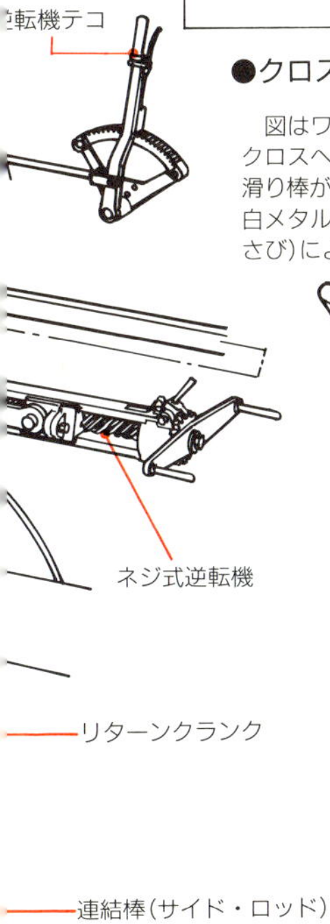

●クロスヘッドの構造(滑り棒1本式)

　図はワルシャート式最新のもので、構造はクロスヘッド体とクロスヘッド腕を一体とし、滑り棒が入る部位の上、下には滑り金を設けて白メタルを鋳込む。ピストン棒はコッター(くさび)によって固定、クロスヘッドピンは主連棒先端をはめて結合させる。クロスヘッド蓋に油ツボを設け上滑り金に、横側面の油ツボは下滑り金とクロスヘッドピンにそれぞれ給油する。クロスヘッド腕には結びリンクを取り付けて合併テコにその動きを伝える。
　クロスヘッドはピストン棒の前後動で滑り棒をスライドし、クロスヘッドピンに付く主連棒によって動輪を回転させる。

ネジ式逆転機
リターンクランク
連結棒(サイド・ロッド)

⑱クロスヘッド蓋 ⑲油ツボ
⑳油管 ㉑滑り金(上) ㉒滑り金(下) ㉓止メ ㉔クロスヘッド・ピン ㉕クロスヘッド腕 ㉖クロスヘッド体 ㉗菊ナット ㉘油管(スモールエンド用) ㉙油ツボ ㉚ソケット ㉛コッター

155

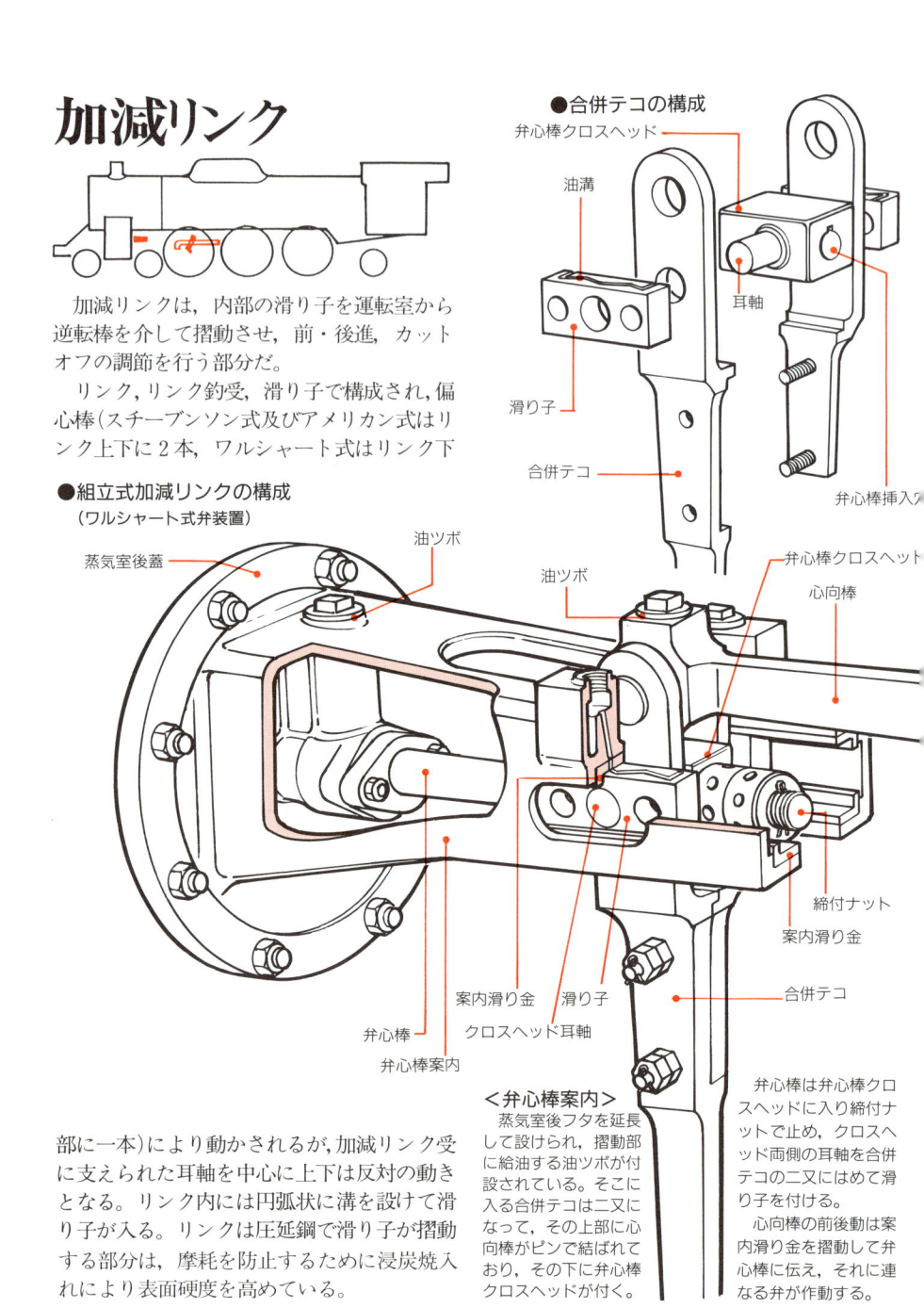

加減リンク

加減リンクは、内部の滑り子を運転室から逆転棒を介して摺動させ、前・後進、カットオフの調節を行う部分だ。

リンク、リンク釣受、滑り子で構成され、偏心棒(スチーブンソン式及びアメリカン式はリンク上下に2本、ワルシャート式はリンク下部に一本)により動かされるが、加減リンク受に支えられた耳軸を中心に上下は反対の動きとなる。リンク内には円弧状に溝を設けて滑り子が入る。リンクは圧延鋼で滑り子が摺動する部分は、摩耗を防止するために浸炭焼入れにより表面硬度を高めている。

●合併テコの構成

弁心棒クロスヘッド
油溝
耳軸
滑り子
合併テコ
弁心棒挿入穴

●組立式加減リンクの構成
（ワルシャート式弁装置）

蒸気室後蓋
油ツボ
油ツボ
弁心棒クロスヘッド
心向棒
締付ナット
案内滑り金
合併テコ
弁心棒
弁心棒案内
案内滑り金
滑り子
クロスヘッド耳軸

＜弁心棒案内＞
蒸気室後フタを延長して設けられ、摺動部に給油する油ツボが付設されている。そこに入る合併テコは二又になって、その上部に心向棒がピンで結ばれており、その下に弁心棒クロスヘッドが付く。

弁心棒は弁心棒クロスヘッドに入り締付ナットで止め、クロスヘッド両側の耳軸を合併テコの二又にはめて滑りを付ける。
心向棒の前後動は案内滑り金を摺動して心棒に伝え、それに連なる弁が作動する。

走行装置

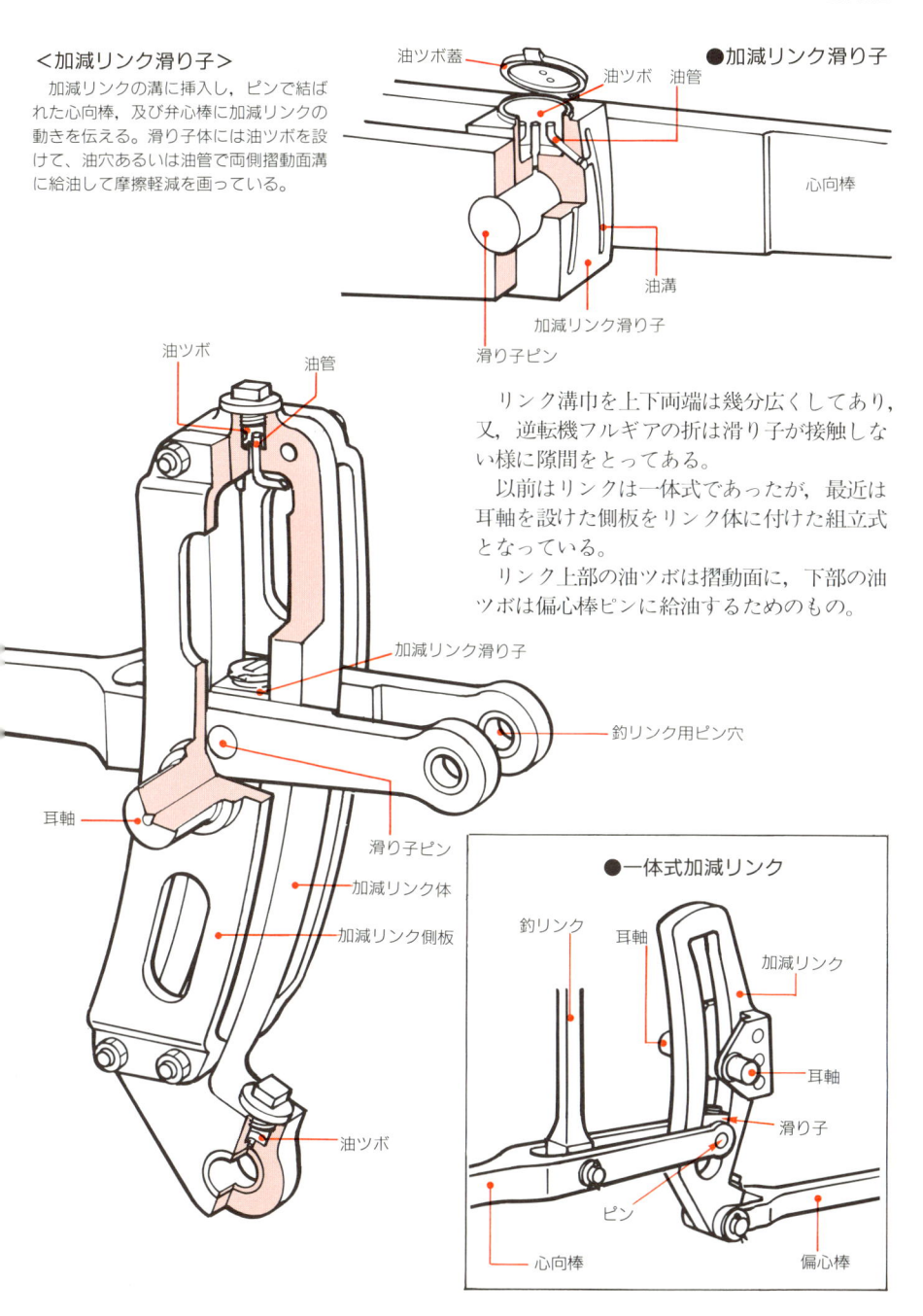

＜加減リンク滑り子＞

加減リンクの溝に挿入し，ピンで結ばれた心向棒，及び弁心棒に加減リンクの動きを伝える。滑り子体には油ツボを設けて，油穴あるいは油管で両側摺動面溝に給油して摩擦軽減を画っている。

●加減リンク滑り子

油ツボ蓋　油ツボ　油管　心向棒　油溝　加減リンク滑り子　滑り子ピン

リンク溝巾を上下両端は幾分広くしてあり，又，逆転機フルギアの折は滑り子が接触しない様に隙間をとってある。

以前はリンクは一体式であったが，最近は耳軸を設けた側板をリンク体に付けた組立式となっている。

リンク上部の油ツボは摺動面に，下部の油ツボは偏心棒ピンに給油するためのもの。

油ツボ　油管　加減リンク滑り子　釣リンク用ピン穴　耳軸　滑り子ピン　加減リンク体　加減リンク側板　油ツボ

●一体式加減リンク

釣リンク　耳軸　加減リンク　耳軸　滑り子　ピン　心向棒　偏心棒

動輪と車輪

〈動輪〉

　メインロッド（主連棒）がクランクピンに付く動輪を主動輪と云い、この動輪の回転を連結棒で他の動輪（連結動輪）のクランクピンと結んで共に回転をする。

　構成は車軸、輪心、カウンターウェイト、タイヤ、クランクピンから成っている。

　輪心は鋼鉄製でスポーク状のものと中が中空になった箱形（ボックススポーク）の2種があり、そのボスにクランクピンを圧入し、リム外周に鍛鋼製のタイヤを付ける。両輪は鍛鋼製の車軸を圧入してキーを嵌めて固定する。

　一般には右側動輪のクランクを90°先にして結合する。（9600型は左側が90°先）

　クランク位置を90°ずらす事により、片側のピストンが死点にあっても、もう一方のピストンには蒸気が最も供給される位置にある。

　機関車のスピードアップを計るには、ピストンの往復運動では限界があるので、動輪径を大きくする。標準軌の外国では2000㎜位、狭軌の日本では最大1750㎜であった。又、大量の荷を牽引するには、スピードよりも粘着係数をますために径は小さくして軸数を増やしている。

〈箱型動輪〉

　D51型以後に採用され、ボックス動輪と呼称する。輪心板の厚みが均一なので回転しても歪みにくく、強度は十分である。

〈スポーク動輪〉

　輪心がスポーク状になっている。リム、スポーク、ボス、カウンターウェイトは一体で作られている。初期から採用されたが、スピードが上り機関車が大型になると強度が不足する様になり、スポークの間を水かき状にした（C55型）動輪もある。

〈カウンターウェイト〉

　動輪を動かすにはロッド類やクランクピンの回転運動とピストン、クロスヘッド等の往復運動が伴なう。回転部は速度を増すと遠心力が生じて上下、左右方向に作用し、往復部は慣性で前後方向に作用して機関車を揺らす。この為に乗り心地が悪いだけではなく、動輪がレールを槌打して痛め、機関車各部も損傷、緩みを生じる恐れがあるので、動輪クランクピンの反対位置にカウンターウェイトを設ける。これにより遠心力や慣性作用を反対方向の作用で相殺する。カウンターウェイトはその作用により主動輪が最も大きく、その他はそれぞれ大きさは違うが小形になる。

●箱形（ボックススポーク）動輪

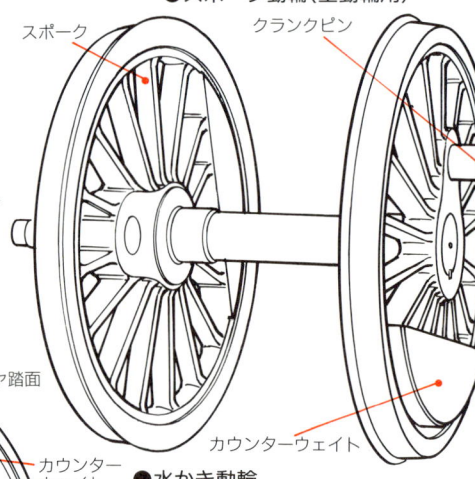

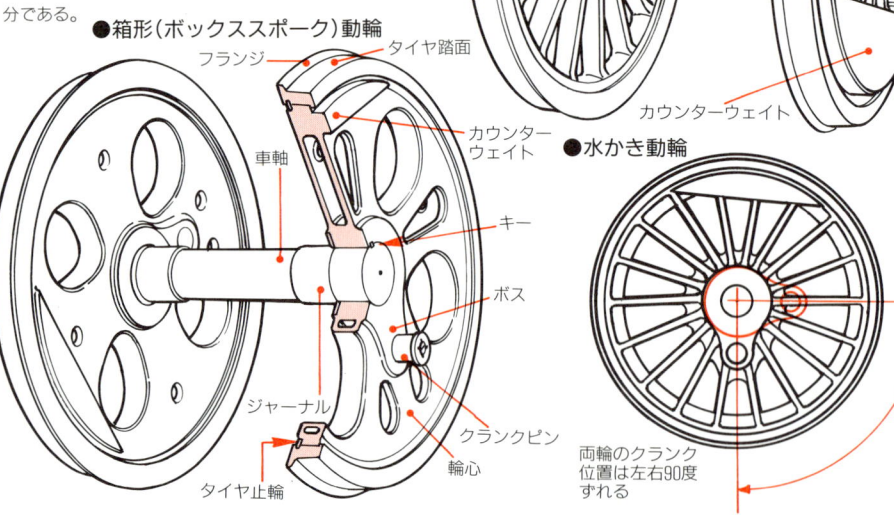

フランジ
タイヤ踏面
車軸
カウンターウェイト
キー
ボス
ジャーナル
クランクピン
輪心
タイヤ止輪

●スポーク動輪（主動輪用）

スポーク
クランクピン
カウンターウェイト

●水かき動輪

両輪のクランク位置は左右90度ずれる

走行装置

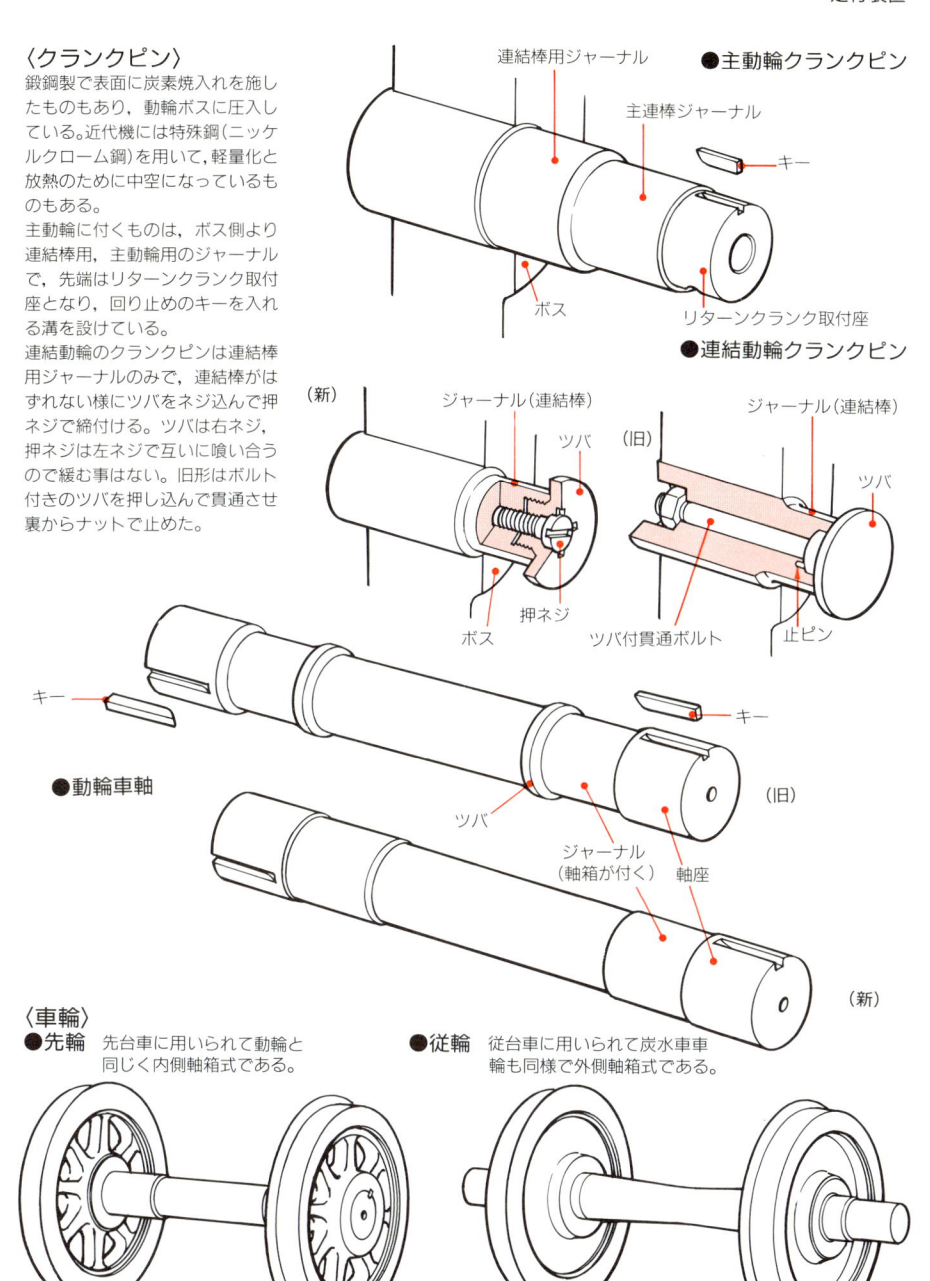

〈クランクピン〉
鍛鋼製で表面に炭素焼入れを施したものもあり，動輪ボスに圧入している。近代機には特殊鋼（ニッケルクローム鋼）を用いて，軽量化と放熱のために中空になっているものもある。
主動輪に付くものは，ボス側より連結棒用，主動輪用のジャーナルで，先端はリターンクランク取付座となり，回り止めのキーを入れる溝を設けている。
連結動輪のクランクピンは連結棒用ジャーナルのみで，連結棒がはずれない様にツバをネジ込んで押ネジで締付ける。ツバは右ネジ，押ネジは左ネジで互いに喰い合うので緩む事はない。旧形はボルト付きのツバを押し込んで貫通させ裏からナットで止めた。

● 主動輪クランクピン
連結棒用ジャーナル
主連棒ジャーナル
キー
ボス
リターンクランク取付座

● 連結動輪クランクピン
（新）ジャーナル（連結棒）
ツバ
ボス
押ネジ
（旧）ジャーナル（連結棒）
ツバ
ツバ付貫通ボルト
止ピン

● 動輪車軸
キー
ツバ
ジャーナル（軸箱が付く）
軸座
キー
（旧）
（新）

〈車輪〉
● 先輪　先台車に用いられて動輪と同じく内側軸箱式である。
● 従輪　従台車に用いられて炭水車車輪も同様で外側軸箱式である。

スポーク車輪
プレート車輪

159

主連棒と連結棒

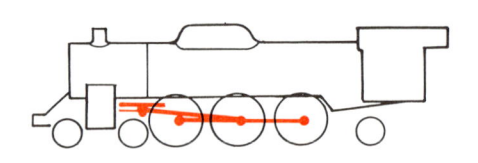

〈主連棒〉

　クロスヘッドと動輪を結ぶ棒で、ピストンの前後運動を動輪の回転運動に換える。クロスヘッドとの結合部分を細端（スモール・エンド），動輪クランクピンと結合する部分を太端（ビッグエンド）と称し，それぞれに受金を設け，特に高速回転をする太端受金に油ツボを，摺動部には白メタルを鋳込んで摩擦，発熱を防止している。細端は単に油孔を設け，クロスヘッドに取付けられた油ツボより滴下して給油する。両受金は2分割して摩耗に対してはクサビによってこれを詰める構造になっている。

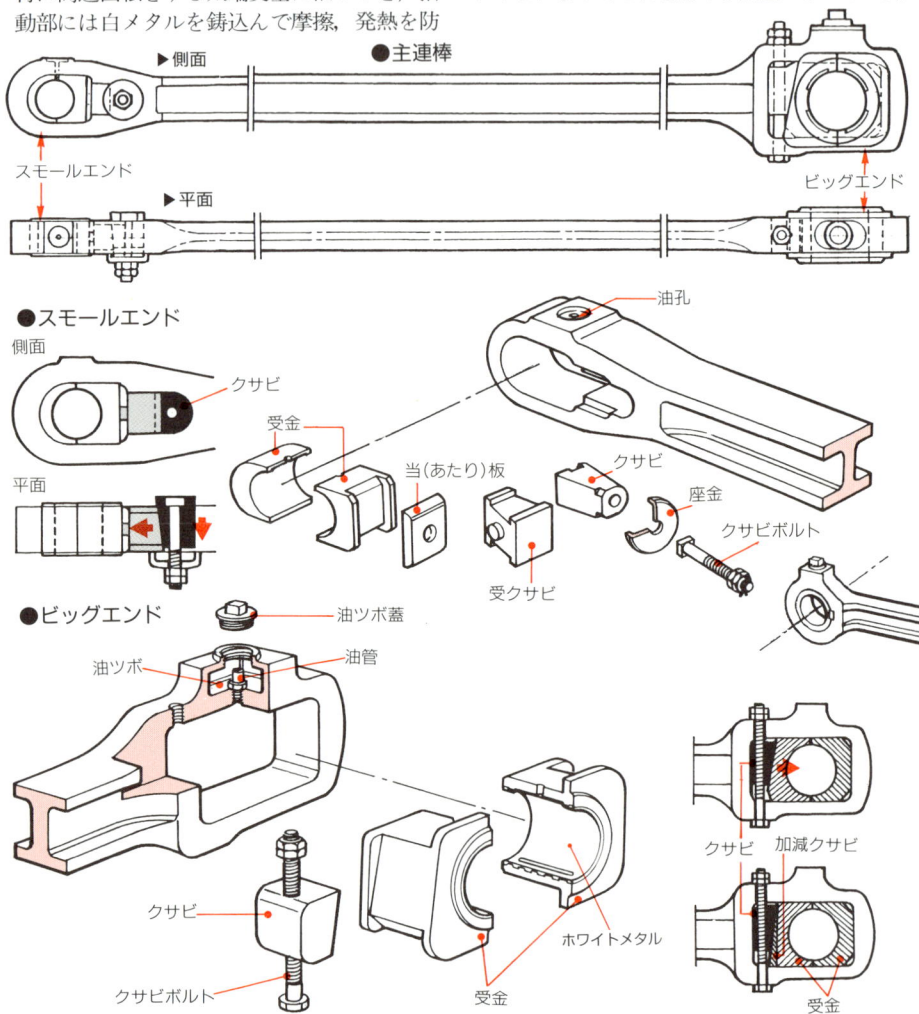

●主連棒
▶側面
スモールエンド　ビッグエンド
▶平面

●スモールエンド
側面　クサビ
平面

油孔　受金　当（あたり）板　クサビ　座金　クサビボルト　受クサビ

●ビッグエンド
油ツボ蓋　油ツボ　油管
クサビ　クサビボルト　受金　ホワイトメタル
クサビ　加減クサビ　受金

走行装置

〈連結棒〉
　主動輪（主連棒と結ばれた車輪）と他の全ての動輪のクランクピンを連結して，主連棒からの回転を全輪に伝える。三軸以上では片側2本以上となるので片側をコの字形フォークエンド（二又）にして，別の連結棒のアイエンド（延長部）にはめ込み肘ピンで連結する。ここは関節の役目をするので線路状況に各動輪が追随できる。
　クランクピンにはまる部分は砲金製のブッシュを圧入し，白メタルを鋳込む。そしてその部分全てに油ツボを設け回転の摩擦及び発熱を軽減する。

▼線路状況に対応する連結棒の作用

● 連結棒

▶動輪3軸

▶動輪4軸

▶動輪5軸

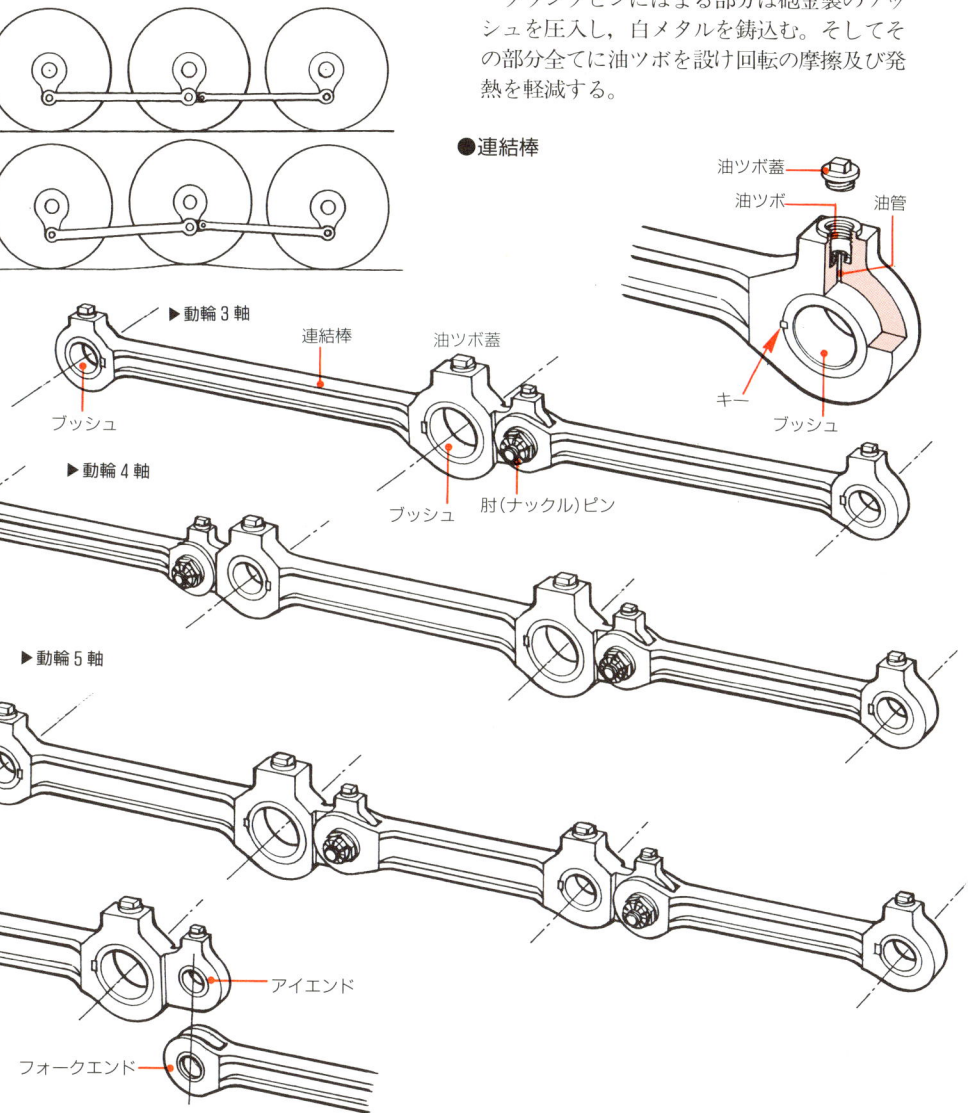

161

タイヤ取付け

〈タイヤ取付装置〉

タイヤ内径を輪心外径よりも $\frac{1}{1000}$ だけ小さく削る。タイヤを熱して(約300℃)膨脹させ、輪心に槌打して嵌め、冷却収縮によって圧着する。これを「焼嵌(しょうかん)法」と云い、その後ブレーキ等での発熱による緩み防止のため止輪あるいはネジで止める。タイヤ取付には以下の方法がある。

省基本式：タイヤ溝に「く」の字形の止輪を入れて輪心と結合させる。工作手数が少なくタイヤ飛散もない。日本ではこれを採用している。

ストラウドリー式：止輪の他クサビ止輪を使うので工作手数が多くなる。

ギブソン式：上記の物に似ているがクサビ止輪を使わないので省基本式と同じ構成になる。

止ネジ式：スポーク2本毎にリムからタイヤにネジを入れるが、タイヤが摩耗するとネジ挿入部が割れ易くなる。

マンセル式：輪心を両側から止輪で挟み、貫通ボルトで止める。タイヤ飛散は防げるが孔をあけるので弱くなる。

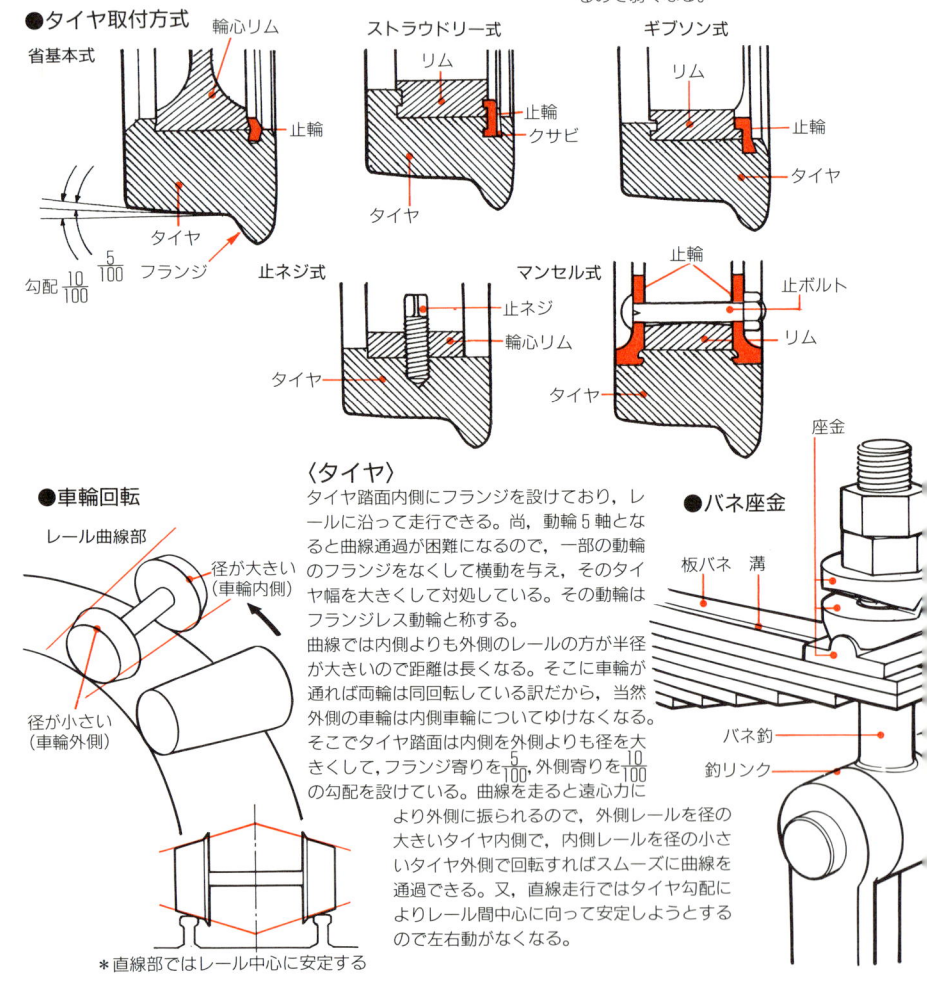

● タイヤ取付方式

〈タイヤ〉

タイヤ踏面内側にフランジを設けており、レールに沿って走行できる。尚、動軸5軸となると曲線通過が困難になるので、一部の動輪のフランジをなくして横動を与え、そのタイヤ幅を大きくして対処している。その動輪はフランジレス動輪と称する。

曲線では内側よりも外側のレールの方が半径が大きいので距離は長くなる。そこに車輪が通れば両輪は同回転している訳だから、当然外側の車輪は内側車輪についてゆけなくなる。そこでタイヤ踏面は内側を外側よりも径を大きくして、フランジ寄りを $\frac{5}{100}$、外側寄りを $\frac{10}{100}$ の勾配を設けている。曲線を走ると遠心力により外側に振られるので、外側レールを径の大きいタイヤ内側で、内側レールを径の小さいタイヤ外側で回転すればスムーズに曲線を通過できる。又、直線走行ではタイヤ勾配によりレール間中心に向って安定しようとするので左右動がなくなる。

走行装置

イコライザーと重量配分

〈イコライザー作用〉

車軸が衝撃を受けると直ちにイコライザーを介して他のバネに分散して負担させるので、台枠への衝撃を緩和する。又、重量も平均にかかるので全ての車輪はレールに追随する。

● イコライザー

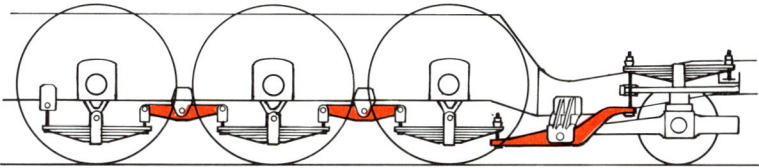

（下バネ式）

（上バネ式）

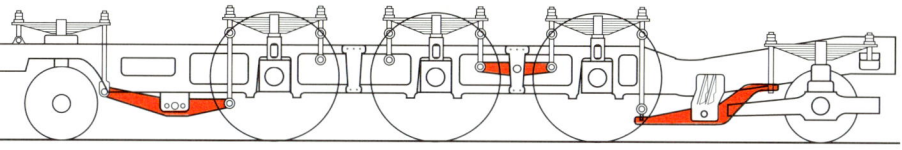

● イコライザーの作用

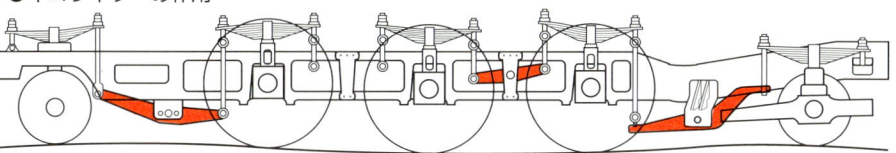

〈担バネ〉

9ないし10枚の細長い板を、長さを順番に重ねて中央を束ねる。板の中央には一条の溝と山（裏面）をつけて、重ねた場合にずれない様にしている。両端にバネ釣を設け、イコライザーや台枠とつながる。
バネ座金は凸凹を設けて嚙み合せているので、衝撃によるバネの上下動や偏倚には無理なく対処できる。

〈重量配分〉

イコライザーを使用すれば、バネの群を任意のところで分割できる。このバネの群をイコライザーによって前方左右を一群、後方右を一群、後方左を一群の三つに分割し、機関車重量を確実に、安定させ且つ一定にできる三点で支持する方法がとられている。これを三点支持法という。

● 三点支持法のいろいろ

D51, D50

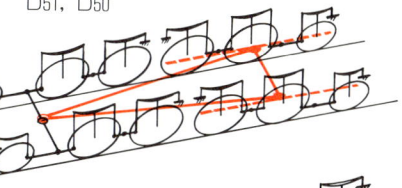

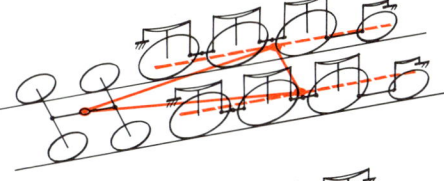

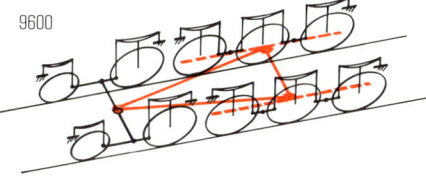

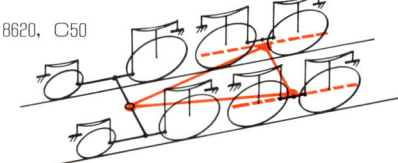

C51, C53, C54, C55, C57, C59

9600

8620, C50

163

走り装置

蒸気機関車はピストン両側に蒸気を交互に送って動かす。そのメカニズムを簡単に述べると以下の様になる。説明は外側給気(滑り弁)Aの場合で、弁の動きが解りやすい標準弁としてある。

①図 前進している動輪のクランクピン(e)が右死点にきたところ。ピストン(p)も同位置で右端にあり、偏心(d)はeより90°進んで車軸真上にある。弁(v)は弁座中央にあり、左右の蒸気口(a, b)は閉じられている。又、ピストン左側には直前までピストンを押していた蒸気がある。

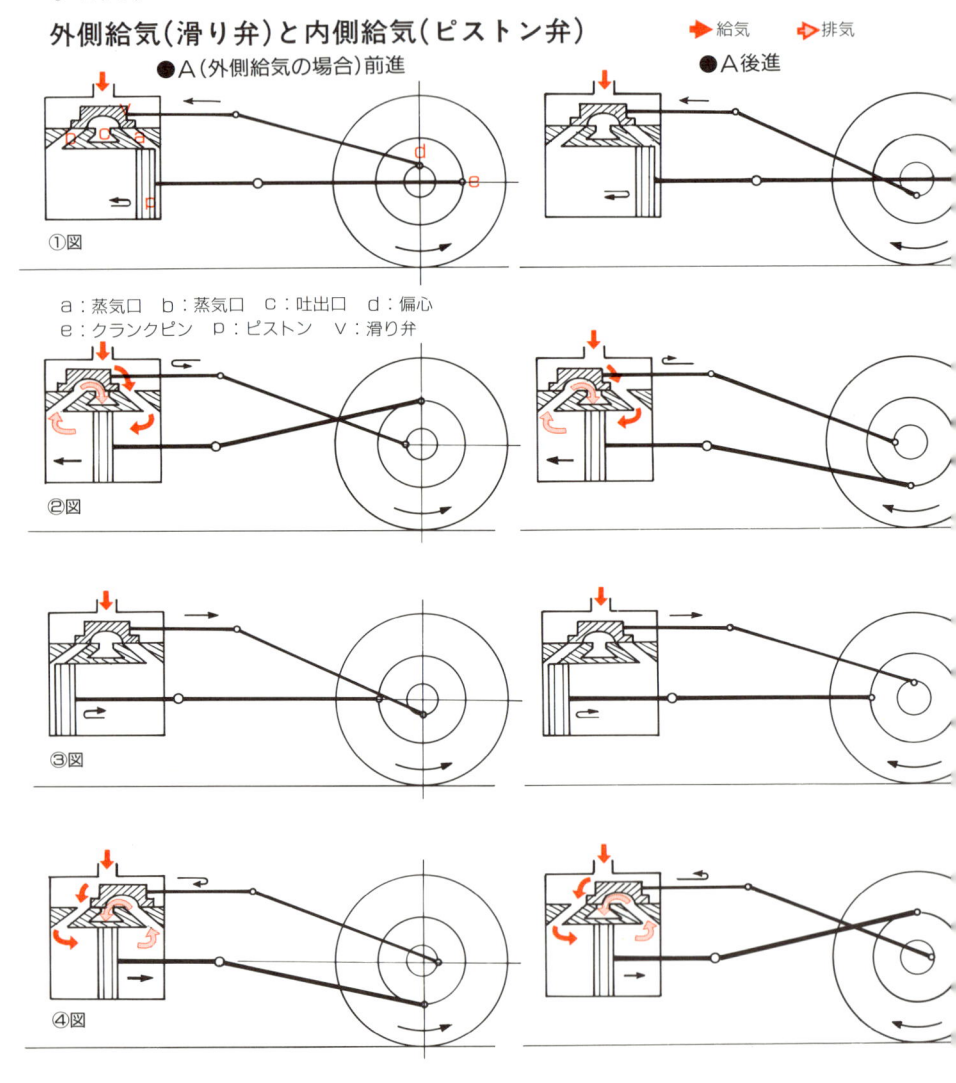

外側給気(滑り弁)と内側給気(ピストン弁)

●A(外側給気の場合)前進　　　　　　　　➡給気　⇨排気　　●A後進

①図

a：蒸気口　b：蒸気口　c：吐出口　d：偏心
e：クランクピン　p：ピストン　v：滑り弁

②図

③図

④図

②図 さらに動輪が回転すると，弁は偏心棒により左に移動して徐々に蒸気口（a）を開く。ピストン左側の蒸気はbから弁の凹みを通って吐出口cより排出されて大気中に出る。aからはピストン右側に給気されてピストンを押し，偏心が左死点にくると蒸気口は全開となって給・排気を続ける。

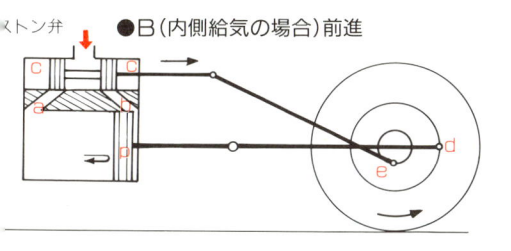

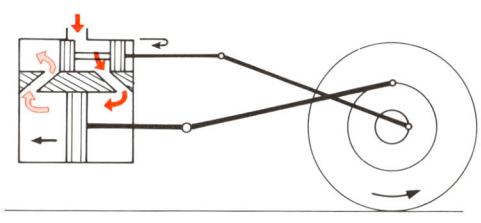

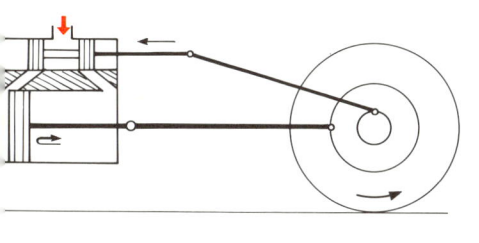

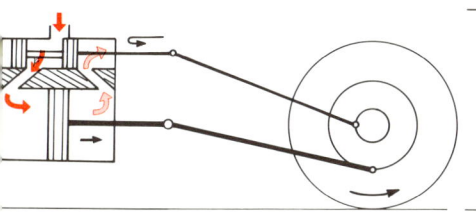

③図 尚もピストンは左に移動して動輪を回し，クランクピンが左死点になるとピストンも左端に達する。給・排気を続けていた左右の蒸気口は，偏心の移動で弁も中央に戻る。やがて蒸気口は閉じられて給・排気の切換えが行われ，ピストンの動きも反転する。

④図 動輪の回転で偏心は右に移動し，弁も同様に動いて左右の蒸気口を開き，aから今までピストンを押していた右側蒸気をcに排出し大気中に出す。bからは蒸気が入りピストンを右に押して主連棒を介して動輪を回す。やがて蒸気口は全開となり給・排気は続き，偏心が右死点になると弁は左に移動を始める。徐々に蒸気口を閉じてゆき，ピストンは右端に押されて①図に戻る。この弁及びピストンの往復（2行程）で動輪は1回転する。

　以上は前進回転だが，後進の場合でもピストンと弁は前進の時と同じ方向に動くので，偏心位置を180°移動する。因って1つの動輪に前進と後進の偏心位置があり，2本の偏心棒が必要となる。

　B図は内側給気（ピストン弁）で外側給気とは弁作用は同じだが，給・排気ポイントが逆になるので弁も逆方向に動く。だから外側給気とは偏心位置も前・後進共180°逆となる。

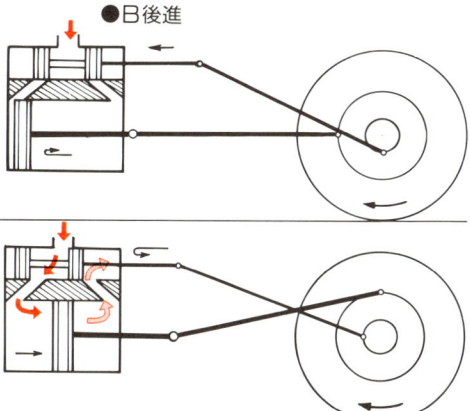

●B（内側給気の場合）前進

●B後進

弁装置の概念 ラップとリード・用語解説

〈弁装置〉

ピストンの往復運動によって車輪を動かし，そのピストン両側に，交互に圧縮蒸気を送る蒸気通路を開閉するものが弁である。給排気を促し，内側給気と外側給気の2種類がある。日本では前者がピストン弁，後者に滑り弁が用いられ，その作用の多くは，動輪の回転から採る。

〈ラップとリード〉

標準弁は弁足と蒸気口の径が同じなので，給気口，排気口の開閉が同時に行われる。それではピストンが給気行程の終端に達するまで給気を続ける事になり，蒸気の膨張を利用する事もないので蒸気の消費量も多くなる。又，排気側も終端まで蒸気が全て出てしまうので，反転時点でのピストンの緩衝作用が少なくなり，シリンダー等に衝撃を与えて悪影響を及ぼす。

そこで弁の給気側を延ばして蒸気口よりも大きくする(に

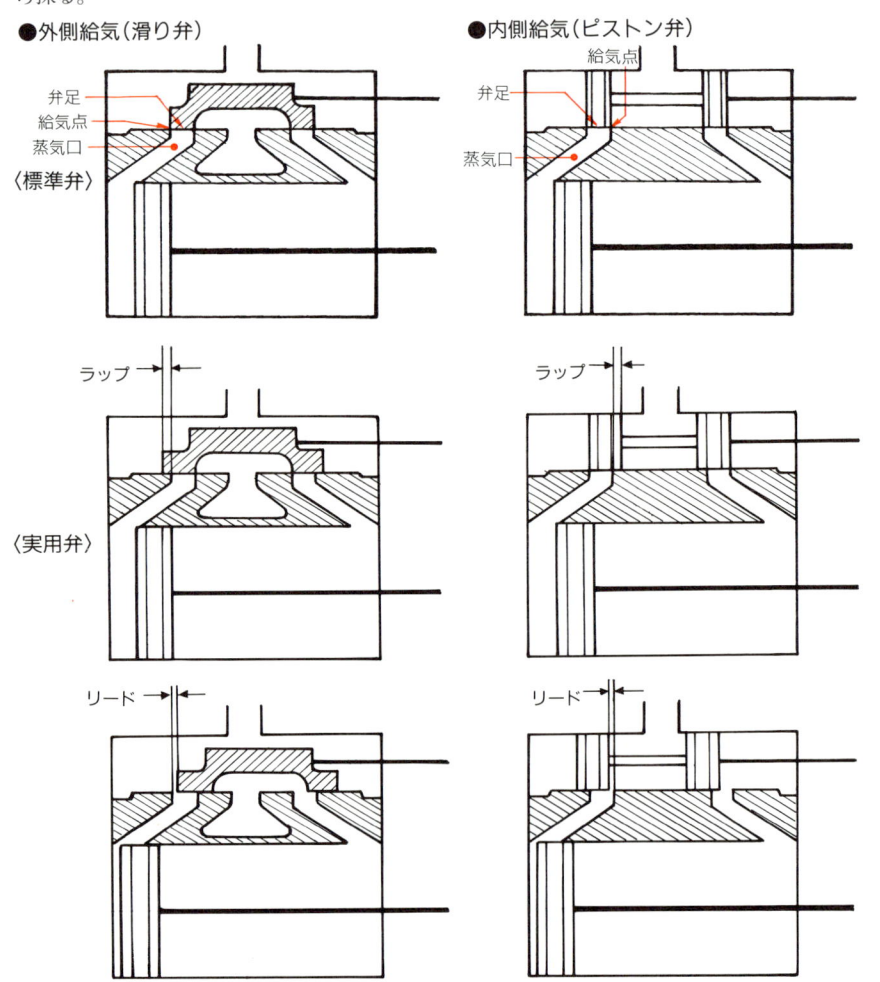

●外側給気(滑り弁)　　　　　　　●内側給気(ピストン弁)

〈標準弁〉

〈実用弁〉

走行装置

の延ばした部分をラップと言う）。それによってピストンの給気行程途中で給気口を締切り、シリンダー内の蒸気の膨張で残りの行程を動かす。
排気側も行程終端に達する前に排気口を閉じ、ピストンとシリンダー蓋の間に残った蒸気は圧縮され、ピストンを柔かく受け止めてピストン反転時の緩衝作用となる。そして給気側も終端前に蒸気口（今までの給気口）が開き、蒸気が吐出されるのでピストン背圧が減少され、反転が容易で円滑になる。
しかしピストン反転の時に圧縮作用だけでは、ピストンを押し返す力は弱いので、それにプラスして蒸気（今までの排気口）を開いて、給気をすれば反転作用がよりスムーズになる。この終端直前に蒸気口を開く位置を弁の給気点と言い、ピストンが終端（死点）にある時に蒸気口が開いている量をリードと呼ぶ。

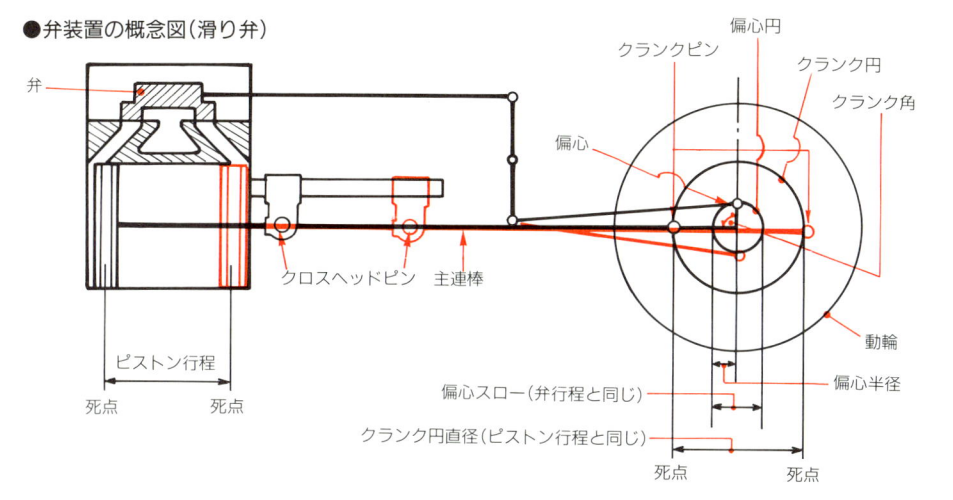

●弁装置の概念図（滑り弁）

〈弁装置用語〉
● クランク位置：動輪のクランクピン中心の位置。
● クランク円：クランクピン中心が車軸の中心を中心として描く円。
● 偏心：クランクあるいは偏心輪の中心。
● クランク角：クランクピン，車軸中心，偏心を結んだ角度。
● 偏心半径：偏心から車軸中心までの距離。
● 偏心スロー：偏心半径の2倍でエキセントリックスローとも言う。
● 偏心円：偏心が車軸中心を中心として描く円で，直径は偏心半径の2倍である。
● バルブ・トラベル：弁が弁座を移動する距離。弁行程とも言い，偏心円直径と同じ長さである。
● オーバートラベル：弁が蒸気口を全開した後もなお進んだ距離。
● ピストン行程：ピストンがシリンダーの両極端を移動する距離。動輪1回転で1往復（2行程）する。クロスヘッドピン移動距離やクランク円直径と同じ長さである。
● 死点：ピストンがシリンダーの両極端にありクロスヘッドピン，クランクピン，動輪中心が一直線上に位置して力が全然作用しない状況。

● 標準弁：弁座の中心にある時、両端の蒸気口を塞ぎ、且つ蒸気口径と弁足の幅が同じ。だから少しでも動くと蒸気口が開き始める。
● 重なり（ラップ）：弁が標準位置（弁座の中心）にある時に蒸気口から生蒸気（ボイラーからの給気蒸気）側にはみ出している弁足の部分。外側給気は外側、内側給気は内側に設ける。
● 実用弁：ラップを設けた弁。これにより締切を自由に変えて蒸気の膨張を利用する。
● 先開き（リード）：ピストンが死点にある場合に弁がその側の蒸気口を開いている大きさ。
● 給気（アドミッション）：シリンダーへ蒸気を送るために蒸気口（給気口）を開いた時から閉じるまでの期間。
● 締切（カットオフ）：給気口を閉塞して（この弁位置が締切点）蒸気の進入を遮断する事。
● 膨脹（エキスパンション）：シリンダー内で蒸気が膨脹作用をする期間。締切から蒸気口（今までの給気口）が開くまで。
● 圧縮（コンプレッション）：ピストン排気行程の終端（死点）に至る手前で弁がその側の蒸気口（排気口）を閉じて排気を遮断し（この弁位置が圧縮点）、シリンダー内に残った蒸気をピストンが圧縮する。

167

- 吐出(レリーズ)：ピストン給気行程の終端に到る前に弁が蒸気口(今までの給気口)を開く(この弁位置が吐出点)。蒸気を先に吐出してピストンの背圧を減らし、反転作用を容易にする。
- 前給気(アドミッション)：ピストンか排気行程の終端直前に蒸気口(今までの排気口)を開いて給気を始める(この弁位置が給気点となる)。ピストンが終端(死点)に達すると蒸気口はリード分だけ開く。

■先進角の求め方

弁にラップとリードを与えた場合の、クランクと偏心の位置関係を示す。A、Bはクランク及びピストン行程でa、bは弁行程、及び偏心ストロー。Oは車軸中心で弁座の中心と一致する。そして、ピストンが死点にある時、弁の進行方向は前進、後進に関係なく同じである。I 図(外側給気)で説明するとピストンが死点A(クランクピンも同位置)にあれば、標準弁(赤アミ部)の場合、弁足は蒸気口を開かんとする位置(給気点)で弁座中心にあり、偏心円のc や d 点に偏心位置がくるのでクランク角(A．O．c)，(A．O．d)は90°である。

〈ラップを設ける〉

弁は蒸気口を全開にするため必ず口径分の距離を移動するので、ラップを設ければ、蒸気口の径＋ラップの距離を移動(偏心半径)する事になる。

A点(前死点)にピストンがあれば弁足は給気点にあるため、ラップ分だけ右に寄せて弁中央Sがa、b線上のeと同位置になる。そこから垂直に偏心円と結んだe_1、e_2がラップを設けた弁の偏心位置となる。因ってc、O、e_1及びd、O、e_2がラップ角αとなり、クランク角は90°＋αになる。

〈リードを与える〉

それにリードを与えるには弁をなおも右に寄せる。Sはf点に移り、偏心円上のf_1、f_2が偏心位置となる。e_1、O、f_1及びe_2、O、f_2がリード角βで、ラップ角度(α)とリード角度(β)の和を先進角と言い、90°＋先進角がクランク角になる。

以上は外側給気の場合で偏心f_1は後進に、f_2は前進に作用するので、スチーブンソン式ではこの位置に後進偏心棒及び前進偏心棒を付ける事になる。尚、c、O、f_1は後進角、d、O、f_2を前進角と云う。

内側給気II 図も同じ要領で先進角を得る事が出来る。ピストンがA(前死点)にある時、弁は外側給気とは逆に左に移動し、g_1、g_2かラップ角、h_1、h_2がリード角を付けた偏心位置になる。h_1は前進にh_2は後進に作用する。

ワルシャート式の場合は、偏心棒で加減リンク下部と偏心(h_1あるいはh_2)を結ぶ。加減リンクは中央を中心に回転するので、上半分と下半分の動きは逆運動になる。そこで心向棒を入れて、それが下半分にある時は偏心棒の運動方向をそのまま弁に伝え、上半分に移すと、偏心棒の運動は逆転して心向棒より弁に伝わる。この為に偏心棒は1本で前、後進を司る。

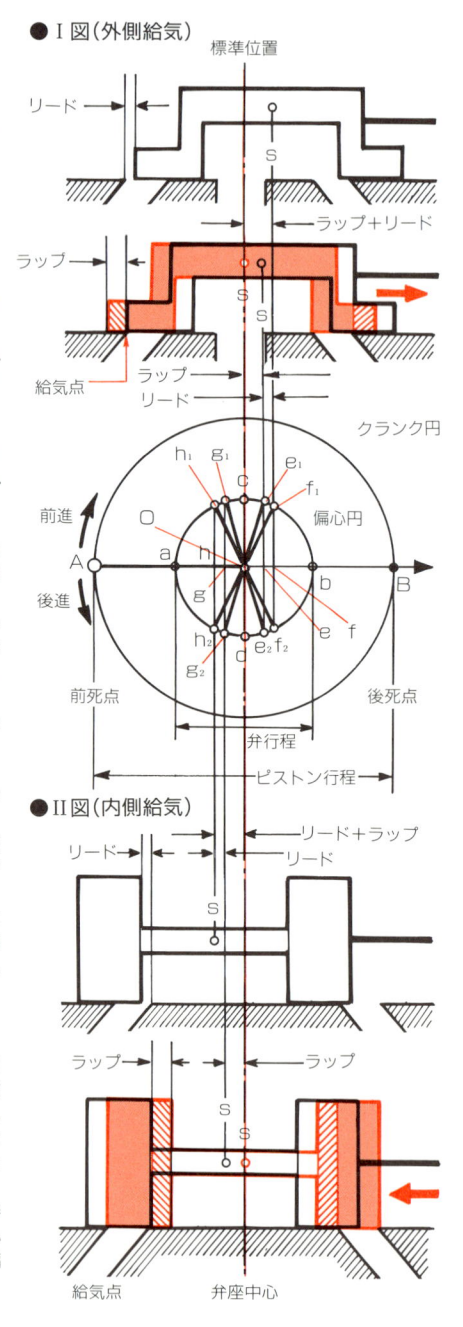

● I 図(外側給気)

● II 図(内側給気)

走行装置

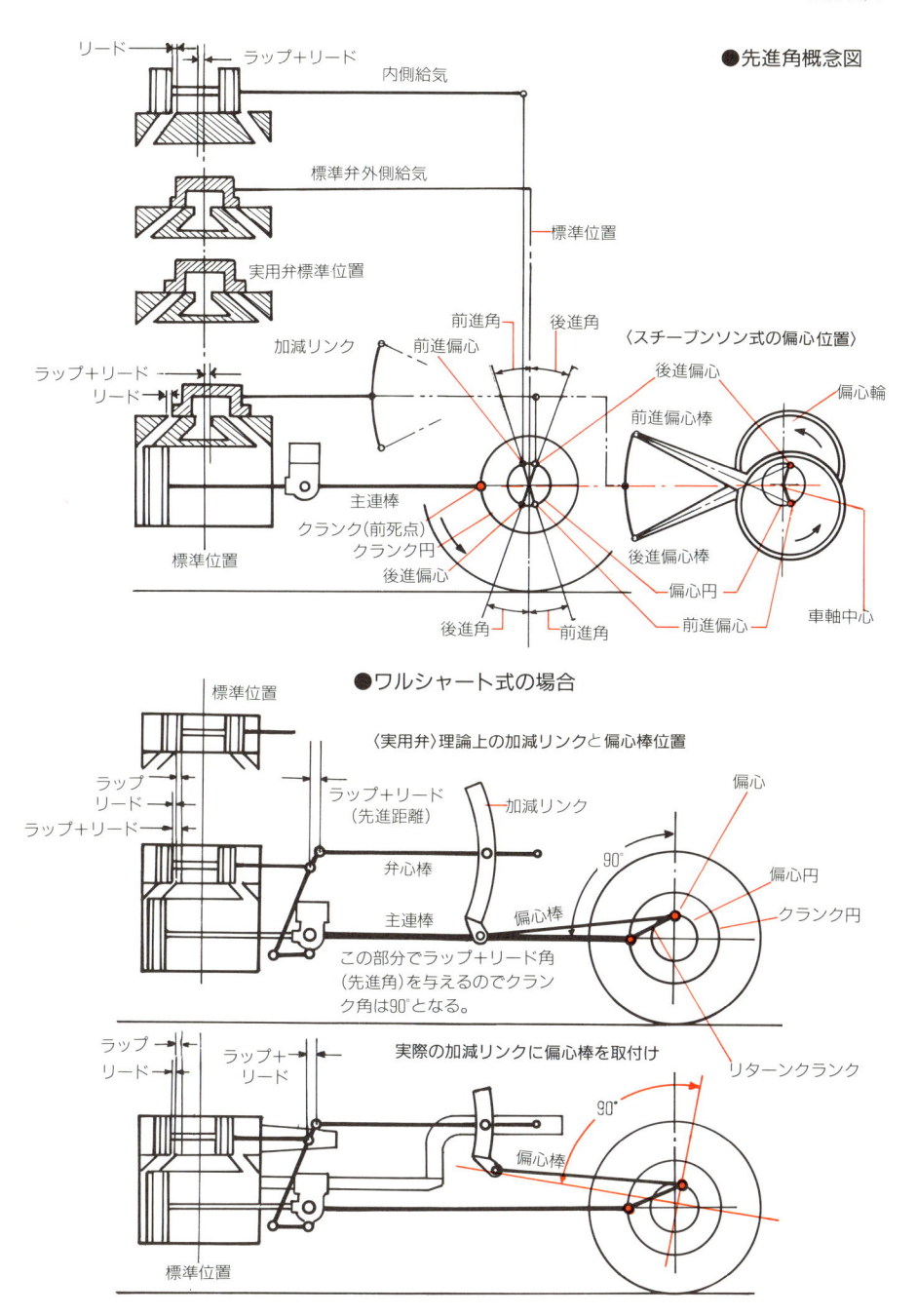

●先進角概念図

〈スチーブンソン式の偏心位置〉

●ワルシャート式の場合

〈実用弁〉理論上の加減リンクと偏心棒位置

この部分でラップ+リード角（先進角）を与えるのでクランク角は90°となる。

実際の加減リンクに偏心棒を取付け

蒸気機関車の走行① ワルシャート式弁装置の走行時作用

走行の基本メカニズムは前記したが，実用に即してラップとリードを設けた走行メカニズムは以下の通りである。日本ではポピュラーなワルシャート式，内側給気を例にする。

①先開き
逆転器は前進フルギアとし，動輪が回ってクランクピン(j)は左死点にあり，同時にピストンも左端死点にある。左ピストン弁は蒸気口(a)にリードを与えているので，ピストン左側には給気が始まって給気行程に入る。ピストン右側で今まで押していた蒸気は蒸気口(b)が開かれて排気が吐出し，この側は排気行程に変わる。

②全開
蒸気口(a)からの給気でピストンは右に押されて動輪を回し，同時にリターンクランク(m)も回ってクランク(偏心)(k)は左死点に向う。それで弁は左に移動し，蒸気口(a)は全開となって給気を続けピストンを押し続ける。排気側の蒸気口(b)も全開となるのでピストン背圧抵抗はない。

③締切
ピストンに押されて尚も動輪が回ると，クランクは左死点を越えて弁を右に戻し，やがて蒸気口(a)を閉じて(締切点)蒸気の供給を止める。この状態を締切と言い，後はシリンダーに残った蒸気の膨張を利用してピストンを押し続ける。

④吐出
ピストンの行程も終りに近づき動輪，クランクピン及びクランクは回って，弁は尚も右に移動し左ピストン弁は蒸気口(a)の端を開かんとしている。右ピストン弁は蒸気口(b)の端を閉めんとしている。(b)を閉める(圧縮点)と同時に(a)が開き始める(吐出点)。ピス

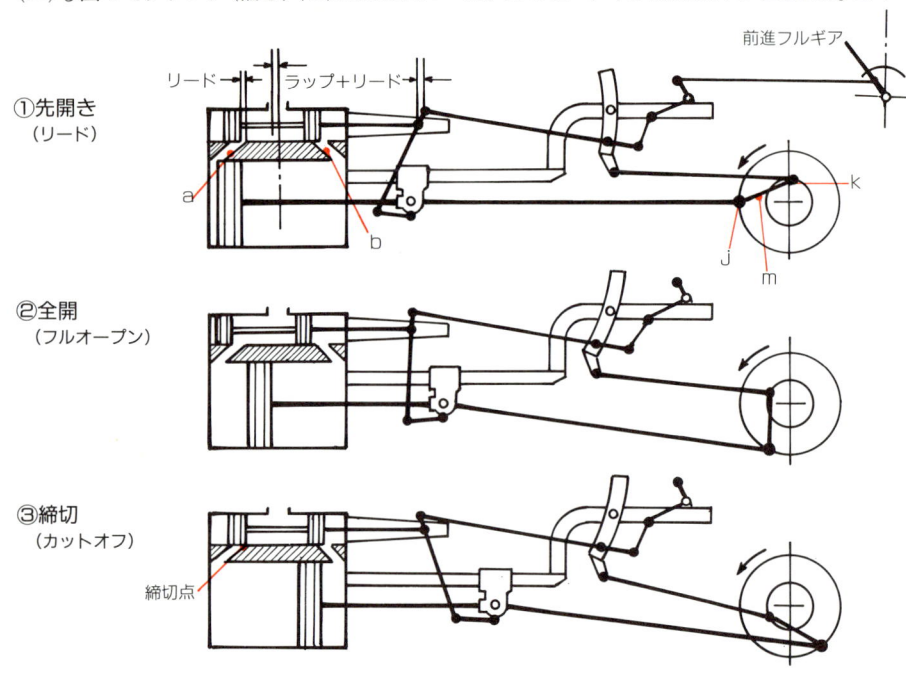

走行装置

トンが蒸気に押されるのはこの時点までで、残り右終端までは惰性で働く。(b)を閉めた事でピストン右側に残った蒸気は、ピストンとシリンダー後蓋との間で圧縮されてクッションの役目をする。(a)は開いているので左側の蒸気はそこから逃げてしまいピストン左側には力が全くかかっていない。

⑤給気

ピストン行程も終端手前となり、右側に圧縮された蒸気だけではピストンの惰性を受けとめるだけの力はない。そこで蒸気口(b)が開いて(給気点)、給気と蒸気圧縮の反発力で緩衝してピストン反転を円滑にする。

⑥先開き

ピストンが右終端に達して左への復行程に移る。蒸気口はリード分だけ開いており、既にピストン右側には蒸気が供給されて復行程の立ち上がりを早くする。

今度はピストン右側が給気行程、左側が排気行程になって①と同じ作用に戻り、これをくり返して進行する。

- ピストン反転時の衝撃がシリンダー、ピストン棒、主連棒、動輪やレール等に伝わって亀裂、損傷等の原因になるので、④⑤の緩衝作用は重要である。
- 蒸気の膨張とは、圧力をかけられた蒸気(約14気圧)はその圧力を解くと大気圧(1気圧)に戻ろうとしてその体積を増やす作用の事。
- 締切を変える意味は、弁の行程を長くすれば蒸気口を開いている期間が長いので、締切は遅くなり、蒸気の供給量が増えてピストンを強い力で長く押せる。逆に行程を短かくすれば締切が早くなって給気量は減り、シリンダー内に残った蒸気の膨張を利用する時間が長くなるので力は強くない。そこでスタート時や上り勾配等で、最も力が要る時は締切を遅くし、平坦線ではスピードが上るにつれて惰力がつくので余り力を必要としなくなる。そこで締切を早くしてやれば少ない蒸気で効率良く走る。自動車はスピードや重量、勾配等でローからトップまでギア・チェンジを行うが、同じ事が蒸気機関車では締切を変える事で行われる。

カットオフ何%という言い方をするが、これは締切率の事でピストン行程の何%の時点で締切るかという意味。スタート時では約80%、スピードが上れば10～30%位(加減弁は全開)にする。これは牽引重量、線路勾配や機関士の技量等により同じスピードでも決まっている訳ではない。

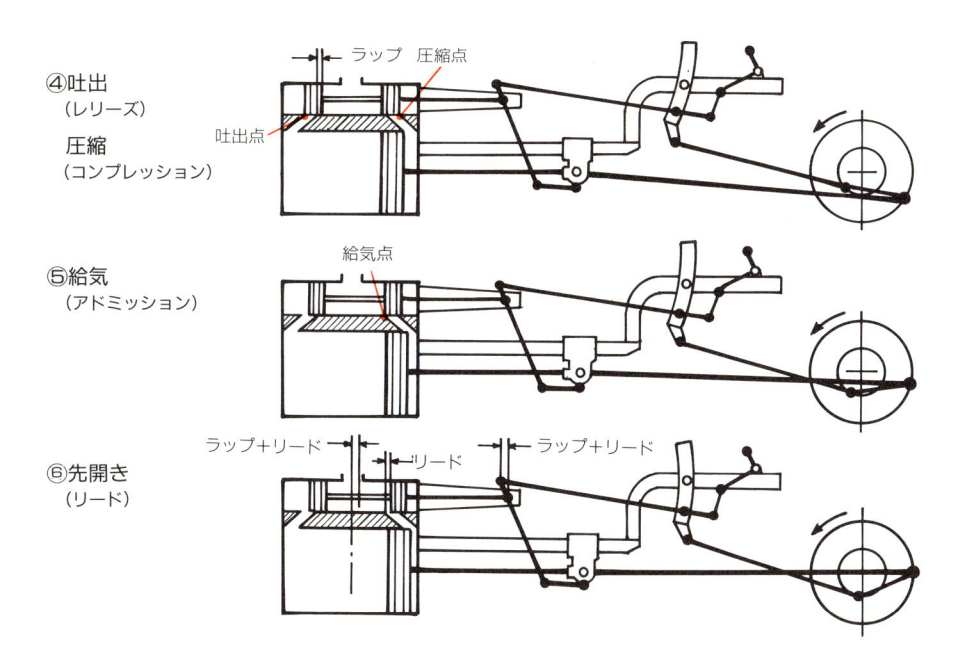

④吐出
(レリーズ)

圧縮
(コンプレッション)

ラップ　圧縮点
吐出点

⑤給気
(アドミッション)

給気点

⑥先開き
(リード)

ラップ＋リード　　リード　　ラップ＋リード

蒸気機関車の走行② ワルシャート式・逆転装置の作用

　加減リンクは取付点を中心に前後に揺動し，その運動量は常に一定である。上半分と下半分の運動は逆となり，取付点に近づくにつれて運動量は小さくなる。そこで加減リンク内に滑り子を入れ，その位置を変えるとそれに連なる弁の移動で前後進の切換えが行われたり，弁の運動量により締切位置が変わる。

〈前後進逆転〉
　Ⓐ Ⓑ図共ピストン及びクランク位置は同じである。

Ⓐ図　加減リンク滑り子を逆転器により下端位置（前進フルギア）に置くと，心向棒及び弁心棒によりピストン弁は前に押されて前方給気口が開き，蒸気が気筒に進入してピストンを後方に押して動輪を前に回転する。

Ⓑ図　加減リンク滑り子を逆転器により引き上げて上端位置（後進フルギア）に置くと，ピストン弁も後に引かれる。すると後方給気口が開き，給気蒸気の流れが逆転して動輪は後に回転する。

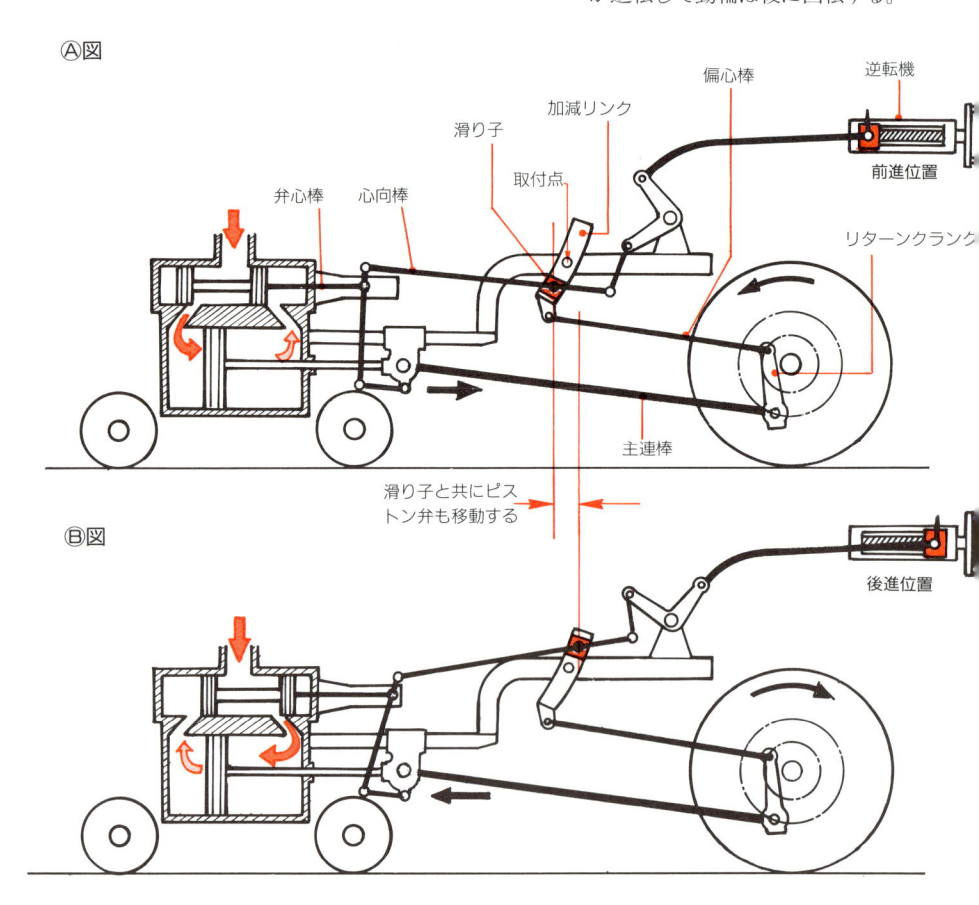

Ⓐ図

弁心棒　心向棒　滑り子　取付点　加減リンク　偏心棒　逆転機　前進位置　リターンクランク　主連棒

滑り子と共にピストン弁も移動する

Ⓑ図

後進位置

走行装置

〈逆転機位置と弁のトラベル〉
・前進フルギア
　逆転機を前進フルギアに置くと加減リンク滑り子の運動は最大となり、弁のトラベルも最大となる。又、締切が遅いので気筒への給気量も最も多い。尚、後進フルギアに置いた場合も同様となる。

●前進フルギア

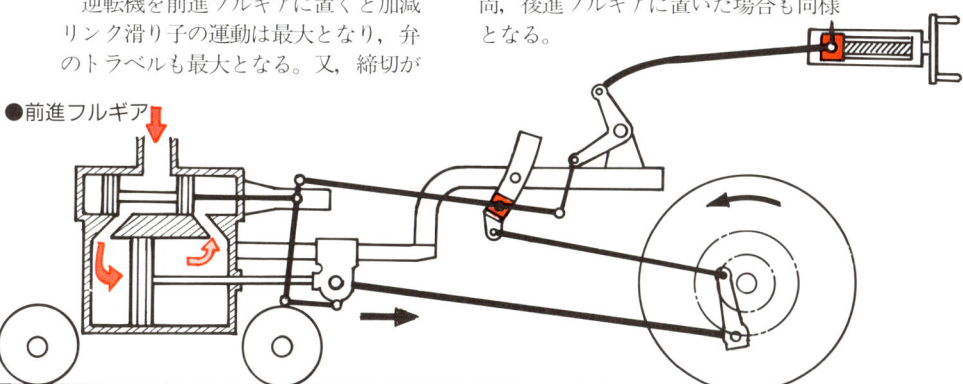

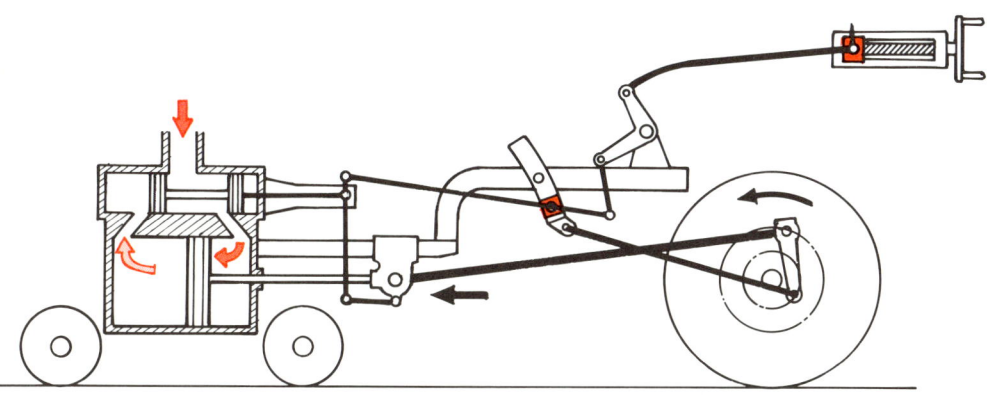

●C58　客貨両用の万能機関車。①1938年(昭和13年)②2-6-2③58.7t④41.5t⑤6×17⑥18.3m⑦1520mm⑧480×610⑨16.0kg/cm²⑩880ps⑪85km/h ※動態保存

173

蒸気機関車の走行③ 締切位置とミッドギア

〈締切位置〉

　前進フルギアからミッドギアに近づけるにつれて滑り子の動きは小さくなり，弁のトラベルも小さくなる。前進フルギアのⒶ図では弁の締切点でピストン位置は後方にあるが，逆転器を40％引き上げたⒷ図では弁の締切点でピストンはⒶ図よりも前の位置にあり，ここからは蒸気の膨張を利用してピストンを押し続ける。この様に滑り子が加減リンクの中央に近づくにつれて締切が早くなる。

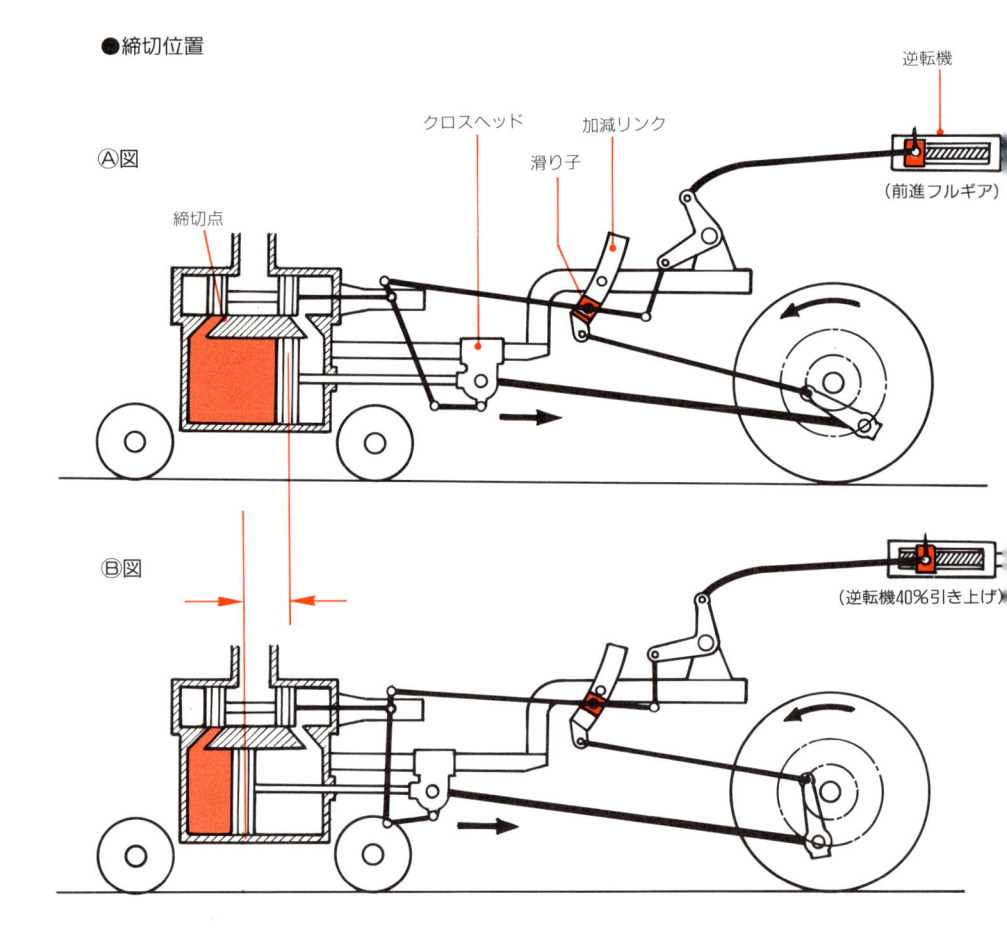

●締切位置

走行装置

〈ミッドギア〉
　加減リンクの中間点に滑り子がある場合を言う。加減リンクの動きは弁には伝わらず、クロスヘッドの動きのみが合併テコにより弁に伝わるので，弁のトラベル（移動）は最小となり，そのトラベルはラップ＋リードの2倍である。

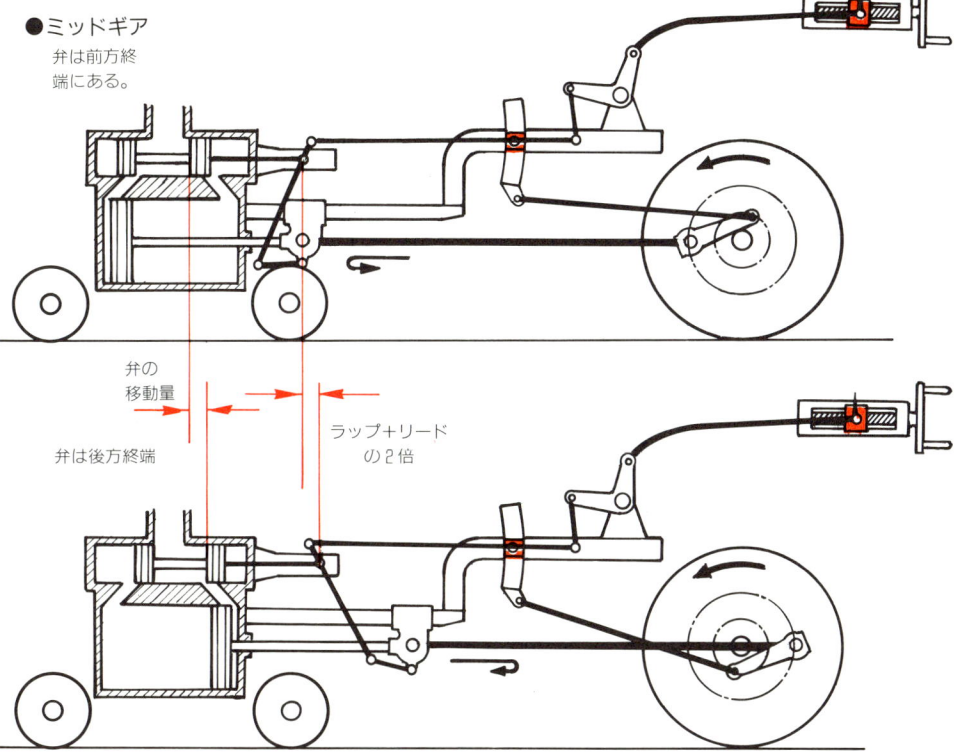

●ミッドギア
弁は前方終端にある。

弁の移動量

弁は後方終端

ラップ＋リードの2倍

●C59
最大の軸重をもつ完成された美しさの幹線用急客機。

①1941年（昭和16年）②4-6-2 ③80.3t ④56.9t ⑤10×25 ⑥21.4m ⑦1750mm ⑧520×660 ⑨16.0kg/cm² ⑩1290ps ⑪100km/h

175

スチーブンソン式弁装置

●加減リンク

〈スチーブンソン式弁装置〉

　この形式では一般に台枠の内側に弁装置を置き、従って蒸気室も内側にある。動輪の車軸内側に偏心輪2コ1組を左右に2組取り付ける。偏心輪にはそれぞれ偏心棒が付き、加減リンクの上下に結合する。加減リンク上部に付くのが前進、下部に付くのが後進の偏心棒である。

　加減リンクには偏心棒の長さを半径とする円弧状の溝があり、これに滑り子が入る。先端に滑り弁が付いた弁心棒の後端は滑り子と結合し、加減リンク内をスライド出来る。加減リンク中央には釣リンクが付き、逆転腕と連結して逆転テコの操作により上下に動く。

　逆転機の操作は、釣リンク腕にかかる重量をバランスウェイト（釣合い錘）で釣合せて、容易になっている。

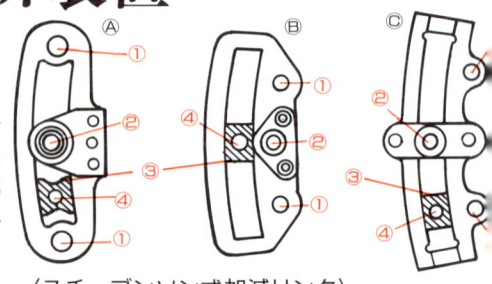

〈スチーブンソン式加減リンク〉

　Ⓐは偏心棒取付ピン位置がリンクの溝の中心線上にあるので、逆転テコがフルギアの場合は弁トラベルは偏心直径と同じだが、弁心棒と偏心棒が一直線にならず滑り子ピンが偏心棒の内側にくる。そのために、偏心棒の運動は小さくなって弁心棒に伝えられるので、偏心輪をその分だけ大きくしなければならない。

　ⒷⒸはリンク溝の外に偏心棒が付くので、フルギアの場合には弁心棒と一直線となり運動をそのまま伝えるので、偏心輪を最小にできる。

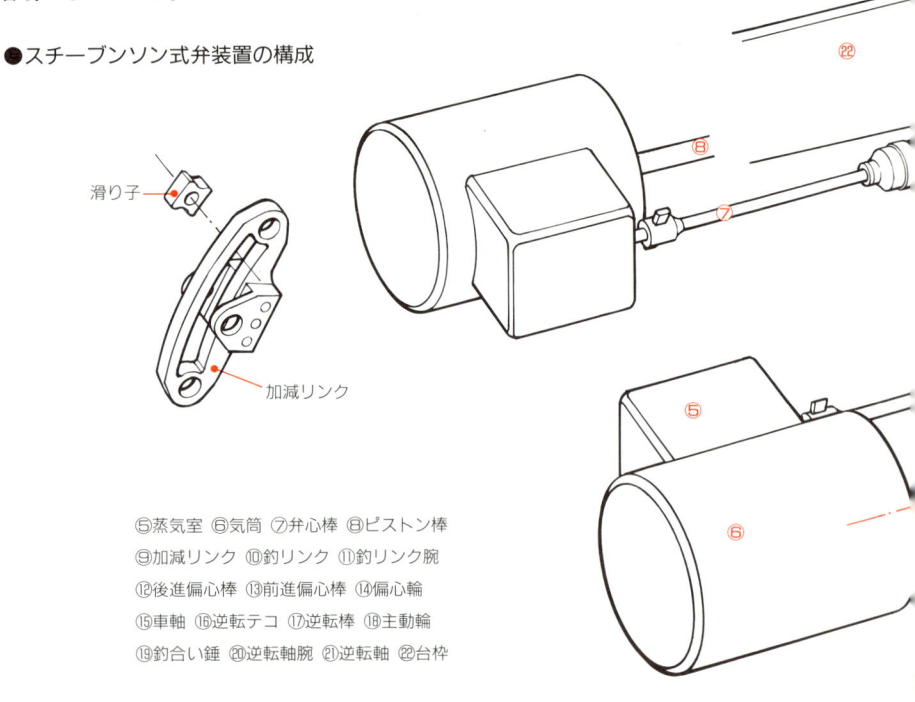

●スチーブンソン式弁装置の構成

⑤蒸気室　⑥気筒　⑦弁心棒　⑧ピストン棒
⑨加減リンク　⑩釣リンク　⑪釣リンク腕
⑫後進偏心棒　⑬前進偏心棒　⑭偏心輪
⑮車軸　⑯逆転テコ　⑰逆転棒　⑱主動輪
⑲釣合い錘　⑳逆転軸腕　㉑逆転軸　㉒台枠

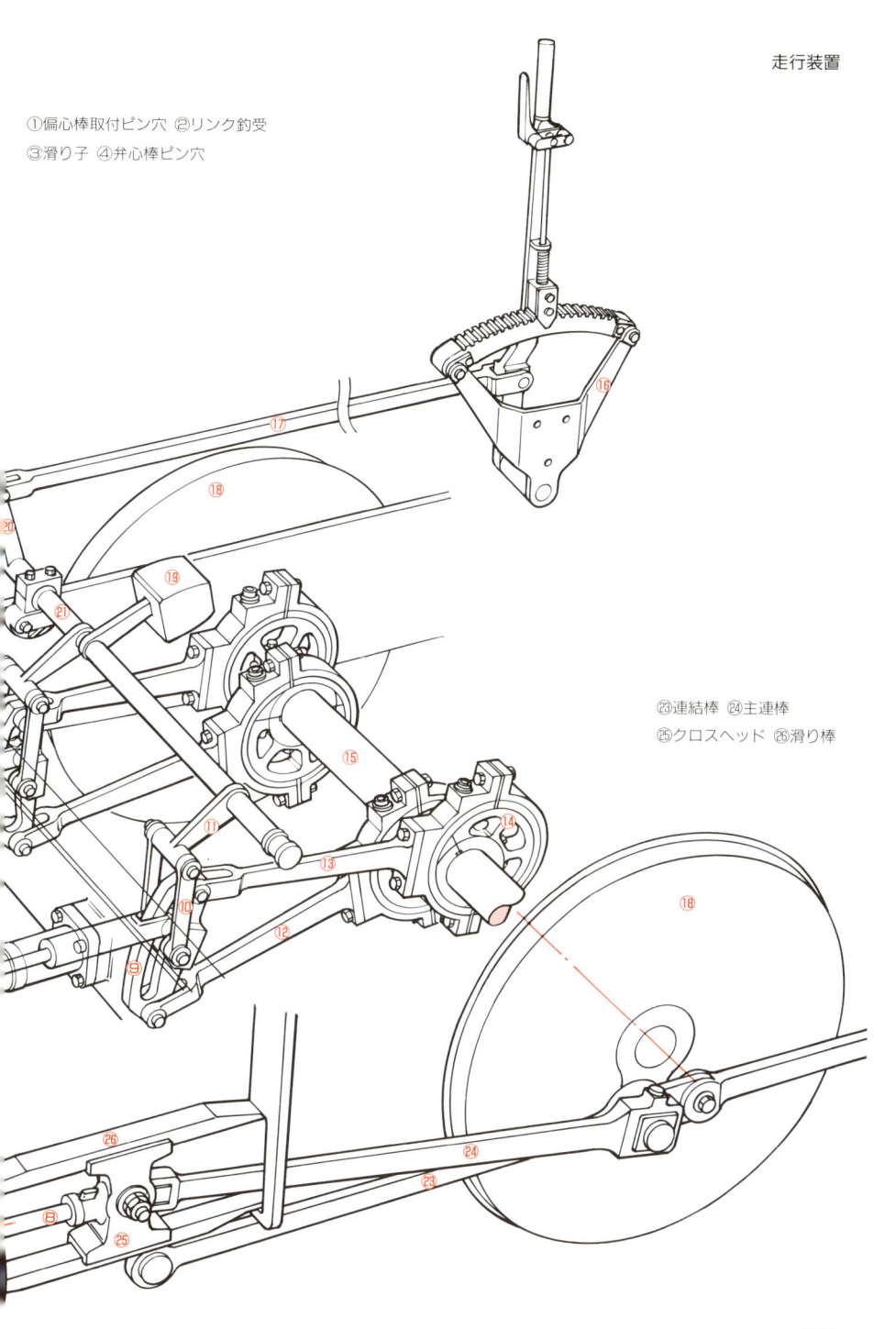

①偏心棒取付ピン穴 ②リンク釣受
③滑り子 ④弁心棒ピン穴

走行装置

㉓連結棒 ㉔主連棒
㉕クロスヘッド ㉖滑り棒

177

スチーブンソン式
偏心輪の作用と弁装置

●スチーブンソン式弁装置作動図

〈弁作用〉
(前進フルギア)加減リンク及びそれに付く偏心棒は最下位に下がるが、弁心棒は滑り子により加減リンク内をスライドするのみで上下動はしない。それ故、前進偏心棒は弁心棒とほとんど一直線になって、前進偏心棒のみが弁心棒を前後に動かすので、滑り弁は給気口を開き、前進を始める。

▶前進フルギア（クランクピン上位置）

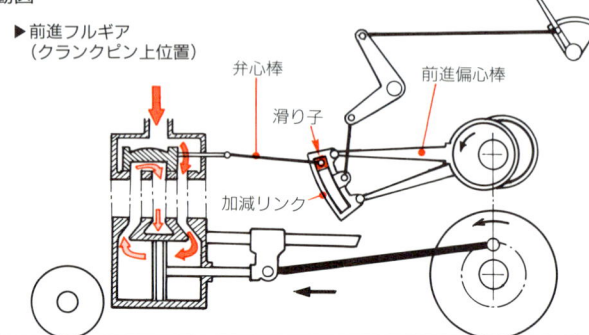

▶前進フルギア（クランクピン下位置）

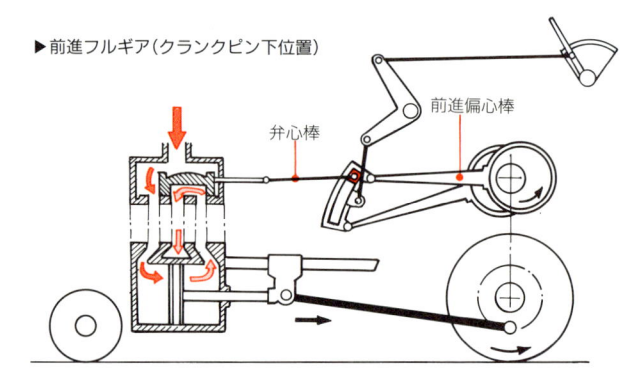

(後進フルギア)逆転テコを後進フルギアにすると、弁は移動し前記の逆の動きをして後進偏心棒が弁心棒と一直線に近くなって後進偏心棒のみの作用で後進する。
前進、後進共一方の偏心棒のみが作用するが、加減リンクを動かして弁心棒滑り子を中央位置に近付けるにつれてもう一方の偏心棒の作用を受けて滑り弁の締切りが早くなる。

(ミッドギア)滑り子が加減リンクの中央に位置すると両偏心棒からの運動量は同じになり前進でも後進でもない中立の位置でミッドギアと言う。弁の行程はラップ+リードの2倍で給気口は最大に開いてもリードのみである。

▶後進フルギア

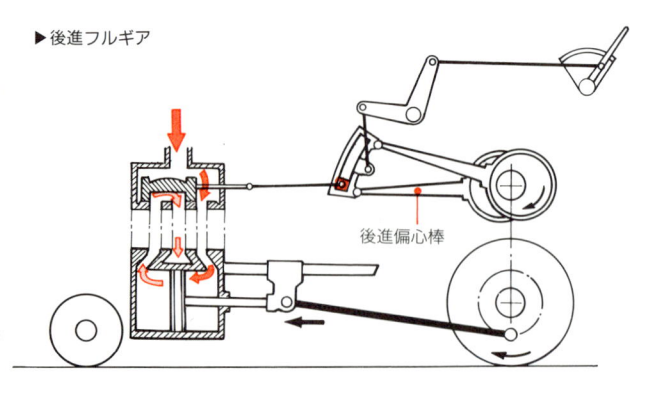

走行装置

● 英国型偏心輪と偏心棒

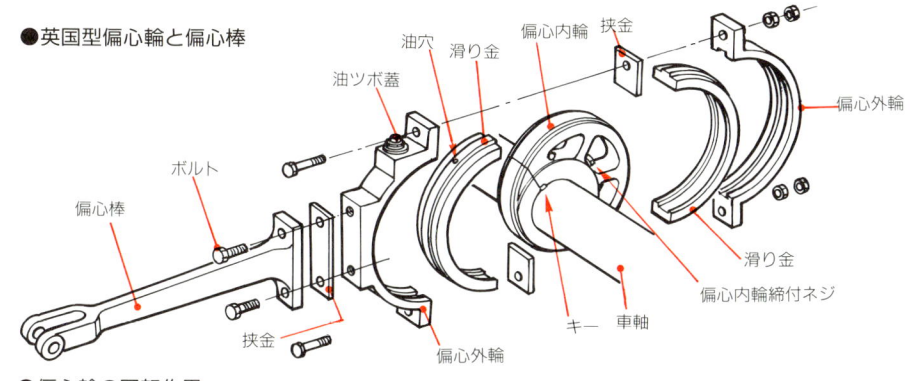

● 偏心輪の回転作用

〈偏心輪〉

　偏心輪は車軸に固定した偏心内輪の外周に、偏心棒を付設した外輪を巻いたものである。内輪中心(偏心)は車軸中心とは離れているので、車軸が回ると内輪中心は車軸中心を中心として回転し偏心円を描く。しかし外輪は付設した偏心棒の先端が加減リンクに止められているので、内側外周を滑るだけで回転はせず偏心円の直径分の距離(偏心スロー)を前後して動きを偏心棒で加減リンクに伝える。

　英国式は内輪と外輪の間に滑り金を設けるが、米国式にはない。偏心棒の長さの調整は英国式では、偏心棒をボルト止めした部分に挟金を入れてその厚さで加減する。米国式は外輪の一部を延ばして偏心棒を重ねてボルト止めするが、重ねる側のボルト孔を楕円形にし、止め位置を変えることで長さを調整する。

〈アメリカン・スチーブンソン式〉

スチーブンソン式は弁装置の全てが台枠内にあるが、アメリカ型では蒸気室を台枠外側の気筒上に置いている。その為加減リンクの作用を途中の中間テコにより、台枠の外に導いて弁心棒をつなぎ蒸気室給気弁を動かす。偏心棒及び加減リンクの作用は中間テコで反転するので、弁心棒はスチーブンソン式とは逆の動きとなる。そこでクランク位置を180°違えている。

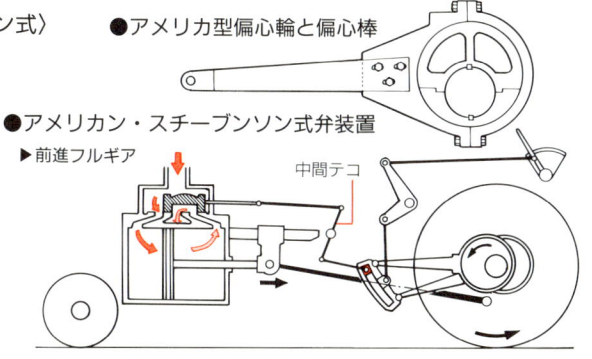

● アメリカ型偏心輪と偏心棒

● アメリカン・スチーブンソン式弁装置
▶前進フルギア
中間テコ

179

ジョイ式弁装置

〈ジョイ式弁装置〉

　明治時代に使われた形式で，改修型もいろいろあるが，この図は外側給気のものである。弁作用は主連棒の運動から採る。主連棒の途中に揺リンクを設け，心向棒と結んで気筒後蓋の心向棒受に取付ける。揺リンクの中間よりも少し上に合併テコの下端を取付けて，その上端に弁心棒を，その少し下に滑り子を付けて扇形滑の溝に挿入し上下にスライドする。溝は弁心棒の長さを半径とする円弧になっており，扇形滑は，その中央を逆転テコと連結している逆転腕の支点と直結する。それ故に逆転腕と同じ傾きをする。

　この傾きにより滑り子とそれに付く弁心棒の動きで前，後進の弁作用を行う。

● ジョイ式弁装置の構成

①弁心棒　②弁心棒ピン
③逆転棒　④逆転腕
⑤扇形滑　⑥滑り子中心ピン
⑦滑り子　⑧合併テコ
⑨主連棒　⑩ビッグエンド
⑪揺リンク　⑫滑り棒
⑬ピストン棒　⑭クロスヘッド
⑮心向棒　⑯心向棒受

● 扇形滑の滑り子作用図

ジョイ式扇形滑の傾斜角により滑り子の作動に前後差が生じて弁行程に差ができる。

〈扇形滑〉

コの字形の扇形滑両側の溝に滑り子が入り，合併テコのピンを挟んで結合し上下に摺動する。合併テコ上部には弁心棒が付いて蒸気室弁と連動する。
他の弁装置は滑り子の位置を変えて前進，ミッドギア，後進を司り，加減リンクの運動量は一定だが，ジョイ式はこれとは逆に滑り子の上下の運動量を一定にして，扇形滑を逆転腕で前後に倒し滑り子の上下運動を傾斜することで前後運動に変えて弁心棒に伝える。扇形滑の傾斜角度によって滑り子の前後差が変り，締切も変えられる。
滑り子には油溜を設け内部の油穴で摺動面に給油する。

● 扇形滑と滑り子

⑰扇形滑　⑱滑り子　⑲耳軸　⑳扇形軸
（逆転腕接続）㉑油ツボ　㉒油溝
㉓合併テコ取付ピン穴

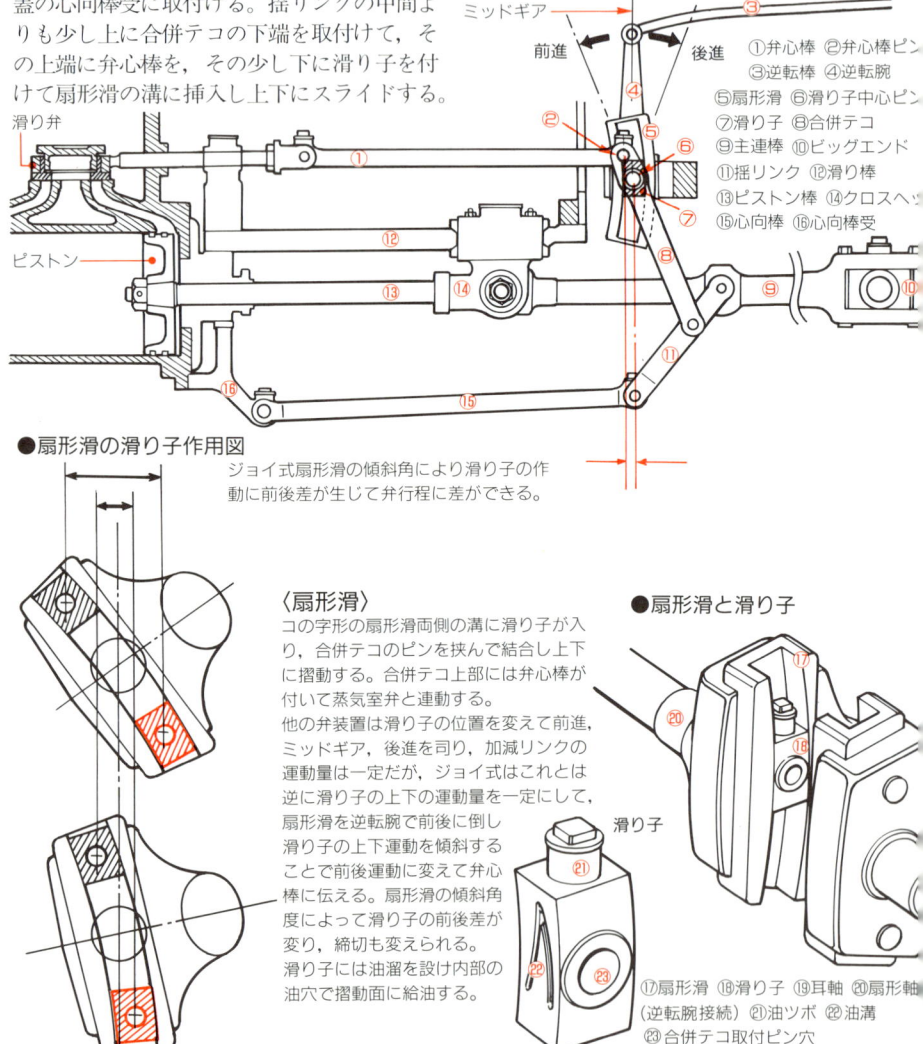

〈弁作用〉

　前進フルギアでは逆転腕及び扇形滑の上端は前傾位置となる。主連棒の動きは揺リンクから合併テコに伝わり，滑り子は扇形滑を上下に移動し，弁心棒接続部も同じ動きをする。扇形滑りは前傾しているので，滑り子の上下動は前後運動となって弁は前後に動く。

　逆転テコを中央に徐々に引き上げると，扇形滑の傾きも少なくなり，弁の締切りが早くなる。直立すると，合併テコの動きのみが作用して，滑り子が上下するだけでミッドギアとなり，弁はラップ＋リードの2倍の距離を動くのみである。

　逆転テコを後に倒すと扇形滑の上端が後に傾き，弁心棒も動いて弁が反対位置にくるので，給，排気作用が逆になって後進を始める。

● ジョイ式弁装置の作動

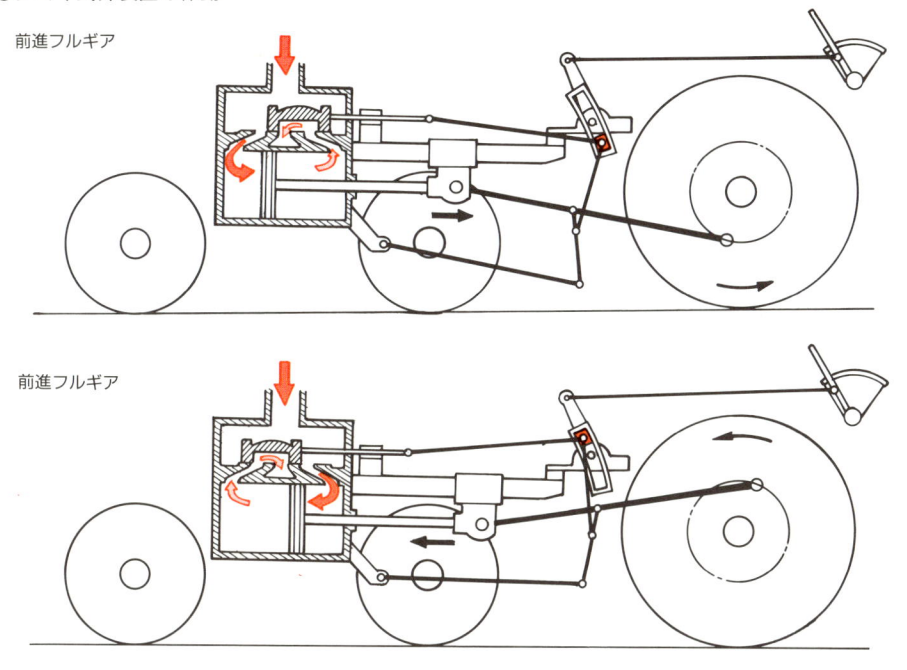

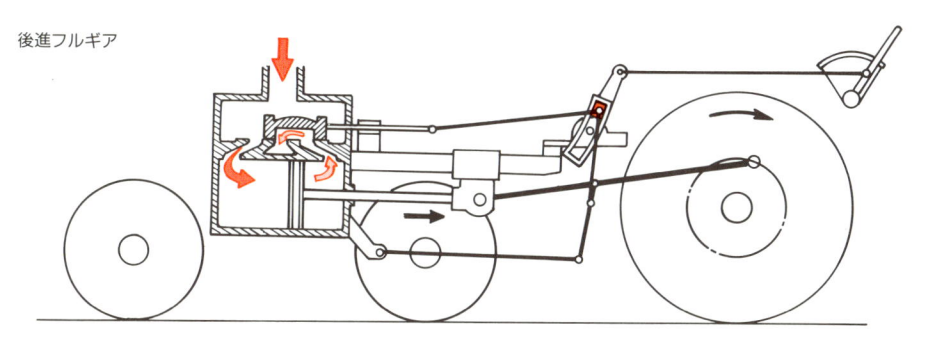

前進フルギア

前進フルギア

後進フルギア

181

三気筒機関車の走行装置

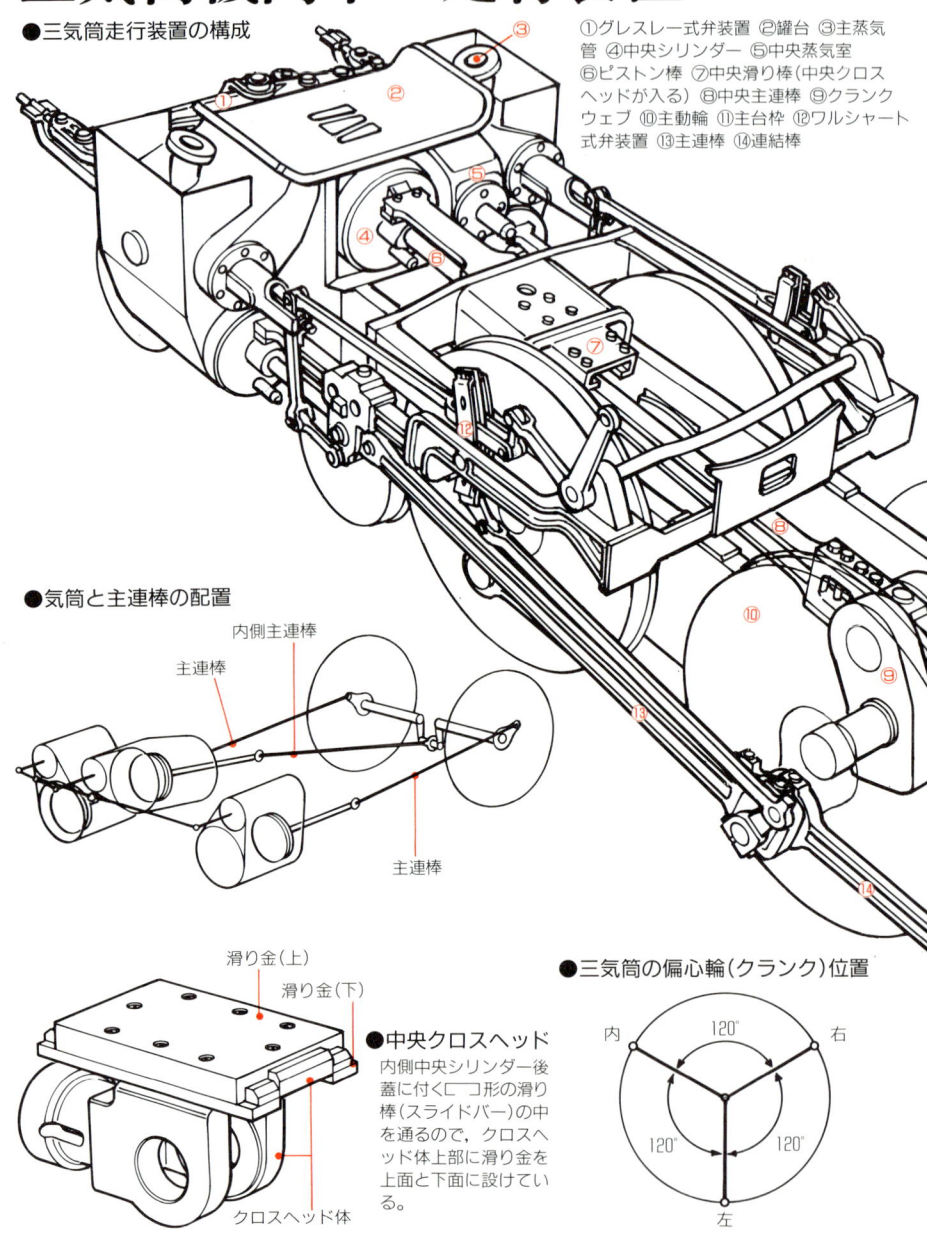

●三気筒走行装置の構成

①グレスレー式弁装置 ②罐台 ③主蒸気管 ④中央シリンダー ⑤中央蒸気室 ⑥ピストン棒 ⑦中央滑り棒(中央クロスヘッドが入る) ⑧中央主連棒 ⑨クランクウェブ ⑩主動輪 ⑪主台枠 ⑫ワルシャート式弁装置 ⑬主連棒 ⑭連結棒

●気筒と主連棒の配置

内側主連棒
主連棒
主連棒

●中央クロスヘッド

滑り金(上)
滑り金(下)
クロスヘッド体

内側中央シリンダー後蓋に付くコ形の滑り棒(スライドバー)の中を通るので、クロスヘッド体上部に滑り金を上面と下面に設けている。

●三気筒の偏心輪(クランク)位置

内 120° 右
120° 120°
左

走行装置

〈三気筒の走行装置〉

左右シリンダーとその内側中央にもう一つシリンダーを設けている。日本ではC52(アメリカより輸入)、C53に採用したが、単式シリンダーなので中央シリンダーは左右のものと同じ径である。弁装置はグレスレー式で内側の弁は左右両側の弁の運動との合成により作用する。3つのクランク位置は時計回りの順で左側から内側、右側と120度づつずれている。主動軸中央にクランクウェブを設けて、そこに内側主連棒の太端(ビッグエンド)をつなぎ、反対側の細端(スモールエンド)にはクロスヘッドを介してピストン棒が付き、気筒ピストンがはまる。

三気筒は構造や作動が複雑なために保守、検修が面倒だが、3つのクランク角が均等なので低速でのクランク回転力が平均し、排気通風が均一である。又、高速運転ではバランスが良い。

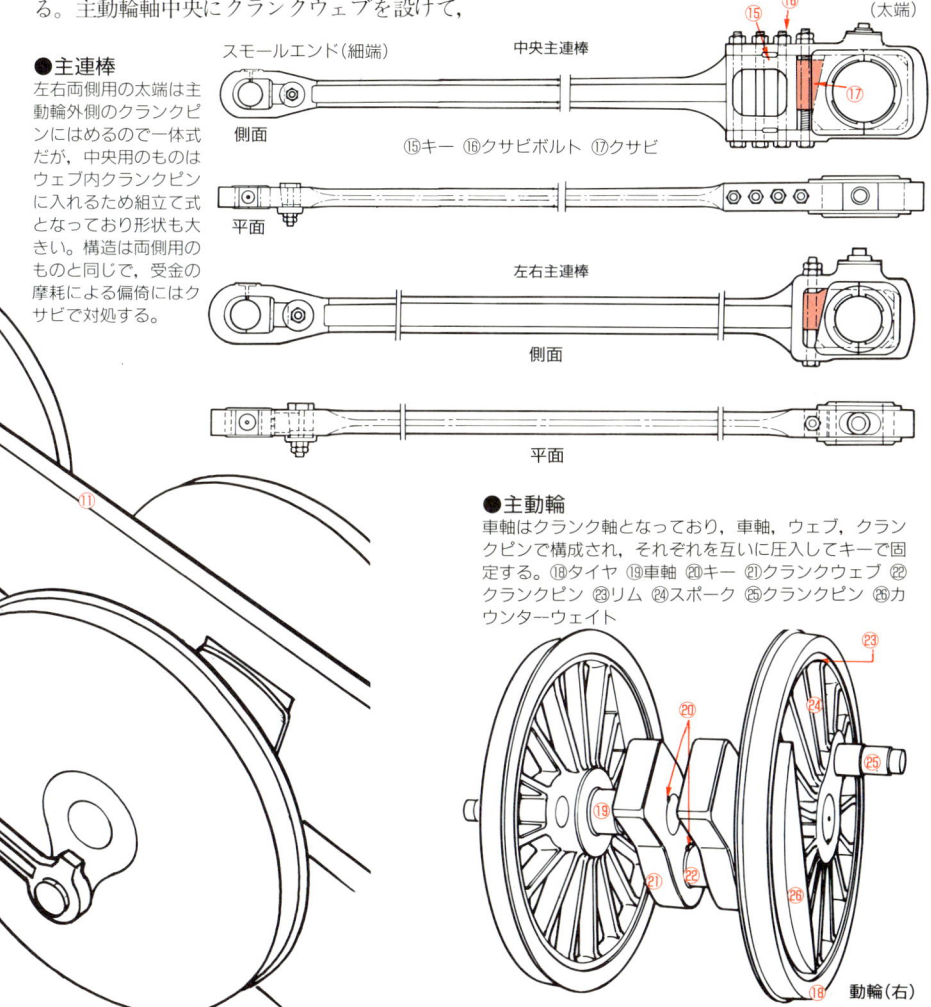

●主連棒

左右両側用の太端は主動輪外側のクランクピンにはめるので一体式だが、中央用のものはウェブ内クランクピンに入れるため組立て式となっており形状も大きい。構造は両側用のものと同じで、受金の摩耗による偏倚にはクサビで対処する。

⑮キー ⑯クサビボルト ⑰クサビ

●主動輪

車軸はクランク軸となっており、車軸、ウェブ、クランクピンで構成され、それぞれを互いに圧入してキーで固定する。⑱タイヤ ⑲車軸 ⑳キー ㉑クランクウェブ ㉒クランクピン ㉓リム ㉔スポーク ㉕クランクピン ㉖カウンターウェイト

グレスレー式弁装置

　英国のH・M・グレスレー氏によって発明された三気筒の弁装置である。

　左右の弁はワルシャート式で作動し、その動きをテコで連動させて中央の弁を動かす。右頁の図で、A, D, Eは弁心棒接手、ABはテコでCを固定支点とし長さの比をAC：BC＝2：1, DEもテコでBは揺動支点でDB：EB＝1：1としており、AとB、DとEはそれぞれ逆の運動をする。

　Aが$x$cm動くとBはCを支点に$\frac{1}{2}x$cm逆方向に移動する。仮にDが動かないものとするとBの移動によりDを支点にEもBと同方向に$\frac{1}{2}x$cm×$2=x$cm動いてAと同じ移動量となる。Eの移動距離はBを支点としてDも同じであるからAとEが同時に動けばDも同距離だけ動く。この合成運動で3つの弁は同じ運動量となる。

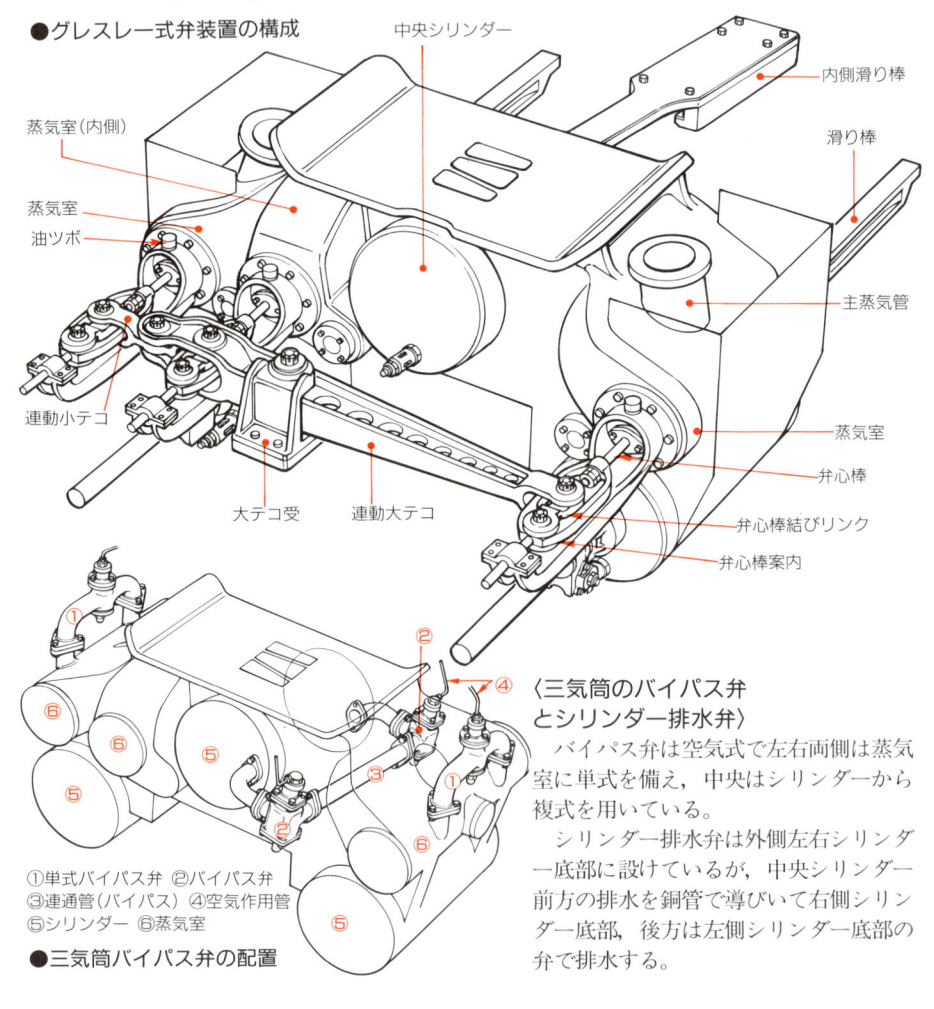

●グレスレー式弁装置の構成

〈三気筒のバイパス弁とシリンダー排水弁〉

　バイパス弁は空気式で左右両側は蒸気室に単式を備え、中央はシリンダーから複式を用いている。

　シリンダー排水弁は外側左右シリンダー底部に設けているが、中央シリンダー前方の排水を銅管で導びいて右側シリンダー底部、後方は左側シリンダー底部の弁で排水する。

①単式バイパス弁 ②バイパス弁
③連通管（バイパス）④空気作用管
⑤シリンダー ⑥蒸気室

●三気筒バイパス弁の配置

走行装置

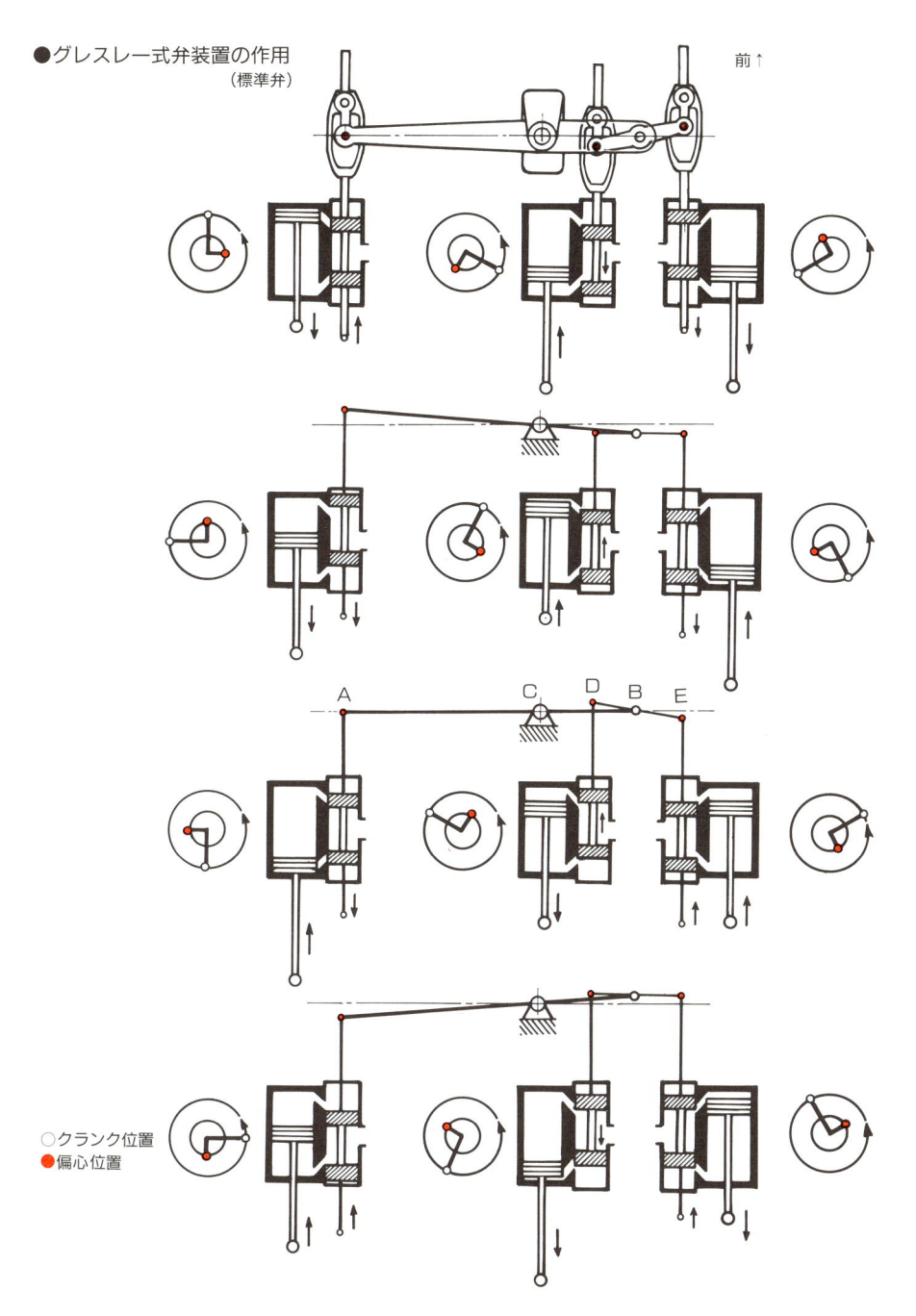

●グレスレー式弁装置の作用
（標準弁）

前↑

A　C D B E

○クランク位置
●偏心位置

185

台車① エコノミー式1軸先台車と復元装置

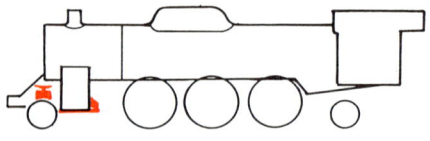

それぞれの動輪は連結棒で結ばれて主台枠に軸箱で固定されている。そのためレールの曲線で、動輪は横方向には主台枠との遊びのみ動くだけで、あくまで主台枠とは並行状態にあり、大きく転向する事は出来ない。因って動輪が大きく、また軸距離（ホイールベース）が長かったりスピードが上がるなどすると、動輪フランジはレールに乗り上げ、脱線の危機が多くなる。そこまでならなくてもレールとの摩擦抵抗も多くなり損傷が増す。そこで機関車を曲線方向に誘導する小車輪を1軸あるいは2軸もつ台車を、主台枠から独立して設ける。台車は左右自由に曲る事が出来、また様々な復元装置によって動輪を曲線に導く。機関車前部に取付ける台車を先台車、後部のものを従台車と呼び機関車重量の一部も負担する。

＜エコノミー式1軸台車＞[LT111]

C50形の先台車に使用したもので、箱形の軸箱が車軸に載る。軸箱の後に心向棒が付き、罐台後部に受を設けて接続している。心向棒受には球ブッシュを使用してピンで止めるので、心向棒が傾斜しても無理を生じない。台車はこのピンを中心として左右自由に動けるので、レールの曲線に対応できる。

●エコノミー式1軸台車の構造

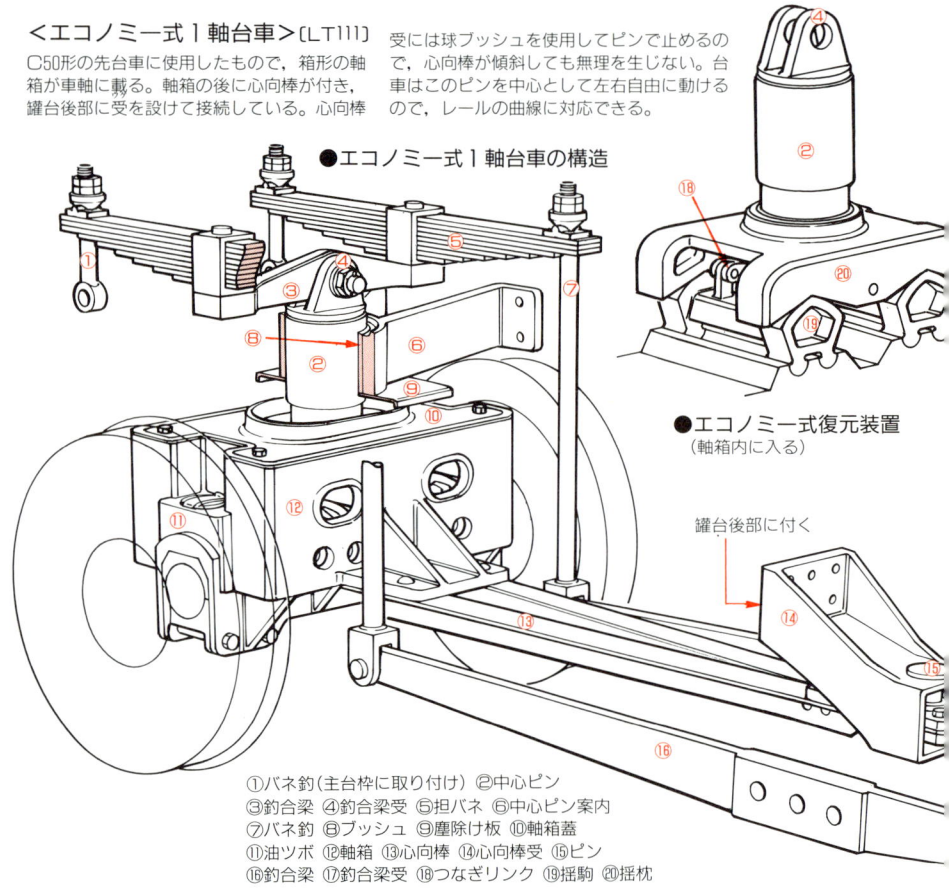

●エコノミー式復元装置
（軸箱内に入る）

罐台後部に付く

①バネ釣（主台枠に取り付け）②中心ピン
③釣合梁 ④釣合梁受 ⑤担バネ ⑥中心ピン案内
⑦バネ釣 ⑧ブッシュ ⑨塵除け板 ⑩軸箱蓋
⑪油ツボ ⑫軸箱 ⑬心向棒 ⑭心向棒受 ⑮ピン
⑯釣合梁 ⑰釣合梁受 ⑱つなぎリンク ⑲揺駒 ⑳揺枕

台車

〈釣合梁(イコライザー)の話〉

形状は使用個所で様々だが，鋳鉄製で板状になっており，その中央部をピンで主台枠や罐台，台車台枠等の動かない部分に止めて両端をバネ釣に連結する。ピンを中心に左右の端は上下に可動し，ピンにかかる重量を左右に分配してバネの負担を均一にする。この性質を利用してバネ釣を介してイコライザーをつなぐと一つの群となり，一つの車輪が衝撃を受けても群全体の担バネに負担させて和らげる事ができる。又，支持ピンの位置をずらす事により，左右にかかる重量(バネ負担)も変える事ができる。他にも一つのイコライザーに圧力を加えると，その力は群全体へ均等に伝わり，ブレーキ引棒装置等に利用されている。

● イコライザーの作用

支持ピンの位置で重量配分を変えられる

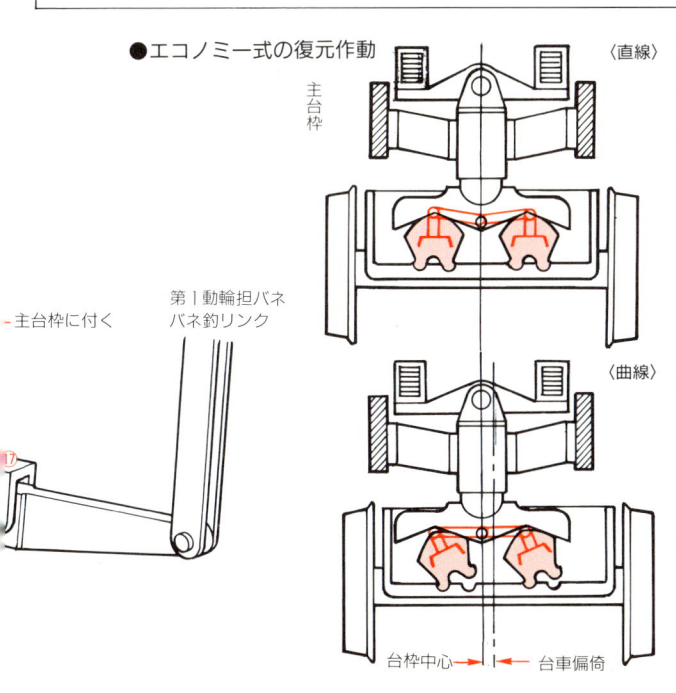

● イコライザーの形

● エコノミー式の復元作動

主台枠

〈直線〉

第1動輪担バネ
バネ釣リンク

主台枠に付く

〈曲線〉

台枠中心　台車偏倚

復元装置はエコノミー式で揺枕の下に2組の揺駒があり，揺駒の足は軸箱に乗っている。揺枕には中心ピンが中心ピン案内に沿って直立してはまる。その上に釣合梁(イコライザー)を取付け，左右端にそれぞれ担バネが付く。担バネ両端にはバネ釣りを付けて前端は主台枠に取付け，後端のバネ釣りはイコライザーを介して第一動輪の担バネと結ぶ。従って担バネにかかる重量は釣合梁から中心ピン，揺枕，揺駒を経て軸箱に伝わる。
レールが直線から曲線に入り，軸箱が主台枠の中心からずれると揺駒の片足が上り傾斜する。揺駒の片側の肩に揺枕下側の傾斜した部分の重量がかかり，元に戻ろうとする作用が働く。これにより直線に移ると台車はレールの中心にくる。揺枕下側の傾斜角は大きくなる程復元力は大となるが，傾斜度は1/26に設計されている。2組の揺駒はつなぎリンクで結ばれているので車軸の偏倚での転倒もなく，2組は同時に同方向に運動する。

187

台車② エコノミー式2軸先台車

C53, C55, C57, C59, C60, C61, C62の先台車に使用された。

罐台下側の台車心皿が、横梁に収められた台車揺枕の受にはまり台車の転向を許す。前部の機関車重量はこの横梁の端が左右の担バネにかかり、それに連なるイコライザーを介して前後の軸箱に伝わる。軸箱は軸箱守に支持されており、油ツボから軸箱に給油して車輪の回転を容易にする。

揺枕の下にエコノミー式の復元装置が付く。尚、このタイプの2軸台車は前後対称に作られているので排障器を付け替えればどちら側を前にしても使用できる。又、図にはないが揺枕の上には塵除け板が付設されている。

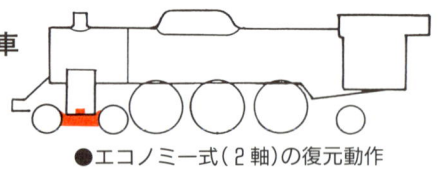

●エコノミー式(2軸)の復元動作

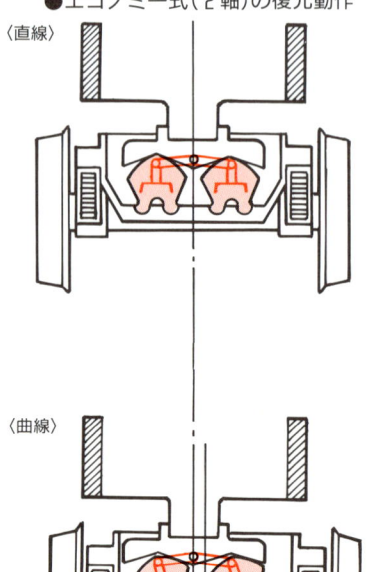

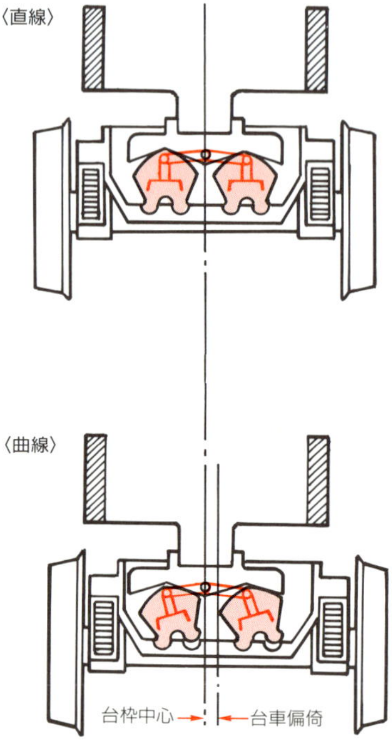

〈直線〉

〈曲線〉

台枠中心 — 台車偏倚

＜台車の名称＞

```
                  Locomotive Truck
                  車軸の数(2軸)
                  復元装置(バネ式)
                  製造順位(3番目に製造)
           型式 L T 2 5 3
```

復元装置 —— 1 —— エコノミー式
(番号)　　　 2 —— コロ式
　　　　　　 3 —— 傾斜面式
　　　　　　 4 —— リンク式
　　　　　　 5 —— バネ式(板バネ、コイルバネ)

各種復元装置

復元装置とは台車の中心を常に台枠の中心に保つ様にするもので、先台車と従台車に設けている。バネ、リンク、揺駒(エコノミー)、コロ、傾斜面式(大正以降の国鉄蒸機では未使用)が使われた。

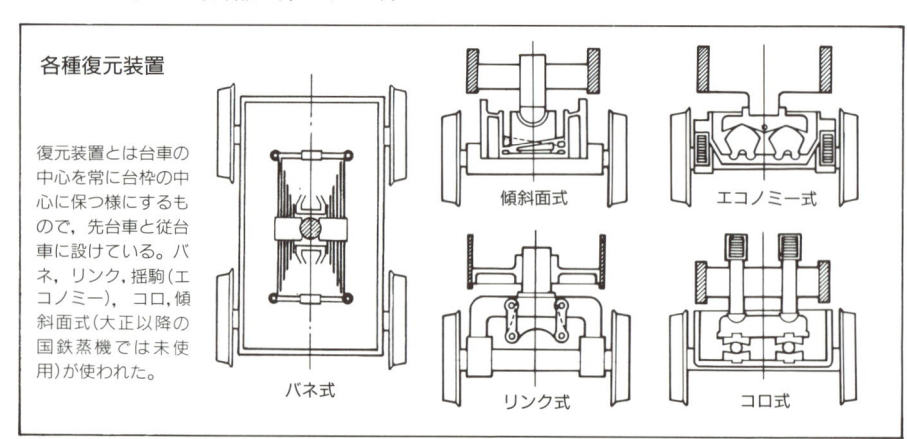

バネ式　　　傾斜面式　　　エコノミー式
　　　　　　リンク式　　　コロ式

台車

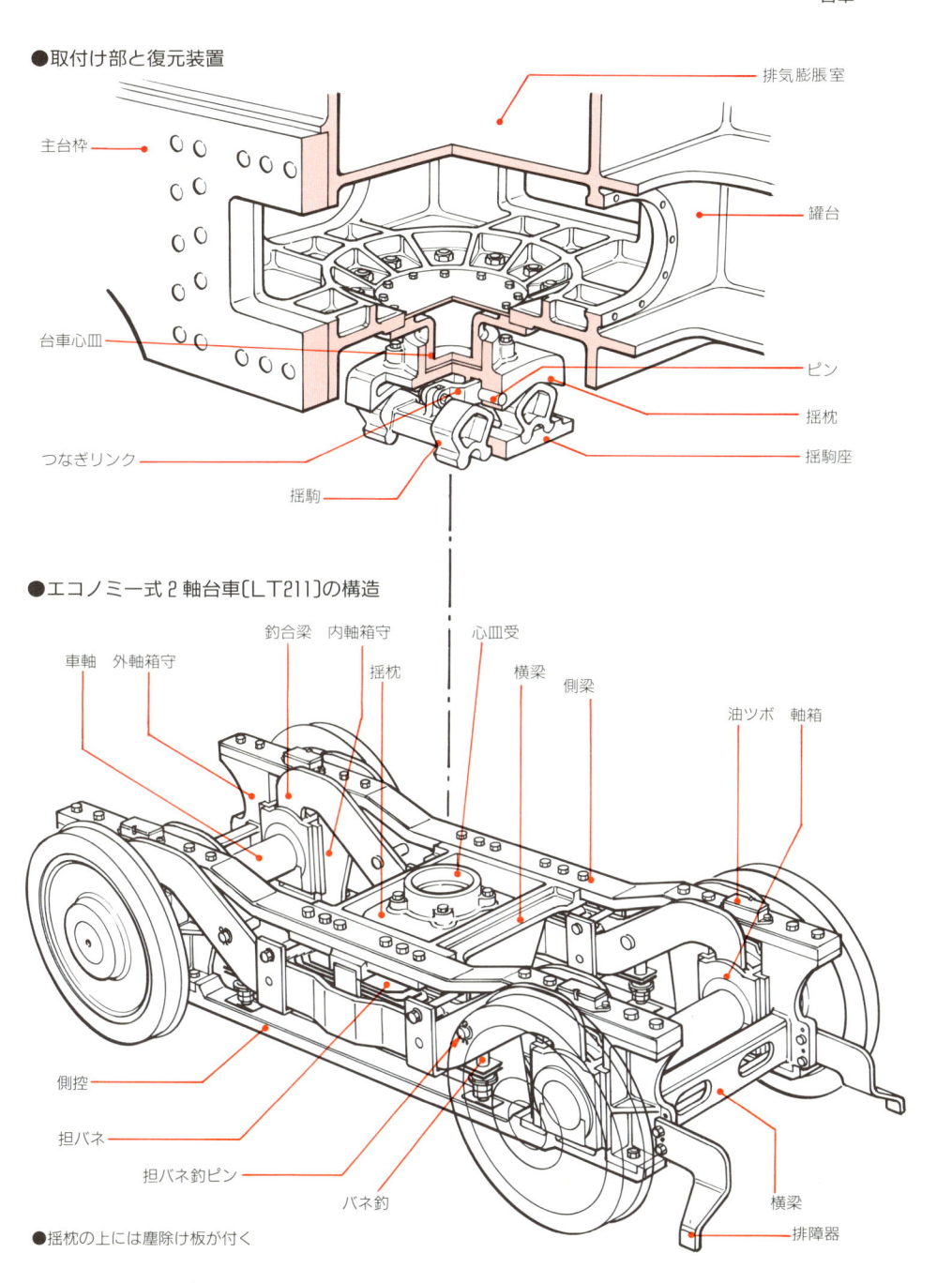

● 取付け部と復元装置

- 主台枠
- 台車心皿
- つなぎリンク
- 排気膨張室
- 罐台
- ピン
- 揺枕
- 揺駒座
- 揺駒

● エコノミー式2軸台車〔LT211〕の構造

- 車軸
- 外軸箱守
- 釣合梁
- 内軸箱守
- 揺枕
- 心皿受
- 横梁
- 側梁
- 油ツボ
- 軸箱
- 側控
- 担バネ
- 担バネ釣ピン
- バネ釣
- 横梁
- 排障器

● 揺枕の上には塵除け板が付く

189

台車③ バネ式2軸先台車

復元装置は板バネ式で，C51，C54の先台車に使用された2軸ボギー台車である。左右の台枠を前後の横梁，及び中央の中心鋳物でつないでいる。中央鋳物(上部)には中心ピン案内を嵌(は)め，中心ピンを入れて罐台と接続する。このため台車はピンを中心に回転できる。又，台車が左右に動ける様に中心ピン案内は滑動する。

中央鋳物の内部では中心ピンを2つの復元バネ(板バネ)がはさみ，その両端を互いに引棒で結んでいる。中心ピン下部がはまる中央鋳物(下部)には復元バネ胴締部に中心ピンをはさんで，2つの凸起(ストッパー)を設けているので，2つの復元バネは同時に動く事はなく，台車がレールの曲線で偏倚した時に，中心ピンが片側一つの復元バネを押す事となる。この圧迫された復元バネが元に戻る力を，台車の復元作用としている。

前部の機関車重量は罐台，罐台靴より台枠中心鋳物に伝わる。中心鋳物は左右の担バネ上に載っているのでそれに連なる2枚1組のイコライザーにより前後の軸箱に分配する。この前後2軸にイコライザーを介して荷重を分配する方式は全ての2軸台車に共通する。

● バネ式復元装置の作動(平面図)

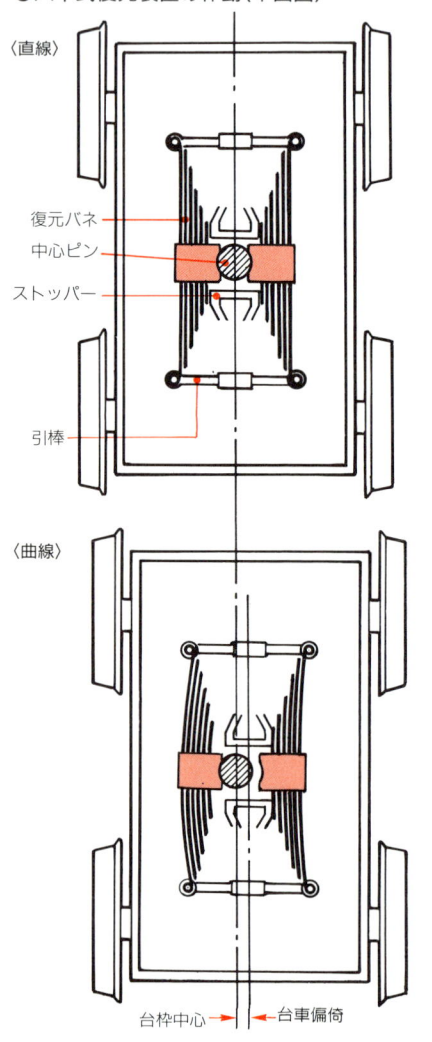

● バネ式復元装置の作動(正面図)

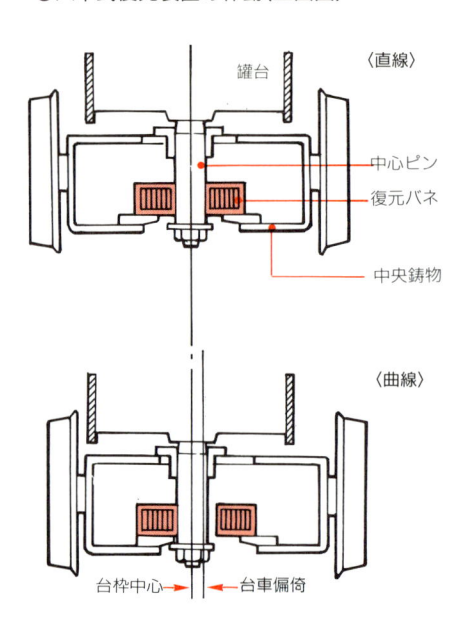

台車

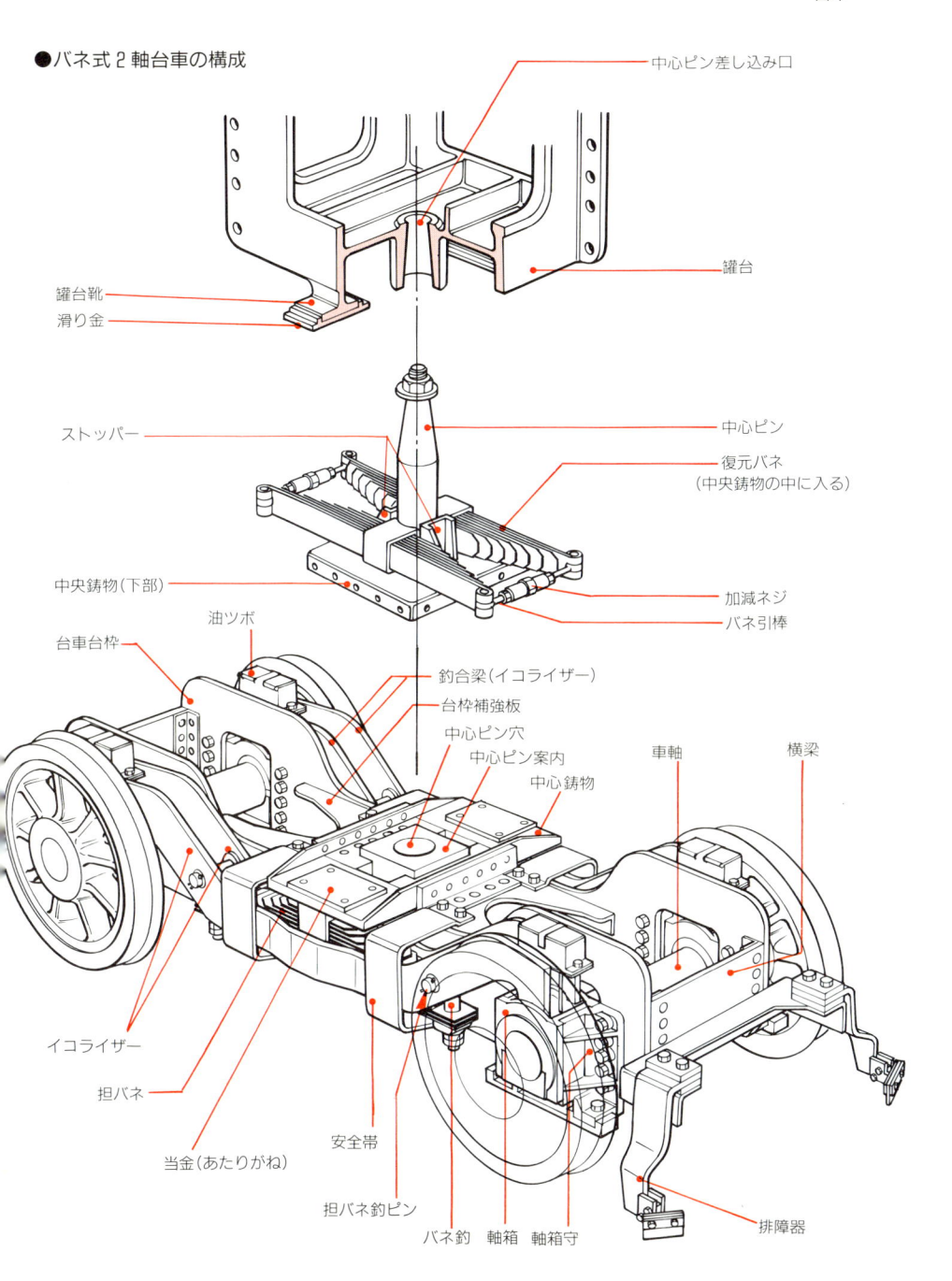

●バネ式2軸台車の構成

- 中心ピン差し込み口
- 罐台
- 罐台靴
- 滑り金
- ストッパー
- 中心ピン
- 復元バネ（中央鋳物の中に入る）
- 加減ネジ
- バネ引棒
- 中央鋳物（下部）
- 油ツボ
- 台車台枠
- 釣合梁（イコライザー）
- 台枠補強板
- 中心ピン穴
- 中心ピン案内
- 中心鋳物
- 車軸
- 横梁
- イコライザー
- 担バネ
- 当金（あたりがね）
- 安全帯
- 担バネ釣ピン
- バネ釣
- 軸箱
- 軸箱守
- 排障器

191

台車④ 心向1軸台車（8620型用先台車）

8620型の先台車で，1軸台車ながら心向棒が第一動輪とつながり，2軸台車に近い作用をするのが特長である。

心向棒はV字形で前端は台車軸箱下部の左右に付き，後端は第1動輪の中間軸箱下部に受を設けて結び，ここを支点として台車は左右に動く。心向棒の途中には中間鋳物を設け，復元バネとを結ぶ復元テコを付ける。

復元バネ箱は罐台後部に固定されている。又，台車軸箱の担バネは横イコライザーを介して釣リンクで結ばれているので，復元装置はバネ式とリンク式の併用となる。

心向棒の中間鋳物と第1動輪中間軸箱の上部とを戻し心向棒で結び，台車の偏倚により第1動輪も同時に横動して（他の第2，第3動輪よりも横動遊間を多く与えている），先輪フランジに無理をさせずに曲線をスムーズに通る事ができる。

台車に付く担バネは前端をバネ釣で主台枠に取付け，後端のバネ釣はベルクランクでイコライザーを介して第1動輪の担バネと結ばれているので機関車重量は相互分散して負担する。

●バネ＆リンク式復元装置

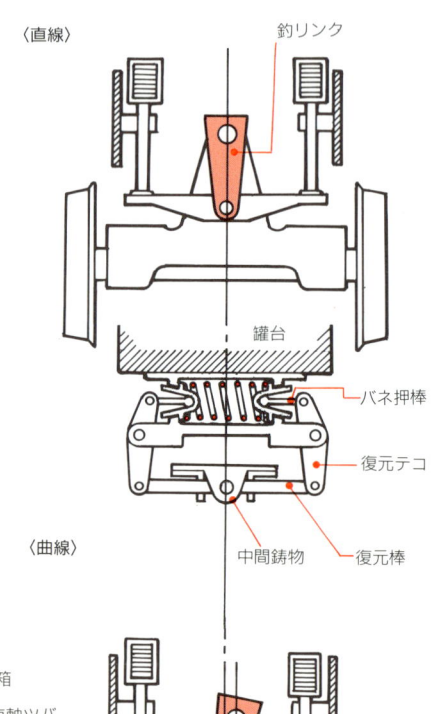

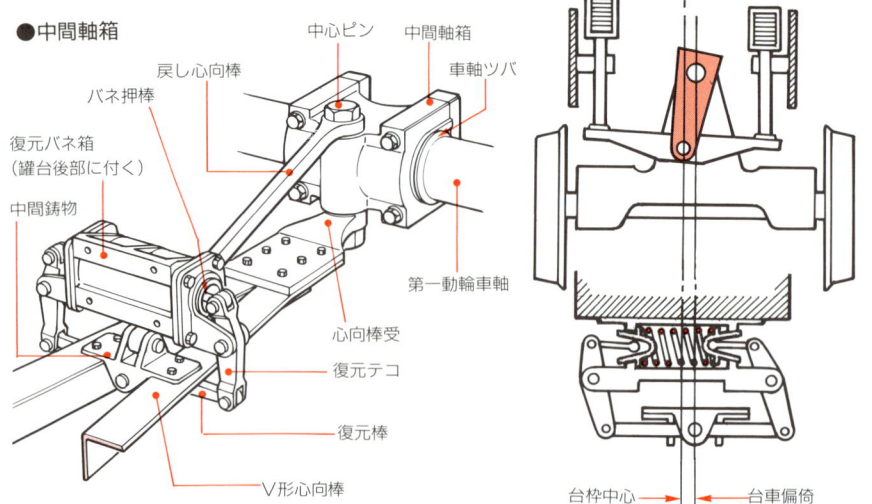

〈直線〉

釣リンク
罐台
バネ押棒
復元テコ
中間鋳物
復元棒

〈曲線〉

台枠中心 — 台車偏倚

●中間軸箱

中心ピン
中間軸箱
戻し心向棒
車軸ツバ
バネ押棒
復元バネ箱（罐台後部に付く）
中間鋳物
第一動輪車軸
心向棒受
復元テコ
復元棒
V形心向棒

台車

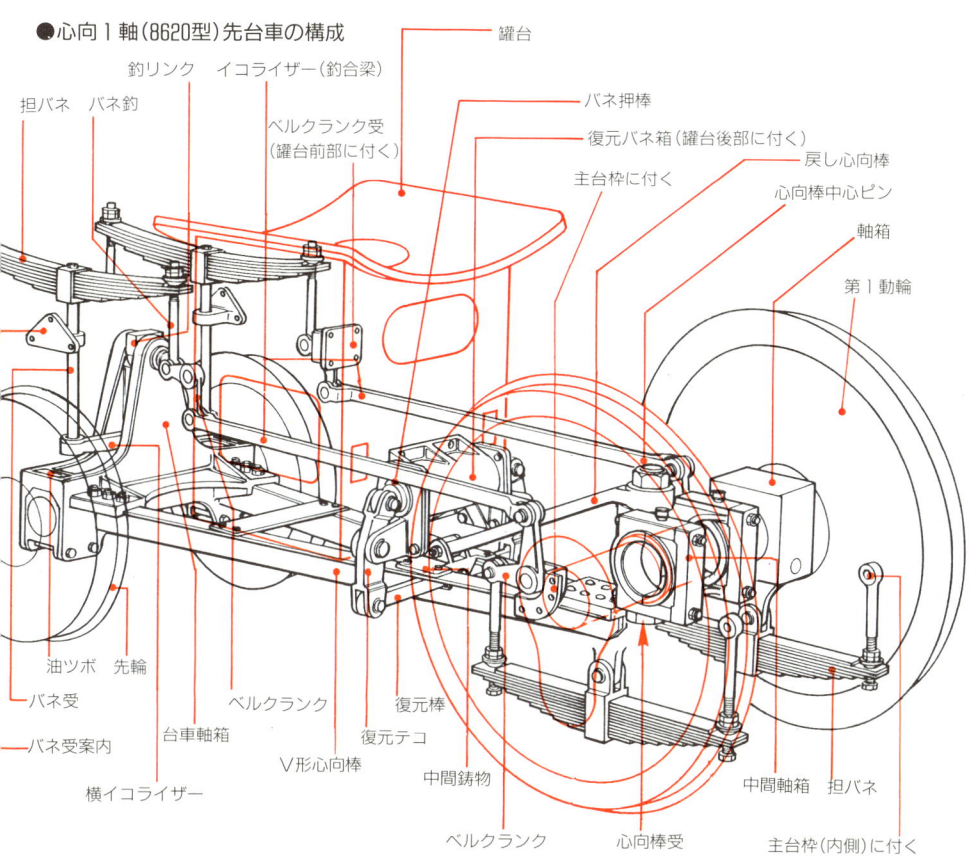

●心向1軸(8620型)先台車の構成

- 釣リンク
- イコライザー(釣合梁)
- ベルクランク受(罐台前部に付く)
- 罐台
- バネ押棒
- 復元バネ箱(罐台後部に付く)
- 戻し心向棒
- 心向棒中心ピン
- 軸箱
- 第1動輪
- 主台枠に付く
- 担バネ
- バネ釣
- 油ツボ
- 先輪
- バネ受
- バネ受案内
- 横イコライザー
- 台車軸箱
- ベルクランク
- V形心向棒
- 復元棒
- 復元テコ
- 中間鋳物
- ベルクランク
- 心向棒受
- 中間軸箱
- 担バネ
- 主台枠(内側)に付く

最強で超大型の貨物機。●D52(標準形)

①1943年(昭和18年) ②2-8-2 ③85.1t ④51.8t(ストーカー付) ⑤10×22 ⑥21.1m ⑦1400mm ⑧550×660 ⑨16.0kg/cm² ⑩1660ps ⑪85km/h

台車⑤ リンク式1軸先台車

〈リンク式1軸台車〉

復元装置に4組のリンクを用いるものと、1個の大形スイング・リンクを使用するものと2種類ある。

<パラレル・リンク式>

9600型の先台車に使用されており、ビッセルあるいはポニー台車と呼称される。

第1動輪の左右の担バネ釣を横イコライザーで連結し、その中央部と台車中心ピン下方とを前後の大形イコライザーで結び、その中央を罐台下の釣合梁受で止める。ここで機関車重量を負担するため、台車と動輪の衝撃は相互に分配されて緩和する。

台車への機関車重量はイコライザーより中心ピンに、そして揺枕、リンク、横梁、コイルバネ（担バネ）、バネ釣を経て軸箱にかかる。台車台枠下部の左右にV字形心向棒を付け、後部は主台枠に取付けられた心向棒ピン受にピン止めする。これで台車の左右動は心向棒中心ピンを支点としてレールの曲線に対応する。

台車がレールの曲線で偏倚すると揺枕と横梁をつなぐ4組のリンクが傾斜する。するとリンク下部にかかる重量により、リンクは元の直立した状態に戻ろうとして横梁を中央に返そうとする。この力が台車の復元力となる。

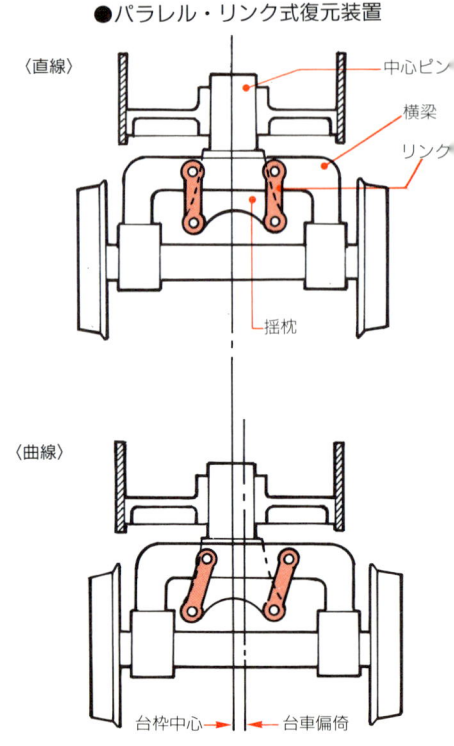

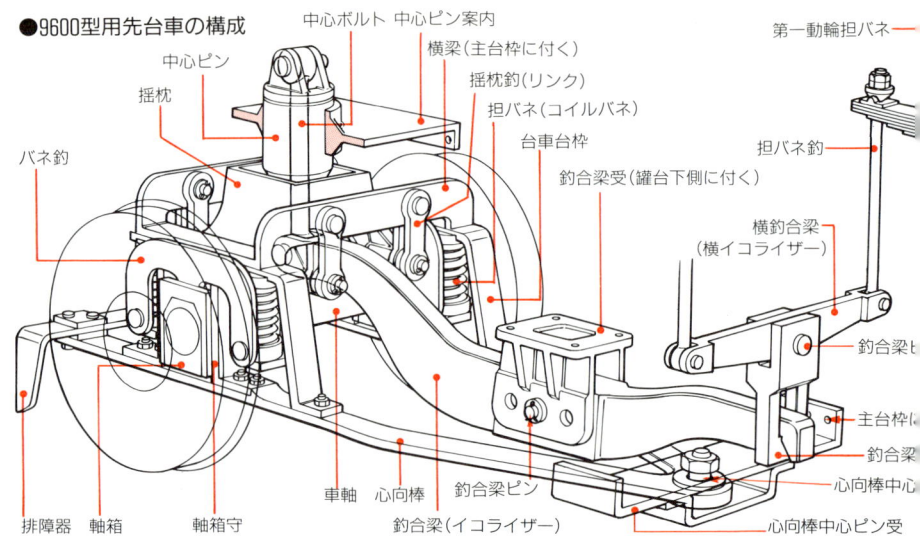

●パラレル・リンク式復元装置

〈直線〉 — 中心ピン／横梁／リンク／揺枕

〈曲線〉 — 台枠中心／台車偏倚

●9600型用先台車の構成

中心ボルト／中心ピン案内／横梁（主台枠に付く）／揺枕釣（リンク）／担バネ（コイルバネ）／台車台枠／釣合梁受（罐台下側に付く）／第一動輪担バネ／担バネ釣／横釣合梁（横イコライザー）／釣合梁／主台枠／釣合梁／心向棒中心／心向棒中心ピン受／中心ピン／揺枕／バネ釣／排障器／軸箱／軸箱守／車軸／心向棒／釣合梁ピン／釣合梁（イコライザー）

台車

<スイング・リンク式>

　D50の製造時に先台車として使用された。正面から見て凸形の軸箱をもち、その上部はスイング・リンクをはさんで2本のピンを通して載せる。スイング・リンク下部は横イコライザーをピン止めし、その両端はバネ受棒をはめ、軸箱案内を通して上端は担バネが付く。軸箱後部には心向棒を取付け、罐台後部の心向棒受とピンで結ぶ。これにより台車は心向棒受を支点に左右動をし、軸箱案内に滑り金を設けて動きをスムーズにする。

　曲線で軸箱が偏倚すると軸箱に固定されたピンによりスイング・リンクは横イコライザーピンを支点に傾斜する。軸箱のピンは2本あるためリンク内の受金は片方のピンには密着し、もう一方のピンからは浮き上る。これにより主台枠からの重量で横イコライザーを通して傾斜したスイング・リンクを元の直立した状態に戻そうとする力が働き、これが台車の復元力となる。

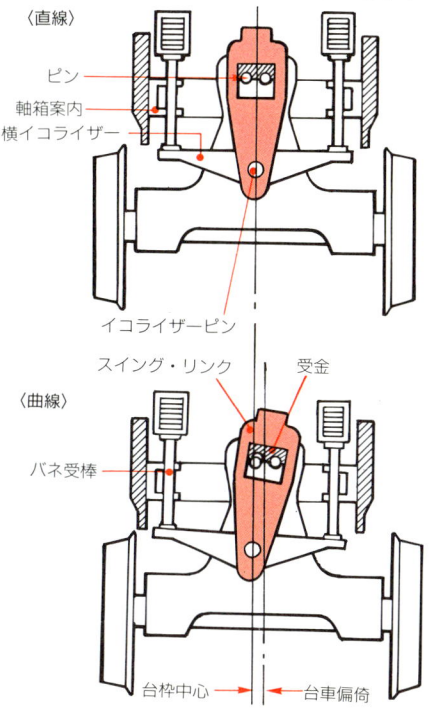

●スイング・リンク式復元装置

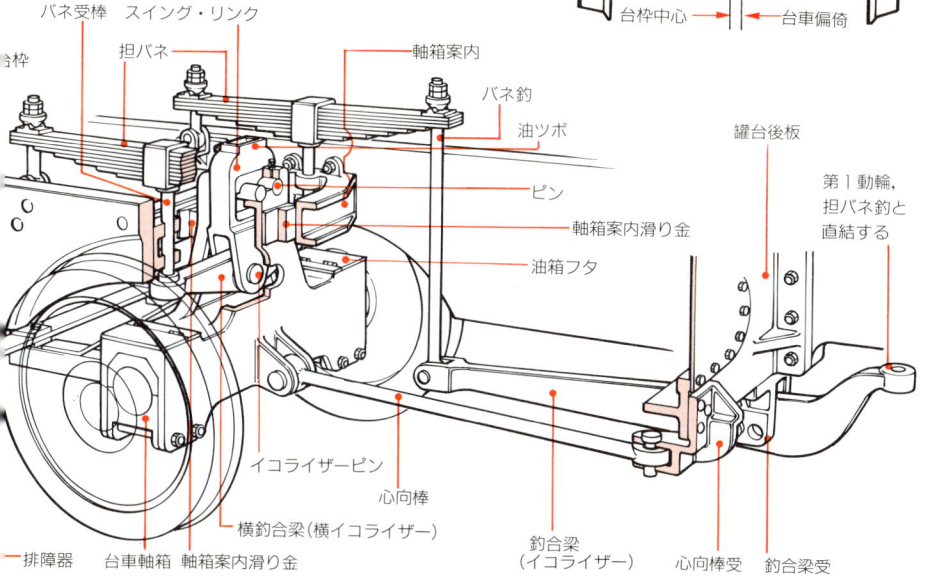

〈直線〉

〈曲線〉

●D50型用先台車〔LT123〕の構成

台車⑥ コロ式1軸台車A

<LT122>

　C50を除くと，それ以後の1軸先台車を使用する近代機はすべて，このタイプを採用している。又，C12は従台車にも使用された。

　復元装置はコロ式で，揺枕には左右2本のバネ受棒が別々にあり，その上端に担バネが付く。台車の構成や動輪担バネとの接続は，復元方式を除けばLT111と同じである。

　担バネにかかる重量はバネ受棒から揺枕，上コロ抑，コロ，下コロ抑，軸箱に伝わる。左右2つのコロはそれぞれ揺枕に付く上コロ抑，軸箱に付く下コロ抑にはさまれており，レールの直線ではコロは上下コロ抑の中央にいるが，曲線に入り台車が偏倚して軸箱が主台枠の中心からずれると，コロもコロ抑の中央からずれる。コロ抑には上下共傾斜角があるので，コロをコロ抑の中心に戻そうとする力が働く。これが台車の復元力となり，直線に移るとスムーズに台車をレールの中心に戻す。

●コロ式1軸復元装置の作動

〈直線〉

揺枕
上コロ抑
コロ
下コロ抑

〈曲線〉

台枠中心　台車偏倚

●D52（戦時形）　太平洋戦争中5年もてばよいとの考えで設計され，工程数の省略や金属代用品を使ってデザインは無視された。

台車

● コロ式1軸台車LT122の構造
（C10，C11用）

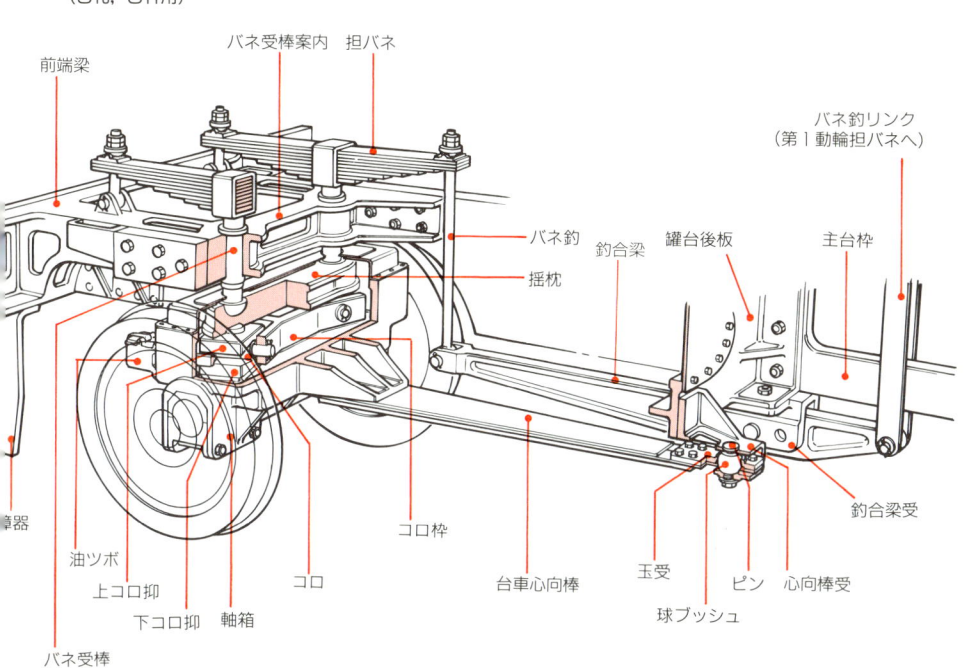

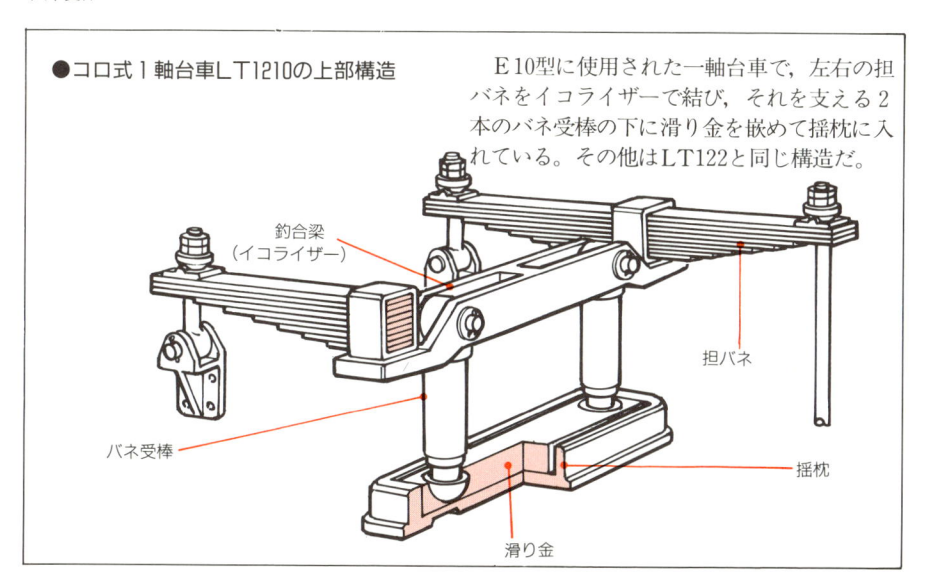

前端梁
バネ受棒案内
担バネ
バネ釣リンク
（第1動輪担バネへ）
バネ釣
釣合梁
罐台後板
主台枠
揺枕
釣合梁受
障器
コロ枠
油ツボ
玉受
上コロ抑
コロ
ピン
心向棒受
下コロ抑
軸箱
台車心向棒
球ブッシュ
バネ受棒

● コロ式1軸台車LT1210の上部構造

E10型に使用された一軸台車で，左右の担バネをイコライザーで結び，それを支える2本のバネ受棒の下に滑り金を嵌めて揺枕に入れている。その他はLT122と同じ構造だ。

釣合梁
（イコライザー）
担バネ
バネ受棒
揺枕
滑り金

台車⑦ コロ式1軸台車B

<LT1211>

D60, D50（改造後）の先台車に使用した。コロ式復元装置はLT122と同じ原理だが、1本の中心ピンの下に滑り金を設けて、それを揺枕に入れているのが違いである。中心ピン上部には横イコライザーを設け、その両端に担バネが付いている。

<滑り金の働きと効用>

台車はレールの継目等の高低差では、バネ作用で上下して対応するが中心ピンから垂直に圧力が揺枕にかかる。その時、ピンを支点に心向棒を半径として動くが、その長さは変化しないため無理を生じる事になる。そこで新型のものは中心ピン下に滑り金を設け、その前後には余裕をとって揺枕に入れる。こうすることで、心向棒に無理がかからず、損傷を防いでいる。

●コロ式1軸台車LT1211の構造

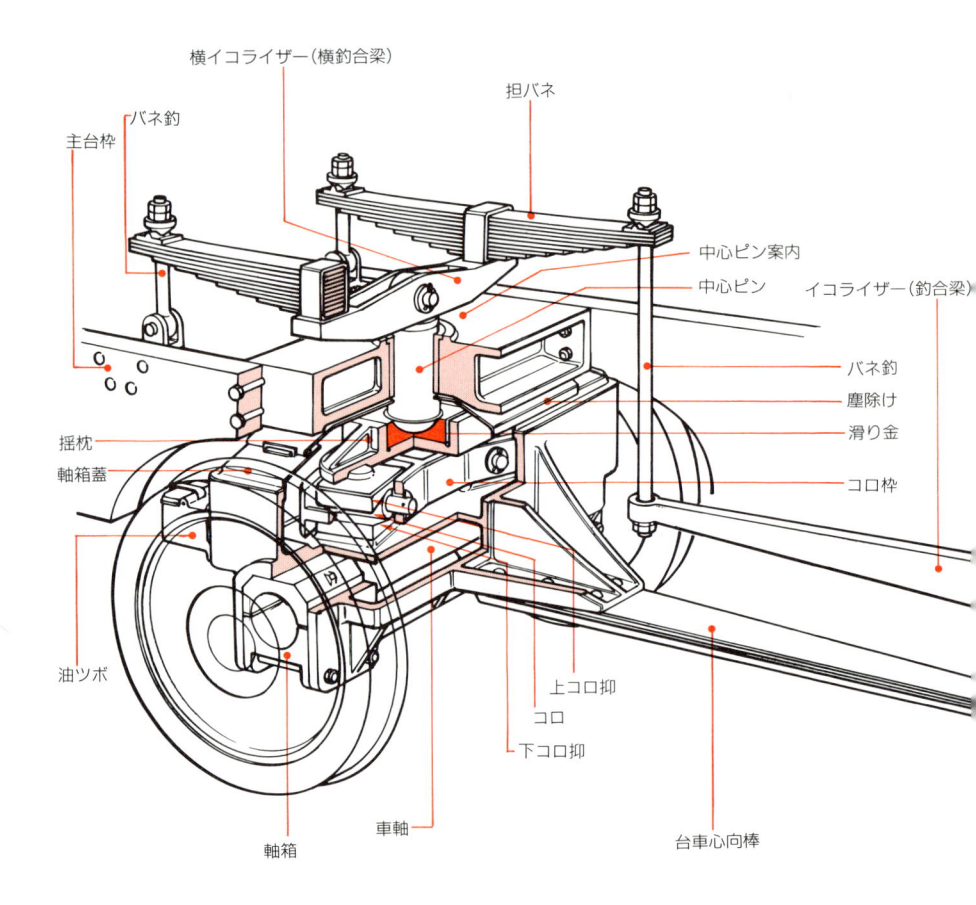

台車

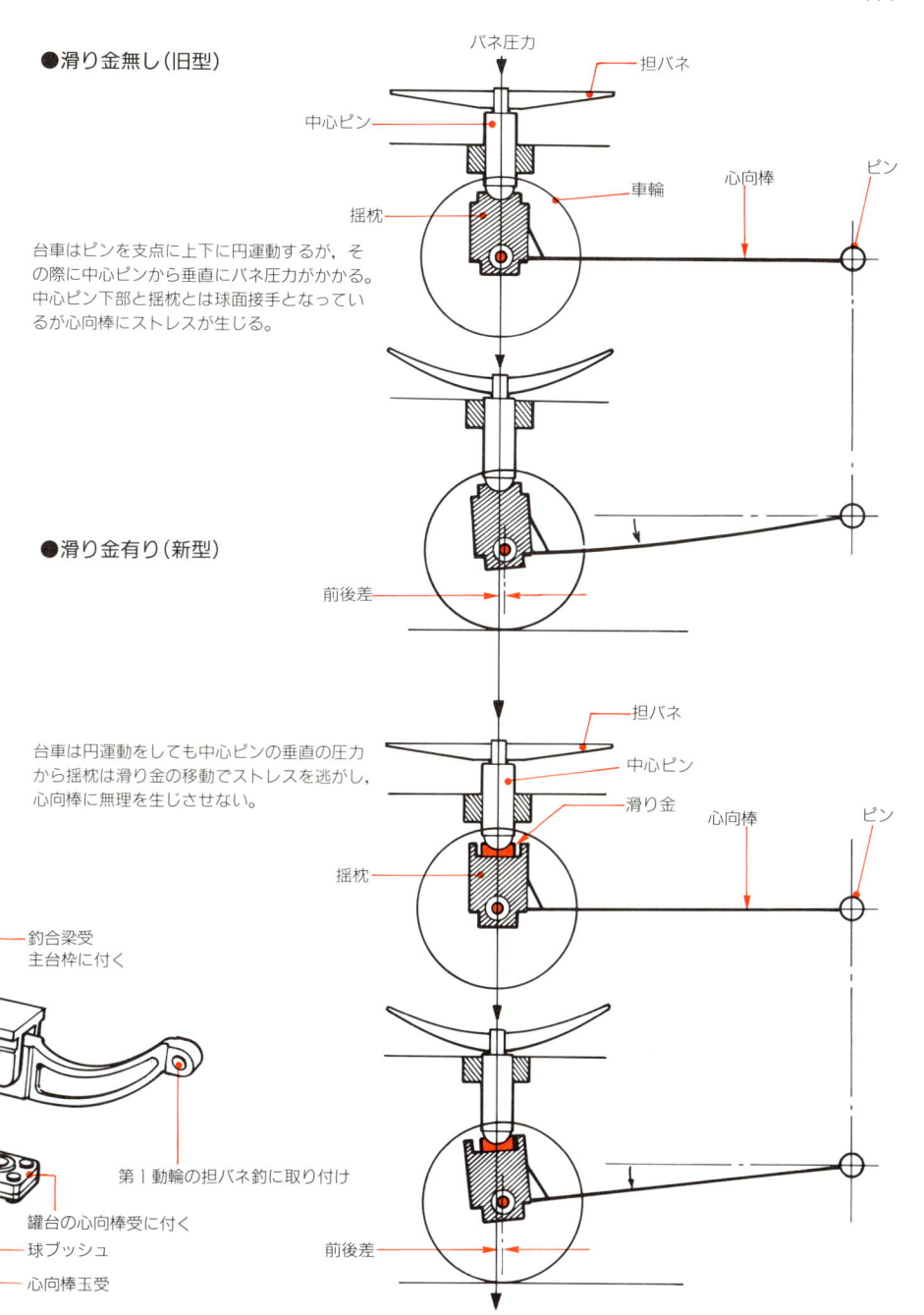

● 滑り金無し(旧型)

バネ圧力
担バネ
中心ピン
揺枕
車輪
心向棒
ピン

台車はピンを支点に上下に円運動するが、その際に中心ピンから垂直にバネ圧力がかかる。中心ピン下部と揺枕とは球面接手となっているが心向棒にストレスが生じる。

前後差

● 滑り金有り(新型)

担バネ
中心ピン
滑り金
揺枕
心向棒
ピン

台車は円運動をしても中心ピンの垂直の圧力から揺枕は滑り金の移動でストレスを逃がし、心向棒に無理を生じさせない。

― 釣合梁受
　主台枠に付く

― 第1動輪の担バネ釣に取り付け
― 罐台の心向棒受に付く
― 球ブッシュ
― 心向棒玉受

前後差

台車⑧ 心向1軸台車（2120型従台車）

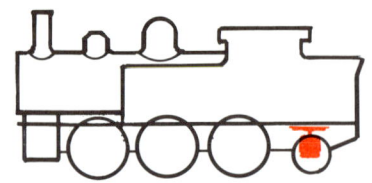

明治時代の代表的なタンク機2120型の従台車に使用された。円弧状になった2枚の軸箱案内の内側に同じ弧状の軸箱が入るが，軸箱案内の円弧の半径はある長さの心向棒を仮定しそれと同じ寸法になっていて，軸箱はその円弧に沿って左右にスライドする。軸箱案内は左右の主台枠をつなぐ横梁にもなり，その下部にはバネ枠をボルトで固定し復元バネ（コイルバネ）を内蔵している。左右の軸箱下部にボルトで取付けた控に，バネ座と共にバネ棒をバネ枠内のバネに通し，両側につないでいる。そのため軸箱が曲線に進入して偏倚すると復元バネを圧縮し，そのバネの反発力を復元作用としている。

軸箱上部に担バネとを結ぶ中心棒が入る受を設け，滑り金を履かせて軸箱の滑動を容易にしている。担バネは両端をバネ釣りで主台枠に止めて，機関車後部の重量を受ける。

●心向1軸台車の作動（平面）

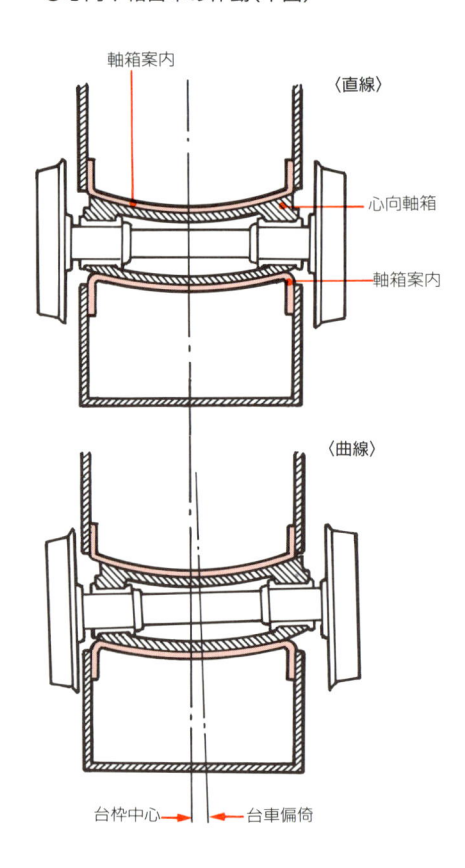

●心向1軸台車の作動（正面）

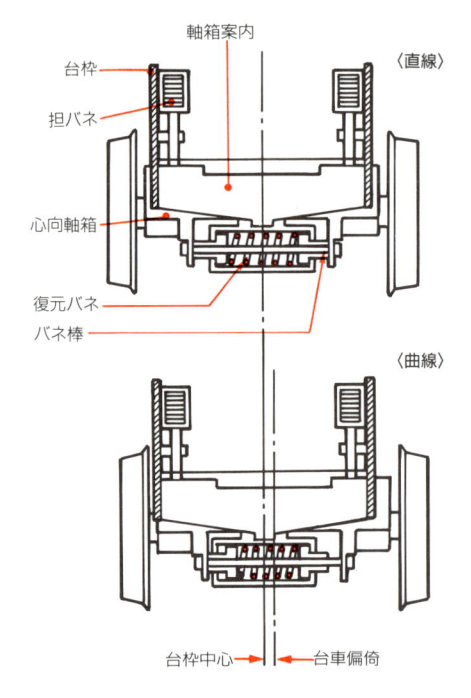

●心向1軸台車の構造

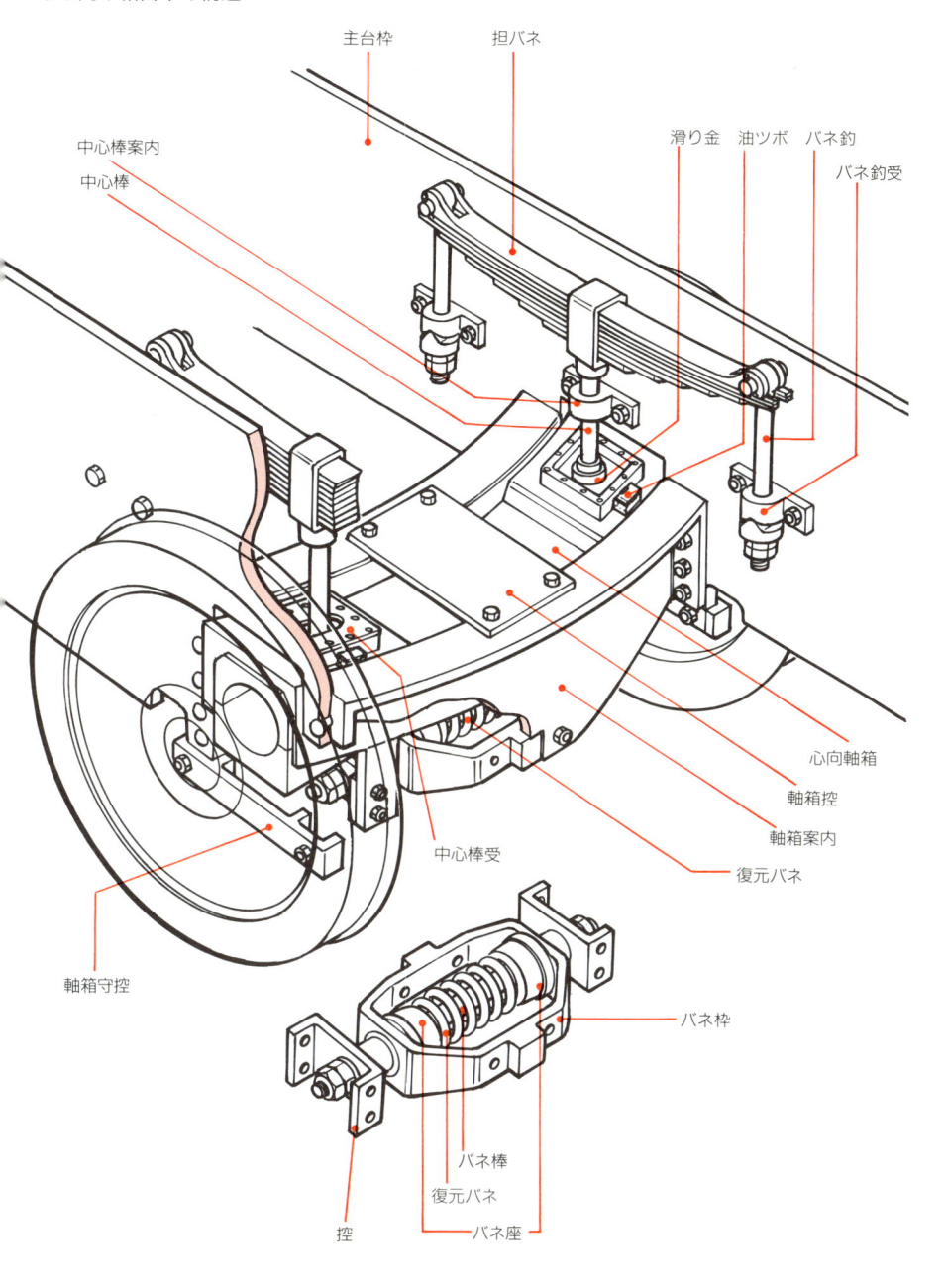

- 主台枠
- 担バネ
- 中心棒案内
- 中心棒
- 滑り金
- 油ツボ
- バネ釣
- バネ釣受
- 心向軸箱
- 軸箱控
- 軸箱案内
- 復元バネ
- 中心棒受
- 軸箱守控
- バネ枠
- バネ棒
- 復元バネ
- 控
- バネ座

台車

201

台車⑨ バネ式1軸台車 (従台車)

C57, C59, D51等近代機一般に使用され, 個々の機関車により形状は多少異なるが, 構造・構成は同じである。機関車が大きくなり火床面積を広く取る必要があるため, 前述の先台枠と異なり, 軸箱及び台枠を車輪の外側に置いて横巾を大きくしている。V形の台車台枠は前部を中心ピンで主台枠に止め, 後台枠に取付けた担バネは軸箱の上にある。その間に滑り子を設けているので台車は滑動し, 中心ピンを支点に左右自由に回転する事ができる。担バネ両端にバネ釣が付き, 後バネ釣は後台枠に, 前バネ釣はイコライザーで最終動輪の担バネとを結び, 台車への衝撃や負荷を分散している。

復元装置はバネ箱を後台枠横控の下部に取付け, その内部にはコイルバネを入れて台車後部枠から押棒を左右にさし込む。台車の偏倚によりそのバネを圧迫し, その反発力を復元力としている。

●バネ式1軸台車の復元作動 (平面)

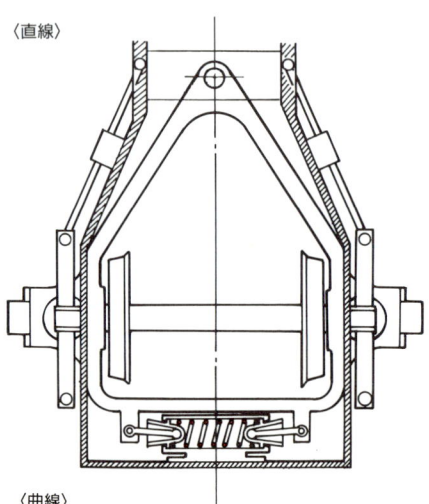

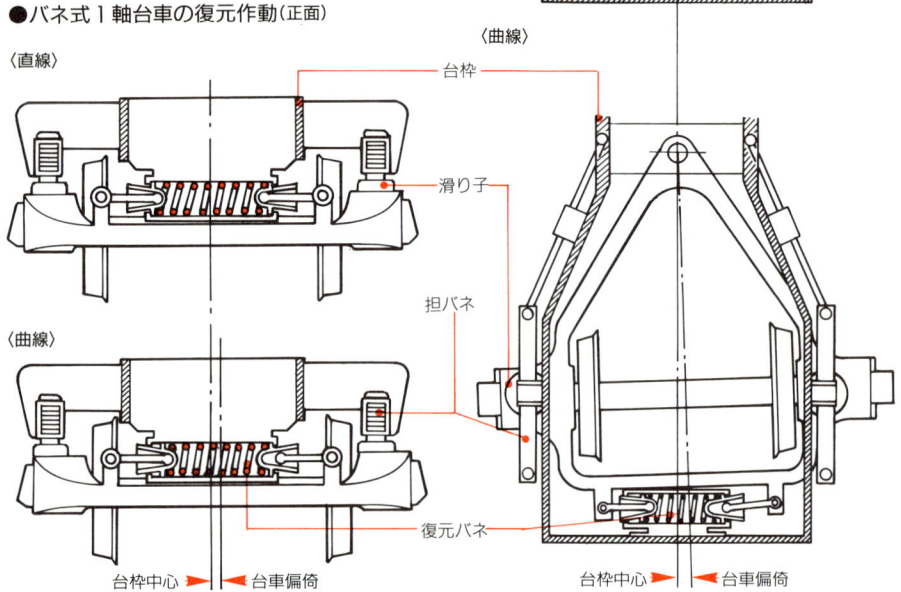

〈直線〉

〈曲線〉

●バネ式1軸台車の復元作動 (正面)

〈直線〉

〈曲線〉

台枠中心　台車偏倚

台枠

滑り子

担バネ

復元バネ

台枠中心　台車偏倚

台車

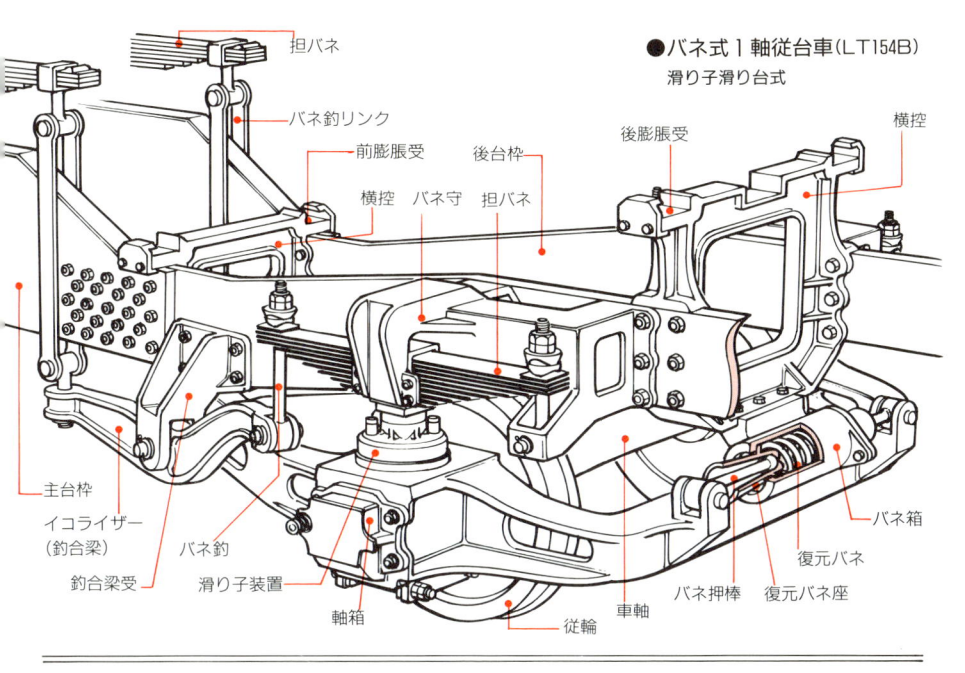

● バネ式1軸従台車(LT154B)
滑り子滑り台式

担バネ
バネ釣リンク
前膨脹受
横控
バネ守
後台枠
担バネ
後膨脹受
横控
主台枠
イコライザー
(釣合梁)
釣合梁受
バネ釣
滑り子装置
軸箱
従輪
車軸
バネ押棒
復元バネ座
復元バネ
バネ箱

〈滑り子装置〉

　機関車後部の重量がかかる部位で，台車の偏倚の際にはここが滑動するので，この部分をコロ式にしたものと板状の滑り台式の2種がある。

　コロ式はC53製造時に採用された。上，下コロ抑の間にコロ案内を付けたコ

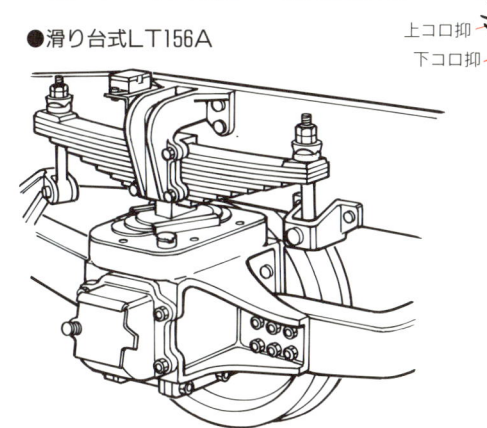

● 滑り台式LT156A

● コロ式LT153

上コロ抑
下コロ抑
コロ案内

ロ2コが入る。コロは歯車を有し，コロ抑の歯と噛み合って偏倚する。滑り台式は荷重を広い面で受けるが，コロ式は小さい面積で受けるので摩耗が激しく，運転室に震動を伝え易い。

203

台車⑩ 心向2軸台車（テンダー機関車用従台車）

機関車が大形化し、軸重（動輪にかかる重量）が増えてその重量を分散するために、又、規格が低い軌床の弱い線区でも走れる様に従台車を2軸にした。図のLT253はC62、C61に使われ、動輪との当りを避けるために台枠前部を下げたLT254がC60、D60、D61、D62に使用された。

台枠は一体鋳造で左右両側の部分は2枚の板で、その内側に担バネ、イコライザーが入り、軸箱はコロ軸を採用している。前部は主台枠と心皿座金で結合し、後部は後台枠後端梁の近くに滑り受を設け、台車枠後部の台車滑り台座で滑動するので心皿を支点として回転し、曲線での台車偏倚に対応している。又、この滑り台座で機関車後部の重量を受けるが、第1、第2従輪には担バネが付き、双方はイコライザーで結ばれている。第1従輪の担バネの前端は最終動輪担バネとイコライザーで結ばれているので、機関車重量、衝撃は分散される。尚、動輪とのイコライザーは取付ピン孔位置を変える事で、車軸への重量配分を変える事が出来る。

復元装置は後台枠の横梁に復元バネ（コイルバネ）を内包したバネ箱を設置し、そこに台車枠後部から押棒をさし込んで台車が偏倚するとバネを圧迫し、その反発力を利用するバネ式である。

●LT253側面図

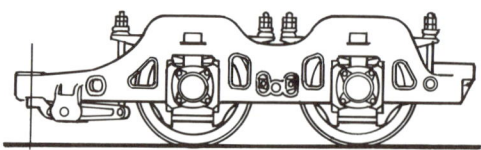

●LT254側面図

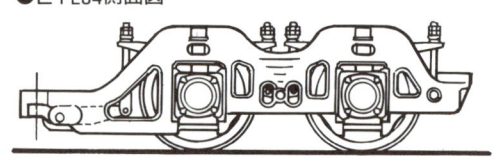

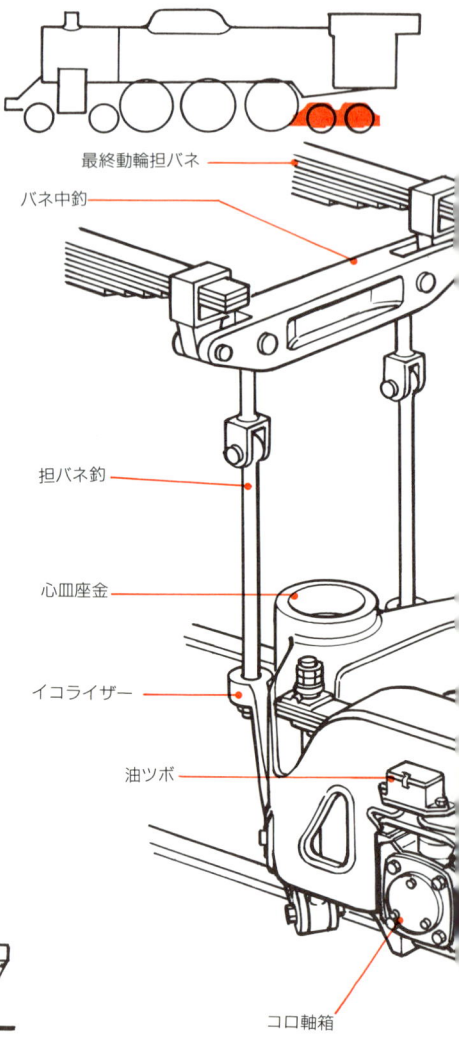

最終動輪担バネ
バネ中釣
担バネ釣
心皿座金
イコライザー
油ツボ
コロ軸箱

台車

●イコライザー中心ピン孔の移動

イコライザー中心ピン孔を後方にすると，従輪への荷重負担が増加し，動輪荷重を軽くすることができる。

イコライザー中心ピン孔

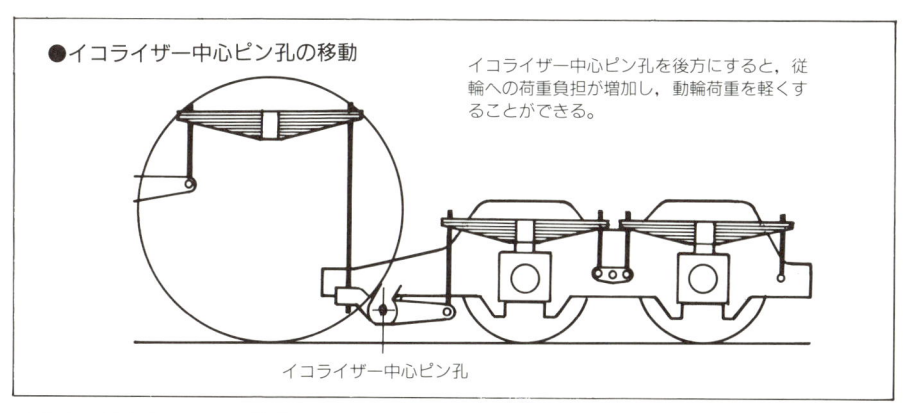

●心向2軸台車LT253の構造

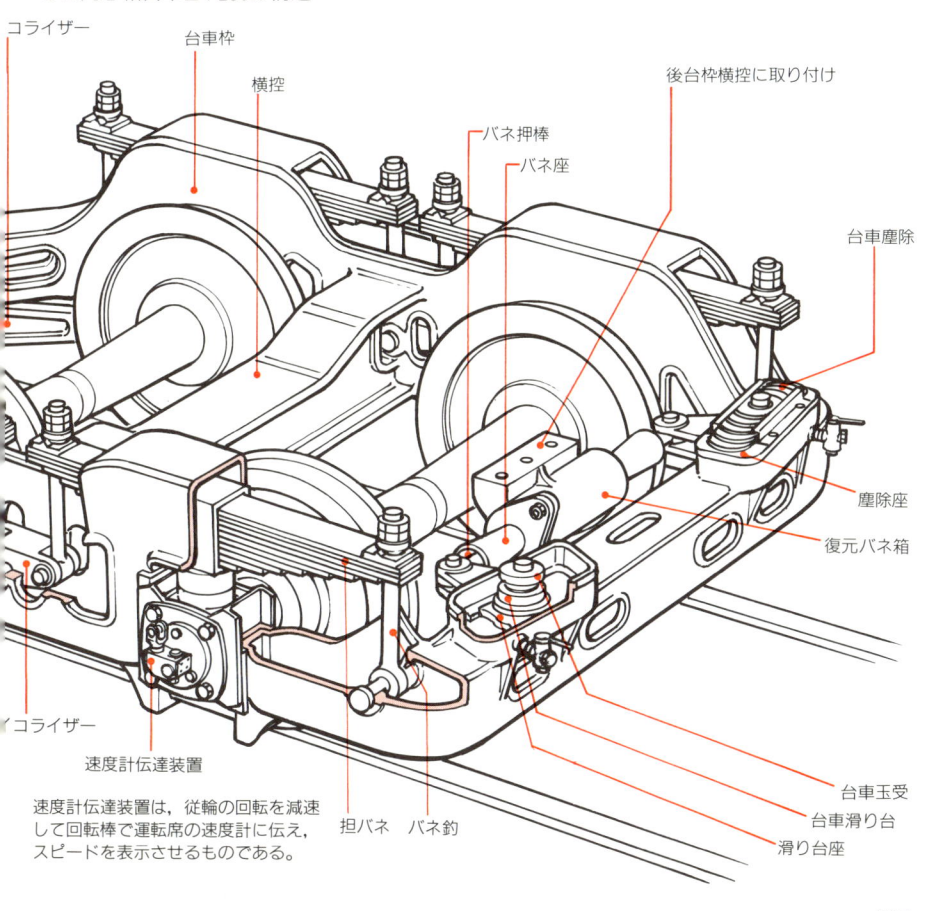

- コライザー
- 台車枠
- 横控
- バネ押棒
- バネ座
- 後台枠横控に取り付け
- 台車塵除
- 塵除座
- 復元バネ箱
- コライザー
- 速度計伝達装置
- 台車玉受
- 台車滑り台
- 滑り台座
- 担バネ
- バネ釣

速度計伝達装置は，従輪の回転を減速して回転棒で運転席の速度計に伝え，スピードを表示させるものである。

205

台車⑪ エコノミー式&コロ式2軸台車

<エコノミー式2軸台車>LT213

　タンク機C10, C11形の従台車に使用されバック運転の際は先台車の役目をする。
　前述の同形先台車とは構造、構成は同じだが側梁、側控、軸箱、担バネ、イコライザーを車輪外側にもってきた(外軸箱式)のが相違点である。

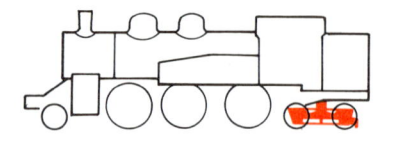

●エコノミー式2軸台車LT213(C10, C11用従台車)

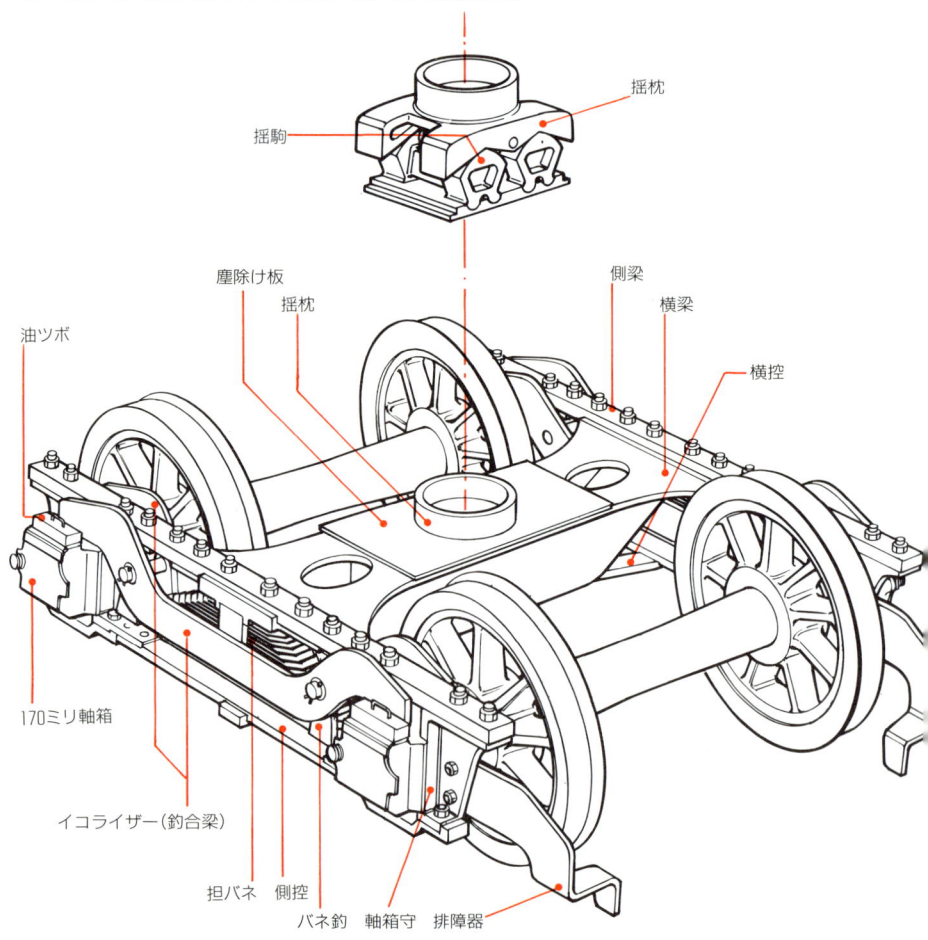

揺枕
揺駒
塵除け板
揺枕
側梁
横梁
横控
油ツボ
170ミリ軸箱
イコライザー(釣合梁)
担バネ　側控
バネ釣　軸箱守　排障器

台車

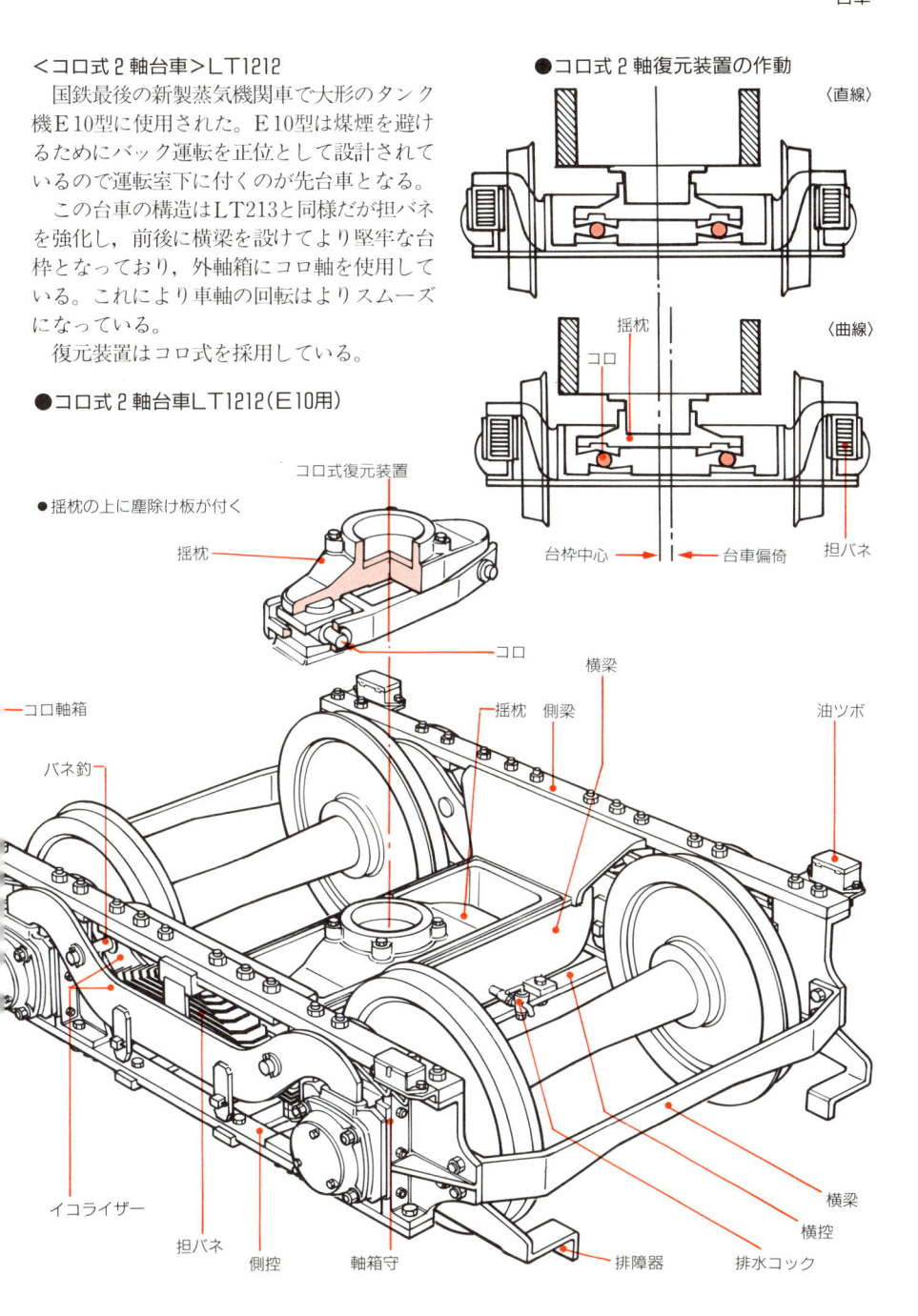

<コロ式2軸台車>LT1212

　国鉄最後の新製蒸気機関車で大形のタンク機E10型に使用された。E10型は煤煙を避けるためにバック運転を正位として設計されているので運転室下に付くのが先台車となる。
　この台車の構造はLT213と同様だが担バネを強化し、前後に横梁を設けてより堅牢な台枠となっており、外軸箱にコロ軸を使用している。これにより車軸の回転はよりスムーズになっている。
　復元装置はコロ式を採用している。

●コロ式2軸台車LT1212（E10用）

●コロ式2軸復元装置の作動

〈直線〉

〈曲線〉

揺枕
コロ
台枠中心　台車偏倚
担バネ

●揺枕の上に塵除け板が付く

揺枕
コロ式復元装置
コロ
横梁
コロ軸箱
揺枕
側梁
油ツボ
バネ釣
イコライザー
担バネ
側控
軸箱守
排障器
排水コック
横梁
横控

207

ET6型空気ブレーキ装置

　EはEngine(機関車)，TはTender(炭水車)を意味し，蒸気機関車全般に使われている。このブレーキ弁を設けて，自動ブレーキ弁で機関車と牽引車両を，単独ブレーキ弁で機関車のみを制動できる。単独ブレーキ弁は直通ブレーキとなっている。近代機では二つのブレーキ弁を一つの台にまとめ，台の内側を釣合空気溜にし，空気通路を設けて弁の配管を簡略にしている。

●ET6型空気ブレーキ構成図

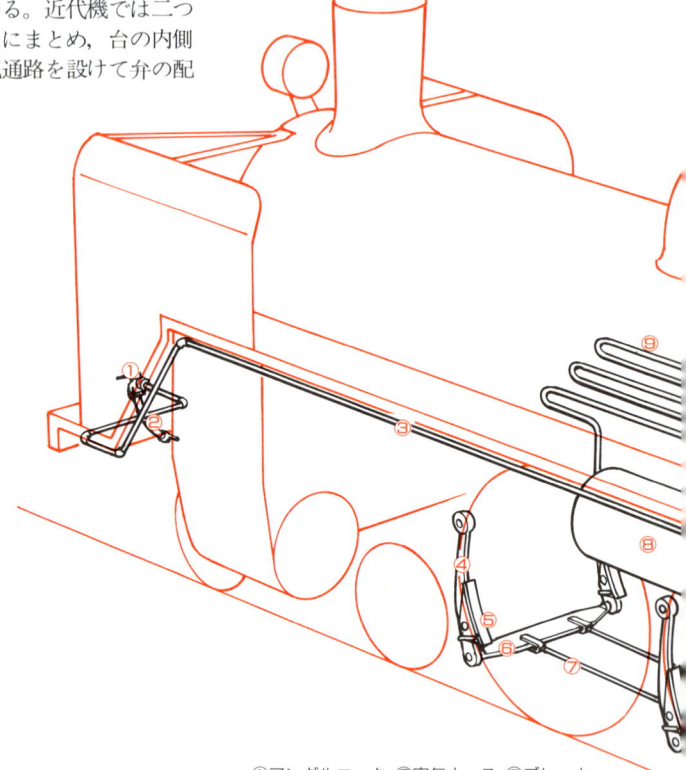

自動ブレーキ：圧縮空気を使って弁やピストンを動かし，次にその弁やピストンの開閉によって別の圧縮空気がブレーキシリンダーに進入して制動。排気されるとブレーキは緩解する。

直通ブレーキ：圧縮空気がブレーキ弁より直接ブレーキシリンダーに進入して制動，排気により緩解をする。

①アングルコック ②空気ホース ③ブレーキ管 ④制輪子釣 ⑤制輪子 ⑥制動梁 ⑦制動引棒 ⑧元空気溜(第1) ⑨繰出管 ⑩複式空気圧縮機 ⑪空気チリコシ ⑫制動軸腕 ⑬制動軸 ⑭ブレーキシリンダー ⑮調圧器 ⑯低圧頭作用管 ⑰高圧頭作用管 ⑱分配弁コック ⑲元空気溜管 ⑳作用シリンダー管 ㉑分配弁弛め管 ㉒無火装置 ㉓分配弁 ㉔ブレーキ管 ㉕うず巻チリトリ ㉖ブレーキシリンダー管 ㉗ブレーキシリンダーコック ㉘無火コック ㉙締切コック ㉚ブレーキ管(炭水車・牽引車両へ) ㉛ブレーキシリンダー管(炭水車へ)

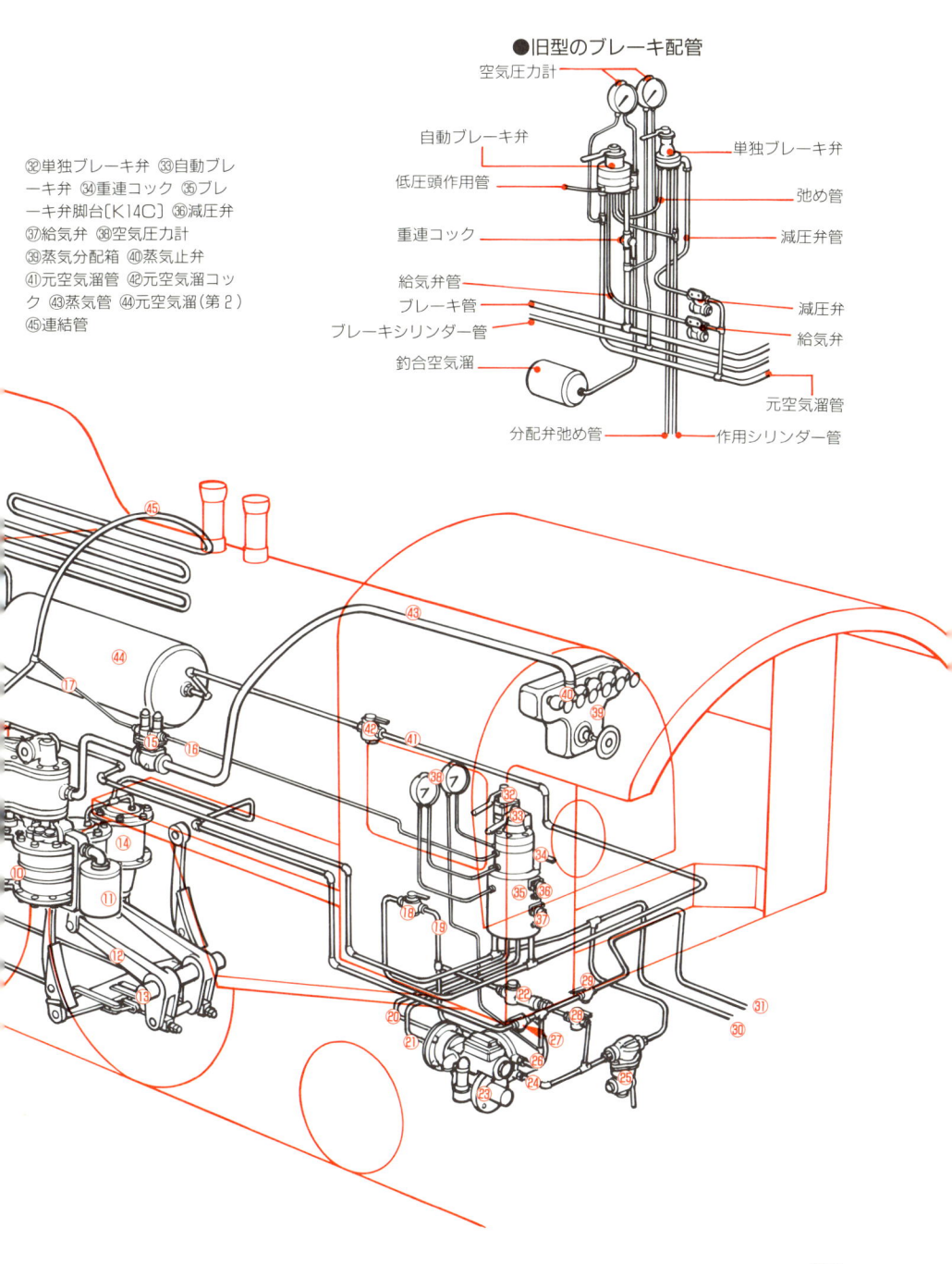

ブレーキ(ブレーキ装置)

●旧型のブレーキ配管

㉜単独ブレーキ弁 ㉝自動ブレーキ弁 ㉞重連コック ㉟ブレーキ弁脚台〔K14C〕㊱減圧弁 ㊲給気弁 ㊳空気圧力計 ㊴蒸気分配箱 ㊵蒸気止弁 ㊶元空気溜管 ㊷元空気溜コック ㊸蒸気管 ㊹元空気溜(第2) ㊺連結管

空気圧力計
自動ブレーキ弁
低圧頭作用管
重連コック
給気弁管
ブレーキ管
ブレーキシリンダー管
釣合空気溜
分配弁弛め管
単独ブレーキ弁
弛め管
減圧弁管
減圧弁
給気弁
元空気溜管
作用シリンダー管

209

ブレーキ装置と作用

〈ブレーキ装置の各部作用〉

　機関車が単独の場合は単独ブレーキ弁を使うが、車両を連結して運転、制動の場合は自動ブレーキ弁で操作する。この場合の機関車、炭水車、車両のブレーキ装置と作用を大まかに示す。

- 空気圧縮機：単式と複式があり圧縮空気を作り、冷却して元空気溜に送る。
- 調圧器：元空気溜の空気圧を6.5～8 kg/cm²に調圧する。
- 元空気溜：ブレーキ管、ブレーキシリンダー、補助空気溜に入れる圧縮空気を溜める。左右に2コあり空気管でつながっている。
- 給気弁：ブレーキ管に送る圧縮空気を5 kg/cm²に調圧する。
- ブレーキ弁：ハンドル位置により元空気溜の圧縮空気を所定の管に連絡、あるいは排出して制動、解除を行う。
- 双針圧力計：空気圧力計で2コ設け、1コは元空気溜と釣合空気溜、もう1コはブレーキシリンダー管とブレーキ管の圧力を示す。
- 釣合空気溜：ブレーキ弁でここに圧縮空気を込めたり排出すれば、その度にブレーキ管の空気圧も同じ圧力になる。
- 分配弁：圧力空気の作用で中のピストンを動かし、元空気溜の圧縮空気をブレーキシリンダーに送入、排出を行う。
- ブレーキシリンダー：圧縮空気で中のピストンを押し、空気を抜くとバネで元に戻る。このピストンの作用で制輪子を動かす。
- 制輪子：車輪に強く押しつけ回転を止める。

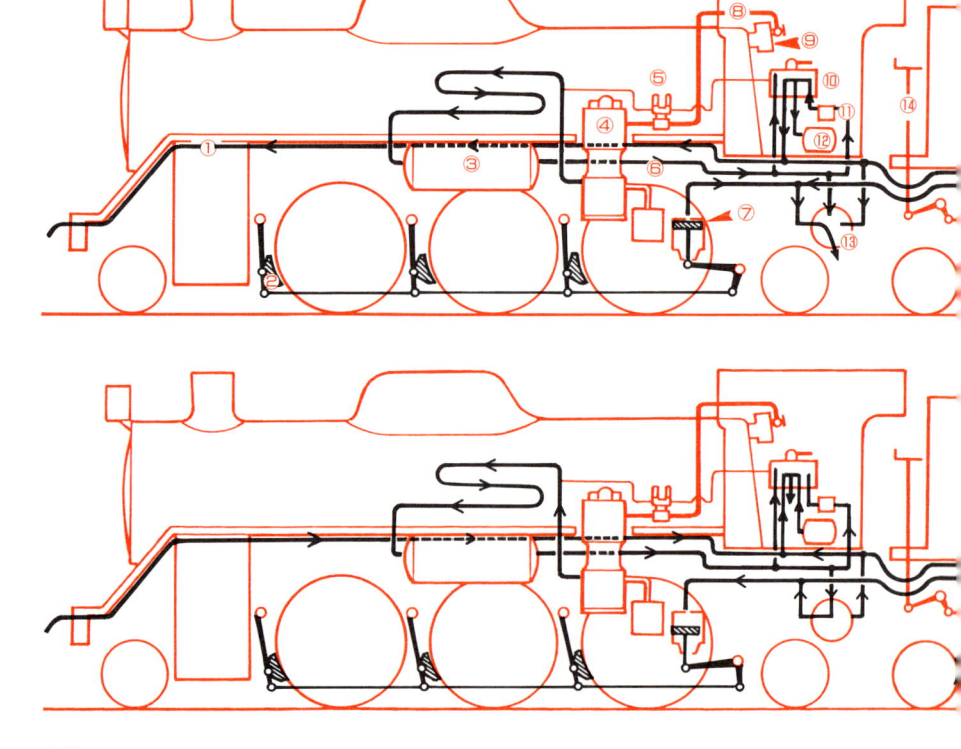

ブレーキ（ブレーキ装置）

● 三動弁：ブレーキ管圧力により弁の作用で，補助空気溜とブレーキシリンダーの給排気を行う。

〈運転時〉
　自動ブレーキ弁ハンドルが運転位置にあると，元空気溜の圧縮空気は給気弁で調圧されてブレーキ管より機関車の分配弁圧力空気室と車両の三動弁を経て補助空気溜に込められる。ブレーキシリンダーの圧力空気は，分配弁吐出口より排気され，車両側は三動弁より排気されてブレーキは緩んでいる。

〈制動〉
　自動ブレーキ弁ハンドルを常用ブレーキ位置におくと，ブレーキ管の空気は排出され，機関車側は分配弁圧力空気室の圧力空気の作用で元空気溜より圧縮空気がブレーキシリンダーに入る。車両側は三動弁の作用で補助空気溜の圧縮空気がブレーキシリンダーに進入し，ブレーキシリンダーのピストンを押し，車輪に制輪子を押しつける。

〈非常ブレーキ〉
　ブレーキ管の空気は急速に排出されて減圧し，元空気溜より圧縮空気は分配弁を経てブレーキシリンダーに常用ブレーキよりも高い圧力で進入する。車両側も三動弁が素速く動き，補助空気溜の空気は急速にブレーキシリンダーに入り制動する。
　この様にブレーキ管に圧力が加わるとブレーキが緩み，ブレーキ管が減圧するとブレーキがかかる。そこでブレーキ管が破損したり，事故で牽引車両がはずれるとブレーキホースより圧力空気が放出されてブレーキがかかり，重大事故を防ぐ仕組みになっている。又，車掌弁（非常弁）もブレーキ管と連絡しており，ここよりブレーキ管圧力空気を抜いて非常の際にブレーキがかかる。

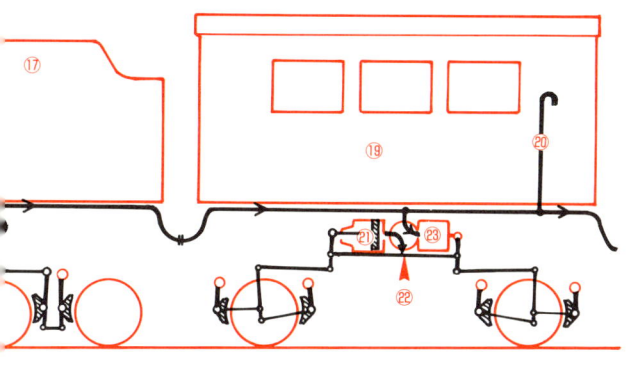

●運転時の圧縮空気の流れ

①ブレーキ管　②制輪子　③元空気溜　④空気圧縮機　⑤調圧器　⑥元空気溜管　⑦ブレーキシリンダー　⑧蒸気管　⑨蒸気分配箱　⑩自動ブレーキ弁　⑪給気弁　⑫釣合空気溜　⑬分配弁　⑭手動ブレーキ　⑮ブレーキ管　⑯ブレーキシリンダー管　⑰炭水車　⑱ブレーキシリンダー　⑲車両　⑳車掌弁　㉑ブレーキシリンダー　㉒三動弁　㉓補助空気溜

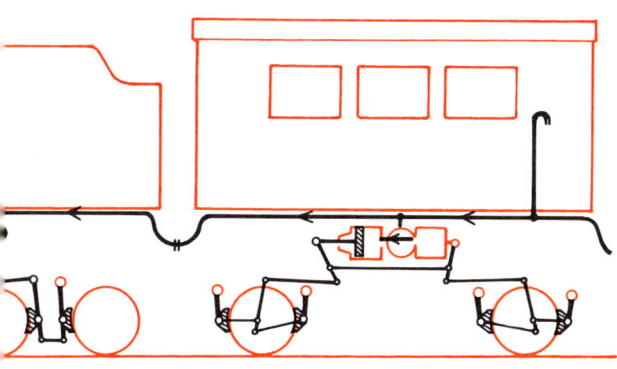

●制動時の圧縮空気の流れ

211

単式空気圧縮機 本体と消音器

〈空気圧縮機〉
　単式と複式があり，複式は大形機に用いられる。操作は運転室の蒸気分配箱の空気圧縮機バルブを開いて，生蒸気を送る事により作動する。

〈単式空気圧縮機〉
　上から蒸気弁部，蒸気シリンダー，空気シリンダーで構成され，空気シリンダー外周には冷却用のフィンが付く。各シリンダーの蒸気ピストンと空気ピストンはピストン棒で結ばれ同じ動きをする。（ピストン径241mm，行程254mm）
　逆転弁室はシリンダー中心部の真上に位置し，その中の逆弁棒は下に長く伸びて，蒸気ピストン棒（途中まで中空になっている）に挿入されている。

　逆転棒の下端はボタンと称する突起が付き，上部は少し太めになった肩と称する部分がありその上に逆転弁が付く。
　蒸気部は逆転弁室と滑り弁室から成る。逆転弁室の上部に釣合い穴を設けて逆転棒の上下の圧力を釣合わせ，ひとりでに動くのを防ぎ，また上下の動きをスムーズにしている。
　逆転弁には逆転棒に付随した滑り弁を用い，滑り弁室には大，小ピストンがあり滑り弁を付けた棒で連結して連動させ，気筒への給排気を行う。
　尚，左の小ピストンの背面は常に大気に通じている。

〈消音器〉
　8620やC56等給水温め器の付いていない機関車で，煙突の脇の管からシューッ，シューッと蒸気を噴き出しているのは，空気圧縮機からの排気蒸気である。空気圧縮機排気管の先に取りつけられたタテ型の円筒型のものが消音器で，煙突の脇でボイラー上に設置される事が多い（ボイラーサイドに置き排気管を煙突の脇まで延ばしているものもある）。空気圧縮機に使用された蒸気の排気音を消すのと，排気蒸気に含まれたまだ熱い復水が飛散するのを防止する装置である。

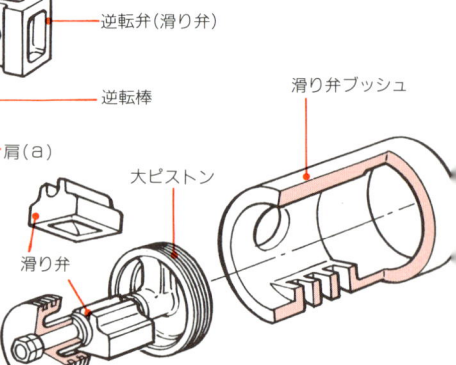

●蒸気弁部

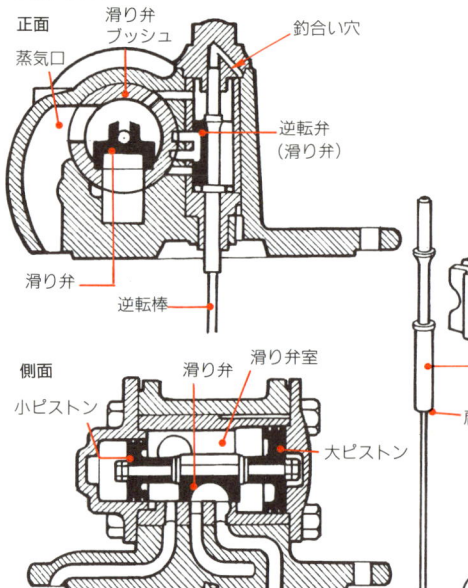

正面
蒸気口
滑り弁ブッシュ
釣合い穴
逆転弁（滑り弁）
滑り弁
逆転棒

側面
小ピストン
滑り弁
滑り弁室
大ピストン
逆転棒
ボタン(b)

逆転弁（滑り弁）
逆転棒
肩(a)
滑り弁
大ピストン
小ピストン
滑り弁ブッシュ

212

●消音器

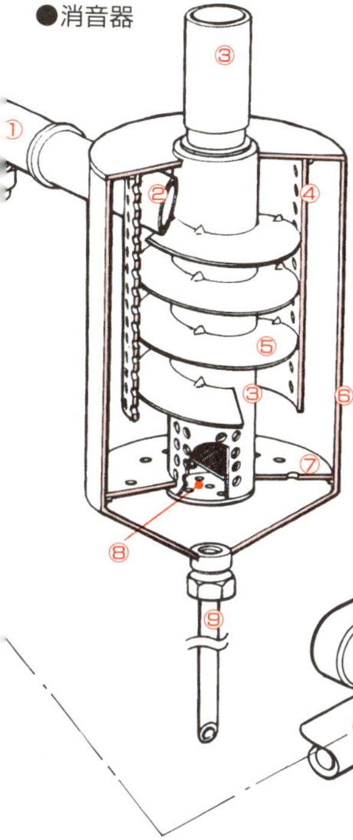

勢いよく消音筒に入った排気蒸気は下に向う螺旋状の排気案内を旋回する間に遠心力で水と蒸気に分離して，水は消音筒の小穴から飛び出て消音器胴内に溜り底部の排水管から線路上に，蒸気は吐出管下部の小穴から入り大気に出る。

挟み金は排気案内を下りてくる排気の旋回を止めるのと，水を分離した蒸気が再び水と混ざるのを防止するためのもの。

●単式空気圧縮機の構造

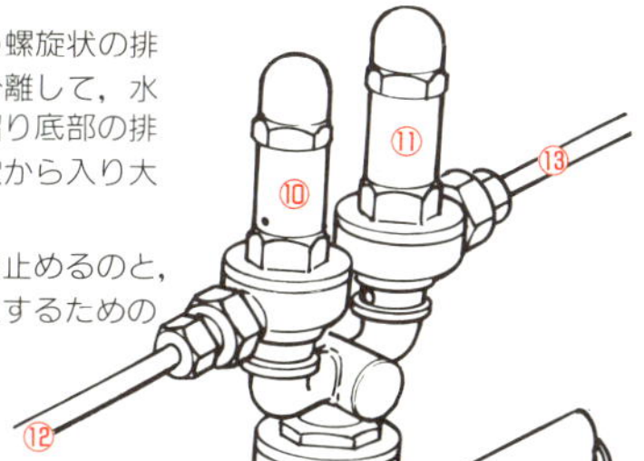

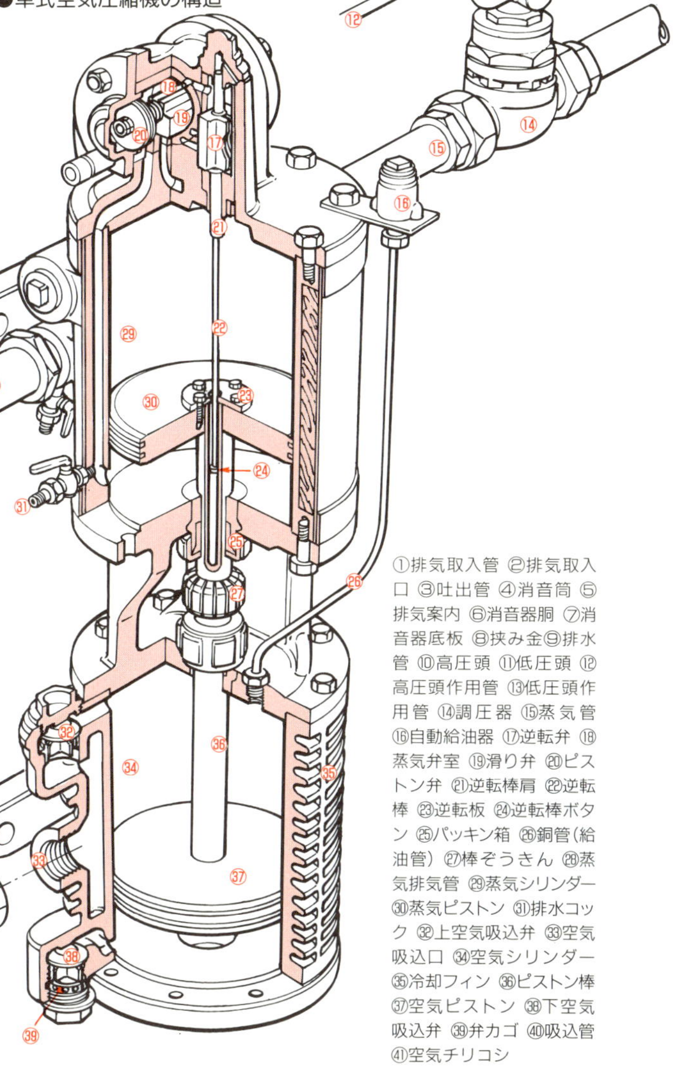

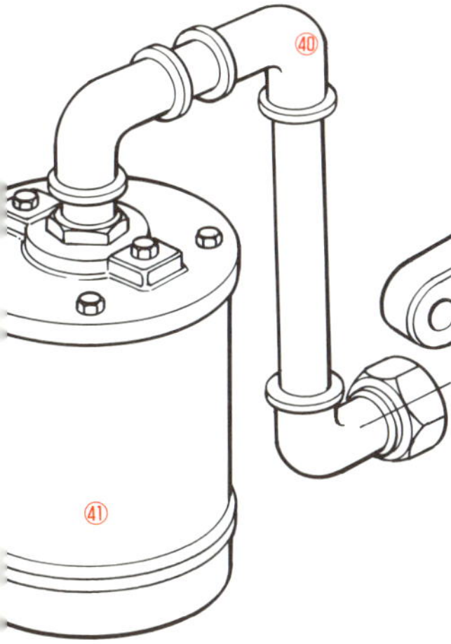

①排気取入管 ②排気取入口 ③吐出管 ④消音筒 ⑤排気案内 ⑥消音器胴 ⑦消音器底板 ⑧挟み金 ⑨排水管 ⑩高圧頭 ⑪低圧頭 ⑫高圧頭作用管 ⑬低圧頭作用管 ⑭調圧器 ⑮蒸気管 ⑯自動給油器 ⑰逆転弁 ⑱蒸気弁室 ⑲滑り弁 ⑳ピストン弁 ㉑逆転棒肩 ㉒逆転棒 ㉓逆転板 ㉔逆転棒ボタン ㉕パッキン箱 ㉖銅管（給油管） ㉗棒ぞうきん ㉘蒸気排気管 ㉙蒸気シリンダー ㉚蒸気ピストン ㉛排水コック ㉜上空気吸込弁 ㉝空気吸込口 ㉞空気シリンダー ㉟冷却フィン ㊱ピストン棒 ㊲空気ピストン ㊳下空気吸込弁 ㊴弁カゴ ㊵吸込管 ㊶空気チリコシ

単式空気圧縮機の作動

〈蒸気ピストンの作用〉

・上り行程：逆転弁室及び滑り弁室に蒸気が供給される。上り行程では逆転弁は下位置にある。
滑り弁室の蒸気は大，小ピストンの内側に入り圧力は面積の大きい方に作用するので大ピストン及び付随している滑り弁は右に移動する。大ピストン背面の蒸気は逆転弁の凹部を通って排出される。滑り弁の移動で蒸気ピストンシリンダー下部へ送る孔が開き，蒸気が供給されて蒸気ピストンは押し上げられる。蒸気ピストン上面の蒸気はシリンダー上面の孔より滑り弁凹部を通って排出される。蒸気ピストンが上り切る直前で，ピストン上面に付いた逆転板で逆転棒の肩（a）に当って押し上げ，上死点に達するまで逆転弁は上昇する。

・下り行程：逆転弁は上位置にあり，蒸気は滑り弁室大ピストンの背面に入る。
大ピストンを押していた滑り弁室内の蒸気は圧力差が0になるので小ピストンを押して付属の滑り弁と共に左に移動する。すると蒸気シリンダー上部に通じる孔（上り行程では排気孔）が開いて蒸気が供給され蒸気ピストンを押し下げる。シリンダー下部の蒸気は上り行程では給気孔だった孔から排気，滑り弁凹部を通って排出される。蒸気ピストンが下り切る直前で逆転棒下端のボタン（b）を逆転板がひっかけて引き下げ，下死点に達するまで付属の逆転弁が下がる。そして上り行程に移行する。

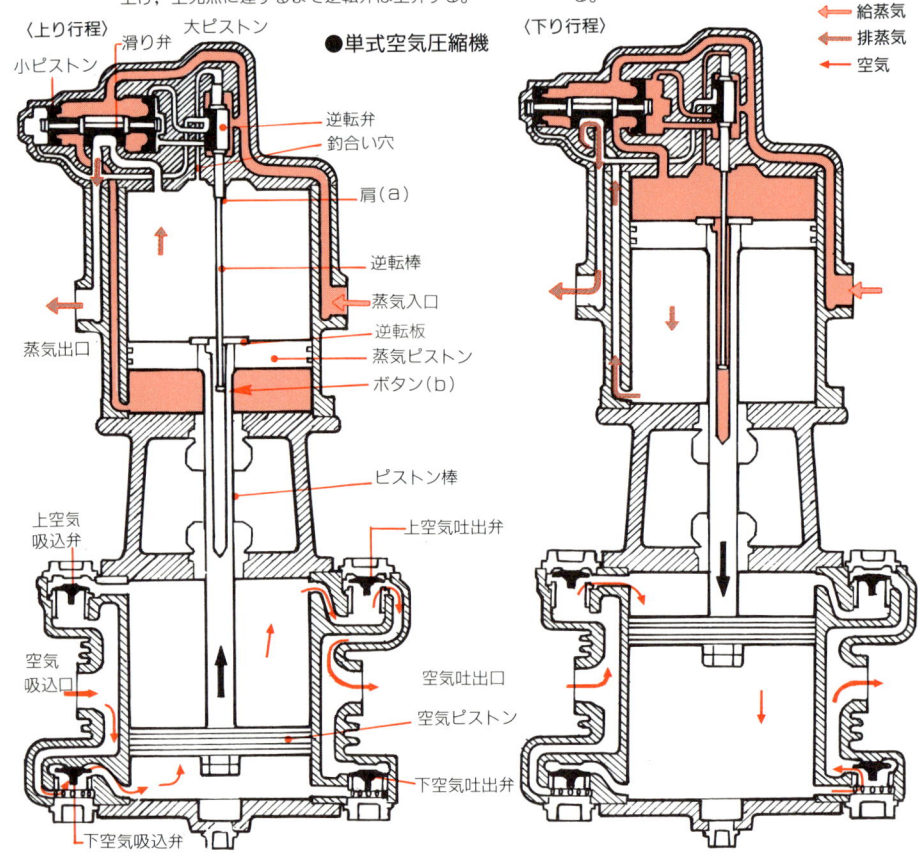

●単式空気圧縮機

214

ブレーキ（ブレーキ装置）

〈空気ピストンの作用〉
・上り行程：空気シリンダー内の上部，下部それぞれに吸気孔，吐出孔があり，それぞれ空気弁を設置している。チリコシで清浄となった大気は吸込管からシリンダー下部の空気吸込弁を押し上げて開き，ピストン下部に吸入される。その時下部の空気吐出弁は自重で弁座に密着(閉)している。
ピストン上面の空気は圧縮されて上部の吸気弁を弁座に押し着け，吐出弁を押し上げて開き，繰出管を経て元空気溜に入る。上死点に達すると元空気溜の圧力と弁の自重により吐出弁はすぐ座に落ちて弁は閉じ，空気の逆流を防ぐ。

・下り行程：吸込管からの空気は，シリンダー上部の空気吸込弁を押し上げてシリンダー内のピストン上面に吸入される。空気吐出弁は自重で弁座に密着(閉)している。上り行程で吸入したピストン下面の空気は圧縮されて空気吸込弁を座に押し着け，吐出弁を押し開き繰出管から元空気溜に達する。
この行程を繰り返して元空気溜に空気を圧縮して溜める。

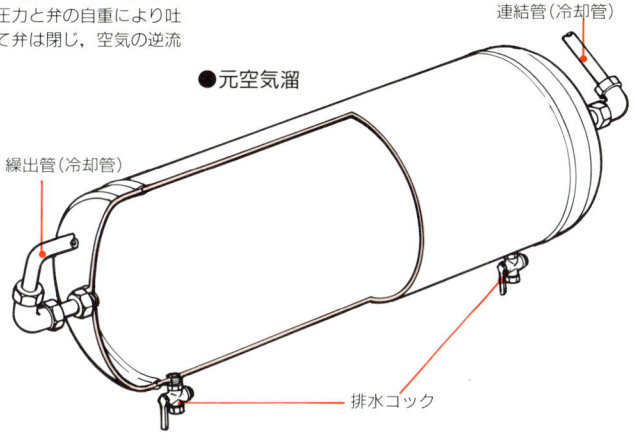

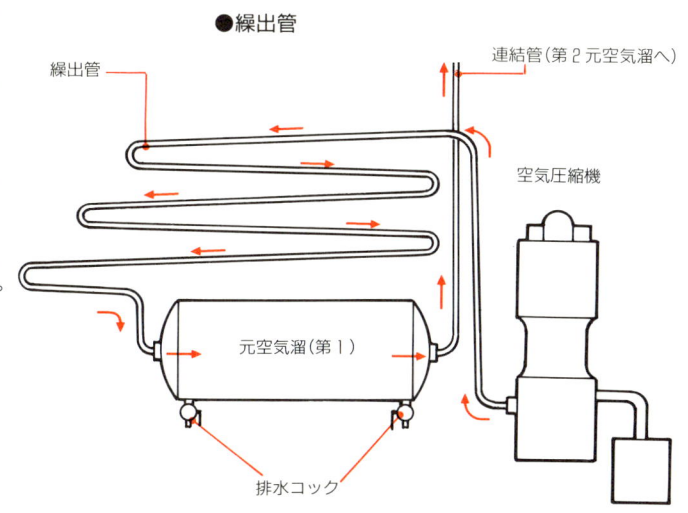

〈元空気溜〉
空気圧縮機から供給された圧縮空気を冷却して貯めておくところ。圧力空気を使用する全ての機器には，ここに溜められた圧縮空気が使用される。容積0.19，0.26，0.34，0.43m³の4種類があり，空気圧は6.5〜8kg/cm²である。普通左右に2コ備えて連絡管でつながっている。
胴の下部前後に2コ小形排水コックが付いて内部に溜った復水を排出する。

〈繰出管〉
圧縮空気は高温になっているので，送る間に少しでも永く外気に当てて冷やせる様，途中で折り返して距離を長くとっている。図は少し極端にしているが，丸く折り返した管は平行ではなく，少し下りの傾斜をつけて中の復水が下に流れ易くし，元空気溜の排水コックで排出する。第2元空気溜との連絡管も放熱管となる。

●元空気溜

連結管(冷却管)
繰出管(冷却管)
排水コック

●繰出管

繰出管
連結管(第2元空気溜へ)
空気圧縮機
元空気溜(第1)
排水コック

215

複式空気圧縮機

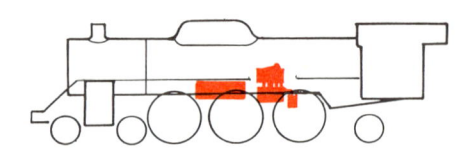

〈複式空気圧縮機〉
　牽引車両が増え機関車も大型化すると制動のためにより多くの圧縮空気を必要とし、又空気漏れも多くなるので複式空気圧縮機が採用された。
　構造は高圧蒸気シリンダーと低圧空気シリンダー、低圧蒸気シリンダーと高圧空気シリンダーがそれぞれ連接し、各ピストンもピストン棒で直結している。高圧蒸気シリンダーの上に蒸気弁室を、低圧空気シリンダーの吸入口に空気チリコシを設けている。
　高圧ピストン棒には逆転棒が挿入されており、逆転弁の動きにより蒸気は高圧シリンダーの上、下部に送られ、その後隣りの低圧シリンダーの上、下部に供給排出される。これによりこの2組のピストン上下動は互いに逆の運動となる。
　蒸気は2段に作用するので、240ミリ単式に比べて3倍以上の圧縮能力をもち、単式で同容量に圧縮するのに比べ1/3の蒸気で済む。

■諸元■
高圧蒸気シリンダー直径　　216mm
低圧　　〃　　〃　　356mm
高圧空気シリンダー直径　　210mm
低圧　　〃　　〃　　333mm
ピストン行程　　　　　　305mm
最大空気圧力(ボイラー圧14kg/cm²)　9.8kg/cm²

●ピストン弁の構造

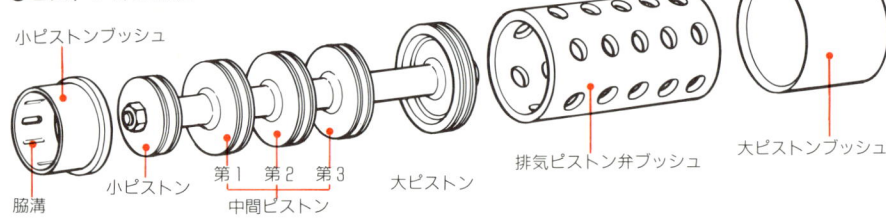

小ピストンブッシュ　　排気ピストン弁ブッシュ　　大ピストンブッシュ
脇溝　小ピストン　第1　第2　第3　大ピストン
　　　　　　　中間ピストン

〈ピストン弁〉
　シリンダーの給排気切換えにはピストン弁を使い、1本のピストン棒に5コのピストンが付き、左から小ピストン、第1、第2、第3の中間ピストン、右端が大ピストンで、中間ピストンは3つ共同じ大きさである。蒸気弁室は5コのピストンによりa、b、c、d、e、fの6室に分かれている。各室はピストン弁の位置に関係なく次の通路に連絡する。

●蒸気弁室とピストン弁

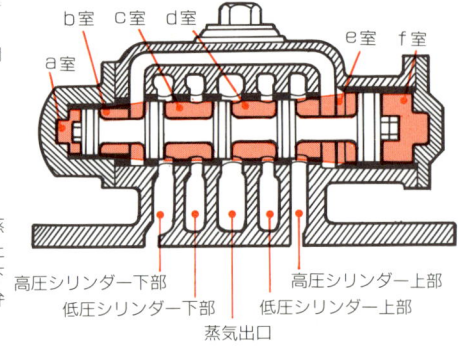

a室　b室　c室　d室　e室　f室
高圧シリンダー下部　高圧シリンダー上部
低圧シリンダー下部　低圧シリンダー上部
蒸気出口

a－大気と通じる　b－蒸気入口と通じる　c－低圧気シリンダー下部と通じる　d－低圧蒸気シリンダー上部と通じる　e－蒸気入口と通じる　f－逆転弁の上下運動によりf室への給排とe室との圧力差でピストン弁を左右に動かす。

ブレーキ(ブレーキ装置)

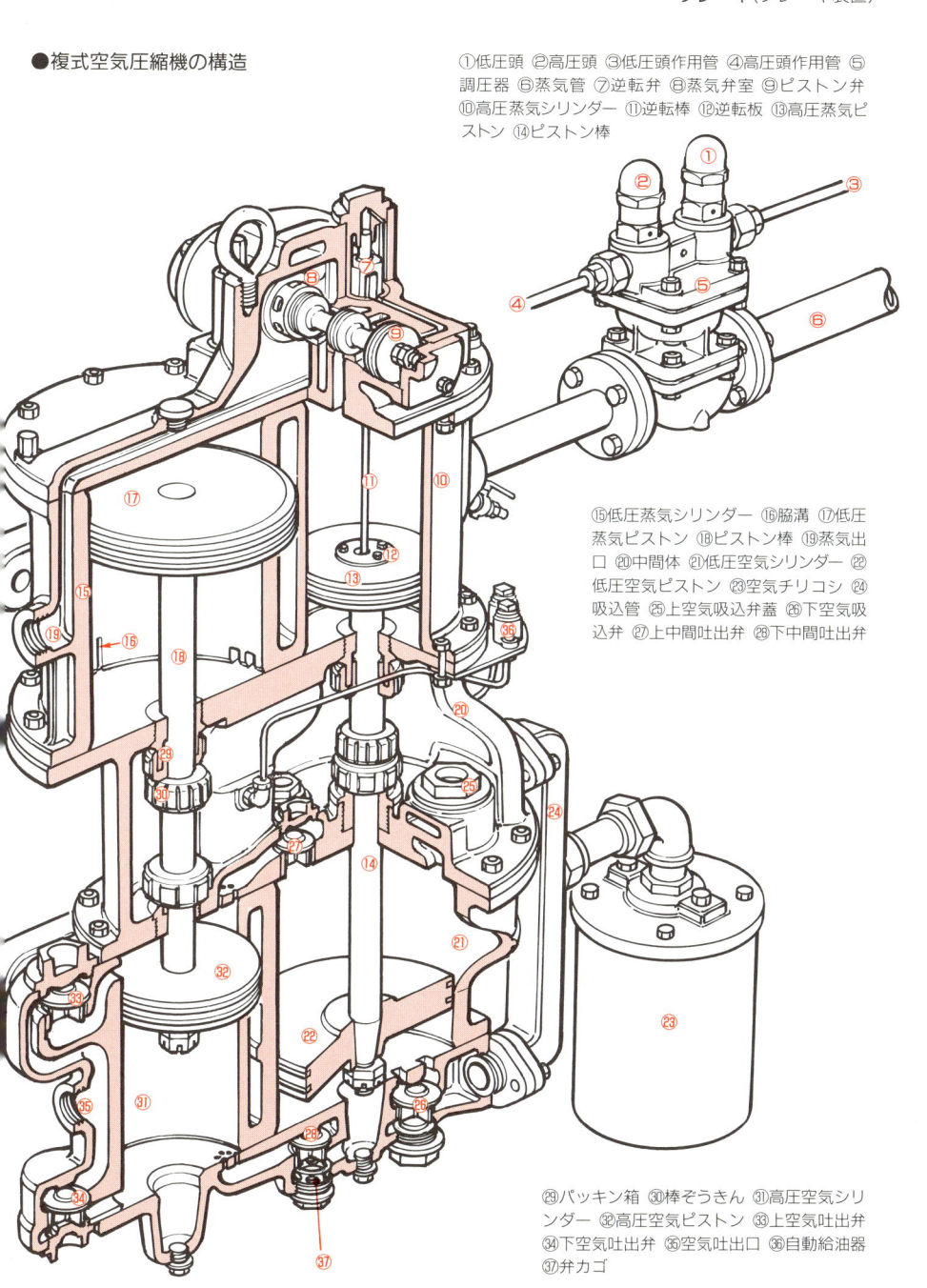

● 複式空気圧縮機の構造

①低圧頭 ②高圧頭 ③低圧頭作用管 ④高圧頭作用管 ⑤調圧器 ⑥蒸気管 ⑦逆転弁 ⑧蒸気弁室 ⑨ピストン弁 ⑩高圧蒸気シリンダー ⑪逆転棒 ⑫逆転板 ⑬高圧蒸気ピストン ⑭ピストン棒

⑮低圧蒸気シリンダー ⑯脇溝 ⑰低圧蒸気ピストン ⑱ピストン棒 ⑲蒸気出口 ⑳中間体 ㉑低圧空気シリンダー ㉒低圧空気ピストン ㉓空気チリコシ ㉔吸込管 ㉕上空気吸込弁蓋 ㉖下空気吸込弁 ㉗上中間吐出弁 ㉘下中間吐出弁

㉙パッキン箱 ㉚棒ぞうきん ㉛高圧空気シリンダー ㉜高圧空気ピストン ㉝上空気吐出弁 ㉞下空気吐出弁 ㉟空気吐出口 ㊱自動給油器 ㊲弁カゴ

217

複式空気圧縮機の作動

〈高圧蒸気ピストン下り行程〉

　高圧蒸気ピストンが上り切る前にピストン上面の逆転板が逆転棒の肩（g）を突き上げ、逆転弁が上位置にくる。(高圧蒸気シリンダー上部の釣合い穴は逆転棒上下の圧力を均一にして動きをスムーズにさせるもの。)この時蒸気弁室のピストン弁の状況は次の様になる。

　高圧蒸気が逆転弁の背面から大ピストン弁外側（f）に進入し、5コのピストン弁を左に押す。小ピストン弁外側（a室）のピストン壁には脇溝があり、そこからb室の蒸気がa室に流れ込むが左に移動するにつれて小ピストンがこの脇溝を締切り、蒸気吐出口も塞ぐのでa室に蒸気が残り、それが圧迫されて小ピストンが弁蓋に直接当るのを防ぐ。ピストン弁が左端に位置すると、3コの中間ピストンの内e室の高圧蒸気は高圧蒸気シリンダー上部へ供給されてピストンを押し下げる。下部の蒸気は押し出されてc室を通り、低圧蒸気シリンダー下部へ送られて、ピストンを押し上げる。上部の蒸気は押し出されてd室を通って排気出口に向かう。

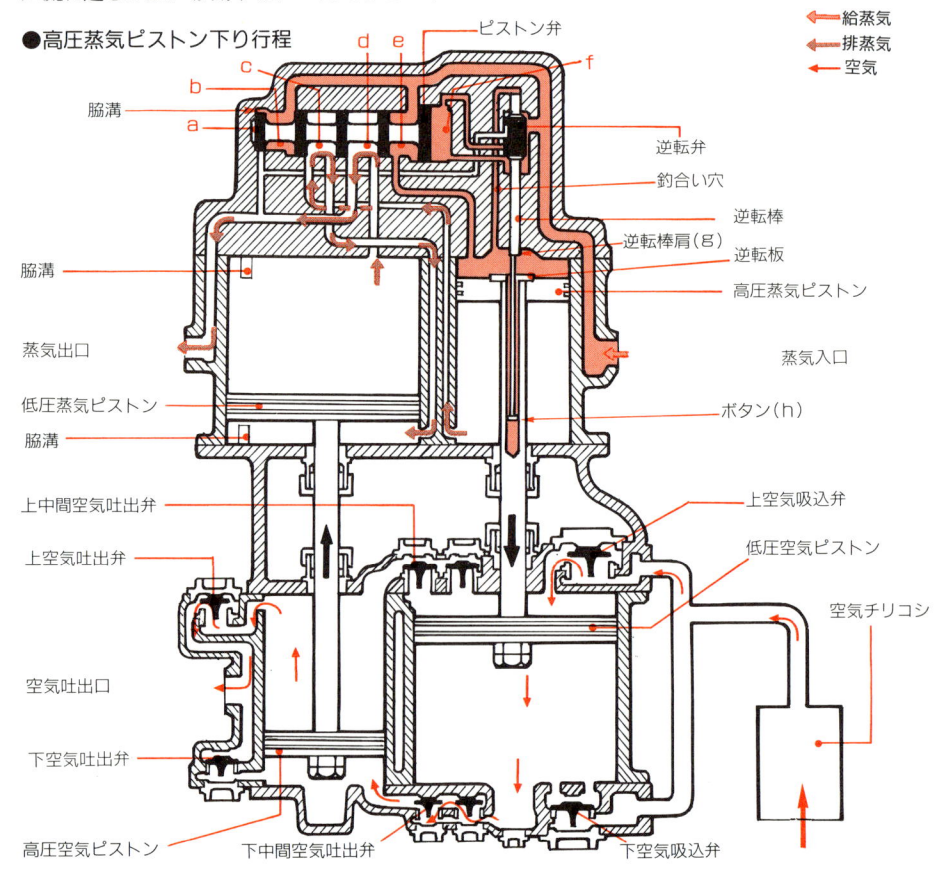

●高圧蒸気ピストン下り行程

ブレーキ（ブレーキ装置）

〈高圧蒸気ピストン上り行程〉

　ピストンが下り切る前に，逆転板は逆転棒下端のボタン（h）を引っかけて下死点へ。そして逆転弁は下位置にくる。すると（f）に通じる蒸気通路は塞がれ圧力蒸気はb室e室に入るが，e室の圧力が勝り（蒸気圧力が同じであれば表面積の大きい方が勝る）大ピストンを押して右に移動させる。同時に（f）室にあった蒸気は逆転弁の凹部より排出される。3コの中間ピストンは全部同じ大きさをしており，その間のc，d室は釣合いがとれているのでピストンの左右動には何ら影響しない。

　b室に入った高圧蒸気は，高圧蒸気シリンダー下部に進入してピストンを押し上げる。

ピストン上面の蒸気はd室を通って低圧蒸気シリンダー上部に入りピストンを押し下げ，ピストン下部の蒸気はc室を経て排出される。ピストンは上昇を続け，やがて逆転板が逆転棒肩（g）を突き上げ逆転弁が上位置にきて下り行程にうつる。

〈空気ピストン作用〉

　直結している蒸気ピストンと上下行程は同じだ。低圧空気シリンダーにチリコシで濾過された清浄な空気が空気吸込弁から進入し，圧縮されて中間吐出弁から隣の高圧空気シリンダーに入り，さらに圧縮されて元空気溜に供給される。

〈空気チリコシ〉

空気圧縮機の空気吸込管の先に付属する円筒状のもの。雨等をよけるため下向きに取り付けて大きさは外径250mm，長さ360mm。内部はそれぞれ側面に多数の小孔をもった大きな筒（亜鉛引鉄板）と小さな筒（亜鉛引鉄板）を二重にし，その間に巻毛をつめて収めている。空気は多数の小孔から進入し巻毛を通過する間にチリを漉す仕組になっている。

●空気チリコシの内部

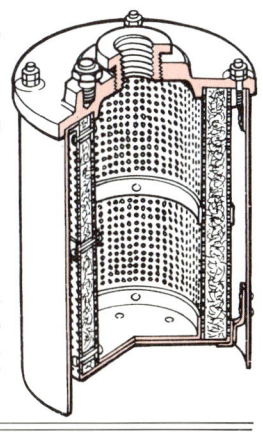

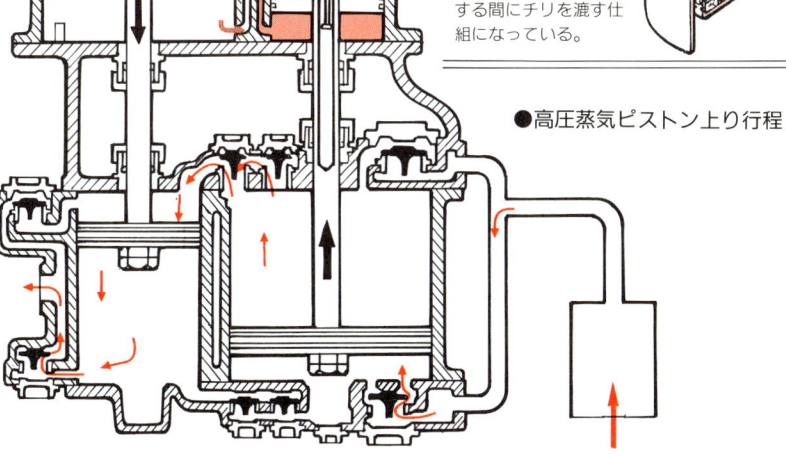

●高圧蒸気ピストン上り行程

調圧器と自動給油器

〈調圧器〉

　圧力加減器とも言い，蒸気弁体，低圧頭，高圧頭で構成されて蒸気分配箱の止弁と空気圧縮機を結ぶ蒸気管途中に設ける。

　低圧頭や高圧頭の作用により蒸気通路を開閉して，空気圧縮機の運転を自動的に制御し，元空気溜を規定の圧力にする。

低圧頭－6.5kg/cm²に調整されたバネ下にピン弁を内蔵し，自動ブレーキ弁と連絡。

高圧頭－8kg/cm²の調圧バネ下にピン弁を内蔵し，元空気溜と連絡。

〈調圧器の作用〉

　自動ブレーキ弁が，弛め，運転，保ち位置にくると，元空気溜の圧力空気は自動ブレーキ弁を経て低圧頭膜板下にゆく。圧力が6.5kg/cm²以上になれば調圧バネを押し上げてピン弁が開き，その下のピストンを押し下げ付属の蒸気弁が蒸気通路を遮断して圧縮機は運転を休止する。6.5kg/cm²以下になるとピン弁は調圧バネで下がって閉塞し，蒸気弁のピストンを押していた空気は吐出孔より大気に出るので，バネで蒸気弁は元の位置に戻り蒸気通路は開いて圧縮機の運転が始まる。

　自動ブレーキ弁が常用ブレーキ，重なり，非常ブレーキの位置にくると，低圧頭と元空気溜との連絡は断たれ高圧頭だけが働く。高圧頭膜板下まで元空気溜の圧力空気が直接きており，6.5kg/cm²で運転が止っていても再び動き始めて8kg/cm²に上昇するまで運転し続ける。これは制動後に弛めにするとブレーキ管に多量の圧力空気が必要なので，その準備のためである。また調整ネジを回すこと

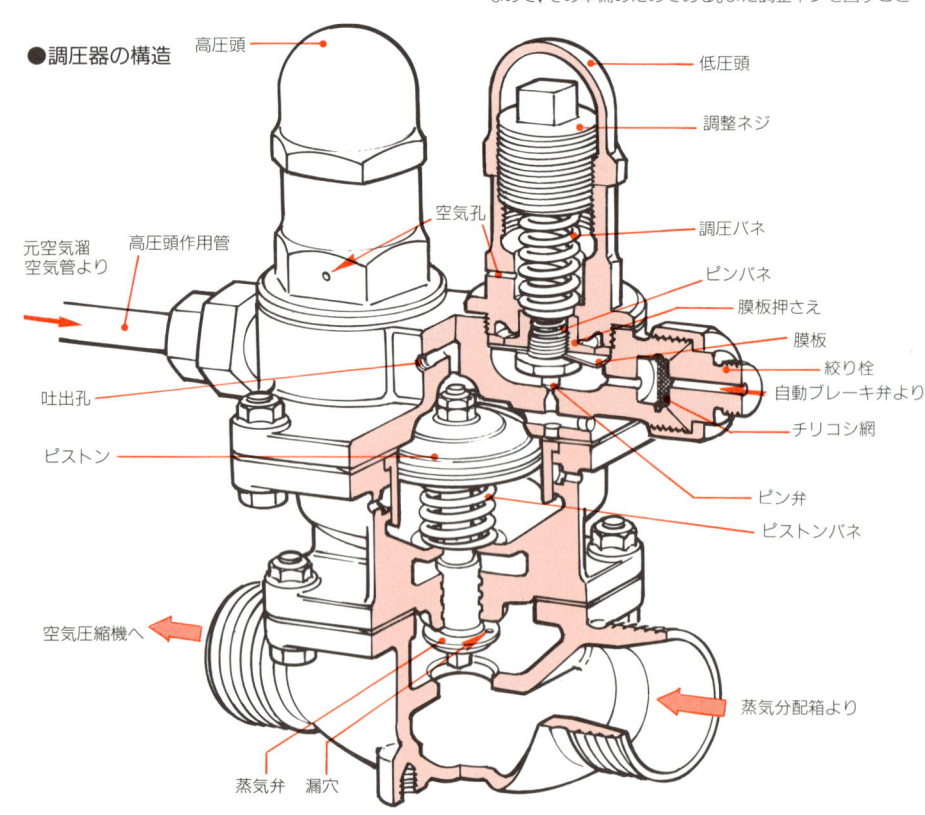

●調圧器の構造

高圧頭
低圧頭
調整ネジ
空気孔
調圧バネ
元空気溜空気管より
高圧頭作用管
ピンバネ
膜板押さえ
膜板
絞り栓
吐出孔
自動ブレーキ弁より
チリコシ網
ピストン
ピン弁
ピストンバネ
空気圧縮機へ
蒸気分配箱より
蒸気弁　漏穴

ブレーキ（ブレーキ装置）

により，調圧バネを規定の圧力にしてピン弁を押さえる。蒸気弁に漏孔があるのは蒸気弁が閉じ圧縮機が停止していても蒸気シリンダーを冷やさない様にこの小孔から常に少量の蒸気を送るためのものである。

尚，蒸気弁側の蒸気圧（ボイラー圧力と同じ）は空気圧よりも高いのに弁を閉じる事が出来るのは，ピストン径を蒸気弁の径よりも相当に大きくしてあるので，小さな圧力でも勝るからである。

● 調圧器の作用

〈圧縮機運転〉
高圧頭 8kg/㎠ に調整
低圧頭 6.5kg/㎠ に調整
元空気溜より
自動ブレーキ弁より
空気圧縮機
蒸気分配箱

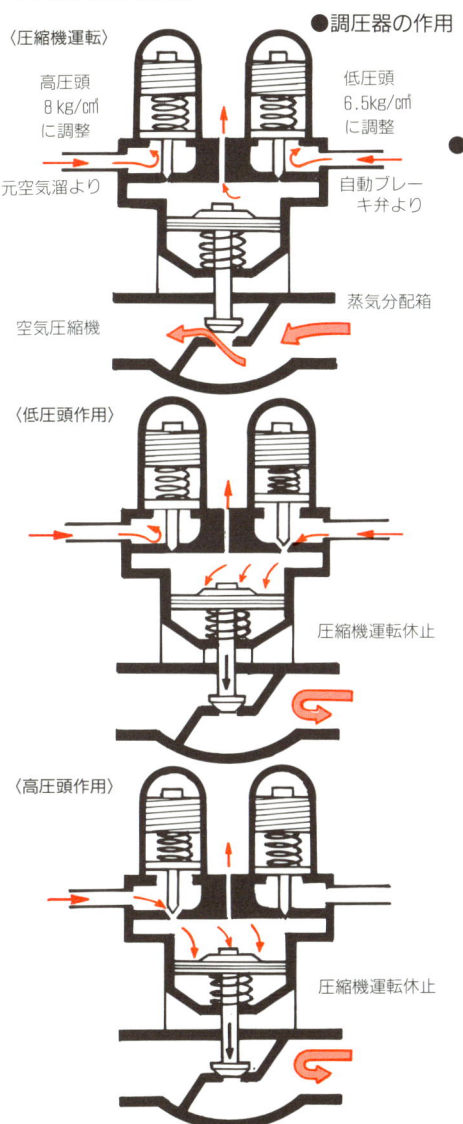

〈低圧頭作用〉
圧縮機運転休止

〈高圧頭作用〉
圧縮機運転休止

〈自動給油器〉

空気圧縮機の空気シリンダーに自動的に給油する装置である。油で満たされた油筒付体（油ツボは50㎤位）の中に筒状の心棒とそれを被う鞘，その上に吐出し口（B）のある油筒ナットが付く。心棒と鞘の間にすき間（C）を設け心棒に横孔（D）をあけて心棒中心孔（A）と連絡している。油筒付体下部は銅管で空気シリンダーと結ばれている。空気ピストンが上昇すると，シリンダーの空気が圧縮されて銅管から心棒中心孔（A），そして（B）を通って油ツボの油の上面を圧迫する。それで油はスキ間（C）から横孔（D）に入り，心棒中心孔（A）に滲み出した油をピストンが下がる時にシリンダー内に吸い込む。これをくり返してピストンが作動している間は常に給油される。

● 自動給油器の構造と作用

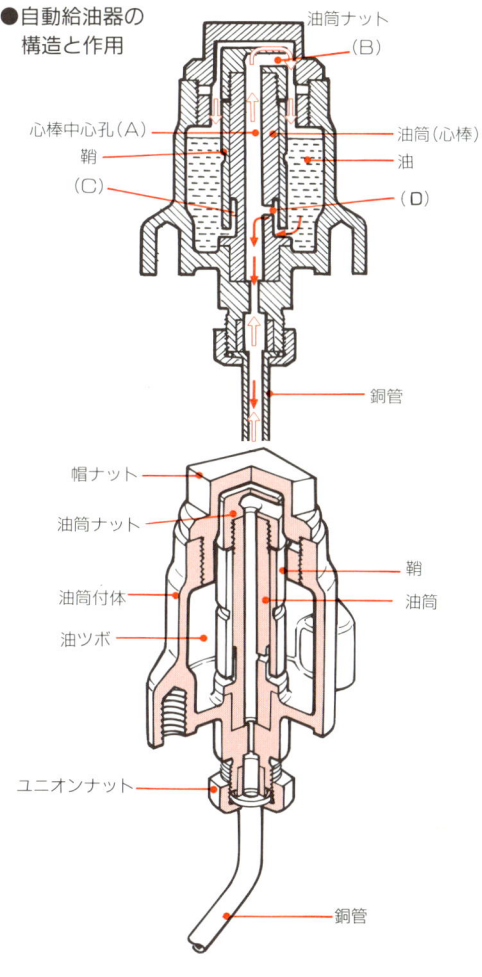

油筒ナット
（B）
心棒中心孔（A）
油筒（心棒）
鞘
油
（C）
（D）
銅管

帽ナット
油筒ナット
鞘
油筒付体
油筒
油ツボ
ユニオンナット
銅管

給気弁と減圧弁

〈給気弁〉

　元空気溜の圧力空気は6.5〜8 kg/cm²なので，制動には高圧過ぎる。又，圧力も一定していないので元空気溜管と自動ブレーキ弁との途中に給気弁を設置し，元空気溜の圧力空気を5 kg/cm²に調圧して送る。

〈給気弁作用〉

　内部は供給部と加減部に分かれ，加減取輪を回して調圧バネの圧力を5 kg/cm²に調整する。
　元空気溜よりⒶから入った圧縮空気はピストンバネを圧して供給ピストンを左に押し，孔Ｆより入って供給弁給気口が開くとⒹからⒺに行く。又，供給ピストンはそのシリンダー径よりも少し小さいので，ピストンを押した圧縮空気はその内壁隙間を抜けてⒷに至る。
　膜板押え，膜板に接している加減弁足は，調圧バネで押されているので加減弁は開いており，Ⓑの空気はⒸに入りⒹからの空気と合流してⒺより給気弁管に送られる。
　給気弁管及びⒺの圧力が5 kg/cm²以上になると，Ⓒより調圧バネは圧力に押されて膜板も凹む。そのため加減バネに押されて加減弁は閉じ，Ⓒ，Ⓑの空気通路が遮断される。するとⒷはⒶの空気圧と同じになるのでピストンバネに押されて供給ピストン及び付属の給気弁は右に寄

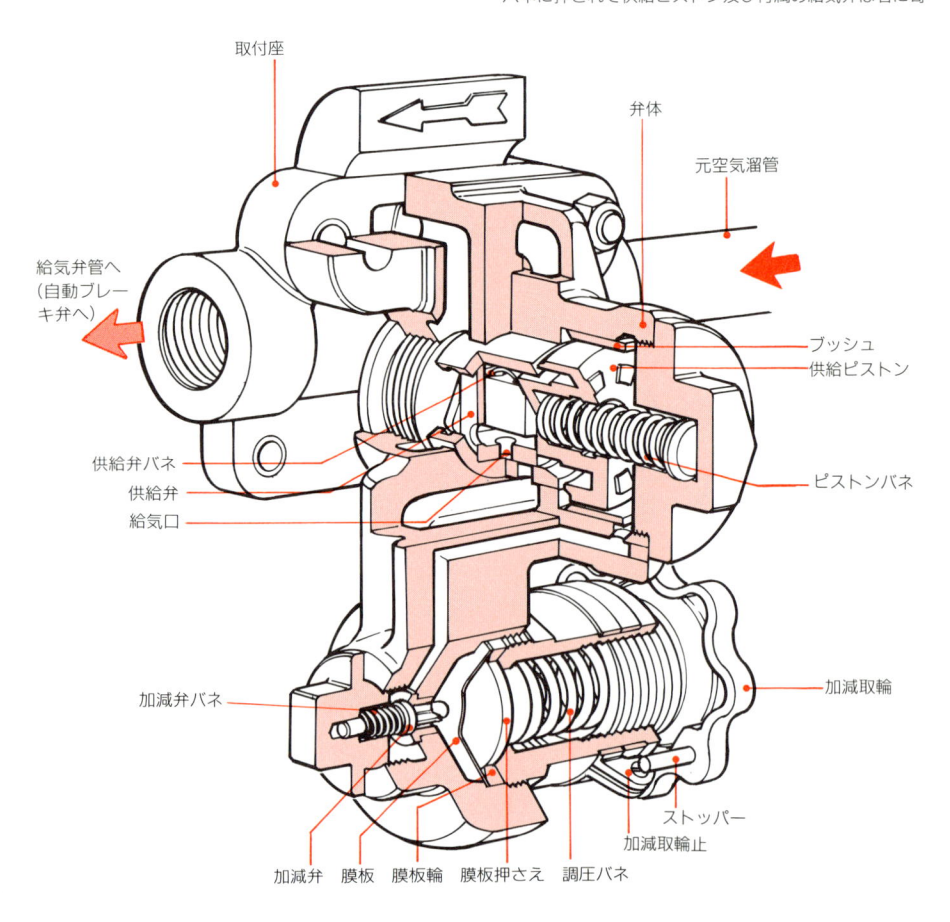

● 給気弁の構造

ブレーキ（ブレーキ装置）

り，給気口が閉じられてⒺへの圧力空気は止まる。Ⓔの圧力が下がると，調圧バネの圧力が勝って膜板，加減弁足を押して加減弁が開きⒸⒷが通じる。そして前記の作用でⒶ，Ⓓ，ⒺとⒶ，Ⓑ，Ⓒの空気通路が再開する。この様に給気弁管には一定した圧力空気が供給される事になる。

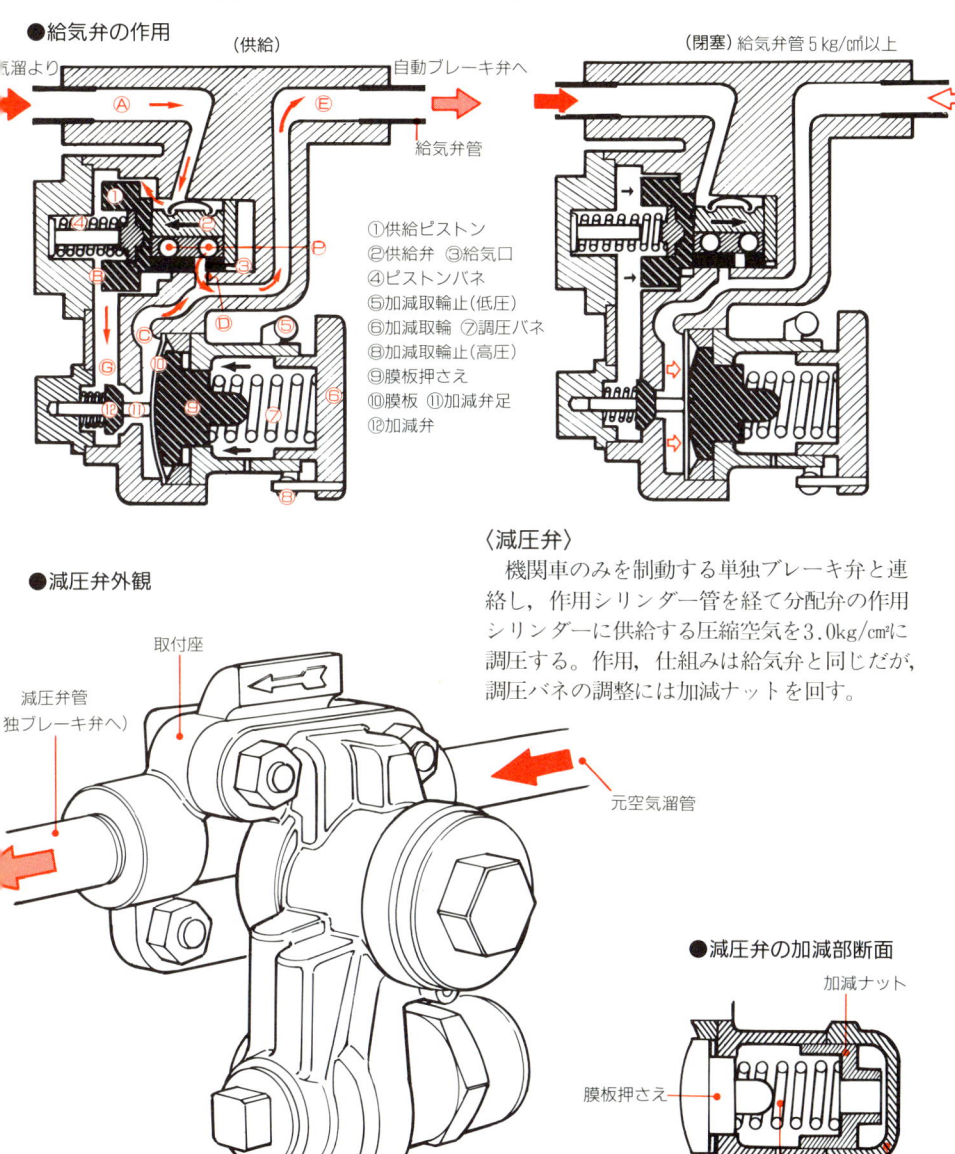

● 給気弁の作用

（供給）　　　　　　　　　　　　　　　　　（閉塞）給気弁管 5kg/cm²以上

①供給ピストン
②供給弁　③給気口
④ピストンバネ
⑤加減取輪止（低圧）
⑥加減取輪　⑦調圧バネ
⑧加減取輪止（高圧）
⑨膜板押さえ
⑩膜板　⑪加減弁足
⑫加減弁

〈減圧弁〉

　機関車のみを制動する単独ブレーキ弁と連絡し，作用シリンダー管を経て分配弁の作用シリンダーに供給する圧縮空気を3.0kg/cm²に調圧する。作用，仕組みは給気弁と同じだが，調圧バネの調整には加減ナットを回す。

● 減圧弁外観

● 減圧弁の加減部断面

223

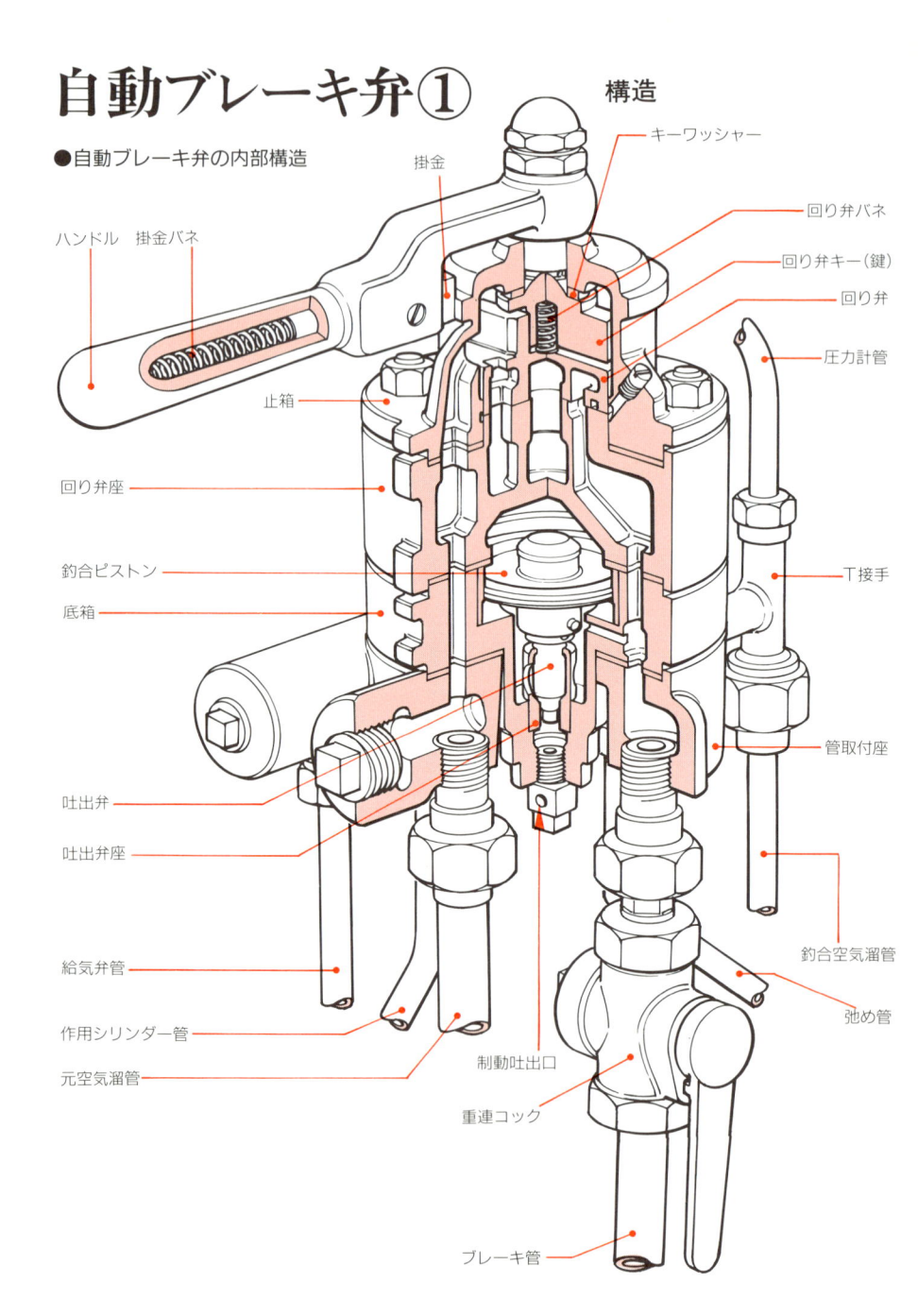

自動ブレーキ弁①

●自動ブレーキ弁の内部構造

構造

- ハンドル
- 掛金バネ
- 掛金
- キーワッシャー
- 回り弁バネ
- 回り弁キー(鍵)
- 回り弁
- 止箱
- 圧力計管
- 回り弁座
- 釣合ピストン
- T接手
- 底箱
- 吐出弁
- 吐出弁座
- 管取付座
- 給気弁管
- 釣合空気溜管
- 作用シリンダー管
- 弛め管
- 元空気溜管
- 制動吐出口
- 重連コック
- ブレーキ管

ブレーキ（ブレーキ装置）

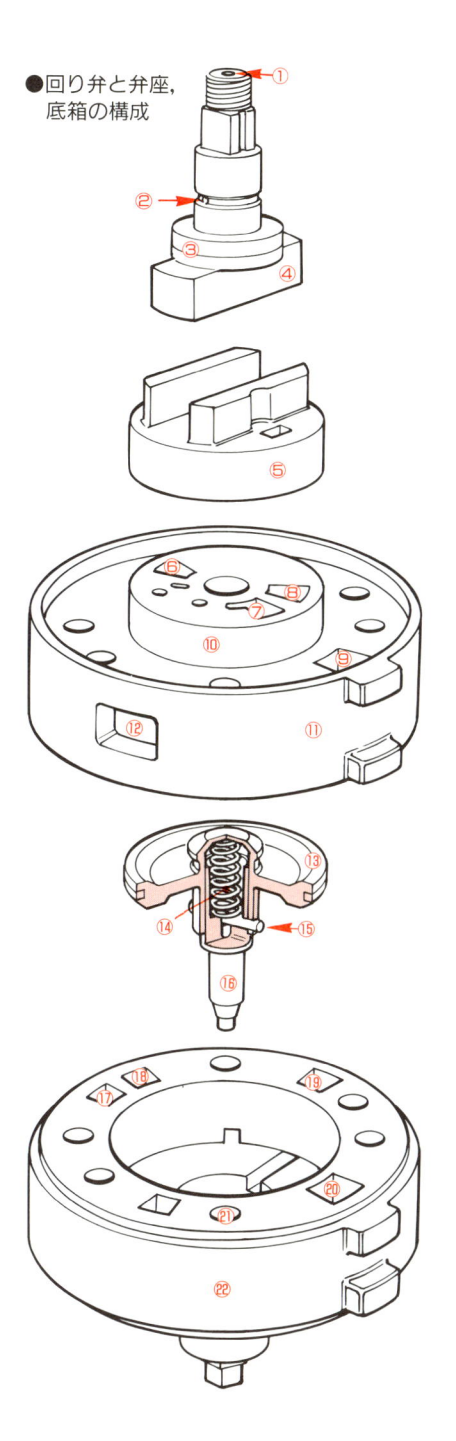

●回り弁と弁座，底箱の構成

〈自動ブレーキ弁〉
　機関車と車両全てのブレーキをかけたり，緩める時に使用する。元空気溜管，給気弁管，ブレーキ管，作用シリンダー管，弛め管，釣合空気溜T接手，低圧頭作用管の7本が接続する。
　ブレーキハンドルによって回り弁を回転し，各空気通路を連絡，及び遮断して制動とその解除を行う。
　全てのハンドル位置で元空気溜の圧力空気は回り弁の上まで来ており，回り弁を弁座に圧着させて，連絡通路の空気漏洩を防止する。
　ハンドル位置は，向って左から①弛め・込め，②運転，③保ち，④重なり，⑤常用ブレーキ，⑥非常ブレーキ位置となっている。
　底箱の中には釣合ピストンがあり，その上面を釣合空気溜，下面はブレーキ管の空気圧力差で上下をし，上ると付属する吐出弁が開き，下ると閉じてブレーキ管内圧力空気の排気，減圧が自動的に行われる。

①給油穴　②油出口　③キーワッシャー　④回り弁キー　⑤回り弁　⑥作用シリンダー管と連絡　⑦給気弁管と連絡　⑧ブレーキ管と連絡　⑨元空気溜管と連絡　⑩弁座　⑪回り弁座　⑫排気口(警告穴)　⑬釣合ピストン　⑭釣合ピストンバネ　⑮割ピン　⑯吐出弁　⑰作用シリンダー管と連絡　⑱弛め管と連絡　⑲ブレーキ管と連絡　⑳元空気溜管と連絡　㉑給気弁管と連絡　㉒底箱

225

自動ブレーキ弁② ブレーキ弁位置と作用

〈ブレーキ弁位置と作用〉

Ⓐ 弛め・込め位置
元空気溜の圧縮空気(6.5～8 kg/㎠)を直接ブレーキ管に込めるので，車両のブレーキは素早くゆるむ(機関車のブレーキはゆるまない)。

Ⓑ 運転位置
運転中ブレーキを使わない場合の位置。釣合空気溜とブレーキ管には給気弁で調圧(5 kg/㎠)した圧縮空気が送られる。

Ⓒ 保ち位置
機関車のブレーキをかけたまま車両ブレーキを緩める。

Ⓓ 重なり位置
制動後この位置に置くと，全ての空気通路が遮断されてブレーキがかかっていればそのままになる。

Ⓔ 常用ブレーキ位置
釣合空気溜の圧力空気が排出され，ブレーキ管の圧力空気は釣合ピストンと釣り合うまで大気へ排出され，機関車，車両の双方に緩かにブレーキがかかる。

Ⓕ 非常ブレーキ位置
釣合空気溜，ブレーキ管の圧力空気は弁座排気口から一気に放出されて急ブレーキがかかる。

● 自動ブレーキ弁

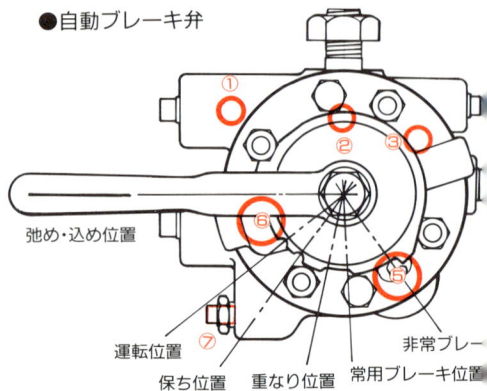

弛め・込め位置
運転位置　保ち位置　重なり位置　常用ブレーキ位置
非常ブレー

①給気弁管(13mmガス管)　②作用シリンダー管(13mm鋼管)
③弛め管(13mm銅管)　④釣合空気溜管(10mm管)
⑤ブレーキ管(25mmガス管)　⑥元空気溜管(25mmガス管)
⑦低圧頭作用管(10mm鋼管)

Ⓐ弛め・込め位置
⑧排気口(警告穴)　⑨釣合空気溜
⑩弛め管　⑪作用シリンダー管
⑫制動吐出口　⑬ブレーキ管
⑭給気弁管　⑮元空気溜管
⑯低圧頭作用管　⑰回り弁

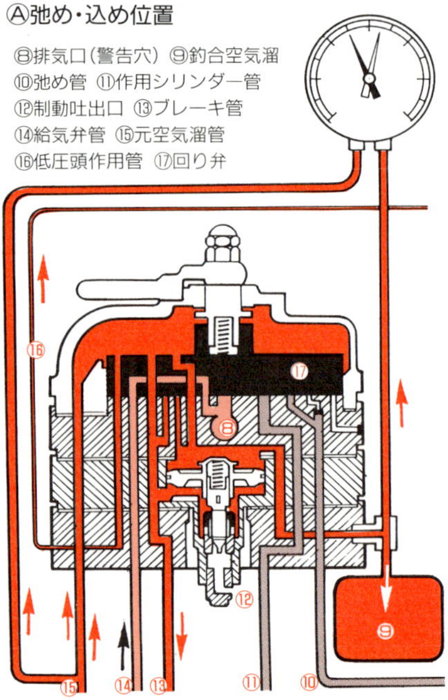

Ⓑ運転位置

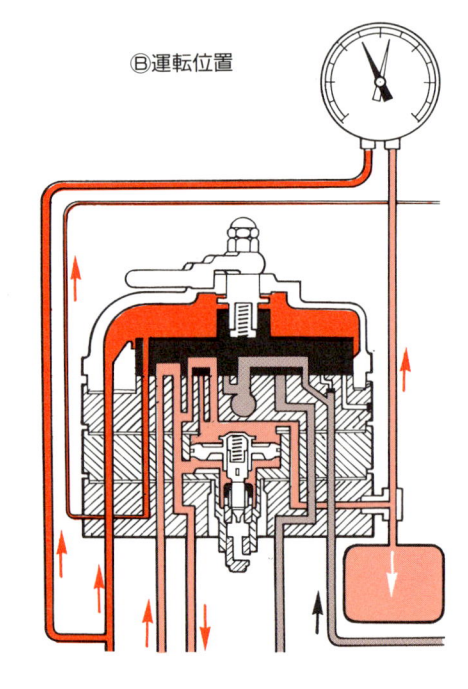

226

ブレーキ（ブレーキ装置）

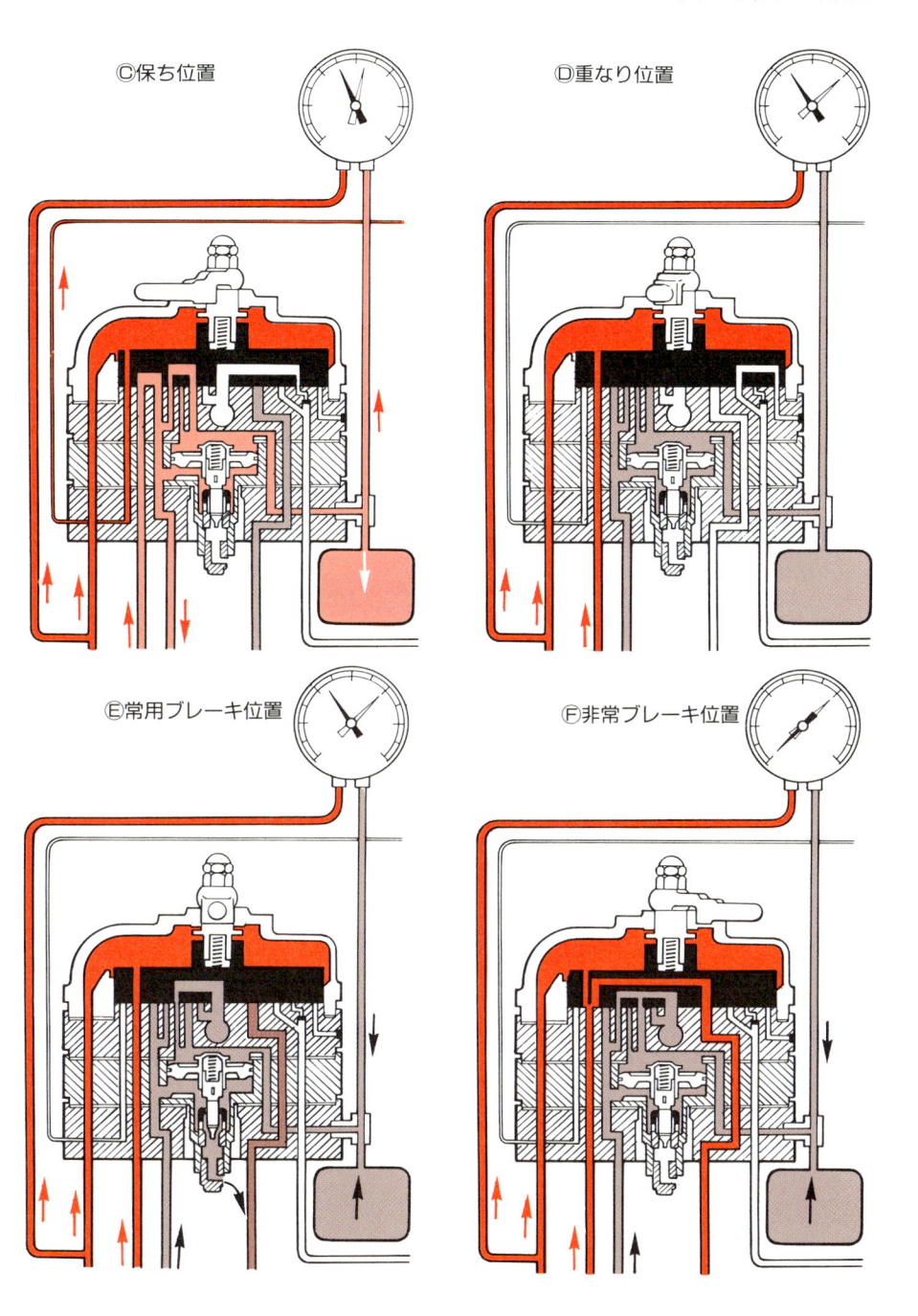

Ⓒ保ち位置

Ⓓ重なり位置

Ⓔ常用ブレーキ位置

Ⓕ非常ブレーキ位置

単独ブレーキ弁

〈単独ブレーキ弁〉

機関車のみにブレーキをかけたり，緩めたりする時に用いる。減圧弁管，作用シリンダー管，分配弁弛め管（分配弁と連絡），弛め管（自動ブレーキ弁と連絡）の4本が接続する。

ハンドル位置は弛め，運転，重なり，緩ブレーキ，急ブレーキの5つの位置があり，回り弁で各空気通路を連絡，あるいは遮断をする。又，全てのハンドル位置で減圧弁管の圧力空気は回り弁の上にきて回り弁を弁座に圧着させ，連絡通路の空気漏洩を防止する。

減圧弁を経た圧力空気（$3\,kg/cm^2$）を作用シリンダー管に送るとブレーキがかかり，排気すると緩むので自動ブレーキ弁を使うよりも迅速にブレーキ作用が行える。そのため機関車のみで運転する場合はこれを使用する。尚，ブレーキシリンダーへの圧力空気は元空気溜の圧縮空気が送られるが，その圧力は分配弁の作用シリンダーピストンを押す圧力と釣り合う最大$3\,kg/cm^2$までである。又，回り弁に戻しバネとクラッチを設け，ハンドルを弛め，急ブレーキ位置に置いて手をはなすと弛め位置は運転位置に，急ブレーキ位置は緩ブレーキ位置に自然と戻る様になっている。

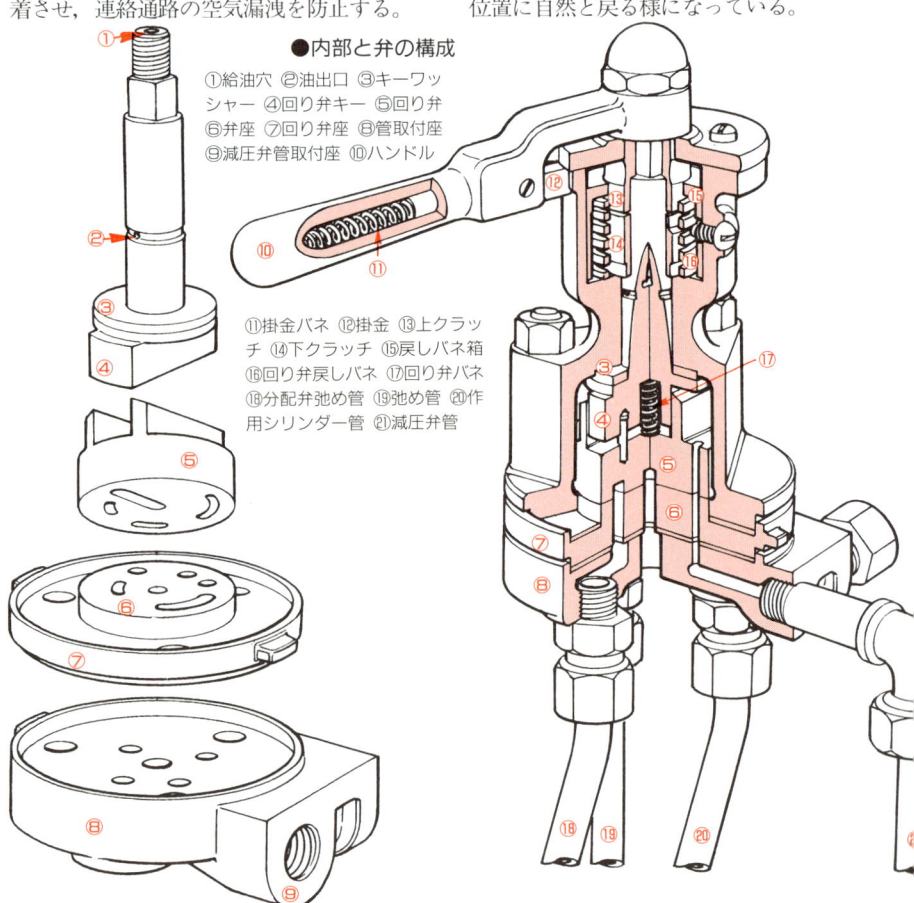

●内部と弁の構成

①給油穴 ②油出口 ③キーワッシャー ④回り弁キー ⑤回り弁 ⑥弁座 ⑦回り弁座 ⑧管取付座 ⑨減圧弁管取付座 ⑩ハンドル

⑪掛金バネ ⑫掛金 ⑬上クラッチ ⑭下クラッチ ⑮戻しバネ箱 ⑯回り弁戻しバネ ⑰回り弁バネ ⑱分配弁弛め管 ⑲弛め管 ⑳作用シリンダー管 ㉑減圧弁管

ブレーキ（ブレーキ装置）

〈ブレーキ弁位置と作用〉
①弛め位置：ブレーキをゆるめる。
②運転位置：運転中ブレーキを使用しない場合はここに置く。分配弁弛め管と弛め管が連絡する。
③重なり位置：制動後ブレーキシリンダー圧力が3.0kg/㎠になってこの位置にすると，各管の連絡は遮断され，制動が保たれる。
④緩ブレーキ位置：減圧弁管により作用シリンダーに圧力空気が送られてゆるやかにブレーキがかかる。
⑤急ブレーキ位置：減圧弁管より作用シリンダーに圧力空気(最大3kg/㎠)が急速に送られ急ブレーキがかかる。

●ハンドル位置

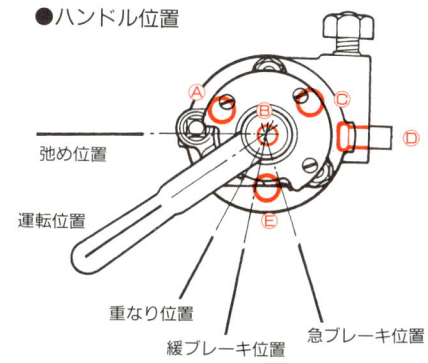

弛め位置
運転位置
重なり位置
緩ブレーキ位置
急ブレーキ位置

Ⓐ弛め管(13㎜銅管) Ⓑ吐出口 Ⓒ作用シリンダー管(13㎜銅管) Ⓓ減圧弁管(10㎜ガス管) Ⓔ分配弁弛め管(13㎜銅管) Ⓕ警告穴

①弛め位置　　②運転位置

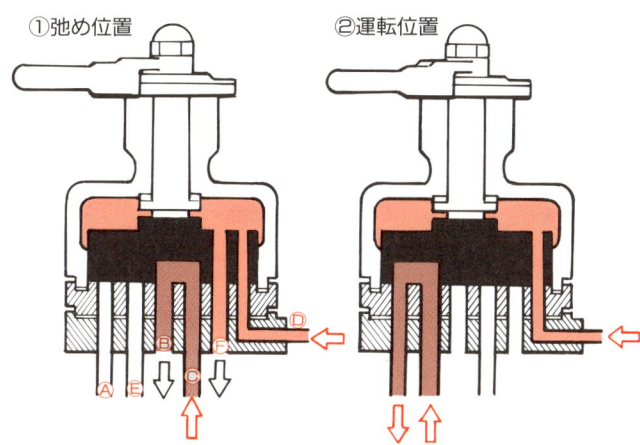

③重なり位置　④緩ブレーキ位置　⑤急ブレーキ位置

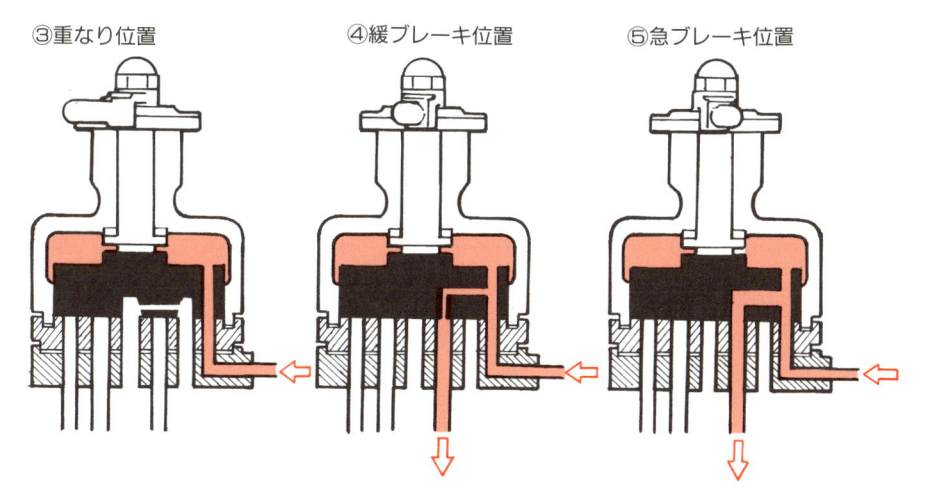

229

空気ブレーキ装置のコック類・渦巻塵(チリト

〈コック〉
　空気ブレーキ装置は元空気溜の圧縮空気を使うので，その通路に様々なコックを設け，コックのレバーで連絡，遮断を行っている。又，元空気溜や空気圧縮機等，圧縮空気の溜まる機器には小形の排水コックを設けて復水を排出する。
　小形の排水コック以外の空気通路にあるコックにはその底部にバネを入れ，大形のものにはコック体にブッシュを圧入している。尚，元空気溜コック以外は締切コックである。

〈締切コック〉
●肘コック(アングルコック)
機関車や車両の前後両端のブレーキ管に取り付け，先端に空気ホースが付く。ハンドルはコック体頭のツメにはまって，コックは連結時は開いている。閉塞する場合はハ

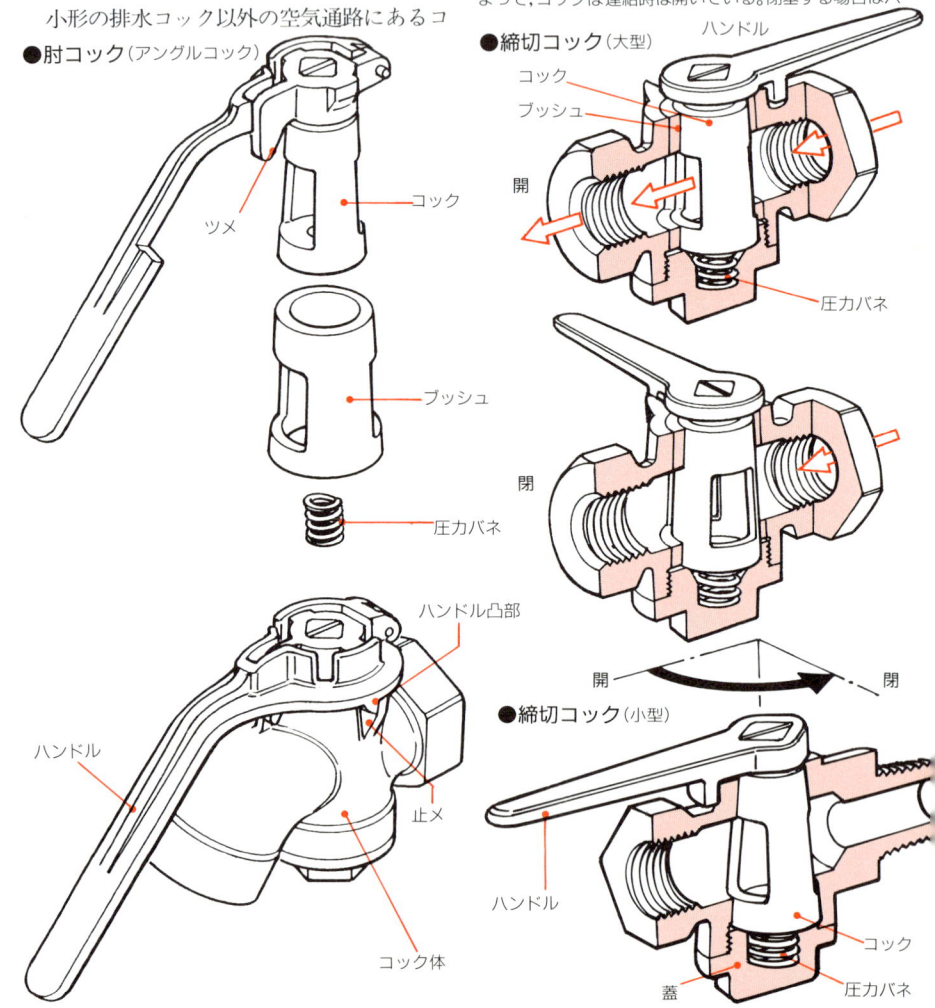

●締切コック(大型)

●締切コック(小型)

ブレーキ(ブレーキ装置)

ンドルを一旦持ち上げてハンドル凸部をコック体の止メからはずして回転する。これは運転中に自然にコックが回転して閉塞するのを防止するためである。
●分配弁コック
分配弁の不良，元空気溜管やブレーキシリンダー漏洩の検査の折に閉塞する。
●ブレーキシリンダーコック
機関車，炭水車それぞれのブレーキシリンダー管に付設する。
●重連コック
自動ブレーキ弁とブレーキ管との連絡口に設けて通常はコックを開けている。回送及び，重連運転の場合，後続の機関車は自動ブレーキ弁，単独ブレーキ弁共運転位置に置くので，自動ブレーキ弁とブレーキ管との連絡を遮断するために閉じる。こうしないと牽引機が制動のため減圧しても，後続の機関車の元空気溜からブレーキ管へ圧力空気が進入して減圧されずブレーキが効かない。
●無火コック
ブレーキ管に付き通常は閉じているが，無火回送の場合には無火装置に牽引機からの圧縮空気を通すために開く。
〈三方コック〉
●元空気溜コック
第2元空気溜からの元空気溜管に設ける。自動，単独ブレーキ弁，減圧弁，給気弁を取外す場合にはコックを閉塞する。三方コックなので閉塞すると元空気溜の圧力空気は大気へ放出される。

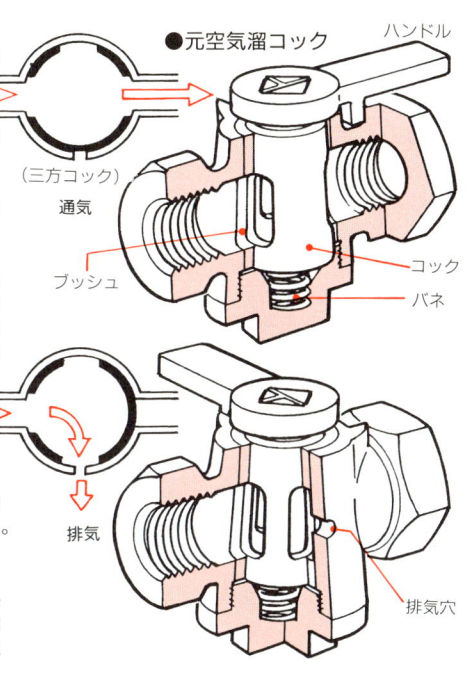

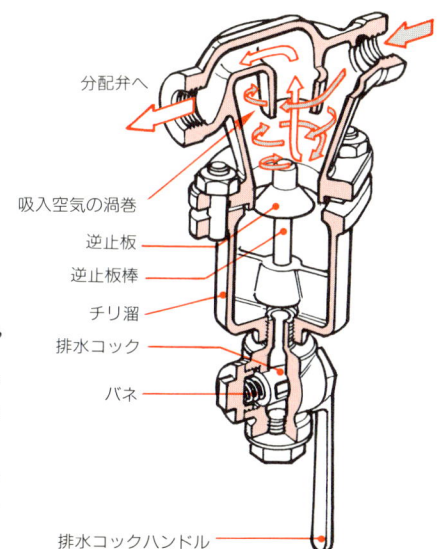

●元空気溜コック　ハンドル
(三方コック)
通気
ブッシュ
コック
バネ
排気
排気穴

●渦巻塵取の構造
元空気溜より
分配弁へ
吸入空気の渦巻
逆止板
逆止板棒
チリ溜
排水コック
バネ
排水コックハンドル

〈渦巻塵取〉(うずまきちりとり)
　分配弁に入る空気のチリやゴミを除くため，ブレーキ管途上に設置されたもの。進入した空気は中で竜巻き状に回転しながらチリ，ゴミ及び水分を遠心力と重力により分離し，清浄になって中央の出口に向う。分離したゴミやチリは内壁に付着するが勾配によって下の塵溜(チリダメ)に落ち，傘状の逆止板で逆行を防いでいる。

分配弁

機関車や列車の空気ブレーキ用の圧力空気をコントロールする装置。

釣合弁部と作用弁部に空気室が接続し、これは空気溜となって圧力空気室と作用空気室とに分れている。釣合弁部には一体となった釣合ピストン・滑り弁、度合弁を内包し、作用弁部も作用ピストン、作用弁、吐出弁が一体となって内包されている。

圧力空気室は釣合ピストン内側に、作用空気室は作用ピストンシリンダーとそれぞれ連結する。又、釣合部と圧力空気室とは<u>自動ブレーキ弁</u>とのみ関係をもつ。

分配弁には片側3本、反対側に2本の空気管が接続している。連絡は次の通りである。
片側3本上から
　①**元空気溜管**：元空気溜と作用弁背面。

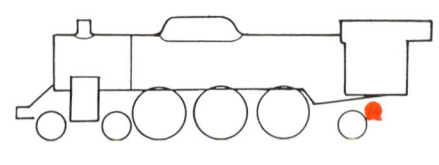

●分配弁の構造

　②**作用シリンダー管**：自動ブレーキ弁，単独ブレーキ弁と作用シリンダー
　③**分配弁弛め管**：自動ブレーキ弁から単独ブレーキ弁を経て釣合滑り弁室。
反対側2本上から
　①**ブレーキシリンダー管**：作用部とブレーキシリンダー
　②**ブレーキ管**：自動ブレーキ弁と釣合部釣合ピストン室

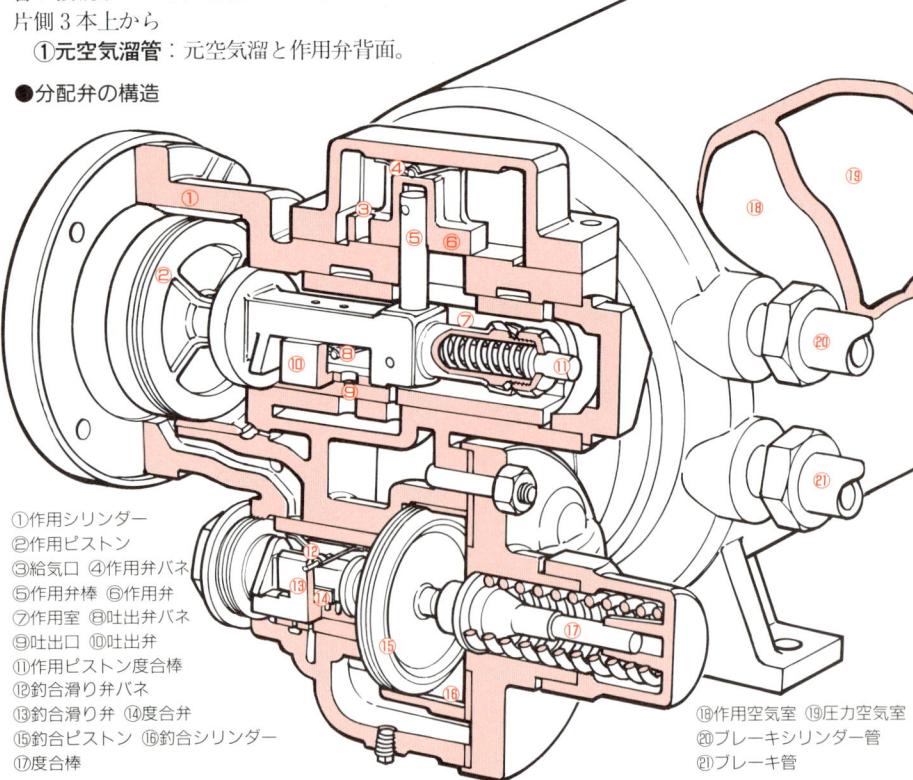

①作用シリンダー
②作用ピストン
③給気口　④作用弁バネ
⑤作用弁棒　⑥作用弁
⑦作用室　⑧吐出弁バネ
⑨吐出口　⑩吐出弁
⑪作用ピストン度合棒
⑫釣合滑り弁バネ
⑬釣合滑り弁　⑭度合弁
⑮釣合ピストン　⑯釣合シリンダー
⑰度合棒

⑱作用空気室　⑲圧力空気室
⑳ブレーキシリンダー管
㉑ブレーキ管

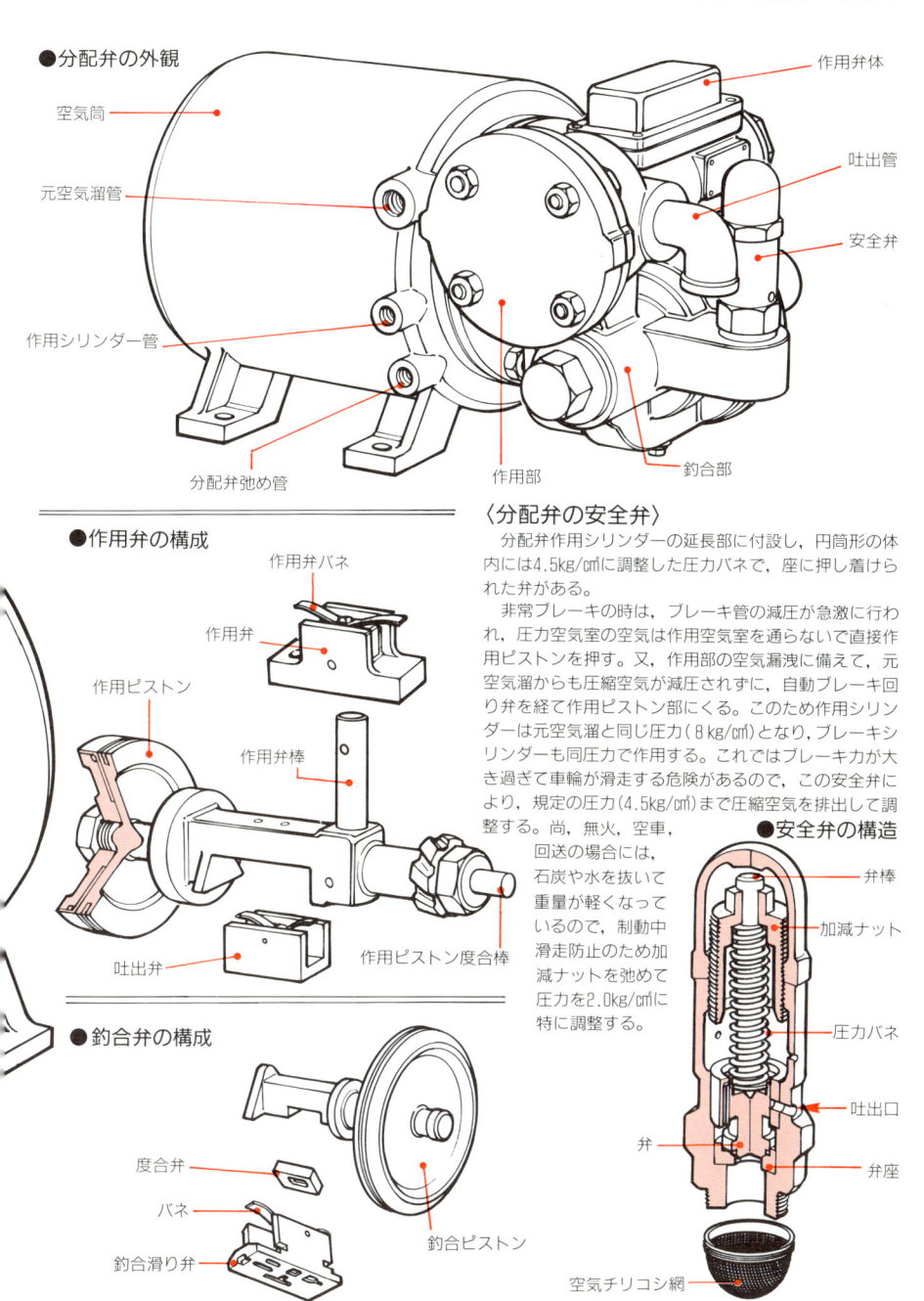

ブレーキ(ブレーキ装置)

● 分配弁の外観

- 空気筒
- 元空気溜管
- 作用シリンダー管
- 分配弁弛め管
- 作用部
- 作用弁体
- 吐出管
- 安全弁
- 釣合部

● 作用弁の構成

- 作用弁バネ
- 作用弁
- 作用ピストン
- 作用弁棒
- 吐出弁
- 作用ピストン度合棒

● 釣合弁の構成

- 度合弁
- バネ
- 釣合滑り弁
- 釣合ピストン

〈分配弁の安全弁〉

　分配弁作用シリンダーの延長部に付設し、円筒形の体内には4.5kg/cm²に調整した圧力バネで、座に押し着けられた弁がある。

　非常ブレーキの時は、ブレーキ管の減圧が急激に行われ、圧力空気室の空気は作用空気室を通らないで直接作用ピストンを押す。又、作用部の空気漏洩に備えて、元空気溜からも圧縮空気が減圧されずに、自動ブレーキ回り弁を経て作用ピストン部にくる。このため作用シリンダーは元空気溜と同じ圧力(8kg/cm²)となり、ブレーキシリンダーも同圧力で作用する。これではブレーキ力が大き過ぎて車輪が滑走する危険があるので、この安全弁により、規定の圧力(4.5kg/cm²)まで圧縮空気を排出して調整する。尚、無火、空車、回送の場合には、石炭や水を抜いて重量が軽くなっているので、制動中滑走防止のため加減ナットを弛めて圧力を2.0kg/cm²に特に調整する。

● 安全弁の構造

- 弁棒
- 加減ナット
- 圧力バネ
- 吐出口
- 弁
- 弁座
- 空気チリコシ網

ブレーキシリンダーと制輪子

〈ブレーキシリンダー〉

　機関車と炭水車に直径の大きいものを一個、又は小さいものを二個それぞれ設置する。元空気溜からの圧縮空気で内部のピストンを押し、それに連なる押棒、制動ピンと結ばれた制動腕を動かしてブレーキをかける。円筒状のシリンダーの中にピストンがあり、革やゴムのパッキンをバネ輪でシリンダー壁に密着させて空気漏洩を防ぐ。空気圧力の作用する側を圧力側、反対側を無圧側と云って、こちらには弛めバネがあり、圧力空気を抜くとピストンを押し戻してブレーキを解除する。圧力側シリンダーには漏れ溝があり、運転時に分配弁作用管から空気の漏入があっても無圧側に抜けてブレーキがかからない様にしてある。直径が254mm、305mm、406mmの3種類があり行程は全て250mm。D51は機関車側に直径305mm 2個、炭水車に254mm 1個、C57は機関車側、炭水車に254mmを各2個づつ設置している。

〈制輪子釣〉

　制動梁から受けた圧力を制輪子に伝える。上部は台枠に付設された制輪子釣受ピンに、下端は制動梁と連結し、中間に制輪子が付く。

● ブレーキシリンダーの構造

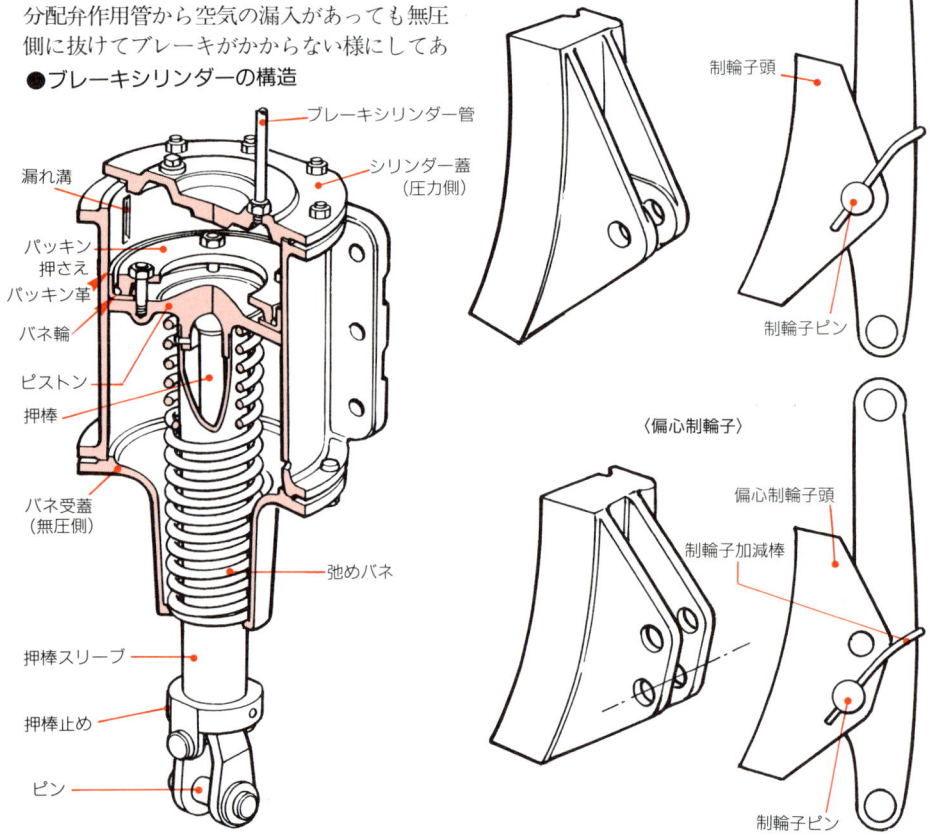

● 甲形制輪子

〈偏心制輪子〉

ブレーキ（ブレーキ装置）

●乙形制輪子

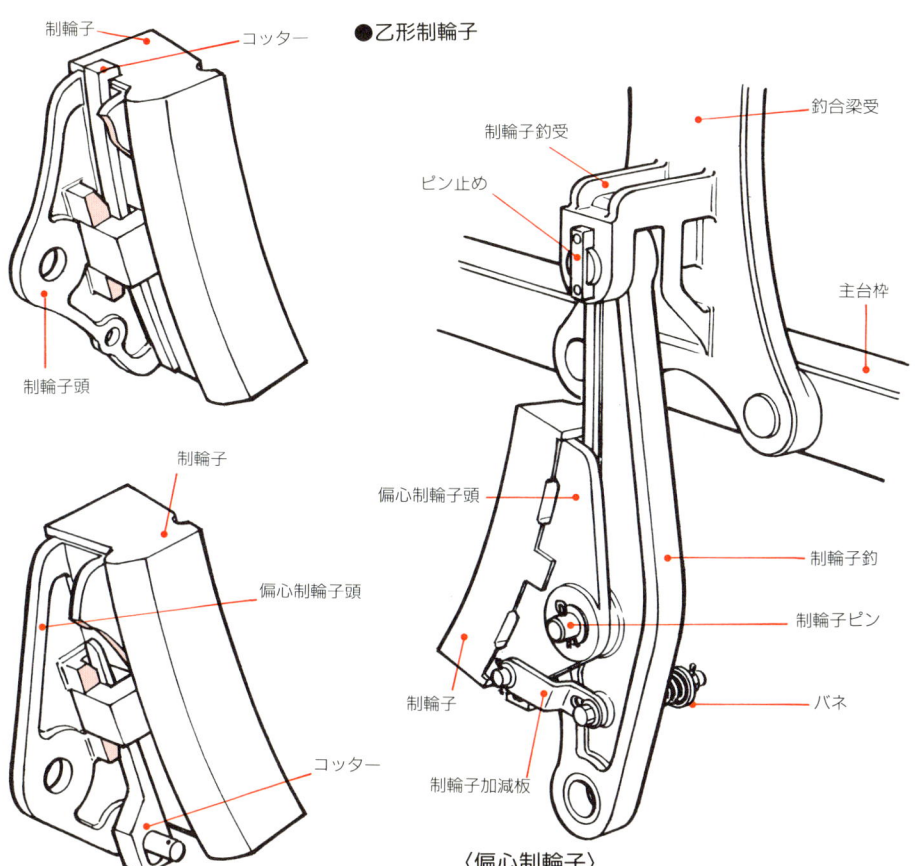

〈制輪子（ブレーキブロック）〉
　制動時に車輪タイヤ踏面に押しつけ，摩擦で回転を止めるもので，甲，乙2種類があり，鋳鉄製である。甲形は制輪子釣に直接取付けるが，形状は大きく厚みもあり，摩擦面積が広い。乙形は制輪子頭に制輪子を嵌めてコッターを差し込んで組み合せたもの。軽量で取替えも容易だが，耐久力は甲形の半分位なのが欠点である。

〈偏心制輪子〉
　制輪子はタイヤと密着するとピンを中心に車輪の回転と同方向に回転しようとする。そのためピンが制輪子の中央にあれば始端部は強く圧着して摩擦が激しく，逆に終端部はあまり圧力がかからないので偏耗してしまう。これを防ぐため，ピン穴を中央よりずらして制輪子全体に平均して圧力がかかる様にしたものが偏心制輪子だ。近代機はピン穴を偏倚した偏心制輪子頭に，乙形制輪子を取り付けている。

〈制輪子加減板〉
　制輪子の偏耗を防止する部品。棒状のものもある。

235

テンダー形機関車のブレーキ装置

〈機関車ブレーキ装置〉
　ブレーキシリンダーに圧力空気が入り，中のピストンを押し下げると制動軸腕は引棒を引っぱり，同時に全ての制動釣合梁，制動梁を引き，制輪子釣に付いた制輪子を動輪タイヤ踏面に圧しつけてブレーキがかかる。
　ブレーキシリンダーは直径の大きいものを1個，あるいは小径のものを2個設置する。尚，ブレーキシリンダーの圧力は制輪子に伝わるまでに，途中のテコの原理により6〜9倍に増幅する。例えばC57の常用ブレーキ（3.5kg/cm²）は，これにピストン面積を乗じるとブレーキシリンダー圧力は1コにつき1.7トンになる。機関車，炭水車に2コづつ使用しているので圧力6.8トンとなり，テコを介して制輪子の総圧力は45トンを超える。

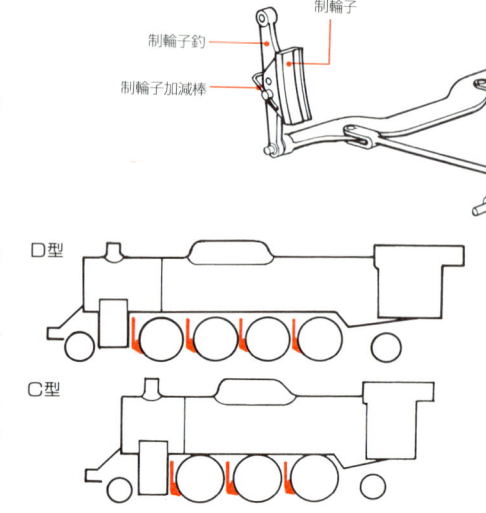

● C型（動輪3軸）

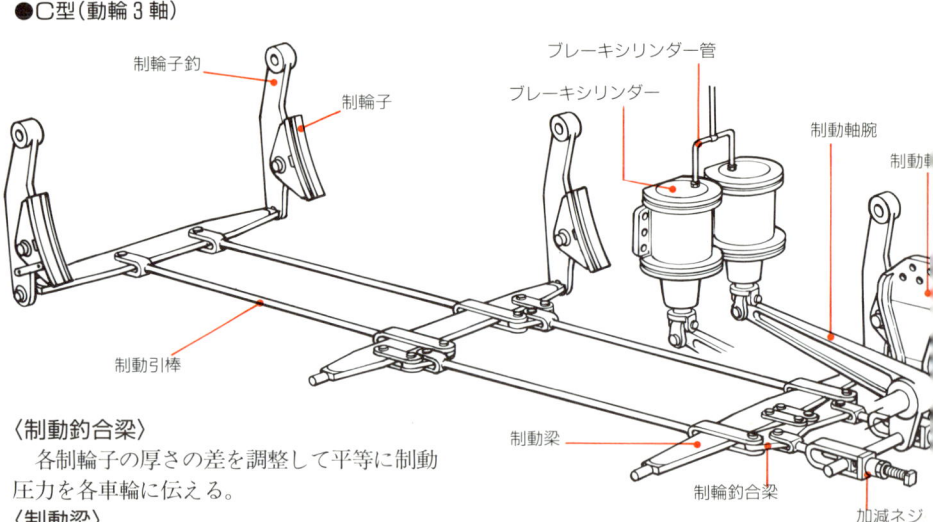

〈制動釣合梁〉
　各制輪子の厚さの差を調整して平等に制動圧力を各車輪に伝える。

〈制動梁〉
　左右の車輪に等しく制動圧力をかける。

〈制輪子・車輪間加減装置〉
　制輪子及びタイヤの摩耗による遊間を，装置全体で調整するもので，加減ネジ式（新）と張ネジ式（旧）がある。

● 加減ネジ式制輪子・車輪間加減装置

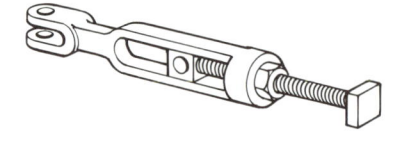

ブレーキ（ブレーキ装置）

●D型（動輪4軸9600形）

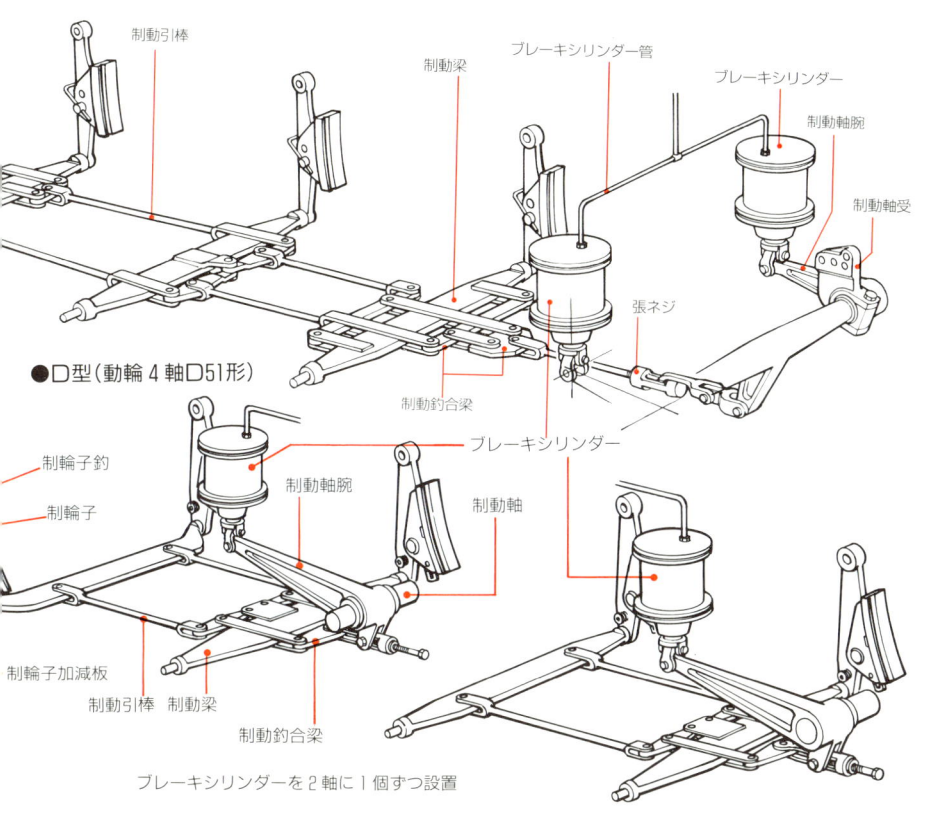

制動引棒　制動梁　ブレーキシリンダー管　ブレーキシリンダー
制動軸腕
制動軸受
張ネジ
制動釣合梁

●D型（動輪4軸D51形）

制輪子釣
制輪子
ブレーキシリンダー
制動軸腕
制動軸
制輪子加減板
制動引棒　制動梁
制動釣合梁

ブレーキシリンダーを2軸に1個ずつ設置

●C61　亜幹線の急客機で，D51のボイラーを使用。最初のハドソン機。
①1947年（昭和22年）②4-6-4 ③79.5t ④48.2t（ストーカー付）⑤10×17 ⑥20.4m ⑦1750mm ⑧500×660 ⑨15.0kg/c㎡ ⑩1390ps ⑪100km/h　※梅小路機関車館で動態保存

旧国鉄蒸機の解説①製造初年　②軸配置　③機関車重量　④炭水車重量　⑤炭水車積載量（石炭t×水㎥）
⑥最大長　⑦動輪径　⑧シリンダー径×行程(mm)　⑨ボイラー圧力(kg/c㎡)　⑩馬力　⑪最高速度

炭水車ブレーキ装置

〈3軸テンダー〉
　図はC50形の炭水車ブレーキで制動軸を後方に置いているが、8620や9600は前方に位置している。制輪子・車輪間加減装置は張ネジ式で、その穴の位置で調整する。

〈4軸テンダー〉
　ブレーキシリンダーの作用を数多くのテコを応用して、圧力を均等に全制輪子に伝える。

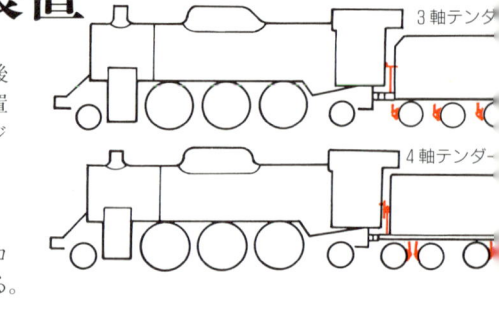

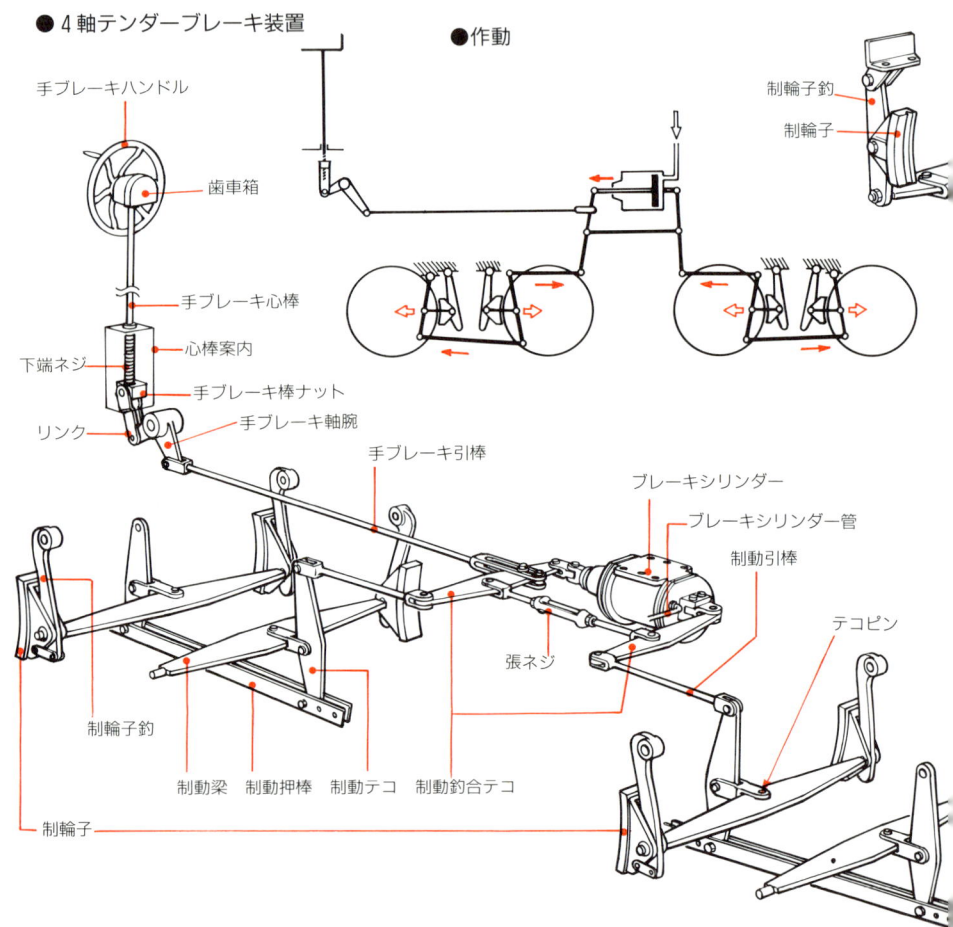

● 4軸テンダーブレーキ装置　　● 作動

3軸テンダ
4軸テンダ

手ブレーキハンドル
歯車箱
手ブレーキ心棒
下端ネジ
心棒案内
手ブレーキ棒ナット
リンク
手ブレーキ軸腕
手ブレーキ引棒
ブレーキシリンダー
ブレーキシリンダー管
制動引棒
制輪子釣
制輪子
テコピン
張ネジ
制輪子釣
制輪子
制動梁　制動押棒　制動テコ　制動釣合テコ

ブレーキ(ブレーキ装置)

● 張ネジ式制輪子・車輪間加減装置

● 3軸テンダーブレーキ装置
　(C50炭水車)

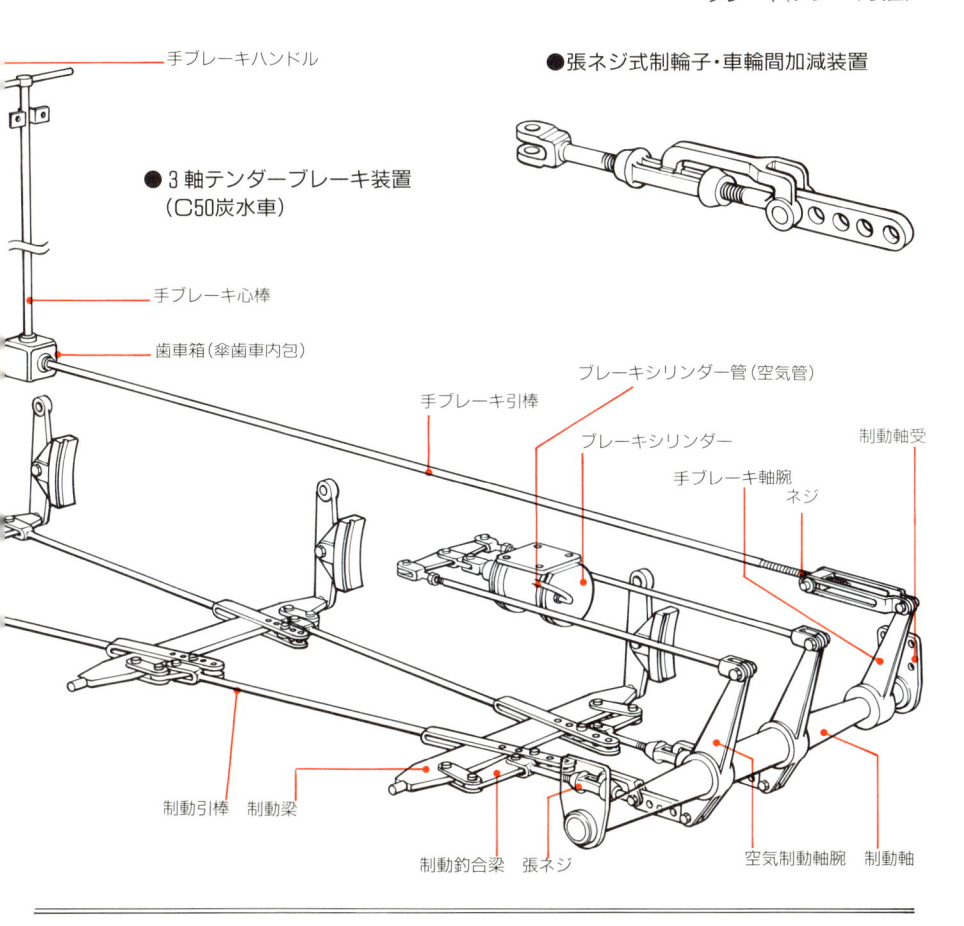

- 手ブレーキハンドル
- 手ブレーキ心棒
- 歯車箱(傘歯車内包)
- 手ブレーキ引棒
- ブレーキシリンダー管(空気管)
- ブレーキシリンダー
- 手ブレーキ軸腕
- ネジ
- 制動軸受
- 制動引棒
- 制動梁
- 制動釣合梁
- 張ネジ
- 空気制動軸腕
- 制動軸

● 炭水車手動ブレーキの作動

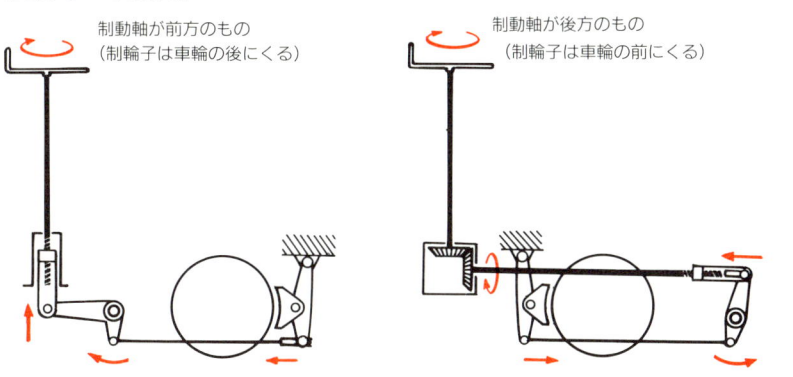

制動軸が前方のもの
(制輪子は車輪の後にくる)

制動軸が後方のもの
(制輪子は車輪の前にくる)

239

タンク形機関車ブレーキ装置

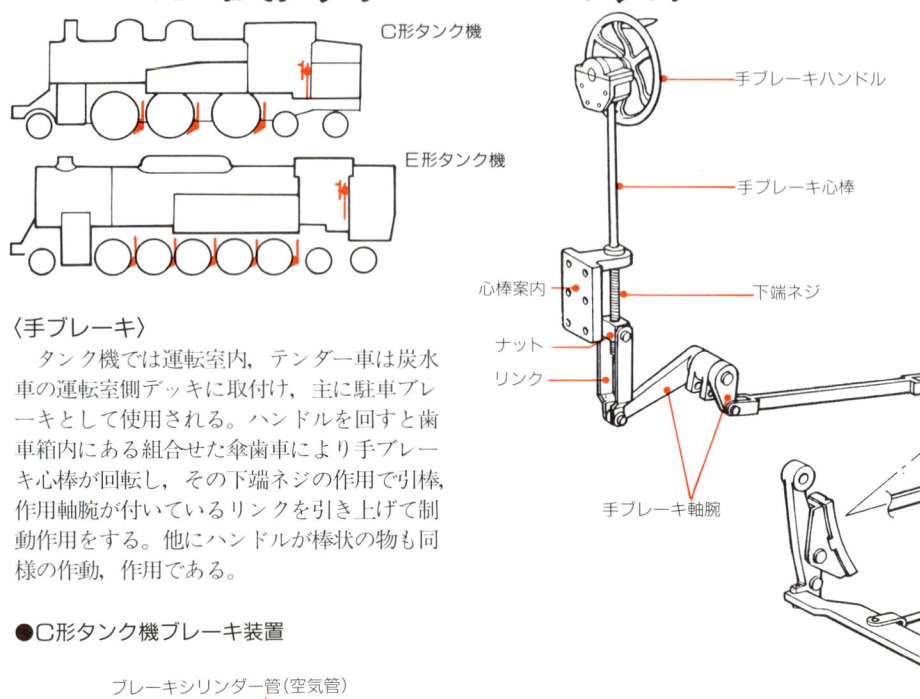

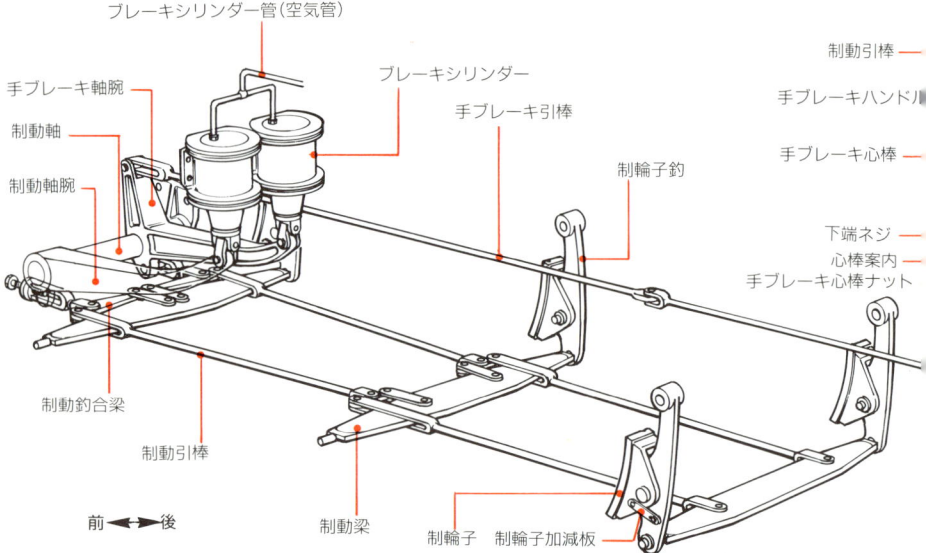

C形タンク機

E形タンク機

手ブレーキハンドル
手ブレーキ心棒
心棒案内
下端ネジ
ナット
リンク
手ブレーキ軸腕

〈手ブレーキ〉

　タンク機では運転室内，テンダー車は炭水車の運転室側デッキに取付け，主に駐車ブレーキとして使用される。ハンドルを回すと歯車箱内にある組合せた傘歯車により手ブレーキ心棒が回転し，その下端ネジの作用で引棒，作用軸腕が付いているリンクを引き上げて制動作用をする。他にハンドルが棒状の物も同様の作動，作用である。

● C形タンク機ブレーキ装置

ブレーキシリンダー管(空気管)
ブレーキシリンダー
手ブレーキ軸腕
制動軸
制動軸腕
手ブレーキ引棒
制輪子釣
制動引棒
手ブレーキハンドル
手ブレーキ心棒
下端ネジ
心棒案内
手ブレーキ心棒ナット
制動釣合梁
制動引棒
前 ←→ 後
制動梁
制輪子
制輪子加減板

ブレーキ(ブレーキ装置)

●E形タンク機ブレーキ装置〔E10型〕

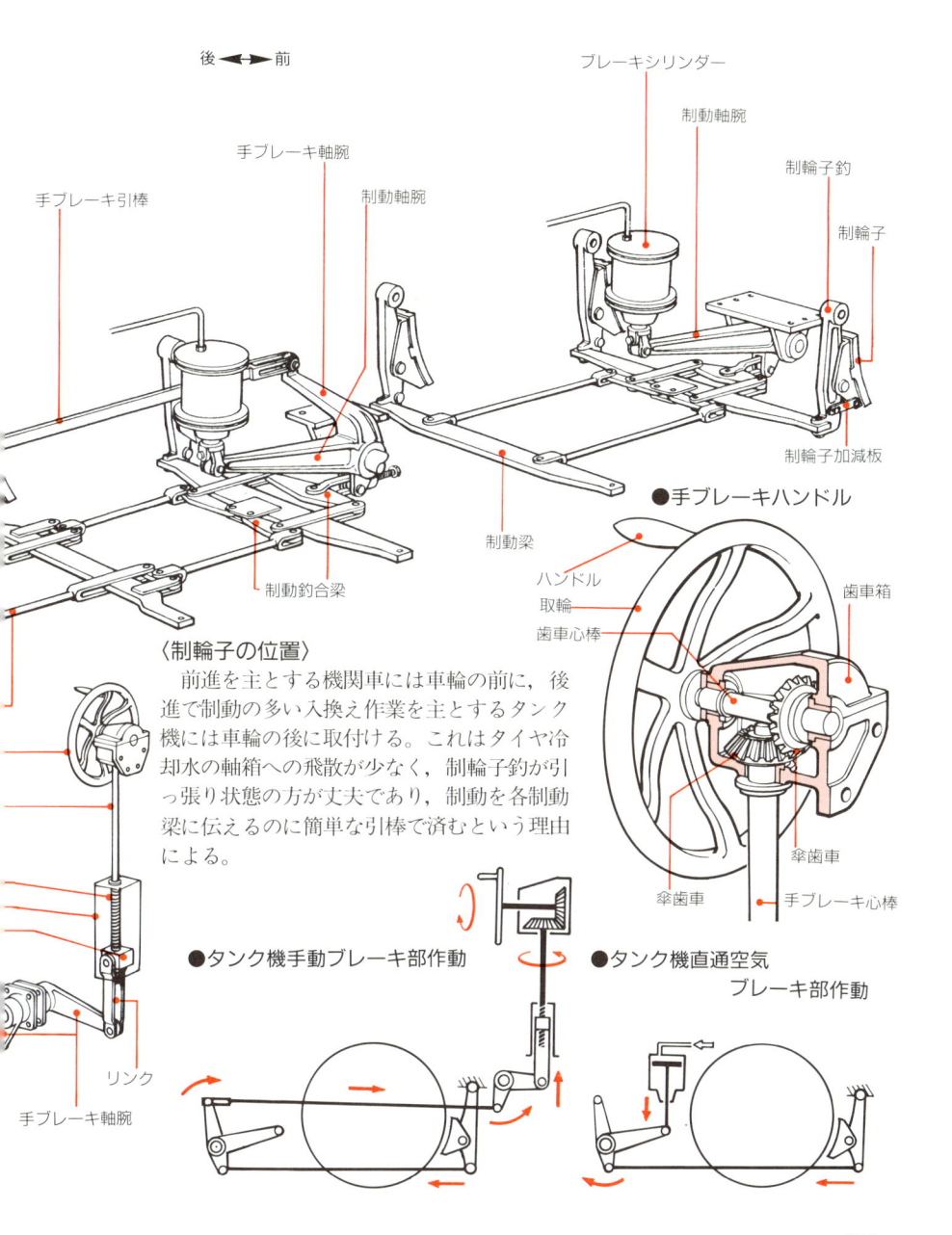

〈制輪子の位置〉
　前進を主とする機関車には車輪の前に，後進で制動の多い入換え作業を主とするタンク機には車輪の後に取付ける。これはタイヤ冷却水の軸箱への飛散が少なく，制輪子釣が引っ張り状態の方が丈夫であり，制動を各制動梁に伝えるのに簡単な引棒で済むという理由による。

●タンク機手動ブレーキ部作動

●タンク機直通空気
　　ブレーキ部作動

241

自動ブレーキ弁の作用① ブレーキ緩解中の弛め・込め位置

機関車に制動の作用をしないで全車両のブレーキ装置に込めを行う。この場合分配弁の作用部は吐出位置にあるので制動は弛んでいる。

元空気溜から圧力空気を直接ブレーキ管に送るので素早く込めが出来る。

■空気通路
- 元空気溜→調圧器（低圧頭に作用するため元空気溜圧力は6.5kg/cm²を保持する）
- 元空気溜→給気弁→給気弁管→自動ブレーキ弁排気口（警告穴）
- 元空気溜→自動ブレーキ弁→釣合空気溜
- 元空気溜→自動ブレーキ回り弁→ブレーキ管

自動ブレーキ弁のこの位置にハンドルを長く置くと、込め過ぎて元空気溜と同圧力（6.5〜8kg/cm²）になり易いので、常に少量の圧縮空気を警告穴から大気に噴出して警告音を発し、ハンドル位置の注意を促している。そこで適時、ハンドルを運転、保ち位置にしてブレーキ管圧力を4.5kg/cm²になる様にする。

〈分配弁作用と圧力空気の流れ〉
■釣合い部（込め位置）
〈ブレーキ管〉
　釣合ピストンを押して、込め溝から圧力空気室に入る（圧力5kg/cm²）。
〈分配弁弛め管〉
　減圧されたまま自動ブレーキ回り弁で閉塞。
■作用部（吐出位置）
〈作用シリンダー管〉
　減圧されたまま閉塞。
〈ブレーキシリンダー管〉
　作用シリンダーは減圧されているので作用ピストン、作用弁、吐出弁が左に寄り、吐出弁の吐出口が開いてブレーキシリンダーの空気は作用部吐出口から排出されている。
〈元空気溜管〉
　作用弁室で留まる（作用弁供給口、閉）。

①元空気溜コック ②回り弁 ③釣合ピストン ④回り弁 ⑤高圧頭 ⑥低圧頭 ⑦分配弁コック ⑧渦巻チリトリ ⑨度合バネ ⑩釣合ピストン ⑪度合弁 ⑫釣合滑り弁 ⑬圧力空気室 ⑭作用空気室 ⑮作用ピストン ⑯作用弁 ⑰吐出弁 ⑱度合棒 ⑲吐出口 ⑳安全弁（調圧4.5kg/cm²） ㉑釣合ピストン ㉒滑り弁

- ■ 元空気溜からの空気
- ■ 給気弁（5kg/cm²に調圧）より
- ■ 減圧弁（3kg/cm²に調圧）より
- ■ 加圧
- ■ 排出・減圧
- □ 無作用の空気

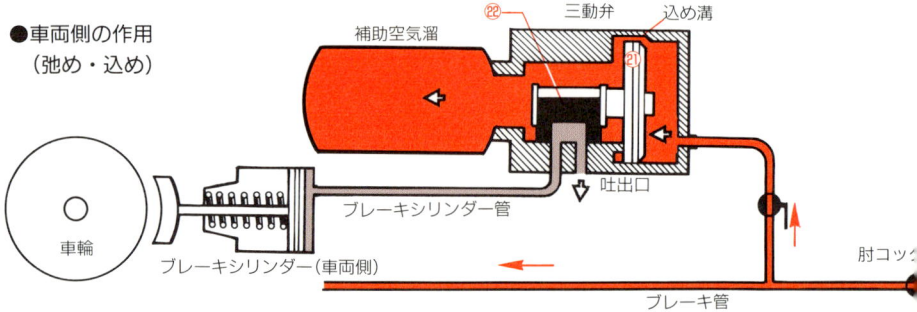

●車両側の作用
　（弛め・込め）

ブレーキ（作用）

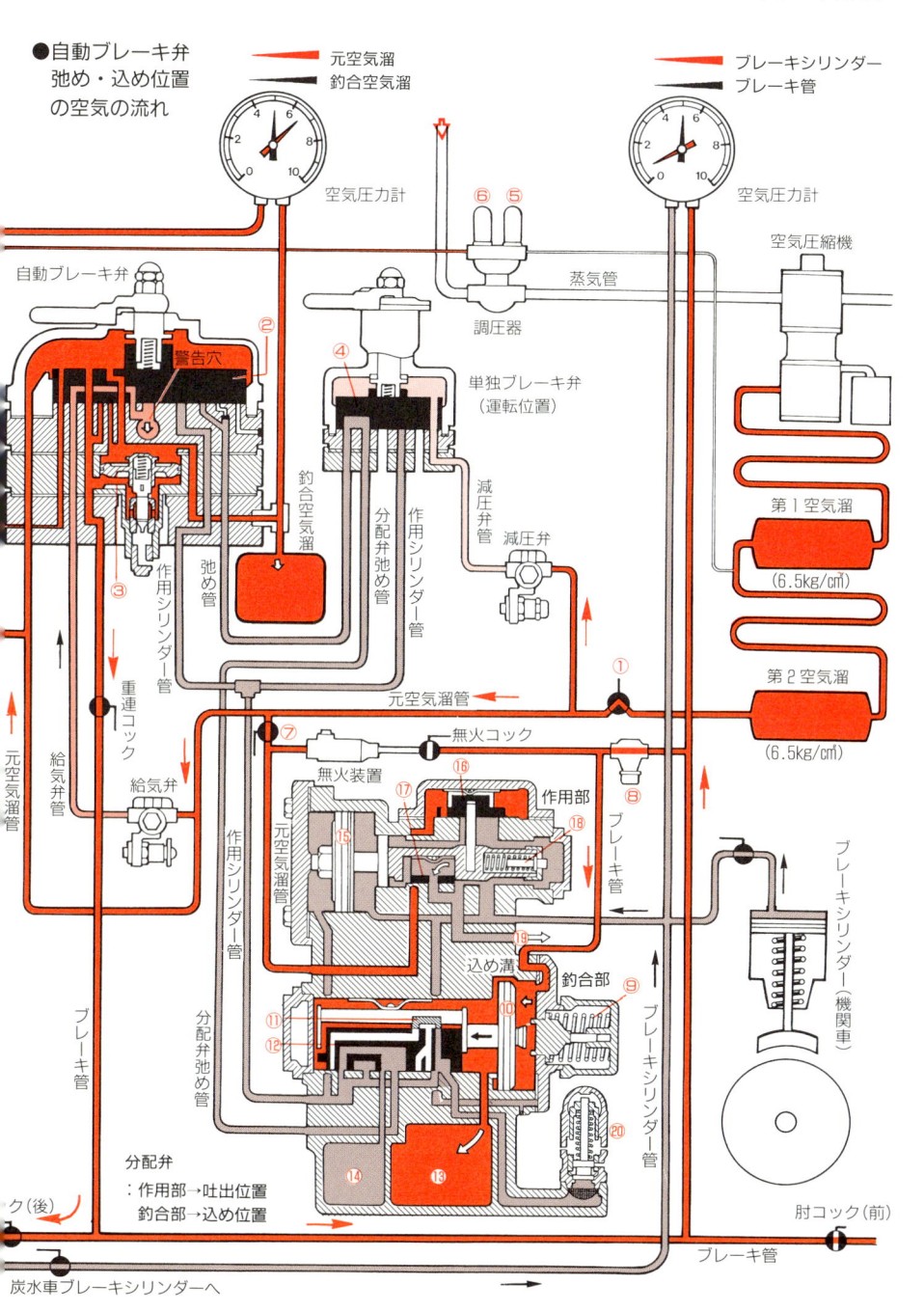

●自動ブレーキ弁
弛め・込め位置
の空気の流れ

▬ 元空気溜
▬ 釣合空気溜

▬ ブレーキシリンダー
▬ ブレーキ管

空気圧力計

空気圧力計

自動ブレーキ弁

警告穴

単独ブレーキ弁
（運転位置）

調圧器

蒸気管

空気圧縮機

釣合空気溜

分配弁弛め管

作用シリンダー管

減圧弁管

減圧弁

第1空気溜
(6.5kg/cm²)

弛め管

重連コック

給気弁

給気弁管

元空気溜管

元空気溜管

第2空気溜
(6.5kg/cm²)

作用シリンダー管

無火コック

ブレーキ管

無火装置

作用部

ブレーキシリンダー（機関車）

込め溝

釣合部

分配弁弛め管

分配弁
：作用部→吐出位置
　釣合部→込め位置

肘コック（前）

ブレーキ管

ク（後）

炭水車ブレーキシリンダーへ

243

自動ブレーキ弁の作用② 常用ブレーキ後の弛め・込め位置

　この場合，機関車はブレーキをかけたまま，車両の補助空気溜に込めを行う。元空気溜からの空気通路は前頁と同じで，分配弁の作用とそこからの圧力空気は以下の様になる。

〈分配弁の作用と圧力空気の流れ〉
■釣合部（込め位置）
〈ブレーキ管〉
　加圧（前回と同様）。
〈分配弁弛め管〉
　加圧されたまま自動ブレーキ回り弁で閉塞。
■作用部（重なり位置）
〈作用シリンダー管〉
　加圧されたまま閉塞。
〈ブレーキシリンダー管〉
　作用シリンダーに圧力がかかるので作用ピストン部全体が右に寄っており，吐出弁の吐出口が閉じてブレーキシリンダーに圧力がかかったままである。
〈元空気溜管〉
　作用弁室で留まる（作用弁供給口，閉）。

- 元空気溜からの空気
- 給気弁（5kg/㎠に調圧）より
- 減圧弁（3kg/㎠に調圧）より
- 加圧
- 排出・減圧
- 無作用の空気

〈釣合空気溜〉
　自動ブレーキ弁を経て釣合ピストン上部と連絡し，その下部のブレーキ管圧力と同圧の空気が込められる。そして制動時にはこの容器の減圧を行うと，同等の減圧がブレーキ管で行われる。円筒形で容積は0.015m³である。

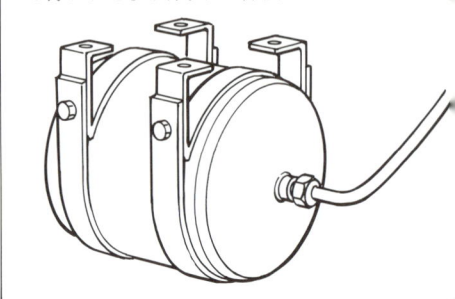

①元空気溜コック ②回り弁 ③釣合ピストン ④回り弁 ⑤高圧頭 ⑥低圧頭 ⑦分配弁コック ⑧渦巻チリトリ ⑨度合バネ ⑩釣合ピストン ⑪度合弁 ⑫釣合滑り弁 ⑬圧力空気室 ⑭作用空気室 ⑮作用ピストン ⑯作用弁 ⑰吐出弁 ⑱度合棒 ⑲吐出口 ⑳安全弁（調圧4.5kg/㎠）㉑釣合ピストン ㉒滑り弁

●車両側の作用
　（弛め・込め）

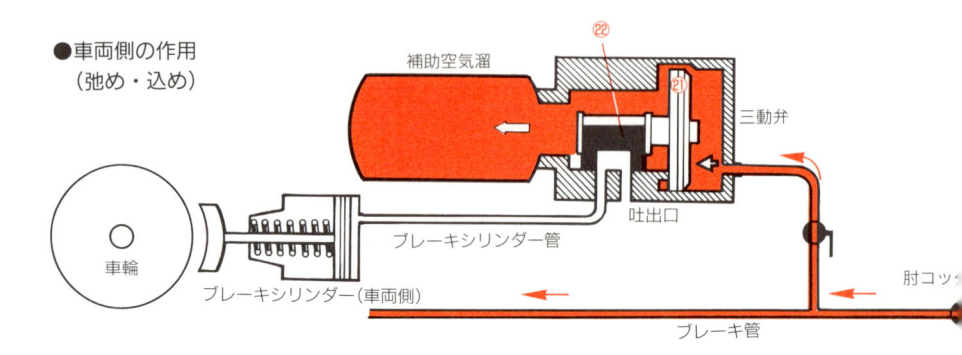

ブレーキ（作用）

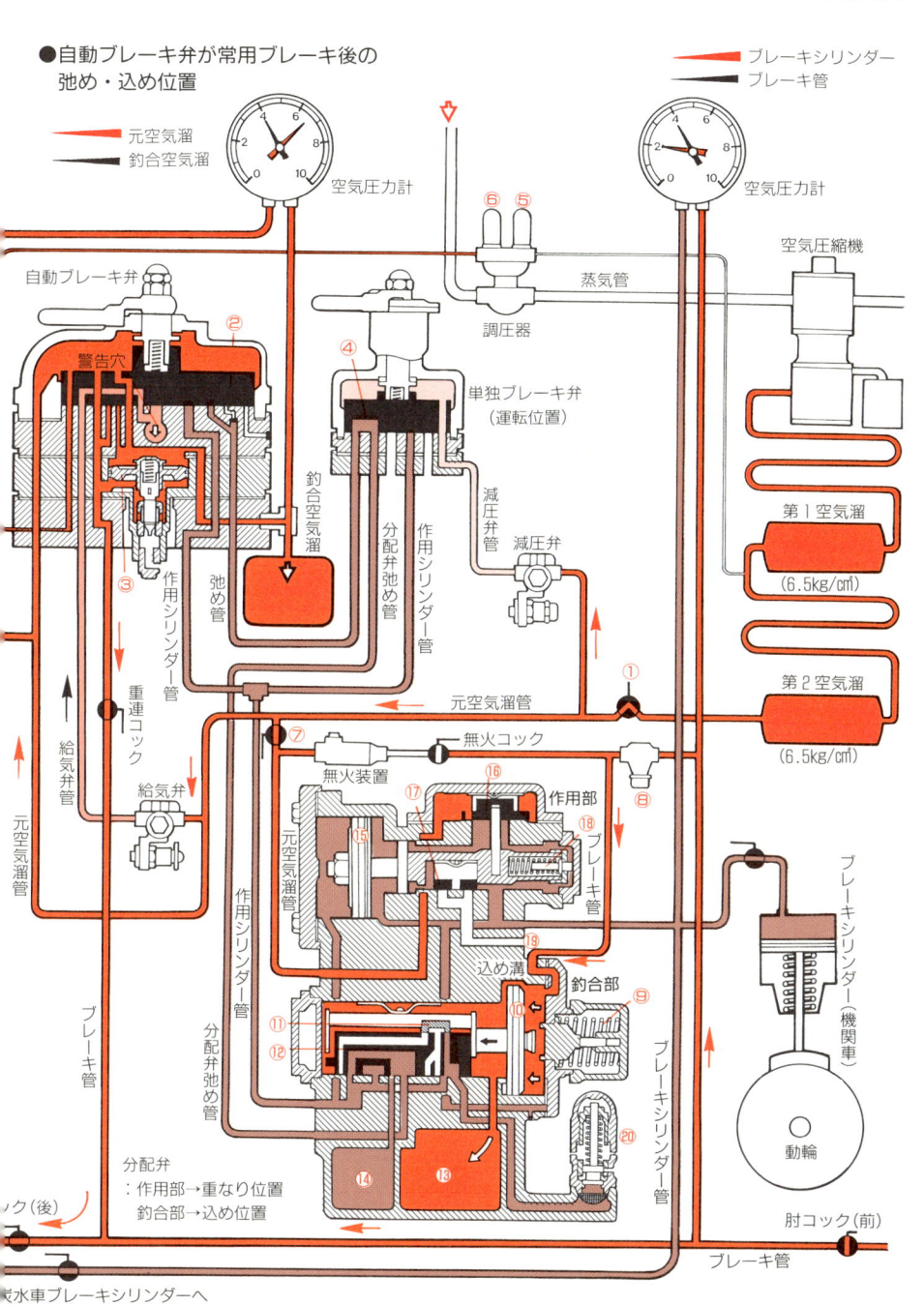

● 自動ブレーキ弁が常用ブレーキ後の
　弛め・込め位置

凡例:
- 🟥 元空気溜
- 🟫 釣合空気溜
- 🟥 ブレーキシリンダー
- ⬛ ブレーキ管

空気圧力計　　　空気圧力計

自動ブレーキ弁
② 警告穴
③ 作用シリンダー管
　 釣合空気溜
　 弛め管
　 重連コック
　 給気弁管
　 給気弁
　 元空気溜管
　 ブレーキ管

④ 単独ブレーキ弁（運転位置）
　 分配弁弛め管
　 作用シリンダー管
　 減圧弁管
　 減圧弁
　 調圧器
　 蒸気管
　 空気圧縮機

第1空気溜 (6.5kg/cm²)
第2空気溜 (6.5kg/cm²)

① 元空気溜管
⑤ ⑥
⑦ 無火コック
　 無火装置
⑮ ⑯ ⑰ 作用部
⑱ ブレーキ管
　 元空気溜管
　 作用シリンダー管
　 分配弁弛め管
⑪ ⑫ 込め溝
⑨ 釣合部
⑬ ⑭
⑧
⑲ ⑳
ブレーキシリンダー管

ブレーキシリンダー（機関車）
動輪

分配弁
：作用部→重なり位置
　釣合部→込め位置

肘コック(後)　　　肘コック(前)
ブレーキ管

炭水車ブレーキシリンダーへ

245

自動ブレーキ弁の作用③ 運転位置

運転時の位置で機関車と車両にブレーキをかけない。ブレーキ管は給気弁で調圧（5kg/cm²）された圧力空気を保持する。

■空気通路
● 元空気溜→自動ブレーキ回り弁→調圧器低圧頭
● 元空気溜→給気弁→給気弁管→釣合空気溜
● 元空気溜→給気弁→給気弁管→ブレーキ管

〈分配弁作用と圧力空気の流れ〉
■釣合部（込め位置）
〈ブレーキ管〉
　釣合ピストンを押し，込め溝より圧力空気室に入る（5kg/cm²）。

〈分配弁弛め管〉
　単独ブレーキ弁を経て自動ブレーキ弁排気口から大気へ放出。
■作用部（吐出位置）
〈作用シリンダー管〉
　減圧されて閉塞。
〈ブレーキシリンダー管〉
　作用シリンダーが減圧されて作用ピストン部全体が左に寄り，吐出弁の吐出口が開いているので，ブレーキシリンダーの空気は作用部吐出口より大気に放出。
〈元空気溜管〉
　作用弁室で留まる（作用弁供給口，閉）。

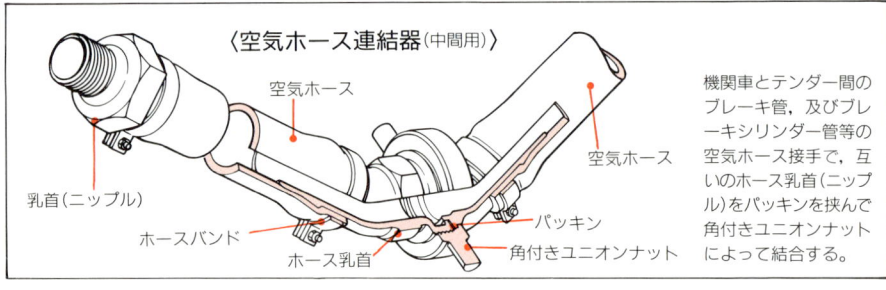

〈空気ホース連結器（中間用）〉

機関車とテンダー間のブレーキ管，及びブレーキシリンダー管等の空気ホース接手で，互いのホース乳首（ニップル）をパッキンを挟んで角付きユニオンナットによって結合する。

乳首（ニップル）／空気ホース／ホースバンド／ホース乳首／パッキン／角付きユニオンナット

凡例：
- 元空気溜からの空気
- 給気弁（5kg/cm²に調圧）より
- 減圧弁（3kg/cm²に調圧）より
- 加圧
- 排出・減圧
- 無作用の空気

①元空気溜コック ②回り弁 ③釣合ピストン ④回り弁 ⑤高圧頭 ⑥低圧頭 ⑦分配弁コック ⑧渦巻チリトリ ⑨度合バネ ⑩釣合ピストン ⑪度合弁 ⑫釣合滑り弁 ⑬圧力空気室 ⑭作用空気室 ⑮作用ピストン ⑯作用弁 ⑰吐出弁 ⑱度合棒 ⑲吐出口 ⑳安全弁（調圧4.5kg/cm²）㉑釣合ピストン ㉒滑り弁

● 車両側の作用（弛め）

車輪／ブレーキシリンダー（車両側）／ブレーキシリンダー管／補助空気溜／三動弁／吐出口／ブレーキ管／肘コ

ブレーキ(作用)

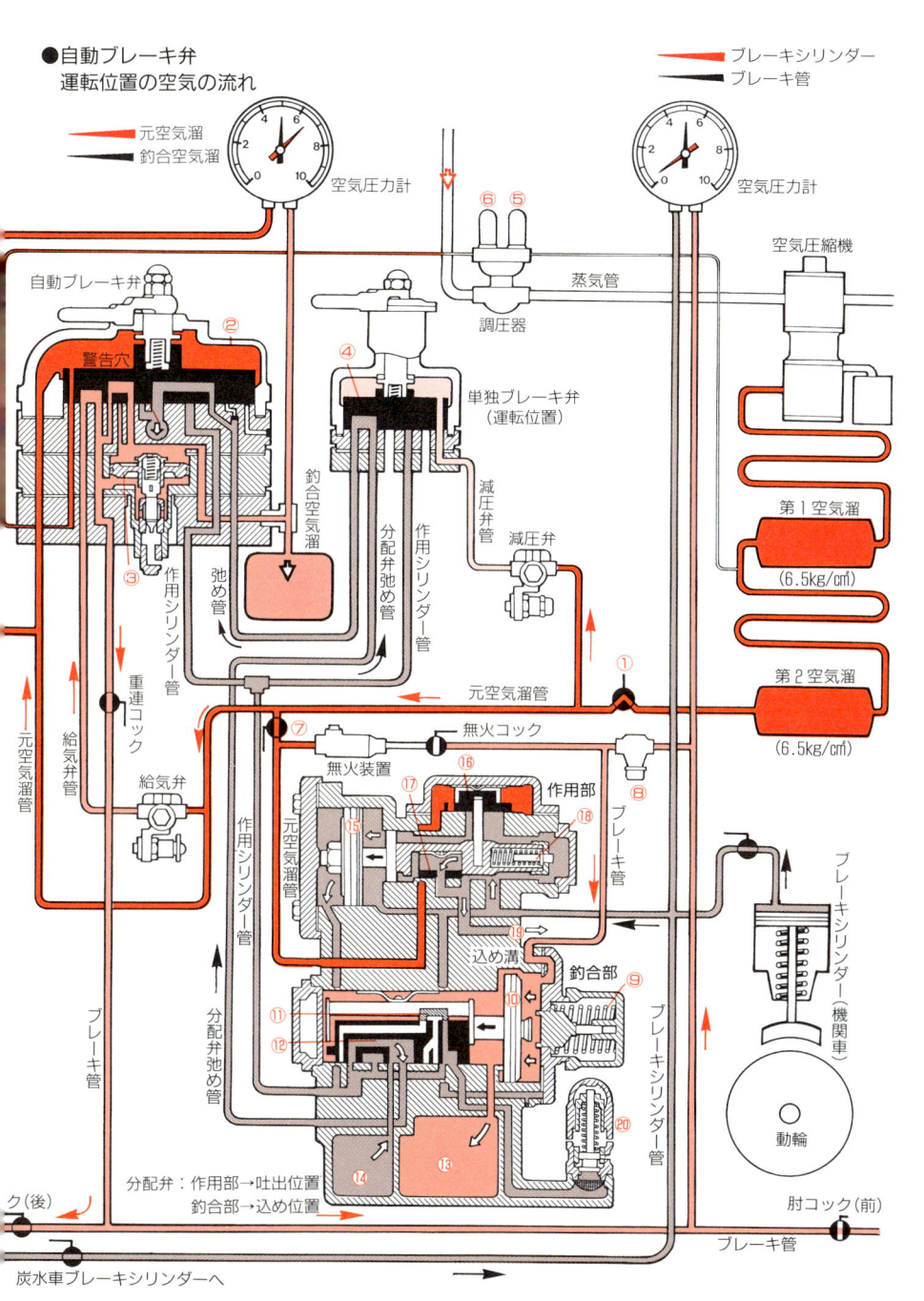

自動ブレーキ弁の作用④ 常用ブレーキ位置

　機関車と車両を緩やかに停車する際に用い、また走行中に速度を制御するのにも使う。
■空気通路
● 元空気溜→調圧器（高圧頭に作用するので元空気溜は 8 kg/cm²に上昇）。
● 元空気溜→自動ブレーキ回り弁管。
● 釣合空気溜→自動ブレーキ弁排気口（警告穴）（減圧排気）。
● ブレーキ管→制動吐出口（減圧排気）。

　釣合空気溜の圧縮空気を大気に逃がすと、釣合ピストンはブレーキ管の圧力に押されて揚がり、付設の吐出弁が開くので制動吐出口よりブレーキ管の空気は排出されて減圧する。その減圧量が釣合空気溜の減圧と同じ量になれば、釣合ピストン上下の圧力は同じとなり元の位置に戻る。

〈分配弁作用と圧力空気の流れ〉
■釣合部（ブレーキ位置）
〈ブレーキ管〉
　減圧されるので釣合ピストン、度合弁、釣合滑り弁の全てが右に寄り、度合バネで止まる。
〈分配弁弛め管〉
　自動ブレーキ回り弁で閉塞。
■作用部（供給位置）
　圧力空気室の空気（5 kg/cm²）は膨張して作用空気室と作用シリンダーに入り、空気圧力は容積比により3.5kg/cm²になる。作用ピストン及び作用弁、吐出弁を強く右（度合棒が少し圧縮される程度）に押す。
〈作用シリンダー管〉
　加圧されて閉塞。
〈元空気溜管〉
　作用弁供給口が開き作用室に進入。作用ピストン左側の空気圧と釣り合うまで供給する（作用室は最大3.5kg/cm²）。
〈ブレーキシリンダー管〉
　作用室からブレーキシリンダーに圧縮空気が入り制動する。作用シリンダーの圧力（3.5 kg/cm²）と釣合うので、ブレーキシリンダー制動圧力は最大3.5kg/cm²となる。

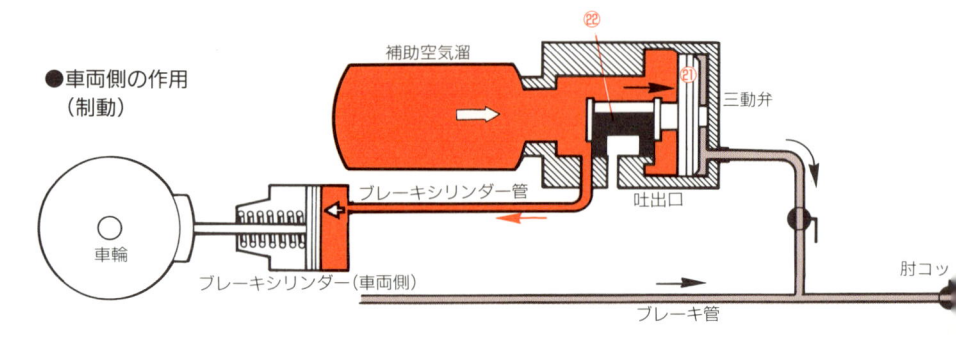

■	元空気溜からの空気
■	給気弁（5 kg/cm²に調圧）より
■	減圧弁（3 kg/cm²に調圧）より
■	加圧
■	排出・減圧
□	無作用の空気

①元空気溜コック ②回り弁 ③釣合ピストン ④回り弁 ⑤高圧頭 ⑥低圧頭 ⑦分配弁コック ⑧渦巻チリトリ ⑨度合バネ ⑩釣合ピストン ⑪度合弁 ⑫釣合滑り弁 ⑬圧力空気室 ⑭作用空気室 ⑮作用ピストン ⑯作用弁 ⑰吐出弁 ⑱度合棒 ⑲吐出口 ⑳安全弁（調圧4.5kg/cm²）㉑釣合ピストン ㉒滑り弁

● 車両側の作用
　（制動）

ブレーキ(作用)

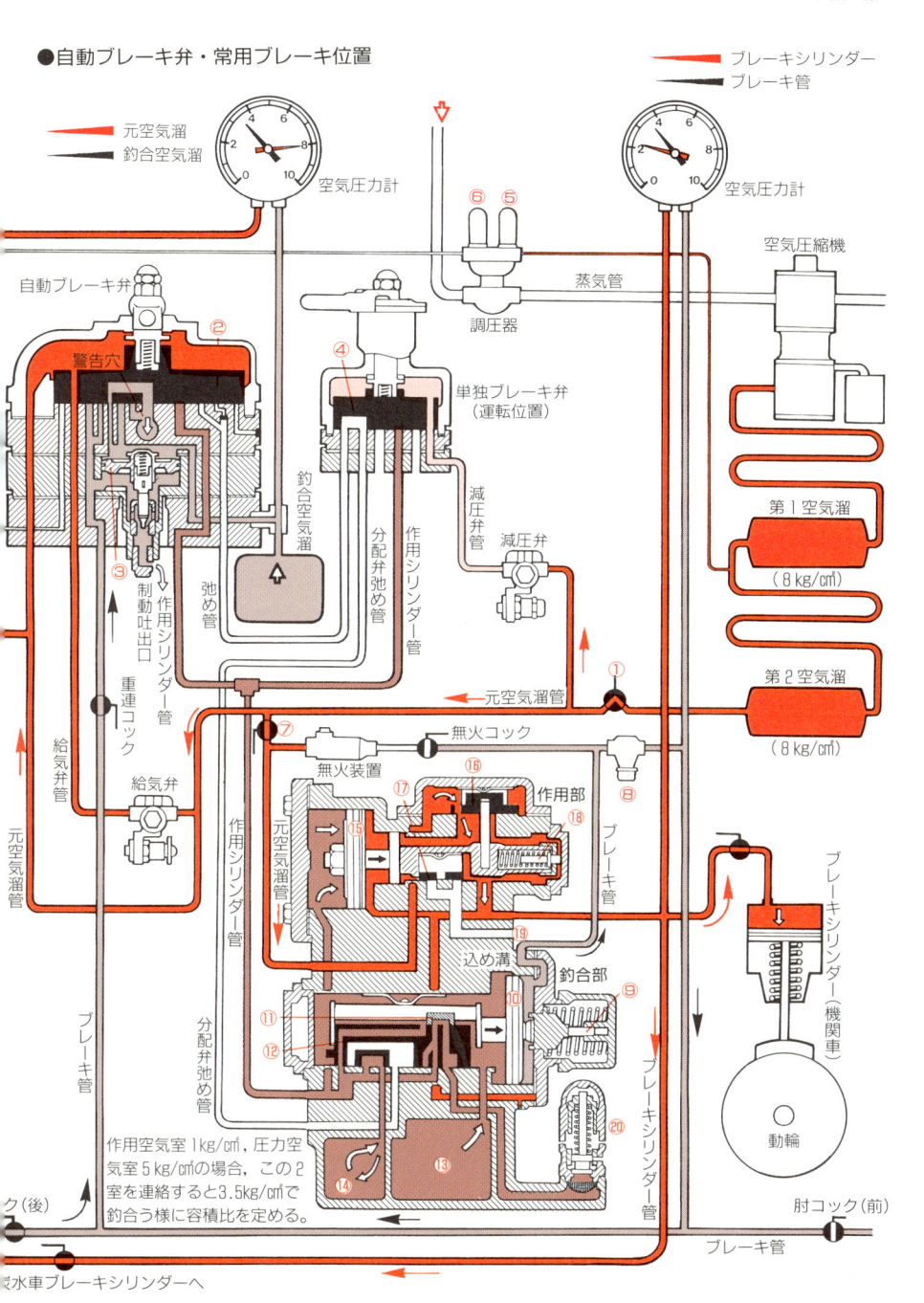

● 自動ブレーキ弁・常用ブレーキ位置

自動ブレーキ弁の作用⑤ 重なり位置

ブレーキ管で所要の減圧が行われた後にハンドルをこの位置にし，ブレーキをかけたままの状態を保つ。

■空気通路
- 元空気溜→調圧器の高圧頭に作用。列車に込めを行うため元空気溜の圧力を $8\,kg/cm^2$ に高める。
- 元空気溜→自動ブレーキ回り弁通路は全て閉塞されるので，ブレーキ管の減圧でやがて自動ブレーキ弁の釣合ピストンも元の位置に戻り，吐出弁も閉じて制動はかからないまま。ブレーキ管は釣合空気溜と同圧になり減圧は止む。

〈分配弁作用と圧力空気の流れ〉
■釣合部（ブレーキ後の重なり位置）
〈ブレーキ管〉

ブレーキ位置と同圧で閉塞。釣合ピストン左側の圧力がブレーキ管圧力よりも少しでも下がると，度合弁右肩が釣合滑り弁に当るまで左に寄る。すると滑り弁の作用シリンダーに通じる通路が閉じて，圧力空気室からの空気を遮断する。
〈分配弁弛め管〉
自動ブレーキ回り弁にて閉塞。
■作用部（重なり位置）
〈作用シリンダー管〉
加圧されたまま閉塞。
〈元空気溜管〉

作用弁室で留まる。ブレーキシリンダーへの供給も終り，作用室が作用シリンダー左側より少しでも圧力が高くなると，度合バネによって度合棒は元に押し出され，作用弁供給口は閉じて釣合う。これが作用部の重なり位置である。
〈ブレーキシリンダー管〉

最大圧 $3.5\,kg/cm^2$ で閉塞。尚，ブレーキシリンダーに漏れがあれば作用ピストン左側の圧力が勝るので，作用ピストンは右に押され作用弁供給口が開いて圧力空気が供給され，ブレーキシリンダー圧力は一定する。

①元空気溜コック ②回り弁 ③釣合ピストン ④回り弁 ⑤高圧頭 ⑥低圧頭 ⑦分配弁コック ⑧渦巻チリトリ ⑨度合バネ ⑩釣合ピストン ⑪度合弁 ⑫釣合滑り弁 ⑬圧力空気室 ⑭作用空気室 ⑮作用ピストン ⑯作用弁 ⑰吐出弁 ⑱度合棒 ⑲吐出口 ⑳安全弁（調圧 $4.5\,kg/cm^2$）㉑釣合ピストン ㉒滑り弁

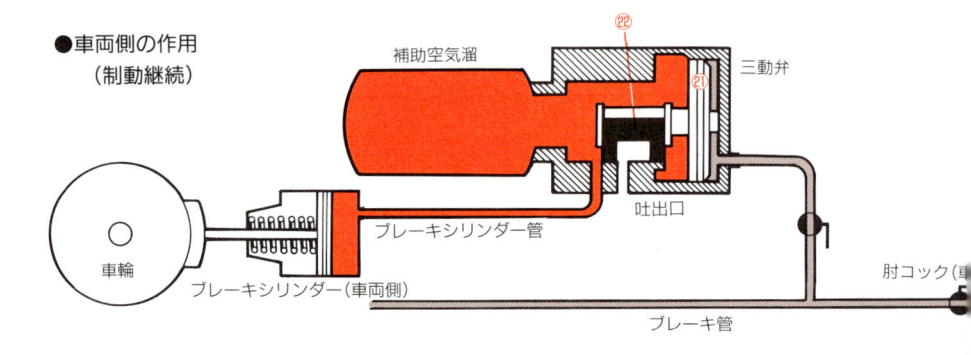

- 元空気溜からの空気
- 給気弁（ $5\,kg/cm^2$ に調圧）より
- 減圧弁（ $3\,kg/cm^2$ に調圧）より
- 加圧
- 排出・減圧
- 無作用の空気

●車両側の作用
（制動継続）

●自動ブレーキ弁・重なり位置

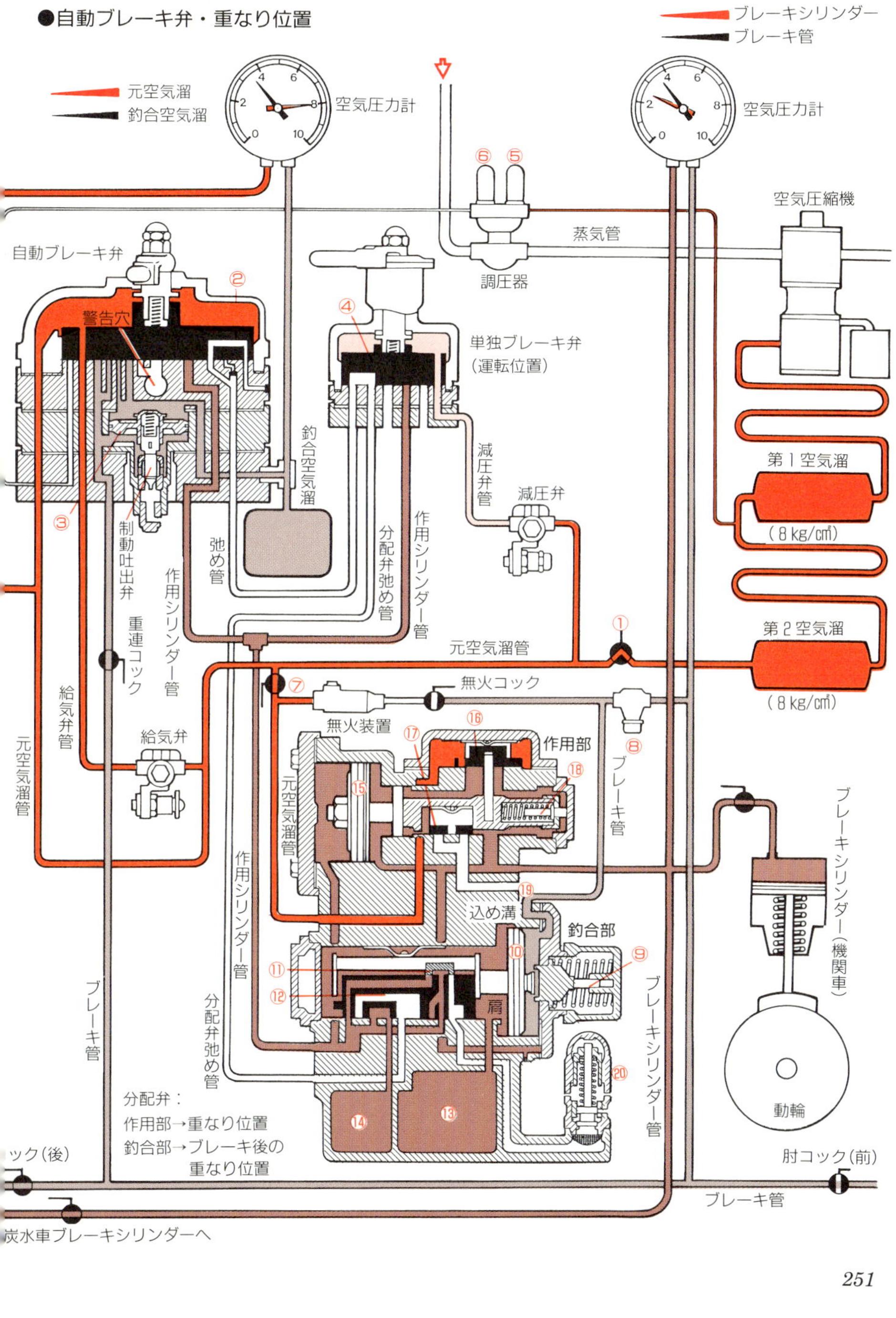

自動ブレーキ弁の作用⑥ 保ち位置

　全列車を制動の後，機関車は制動のまま，牽引車両のブレーキのみを弛める事ができる。
　弛め位置に似ているが，保ち位置はブレーキ管に給気弁を経て圧力空気を込めるので，弛み方が遅い。

■**空気通路**（運転位置とほとんど同じだが回り弁の連絡通路が狭くなる）

● 元空気溜→自動ブレーキ回り弁→調圧器低圧頭
● 元空気溜→給気弁→給気弁管→釣合空気溜
● 元空気溜→給気弁→給気弁管→ブレーキ管

〈分配弁作用と圧力空気の流れ〉
■**釣合部**（込め位置）
〈ブレーキ管〉
　釣合ピストンを押し，込め溝より圧力空気室に入り $5kg/cm^2$ で釣合う。
〈分配弁弛め管〉
　自動ブレーキ回り弁にて閉塞
■**作用部**（重なり位置）
　作用シリンダー管，元空気溜管，ブレーキシリンダー管が通じる作用部は前記のままの状態を保っている。

〈空気ホース連結器（先端用）〉

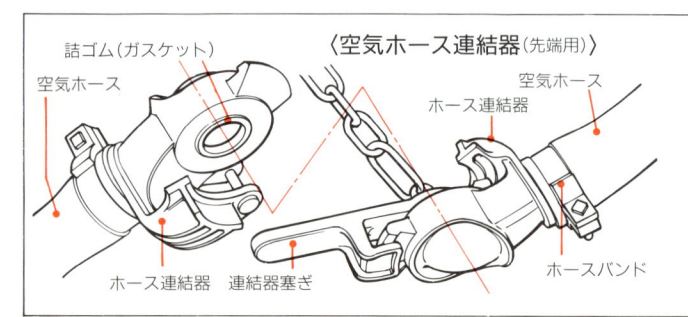

詰ゴム（ガスケット）
空気ホース
空気ホース
ホース連結器
ホース連結器
連結器塞ぎ
ホースバンド

アングルコックの先に付くもので，車両を連結する際に用いる。平素は連結器塞ぎで閉塞しているが，連結の際はこれをはずし，相手方の連結器と互いの突起をはめ込む様にして組合せ，詰ゴムによって気密を保つ。

① 元空気溜コック　② 回り弁　③ 釣合ピストン　④ 回り弁　⑤ 高圧頭　⑥ 低圧頭　⑦ 分配弁コック　⑧ 渦巻チリトリ　⑨ 度合バネ　⑩ 釣合ピストン　⑪ 度合弁　⑫ 釣合滑り弁　⑬ 圧力空気室　⑭ 作用空気室　⑮ 作用ピストン　⑯ 作用弁　⑰ 吐出弁　⑱ 度合棒　⑲ 吐出口　⑳ 安全弁（調圧 $4.5kg/cm^2$）　㉑ 釣合ピストン　㉒ 滑り弁

凡例：
- 元空気溜からの空気
- 給気弁（$5kg/cm^2$に調圧）より
- 減圧弁（$3kg/cm^2$に調圧）より
- 加圧
- 排出・減圧
- 無作用の空気

● **車両側の作用**
（ブレーキ弛め，補助空気溜込め）

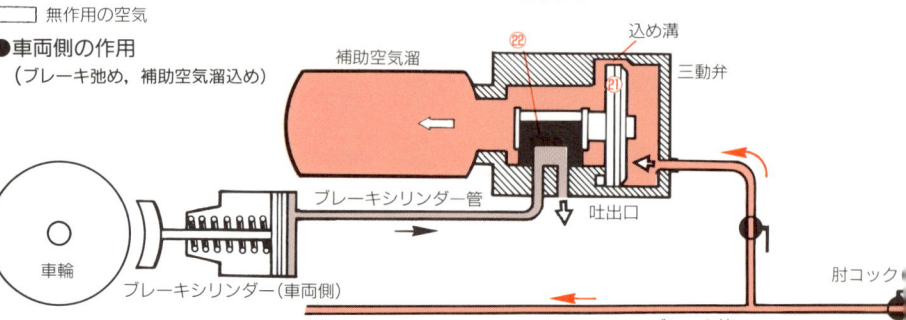

補助空気溜　込め溝　三動弁
ブレーキシリンダー管　吐出口
車輪
ブレーキシリンダー（車両側）
肘コック
ブレーキ管

ブレーキ（作用）

●自動ブレーキ弁・保ち位置

🟥 元空気溜
⬛ 釣合空気溜
🟥 ブレーキシリンダー
⬛ ブレーキ管

空気圧力計
空気圧力計
空気圧縮機
蒸気管
調圧器
自動ブレーキ弁
警告穴
単独ブレーキ弁（運転位置）
釣合空気溜
第1空気溜 (6.5kg/cm²)
第2空気溜 (6.5kg/cm²)
弛め管
減圧弁管
減圧弁
給気弁管
作用シリンダー管
分配弁弛め管
重連コック
給気弁
元空気溜管
無火コック
作用部
ブレーキ管
元空気溜管
無火装置
作用シリンダー管
込め溝
釣合部
分配弁弛め管
ブレーキシリンダー管
ブレーキシリンダー（機関車）
動輪
分配弁：
　作用部→重なり位置
　釣合部→込め位置
肘コック（後）
肘コック（前）
ブレーキ管
水車ブレーキシリンダーへ

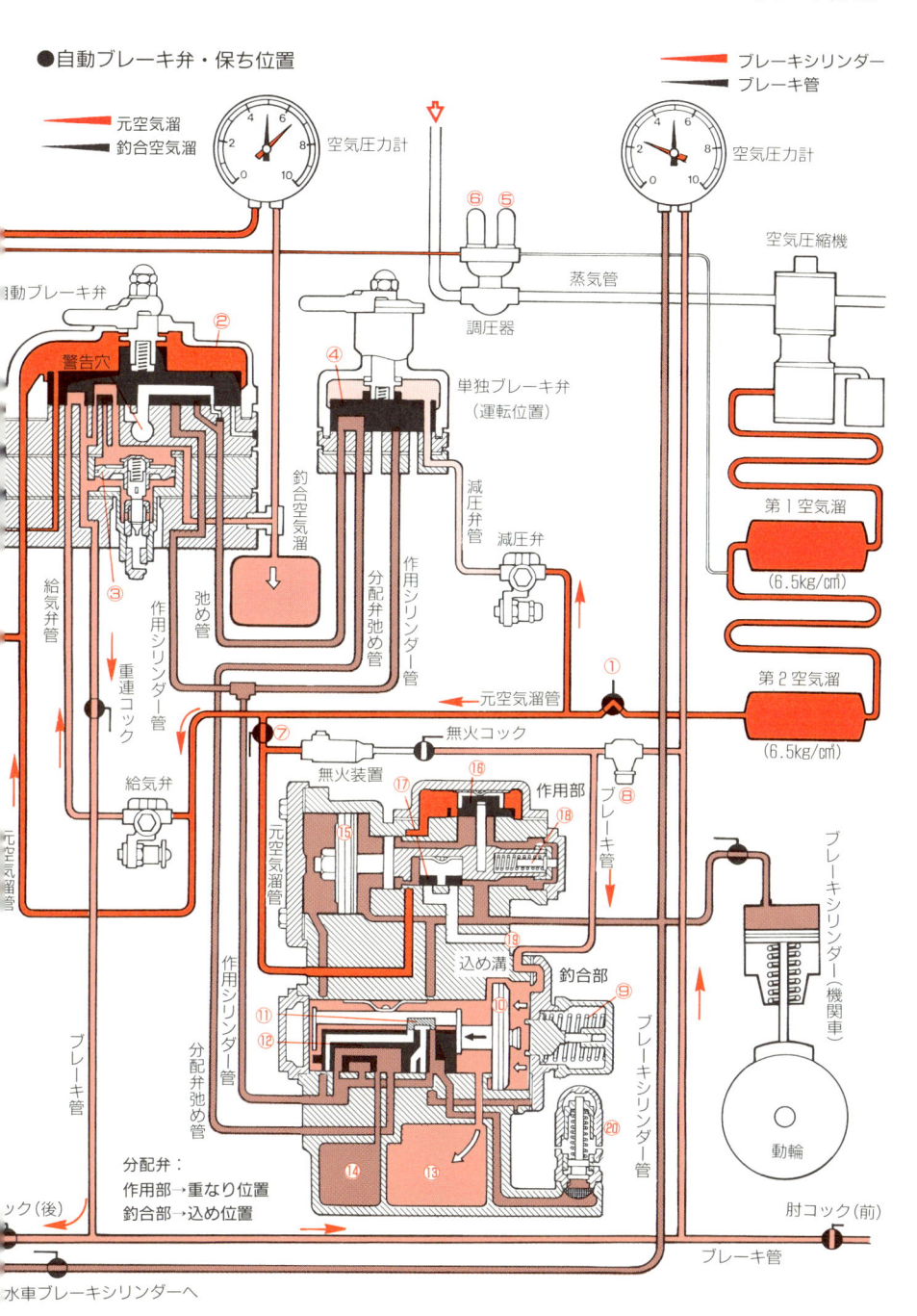

自動ブレーキ弁の作用 ⑦ 非常ブレーキ

　機関車と全車両を急停止する場合の位置。又，車両から非常ブレーキがかかった場合もこの位置にする。
　ブレーキ管の圧力空気は直接，自動ブレーキ弁排気口（警告穴）より素速く大気に放出され急激に減圧される。分配弁，列車三動弁は制動位置にきてブレーキシリンダーに圧力空気が入る。

■空気通路
● 元空気溜→調圧器高圧頭（$8 kg/cm^2$に上昇）
● 元空気溜→自動ブレーキ回り弁→作用シリンダー管
● 釣合空気溜→自動ブレーキ弁排気口（減圧）
● ブレーキ管→自動ブレーキ弁排気口（減圧）

〈分配弁作用と圧力空気の流れ〉
■釣合部（非常位置）
〈ブレーキ管〉
　急激に減圧。その為圧力空気室の圧力（$5 kg/cm^2$）で釣合部ピストンは度合バネを圧縮して極端に右に寄せ，その圧力空気は作用空気室を通らず直接作用シリンダーに進入する。そのため圧力は下がらず作用ピストンを極端に右に押す。
〈分配弁弛め管〉閉塞。

■作用部（全開供給位置）
〈作用シリンダー管〉
　作用シリンダー，作用シリンダー管の漏洩に備えて元空気溜の圧力空気が作用シリンダーに入る。作用シリンダーは高圧となるが安全弁より噴出して$4.5kg/cm^2$に調整される。
〈元空気溜管〉
　作用ピストン度合バネは圧縮されて極端に右に寄るので，作用弁供給口は全開となって圧力空気は急速に作用室に進入し，その圧力は作用ピストン左側の圧力と釣合う$4.5kg/cm^2$となる。
〈ブレーキシリンダー管〉
　作用室から圧力空気が入りブレーキシリンダーに急激に圧力をかける（$4.5kg/cm^2$）。

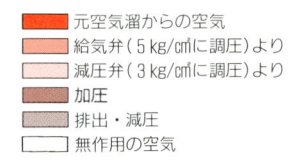

①元空気溜コック ②回り弁 ③釣合ピストン ④回り弁 ⑤高圧頭 ⑥低圧頭 ⑦分配弁コック ⑧渦巻チリトリ ⑨度合バネ ⑩釣合ピストン ⑪度合バネ ⑫釣合滑り弁 ⑬圧力空気室 ⑭作用空気室 ⑮作用ピストン ⑯作用弁 ⑰吐出弁 ⑱度合棒 ⑲吐出口 ⑳安全弁（調圧4.5kg/cm²）㉑釣合ピストン ㉒滑り弁

凡例：
- 元空気溜からの空気
- 給気弁（$5 kg/cm^2$に調圧）より
- 減圧弁（$3 kg/cm^2$に調圧）より
- 加圧
- 排出・減圧
- 無作用の空気

●車両側の作用（非常制動）

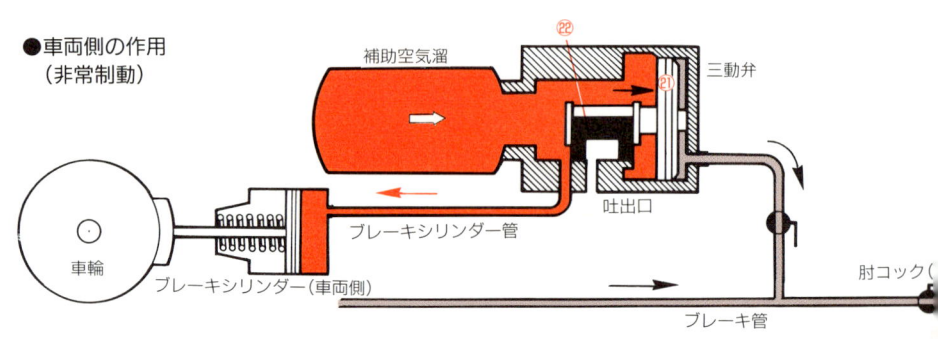

補助空気溜　三動弁　吐出口　ブレーキシリンダー管　ブレーキシリンダー（車両側）　車輪　肘コック　ブレーキ管

ブレーキ(作用)

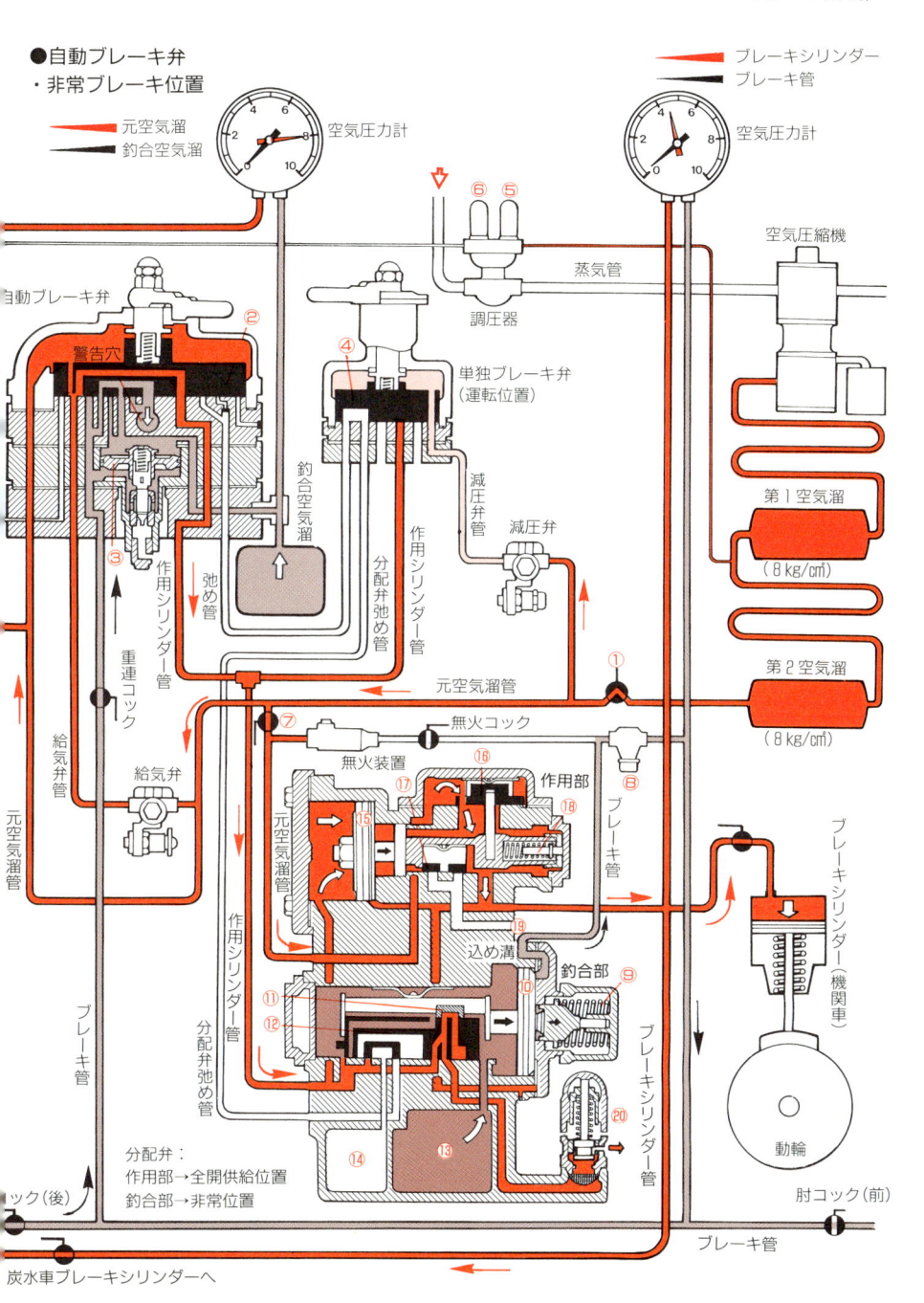

単独ブレーキ弁の作用① 弛め位置

全列車をブレーキの後，機関車のみブレーキを解除する位置。そこで自動ブレーキ弁は常用ブレーキ後の重なり位置となる。

ハンドルをこの位置に置き忘れると，自動ブレーキ弁で機関車，車両にブレーキをかける事ができなくなる。そこで回り弁戻しバネで自然に運転位置に戻る様になっている。又，機関士にこの位置の注意を促すために，減圧弁管の圧縮空気が警告穴から噴気して警告音を発する。

■空気通路
- 元空気溜→調圧器高圧頭に作用（$8 kg/cm^2$に上昇）
- 元空気溜→減圧弁→減圧弁管→単独ブレーキ回り弁→排気警告穴

〈分配弁作用と圧力空気の流れ〉
■釣合部（ブレーキ後の重なり位置）
〈ブレーキ管〉
　減圧のまま閉塞。
〈分配弁弛め管〉
　単独ブレーキ回り弁にて閉塞。
■作用部（吐出位置）
〈作用シリンダー管〉
　作用空気室，作用シリンダーの圧力空気は単独ブレーキ弁の吐出口より大気に排出（減圧）。作用ピストン左側の圧力が下るので作用ピストンに付設の吐出弁は左に寄り，その吐出口が開く。
〈ブレーキシリンダー管〉
　ブレーキシリンダーの圧力空気は分配弁吐出口より大気に排出（減圧）。

- 元空気溜からの空気
- 給気弁（$5 kg/cm^2$に調圧）より
- 減圧弁（$3 kg/cm^2$に調圧）より
- 加圧
- 排出・減圧
- 無作用の空気

①元空気溜コック ②回り弁 ③釣合ピストン ④回り弁 ⑤高圧頭 ⑥低圧頭 ⑦分配弁コック ⑧渦巻チリトリ ⑨度合バネ ⑩釣合ピストン ⑪度合弁 ⑫釣合滑り弁 ⑬圧力空気室 ⑭作用空気室 ⑮作用ピストン ⑯作用弁 ⑰吐出弁 ⑱度合棒 ⑲吐出口 ⑳安全弁（調圧$4.5kg/cm^2$） ㉑釣合ピストン ㉒滑り弁

●車両側の作用
　（制動）

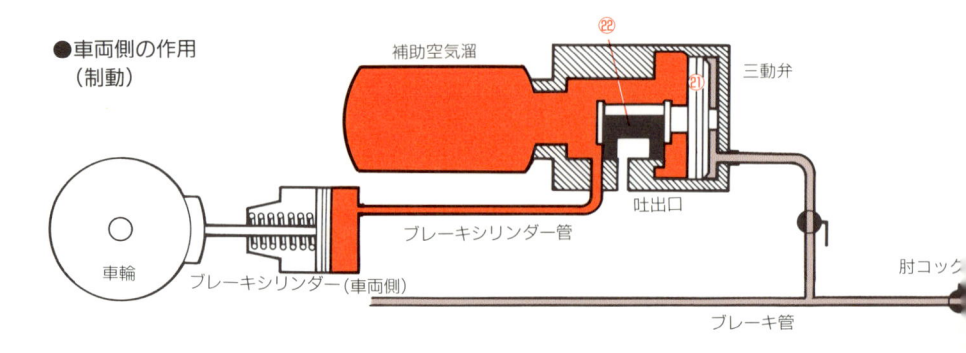

ブレーキ（作用）

●単独ブレーキ弁・弛め位置

■ ブレーキシリンダー
■ ブレーキ管

■ 元空気溜
■ 釣合空気溜

空気圧力計

空気圧力計

空気圧縮機

自動ブレーキ弁
（重なり位置）

調圧器

蒸気管

警告穴

単独ブレーキ弁
（弛め位置）

第1空気溜
（8 kg/cm²）

釣合空気溜

吐出口
警告穴

減圧弁管
作用シリンダー管
分配弁弛め管

減圧弁

元空気溜管

第2空気溜
（8 kg/cm²）

弛め管

作用シリンダー管

重連コック

給気弁

給気弁

無火コック

元空気溜管

無火装置

作用部

ブレーキ管

ブレーキシリンダー
（機関車）

作用シリンダー管

込め溝

釣合部

ブレーキシリンダー管

分配弁弛め管

動輪

分配弁：作用部→吐出位置
　　　　釣合部→ブレーキ
　　　　後の重なり位置

ブレーキ管

肘コック（前）

コック（後）

炭水車ブレーキシリンダーへ

ブレーキ管

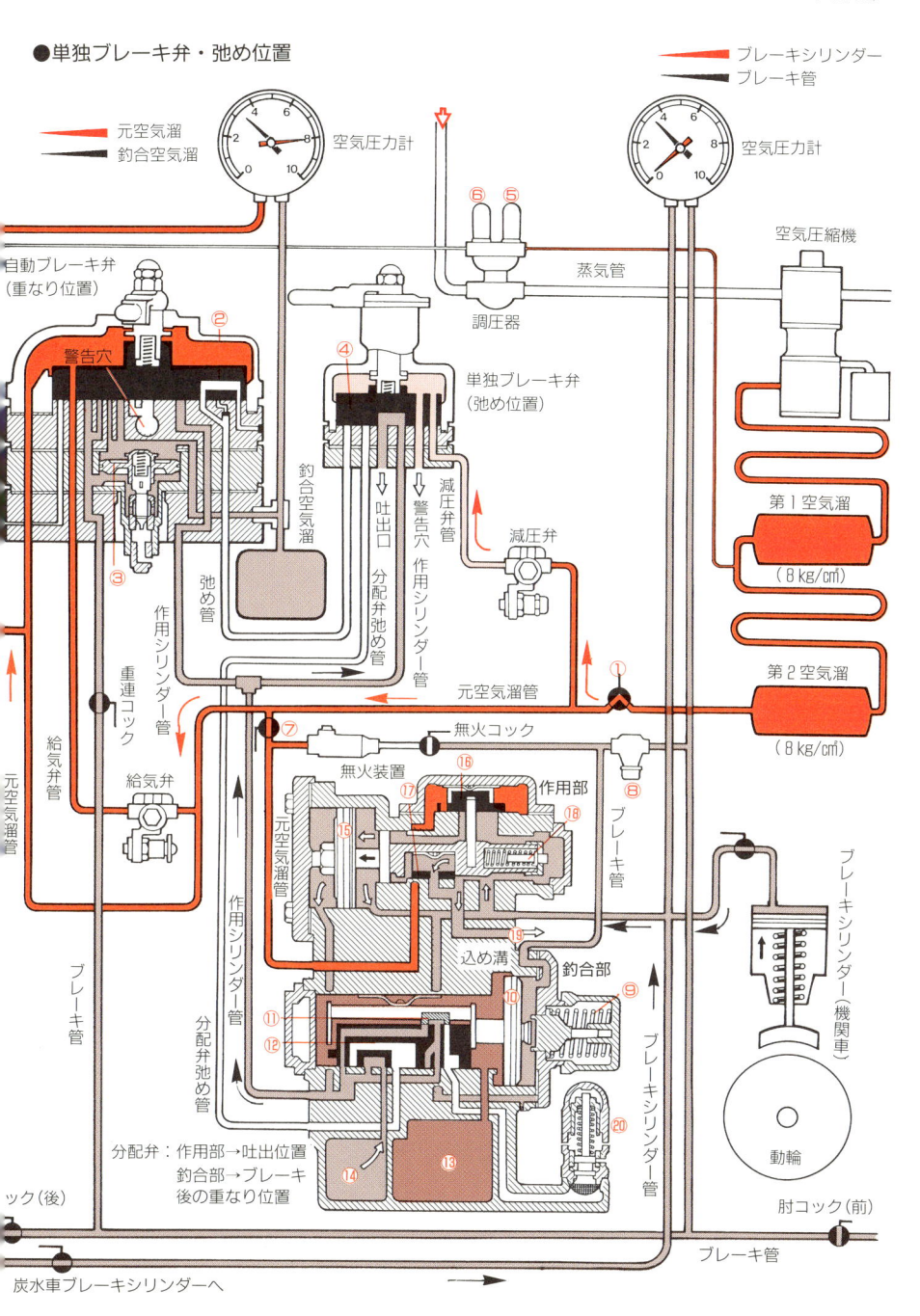

257

単独ブレーキ弁の作用② 緩ブレーキ位置

機関車のみにブレーキを緩やかにかける。自動ブレーキ弁は運転位置にする。
■空気通路
● 元空気溜→調圧器低圧頭に作用（6.5kg/cm²を保持）
● 元空気溜→減圧弁→減圧弁管→単独ブレーキ回り弁→作用シリンダー管（最大3kg/cm²）
● 元空気溜→給気弁→給気弁管→ブレーキ管
● 元空気溜→給気弁→給気弁管→釣合空気溜

〈分配弁作用と圧力空気の流れ〉
■釣合部（込め位置）
〈ブレーキ管〉
　釣合部込め溝より圧力空気室に進入（5kg/cm²）。
〈分配弁弛め管〉
　単独ブレーキ回り弁にて閉塞。
■作用部（供給位置）
〈作用シリンダー管〉
　単独ブレーキ回り弁の連絡口を絞っているので、緩やかに作用シリンダーに進入（最大3kg/cm²）。
〈元空気溜管〉
　作用弁の供給口が開き、作用室に空気が進入し作用ピストン左側と釣合う圧力となる。
〈ブレーキシリンダー管〉
　作用室よりブレーキシリンダーに進入してブレーキがかかる。

〈急ブレーキ位置〉
　空気通路は緩ブレーキ位置と同じだが、単独ブレーキ回り弁の作用シリンダー管への穴が大きい位置となるので、圧力空気が一気に送られて急速にブレーキがかかる。尚、減圧弁を通るために、調整圧力は最大3kg/cm²である。尚、この位置のハンドルは、手を離すと戻しバネにより緩ブレーキ位置に戻る。
〈運転位置〉
　単独ブレーキ弁を使用しない時は常にこの位置におく。そうすると分配弁弛め管は単独ブレーキ弁を経て、弛め管で自動ブレーキ弁と連絡し、自動ブレーキ弁の操作ができる。
〈重なり位置〉
　機関車にブレーキをかけた後に、その制動圧力を保つ。所要のブレーキシリンダー圧力（3.0kg/cm²）になった後、この位置にする。
　回り弁の吐出口、警告穴（排気）がつながるのみで、他の連絡通路は全て閉塞される。

①元空気溜コック ②回り弁 ③釣合ピストン ④回り弁 ⑤高圧頭 ⑥低圧頭 ⑦分配弁コック ⑧渦巻チリトリ ⑨度合バネ ⑩釣合ピストン ⑪度合弁 ⑫釣合滑り弁 ⑬圧力空気室 ⑭作用空気室 ⑮作用ピストン ⑯作用弁 ⑰吐出弁 ⑱度合棒 ⑲吐出口 ⑳安全弁（調圧4.5kg/cm²）㉑釣合ピストン ㉒滑り弁

■ 元空気溜からの空気
■ 給気弁（5kg/cm²に調圧）より
■ 減圧弁（3kg/cm²に調圧）より
■ 排出・減圧
□ 無作用の空気

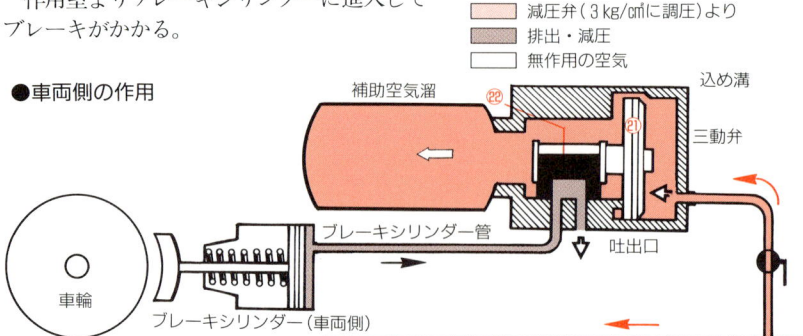

● 車両側の作用

●単独ブレーキ弁・緩ブレーキ位置

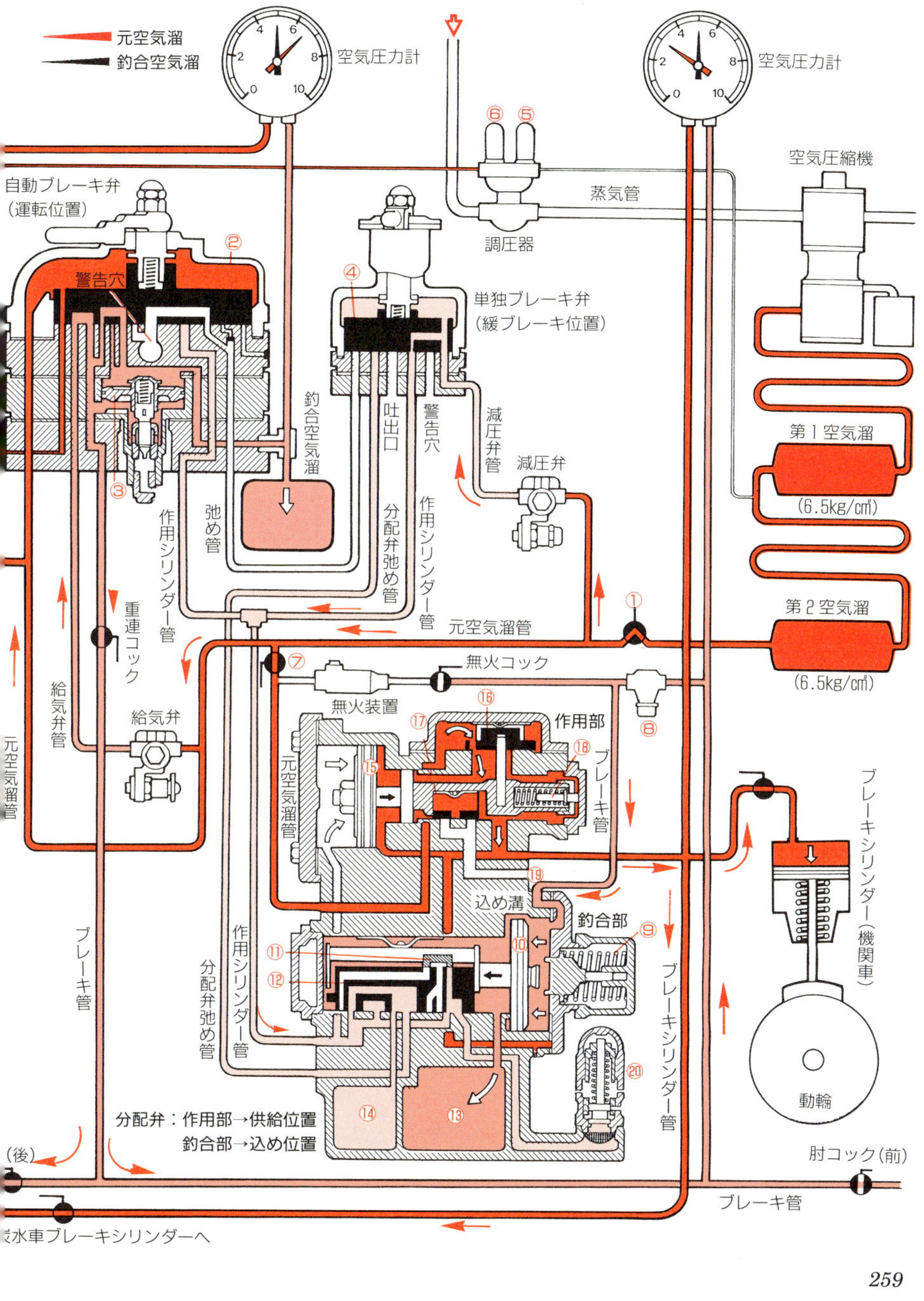

無火装置 無火回送機関車のブレーキ装置の作用

〈無火装置〉

　無火，あるいは空気圧縮機が故障して自力で圧縮空気が作れない機関車を連結した場合に使用する装置で，ブレーキ管と分配弁に向う元空気溜管との間に設置する。（右頁図）

　ブレーキ管側に無火コックが付き，チリコシ，逆止弁バネ，絞り栓等から成る。

■無火回送の場合
① 自動及び単独ブレーキ弁ハンドルを運転位置にする。（分配弁弛め管が大気と通じる）
② 重連コックを閉じる。（コックが開いていると牽引機が制動のために減圧しても無火機の元空気溜の圧力空気がブレーキ管に入り減圧できなくなる）
③ 無火コックを開く。
④ 分配弁安全弁を $2\,kg/cm^2$ に調整する。（無火回送は罐水，炭水車の石炭，水を除くため機関車重量が軽い。そのため所定の圧力では制動時に滑走の恐れがある）

〈無火装置の作用〉

　牽引機関車の自動ブレーキ弁を弛め，込め位置にするとブレーキ管より圧縮空気は渦巻チリトリを経て二又に別れて，一方は分配弁の圧力空気室に込められ，もう一方は無火装置の逆止弁を押し上げて元空気溜に込められる。

　逆止弁バネの圧力は $1.4\,kg/cm^2$ なのでブレーキ管圧力 $5\,kg/cm^2 - 1.4\,kg/cm^2 = 3.6\,kg/cm^2$ が元空気溜の圧力となる。

　尚，無火装置出口に絞り栓（径 $3\,mm$）があるので，元空気溜への供給に少し時間（ $8〜10$ 分位）がかかる。これは無火コックを開いた場合に，急激なブレーキ管減圧で列車にブレーキがかからない様にするためである。分配弁は牽引機関車の分配弁と同じ動き，作用をする。

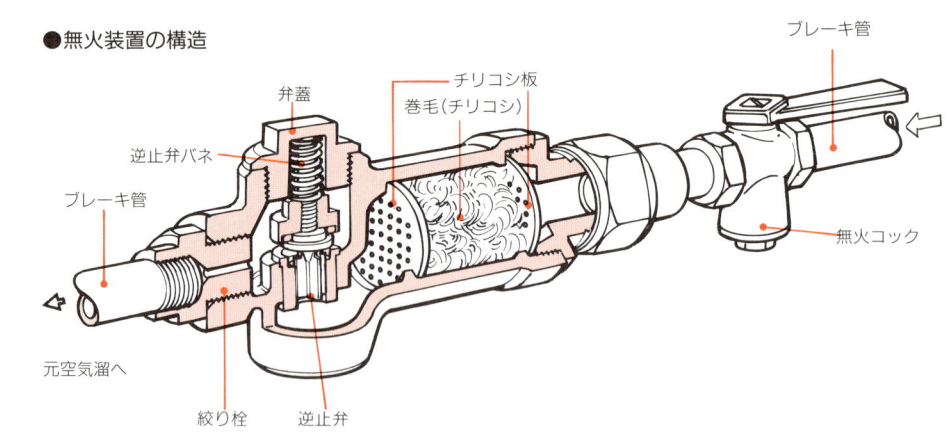

● 無火装置の構造

（図中ラベル：ブレーキ管／無火コック／弁蓋／逆止弁バネ／チリコシ板／巻毛（チリコシ）／ブレーキ管／元空気溜へ／絞り栓／逆止弁）

① 元空気溜コック　② 回り弁　③ 釣合ピストン　④ 回り弁　⑤ 高圧頭　⑥ 低圧頭　⑦ 分配弁コック　⑧ 渦巻チリトリ　⑨ 度合バネ　⑩ 釣合ピストン　⑪ 度合弁　⑫ 釣合滑り弁　⑬ 圧力空気室　⑭ 作用空気室　⑮ 作用ピストン　⑯ 作用弁　⑰ 吐出弁　⑱ 度合棒　⑲ 吐出口　⑳ 安全弁（調圧 $2\,kg/cm^2$ ）

凡例：
- 牽引機関車からの空気
- 無火装置（ $3.6\,kg/cm^2$ に調圧）より
- 減圧弁（ $3\,kg/cm^2$ に調圧）より
- 排出・減圧
- 無作用の空気

ブレーキ（作用）

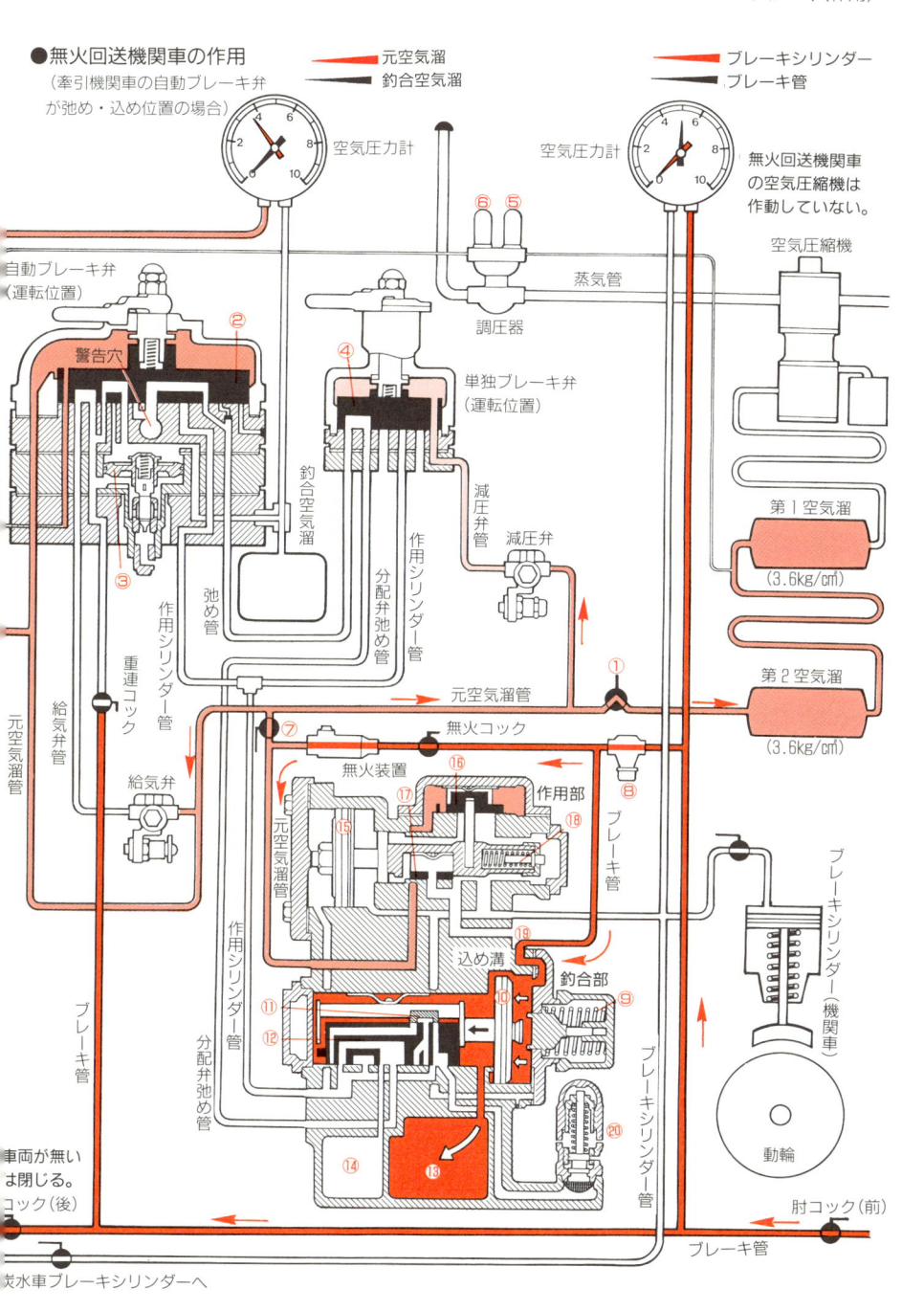

●無火回送機関車の作用
（牽引機関車の自動ブレーキ弁が弛め・込め位置の場合）

元空気溜
釣合空気溜
ブレーキシリンダー
ブレーキ管

空気圧力計
空気圧力計

無火回送機関車の空気圧縮機は作動していない。

自動ブレーキ弁（運転位置）
警告穴
単独ブレーキ弁（運転位置）
空気圧縮機
調圧器
蒸気管
第1空気溜（3.6kg/㎠）
第2空気溜（3.6kg/㎠）

釣合空気溜
弛め管
分配弁弛め管
作用シリンダー管
減圧弁管
減圧弁
元空気溜管
無火コック
ブレーキ管

重連コック
給気弁管
給気弁
給気弁管

無火装置
作用部
元空気溜管
作用シリンダー管
分配弁弛め管

込め溝
釣合部
ブレーキシリンダー管

ブレーキシリンダー（機関車）
動輪

車両が無いは閉じる。
コック（後）
肘コック（前）
ブレーキ管
ブレーキ管

炭水車ブレーキシリンダーへ

261

入換機ブレーキ装置

〈入換機ブレーキ装置〉

構内や短区間を走る入換機のために考えられたET6形を簡略化したもの。この装置では機関車の制動にブレーキ弁より直接ブレーキシリンダーに圧力空気を送るので分配弁はなく、連結車両には補助空気溜に圧力空気を送り、ブレーキ管が減圧すると空気溜の圧力空気がブレーキシリンダーに入ってブレーキがかかる。

- 入換ブレーキ弁
  運転、重なり、緩ブレーキ、急ブレーキの位置がある。弛めや込めを行う場合は運転位置に置く。
- ブレーキ管コック(締切コック)
  重連コックと同じ作用をする。機関車のみの運転では閉鎖する。

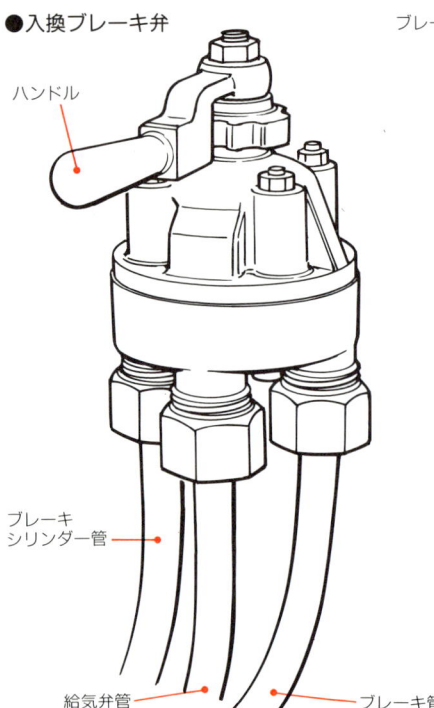

〈ブレーキ弁位置と作用〉

● 運転位置
ブレーキシリンダーと吐出口を通じさせてブレーキをゆるめると、同時にブレーキ管に圧力空気を込める。

- 元空気溜からの
- 給気弁よりの
- 排出・減圧
- 無作用の空気

- 脇路コック(締切コック)
  連結車両に込めを行う場合、ブレーキ弁は運転位置で、このコックを開くと元空気溜の圧力空気は給気弁を通らないのでブレーキ管から急速に込められる。それ以外では閉めておく。
- 給気弁
  機関車のみの場合は3.5kg/cm²。車両をつなげば5kg/cm²に加減取輪を回して調整する。
- 調圧器
  調圧頭は1つで直接元空気溜管と連絡して元空気溜を常時6.5kg/cm²に調圧。
- 安全弁
  分配弁安全弁と同形で3.5kg/cm²に調整。

ブレーキ(作用)

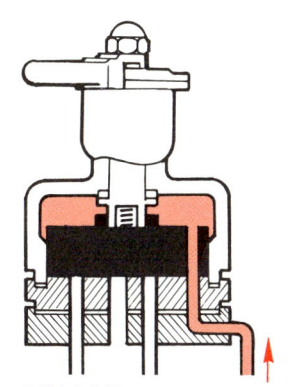

●重なり位置
全ての管の連絡を遮断してブレーキをかけたままの状態を保つ。

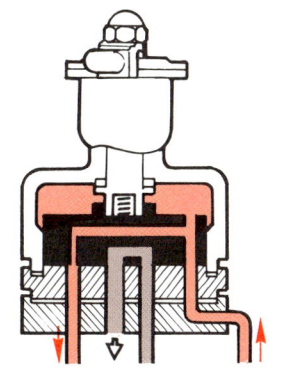

●緩ブレーキ位置
圧力空気を給気弁よりブレーキ回り弁の小孔を経てブレーキシリンダーに送ると,同時にブレーキ管と吐出口を結んで排気,減圧する。

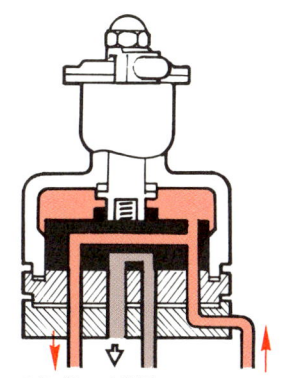

●急ブレーキ位置
圧力空気を給気弁よりブレーキ回り弁の大孔を経てブレーキシリンダーに急速に送り,同時にブレーキ管と吐出口とを連絡する。

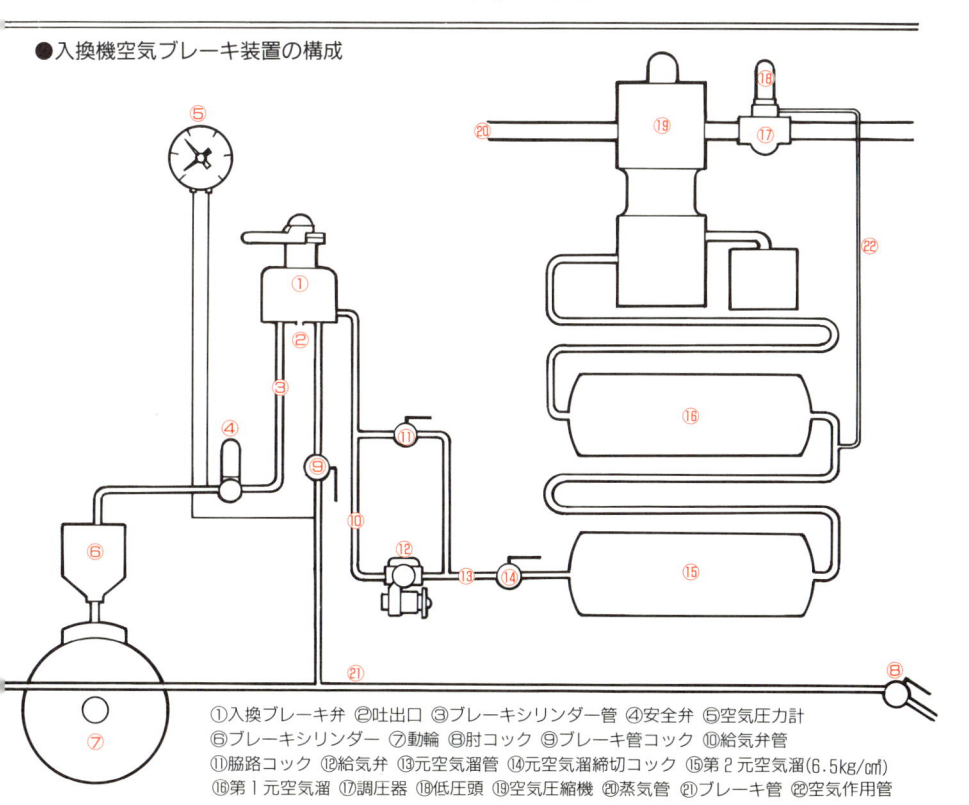

●入換機空気ブレーキ装置の構成

①入換ブレーキ弁 ②吐出口 ③ブレーキシリンダー管 ④安全弁 ⑤空気圧力計
⑥ブレーキシリンダー ⑦動輪 ⑧肘コック ⑨ブレーキ管コック ⑩給気弁管
⑪脇路コック ⑫給気弁 ⑬元空気溜管 ⑭元空気溜締切コック ⑮第2元空気溜(6.5kg/cm²)
⑯第1元空気溜 ⑰調圧器 ⑱低圧頭 ⑲空気圧縮機 ⑳蒸気管 ㉑ブレーキ管 ㉒空気作用管

給油装置① 見送り給油器

蒸気機関車には回転，摺動する部分が数多くあり，それぞれで潤滑油や給油方法が違う。
蒸気の圧力がかかって摺動するシリンダー等には見送り給油器や油ポンプを使い，車軸や連結棒等ただ回転，摺動する箇所にはそこに油溜を設けて毛糸で作った通綿を用いる。

〈見送り給油器〉

デトロイト式見送給油器と称し，操作は機関助士が行う。その内部は凝結室(復水室)と油溜(油室)とに分割されている。油口栓をあけて油溜に油を80%位注入し残りは水で満たして栓をしっかり閉める。

蒸気弁を少しづつ開いて蒸気分配箱から凝結室に蒸気を導びくと，ここで冷却されて水にもどり，その一部は釣合管より左右の見送りガラス内に入る。水調整弁を開くと凝結室の水は水管を通り，水弁，玉弁を経て油溜底部に入る。油は水よりも軽いので2層に別れて油溜内にあり，底部より流入する水によって油は押し上げられて直立油管に入って左右の油通路まで到る。油は給油加減弁を開くと見送りガラス内の送油ノズルから出てくるが，ここは水が充満しているので油滴(直径3mm位)となって上昇し釣合管の蒸気で誘われ，霧状になって送油管から各部位に送られる。

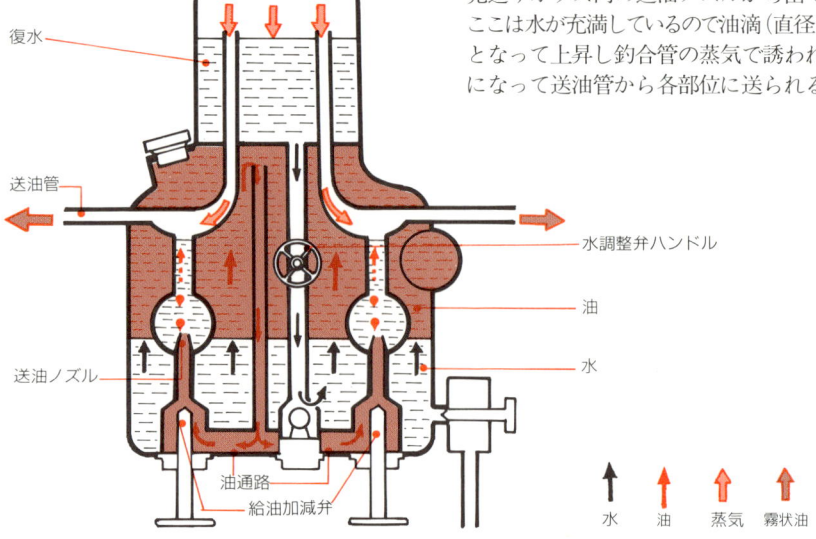

●見送り給油器の構成

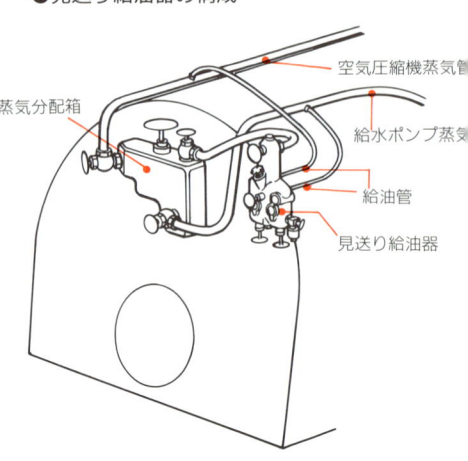

空気圧縮機蒸気管
蒸気分配箱
給水ポンプ蒸気
給油管
見送り給油器

●見送り給油器の仕組み

蒸気管
復水
送油管
送油ノズル
水調整弁ハンドル
油
水
油通路
給油加減弁

水　油　蒸気　霧状油

給油装置

● 見送り給油器の構造

この見送り給油器は飽和蒸機ではシリンダーや蒸気室の給油に使われ、過熱蒸機になるとその部分には油ポンプで給油する様になり、給水ポンプ、空気圧縮機の蒸気部への給油に使われた。(後にこの部分の給油も小形の油ポンプとなった(後述)。
見送りガラスは2つあり、1つは右蒸気室、1つは左蒸気室を、あるいは過熱蒸機では1つを給水ポンプ、1つは空気圧縮機への油滴の状況や量を見る事ができ、その調整は給油加減弁で行う。

蒸気弁
蒸気分配箱より
蒸気管
蒸気入口
釣合管
水管
直立油管
送油管
凝結室(復水室)
油口栓
油溜(油室)
水調整弁
検油ガラス
排水弁
送りガラス室
送油ノズル
油通路
ハンドル
見送りガラス(右)
見送りガラス(左)
玉弁
油管栓
給油加減弁
水通路
排水弁
ハンドル
排水検査器

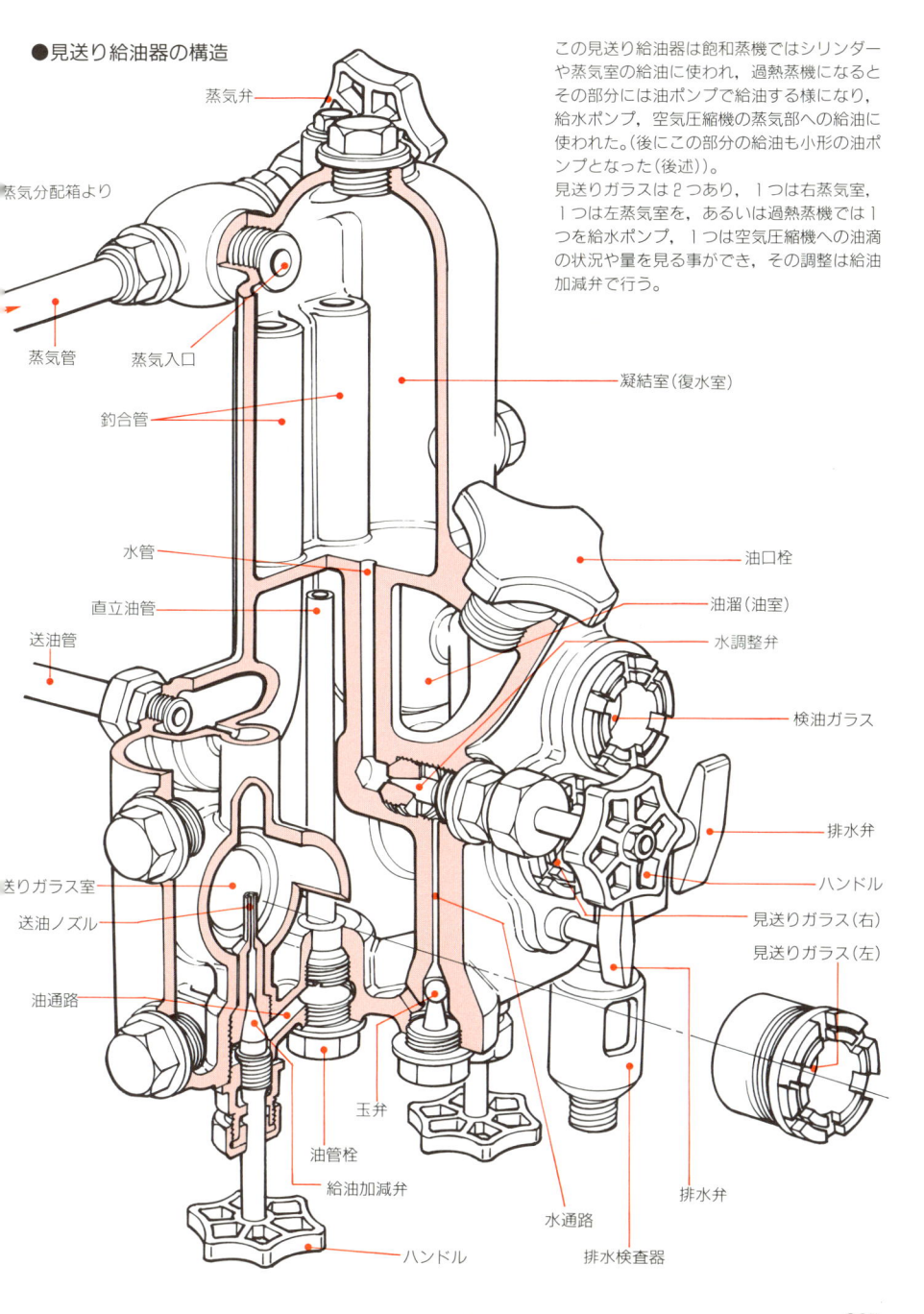

265

給油装置② 省形油ポンプ

〈油ポンプ〉

シリンダーや蒸気室，又その他の機器で蒸気ピストンが作動する部分の給油に使われる。300℃以上の高温高圧になるので粘り気の高いシリンダーオイルが使用される。駆動方法は車輪や補器類の往復運動を利用する。

蒸気シリンダーには油を霧状にして送るのが最良とされているので，直接その部分に給油する事はやめて，蒸気部に連絡する蒸気管に送油管を結び，蒸気に含ませて給油をする。

〈省形油ポンプ〉

油溜の内部に2重になった滑り筒を設置して外筒に穴を，内筒に凹みを設けて滑り子を圧入，それぞれにクランク軸中心よりずらした大小の円形カムをさし込み，クランク軸の回転を滑り筒の上下運動に変える。大小カムの中心は96°違えているので滑り筒の一方は少し遅れて上下動をする。

内，外側滑り筒は共にツバを設け，そこに6コの切欠(キリカキ)をして内筒ツバにはピストン弁，外筒ツバにはプランジャーをハメ込み，それぞれの下部は1組のポンプ体にさし込んで互いに内，外側滑り筒の上下動に連動しポンプの役目を成して送油をする。6本の送油管は左右の蒸気室前後と気筒中央部に各一本づつつながっている。

クランク軸の回転は加減リンクの往復運動をツメ歯車テコに作用棒をつなげて伝えるので，給気・惰行運転に関係なく送油する。又，クランクハンドルによって手動で操作もできる。ツメ歯車はテコが付設のツメ歯車箱の回転ツメで押されて回り，逆回転では歯車上をスライドして作用せず一方向にしか回転しない。尚，外側滑り筒の内壁に案内ピンを付け，内側スベリ筒の外壁にピン案内の溝を設けて接しているので両筒の回転ズレはない。

個々の調整ネジによってプランジャーのストロークを変えて押出し給油量を加減する事ができ，全体量は加減リンクとの棒をつなぐツメ歯車テコにある複数の穴を選んでツメ歯車の送り丈(だけ)を加減して調整する。

油溜下には暖房室を設け，蒸気を蒸気分配箱より送って，寒さによる油の粘度の低下を防止している。送油弁体の逆止弁は，送油管で通じている蒸気室やシリンダーの蒸気及び復水の逆流を阻止するためのものである。

●油ポンプ(気筒・蒸気室用)の駆動

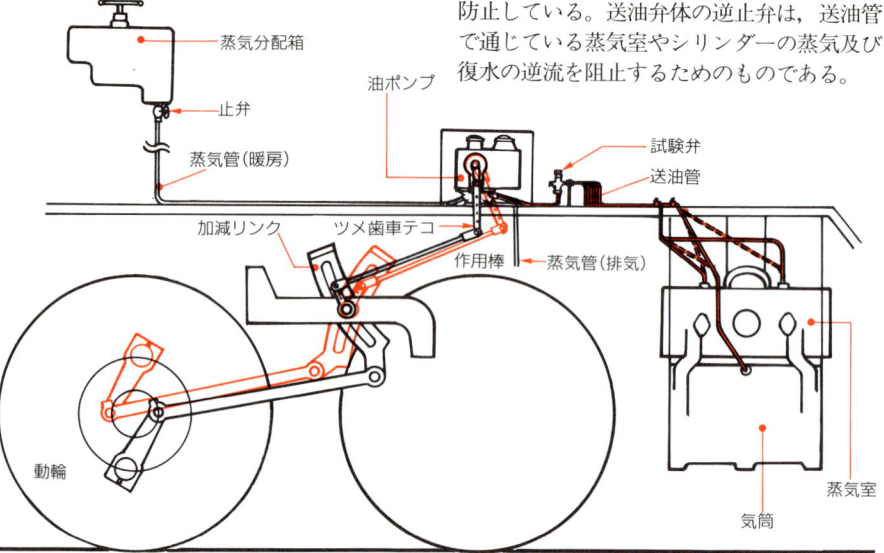

給油装置

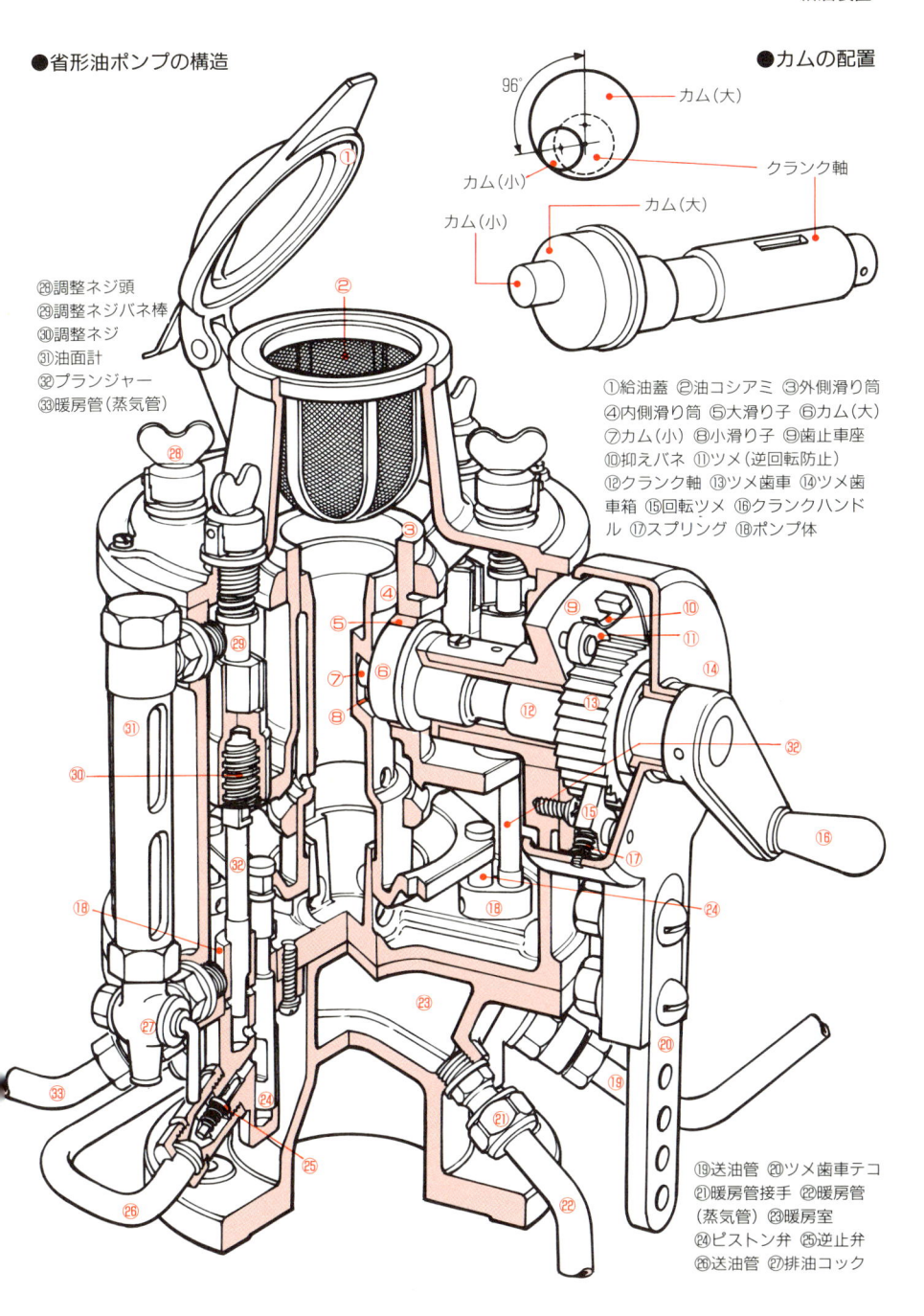

●省形油ポンプの構造

●カムの配置

㉘調整ネジ頭
㉙調整ネジバネ棒
㉚調整ネジ
㉛油面計
㉜プランジャー
㉝暖房管(蒸気管)

①給油蓋 ②油コシアミ ③外側滑り筒
④内側滑り筒 ⑤大滑り子 ⑥カム(大)
⑦カム(小) ⑧小滑り子 ⑨歯止車座
⑩抑えバネ ⑪ツメ(逆回転防止)
⑫クランク軸 ⑬ツメ歯車 ⑭ツメ歯車箱 ⑮回転ツメ ⑯クランクハンドル ⑰スプリング ⑱ポンプ体

⑲送油管 ⑳ツメ歯車テコ
㉑暖房管接手 ㉒暖房管
(蒸気管) ㉓暖房室
㉔ピストン弁 ㉕逆止弁
㉖送油管 ㉗排油コック

267

給油装置③ 省形油ポンプのピストン弁とプランジャーの作用

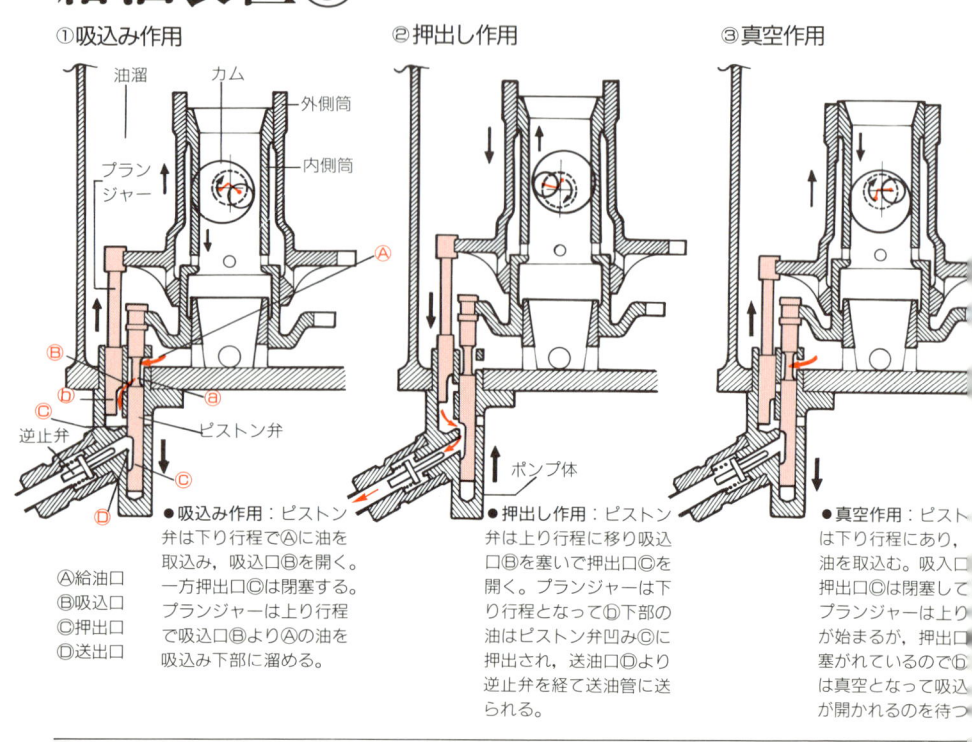

①吸込み作用

●吸込み作用：ピストン弁は下り行程でⒶに油を取込み、吸込口Ⓑを開く。一方押出口Ⓒは閉塞する。プランジャーは上り行程で吸込口ⒷよりⒶの油を吸込み下部に溜める。

Ⓐ給油口
Ⓑ吸込口
Ⓒ押出口
Ⓓ送出口

②押出し作用

●押出し作用：ピストン弁は上り行程に移り吸込口Ⓑを塞いで押出口Ⓒを開く。プランジャーは下り行程となってⓑ下部の油はピストン弁凹みⒸに押出され、送油口Ⓓより逆止弁を経て送油管に送られる。

③真空作用

●真空作用：ピストは下り行程にあり、油を取込む。吸込口押出口Ⓒは閉塞してプランジャーの上り行程が始まるが、押出口塞がれているのでⓑは真空となって吸込が開かれるのを待つ

●3×1.5油ポンプの作動

駆動部は駆動腕、ハンドル、回転板、コロ、カム軸、カムで構成されている。送油部はポンプ体、プランジャー、バネ、玉弁、送油管から成っている。

Ⓐ図：駆動腕によりカムが回転してテコを押し下げるとプランジャーも下がり、ポンプ体内にあった油は玉弁を押して通路を開き、送油管に進入する。

Ⓑ図：カムが尚も回転してプランジャーが下死点にくると玉弁への圧力はなくなるのでバネで玉弁は座に戻って閉塞する。プランジャーが上り行程になるとポンプ体内は真空となり、給油口が開くとポンプ体内に油が入り、Ⓐ図に返る。

尚、調整ネジの加減によってテコの運動、及びプランジャーの行程距離が変わり、送油量を任意に加減出来る。

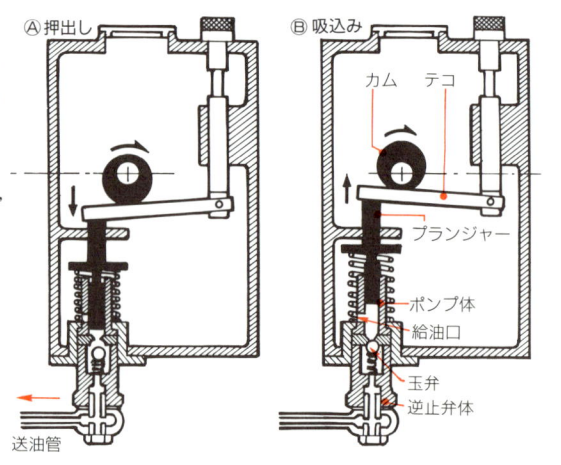

給油装置

3×1.5油ポンプ

　省形油ポンプは1台で左右のシリンダー6ヶ所に送油するものだが,これはカム三連式で油箱内は3室に仕切られてそれぞれに送油管が付いている。左右のシリンダー別々に設けて,駆動は同様に加減リンクから採っている。各部屋はカム,テコ,調整部,送油ポンプ及び送油管を備えており,テコの端はプランジャーとつながり,もう一方の端は調整棒にピン止めされてここを支点として動く。3室のカムは一本のカム軸に付いているので,駆動腕の動きに連動して回り,テコを上下させてプランジャーで送油する。

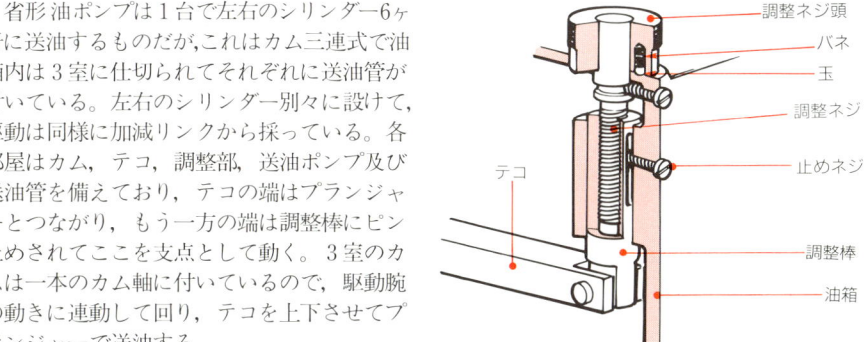

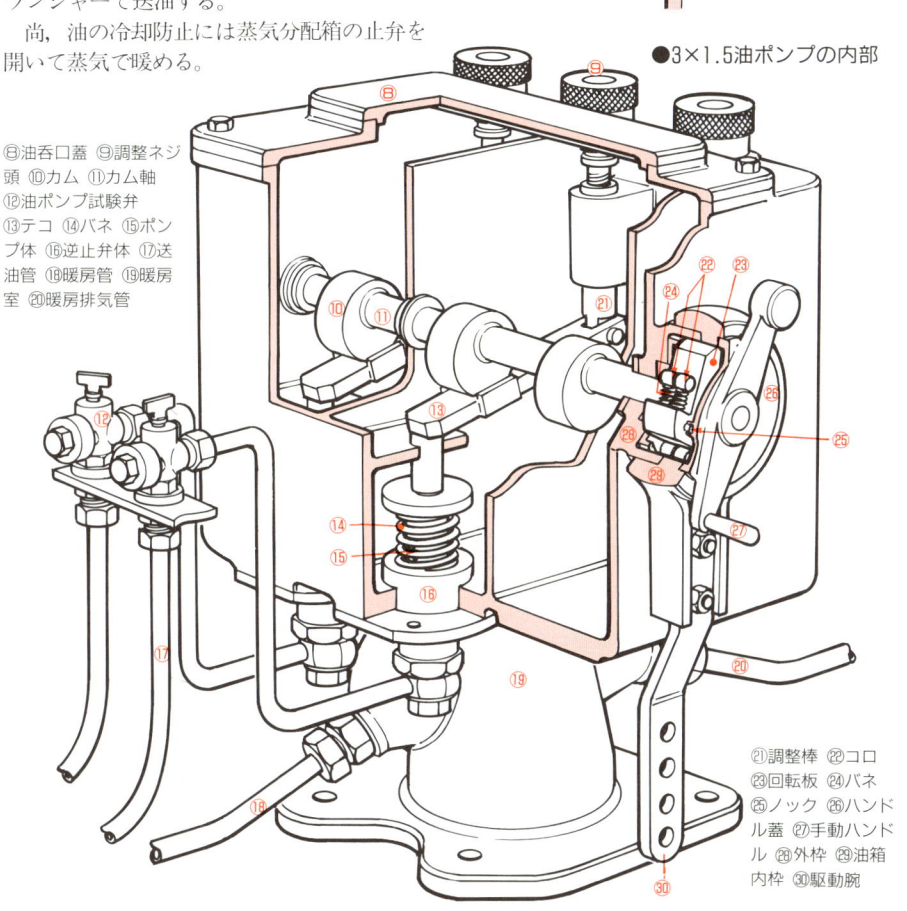

　尚,油の冷却防止には蒸気分配箱の止弁を開いて蒸気で暖める。

●調整ネジの構造
調整ネジ頭／バネ／玉／調整ネジ／止めネジ／テコ／調整棒／油箱

●3×1.5油ポンプの内部

⑧油呑口蓋 ⑨調整ネジ頭 ⑩カム ⑪カム軸 ⑫油ポンプ試験弁 ⑬テコ ⑭バネ ⑮ポンプ体 ⑯逆止弁体 ⑰送油管 ⑱暖房管 ⑲暖房室 ⑳暖房排気管

㉑調整棒 ㉒コロ ㉓回転板 ㉔バネ ㉕ノック ㉖ハンドル蓋 ㉗手動ハンドル ㉘外枠 ㉙油箱内枠 ㉚駆動腕

269

給油装置④ 1×1.5油ポンプ

　空気圧縮機や給水ポンプの蒸気部に送油をし、内部はカム一連式で前述のものと同じ構造となっている。駆動方式は空気ピストンシリンダーを設けて、空気圧縮機の低圧シリンダーと空気管で結ぶ。空気ピストンは低圧シリンダーの下り行程ごとに圧縮空気で押し上げられ、それに連らなるプランジャー、駆動腕を小きざみに動かしてカム軸を回す。暖房管は空気圧縮機蒸気排気管とつながっている。

　給水ポンプ用の油ポンプは、給水ポンプテコと駆動腕が連絡して作動する。暖房管は給水ポンプ蒸気排気管とつながる。

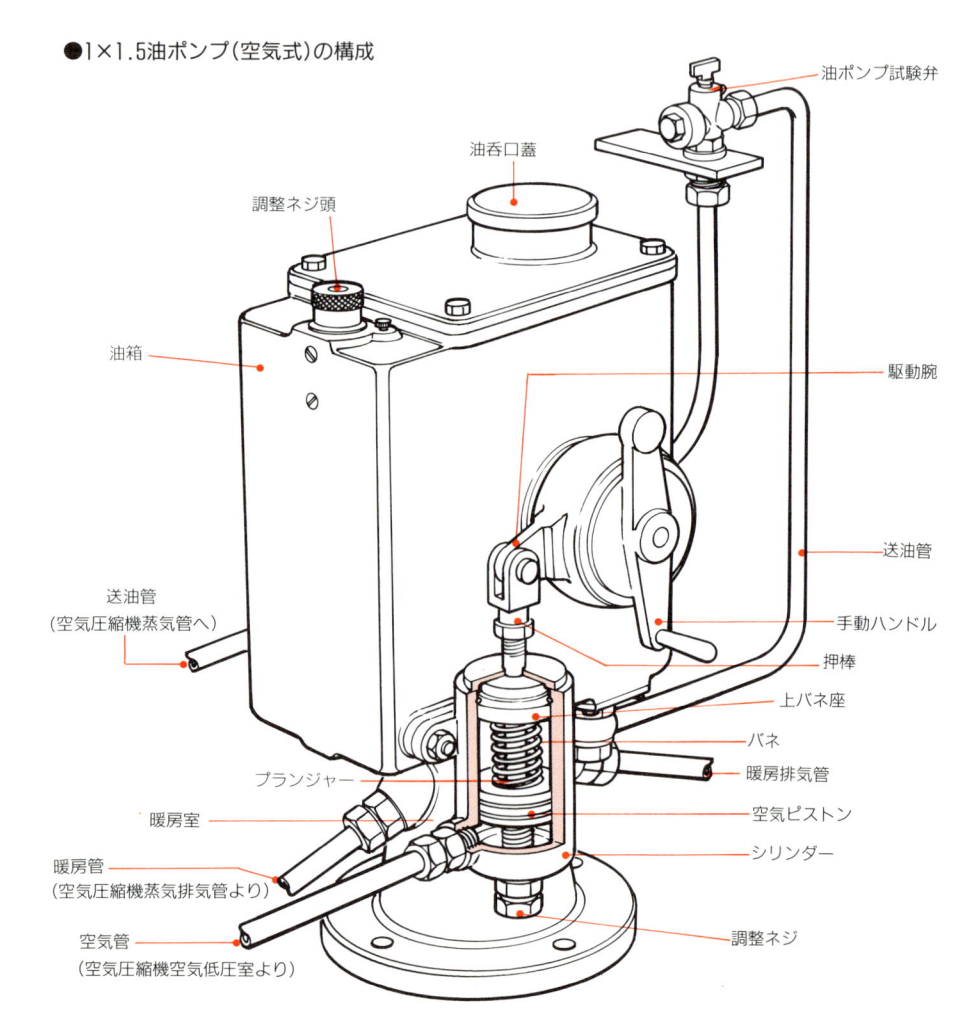

●1×1.5油ポンプ（空気式）の構成

- 油ポンプ試験弁
- 油呑口蓋
- 調整ネジ頭
- 駆動腕
- 油箱
- 送油管
- 送油管（空気圧縮機蒸気管へ）
- 手動ハンドル
- 押棒
- 上バネ座
- バネ
- 暖房排気管
- プランジャー
- 空気ピストン
- 暖房室
- シリンダー
- 暖房管（空気圧縮機蒸気排気管より）
- 調整ネジ
- 空気管（空気圧縮機空気低圧室より）

給油装置

●1×1.5油ポンプ（空気式）
（空気圧縮機用）

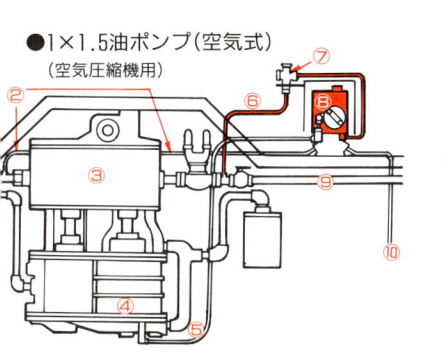

●1×1.5油ポンプ（テコ式）
（給水ポンプ用）

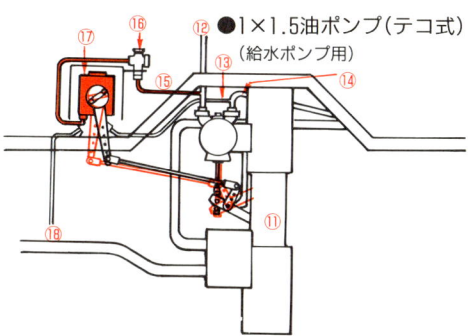

①空気圧縮機蒸気管（排気）②蒸気管（暖房）③空気圧縮機 ④空気低圧シリンダー ⑤空気管 ⑥送油管 ⑦試験弁 ⑧油ポンプ ⑨空気縮機蒸気管（給気）⑩蒸気管（排気）

⑪給水ポンプ ⑫給水ポンプ蒸気管（給気）⑬蒸気管（暖房）⑭給水ポンプ蒸気管（排気）⑮送油管 ⑯試験弁 ⑰油ポンプ ⑱蒸気管（排気）

〈駆動腕〉

駆動部の回転板はカム軸に嵌まり，油箱内ワクに内半分が入る。外半分は駆動腕外ワクが包み，手動ハンドル蓋がノックに合わせてカム軸の端にピン止めされる。回転板は四ツ巴形で，その切欠きには2個のコロが並んで入りバネで支えられる。2個のコロはそれぞれが内ワクと外ワクに作用する事となり，外ワク及び駆動腕が右回転をすると，外側コロは切欠きの狭い所に入り込み摩擦で回転板も回る。駆動腕が後進（左回転）になると，外側コロは欠切りの広い部分に戻り，内側コロが逆に欠切りの狭い所に入り回転板の動きを止めるので腕だけが後進する。この様にして回転板及びカム軸は駆動腕の動き（右回転）に合わせて小きざみに回転をする。

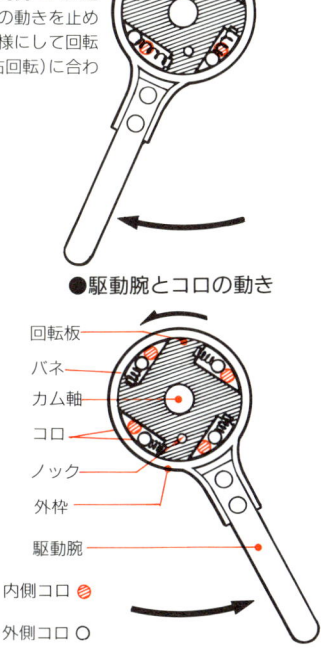

●油ポンプ試験弁

試験弁
油穴
玉弁
袋ナット
送油管（油入口）
試験弁体
押ネジ
バネ
玉箱
止ナット
送油管（油出口）

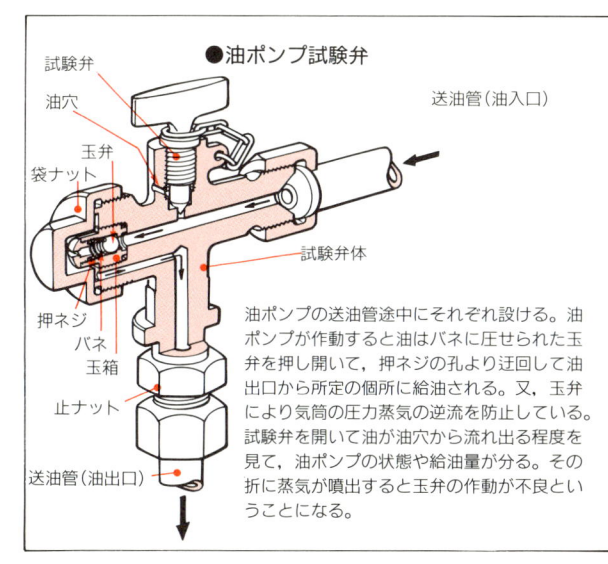

油ポンプの送油管途中にそれぞれ設ける。油ポンプが作動すると油はバネに圧せられた玉弁を押し開いて，押ネジの孔より迂回して油出口から所定の個所に給油される。又，玉弁により気筒の圧力蒸気の逆流を防止している。試験弁を開いて油が油穴から流れ出る程度を見て，油ポンプの状態や給油量が分る。その折に蒸気が噴出すると玉弁の作動が不良ということになる。

●駆動腕とコロの動き

回転板
バネ
カム軸
コロ
ノック
外枠
駆動腕
内側コロ ◎
外側コロ ○

271

給油装置⑤ フランジ自動塗油器と各種給油法

〈フランジ自動塗油器〉

　車輪のフランジとレールの摩耗を防止する装置で、左右の第一動輪に接する様に担バネの胴締に設置されている。構造は油缶をランボードに置き、送油ゴム管でつながった塗油器体にベアリングを介して回転部が付く。塗油器体は中が中空で油通路となっている。

　回転部はフランジに接している含油繊維を、両側から塗油輪押さえで挟み、脇に玉弁がバネによってベアリング部からの送油口を閉鎖している。

　動輪が回転すると接触していた回転部も同様に回り、その遠心力が玉弁を押さえていたバネ圧に勝ると玉弁が送油口より離れ、ベアリング部まできていた油は進入して含油繊維物に浸み込んでフランジに塗油する。そして動輪の回転が止まると塗油器回転部も止まり、玉弁はバネによって送油口を塞いで油の供給は止む。この様に動輪の回転する時のみ自動的に給油される仕組みだ。

●フランジ自動塗油器の構造

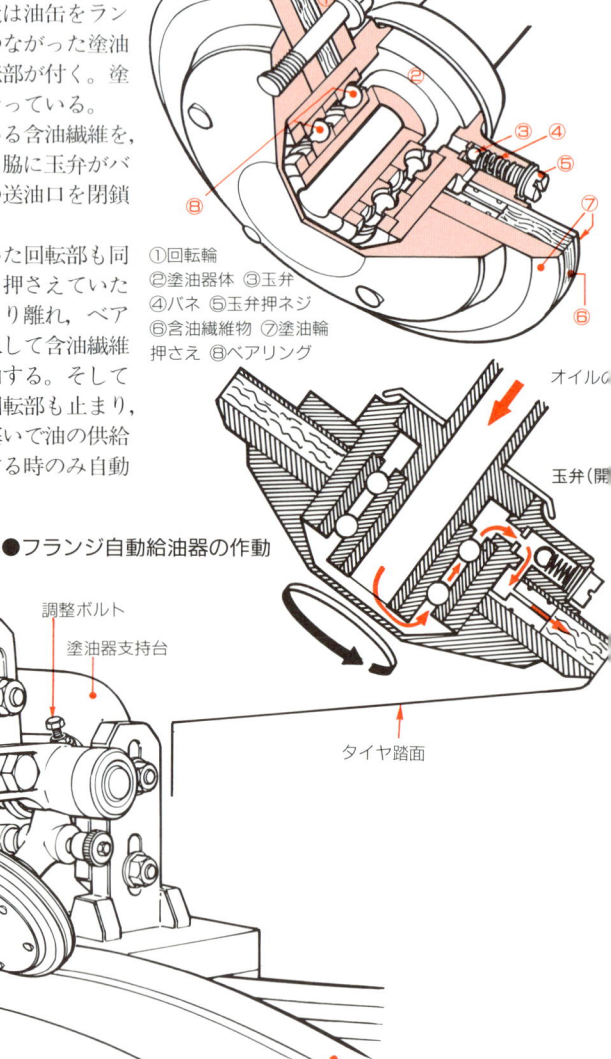

①回転輪
②塗油器体 ③玉弁
④バネ ⑤玉弁押ネジ
⑥含油繊維物 ⑦塗油輪押さえ ⑧ベアリング

●フランジ自動給油器の作動

オイル○
玉弁(開)
タイヤ踏面

●フランジ自動給油器の取付け

給油ゴム管(油缶より)
調整ボルト
塗油器支持台
塗油器
担バネ
動輪フランジ
タイヤ

給油装置

〈機械部分への給油〉

　機械の回転，摺動部に給油し，グリース式，マシン油を使う通綿式（トリミング式），針弁式，フェルト式，パッド式などがある。

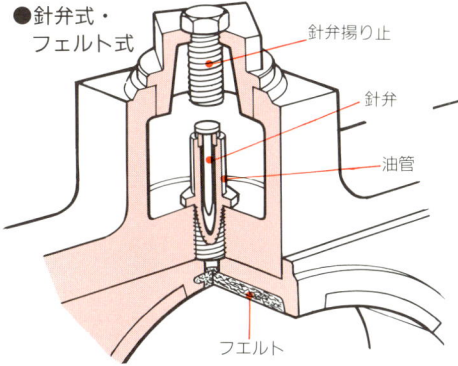

● 針弁式・フェルト式

● グリース式

グリース式：主連棒太端，連結棒ブッシュや発電機等に使用され，回転による摩擦熱で柔らかくなったグリースが油ツボ蓋のバネに圧せられて油管より給油される。

針弁式：油管に針弁を刺し込んで油ツボの回転運動により針弁の頭が浮いた時に油が油管に入り滴下する。

フェルト式：主連棒の太端受金に溝を彫ってフェルト（毛氈）を入れ，そこに油管から滴下した油を含ませる。油管には通綿か針弁が入る。

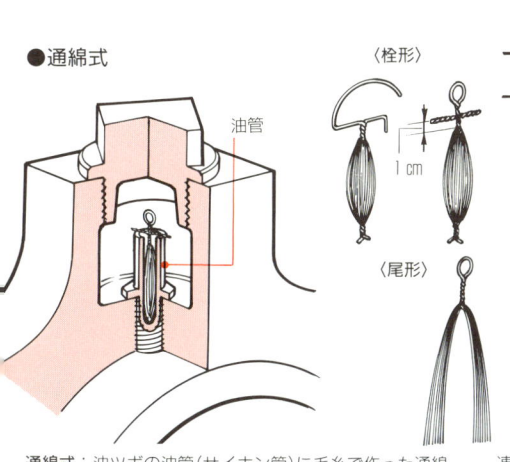

● 通綿式

〈栓形〉
〈尾形〉

〈通綿式（栓形）の作用〉

通綿式：油ツボの油管（サイホン管）に毛糸で作った通綿をさし込み，その形から栓形と尾形の二種類がある。栓形は激しく運動する油ツボに，尾形は比較的静かな，あるいは固定された油ツボに使用する。
栓形は針金を縄状にして上下に毛糸を巻いて油管に入れる。そして油ツボの回転運動によって油管に飛び込んだ油を通綿が吸い取り下部に滴下して摩擦面に給油する。故って停車中は給油されない。加減リンク，主連棒，連結棒，クロスヘッド等の油ツボに用いる。尾形は縄状の針金に毛糸を長く左右に尾の様に取り付け，毛糸は油管に入れて折り返し外に垂らす。油は毛糸の毛細管現象で油管に吸い込まれ滴下する。ピストン棒や弁心棒，軸箱，中間緩衝器等に常時給油されるので，長期間動かさない時は通綿を抜き取っておく。

パッド式：車軸下部に給油する（110頁参照）

砂まき装置

動輪の空転や制動時の滑走を防止する為に，線路上に砂を撒いて動輪の粘着係数を増す。普通はボイラー中央頂上にドーム状の砂箱を設置して，左右両側から砂まき管を通して線路上に撒く（古典機やC53では機関車の重心を下げるため両側のランボードに砂箱を設置している）。尚，操作は機関士が作用コックあるいは手動の操縦棒で行う。砂箱の容量はC57で430リットル，D51で580リットルある。

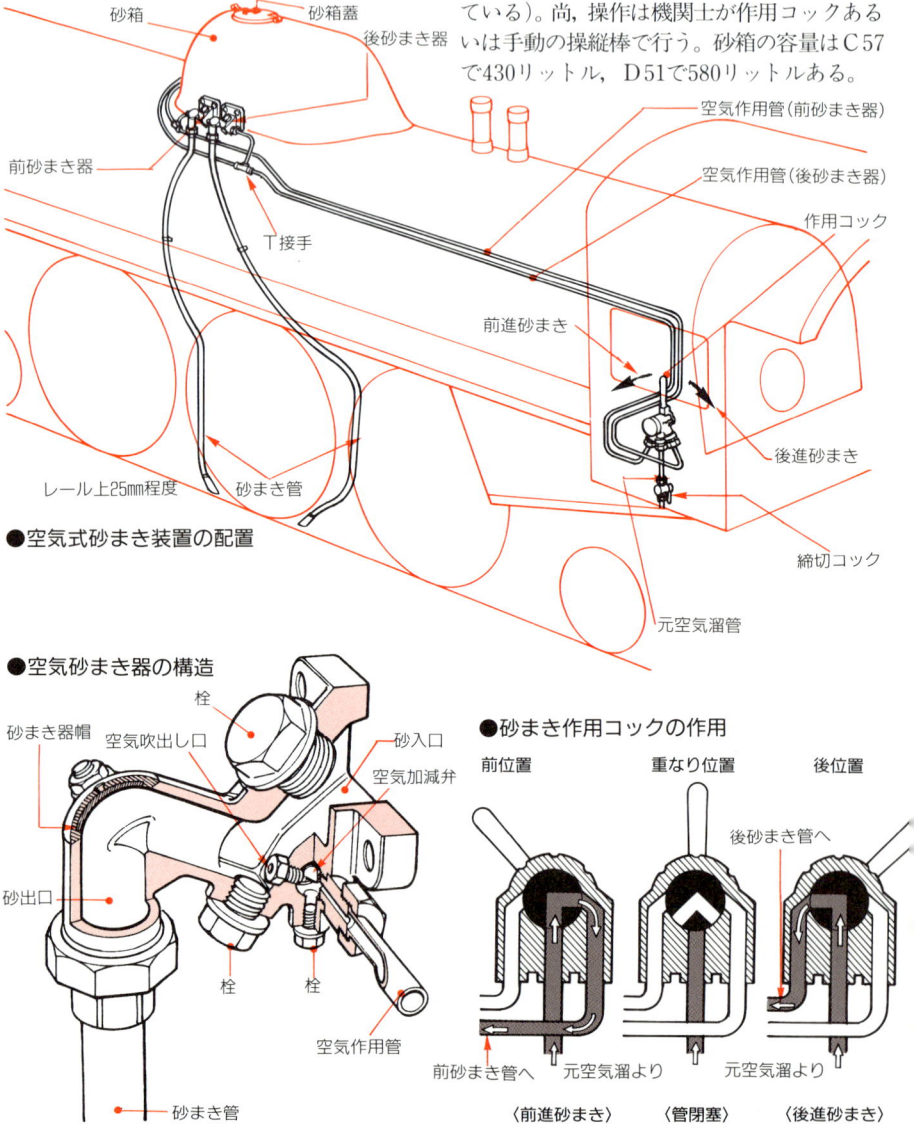

●空気式砂まき装置の配置

（図中ラベル：砂箱、砂箱蓋、後砂まき器、前砂まき器、T接手、空気作用管（前砂まき器）、空気作用管（後砂まき器）、作用コック、前進砂まき、後進砂まき、締切コック、元空気溜管、レール上25mm程度、砂まき管）

●空気砂まき器の構造

（図中ラベル：栓、砂まき器帽、空気吹出し口、砂入口、空気加減弁、砂出口、栓、栓、空気作用管、砂まき管）

●砂まき作用コックの作用

〈前進砂まき〉 前位置 — 前砂まき管へ／元空気溜より
〈管閉塞〉 重なり位置
〈後進砂まき〉 後位置 — 後砂まき管へ／元空気溜より

付帯設備

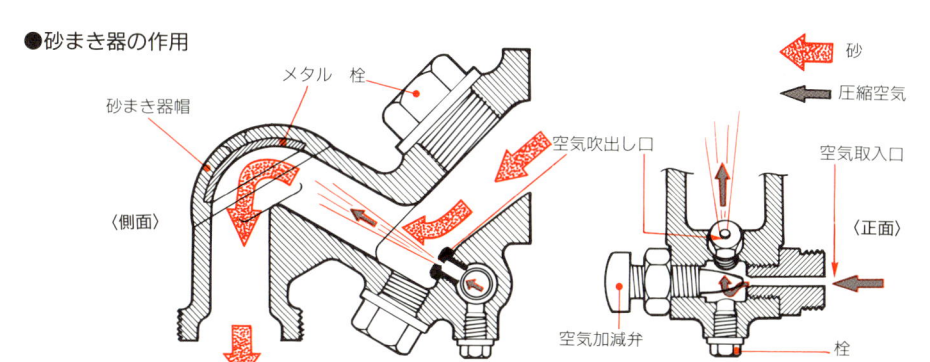

●砂まき器の作用

〈空気式砂まき装置〉
砂箱の左右両側下部に砂まき器を付設する。数は動輪数や仕様によって異なるが、それぞれに砂まき管が付いてボイラーサイドから動輪の前側(前進用)及び後側(後進用)を通りレール上25mm位まで延ばす。
作用コックからの空気作用管は、途中で二又に分れて左右の砂まき器を結ぶ。作用コックハンドルを前に倒すと元空気溜の圧縮空気が送られて前砂まき器、後に倒すと後砂まき器に作用して砂を撒く。

〈砂まき器〉
作用コックハンドルの操作で、空気作用管から圧縮空気が空気取入口を通って砂まき器内に入り、吹出し口より砂通路に勢いよく噴射する。それにより砂箱から砂が誘い出され砂まき管に送り出される。
砂まき管1本当り1分間に2リットル前後が適量なので空気加減弁を調整して空気の噴射量を加減する。
砂まき器帽は砂が吹きつけられて磨滅するので、内側に白メタルが張られており取りはずして検修ができる。栓はそれぞれの部位を点検、清掃するために設けてある。

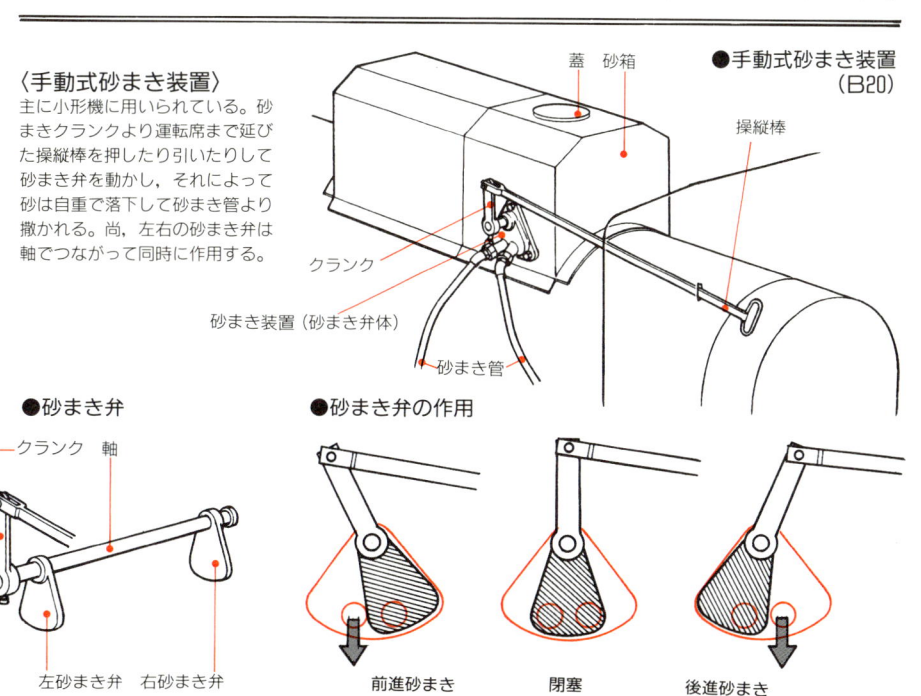

〈手動式砂まき装置〉
主に小形機に用いられている。砂まきクランクより運転席まで延びた操縦棒を押したり引いたりして砂まき弁を動かし、それによって砂は自重で落下して砂まき管より撒かれる。尚、左右の砂まき弁は軸でつながって同時に作用する。

●手動式砂まき装置 (B20)

●砂まき弁

●砂まき弁の作用

前進砂まき　　閉塞　　後進砂まき

275

暖房装置

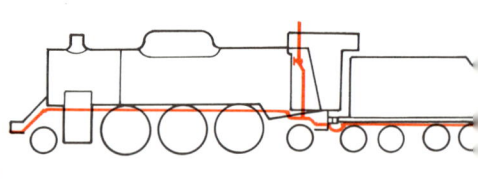

蒸気分配箱の暖房蒸気止弁を開くと生蒸気は蒸気安全弁、蒸気管、暖房ホースを通って客車の暖房装置に送られる。暖房ホース破損に備えて、規定の圧力を越えると安全弁が作動する。

〈暖房安全弁〉

運転室内助手席側にあり、蒸気吐出管は延びて屋根から外に出ている。

構造は胴の中に圧力バネで座に押しつけられた弁があり、送気圧力が$5.5kg/cm^2$以上になると、蒸気は弁を押し上げ吐出管より外気に噴出する。圧力が下がるとバネ圧で弁は座に戻り蒸気の噴出は止む。

圧力バネの調整は加減ネジ止ナットを締め、あるいは弛めて行う。

●蒸気暖房管と安全弁の配置

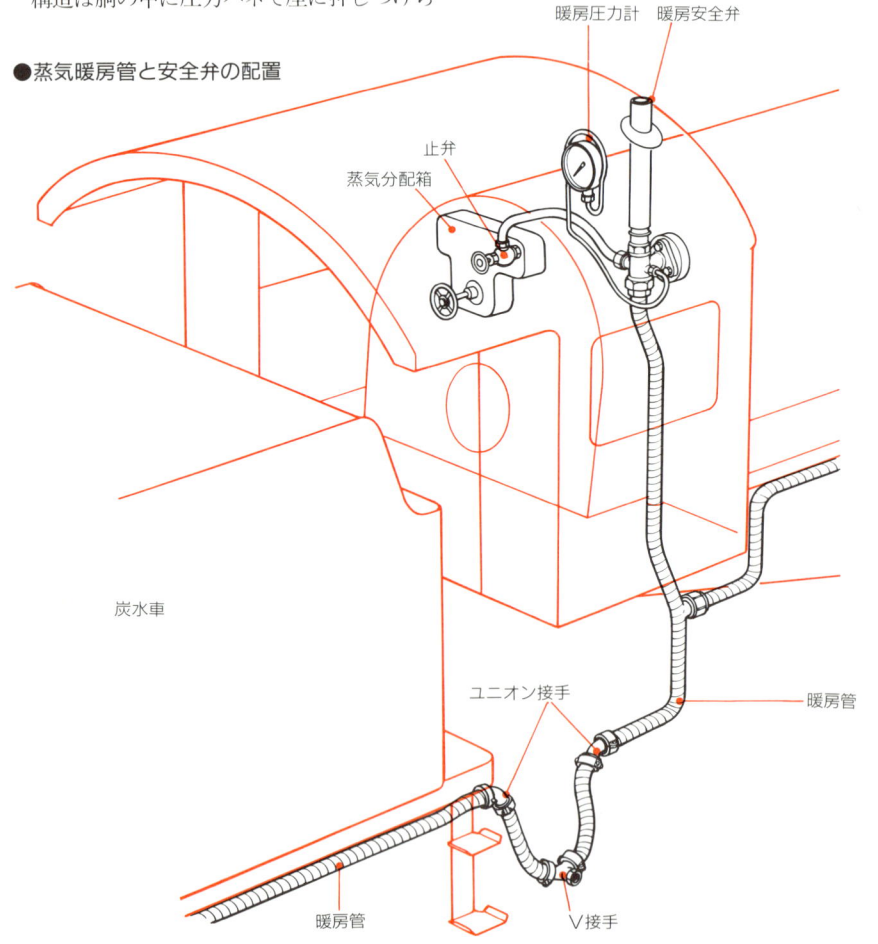

付帯設備

● 暖房安全弁の構造

- 蒸気吐出管
- 蒸気吐出管被
- 加減ナット
- 圧着バネ
- 安全弁取付座
- 暖房安全弁胴
- バネ座金
- 暖房安全弁
- 圧力計管
- 暖房蒸気圧力計へ
- 蒸気管
- 蒸気分配箱より
- 暖房安全弁体
- 蒸気管(送気)

〈暖房ホース〉

　ホース2本とV接手でつないでいるのでV形ホースと呼称される。客車同士だけでなく機関車と炭水車の間にも用いられ、暖房管とはユニオン接手で取付ける。

　V接手中央に弁体があり、弁棒の先にオモリが付いている。圧力蒸気が通っている場合は弁が座に押しつけられ、通気が止るとオモリで、弁は自動的に傾いて開き、復水を排出する。

　尚、弁の背面にはコシアミを設けチリ等で弁の閉塞に支障のない様にしている。

● ホース接手弁

- 割ピン
- コシアミ
- 弁
- 弁棒
- 錘(オモリ)

● 暖房ホース接手

- 角付きユニオンナット
- 暖房ホース
- ホース補強帯
- ホースV接手
- 弁体

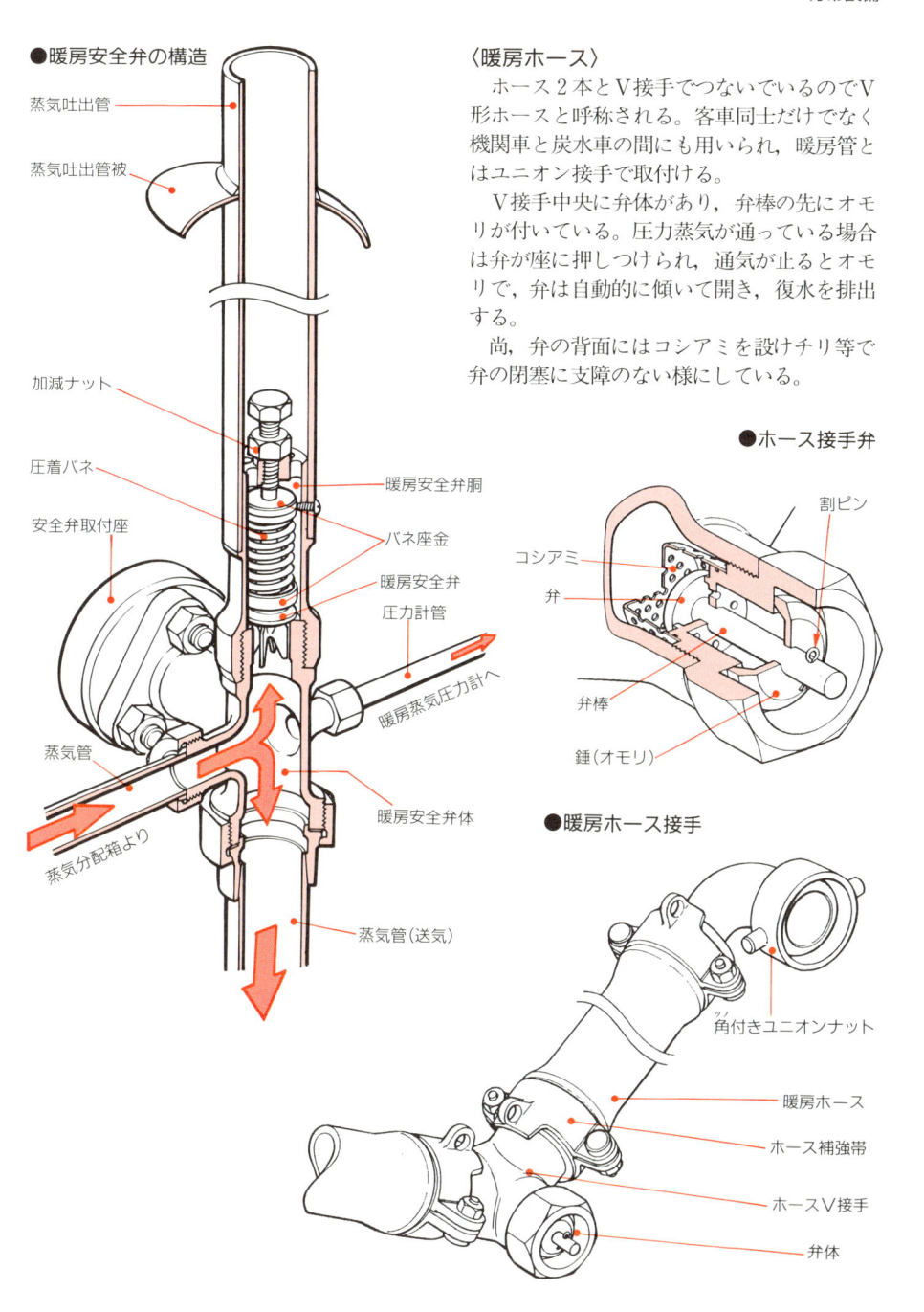

277

水まき装置① 注水器使用の場合

水まきを炭庫の石炭，運転室の床，灰箱，動輪タイヤ，レールにそれぞれ行う装置である。

注水器あるいは給水ポンプで石炭と運転室水まきを，その他の3つは二子三方コックで水槽から誘導する。別に急勾配区間に使用する機関車にはレール砂洗い管が付く。

〈石炭水まき装置〉

運転室屋根の後部に小孔を多数あけたパイプを設置して石炭に向けて散水する。
炭粉を石炭に付着させるので投炭の折，強い通風でも未燃で飛散する事もなく，石炭自身も燃え易くなる。
●注水器使用の場合：右側(助士側)の注水器送り出しノズル蓋に取水管を取り付けて，石炭水まき管を結ぶ。止弁を開いて水を送り出し，パイプ小孔で雨状にして石炭に散布する。

〈運転室床水まき装置〉

上記の石炭水まき管への途中にある三方コック，あるいは止弁を開いて水まきホースの方に導びき水まきノズルで床に散水し，ほこりを防いだり清掃を行なう。

〈その他の水まき装置〉

運転席助手側の二子三方コックハンドルで，灰箱散水管，タイヤ水まき管，レール水まき管に通じるそれぞれの水通路を開いて水槽より直接水を導く。又，炭水車のタイヤ水まきにはテンダー・デッキの取水コックを開く。

●灰箱水まき
散水して残り火を消し，灰を湿らせて捨てる時に舞い上らない様にする。
●タイヤ水まき
下り勾配等での長いブレーキで制輪子とタイヤが高熱となり，摩擦係数が下がったり，タイヤが過熱して車輪リムから緩むのを，制輪子上部より散水し，冷却して防止する。
●レール水まき
タイヤフランジが曲線ではレールと強く接触し摩擦で発熱をする。そこで先輪か第一動輪前に先端を拡げた水まき管を付け，レール面に散水して冷却し，又潤滑の役目もして通過を容易にする。
●レール砂洗い管
急勾配で空転防止のためにレールにまいた砂は，後ろの車両では逆に車輪の走行抵抗が増すので最終動輪の後ろに水まき管を付けて洗い流す。

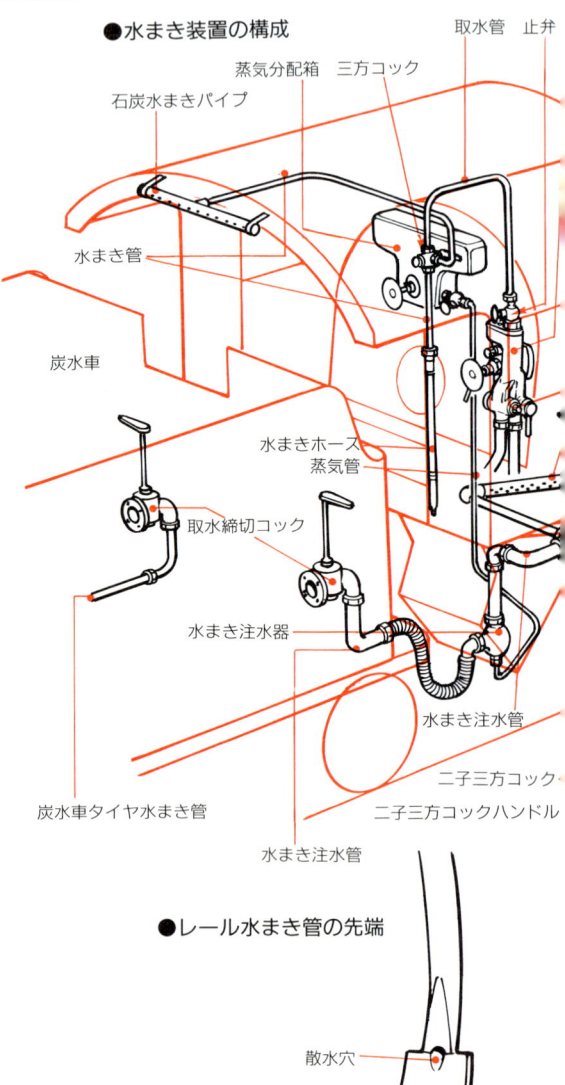

●水まき装置の構成

●レール水まき管の先端

付帯設備

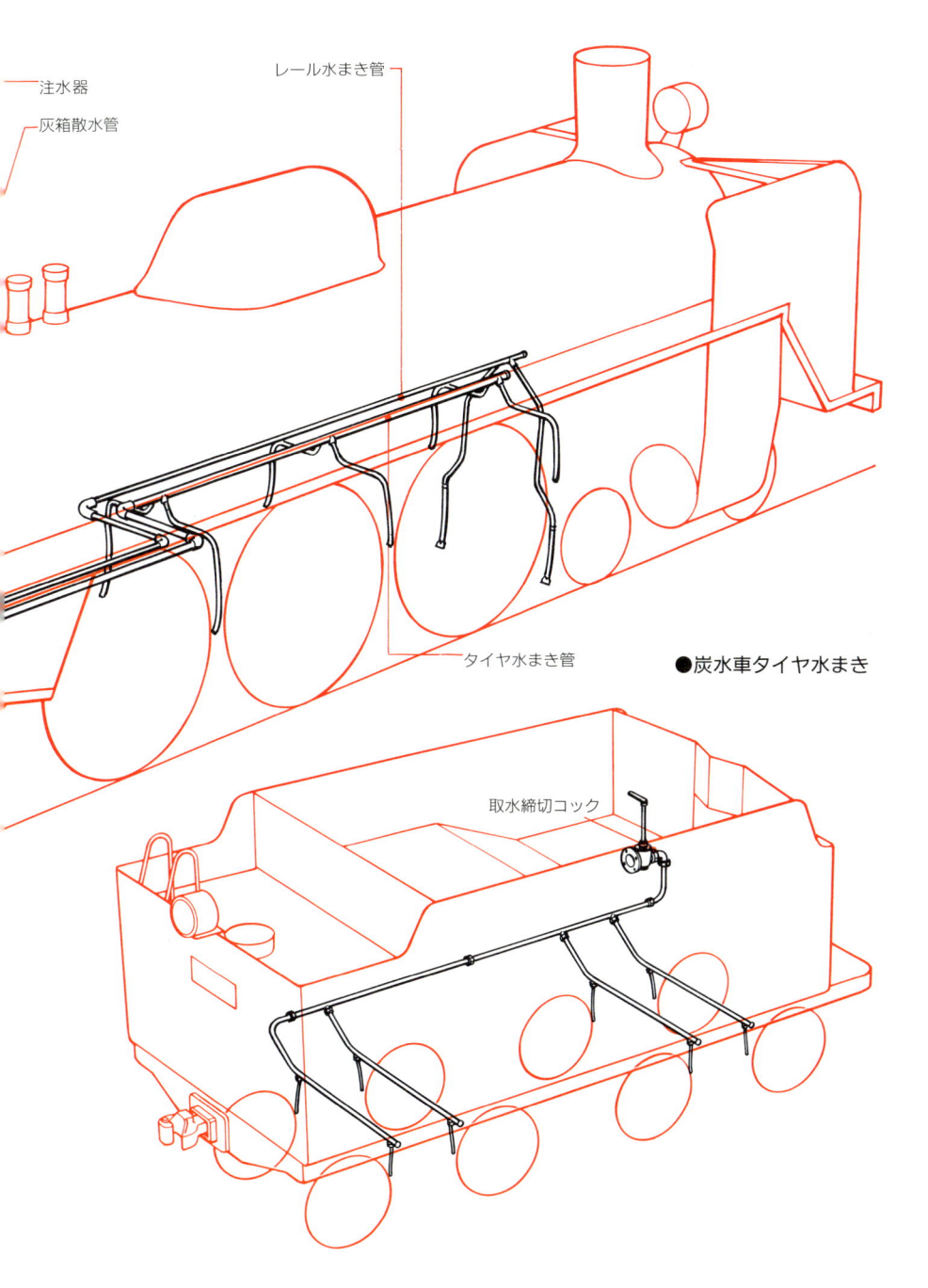

注水器
灰箱散水管
レール水まき管
タイヤ水まき管
取水締切コック

●炭水車タイヤ水まき

水まき装置②

〈二子三方コック〉

運転室助士側床下に三方コック2個1組があり，コックハンドルは助士席横まで上に延びて，ハンドル位置を変えることにより水を各水まき管に送る。

〈水まき注水器〉

水槽の水位が低い場合や，多量の水が必要な灰箱散水には，水まき注水器を使用する。水槽からの水まき注水管と二子三方コックの間に設けられており，注水器体に15mm径の蒸気管（銅管）を取り付け，水槽の取水コックを開いて蒸気分配箱から蒸気を通じると水まき管へ勢い良く送水される。

●水まき注水器の構造

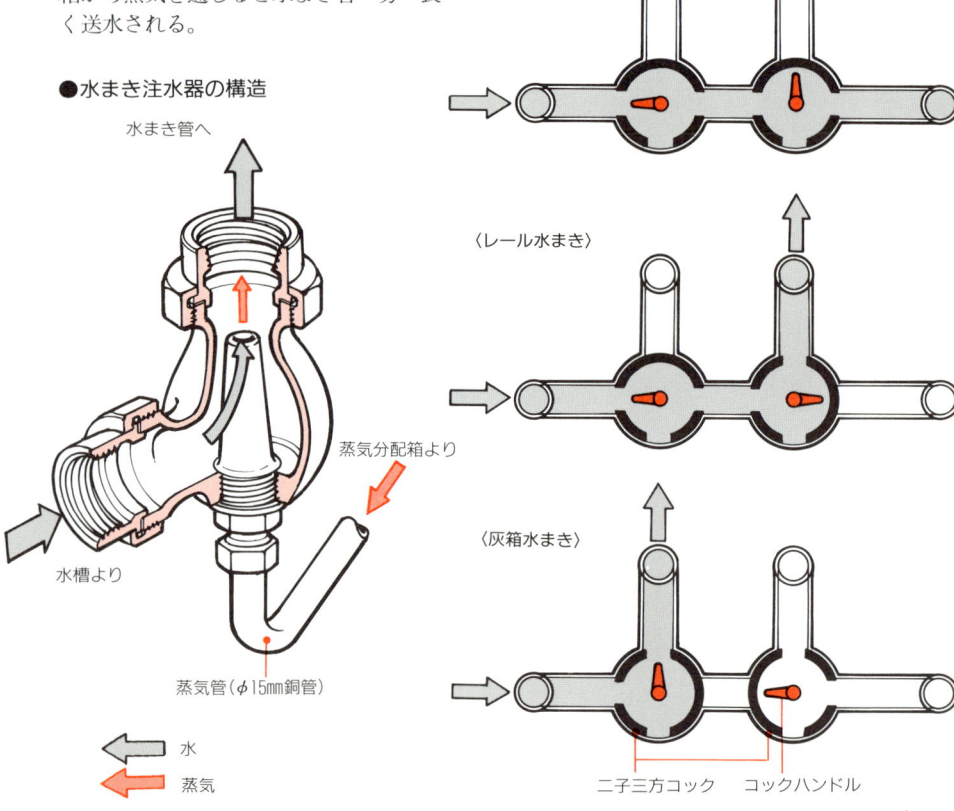

水まき管へ
蒸気分配箱より
水槽より
蒸気管（φ15mm銅管）
水
蒸気

●二子三方コックハンドル位置と水通路

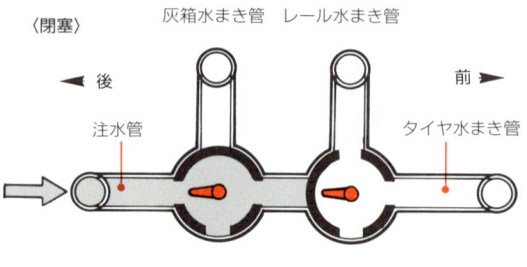

〈閉塞〉
灰箱水まき管　レール水まき管
後　前
注水管　タイヤ水まき管

〈タイヤ水まき〉

〈レール水まき〉

〈灰箱水まき〉

二子三方コック　コックハンドル

付帯設備

水まき装置・給水ポンプ使用

石炭や床への散水に給水ポンプを使用する場合は、送水管からの取水管途中（助手側後部上）の止弁を開いて行う。

●給水ポンプ使用水まき装置の構成

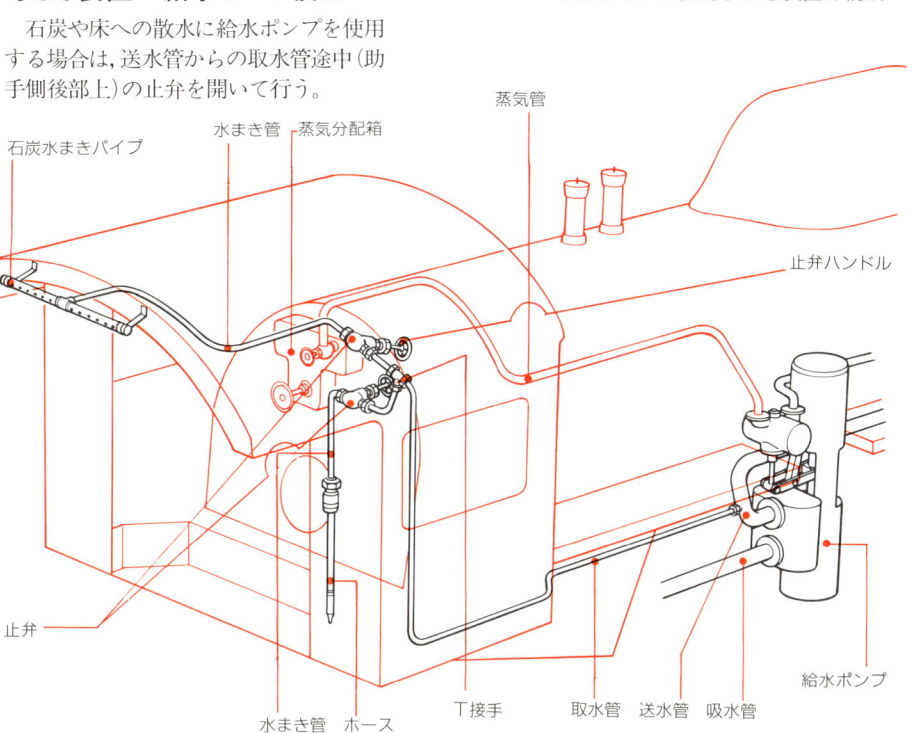

石炭水まきパイプ／水まき管／蒸気分配箱／蒸気管／止弁ハンドル／止弁／水まき管／ホース／T接手／取水管／送水管／吸水管／給水ポンプ

●C62　D52のボイラーを使用した最大, 最強で最後の急客機。

①1948年（昭和23年）②4-6-4 ③88.8t ④56.3t（ストーカー付）⑤10×22 ⑥21.5m ⑦1750mm ⑧520×660 ⑨16.0kg/cm² ⑩1620ps ⑪100km/h

※梅小路機関車館で動態保存

発電装置①

〈電燈装置配管〉

　発電機のタービンを回転させて発電すると、ヒューズを経て前部標識燈、キャブ内計器燈は直ちに点灯し、前照燈は機関士側、助手側で任意に点灯出来る。スイッチには3つの接点があり、閉じれば抵抗器を経ないで点灯し、開くと抵抗器を通る回路となって減光し、切ると消灯をする。他に室内燈スイッチは機関士側、炭水車後部標識燈は助士側で操作を行い、前照燈は100ワットでその他は何れも15ワットである。

〈タービン発電機〉

　直流発電機で川崎製が基本となっており、前照燈、前後標識燈、キャブ室内燈、計器燈等に供給する電流を発生する。操作は蒸気分配箱から蒸気を送って作動させる。

　蒸気タービン回転部、調速装置、発電部が同一軸上に取付けられ、回転板に羽根タービンが一周して一列に並べられており、ラジアル二段衝撃式で羽根断面は三ヶ月形である。羽根は常に蒸気を受けるので錆や腐食防止のため真鍮で作られている。

　蒸気は入口のコシアミで濾過されて噴射口からタービンを衝撃して回し、内部通路を通って再びタービンを衝撃した後に、排気口より大気へ放出される。この様にしてタービンは毎分2400回転の高速で回り、発電子により標準32V、500ワットの電流を発生し、整流子

●電燈装置配管図

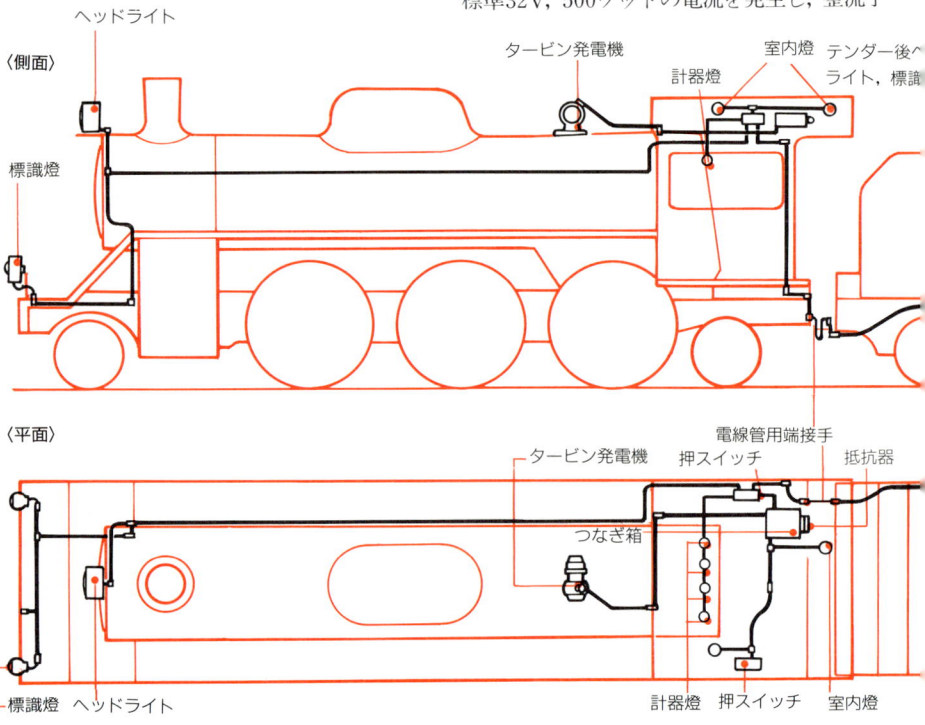

付帯設備

を経て電線で各部の電燈に通じる。電圧の変化を防止するために回転が上りすぎると調整器が働いて蒸気を絞り、タービンが自動的に一定の回転を保つ様にしている。

●タービン発電機への配管

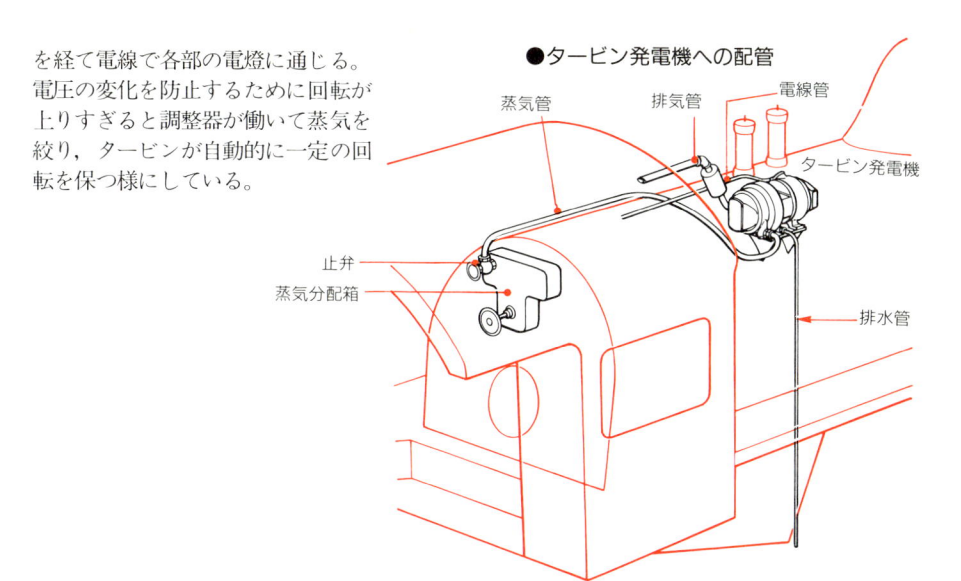

- 蒸気管
- 排気管
- 電線管
- タービン発電機
- 止弁
- 蒸気分配箱
- 排水管

●タービン発電機の構造

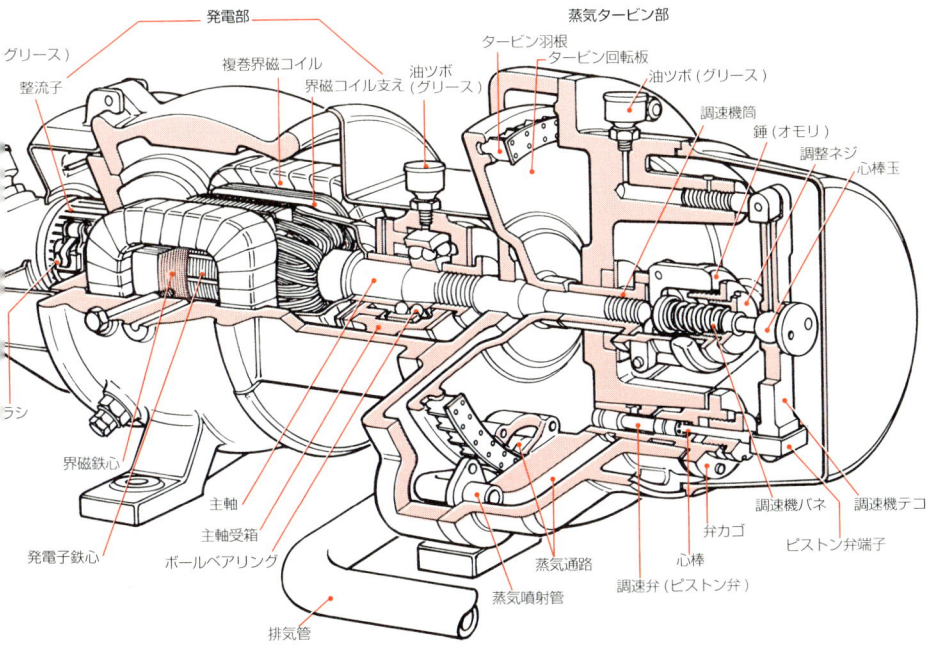

- グリース）
- 整流子
- 発電部
- 複巻界磁コイル
- 界磁コイル支え
- 油ツボ（グリース）
- 蒸気タービン部
- タービン羽根
- タービン回転板
- 油ツボ（グリース）
- 調速機筒
- 錘（オモリ）
- 調整ネジ
- 心棒玉
- ブラシ
- 界磁鉄心
- 発電子鉄心
- 主軸
- 主軸受箱
- ボールベアリング
- 排気管
- 蒸気噴射管
- 蒸気通路
- 弁カゴ
- 心棒
- 調速弁（ピストン弁）
- 調速機バネ
- 調速機テコ
- ピストン弁端子

283

発電装置② タービン調整装置と発電機電気部

〈タービン調速装置〉

　タービン回転の上り過ぎによるタービン各部の破損や電燈の光の強弱を防止するために，2コの錘(オモリ)の作用で調速テコを動かして連結された調速弁により，タービンに向う噴射蒸気を絞ったり閉塞したりして，回転板が所定の回転数(2400回転/分)を一定に保つ装置である。

● 調速ピストン弁の内部

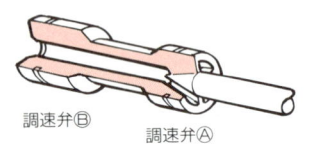

調速弁Ⓑ　調速弁Ⓐ

● 錘(オモリ)の外観

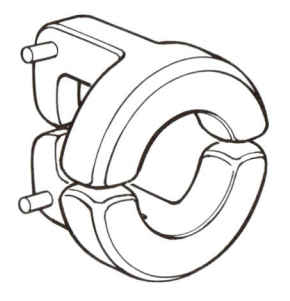

〈調速作用〉

① 2コの調速弁は蒸気供給口を開いており，蒸気分配箱からの蒸気はタービン噴射口に通じてタービンを回す。

② 調速筒に頭が大きく，足が小さい錘2コがピン止めされ，足は調圧バネの圧力を受けている。タービン回転板と調速筒は同軸にあるので回転が上り過ぎると錘は遠心力でピンを中心に頭を外方に開き，足は調圧バネ圧に勝って右方に心棒を押し，それと結ばれたテコを押す。テコは上方のピンを支点として下方の弁棒，及び2コの調速弁を◂

● タービン回転板と作動蒸気の流れ

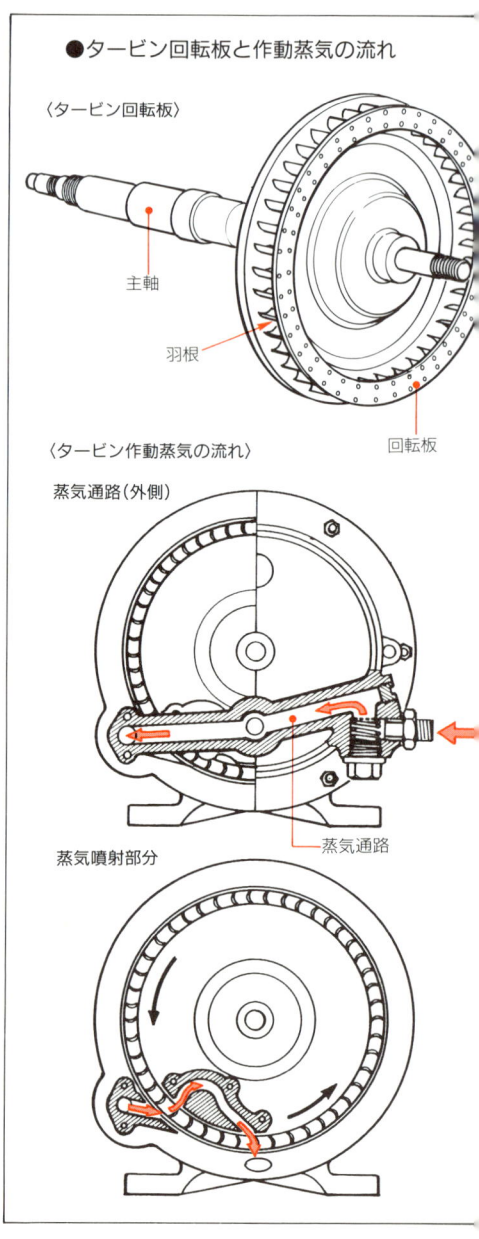

〈タービン回転板〉

主軸　羽根　回転板

〈タービン作動蒸気の流れ〉

蒸気通路(外側)

蒸気通路

蒸気噴射部分

付帯設備

●タービン調速装置の作用

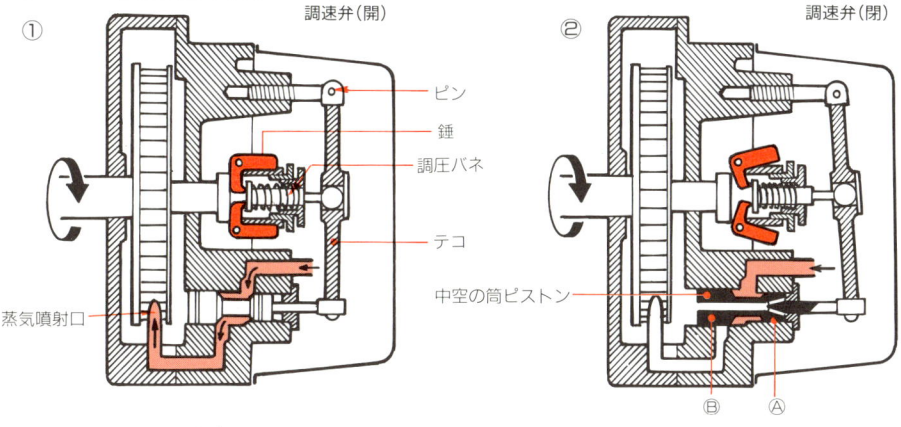

① 調速弁(開)

② 調速弁(閉)

ピン
錘
調圧バネ
テコ
中空の筒ピストン
蒸気噴射口
Ⓑ Ⓐ

◀ 右に移動させて蒸気供給口を絞る，あるいは閉塞して回転を下げる。回転が下がると錘の遠心力はなくなり，バネ圧で元の位置に戻ると上記の逆作用で①の形になり蒸気は供給される。2コの調速弁ⒶⒷはピストン弁で，その径はⒷの方が1mm大きいので

圧力差で蒸気圧はⒷの方にかかり，蒸気が通じている間は，常に左方に押す作用が働いている。尚，このピストン弁は筒ピストンになっていて，内部はバイパスの役目をしており，両ピストン背側に圧力はかからないので動きに支障はない。

〈発電機電気部〉

磁界を作るもの(界磁と称す)と，その磁界内を回転して起電力を誘発する発電子がある。発電子は薄い鉄板を多数重ね合わせて形成した鉄心表面に，針金を巻きつけて被っている。鉄心には18本の溝があり，各溝には導線を巻いてコイル状にし，耐火性絶縁物で絶縁して鉄心の両端では確実に鑞付けしている。この鉄心を挟んで両側に相対立する界磁と称する磁極がある。発電子はタービン回転板と同軸に付いており，ボールベアリングの使用により容易に高速で回転する。すると導体中に交流電気が発生し，この電気は電気部整流子により直流に変化をして整流子に接触するブラシで電線に送られる。
界磁は複巻コイルと界磁コイル支えで構成されている。界磁コイルに発電機自身の発生する電流が通ると界磁コイル支えに磁力が発生して磁界を作る。(これは直流発電機の特長である)

●発電機電気部の構造

油ツボ(グリース)
整流子
送出し線
ブラシ
ブラシ支え
ブラシ押さえバネ
電線

285

速度計装置① 速度計本体・逆転装置と時計装置

〈速度計〉

　図はGS14形と称し，機械式で動輪や従輪の回転を元軸により速度計内主軸に伝えて指針で速度を，置針で最高速度を表示する。

　速度計は逆転装置，時計装置，速度表示装置で構成されている。

〈逆転装置〉

　元軸に上，下傘歯車(ベベルギア)を設け，互いに速度計主軸の傘歯車と噛み合っている。上，下の傘歯車にはそれぞれ爪クラッチが付き，その作用で元軸が右回転をすれば，下傘歯車が元軸に固定されて速度計主軸の傘歯車を回し，上傘歯車の方はフリーとなる。左回転をすると上傘歯車が固定されて作用し，下傘歯車がフリーとなるので，機関車の進行方向に関係なく速度計主軸は常に一方向(時計回り)に回転する。

　尚，元軸一回転/分は進行速度1km/hである。

〈時計装置〉

　主軸は速度により回転数が変化するが，時計装置ではバネ箱内のバネ弾力で主軸とは関係なく自動的に回り，箱外側の歯車は中間歯車を介して時計歯車軸を回す。時計歯車とアンクル，テンプにより傘歯車で滑り子軸を常時3.6秒で1回転させる。(次項"表示装置"に続く。)

●逆転装置

〈逆転装置の構成〉

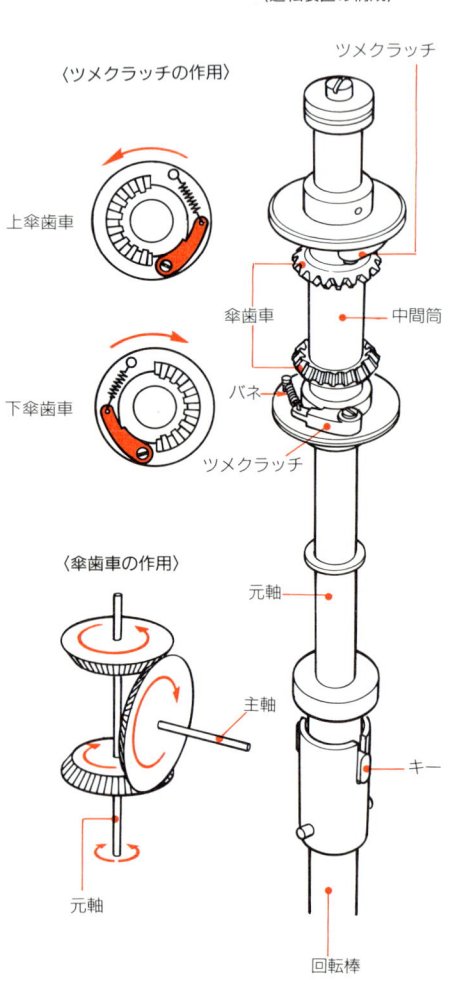

〈ツメクラッチの作用〉

上傘歯車

下傘歯車

ツメクラッチ
傘歯車
中間筒
バネ
ツメクラッチ
元軸
キー
回転棒

〈傘歯車の作用〉

主軸
元軸

付帯設備

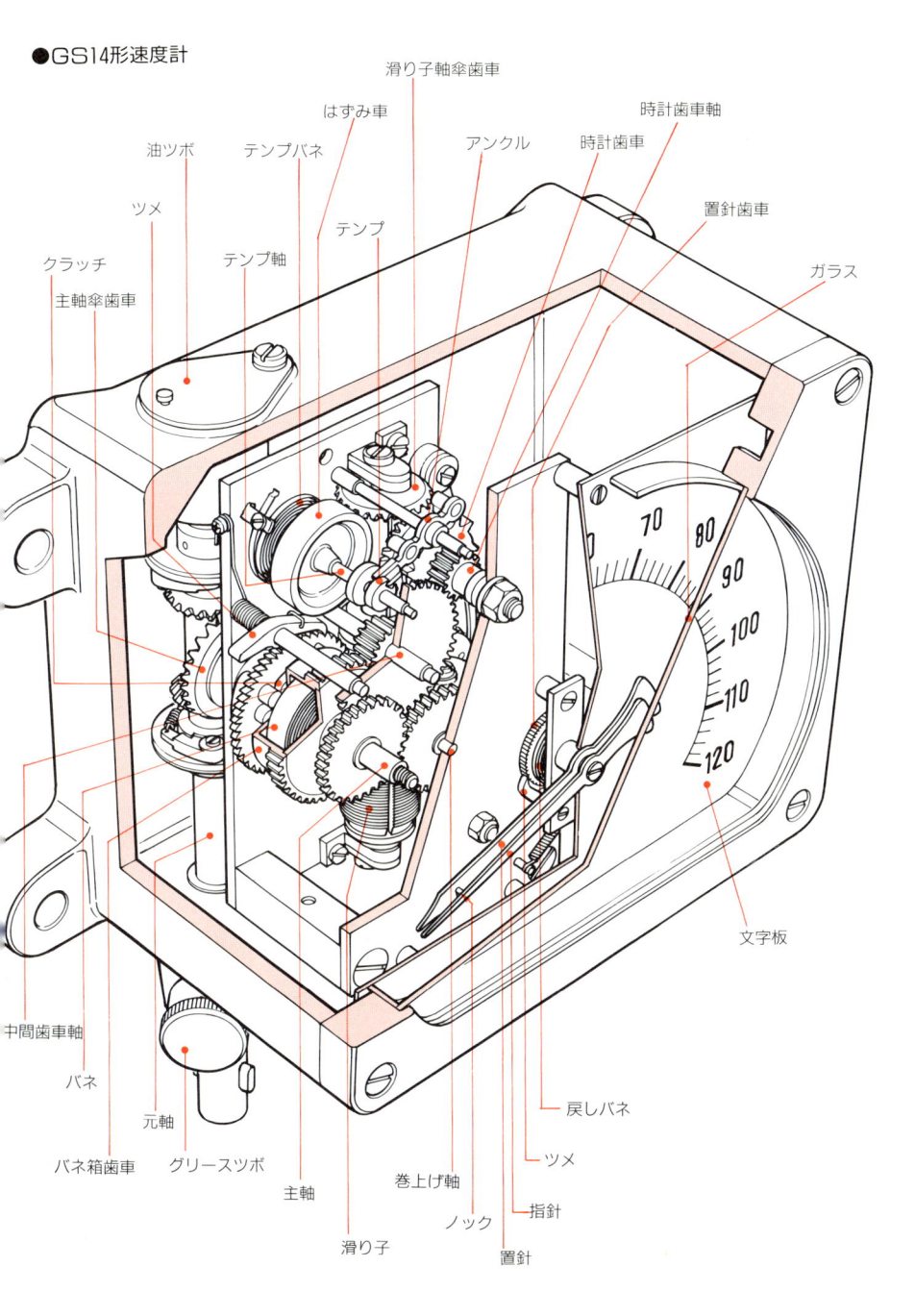

● GS14形速度計

- 油ツボ
- ツメ
- クラッチ
- 主軸傘歯車
- テンプバネ
- テンプ軸
- はずみ車
- テンプ
- 滑り子軸傘歯車
- アンクル
- 時計歯車
- 時計歯車軸
- 置針歯車
- ガラス
- 中間歯車軸
- バネ
- バネ箱歯車
- 元軸
- グリースツボ
- 主軸
- 滑り子
- 巻上げ軸
- ノック
- 置針
- 指針
- ツメ
- 戻しバネ
- 文字板

287

速度計装置② 速度計本体・速度表示装置

●CS14形速度計内表示装置（前頁図を右側より見る）

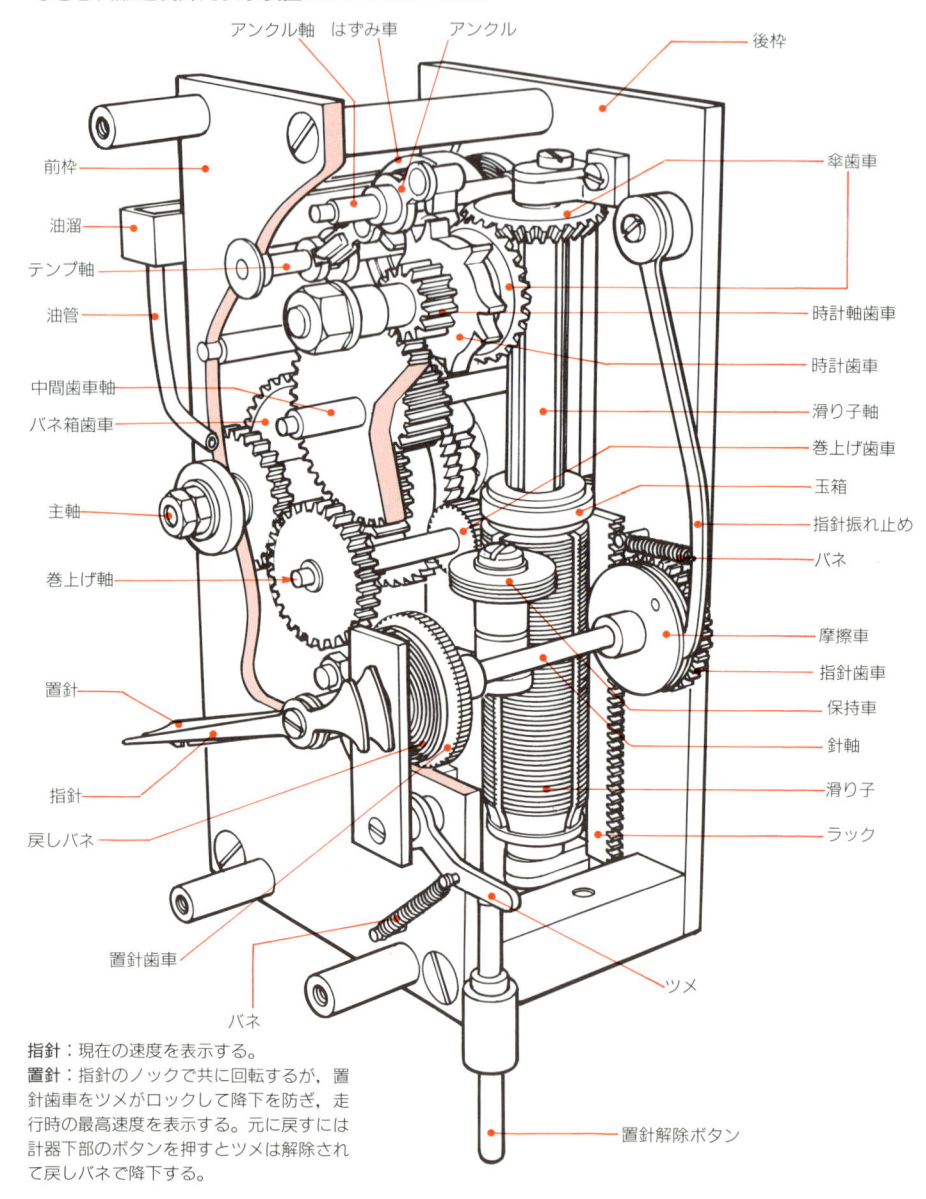

ラベル（図中）:
- アンクル軸
- はずみ車
- アンクル
- 後枠
- 前枠
- 油溜
- テンプ軸
- 油管
- 中間歯車軸
- バネ箱歯車
- 主軸
- 巻上げ軸
- 置針
- 指針
- 戻しバネ
- 置針歯車
- バネ
- 傘歯車
- 時計軸歯車
- 時計歯車
- 滑り子軸
- 巻上げ歯車
- 玉箱
- 指針振れ止め
- バネ
- 摩擦車
- 指針歯車
- 保持車
- 針軸
- 滑り子
- ラック
- ツメ
- 置針解除ボタン

指針：現在の速度を表示する。
置針：指針のノックで共に回転するが、置針歯車をツメがロックして降下を防ぎ、走行時の最高速度を表示する。元に戻すには計器下部のボタンを押すとツメは解除されて戻しバネで降下する。

付帯設備

〈速度表示装置〉

　主軸の回転ギアにより巻き上げ歯車で滑り子を巻き上げ、その高さを速度として指針と置針に表示させる装置である。

　滑り子軸の周囲を3個1組の扇形断面の滑り子で囲み、軸の溝にはまってそれと共に回転し、それぞれは自由に上下する。滑り子の頭部には輪形の玉箱が乗り、軸と一緒には回転しないで滑り子の上下動と連動する。玉箱には滑り子と同じ長さのラック(板)がボルトで付設されており、ラックの側面には歯を刻んで指針歯車と噛み合っている。その為玉箱の上下動で針軸は回転をする。針軸には指針と置針が付く。

　3個の滑り子には水平に細かく歯が刻まれ、滑り子軸が3.6秒に1回転すると1個につき巻き上げ歯車と1.2秒間(3.6秒÷3＝1.2秒)ずつ噛み合って、車輪の回転に比例した速さで順次巻き上げられる。

　1個の滑り子の1回転での作用は、1.2秒間巻き上げられて玉箱を突き上げ針軸を回す。次に1.2秒間滑り子と同じ歯形の保持車と接触してその位置を保ち、その間指針で速度を表示する。その後の1.2秒間で元の下位置に自重で戻り(玉箱は次に巻き上げられた滑り子の高さに位置する)、又1.2秒間巻き上げられる。この様に機械式速度計は瞬間速度ではなく、1.2秒間の平均速度を1.2秒後に1.2秒間表示する事になる。

● 滑り子作用図

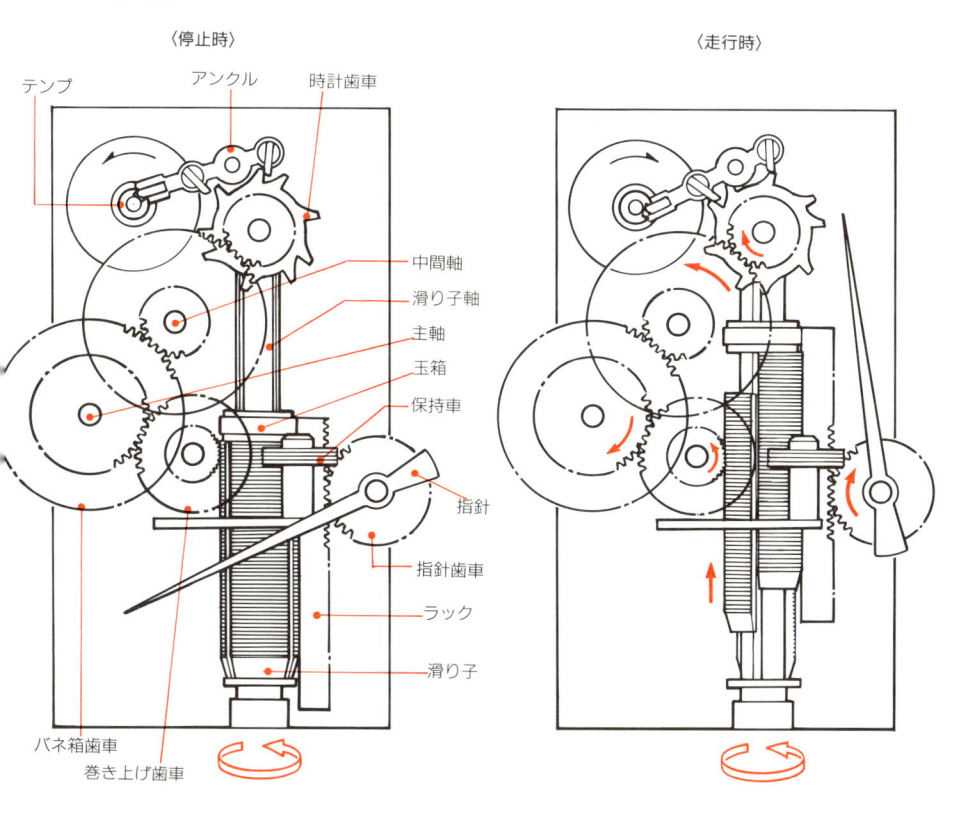

〈停止時〉　　　　　　　　　　　〈走行時〉

テンプ
アンクル
時計歯車
中間軸
滑り子軸
主軸
玉箱
保持車
指針
指針歯車
ラック
滑り子
バネ箱歯車
巻き上げ歯車

289

速度計装置③ 速度伝達装置

〈速度計への伝達〉

　車輪の回転を，ギア及びジョイント，回転棒でキャブ内運転士前の速度計に伝達して速度を表示する。動輪からは空転で速度計を破損したり，タイヤ摩耗により誤差もでるので，後には従台車の回転から採っている。しかし，これも車輪径が小さいだけに，タイヤ厚の差（内側と外側の差）で速度表示に影響がでる。

〈動輪からの伝達〉

　ギアボックスを2個使用して動輪に近い方を第1，速度計に近いものを第2ギアボックスと云う。第1ギアボックスの歯車軸を左側最終動輪軸中心に位置する様に設置する。連結棒クランクピンに返りクランクを付けて，ギアボックスの傘歯車（ベベルギア）を回し，噛み合う傘歯車で減速して第2ギアボックスに伝え，同様にして回転を尚も減速して速度計に伝達する。進行速度1km/hを速度計元軸が1回転/分となる様に，動輪径に応じてギア比を組合せている。尚，第1歯車軸に回転腕を付けて，その長円形の穴に返りクランクのピンを入れて回すが，その遊間で車軸中心のズレに対応している。

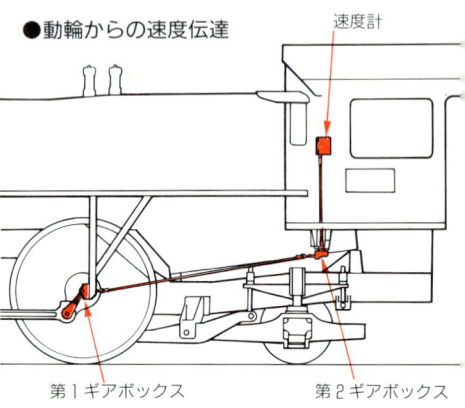

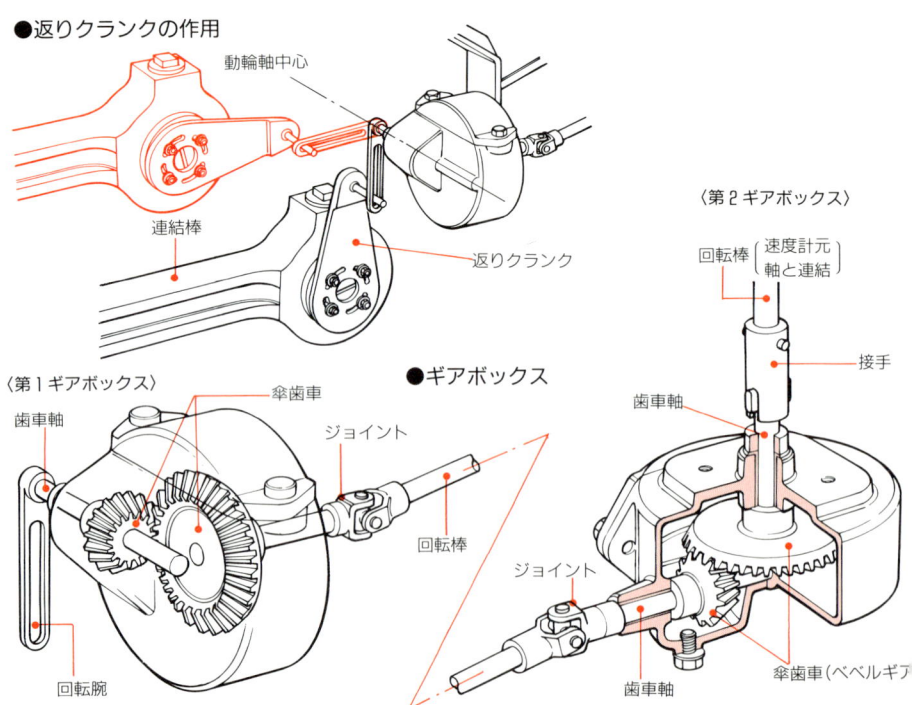

●動輪からの速度伝達

●返りクランクの作用

〈第1ギアボックス〉

●ギアボックス

〈第2ギアボックス〉

付帯設備

〈従台車からの伝達〉
従台車左側の車軸先端にクランクピンを設けて，ウォームギア軸の返りクランクに嵌め，車輪の回転をウォームギアで減速してそれに噛み合うギアで方向を変え，回転棒で速度計に伝える。ギア比により進行速度1km/hは速度計元軸の1回転/分となる。

● 従輪からの速度伝達

〈1軸台車の場合〉　　　　　　　　　〈コロ2軸台車の場合〉

速度計

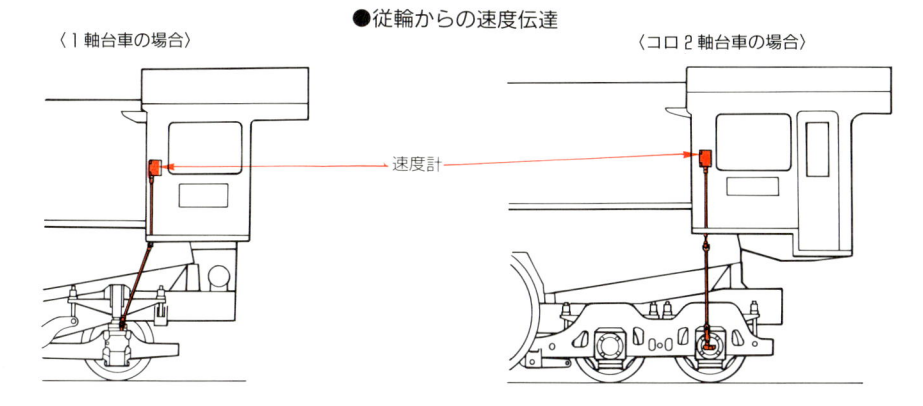

● 従輪軸用速度計伝達装置

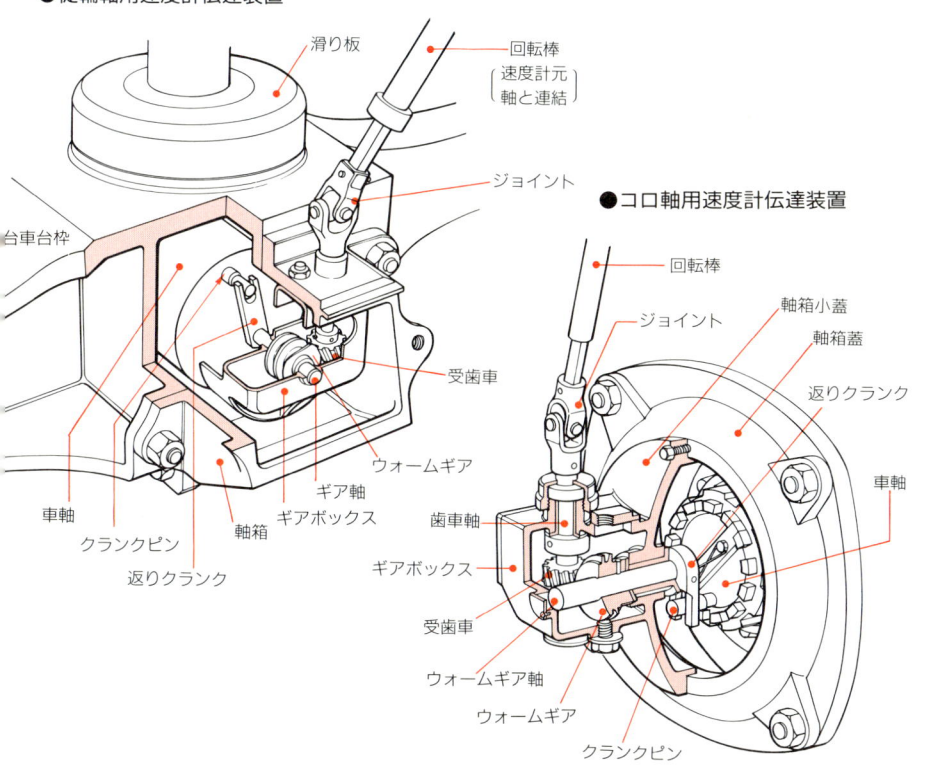

滑り板
回転棒
（速度計元軸と連結）
ジョイント
台車台枠
受歯車
ウォームギア
ギア軸
ギアボックス
車軸
軸箱
クランクピン
返りクランク

● コロ軸用速度計伝達装置

回転棒
ジョイント
軸箱小蓋
軸箱蓋
返りクランク
車軸
歯車軸
ギアボックス
受歯車
ウォームギア軸
ウォームギア
クランクピン

291

煙除け（デフレクター）

〈除煙装置〉

　機関車が小型でスピードも遅く，そして煙突が長かった頃は，煙も上昇してボイラー付近にまとわりつく事もなかったが，機関車が大型化して煙突が短くなり，高速で走る様になると，前方からの気流はボイラーから離れた部分ではそのまま後方に流れ，ボイラー付近の気流はボイラーにまとわりつく様になる。すると煙も誘導されてボイラーに沿って流れ，運転室や列車の窓から進入する。そこで除煙の方法として化粧煙突の採用や，それを後方に傾斜させたり，煙突脇に上昇気流を発生させる様に排煙誘導板を取り付けたりしたが，ほとんど効果がなかった。そこでドイツで考案された煙室胴両脇に取り付ける屛風式の除煙板（デフレクター，通称デフ）を採用した。

●走行時の気流の流れ

〈側面図〉

ボイラー中心

煙突

支え

デフレクター

付帯設備

〈除煙板〉

　機関車のスピードが上ると前からの気流は煙室前面に当って上方及び左右に拡がる。左右に拡がった気流は両側のデフで遮ぎられて上方に移行する。この様にして煙突付近では上昇気流となるので排煙も上方に誘導される。これにより煙が運転室に進入する事もなく、前方視界が妨げられる事もない。

　除煙板は30km/h位から効力を発揮するが、ボイラー中心より下の部分の気流は下方に流れ、ボイラー中心より上の気流が上昇気流となるので、デフの下半分を切り取った通称「門鉄デフ」と呼ばれる形状もある。

● 除煙装置の変遷

〈化粧煙突〉

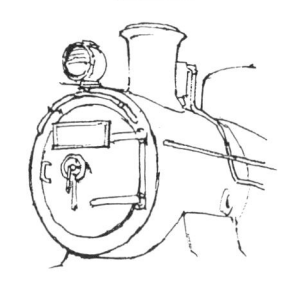

〈傾斜煙突〉

〈試験デフ〉

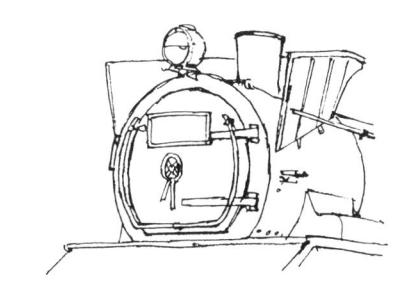

〈標準デフ〉

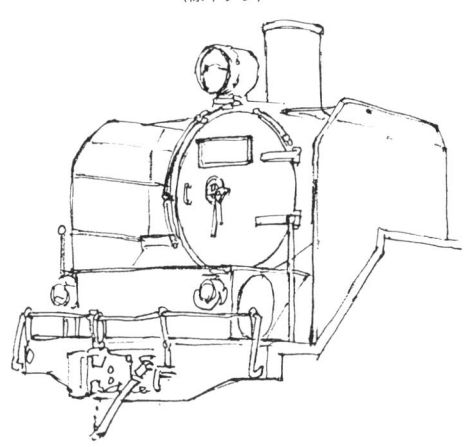

〈門鉄デフ〉

集煙装置①

長い隧道（トンネル）のある線区で使用する機関車に採用された。

給気運転でトンネルに入ると排煙は煙突から真上に上り、トンネルの天井に突き当りはね返って下に回り、運転室に入り込んで乗務員を苦しめる事になる。そこで煙突に冠をかぶせて後方に煙を誘導して流せばトンネルの天井に拡がるので運転室への進入は減る。この様に集煙装置とは排煙を一ヶ所に溜めたり、減らすものではなく、上方に行く煙を後方に流れを変えてやるものである。操作は手動式は助士が、空気式は機関士が行う。

〈密閉式〉

神主の烏帽子（えぼし）に似た日本独自のもので、多くの機種に採用されたが特にD51にはよく似合った。図は鷹取式だが各工場で独自に作られて大きさや形状も様々あり、敦賀式、長野式とか後藤式等々の名称が付けられたが、構造、方式は同じである。

集煙胴内の左右に案内棒（レール）を前後に渡してあり、引戸（冠）にはコロが付いてその上に乗っている。通常は煙突上の引戸を開けているが、トンネルに入ると引棒あるいは作用コックの操作で引戸を前にスライドして閉じる。

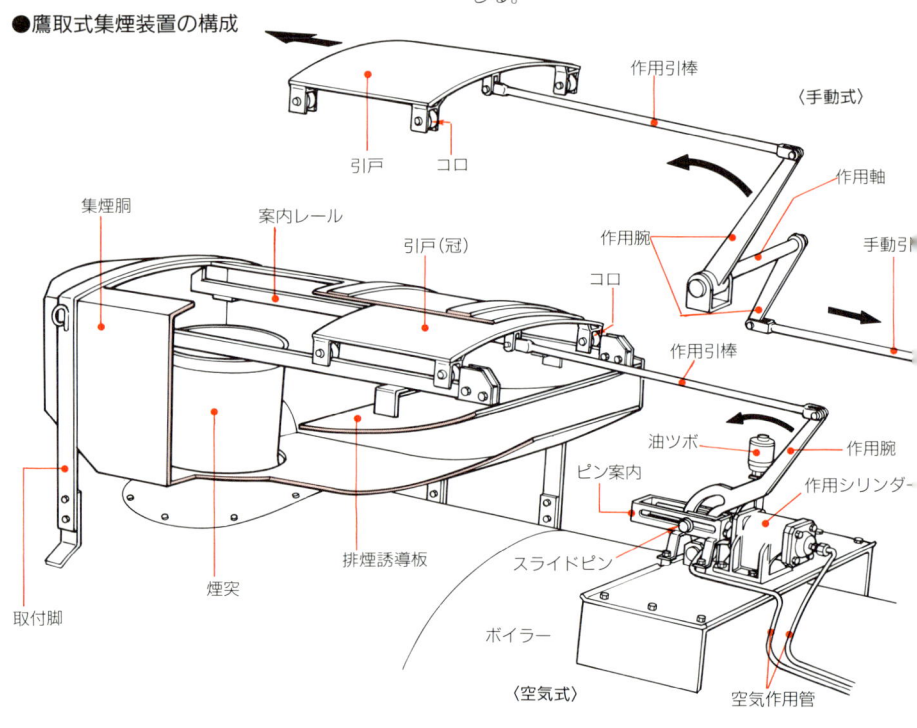

●トンネル内の集煙装置作用
集煙装置無し（上）と集煙装置付き（下）

●鷹取式集煙装置の構成

付帯設備

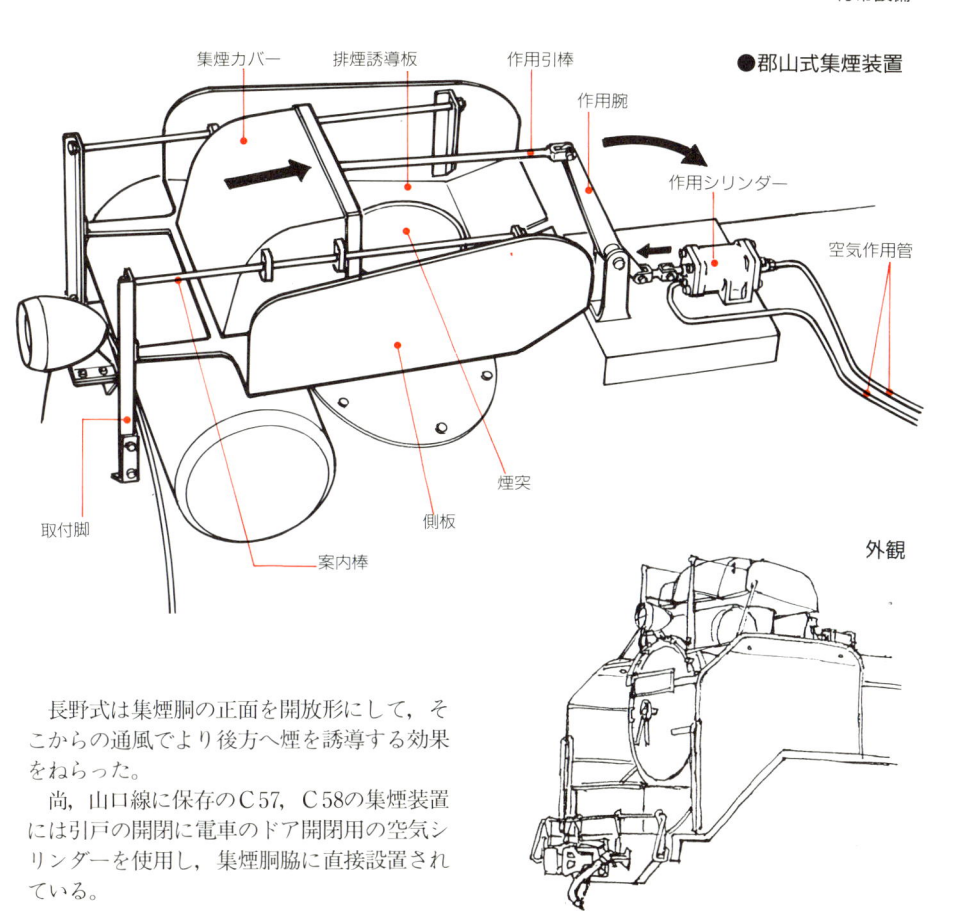

●郡山式集煙装置

集煙カバー / 排煙誘導板 / 作用引棒 / 作用腕 / 作用シリンダー / 空気作用管 / 取付脚 / 案内棒 / 側板 / 煙突

外観

　長野式は集煙胴の正面を開放形にして、そこからの通風でより後方へ煙を誘導する効果をねらった。
　尚、山口線に保存のC57，C58の集煙装置には引戸の開閉に電車のドア開閉用の空気シリンダーを使用し、集煙胴脇に直接設置されている。

●鷹取式集煙装置の外観

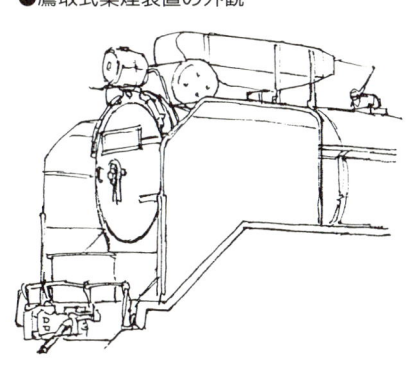

〈郡山式〉
　排煙誘導板を煙突に取り付け図の様な冠（集煙カバー）が引棒により案内棒に沿って煙突真上にスライドし煙を後方に流す。

295

集煙装置 ② 集煙装置作動と作用コック

● 集煙装置の作動

〈引戸（開）〉煙は上方に放出される。

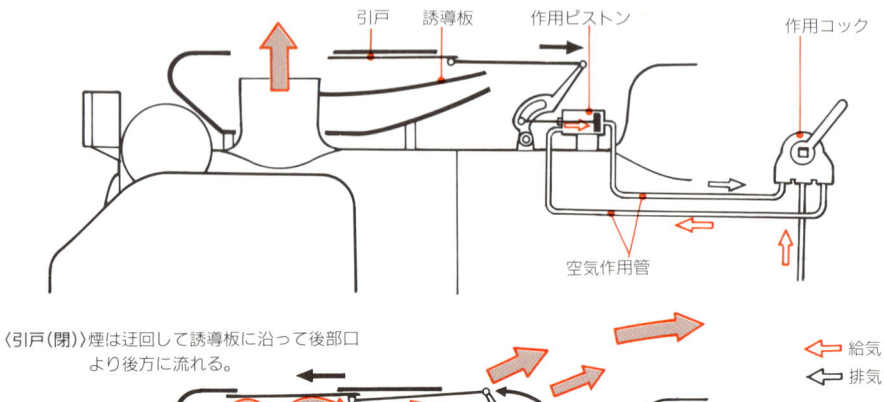

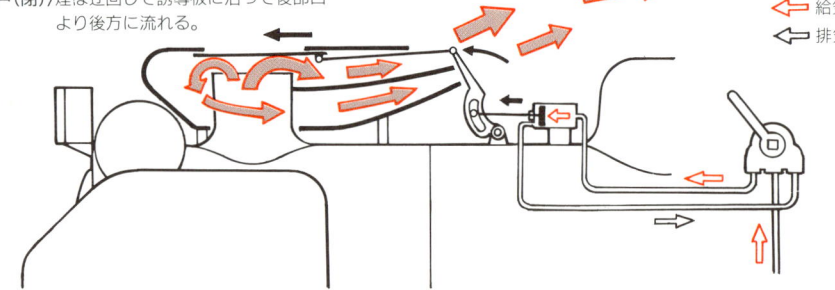

引戸　誘導板　作用ピストン　作用コック　空気作用管

〈引戸（閉）〉煙は迂回して誘導板に沿って後部口より後方に流れる。

給気
排気

〈作用コックの作用〉
作用コックハンドルを前方位置に置くと，元空気溜からの圧縮空気は作用ピストンを押して引戸を閉める。作用シリンダー内前部の空気はコック体の排気穴より排出される。ハンドルを後方に置くと，空気通路は逆となって引戸は開く。

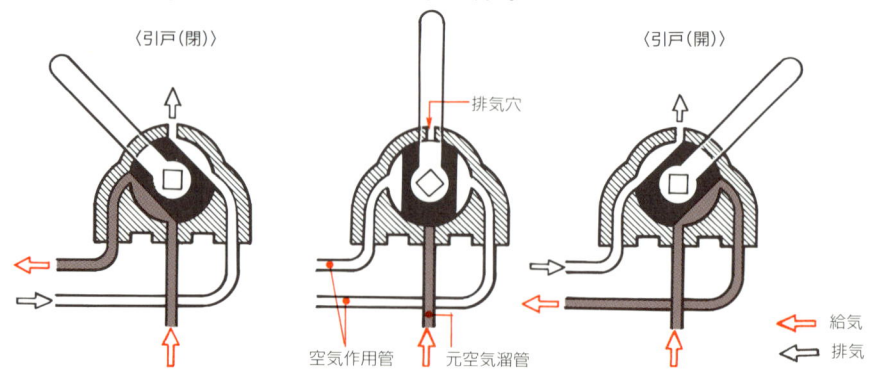

〈引戸（閉）〉　排気穴　〈引戸（開）〉

空気作用管　元空気溜管

給気
排気

火の粉止め

〈回転火の粉止め〉

　煙室内の火の粉止め（丸胴式）を取りはずした機関車が、沿線火災の起り易い線区に配置された場合は煙突の頭に取り付ける。
　通称「クルクルパー」と呼ばれて蒸気機関車ファンにはデザインをこわして評判は余り芳しくないがその効果は大きい。
　枠には金網が天井、側面に付いており、中の回転軸はローラーベアリング式で下からの排気を利用して回転翼を回す。
　煙と共に排出される火の粉は回転翼に当って煙室内に落ちたり、細かく砕かれて金網から外に出ても火災の心配のない位の大きさになる。
　防煙板は金網から出たシンダー（火の粉の冷えたもの）を受ける。
　開き網は火室点火の時、通風を助けるために止め金をはずして開く事ができる。

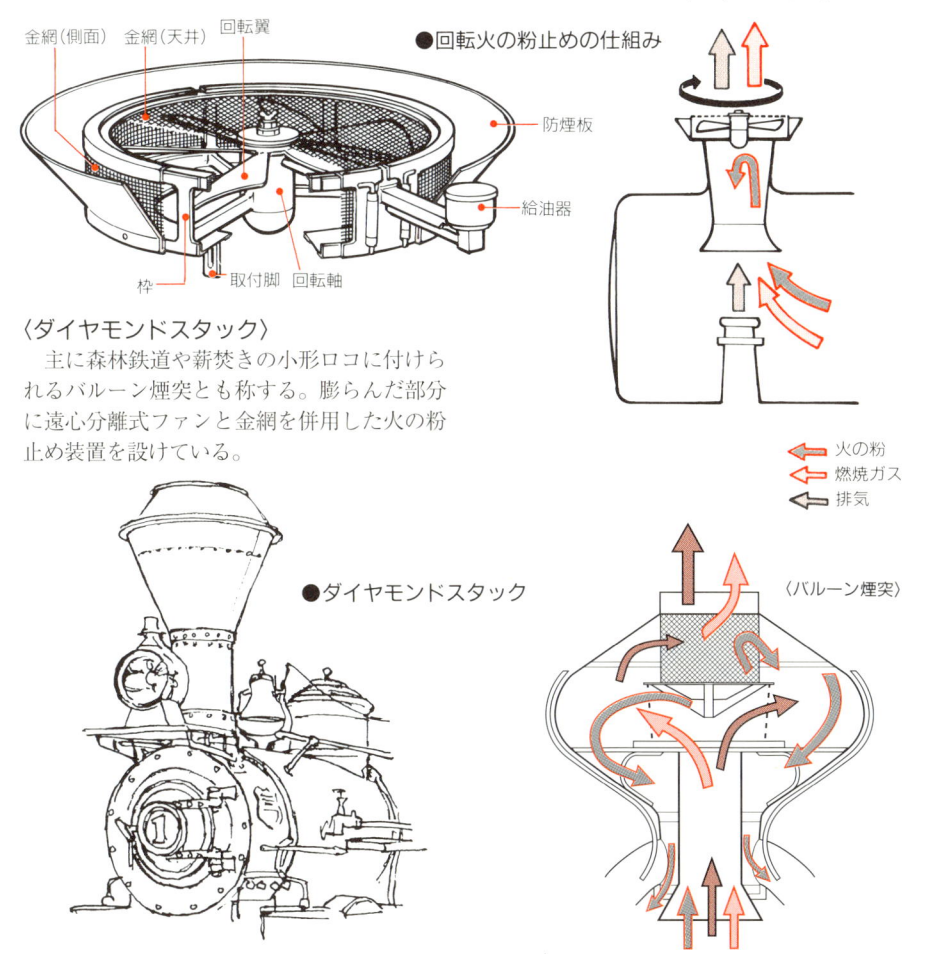

●回転火の粉止めの仕組み

〈ダイヤモンドスタック〉

　主に森林鉄道や薪焚きの小形ロコに付けられるバルーン煙突とも称する。膨らんだ部分に遠心分離式ファンと金網を併用した火の粉止め装置を設けている。

●ダイヤモンドスタック

〈バルーン煙突〉

⇐ 火の粉
⇐ 燃焼ガス
⇐ 排気

連結装置① ねじ式連結器と自動連結器第1, 2種

初期の連結器は車両も軽く牽引する両数も少なかったので、簡単な連結棒を使用していたが、連結車両が増えるとねじ式連結器が採用された。しかし尚も輸送量、車両重量が増えると、連結に手間がかかるのと強度に限界があるため、アメリカで開発された自動連結器に変換した。変換日は大正14年7月17日、全国一斉に行われ、周到な準備と迅速な作業でたった1日で全機、全車両を完了した。

〈ねじ式連結器(スクリューカプラー)〉

両側にバッファー(中にコイルスプリングが入った緩衝器)を置き、中央にフックとリンクが付設され、リンクには中央にねじを切ったターンバックルが付いたものと、リンクだけを連ねたものとの2種ある。連結はリンクを互いに相手のフックに引っかけて行い、ターンバックルを回して両車間の緩みをなくす。ネジの切ってある側を螺旋(らせん)連結器、リンクだけのを連環(くさり)連結器と称する。

〈自動連結器〉

自連あるいは単にカプラーと略称する。アライアンス式、シャロン式を輸入の後、国産の坂田式、柴田式が出来て、後には全て柴田式となった。いずれも鋼鉄製の器体にナックル、錠、ナックル開け、錠揚げ、解放テコから構成され、錠揚げは解放テコと鎖でつながり、解放テコを持ち上げると錠揚げも上り、付属の錠によってナックル開けを動かして、その足がナックル尻(後端)を蹴ってナックルはナックルピンを支点に開く。

●ねじ式連結器〈スクリューカプラー〉

バッファー／フック／リンク／ターンバックル

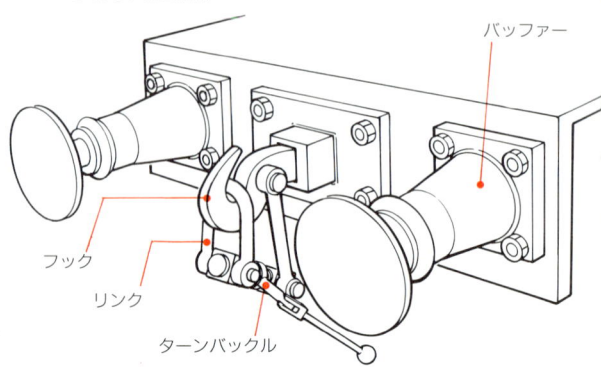

●ねじ式連結器の連結状態

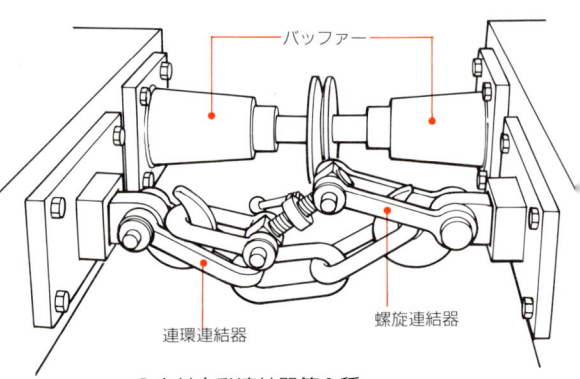

バッファー／連環連結器／螺旋連結器

●座付自動連結器第1種

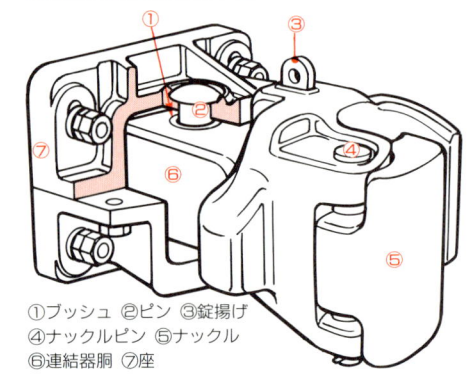

①ブッシュ ②ピン ③錠揚げ
④ナックルピン ⑤ナックル
⑥連結器胴 ⑦座

連結装置

● 座付自動連結器第2種〈ナックル開き位置〉
　＊テンダー機関車前部に使用

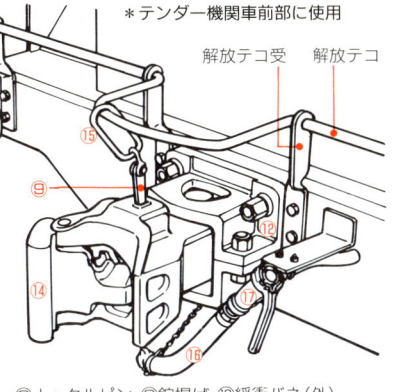

解放テコ受　解放テコ

〈座付自動連結器〉
　第1種と第2種があり，第1種は座と連結器胴をピンで止めるだけのもの，第2種は座の上下に穴をあけ，連結器胴に凸起を設けてその穴に嵌め，胴内にはコイルバネを入れている。今は全て第2種になっているが，衝撃の緩和が十分ではないので，車両を連結する機会の少ないテンダー機の前部に使われている。

● 座付自動連結器第2種
　〈ナックル連結位置〉

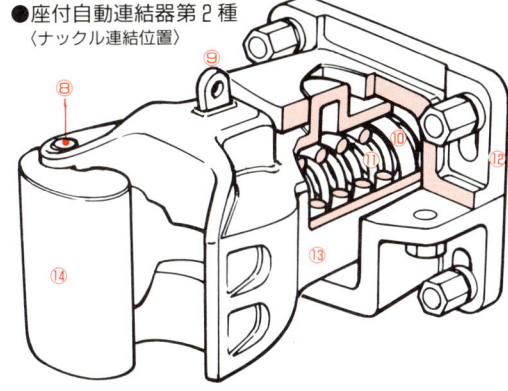

⑧ナックルピン　⑨錠揚げ　⑩緩衝バネ(外)
⑪緩衝バネ(内)　⑫座　⑬連結器胴　⑭ナックル
⑮鎖　⑯ブレーキエアホース　⑰アングルコック

● 連結器作用

〈連結位置〉　　　　　　　　　　〈開き位置〉
　　　連結　　　　　　　　　　　　　　締結
　　　　　　　　　　　　　　　　　　　解放

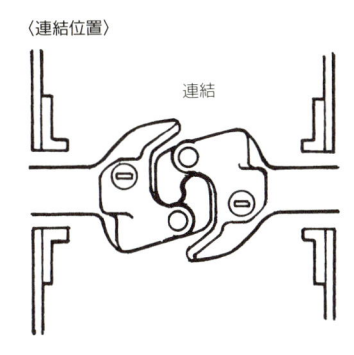

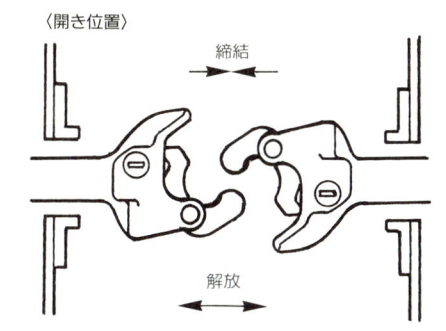

〈連結器作用〉
● 連結位置：互いの連結器ナックルが抱き合い，解放テコを持ち上げない限り離れる事はない。尚，この位置ではナックルピンが損傷，脱落しても離れない構造になっている。
● 錠控位置：解放テコを少し持ち揚げて錠を浮かせた状態で，ナックルは互いに抱き合っているが，車両を引き出せばナックルは開いて解放される。
● ナックル開き位置：錠控位置以上に解放テコを持ち上げるとナックルは開き，相手の自連ナックルを受入れる形となる。

299

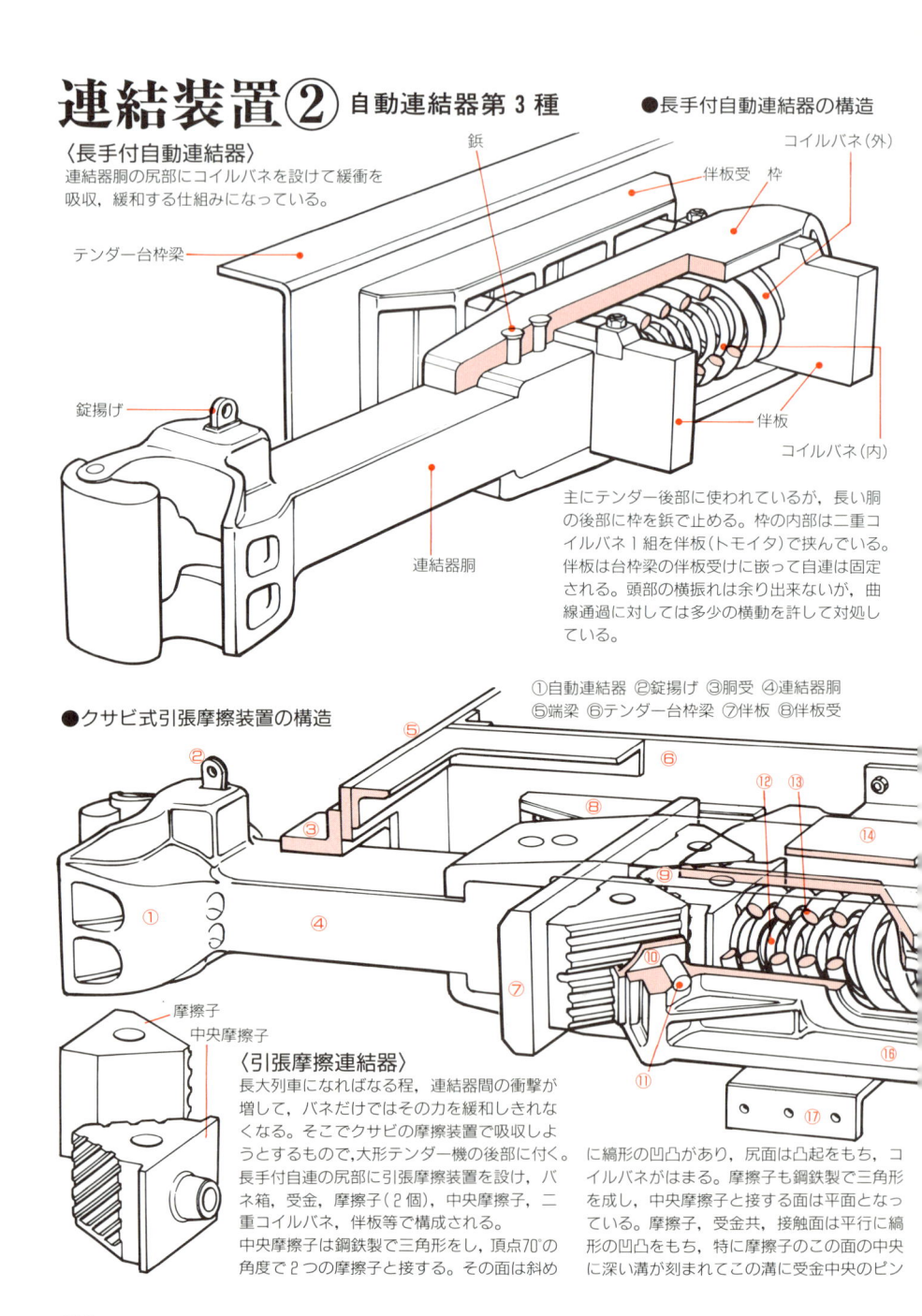

連結装置② 自動連結器第3種

〈長手付自動連結器〉
連結器胴の尻部にコイルバネを設けて緩衝を吸収、緩和する仕組みになっている。

● 長手付自動連結器の構造

主にテンダー後部に使われているが、長い胴の後部に枠を鋲で止める。枠の内部は二重コイルバネ1組を伴板(トモイタ)で挟んでいる。伴板は台枠梁の伴板受に嵌って自連は固定される。頭部の横振れは余り出来ないが、曲線通過に対しては多少の横動を許して対処している。

● クサビ式引張摩擦装置の構造

①自動連結器 ②錠揚げ ③胴受 ④連結器胴
⑤端梁 ⑥テンダー台枠梁 ⑦伴板 ⑧伴板受

〈引張摩擦連結器〉
長大列車になればなる程、連結器間の衝撃が増して、バネだけではその力を緩和しきれなくなる。そこでクサビの摩擦装置で吸収しようとするもので、大形テンダー機の後部に付く。長手付自連の尻部に引張摩擦装置を設け、バネ箱、受金、摩擦子(2個)、中央摩擦子、二重コイルバネ、伴板等で構成される。
中央摩擦子は鋼鉄製で三角形をし、頂点70°の角度で2つの摩擦子と接する。その面は斜めに縞形の凹凸があり、尻面は凸起をもち、コイルバネがはまる。摩擦子も鋼鉄製で三角形を成し、中央摩擦子と接する面は平面となっている。摩擦子、受金共、接触面は平行に縞形の凹凸をもち、特に摩擦子のこの面の中央に深い溝が刻まれてこの溝に受金中央のピン

連結装置

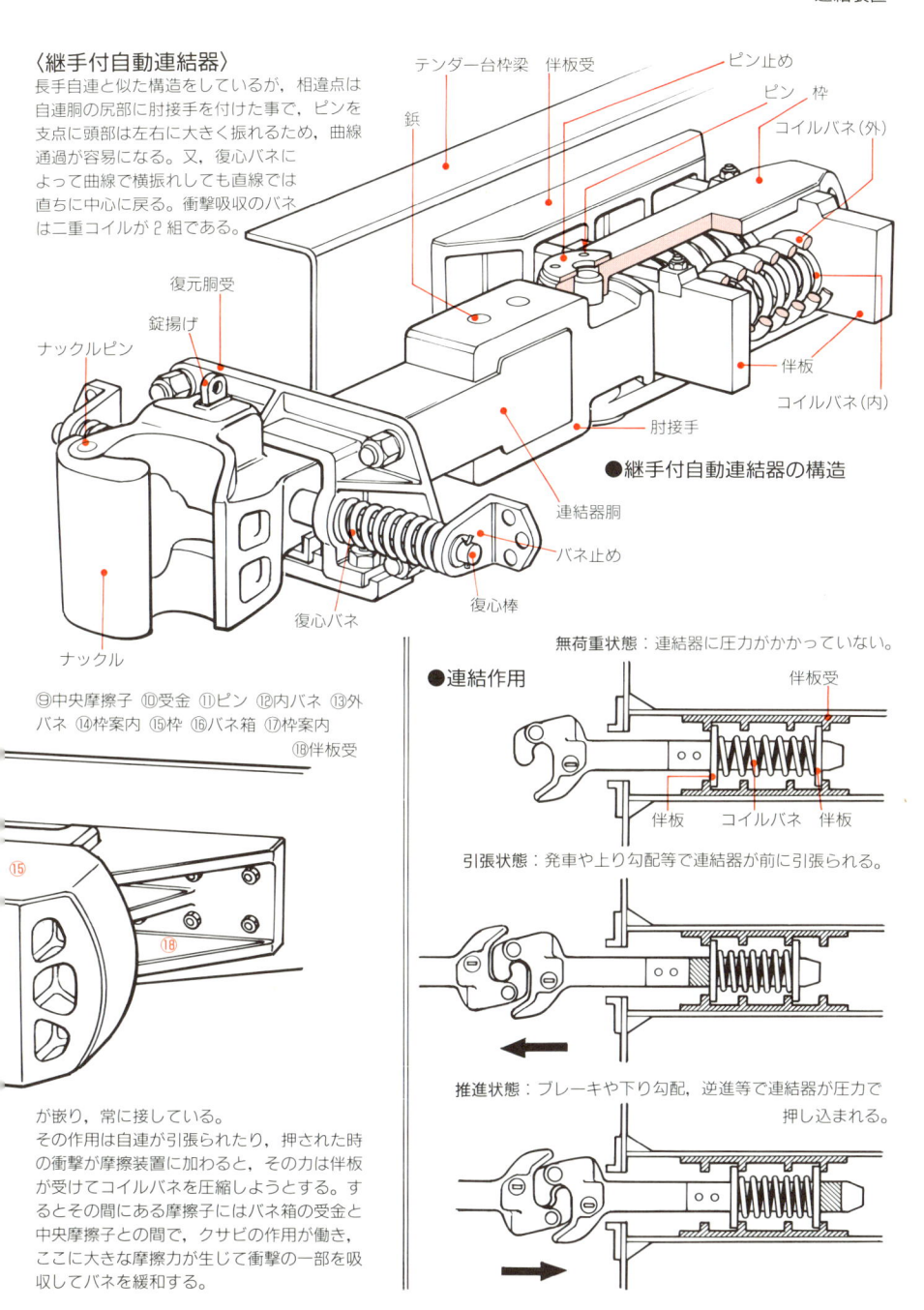

〈継手付自動連結器〉

長手自連と似た構造をしているが、相違点は自連胴の尻部に肘接手を付けた事で、ピンを支点に頭部は左右に大きく振れるため、曲線通過が容易になる。又、復心バネによって曲線で横振れしても直線では直ちに中心に戻る。衝撃吸収のバネは二重コイルが2組である。

ラベル：ナックルピン、復元胴受、錠揚げ、ナックル、テンダー台枠梁、伴板受、ピン止め、ピン、枠、コイルバネ(外)、鋲、伴板、コイルバネ(内)、肘接手、連結器胴、バネ止め、復心棒、復心バネ

●継手付自動連結器の構造

⑨中央摩擦子 ⑩受金 ⑪ピン ⑫内バネ ⑬外バネ ⑭枠案内 ⑮枠 ⑯バネ箱 ⑰枠案内 ⑱伴板受

が嵌り、常に接している。
その作用は自連が引張られたり、押された時の衝撃が摩擦装置に加わると、その力は伴板が受けてコイルバネを圧縮しようとする。するとその間にある摩擦子にはバネ箱の受金と中央摩擦子との間で、クサビの作用が働き、ここに大きな摩擦力が生じて衝撃の一部を吸収してバネを緩和する。

●連結作用

無荷重状態：連結器に圧力がかかっていない。
（伴板受、伴板、コイルバネ、伴板）

引張状態：発車や上り勾配等で連結器が前に引張られる。

推進状態：ブレーキや下り勾配、逆進等で連結器が圧力で押し込まれる。

301

連結装置③ 柴田式自動連結器

　自動連結器に切り換えて以来，国鉄の機関車，客車，貨車に標準的に使用されたもの。1960年代始めに材質に改良が加えられ，ナックルピンがタイヤ鋼からクロモリ鋼に，本体もマンガン，ニッケルの他，バナジウム，珪素を加えた特殊鋳鋼にして引っ張り強度を増し，列車の高速化と牽引両数増加に対応した。

〈構造と作用〉
　カプラー内は錠揚げ，錠（錠足は穴に嵌る），ナックル開けが図の様に収まる。錠の内側には後方から斜め上に向って溝が切ってあり，そこに錠揚げ下端のピンが嵌って連動する。
　ナックルの尻端は凸起をもち，カギ形になっているので，連結時はカプラー内の溝や凹部と嚙み合っており，ナックルピンが破損してもナックルは開かない。

- 錠掛位置：錠に邪魔されてナックル尻は動けない。又，錠揚げ下端後部のツメがカプラー内揚り止めの溝に嵌っているので，振動で錠が飛び上がる事もない。

- 錠控位置：解放テコを少し上げると錠揚げと共に錠は引き上げられ，錠足の凸起が錠控座（錠足が嵌る穴の縁）に乗る。この場合はナックル開けには作用せず，錠はナックル尻よりも高い位置に収まる。そこで尻は外部よりナックルに力が加わると動く事ができるので，この位置で自連同士を引き離せば解放できる。

- ナックル開き位置：解放テコを充分に引き上げると錠はナックル開けの腕を引き上げ，その丸い肩の部分がカプラー内の湾曲した上壁に当り，そこを支点として回転すると，ナックル開き足はナックル尻を外方に蹴り出す。するとナックルピンを中心にナックルが開いて相手のナックルを受け入れる状態となる。ここで解放テコを放してもテコは下がるが錠はナックル尻に乗る。ここで連結すると相手のナックルが外方に出ているナックル尻を内部に押し込み，その尻に乗っていた錠は自重で下まで落ちて錠掛状態になる。

●錠，錠揚げ，ナックル開けの作動関係

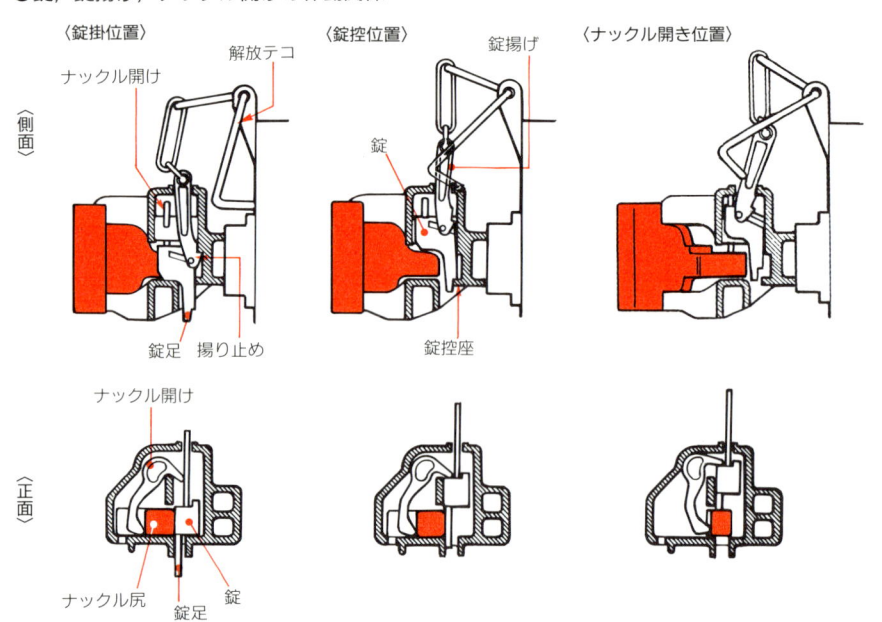

連結装置

● 柴田式自動連結器の作用

〈錠掛位置〉

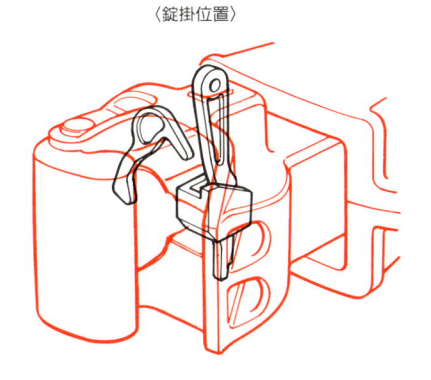

〈錠控位置〉

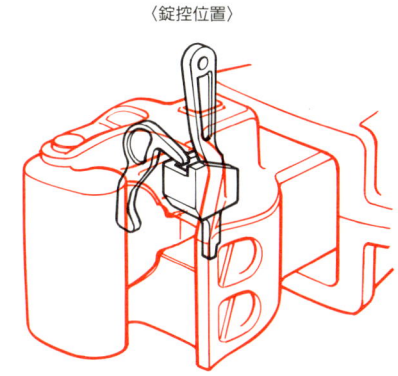

〈ナックル開き位置〉

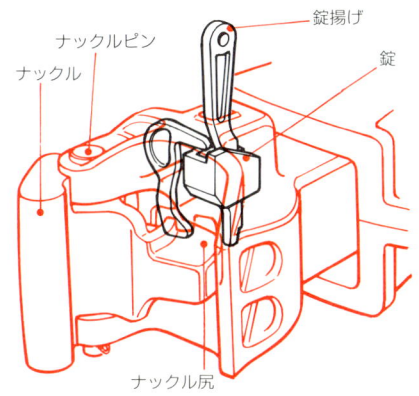

ナックルピン
ナックル
錠揚げ
錠
ナックル尻

● 後方から見た錠揚げ，錠，ナックル開け

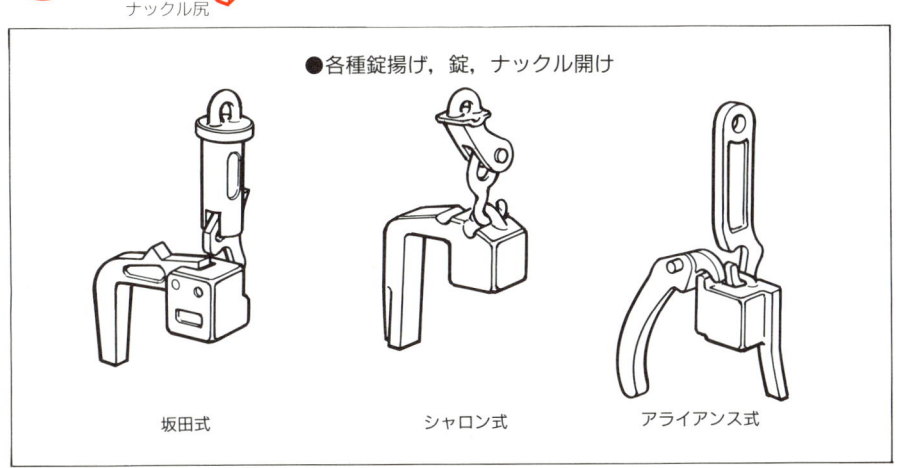

錠揚げ
錠
ナックル開け
腕
ピン
溝
錠足
足

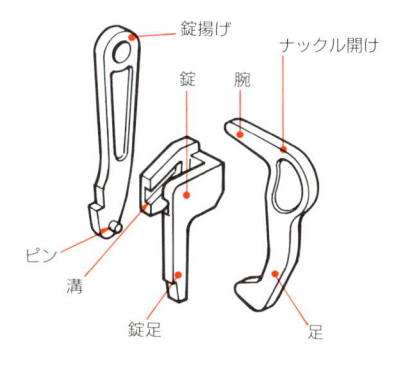

● 各種錠揚げ，錠，ナックル開け

坂田式　　　シャロン式　　　アライアンス式

303

中間緩衝器

〈中間引棒(ドローパー)〉

　機関車とテンダーを連結している棒で，機関車側のピン穴は楕円形で前後動が許されるようになっている。

〈中間緩衝器〉

　ブレーキ時や下り坂などでは機関車は強い力でテンダーが押しつけられるが，その時の衝撃を和らげるために設けられている。

　機関車台枠の後端梁に緩衝器受，それに中間滑り子を取り付ける。テンダー台枠前部には緩衝器座を設けその中にスプリング2コを緩衝器頭と共にさし入れて止ネジをはめる。緩衝器頭の止ネジ用の穴には遊間があり座内を前後に摺動できる。

　滑り子と緩衝器頭の接触面は凹球面と凸球面とになっていて，カーブでもスムーズな緩衝を受ける。

　緩衝器座の中は2重のコイルバネかリングスプリング(輪バネ)を用いる。

　他にC50形では板バネの緩衝器が使われた。

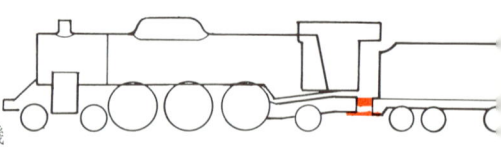

●板バネ式中間緩衝器(C50型に使用)

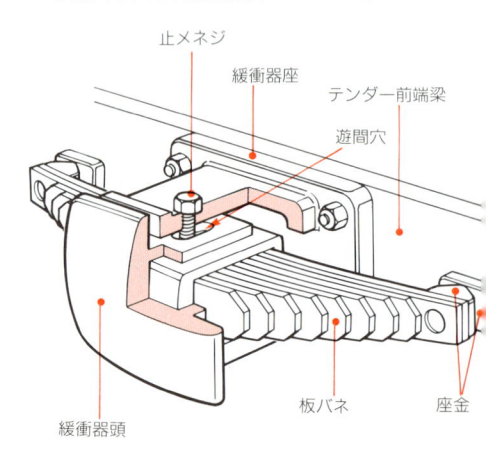

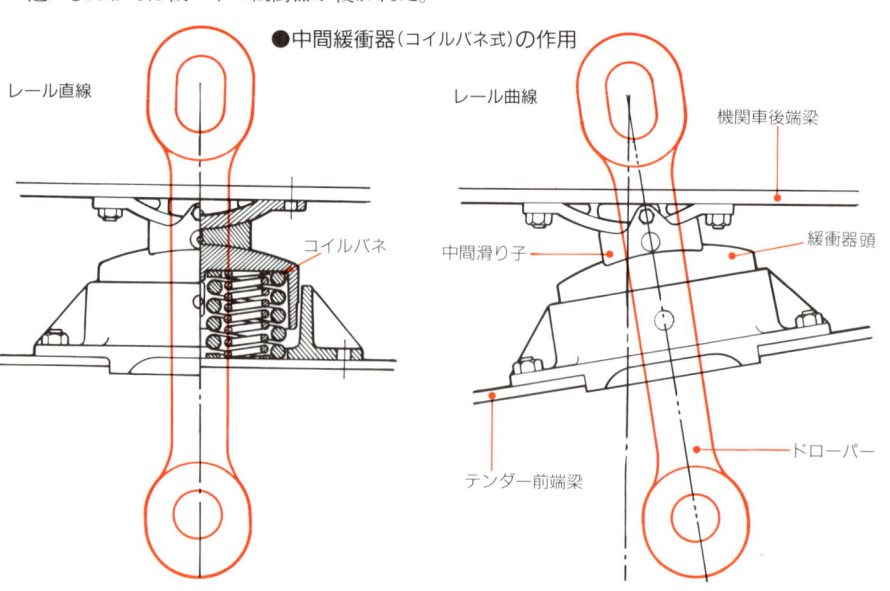

止メネジ／緩衝器座／テンダー前端梁／遊間穴／緩衝器頭／板バネ／座金

●中間緩衝器(コイルバネ式)の作用

レール直線　コイルバネ

レール曲線　機関車後端梁／中間滑り子／緩衝器頭／テンダー前端梁／ドローパー

連結装置

●中間緩衝器(中間滑り子付)の構成

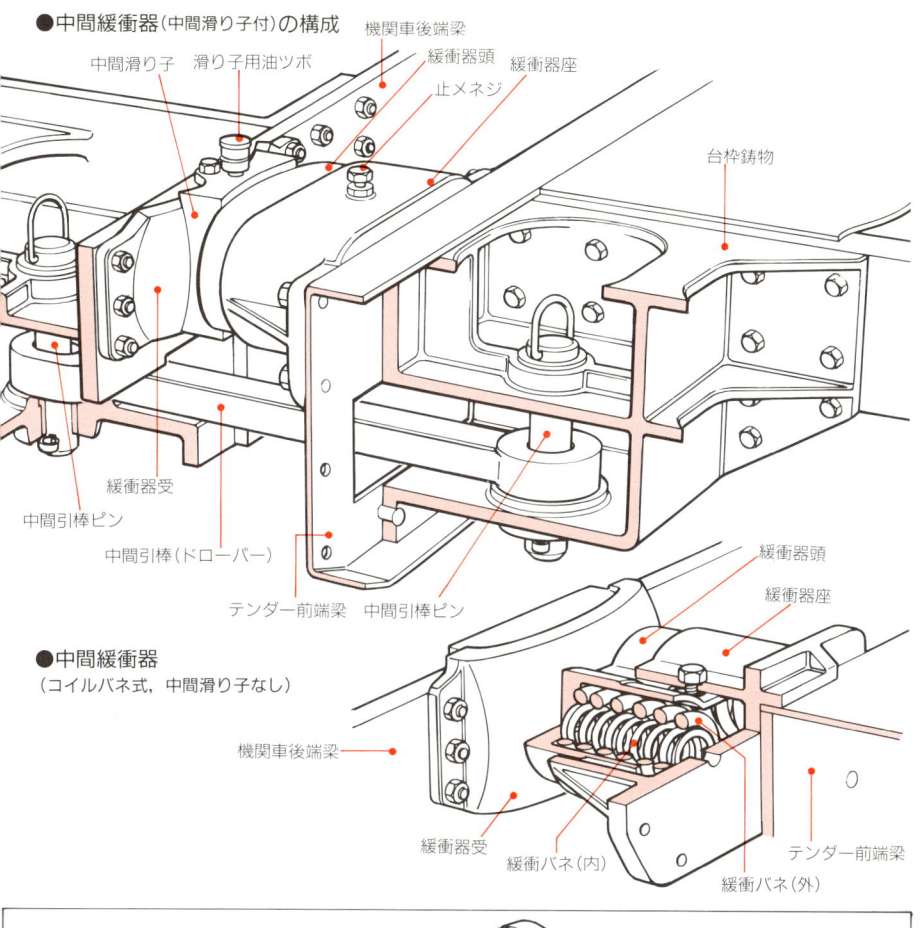

機関車後端梁
中間滑り子　滑り子用油ツボ
緩衝器頭
緩衝器座
止メネジ
台枠鋳物
緩衝器受
中間引棒ピン
中間引棒(ドローバー)
テンダー前端梁　中間引棒ピン

●中間緩衝器
（コイルバネ式，中間滑り子なし）

機関車後端梁
緩衝器受
緩衝バネ(内)
緩衝器頭
緩衝器座
緩衝バネ(外)
テンダー前端梁

〈輪バネ〉

外輪と内輪を交互に重ねて互いの接触面は勾配を設けて断面五角形としている。外から圧力が加わると，この傾斜面はお互いに押し合って外輪は外側へ拡げられ，内輪は内側に押し縮められて滑り摩擦が生じ圧力を吸収する。この場合全体の長さは縮むが，圧力が解除するとすぐに，元に戻ってバネの役目をする。図は中間緩衝器用のもので内，外バネ箱胴内に輪バネを入れて内，外バネ箱底で挟み，貫通ボルトで少し圧力を加えた状態にして止める。
伸縮の折は外バネ箱胴に溶接した鞘の内側を内バネ箱胴が摺動する。

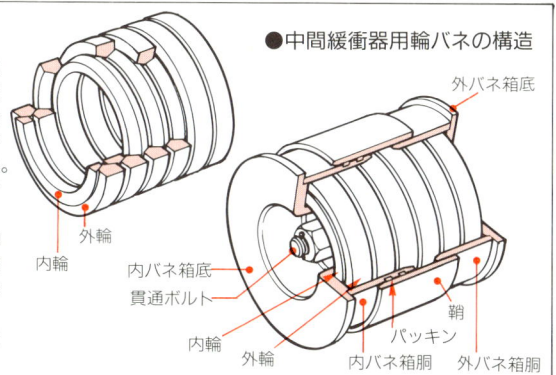

●中間緩衝器用輪バネの構造

外バネ箱底
外輪
内輪
内バネ箱底
貫通ボルト
内輪
外輪
内バネ箱胴
パッキン
鞘
外バネ箱胴

炭水車(テンダー) ① 炭水車の支持方式

〈炭水車(テンダー)〉

炭水車は機関車により大きさは様々だが，形状は箱形で全て圧延鋼板で作られている。炭庫と水槽に区切られており，上部を炭庫として前部を下方に傾斜させて石炭を取り出し易くしている。前面に石炭取出口戸，及び石炭取出口を設け，検水コック，締切コック等が付く。後部上面には外部より給水する水取入口がある。水取入口は水槽内の点検の為に人が入れる大きさである。内部は補強の梁や控を縦横，斜めに入れ，動揺やブレーキによる水の移動を防止するため控板が付く。

排水は機関車間との水ホースをはずして取水コックを開くか，又はテンダー下部の底栓を抜いて行う。

● 二点支持

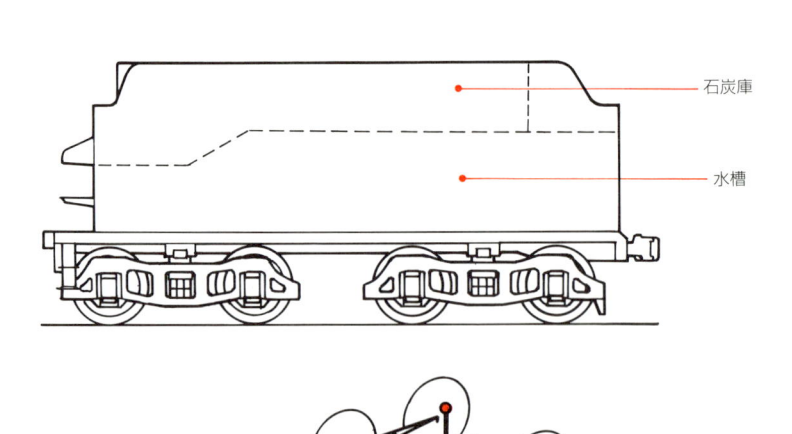

〈炭水車の支持方法〉

機関車は3点支持が多いが，炭水車には2点，3点，4点，6点支持が採用されている。

二点支持法：車輪4軸で2軸ボギー台車2コで形成しているもの。炭水車重量はそれぞれ台車揺れ枕の心皿で支持する。
(例，D51，C57)

炭水車

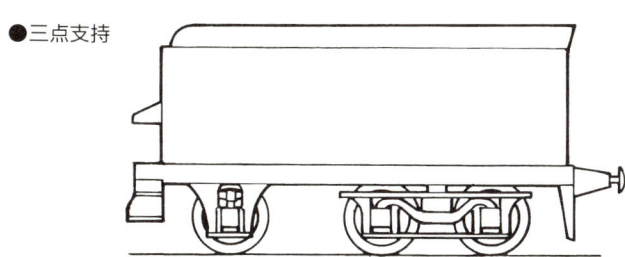

●三点支持

三点支持法：3軸で後の2軸がボギー台車を形成しているもの。前1軸の左右と後の台車中央で支持する。
（例，8550，9850）

四点支持法：3軸が板台枠に取り付けられている。独立した前1軸の左右，後2軸は左右別にイコライザーで各担バネと結んでいるので計4点となる。
（例，8620，C56）

●四点支持

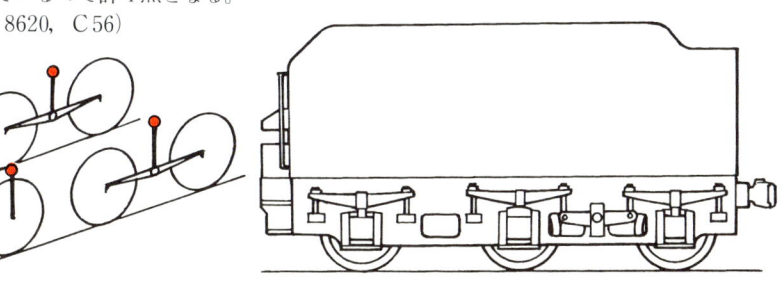

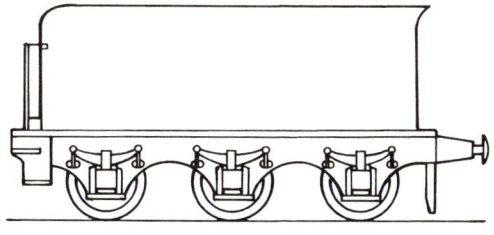

●六点支持

六点支持法：3軸でイコライザーを使わないもの。3軸共独立しているので各軸左右の6点で支持する。
（例，6250，5680）

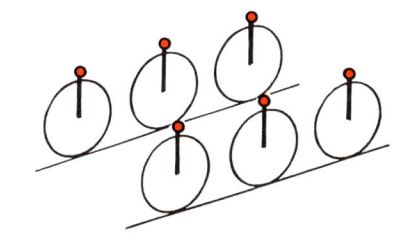

炭水車② 炭水車用ボギー台車

〈炭水車ボギー台車〉

2軸で1組のボギーを形成し、台車台枠は圧延鋼板あるいは鋳鋼製で、機関車台車と異り復元装置は付いていない。又負荷状態も異なるので、高速でのバック運転は脱線の恐れがある。

〈鋳鋼ボギー台車〉

D51前期型、C55、C57(一次)等に使われた。上揺れ枕、下揺れ枕、枕バネ、揺れ枕釣り、台車台枠、車輪で一組のボギーが構成される。車輪は軸箱を介して取り付けられている。テンダー台枠横梁の心皿が上揺れ枕中央の受に中心ピンではまるので、重量は上揺れ枕から枕バネ、下揺れ枕、揺れ枕ピン、揺れ枕釣り、揺れ枕釣りピン、台車台枠、軸バネを経て軸箱、車輪の順にかかる。

2つの台車の2点でテンダーを支持するが、左右の横揺れに際しては上揺れ枕の両端にある側受とテンダー台枠横梁の側受が当って、それ以上には傾斜しない様になっている。

●12-17 炭水車台車

(図中の名称: 車輪、油ツボ、台車台枠、枕バネ、下揺れ枕、揺れ枕釣りピン、揺れ枕釣り、揺れ枕ピン、軸バネが入る、軸箱、制動梁、ブレーキ引棒、引棒受、横枠、釣りピン、心皿、上揺れ枕、側受)

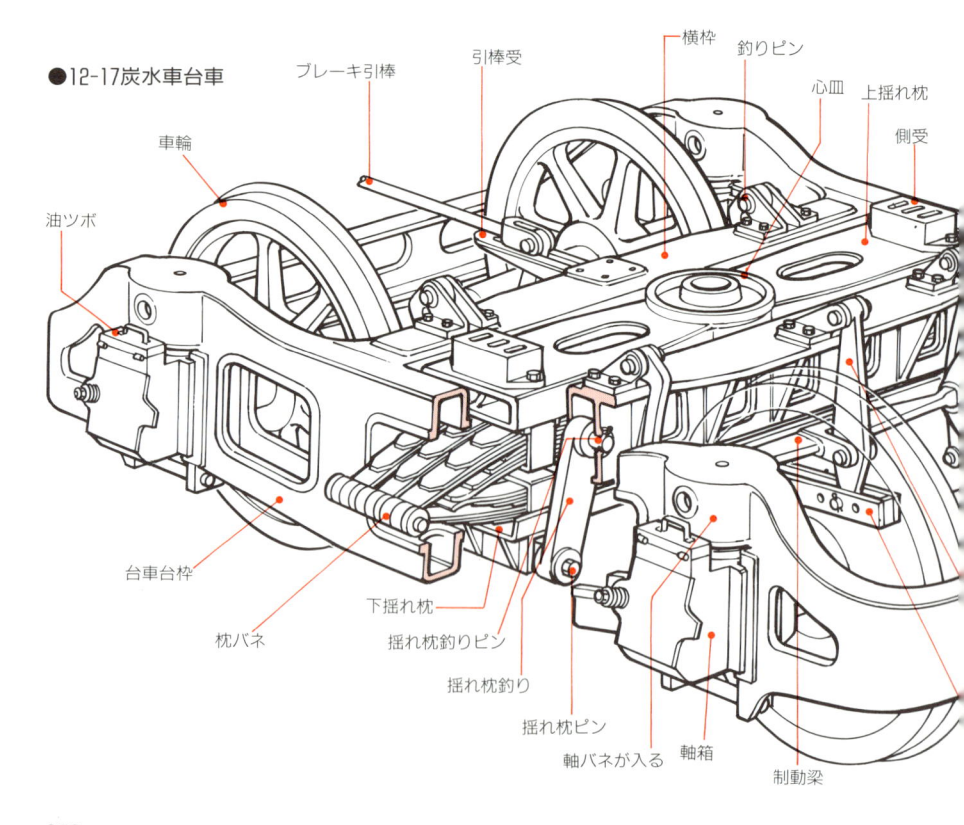

炭水車

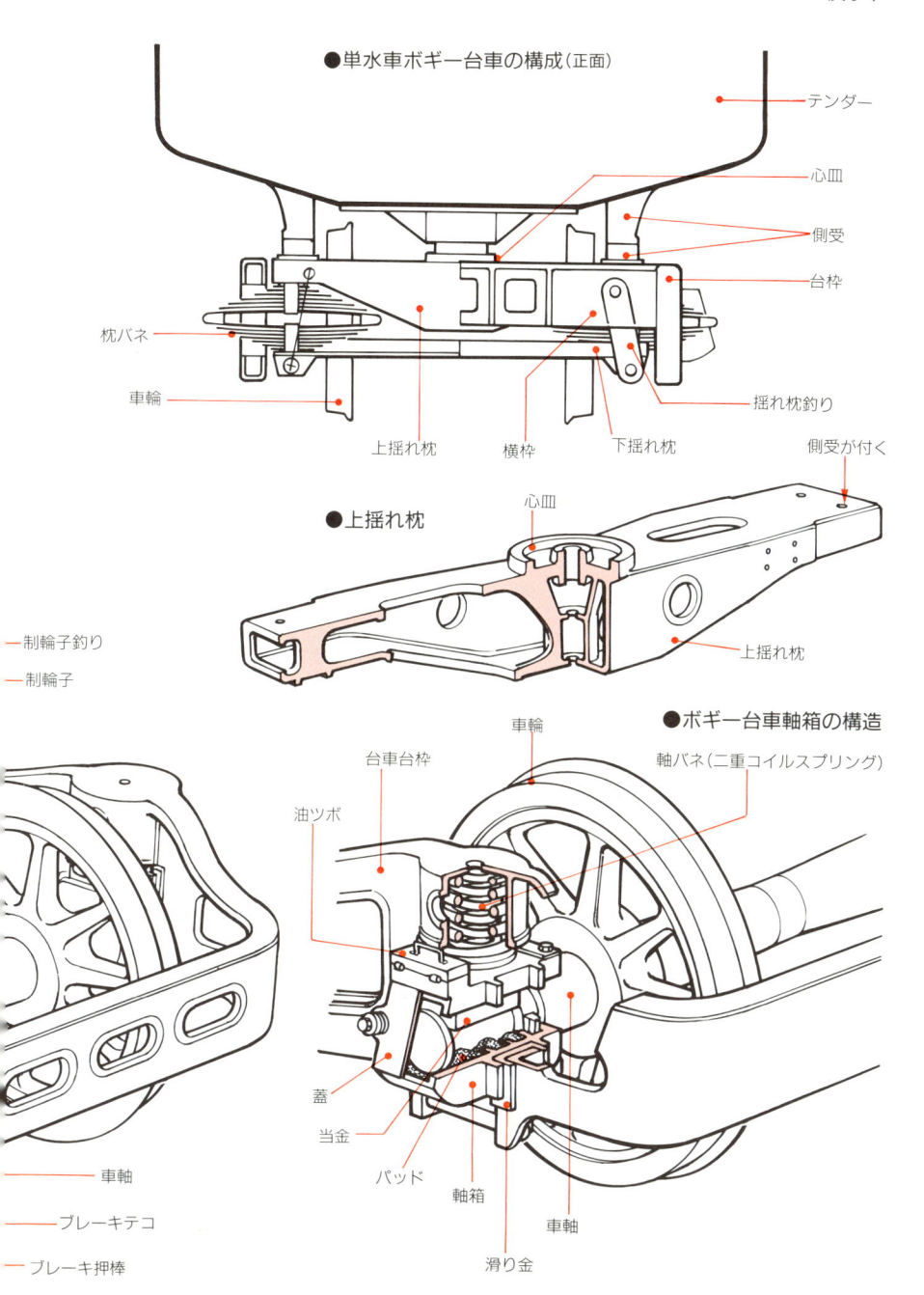

● 単水車ボギー台車の構成（正面）

- テンダー
- 心皿
- 側受
- 台枠
- 揺れ枕釣り
- 側受が付く
- 下揺れ枕
- 横枠
- 上揺れ枕
- 車輪
- 枕バネ

● 上揺れ枕

- 心皿
- 上揺れ枕
- 制輪子釣り
- 制輪子

● ボギー台車軸箱の構造

- 車輪
- 軸バネ（二重コイルスプリング）
- 台車台枠
- 油ツボ
- 蓋
- 当金
- パッド
- 軸箱
- 車軸
- 滑り金
- 車軸
- ブレーキテコ
- ブレーキ押棒

309

炭水車 ③ コロ式ボギー台車

〈コロ式ボギー台車〉
　前記の台車と構造は同じだが、軸箱がコロ軸受（ローラーベアリング）になっている。車軸と受金との摩擦抵抗が大幅に減少し、戦後に製造のC59, C61, C62に使用された。

〈コロ軸受〉（ローラーベアリング）
　内、外側レースの間に円錐形のコロを2列並べ、内側レースと車軸との間にスリーブを入れて固定する。レース断面とコロの勾配は一致しているので平行に回転し、2列のコロの向きを図の様に反対にすると、車軸は回転中、軸方向に推力を発生して安定した走行ができる。スリーブは締付ナットで押さえ、コロの摩耗で軸受けと遊間ができるとシムの厚さで調整する。

●コロ軸受断面

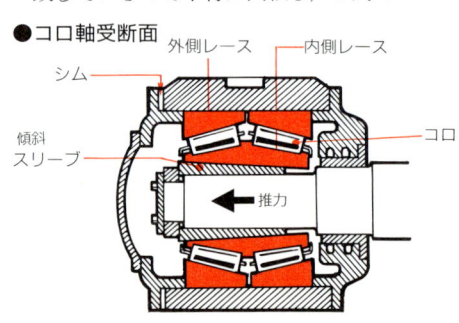

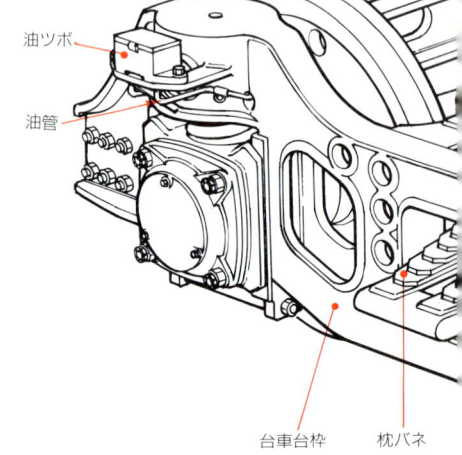

●コロ軸受の構造

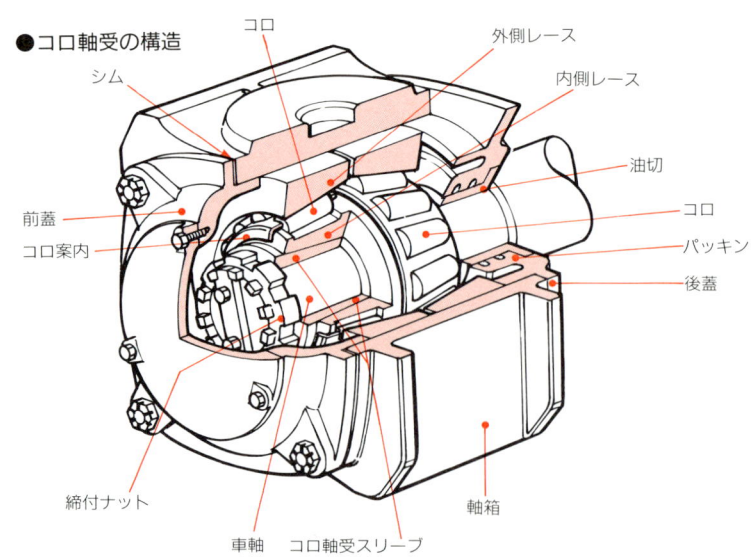

炭水車

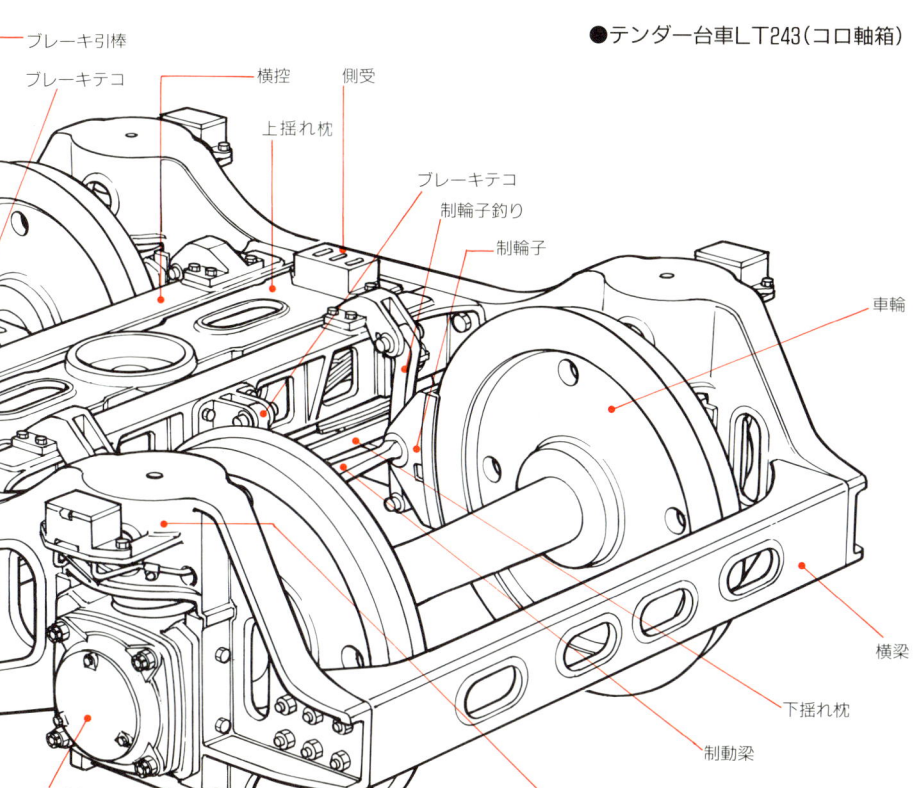

●テンダー台車LT243（コロ軸箱）

- ブレーキ引棒
- ブレーキテコ
- 横控
- 側受
- 上揺れ枕
- ブレーキテコ
- 制輪子釣り
- 制輪子
- 車輪
- 横梁
- 下揺れ枕
- 制動梁
- コロ軸箱
- コイルバネ（軸バネ）入る

①1925年（大正14年）②4-6-2 ③82.5t ④49.5t ⑤8×20 ⑥20.0m ⑦1600mm ⑧450×660 ⑨14.0kg/cm² ⑩1250ps ⑪90km/h

米国アルコ社製で三気筒の参考に6両を輸入。　●C52

311

炭水車④ 板台枠台車と菱形台車

〈板台枠ボギー台車〉

　圧延鋼板の板台枠に2ヶ所欠切りをし、軸箱守を取り付けて軸箱を入れ、それぞれに担バネが付く。左右の板台枠は横枠と横梁で結び、横枠の心皿に炭水車台枠が結合する。横枠にはブレーキ装置、水槽の揺れ防止の側受を設置する。

〈菱形ボギー台車〉

　D52や一部のD51、C58に使用されたが、従来のボギー台車に較べて相当に簡単な作りになっている。

　側枠は軸箱と一体となっており、内側にブレーキ装置が付く。左右は控で固定しないで揺れ枕のみでつながっている。揺れ枕の中央の心皿はテンダーと結合し、両端の前後には溝を設けてそこに側枠がはまり枕バネを入れる。側枠は揺れ枕の溝を上下し、左右の移動はその遊間のみ動く事ができる。

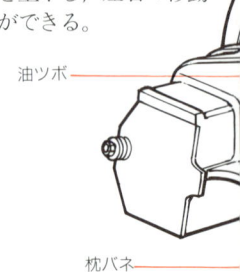

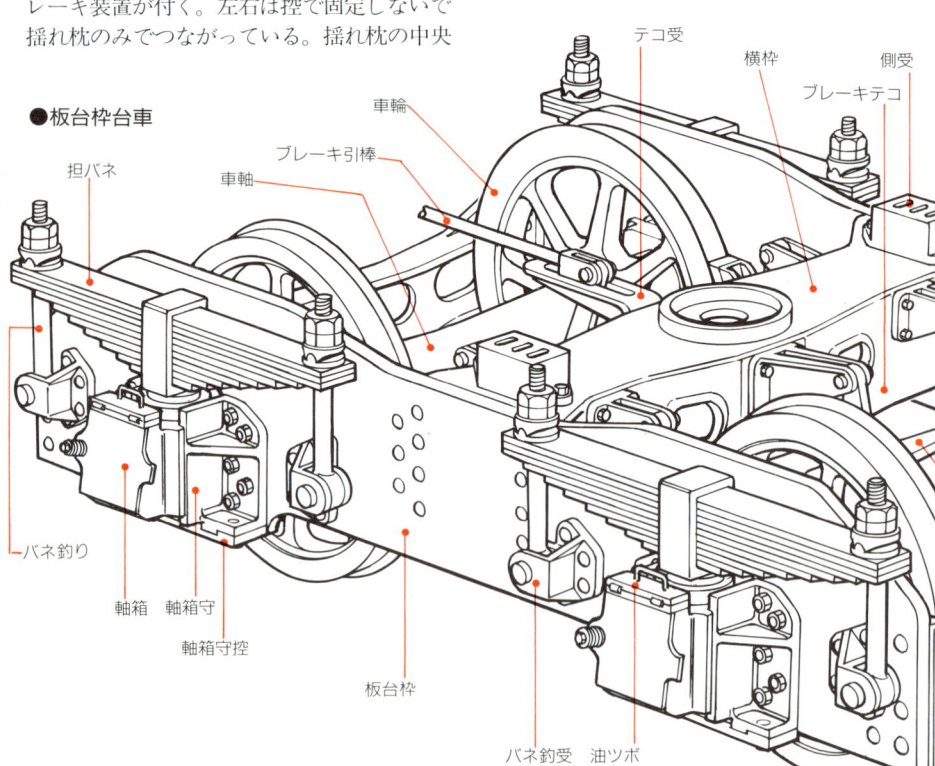

●板台枠台車

312

炭水車

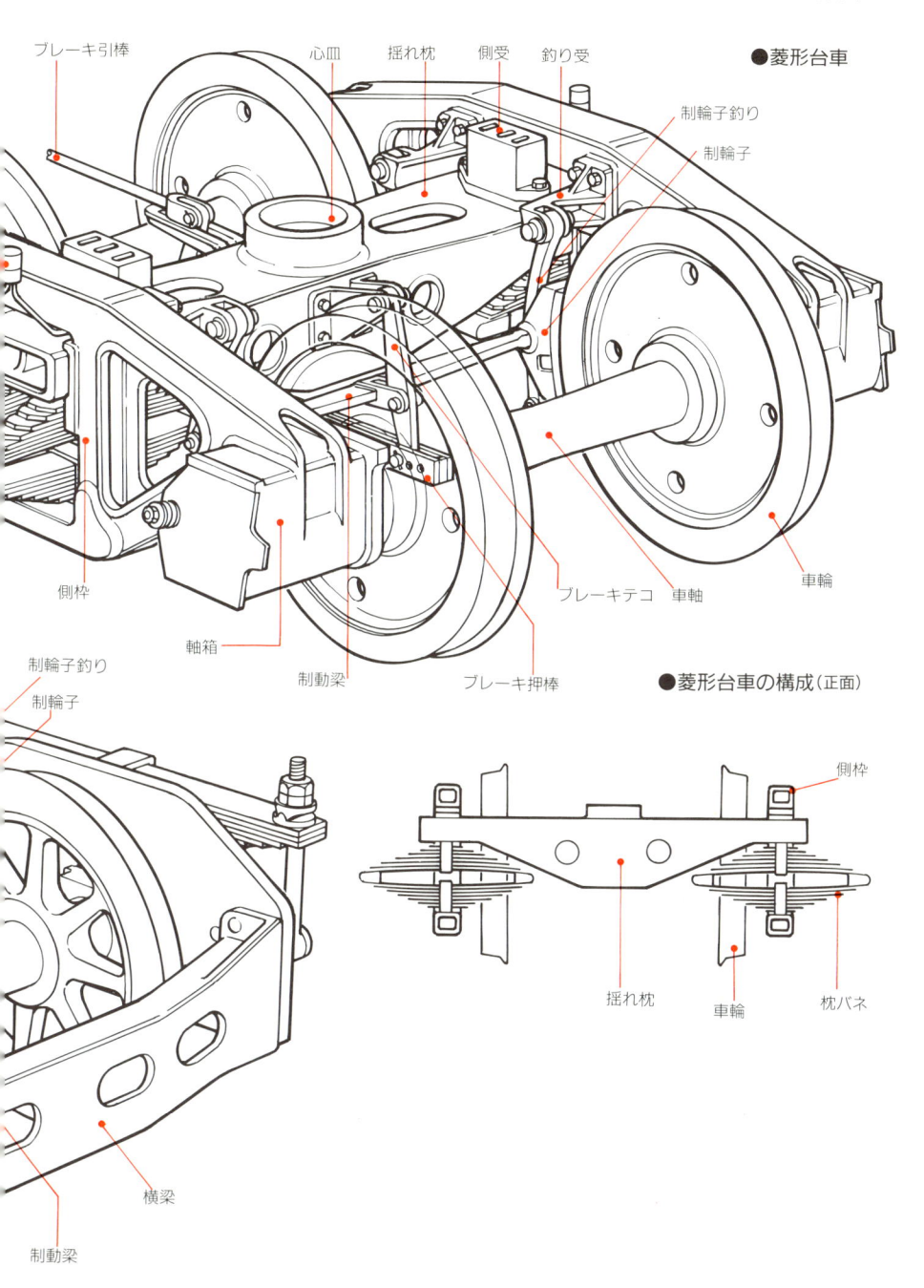

●菱形台車

- ブレーキ引棒
- 心皿
- 揺れ枕
- 側受
- 釣り受
- 制輪子釣り
- 制輪子
- 側枠
- 軸箱
- 制動梁
- ブレーキ押棒
- ブレーキテコ
- 車軸
- 車輪

●菱形台車の構成（正面）

- 制輪子釣り
- 制輪子
- 横梁
- 制動梁
- 揺れ枕
- 車輪
- 側枠
- 枕バネ

313

炭水車⑤ 台枠付炭水車(3軸)

〈炭水車名称〉

　古くは450立方フィート炭水車とか, 20立方米 炭水車と呼ばれて水溶量のみを表示していたが, 後に石炭の容量も示す事になって12－17炭水車とか8－20炭水車と呼ばれる様になった。これは石炭12 t と水17m³, 石炭 8 t と水20m³を積載している事を表している。同じ容量でも設計や改造順にA, B, Cとアルファベットが付き12－17Cと云う様になる。又

● 6-13 台枠付炭水車(3軸)

ラベル:
- 手ブレーキハンドル
- 取水コック(締切コック)
- 石炭取出口
- 前端梁
- 中間緩衝器
- ドローパー
- 石炭取出口戸
- 石炭庫
- ブレーキ軸
- 水ホース
- ブレーキ装置
- ステップ
- 車輪
- 担バネ
- 軸箱
- 中央梁

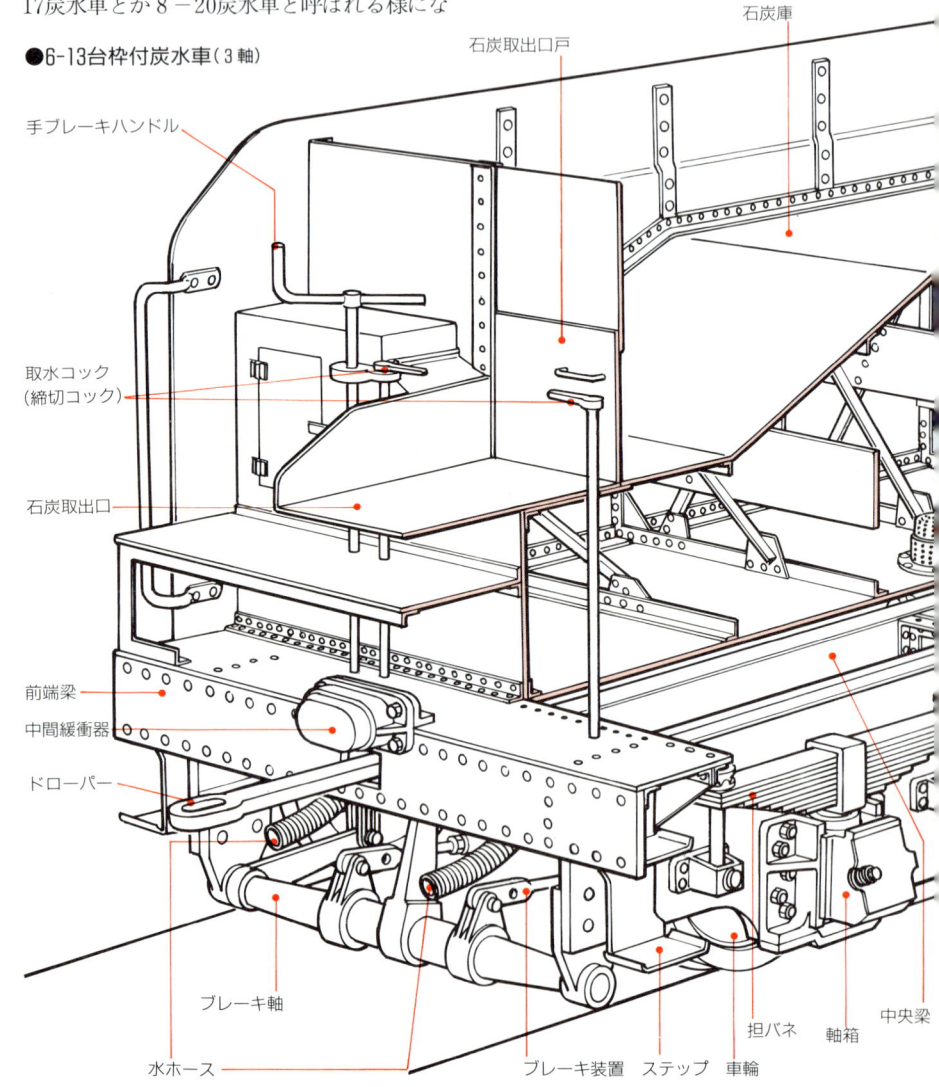

314

炭水車

10−17SのSはストーカー付という事である。
　尚, 石炭 1 t で 5〜6 m³位の水を消費(蒸気に変える)する。

〈台枠付炭水車〉
　図は車輪三軸の450立方フィート炭水車で, 左右側面を板台枠とし, その前後に端梁を付けて中央前後に補強のために溝形鋼を通し台枠を形成する。途中に横梁を設けて水槽底部と鋲接する。
　台枠前部に中間緩衝器, ドローパー連結装置が, 後部は自動連結装置が付く。

●水槽底部取水口

取水コックハンドル
テンダー前板
取水口
テンダー底板
取水口筒
締切コック
水管
後端梁
後ステップ
釣合梁(イコライザー)
水槽
取水口
横梁
バネ釣り
板台枠
水槽控
控板

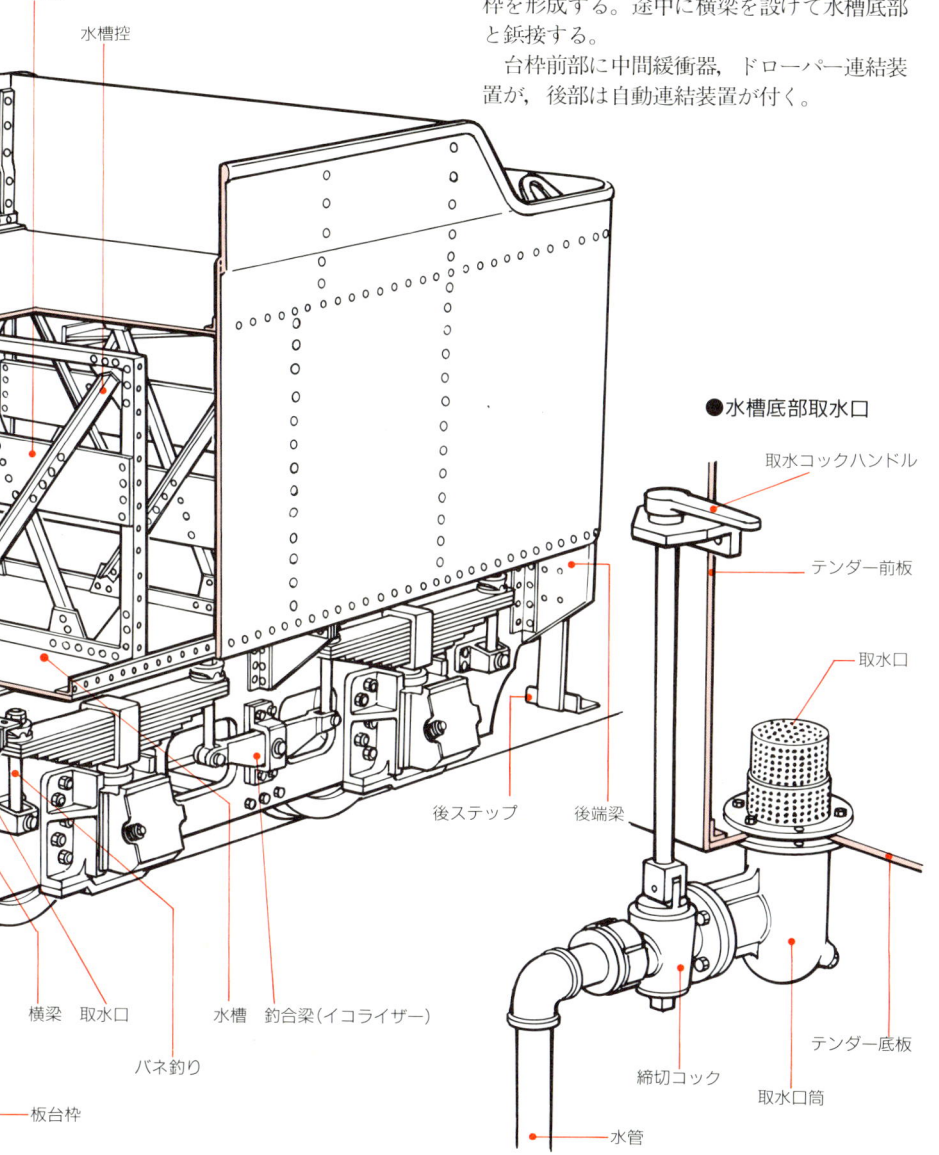

315

炭水車⑥ 台枠付炭水車（4軸）

ボギー台車を使用するものは，中央前後に太い溝形鋼2本を通し，前後は端梁，左右は側梁で囲み，横，斜めに梁を設け，ガゼット鋼で補強する。横梁中央には台車と結合する心皿を設け，両端には台車上揺れ枕の側受と接するテンダー横揺れ防止の側受が付く。

水槽底部に山形鋼を鋲付し，これと台枠とをボルトで結合させる。

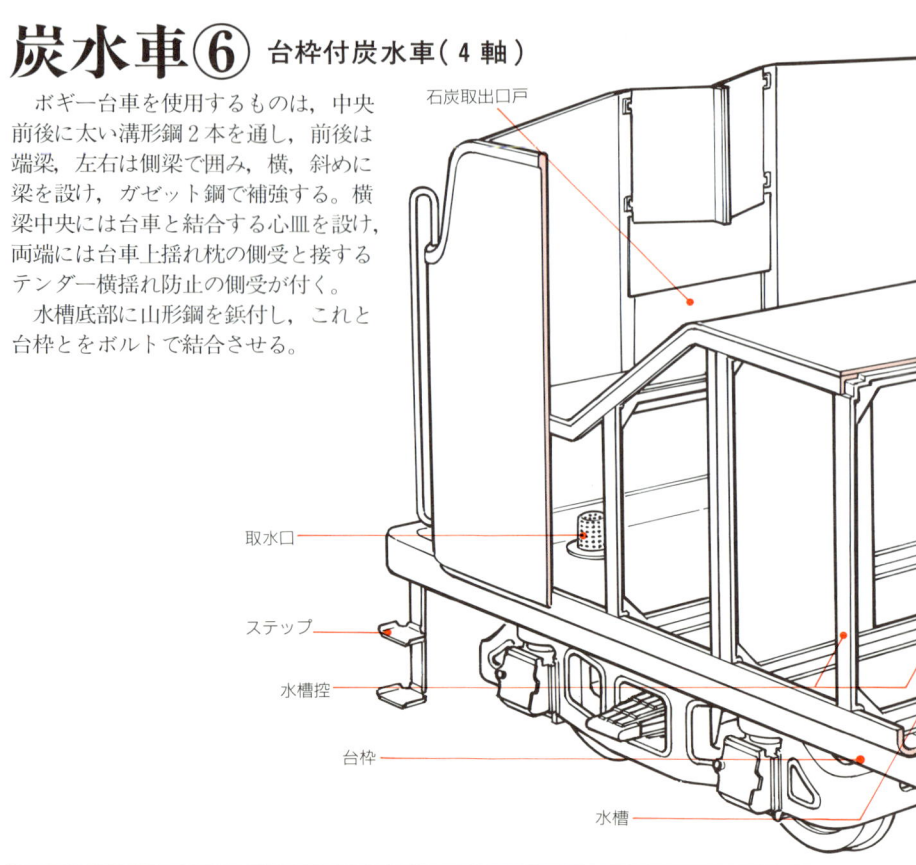

石炭取出口戸
取水口
ステップ
水槽控
台枠
水槽

● E10　国鉄最大のタンク機で最後の新製蒸機。　①1948年（昭和23年）②2-10-4 ③102.1t ④—— ⑤4×8.1 ⑥14.5m ⑦1250㎜ ⑧550×660 ⑨16.0kg/㎠ ⑩1300ps ⑪65km/h

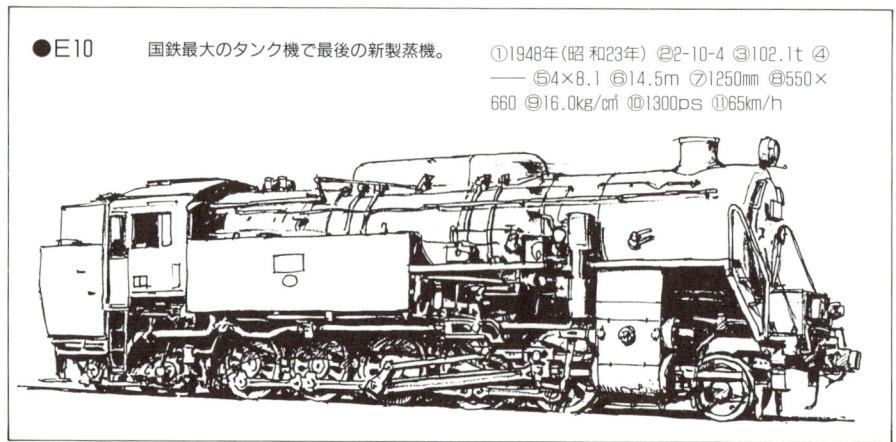

炭水車

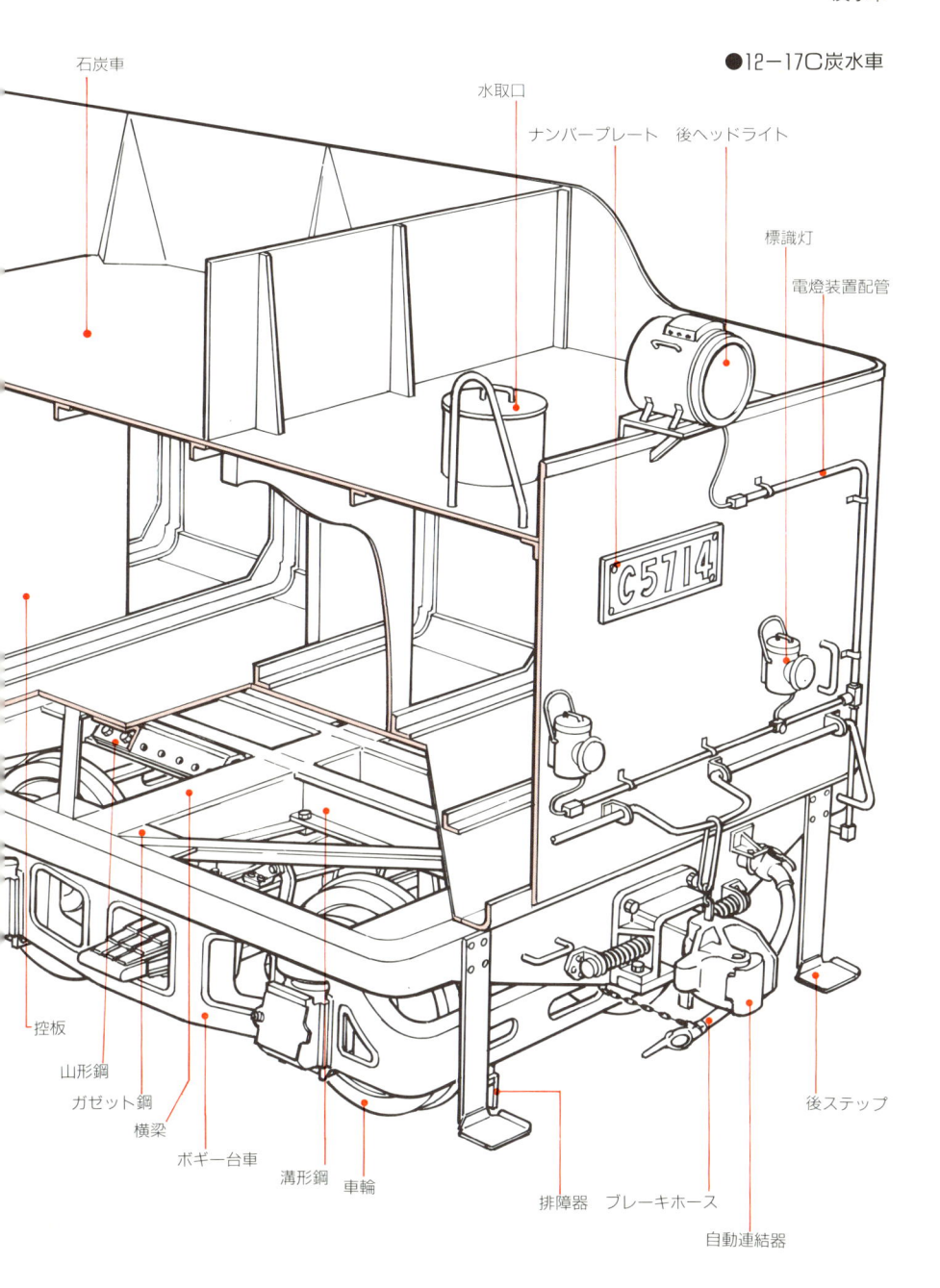

●12-17C炭水車

- 石炭車
- 水取口
- ナンバープレート
- 後ヘッドライト
- 標識灯
- 電燈装置配管
- 控板
- 山形鋼
- ガゼット鋼
- 横梁
- ボギー台車
- 溝形鋼
- 車輪
- 排障器
- ブレーキホース
- 自動連結器
- 後ステップ

317

炭水車⑦ 舟底形炭水車

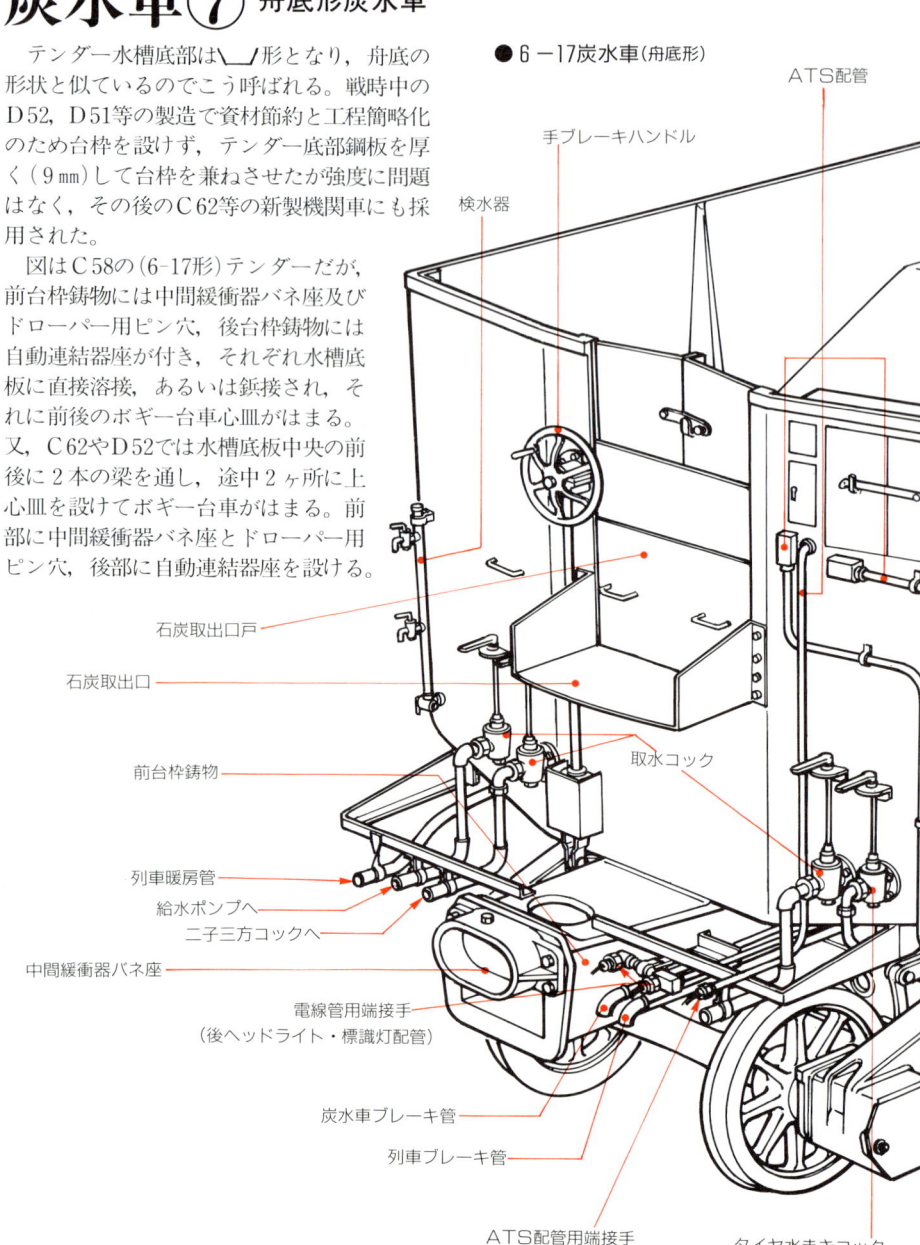

テンダー水槽底部は_/形となり，舟底の形状と似ているのでこう呼ばれる。戦時中のD52，D51等の製造で資材節約と工程簡略化のため台枠を設けず，テンダー底部鋼板を厚く（9mm）して台枠を兼ねさせたが強度に問題はなく，その後のC62等の新製機関車にも採用された。

図はC58の(6-17形)テンダーだが，前台枠鋳物には中間緩衝器バネ座及びドローパー用ピン穴，後台枠鋳物には自動連結器座が付き，それぞれ水槽底板に直接溶接，あるいは鋲接され，それに前後のボギー台車心皿がはまる。又，C62やD52では水槽底板中央の前後に2本の梁を通し，途中2ヶ所に上心皿を設けてボギー台車がはまる。前部に中間緩衝器バネ座とドローパー用ピン穴，後部に自動連結器座を設ける。

● 6-17炭水車（舟底形）

- ATS配管
- 手ブレーキハンドル
- 検水器
- 石炭取出口戸
- 石炭取出口
- 前台枠鋳物
- 列車暖房管
- 給水ポンプへ
- 二子三方コックへ
- 中間緩衝器バネ座
- 電線管用端接手（後ヘッドライト・標識灯配管）
- 取水コック
- 炭水車ブレーキ管
- 列車ブレーキ管
- ATS配管用端接手
- タイヤ水まきコック

炭水車

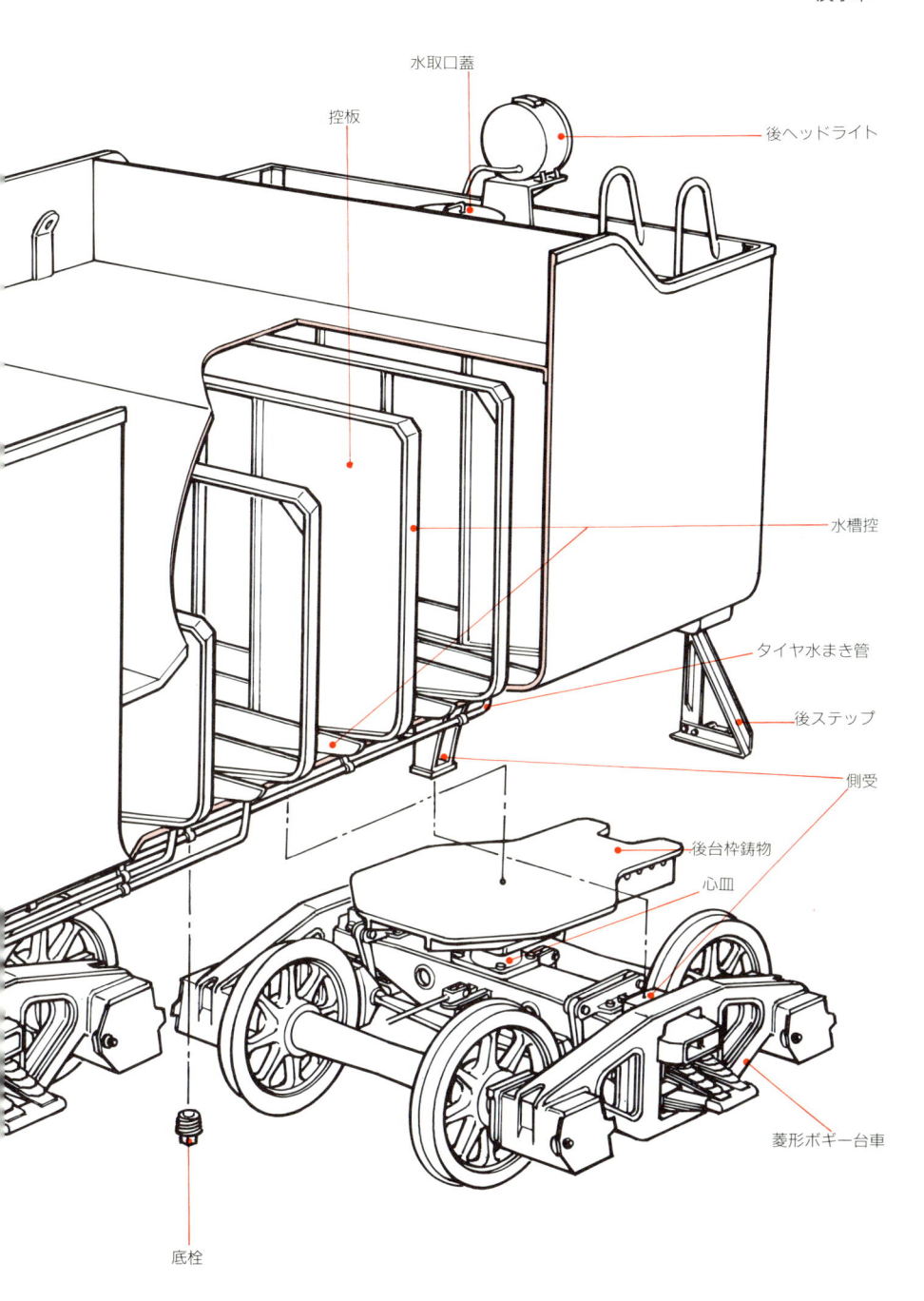

水取口蓋
控板
後ヘッドライト
水槽控
タイヤ水まき管
後ステップ
側受
後台枠鋳物
心皿
菱形ボギー台車
底栓

319

タンク形機関車① 水タンク位置と名称

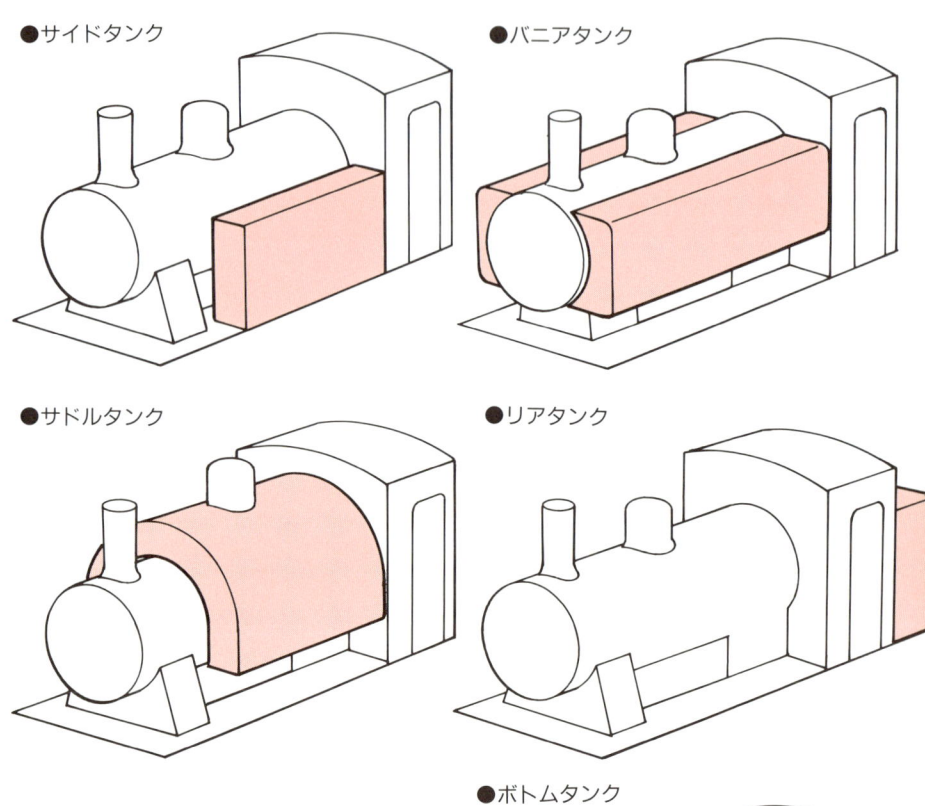

● サイドタンク

● バニアタンク

● サドルタンク

● リアタンク

● ボトムタンク
（ウェルタンク）

〈水タンクの位置と名称〉
　タンク機の水タンクは図の様な位置に置くが、色々と組合せる場合もある。（例えばC11はリヤタンクとサイドタンクを組合せている。）組合せた場合は各水タンクを連通管でつなぐので水位は一定となり、水も各タンクから順番にではなく平均して使う事になる。又、リヤタンク以外の位置にあるものは、特に夏季ではタンクの水にボイラーの熱が伝わって注水器の使用ができなくなる虞れがあるので、有火で長く駐車している場合は水を取換える必要もある。

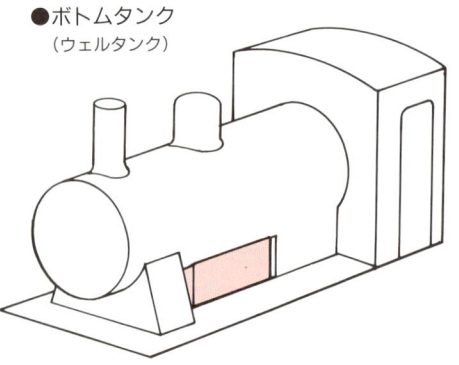

タンク形機関車

①1930年(昭和5年) ②2-6-4 ③69.7t ④—— ⑤3×7 ⑥12.7m ⑦1520mm ⑧450×610 ⑨15.0kg/c㎡ ⑩610ps ⑪85km/h
近代型タンク機で都市近郊の快速列車を牽引。●C10

●C11　タンク機の代表。大井川鉄道で運行中。
①1932年(昭和7年) ②2-6-4 ③66.1t ④—— ⑤3×7 ⑥12.7m ⑦1520mm ⑧450×610 ⑨15.0kg/c㎡ ⑩610ps ⑪85km/h

●B20
国鉄最小クラスの入換機で飽和蒸機。

①1944年(昭和19年) ②0-4-0 ③20.3t ④—— ⑤0.9×2.5 ⑥7.0m ⑦860mm ⑧300×400 ⑨13.0kg/c㎡ ⑩310ps ⑪45km/h

321

タンク機関車② タンク機水管装置

①石炭庫・後水タンク ②後取水口コシアミ ③注水器取水口 ④送水締切コック ⑤吸水管 ⑥溢れ管 ⑦取水締切コック ⑧水まき注水器 ⑨底栓 ⑩連通管 ⑪二子三方コック ⑫取水管 ⑬注水器 ⑭二子三方コックハンドル ⑮石炭・床用水まき管 ⑯石炭水まき管 ⑰タイヤ水まき管 ⑱レール水まき管 ⑲蒸気分配箱 ⑳止弁 ㉑止弁 ㉒蒸気管 ㉓前取水口

● E10型機関車水管装置（給水ポンプ・注水器）

㉔送水締切コック ㉕塵漉し ㉖吸込管 ㉗側水タンク ㉘水取口蓋 ㉙給水ポンプ ㉚送り出し管 ㉛給水管 ㉜蒸気管 ㉝逆止弁 ㉞給水温め器

（石炭床水まき管はテンダー車参照）

〈タンク機関車〉

　構内の入換え作業や短区間の運転に適する様に、バック運転にも備えて後部タンクの左右上部を下げて視界を妨げない形状になっている。石炭庫は中央上に位置し、その境から水タンクとしてあり、ボイラー脇にも水タンクを備えている。

　C11形を例にとると、後水タンクと側水タンクの水は連通管でつながり、その途中に吸込管、及び水まき用の取水管が付く。水は取水口のコシアミでゴミを取り除いて吸込管から注水器でボイラーへ、取水管より三方コックで灰箱や動輪タイヤとレール面（第一動輪前、第三動輪後）に散水する。石炭や運転室床への散水は助士側注水器の止弁を開いて行う。水タンクは内部にL字形鋼控や板で補強をし、歪みやブレーキ等での水の移動を防止している。水タンク水取口は内部の清掃、点検ができる様に人が入れる大きさになっている。

タンク形機関車

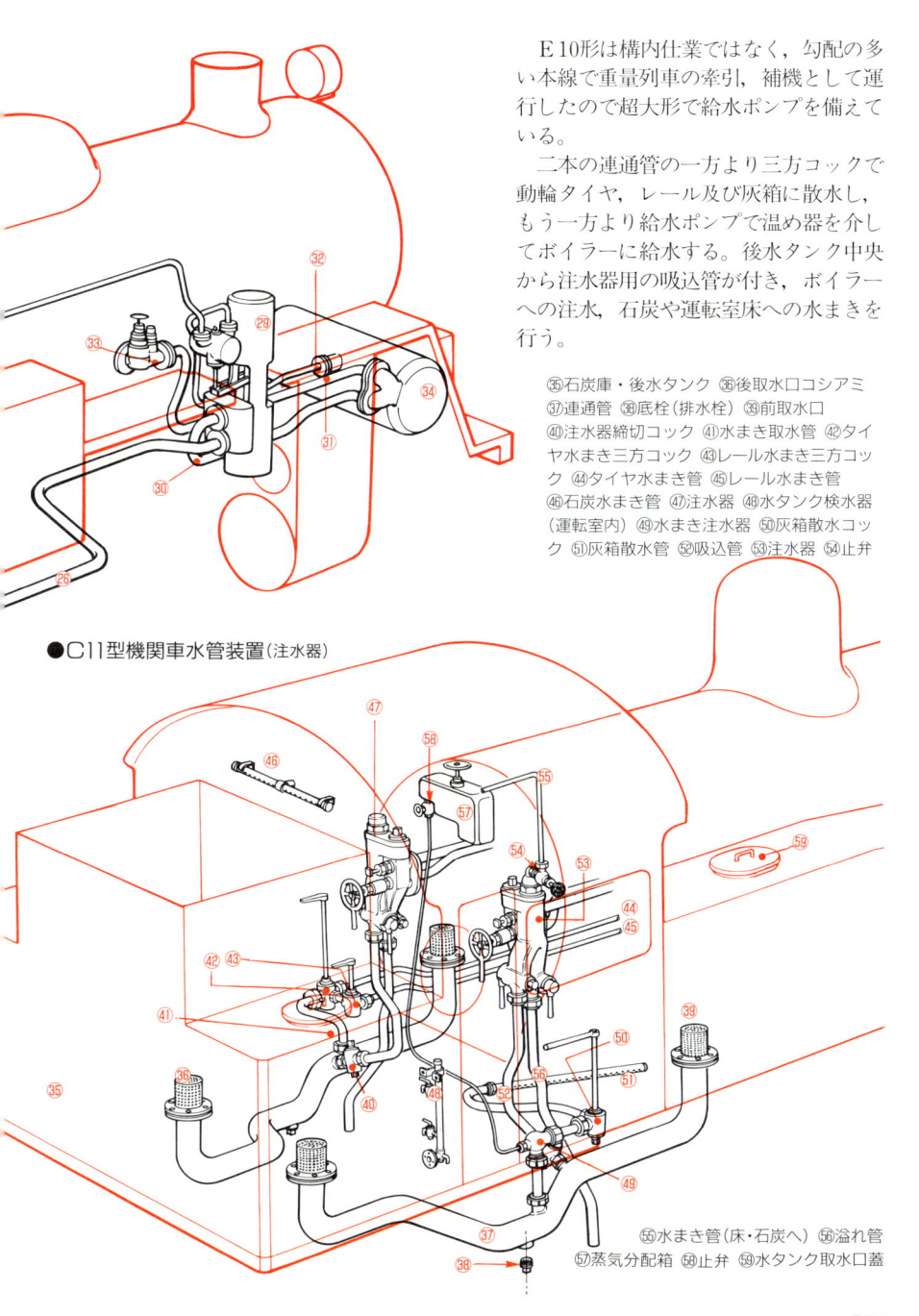

　E10形は構内仕業ではなく，勾配の多い本線で重量列車の牽引，補機として運行したので超大形で給水ポンプを備えている。

　二本の連通管の一方より三方コックで動輪タイヤ，レール及び灰箱に散水し，もう一方より給水ポンプで温め器を介してボイラーに給水する。後水タンク中央から注水器用の吸込管が付き，ボイラーへの注水，石炭や運転室床への水まきを行う。

㉟石炭庫・後水タンク ㊱後取水口コシアミ ㊲連通管 ㊳底栓(排水栓) ㊴前取水口 ㊵注水器締切コック ㊶水まき取水管 ㊷タイヤ水まき三方コック ㊸レール水まき三方コック ㊹タイヤ水まき管 ㊺レール水まき管 ㊻石炭水まき管 ㊼注水器 ㊽水タンク検水器(運転室内) ㊾水まき注水器 ㊿灰箱散水コック 51灰箱散水管 52吸込管 53注水器 54止弁

● C11型機関車水管装置(注水器)

55水まき管(床・石炭へ) 56溢れ管 57蒸気分配箱 58止弁 59水タンク取水口蓋

323

蒸気機関車の運転

蒸気機関車は自らのエネルギーで走るので効率良く蒸気を作り，又使わなければならない。それに天候，時間，勾配，牽引重量，罐のクセ，助士との呼吸等々，条件は常に違うので，安全第一に運行するには特殊な技術も必要だが，発車から停止まで大体どんな操作が行われるかを表にまとめた。

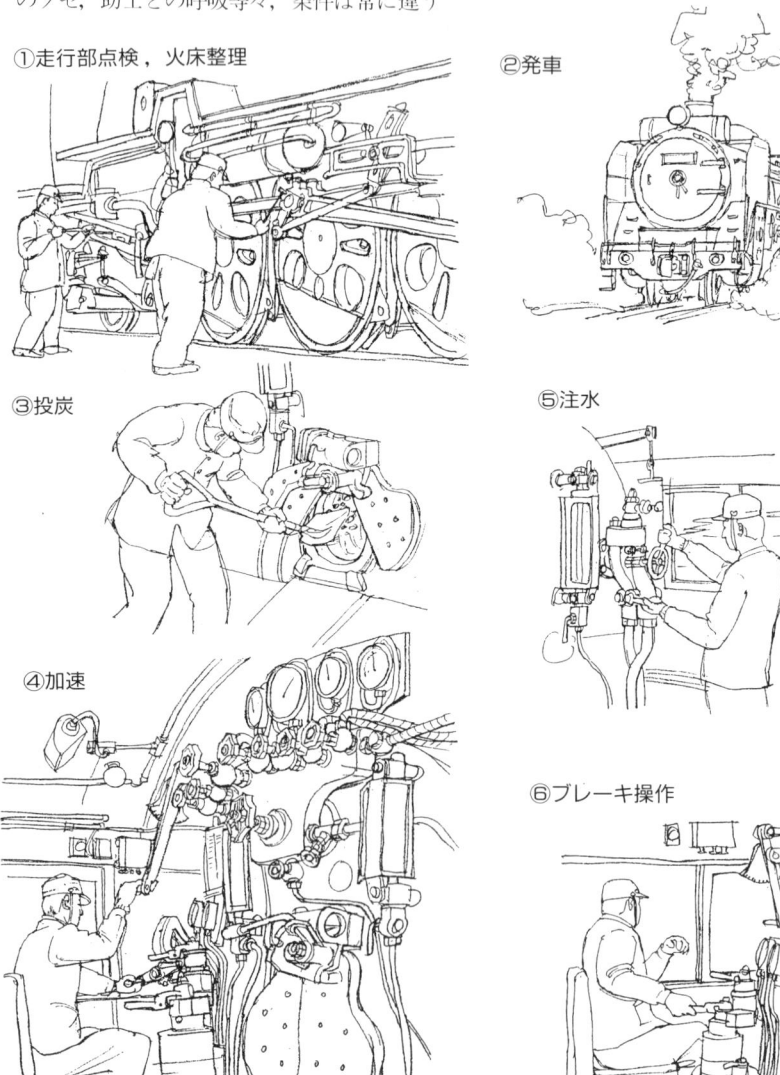

①走行部点検，火床整理

②発車

③投炭

⑤注水

④加速

⑥ブレーキ操作

運転

	機 関 士	助 士
発車前	・オイル，走行部点検 ・各機器類の機能を確認 ・空気圧縮機の作動（6.5kg/㎠で停止） ・ブレーキテスト ・バイパス弁，シリンダー排水弁（開） ・自動及び単独ブレーキ弁を「運転位置」にする ・逆転機を前進フルギアにする	・溶栓点検 ・火床整理 ・灰箱清掃 ・ボイラー水位（85%位） ・ブロア止弁を開いて投炭 （通風の良い火床後部に最も厚く，次に両側，通風の悪い前部は薄く撒布） ・安全弁が噴出寸前まで蒸気圧を上げる
発車	・信号確認 ・バイパス弁を閉じる ・シリンダー排水弁を閉じる ・発車の汽笛を鳴らす ・加減弁を少し開いて動輪1回転で逆転機を10～15%位引上げる ・シリンダー排水弁を開く ・加減弁を徐々に開きつつ，逆転機を排気1回ごとに引上げて加速する ・発車30秒位までに加減弁を満開にする（カットオフ30～40%） ・シリンダー凝水を完全に排出したら排水弁を閉める	・ブロア止弁を閉じる ・信号確認 ・投炭
加速，力行	・逆転機を操作して平坦線ではカットオフ（締切率20～30%）を小さく，上り勾配ではカットオフを大きくする（30～40%） ・上り勾配で動輪が空転しそうになるとレールに砂を撒布する	・投炭 ・必要に応じて給水ポンプを作動
惰行（絶気）	・逆転機をミッドギアまで引上げる ・加減弁をゆっくり閉じる ・シリンダー圧力5kg/㎠以下を確認してバイパス弁を開く ・シリンダー排水弁を開く ・逆転機を前進フルギアにする	・ブロア止弁を開いて煙室の通風を良くする ・ボイラー注水（注水器）
ブレーキ操作	・自動ブレーキ弁ハンドルを「常用ブレーキ位置」に（減圧0.4～1.4kg/㎠以内） ・「重なり位置」に（空気圧縮機作動） ・必要に応じて追加減圧（全累計1.4kg/㎠以内）（「常用ブレーキ位置」→「重なり位置」） ・「弛め，込め位置」（2，3秒）（ブレーキ管0.2kg/㎠加圧） ・「重なり位置」に ・「弛め，込め位置」（2，3秒） ・「重なり位置」 ・停止直前に「運転位置」	ブレーキの状態 全車両にブレーキがかかる ブレーキを保つ（減速） 約40km/hに減速 「段階緩め」で車両への制動力を弱める 約20km/hに減速 「段階緩め」 減速 全車両がブレーキを解除して停止
停止	・単独ブレーキ弁を「緩ブレーキ位置」に ・長く停止の場合は逆転機をミッドギアにする	機関車のみブレーキ

索 引

〈ア行〉
アーチ管・・・・・・・・・・・・・・・・・・・・・・・・・・・・・・44
圧力調圧器・・・・・・・・・・・・・・・・・・・・・・・・・・220
圧力計・・・・・・・・・・・・・・・・・・・・・・・・・・・・・・・80
油ポンプ・・・・・・・・・・・・・・・・・・・・・・・・・・・・266
洗栓・・・・・・・・・・・・・・・・・・・・・・・・・・・・・・・・・44
アルコ式回転弁・・・・・・・・・・・・・・・・・・・・・・152
イコライザー・・・・・・・・・・・・・・・・・・・163, 187
板式罐胴受・・・・・・・・・・・・・・・・・・・・・・・・108
板台枠・・・・・・・・・・・・・・・・・・・・・・・・・・・・106
板台枠ボギー台車・・・・・・・・・・・・・・・・・・312
一体式加減リンク・・・・・・・・・・・・・・・・・・・157
入換機ブレーキ装置・・・・・・・・・・・・・・・・262
インジェクター・・・・・・・・・・・・・・・・・・・・・・・84
ウォーター・ハンマー現象・・・・・・・・・・・・138
渦巻チリトリ・・・・・・・・・・・・・・・・・・・・・・・・231
内側給気・・・・・・・・・・・・・・・・・・・・・165, 166
上バネ式・・・・・・・・・・・・・・・・・・・・・・・・・・110
煙管・・・・・・・・・・・・・・・・・・・・・・・・・・・・・・・62
煙室・・・・・・・・・・・・・・・・・・・・・・・・・・・・・・・76

〈カ行〉
外火室・・・・・・・・・・・・・・・・・・・・・・・・・・・・・44
回転火の紛め・・・・・・・・・・・・・・・・・・・・・297
カウキャッチャー・・・・・・・・・・・・・・・・・・・・18
カウンターウェイト・・・・・・・・・・・・・・・・・158
加減弁・・・・・・・・・・・・・・・・・・・・・・・・・・・・・68
加減リンク・・・・・・・・・・・・・・・・・・・・・・・・156
火格子・・・・・・・・・・・・・・・・・・・・・・・・・44, 54
火室・・・・・・・・・・・・・・・・・・・・・・・・・・・・・・・44
ガゼット控・・・・・・・・・・・・・・・・・・・・・・・・・43
風戸・・・・・・・・・・・・・・・・・・・・・・・・・・・・・・・58
過熱管・・・・・・・・・・・・・・・・・・・・・・・・・・・・・66
過熱器・・・・・・・・・・・・・・・・・・・・・・・・・・・・・23
過熱蒸気機関車・・・・・・・・・・・・・・・・・・・118
可変吐出管・・・・・・・・・・・・・・・・・・・・・・・・78
側控・・・・・・・・・・・・・・・・・・・・・・・・・・・・・・・42
罐水・・・・・・・・・・・・・・・・・・・・・・・・・・・・・・・40
罐水清浄装置・・・・・・・・・・・・・・・・・・・・・102
罐水吐出装置・・・・・・・・・・・・・・・・・・・・・105
乾燥管・・・・・・・・・・・・・・・・・・・・・・・・・・・・・65
罐台・・・・・・・・・・・・・・・・・・・・・・・・・・・・・・112
罐胴・・・・・・・・・・・・・・・・・・・・・・・・・・・・・・・38
罐内管装置・・・・・・・・・・・・・・・・・・・・・・・・68
生蒸気・・・・・・・・・・・・・・・・・・・・・・・・・・・・・56

汽笛・・・・・・・・・・・・・・・・・・・・・・・・・・・・・・・82
逆転弁・・・・・・・・・・・・・・・・・・・・・・・・・・・・・88
給気弁・・・・・・・・・・・・・・・・・・・・・・・・・・・222
給水温め器・・・・・・・・・・・・・・・・・・・・・・・・92
給水装置・・・・・・・・・・・・・・・・・・・・・・・・・・84
給水ポンプ・・・・・・・・・・・・・・・・・・・・・・・・・86
給油装置・・・・・・・・・・・・・・・・・・・・・・・・・264
狭火室・・・・・・・・・・・・・・・・・・・・・・・・・・・・・46
空気圧縮機・・・・・・・・・・・・・・・・・・・・・・・212
空気式砂まき装置・・・・・・・・・・・・・・・・・274
空気式排水装置・・・・・・・・・・・・・・・・・・140
空気チリコシ・・・・・・・・・・・・・・・・・・・・・・219
空気ピストン・・・・・・・・・・・・・・・・・・・・・・215
空気ブレーキ・・・・・・・・・・・・・・・・・・・・・・・19
空気ブレーキ装置・・・・・・・・・・・・・・・・・230
空気弁・・・・・・・・・・・・・・・・・・・・・・・・・・・134
組立式加減リンク・・・・・・・・・・・・・・・・・156
グラスホッパー型機関車・・・・・・・・・・・・・17
クランクピン・・・・・・・・・・・・・・・・・・・・・・・159
繰出管・・・・・・・・・・・・・・・・・・・・・・・・・・・215
グレスレー式弁装置・・・・・・・・・・・・・・・184
クロスヘッド・・・・・・・・・・・・・・・・・・・・・・155
高圧蒸気ピストン・・・・・・・・・・・・・・・・・218
広火室・・・・・・・・・・・・・・・・・・・・・・・・・・・・・46
コロ式ボギー台車・・・・・・・・・・・・・・・・・310

〈サ行〉
座付自動連結器・・・・・・・・・・・・・・・・・・・299
作用コック・・・・・・・・・・・・・・・・・・・・・・・・136
三気筒走行装置・・・・・・・・・・・・・・・・・・182
3点支持機関車・・・・・・・・・・・・・・・・・・・・17
軸配置・・・・・・・・・・・・・・・・・・・・・・・・・・・・・30
軸箱・・・・・・・・・・・・・・・・・・・・・・・・・・・・・110
下バネ式・・・・・・・・・・・・・・・・・・・・・・・・・110
自動給炭装置・・・・・・・・・・・・・・・・・・・・・50
自動給油器・・・・・・・・・・・・・・・・・・・・・・221
自動バイパス弁・・・・・・・・・・・・・・・・・・・143
自動ブレーキ・・・・・・・・・・・・・・・・・・・・・208
自動ブレーキ弁・・・・・・・・・・・・・・・224, 242
自動連結器・・・・・・・・・・・・・・・・・・・・・・298
締切位置・・・・・・・・・・・・・・・・・・・・・・・・・174
締切コック・・・・・・・・・・・・・・・・・・・・・・・・137
車輪・・・・・・・・・・・・・・・・・・・・・・・・・・・・・159
車輪配置・・・・・・・・・・・・・・・・・・・・・・・・・・16
集煙装置・・・・・・・・・・・・・・・・・・・・・・・・・294

従台車	186
従輪	159
手動式砂まき装置	275
手動式焚口戸	48
手動式排水装置	138
手動バイパス装置	142
主動輪	158
主連棒	160
瞬時灰落し装置	60
ジョイ式弁装置	180
消音器	212
蒸気室	120
蒸気室ブッシュ	125
蒸気止弁	74
蒸気溜	68
蒸気暖房管	276
蒸気吐出管	76
蒸気ピストン	214
蒸気分配箱	74
省形油ポンプ	266
除煙装置	292
知らせ穴	41
尻棒	127
シリンダー安全弁	139
シリンダー排水弁	139
シリンダー配置	116
シリンダー蓋	129
真空ブレーキ	19
シングルドライバー	21
心向1軸台車	200
心向2軸台車	204
心向棒	192
人力ブレーキ	18
吹鳴装置	82
水面計	100
スクリューカプラー	298
筋違控	43
スチーブンソン式弁装置	22, 176, 178
ストーカー	50
砂まき装置	274
スプリング式安全弁	15
滑り弁	88, 132
滑り弁式動力逆転機	150
スポーク動輪	158
清罐剤送入装置	104
制輪子	235
石炭噴射装置	53
石炭水まき装置	278

絶気運転	15
先台車	186
先輪	159
双頭レール	18
速度計	286
速度伝達装置	290
外側給気	164, 166

〈タ行〉

タービン調速装置	284
タービン発電機	282
耐火レンガ	46
大動輪	20
タイヤ取付装置	162
ダイヤモンドスタック	297
台枠	106
台枠付炭水車	315
焚口戸	48
縦置きボイラー	17
縦式空気弁	135
たわみ控	42
タンク機関車	322
タンク式蒸気機関車	37
単式空気圧縮機	212, 214
単式空気バイパス弁	144
単式ピストン蒸室	122
炭水車	36, 306
炭水車ボギー台車	308
単独ブレーキ弁	228, 256
暖房安全弁	276
中間緩衝器	304
鋳鋼ボギー台車	308
注水器	84
注水器繰出管	84
調圧器	220
直通ブレーキ	208
チリコシ	102
継手付自動連結器	301
筒ピストン弁	123
釣合い滑り弁	132
釣合梁	187
□形滑り弁	132
T型レール	18
テコ式逆転機	148
デフレクター	292
天井控	42
テンダー	36, 306
テンダー機関車用従台車	204

327

動力火格子 …………………………………56
動力逆転機 …………………………………150
動力式焚口戸 ………………………………48
動輪 …………………………………………158
動輪軸 ………………………………………110
時計装置 ……………………………………286
溶け栓 ………………………………………47
吐出管 ………………………………………78
トラフ ………………………………………52
ドローバー …………………………………304

〈ナ行〉
内火室 ………………………………………44
内火室最高部表示板 ………………………100
長手付自動連結器 …………………………300
２軸動輪 ……………………………………22
担バネ ………………………………………163
ねじ式連結器 ………………………………298
燃焼室付火室 ………………………………47

〈ハ行〉
排気膨脹室 …………………………………119
灰箱 …………………………………………58
羽子板控 ……………………………………43
箱型動輪 ……………………………………158
はずみ車 ……………………………………12
発電機 ………………………………………285
バネ式復元装置 ……………………………190
バネ装置 ……………………………………110
控 ……………………………………………40
菱形ボギー台車 ……………………………312
非常ブレーキ ………………………………211
引張摩擦連結器 ……………………………300
フィッシュプレート ………………………23
笛 ……………………………………………82
復元装置 ……………………………………188
複式空気圧縮機 ……………………………216
複式空気バイパス弁 ………………………146
複式蒸気機関車 ……………………………22
複式ピストン蒸気室 ………………………124
複動機関 ……………………………………11
舟底形炭水車 ………………………………318
フランジ自動塗油器 ………………………272

ブレーキシリンダー ………………………234
ブレーキ装置 ………………………………210
ブレーキブロック …………………………235
ブレーキマン ………………………………18
ブロー調整弁 ………………………………103
分配弁 ………………………………………232
偏心輪 ………………………………………179
弁装置 ……………………………………11, 166
ボイラー安全弁 ……………………………81
ボイラー胴 …………………………………62
棒台枠 ………………………………………108
膨脹受 ………………………………………112
膨脹控 ………………………………………42
ボギー式先台車 ……………………………17

〈マ行〉
マレー式機関車 ……………………………22
見送り給油器 ………………………………264
水タンク ……………………………………320
水まき装置 …………………………………278
水まき注水器 ………………………………280
ミッドギア …………………………………175
無火装置 ……………………………………260
メカニカル・ストーカー …………………50
元空気溜 ……………………………………215
戻し心向棒 …………………………………192
門鉄デフ ……………………………………293

〈ヤ行〉
揚水ポンプ …………………………………10
横式空気弁 …………………………………134
横控 …………………………………………43

〈ラ行〉
ラップ ………………………………………167
リード ………………………………………167
レンガアーチ ………………………………44
連結棒 ………………………………………161
路線建設 ……………………………………16

〈ワ行〉
ワルシャート式弁装置 ………………23, 154, 170

著者紹介

細川武志（ほそかわ　たけし）
1943年広島県呉市生まれ。父が国鉄職員であったこともあり蒸気機関車に興味を持つ。1966年三栄書房美術部入社。『オートスポーツ』『モーターファン』でクルマのテクニカルイラストなどを描く。1971年3月，函館本線C62重連の急行「ニセコ」を長期取材のため退社。以後，フリーランスのイラストレーターとして現在に至る。絵本『きかんしゃのおおさま』，『メンズクラブ』誌でビッグボーイなど蒸機イラストを描き，鉄道やクルマのイラストが中心になっている。
ほかに，著書『クルマのメカ＆仕組み図鑑』（グランプリ出版）がある。
AAF（オートモビル・アート連盟）会員

蒸気機関車メカニズム図鑑

2011年6月30日新装版 初版発行　　2023年4月28日第5刷発行

著　者　細　川　武　志
発行者　山　田　国　光
発行所　株式会社グランプリ出版
　　　　〒101-0051　東京都千代田区神田神保町1-32
　　　　電話03-3295-0005㈹　FAX03-3291-4418
　　　　振替　00160—2—14691
印刷・製本　シナノパブリッシングプレス

©2011 Printed in Japan　　ISBN978-4-87687-317-3　C-2053